五年制"3+2"中高职融通土建类专业

建筑结构

高职

主编　艾斯哈尔·买买提

参编　于奇芳　阿迪力·买买提　刘　阳

主审　马桂珍　张晓明

中国电力出版社

CHINA ELECTRIC POWER PRESS

内 容 提 要

本书是五年制"3＋2"中高职融通土建类专业培养系列教材,与前导教材中职部分共同使用。

高职部分教材,主要体现出建筑结构知识的提升和在工程实践中的应用。高职部分是在中职的基本构件的基础上,进一步加强建筑结构知识的综合应用。本书共分四个单元,主要内容以结构体系为主线,重点分析了结构设计原理;混凝土结构的梁板设计、框架结构、单层厂房结构;砌体结构房屋体系的分析;钢结构基本构件组成的钢结构体系综合工程设计等。为便于教学,方便学生自学、自检和自测,各单元内容设有学习目标、小结、思考题和习题,并且独具特色地提供了能力拓展训练题。

本书可作为高职高专土建类专业教材,也可作为相关专业工程技术人员的参考书。

图书在版编目(CIP)数据

建筑结构:高职/艾斯哈尔·买买提主编. —北京:中国电力出版社,2017.1

五年制"3＋2"中高职融通土建类专业培养系列教材

ISBN 978-7-5123-9724-8

Ⅰ.①建… Ⅱ.①艾… Ⅲ.①建筑结构—高等职业教育—教材 Ⅳ.①TU3

中国版本图书馆 CIP 数据核字(2016)第 206340 号

中国电力出版社出版发行

北京市东城区北京站西街 19 号 100005 http://www.cepp.sgcc.com.cn

策划编辑:周 娟 责任编辑:周娟华

责任印制:蔺义舟 责任校对:李 楠

汇鑫印务有限公司印刷·各地新华书店经售

2017 年 1 月第 1 版·第 1 次印刷

787mm×1092mm 1/16·23.25 印张·568 千字

定价:48.00 元

前　言

本书编者结合长期教学实践经验，按照建筑结构的体系来编写，在内容体系上删去了一些理论推导，注重结构的试验现象所表现出的结构性能，与工程实践相结合，注重工程实践应用能力的培养，将建筑结构进行了阶梯性的重组和调整，形成了本书的体系。

全书分为中职部分和高职部分。作为建筑结构的入门，中职部分以建筑结构的基础构架为主线，以建筑结构绪论，建筑结构设计原则，混凝土结构的基本构件，混凝土梁板结构，单层厂房、多高房屋结构、砌体结构的基础知识、钢结构的基本构件及其钢结构的屋架等为内容。建筑结构知识的提升和工程实践应用主要体现在高职部分，高职部分是在中职的基本构件的基础上，进一步加强建筑结构知识的综合应用，主要内容以结构体系为主线，重点分析了结构设计原理、混凝土结构的梁板设计、框架结构、单层厂房结构；砌体结构房屋体系的全面分析；钢结构基本构件组成的钢结构体系综合工程设计等。

本书立足于建筑工程专业教育对建筑结构教学的基本要求，注重适应中职教育与高职教育的不同与衔接，针对性较强，有中职建筑结构基础的入门，也有高职建筑结构的提升与可持续拓宽的新思路和方向，并且考虑了社会的进步和科技的发展。本书全部按新规范、新规程编写，主要参考规范有《建筑结构荷载规范》（GB 50009—2012）、《混凝土结构设计规范》（GB 50010—2010）、《高层建筑混凝土结构技术规程》（JGJ3—2010）、《建筑抗震设计规范》(GB 50011—2010)、《建筑地基基础设计规范》（GB 50007—2011）、《砌体设计规范》（GB 50003—2011）、《钢结构设计规范》（GB 50017—2003）等，反映了目前我国建筑行业设计、施工方面的新技术和新成果。

本书编写形式新颖，每个单元都有工作任务和任务目标，任务目标包括知识目标和能力目标；每个小节后都有小结和能力拓宽与实训。本教材由新疆建设职业技术学院的艾斯哈尔·买买提（钢结构和附录）、于奇芳（混凝土基本构件）、阿迪力·买买提（砌体结构、混凝土双向板）、刘阳（混凝土梁板结构、单层厂房、多高房屋结构）编写，全书由艾斯哈尔统稿，由新疆建设职业技术学院马桂珍担任主审，最后由艾斯哈尔按照主审意见进行了修改。本教材在编写过程中，得到了学院领导的大力扶持和帮助，全体编者表示深切的谢意。

本书是中职和高职土建类专业建筑结构课程内容、体系教学改革的探索和尝试。由于编者认识和实践水平有限，书中难免有不妥之处，望广大读者和同行专家不吝赐教。

编者

目　　录

单元 1

建筑结构设计基本原理

【工作任务】 极限状态设计表达式。

【任务目标】

知识目标：熟悉建筑结构的不同分类，了解建筑结构的学习特点及方法，掌握建筑结构的设计方法，熟练使用极限状态表达式解决实际问题。

能力目标：在各种情况下，使用极限状态设计表达式解决设计问题。

1.1 建筑结构概述

建筑是供人们生产、生活和进行其他活动的房屋或场所。各类建筑都离不开梁、板、墙、柱、基础等构件，它们相互连接形成建筑的骨架。建筑中由若干构件连接而成的能承受作用的平面或空间体系称为建筑结构，在不致混淆时可简称结构。这里所说的"作用"，是指能使结构或构件产生效应（内力、变形、裂缝等）的各种原因的总称。作用可分为直接作用和间接作用。直接作用即习惯上所说的荷载，是指施加在结构上的集中力或分布力系，如结构自重、家具及人群荷载、风荷载等。间接作用是指引起结构外加变形或约束变形的原因，如地震、基础沉降、温度变化等。

建筑结构由水平构件、竖向构件和基础组成。水平构件包括梁、板等，用以承受竖向荷载；竖向构件包括柱、墙等，其作用是支承水平构件或承受水平荷载；基础的作用是将建筑物承受的荷载传至地基。

1.1.1 建筑结构组成分类

建筑结构有多种分类方法。根据建筑结构所采用的主要材料及受力和构造特点，可以作如下分类。

1. 按材料分类

根据结构所用材料的不同，建筑结构可分为以下几类：

（1）混凝土结构（concrete structure）。混凝土结构包括素混凝土结构、钢筋混凝土结构和预应力混凝土结构。钢筋混凝土结构和预应力混凝土结构，都是由混凝土和钢筋两种材料组成。钢筋混凝土结构是应用最广泛的结构。除一般工业与民用建筑外，许多特种结构（如水塔、水池、高烟囱等）也用钢筋混凝土建造。

混凝土结构具有节省钢材、就地取材（指占比例很大的砂、石料）、耐火耐久、可模性

1

好（可按需要浇捣成任何形状）、整体性好的优点。缺点是自重较大、抗裂性较差等。

（2）砌体结构（masonry structure）。砌体结构是由块体（例如砖、石和其他材料的砌体）及砂浆砌筑而成的结构，目前大量用于居住建筑和多层民用房屋（例如办公楼、教学楼、商店、旅馆等）中，并以砖砌体的应用最为广泛。

砖、石、砂等材料具有就地取材、成本低等优点，结构的耐久性和耐腐蚀性也很好。缺点是结构自重大、施工砌筑速度慢、现场作业量大等，且烧砖要占用大量土地。

（3）钢结构（steel structure）。钢结构是以钢材为主制作的结构，主要用于大跨度的建筑屋盖（例如体育馆、剧院等）、吊车吨位很大或跨度很大的工业厂房骨架和吊车梁，以及超高层建筑的房屋骨架等。

钢结构材料质量均匀、强度高，构件截面小、重量轻，可焊性好，制造工艺比较简单，便于工业化施工。缺点是钢材易腐蚀，耐火性较差，价格较贵。

（4）木结构（wood structure）。木结构是以木材为主制作的结构，但由于受自然条件的限制，我国木材相当缺乏，目前仅在山区、林区和农村有一定的采用。

木结构制作简单、自重轻、容易加工。缺点是木材易燃、易腐、易受虫蛀。

2. 按受力和构造特点分类

根据结构的受力和构造特点，建筑结构可以分为以下几种主要类型：

（1）混合结构（mixture structure）。混合结构的楼、屋盖一般采用钢筋混凝土结构构件，而墙体及基础等采用砌体结构，"混合"之名即由此而得。

（2）排架结构（bent structure）。排架结构主要承重体系是屋面横梁（屋架或屋面大梁）和柱及基础，主要用于单层工业厂房。屋面横梁与柱的顶端铰接，柱的下端与基础固接。

（3）框架结构（frame structure）。框架结构由横梁和柱及基础组成主要承重体系。横梁与柱为刚性连接，形成整体框架；底层柱脚与基础固接。

（4）剪力墙结构（shear structure）。纵横布置的成片钢筋混凝土墙体称为剪力墙，剪力墙的高度往往从基础到屋顶、宽度可以是房屋的全宽。剪力墙与钢筋混凝土楼、屋盖整体连接，形成剪力墙结构。

（5）框架-剪力墙结构（frame-shear structure）。框架与剪力墙共同形成结构体系，剪力墙主要承受水平荷载，而框架柱主要承受竖向荷载，这样的结构体系称之为框架－剪力墙结构。

（6）筒体结构（tube structure）。由若干片剪力墙围合而成的封闭井筒式结构称为筒体结构。

（7）其他形式的结构。除上述形式的结构外，在高层和超高层房屋结构体系中，还有框架－剪力墙结构，框架－筒体结构、筒中筒等；单层厂房房屋中除排架结构外，还有刚架结构；在单层大跨度房屋的屋盖中，有壳体结构、网架结构、悬索结构等。

1.1.2　建筑结构课程的特点和学习方法

1. 建筑结构课程的特点

（1）材料的特殊性。除钢材外，其余结构材料（例如混凝土、砌体等）的力学性能都不同于材料力学中所学的匀质弹性材料的性能。

（2）公式的适用性。由于混凝土和砌体材料的特殊性，故其计算公式一般是在试验分析的基础上建立起来的，因此应注意相关公式的适用范围。

（3）设计的规范性。建筑结构构件的设计计算依据是现行的各种有关国家标准和规范。本书涉及的主要有《建筑结构荷载规范》（GB 50009—2012）、《混凝土结构设计规范》（GB 50010—2010）、《砌体结构设计规范》（GB 50003—2011）、《建筑抗震设计规范》（GB 50011—2010）、《建筑地基基础设计规范》（GB 50007—2011）等。书中的有关内容，是相应规范的具体表现。

（4）解答的多样性。无论是进行结构布置还是结构构件设计，同一问题往往有多种方案或解答，故需要综合考虑多方面的因素，以选择较为合理的解答。

2. 建筑结构课程的学习方法

（1）深刻理解重要的概念。建筑结构有些内容的概念性很强，在学习过程中，对重要的概念有时可能不会一步到位，而是随着学习的深入和时间的推移才能逐步理解。

（2）熟练掌握设计基本功。建筑结构课程的计算公式多，符合多。本教材将介绍较全面地介绍钢筋混凝土结构构件的设计计算、砌体结构的基本设计计算和钢结构构件和连接的设计计算；在熟悉公式的基础上，要多做练习才能掌握基本构件的计算。

（3）重视构造要求。该书的特点之一是对建筑结构的构造要求（包括一般构造要求和抗震构造措施）作了详细的介绍，目的是为了使学生更好地适应施工现场。但构造要求内容繁多，难于记忆，应在理解的基础上，结合工地参观、多媒体课件演示等综合手段加以巩固和消化，切忌死记硬背。

1.2 建筑结构设计方法

结构设计所采用的荷载统计参数、与时间有关的材料性能取值，都需要选定一个时间参数，那就是设计基准期。我国所采用的设计基准期为 50 年。

设计使用年限是设计规定的一个时期。在这一规定时期内，房屋建筑在正常设计、正常施工、正常使用和维护下不需要进行大修就能按其预定目的使用。结构的设计使用年限应按表 1.2-1 确定。

表 1.2-1 设计使用年限

类　别	1	2	3	4
设计使用年限/年	5	25	50	100
示　例	临时性结构	易于替换的结构构件	普通房屋和构筑物	纪念性建筑和特别重要的建筑结构

显然，设计使用年限不同于设计基准期的概念。但对于普通房屋和构筑物，设计使用年限和设计基准期均为 50 年。

1.2.1 极限状态设计方法

极限状态简单地说，就是整个结构或结构的一部分超过不能满足设计规定的某一功能要求时的某一特定状态。极限状态实质上即是结构可靠（有效）或不可靠（失效）的界限。

结构的极限状态可划分为承载能力极限状态和正常使用极限状态两类。

1. 承载能力极限状态

是指对应于结构、结构构件达到最大承载能力或出现不适于继续承载的变形或变位的状态。承载能力极限状态直接关系到结构的安全与否，任何公路桥梁工程结构均需做承载力极限状态的设计，且要求其出现的失效概率相当低。

承载能力极限状态采用下列设计表达式进行设计：

$$\gamma_0 S \leqslant R \tag{1.2-1}$$

式中　γ_0——结构重要参数。在持久设计状况和短暂设计状况下，对安全等级为一级或设计使用年限为 100 年及以上的结构构件，其值不应小于 1.1；对安全等级为二级或设计使用年限为 50 年及以上的结构构件，其值不应小于 1.0；对安全等级为三级或设计使用年限为 5 年及以上的结构构件，其值不应小于 0.9；在地震设计状况下应取 1.0；

　　S——荷载效应组合的设计值；在持久设计状况和短暂设计状况下按作用的基本组合计算；在地震设计状况下应按作用的地震组合计算；

　　R——结构构件抗力的设计值，按各有关建筑结构设计规范的规定确定，也是本教材讲述的基本内容。

（1）基本组合的荷载效应组合设计值。

1）由可变荷载效应控制的组合：

$$S = \gamma_G S_{GK} + \gamma_{Q1} S_{Q1K} + \sum_{i=2}^{n} \gamma_{Qi} \psi_{Ci} S_{QiK} \tag{1.2-2}$$

式中　γ_G——永久荷载的分项系数，当其效应对结构不利时，应取 1.2；有利时，一般情况下取 1.0，对结构的倾覆、滑移或漂浮验算，应取 0.9；

　γ_{Q1}、γ_{Qi}——第 1 个和第 i 个可变荷载分项系数；一般情况下应取 1.4（当其效应对结构构件承载能力有利时取为 0）；

　　S_{GK}——永久荷载标准值的效应；

　　S_{Q1K}——在基本组合中起控制作用的一个可变荷载标准值的效应；

　　S_{QiK}——第 i 个可变荷载标准值的效应；

　　ψ_{Ci}——可变荷载 Q_i 的组合值系数，对民用建筑楼屋面均布活荷载，一般取 0.7（书库、储藏室、通风机房及电梯机房取 0.9），屋面积灰荷载取 0.9，软钩吊车荷载 0.7（硬钩吊车及 A8 级软钩吊车取 0.95），其余情况不应大于 1.0。

2）由永久荷载效应控制的组合：

$$S = \gamma_G S_{GK} + \sum_{i=1}^{n} \gamma_{Qi} \psi_{Ci} S_{QiK} \tag{1.2-3}$$

式中　γ_G——意义同前，但取值为 1.35。

其余符号同式（1.2-2）。

（2）基本组合的简化规则。对于一般排架、框架结构，基本组合可采用简化规则，并按下列组合值中取最不利值确定。

1）由可变荷载效应控制的组合：

$$S = \gamma_G S_{GK} + \gamma_{Q1} S_{Q1K} \tag{1.2-4}$$

$$S = \gamma_G S_{GK} + 0.9 \sum_{i=1}^{n} \gamma_{Qi} S_{QiK} \tag{1.2-5}$$

2）由永久荷载效应控制的组合。仍按式（1.2-3）确定。

2. 正常使用极限状态设计

对于正常使用极限状态，钢筋混凝土构件、预应力混凝土构件应分别按荷载的准永久组合并考虑长期作用的影响或标准组合并考虑长期作用的影响，采用下列极限状态设计表达式进行验算：

$$S \leqslant C \tag{1.2-6}$$

式中　C——结构或结构构件达到正常使用要求的规定限值，例如变形、裂缝宽度、振幅自振频率等限值。

　　　S——正常使用极限状态荷载效应组合值。

荷载组合包括以下三种：

（1）标准组合。主要用于当一个极限状态被超越时将产生严重的永久性损害的情况，其荷载效应组合的设计值 S 按下式采用：

$$S = S_{GK} + S_{Q1K} + \sum_{i=2}^{n} \psi_{Ci} S_{QiK} \tag{1.2-7}$$

对照式（1.2-7）和式（1.2-2）可知：当式（1.2-2）的永久荷载分项系数均取为 1.0 时，就是式（1.2-7）。

（2）频遇组合。荷载频遇值是针对可变荷载而言的，频遇值是指设计基准期内荷载达到和超过该值的总持续时间与设计基准期的比值小于 0.1 的荷载代表值。频遇组合的荷载效应组合设计值 S 按下式采用：

$$S = S_{GK} + \psi_{f1} S_{Q1K} + \sum_{i=2}^{n} \psi_{qi} S_{QiK} \tag{1.2-8}$$

式中　ψ_{f1}——可变荷载 Q_1 的频遇值系数；

　　　ψ_{qi}——可变荷载 Q_i 的准永久值系数。

（3）准永久组合。荷载准永久值也是针对可变荷载而言的，主要用于长期效应是决定性因素时的一些情况。准永久值反映可变荷载的一种状态，按照在设计基准期内荷载达到和超过该值的总持续时间与设计基准期的比值为 0.5 来确定。准永久组合的荷载效应组合的设计值 S 按下式采用：

$$S = S_{GK} + \sum_{i=1}^{n} \psi_{qi} S_{QiK} \tag{1.2-9}$$

式中符号意义同前。

1.2.2　混凝土结构耐久性设计

混凝土结构应符合有关耐久性规定，以保证其在化学的、生物的以及其他使结构材料性能恶化的各种侵蚀的作用下，达到预期的耐久年限。

结构的使用环境是影响混凝土结构耐久性的最重要的因素。使用环境类别按表 1.2-2 划分。影响混凝土结构耐久性的另一重要因素是混凝土的质量。控制水灰比，减小渗透性，提高混凝土的强度等级，增加混凝土的密实性，以及控制混凝土中氯离子和碱的含量等，对于混凝土的耐久性都有非常重要的作用。

表 1.2-2   混凝土结构的使用环境类别

环境类别	条件
一	室内干燥环境 无侵蚀性静水浸没环境
二 a	室内潮湿环境 非严寒和非寒冷地区的露天环境 非严寒和非寒冷地区与无侵蚀性的水或土壤直接接触的环境 严寒和寒冷地区的冰冻线以下与无侵蚀性的水或土壤直接接触的环境
二 b	干湿交替的环境 水位频繁变动的环境 严寒和寒冷地区的露天环境 严寒和寒冷地区的冰冻线以下与无侵蚀性的水或土壤直接接触的环境
三 a	严寒及寒冷地区冬季水位变动区环境 受除冰盐影响的环境 海风环境
三 b	盐渍土环境 受除冰盐作用的环境 海岸环境
四	海水环境
五	受人为或自然的侵蚀性物质影响的环境

耐久性对混凝土质量的主要要求如下：

1. 设计使用年限为 50 年的一般结构混凝土

对于设计使用年限为 50 年的一般结构，混凝土质量应符合表 1.2-3 的规定。

表 1.2-3   结构混凝土材料的耐久性基本要求

环境等级	最大水胶比	最低强度等级	最大氯离子含量（%）	最大碱含量/（kg/m³）
一	0.60	C20	0.3	不限制
二 a	0.55	C25	0.2	3.0
二 b	0.5（0.55）	C30（C25）	0.15	
三 a	0.45（0.50）	C35（C30）	0.15	
三 b	0.4	C40	0.1	

2. 设计使用年限为 100 年的结构混凝土

一类环境中，设计使用年限为 100 年的结构混凝土应符合下列规定：

（1）钢筋混凝土结构混凝土强度等级不应低于 C30；预应力混凝土结构的最低强度混凝土等级为 C40。

（2）混凝土中氯离子含量不得超过水泥重量的 0.06%。

（3）宜使用非碱活性骨料；当使用碱活性骨料时，混凝土中的碱含量不得超过 3.0kg/m³。

（4）混凝土保护层厚度应按相应的规定增加 40%；当采取有效的表面防护措施时，混凝土保护层厚度可适当减少。

（5）在使用过程中应有定期维护措施。

对于设计寿命为 100 年且处于二类和三类环境中的混凝土结构应采取专门有效的措施。

3. 临时性结构混凝土

对临时性混凝土结构，可不考虑混凝土的耐久性要求。

小　　结

（1）根据结构所用材料的不同，建筑结构可分为混凝土结构、钢结构、砌体结构以及木结构。

（2）根据结构的受力和构造特点，建筑结构可以分为混合结构、排架结构、框架结构、剪力墙结构、框架－剪力墙结构、筒体结构以及其他形式的结构。

（3）建筑结构课程的特点和学习方法。

（4）建筑结构的设计方法及两类极限状态的使用设计表达式。

（5）混凝土耐久性的有关规定。

能力拓展与实训

思考题

（1）根据使用材料不同，建筑结构可以分为哪几类？

（2）根据结构的受力和构造特点不同，建筑结构可以分为哪几类？

（3）什么是极限状态，极限状态包括哪几类？

单元 2

混 凝 土 结 构

2.1 钢筋混凝土楼（屋）盖

【工作任务】 了解钢筋混凝土梁板结构。

【任务目标】

知识目标：熟悉楼盖的类型及其特点，熟悉楼盖中各种构件的构造要求，掌握单向板楼盖和双向板楼盖的内力计算、配筋计算，并能绘制结构施工图。掌握双筋、T 形截面梁的受力特点，与单筋矩形受弯梁配筋的不同；掌握双筋、T 形截面梁的配筋构造。了解楼梯的类型，重点掌握板式楼梯和梁式楼梯的内力计算、配筋计算以及构造要求。

能力目标：对工程上的双筋、T 形截面梁配筋构造、单向板楼盖和双向板楼盖的结构、板式楼梯和梁式楼梯的结构、悬挑式雨篷的结构有一定的结构分析能力，并能绘制与识读施工图。

2.1.1 概述

钢筋混凝土楼（屋）盖是房屋的重要组成部分，其材料用量和造价在整个工程中占有很大的比例，其设计是否合理直接影响建筑的安全性、经济性，对建筑美观也有一定的影响。房屋建筑的楼盖、屋盖是典型的梁板结构。混凝土梁板结构主要是由梁和板组成的结构体系，支承在柱或墙体上，也是房屋中的楼梯及雨篷等广泛采用的结构形式。此外，房屋中的基础结构（梁式筏板基础、平板式筏板基础）、桥梁结构也采用梁板结构。因此，研究混凝土梁板结构的设计原理及构造要求具有普遍意义，其中又以楼（屋）盖的结构设计最具代表性。

混凝土楼盖按其施工方法可分为现浇整体式、装配式和装配整体式三种形式。现浇混凝土楼盖由于整体性好、抗震性强、防水性好，在实际工程中较为普遍。

1. 现浇整体式楼盖

现浇混凝土肋形楼盖，是普遍采用的结构形式，一般由梁和板组成。肋形楼盖中的梁将板分成许多矩形区格，这些区格板四边支承在梁或砖墙上。作用在区格板上荷载的传递情况与区格板两个方向的边长之比有关。当板的长边 l_2 比短边 l_1 大得多时，板上的荷载主要是沿短边 l_1 方向传递到支承构件上，而沿长边 l_2 方向传递的荷载很少，可以忽略不计，这种单向受弯的板称为单向板 [图 2.1-1 (a)]。当长边 l_2 与短边 l_1 之比不大时，板上的荷载沿两个方向传递，这种双向受弯的板称为双向板 [图 2.1-1 (b)]。楼盖板为单向板的楼盖称为现浇单向板肋形楼盖，楼盖板为双向板的楼盖称为现浇双向板肋形楼盖。

按照《混凝土结构设计规范》（GB 50010—2010）规定，混凝土板应按下列原则进行计算：

（1）两对边支承的板应按单向板计算。

（2）四边支承的板应按下列规定计算：

1）当长边与短边长度之比不大于 2.0 时，应按双向板计算。

2）当长边与短边长度之比大于 2.0 但小于 3.0 时，宜按双向板计算。

3）当长边与短边长度之比不小于 3.0 时，宜按沿短边方向受力的单向板计算，并应沿长边方向布置构造钢筋。

通过进一步研究得出结论，在整体式梁板结构中，两个正交方向的 x，y 梁系如图 2.1-2 所示，两个方向梁分配的荷载 F_x、F_y 仅与梁的跨高比 l_x/h_x 和 l_y/h_y 有关，或与梁的线刚度比 i_x/i_y 有关。若 x 方向梁的高跨比 h_x/l_x 远大于 y 方向梁的高跨比 h_y/l_y 时，则梁的荷载主要由 x 方向梁承受，y 方向梁分配的荷载 F_y 很小，可忽略不计，则近似认为荷载完全由 x 方向梁承受，并称 x 方向梁为主梁，y 方向梁为次梁。由于荷载由主梁承受，因此可认为主梁是次梁的支座。

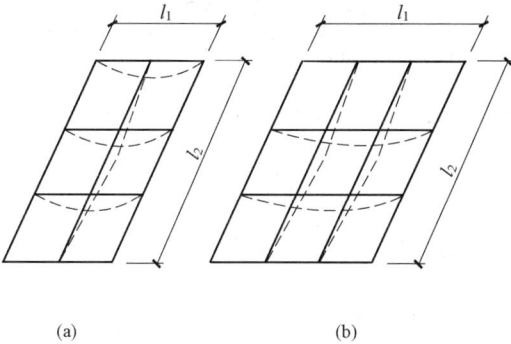

图 2.1-1　单向板与双向板的弯曲变形　　图 2.1-2　正交 x，y 梁系集中荷载作用下的计算简图

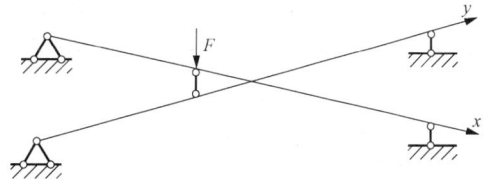

若 x 方向梁的高跨比 h_x/l_x 与 y 方向梁的高跨比 h_y/l_y 相差不大时，虽然荷载主要由 x 方向梁承受，但 y 方向梁分配的荷载 F_y 较小却不能忽略不计，即荷载由两个方向梁共同承受，此梁称为双向梁。

因此，根据梁、板受力情况和支承条件的不同，现浇整体式楼盖可分为以下几种形式：

（1）现浇肋形楼盖。现浇肋形楼盖由板、次梁和主梁（有时没有主梁）组成，是楼盖中最常见的结构形式，其特点是结构布置灵活，可以适应不规则的柱网布置及复杂的工艺以及建筑平面要求，且构造简单，同其他结构相比一般用钢量较低，缺点是支模比较复杂。

根据楼盖中的主次梁的不用布置方式，现浇肋形楼盖可分为单向板肋形楼盖（图 2.1-3）和双向板肋形楼盖（图 2.1-4）。

（2）井式楼盖。井式楼盖是由肋形楼盖演变而成的，其特点是两个方向上梁的截面尺寸相同，而且正交，不分主次梁，共同直接承受板传来的荷载，这种楼盖适用于房间为矩形的楼盖（两个方向边长越接近越经济）。由于两个方向上的梁具有相同的截面尺寸，截面的高度较肋形楼盖小，梁的跨度较大，常用于公共建筑的大厅（图 2.1-5）。

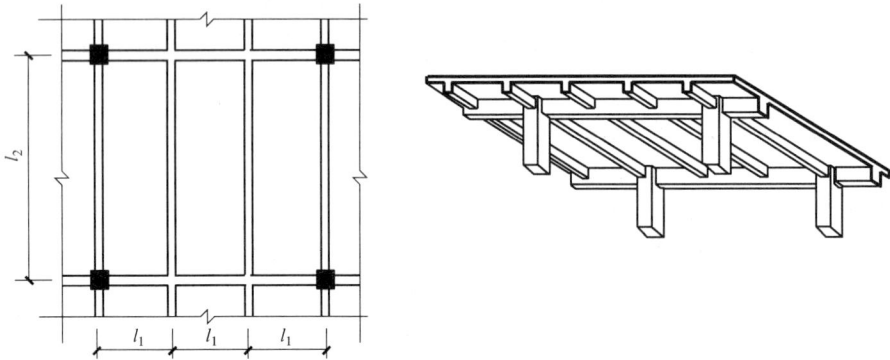

图 2.1-3 单向板肋形楼盖

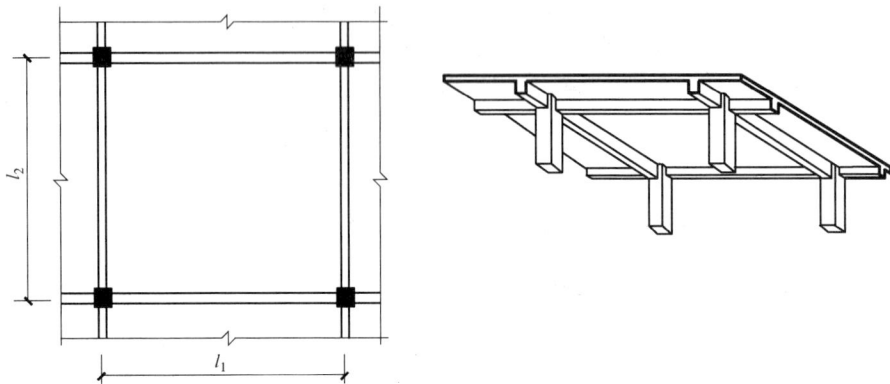

图 2.1-4 双向板肋形楼盖

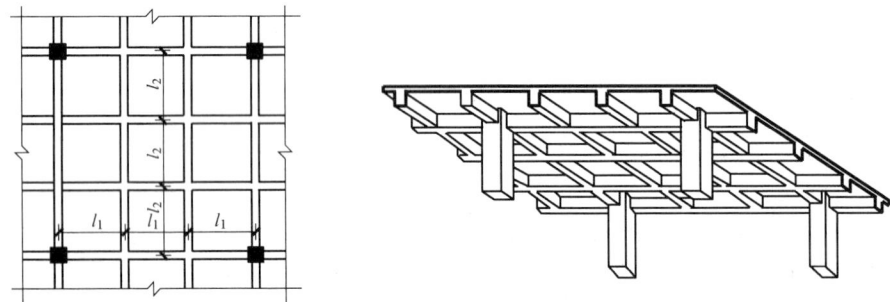

图 2.1-5 井式楼盖

（3）无梁楼盖。这种楼盖没有主梁和次梁，由于板直接支撑在柱上，所以板较厚。当荷载较小时，可采用无柱帽形式；当荷载较大时，为提高楼板承载力和刚度，减小板厚，做成有柱帽形式（图 2.1-6）。

无梁楼盖的优点是楼层净空高，通风和卫生条件比一般楼盖好，缺点是自重大，用钢量大。其常用于书库、仓库、商场等处，有时也用于水池的顶板、底板和筏板基础等处。

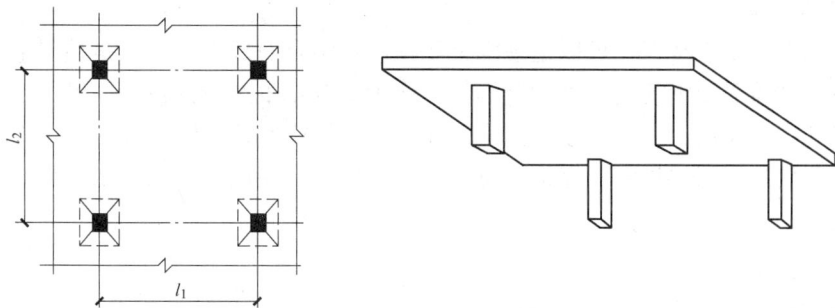

图 2.1-6　无梁楼盖

（4）密肋楼盖。密肋楼盖由薄板和间距较小（间距不大于 1.5m）的肋梁组成。肋梁可以沿单向或双向设置，肋梁间距较小，梁的截面高度较肋梁楼盖小，面板厚度不小于50mm。近些年来，国内外大量采用多次重复使用的专用模板，例如玻璃钢、聚丙烯塑料膜壳，以及专用支撑工具等专项新的施工技术，使双向密肋梁楼盖的肋梁间距增大。在一般建筑中可以不吊顶，简化了施工工序，节约材料，降低工程造价，常用于装修或造型要求较高的建筑以及大空间的多高层建筑中（图 2.1-7）。

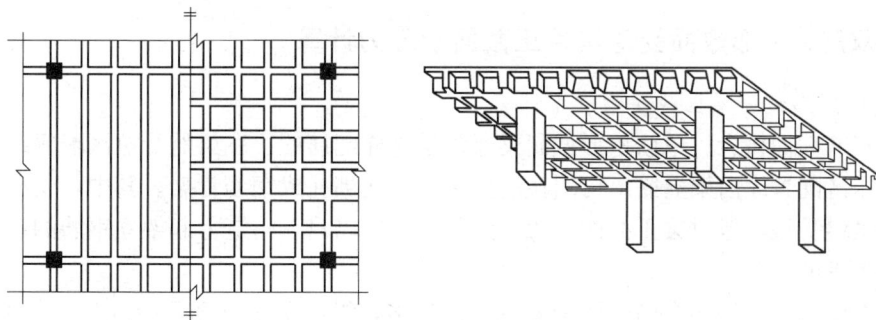

图 2.1-7　密肋楼盖

（5）现浇空心楼盖。现浇混凝土空心楼盖是用轻质材料以一定规则排列并替代实心楼盖一部分混凝土而形成空腔或者轻质夹心，使之形成空腔或暗肋，形成空间蜂窝状受力结构，是空心楼盖技术中的一种。现浇混凝土空心楼盖技术能减轻楼盖自重，又保持楼盖的大部分刚度与强度，美观无须吊顶，采光效果、空间效果均明显好于肋形楼盖，适用于大跨度和大荷载、大空间的多层和高层建筑，例如商业楼、办公楼、图书馆、展览馆、教学楼、车站、多层停车场等大中型公共建筑和工业厂房、仓库（图 2.1-8）。

图 2.1-8　现浇混凝土空心楼盖

2. 装配式楼盖

装配式钢筋混凝土楼盖，可以是现浇梁和预制板结合而成，也可以是预制梁和预制板结合而成，由于楼盖采用钢筋混凝土预制构件，便于工业化生产，其在多层民用建筑和多层工业厂房中得到广泛应用。但这种楼盖由于整体性差、抗震性差、防水性差、又不便于在楼板上开设孔洞，故对于高层建筑、有抗震设防要求的建筑、使用上要求防水和开设孔洞的楼面均不宜采用。

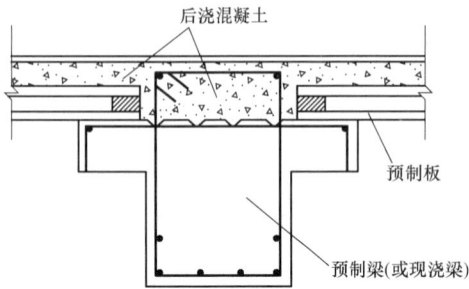

图 2.1-9 叠合梁

3. 装配整体式楼盖

装配整体式混凝土楼盖由预制板（梁）上现浇一叠合层而成为一整体（图 2.1-9）。这种楼盖兼有整体现浇式和预制装配式楼盖的特点，其优点介于二者之间，装配整体式混凝土楼盖具有良好的整体性，又较整体式节省模板和支撑，但这种楼盖要进行混凝土二次浇灌，有时还需要增加焊接工作量，故对施工进度和造价会带来一些不利影响。它仅适合于荷载较大的多层工业厂房，高层民用建筑及有抗震设防要求的建筑。

2.1.2 双筋、T形截面受弯构件正截面承载力计算

1. 双筋矩形截面梁正截面承载力计算

（1）双筋截面概念。单筋矩形截面梁通常是这样配筋的：在梁的受拉区配置纵向受拉钢筋，在受压区配置纵向架立筋，再用箍筋把它们一起绑扎成钢筋骨架。其中，受压区的纵向架立钢筋虽然受压，但对梁正截面抗弯贡献很小，所以只在构造上起架立钢筋的作用，在计算中是不考虑的。

如果在受压区配置的纵向受压钢筋数量比较多，纵向受压钢筋不仅起架立钢筋的作用，而且在梁正截面抗弯承载力的计算中必须计算它所承受的压力，这样配筋的截面称为双筋截面，如图 2.1-10 所示。配置受压钢筋可以提高构件的延性，抗震结构中框架梁应配置一定比例的受压钢筋。

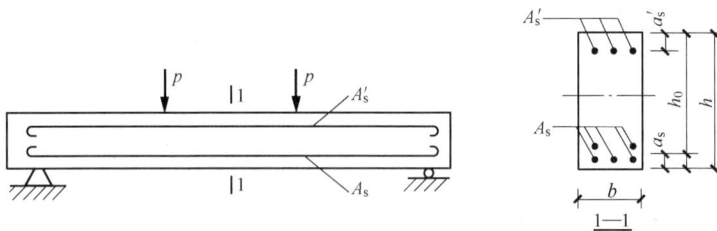

图 2.1-10 双筋矩形截面示意图

（2）双筋截面梁的适用情况。受弯构件采用纵向受压钢筋来协助混凝土承受压力是不经济的，因而从承载力计算角度出发，双筋截面梁只适用于以下情况：

1）M 很大，按单筋计算 $\xi > \xi_b$，而截面尺寸 $b \times h$ 受限制，f_c 又不能提高。

2）在不同荷载组合情况下，梁截面承受异号弯矩 $\pm M$。

（3）双筋截面梁试验性能。由试验可知，双筋截面梁的破坏形式与单筋适筋梁的塑性破坏特征基本相同，即受拉钢筋首先屈服，随后受压区边缘混凝土达到极限压应变而压碎破坏。

当双筋截面梁受压区边缘混凝土达到极限压应变时，对双筋截面梁的配筋有以下要求：

1）纵向受压钢筋的抗压强度达到 f_y' 必须满足下式：

$$x \geqslant 2a_s' \tag{2.1-1}$$

其目的是为了使受压钢筋位置不低于矩形受压应力图形的重心。当不满足式（2.1-1）规定时，则表明受压钢筋的位置离中和轴太近，受压钢筋的应变 ε_s' 太小，以致其应力达不到抗压强度设计值 f_y'。

2）对箍筋的要求：计算中若考虑受压钢筋作用时，箍筋应做成封闭式，其间距 s 不大于 $15d$（d 为受压钢筋最小直径），同时不应大于 400mm。否则，纵向受压钢筋可能发生纵向弯曲（压屈）而向外凸出，引起保护层剥落，甚至使受压混凝土过早发生脆性破坏。

（4）计算公式及适用条件。双筋矩形截面受弯梁正截面承载力计算图形如图 2.1-11 所示。

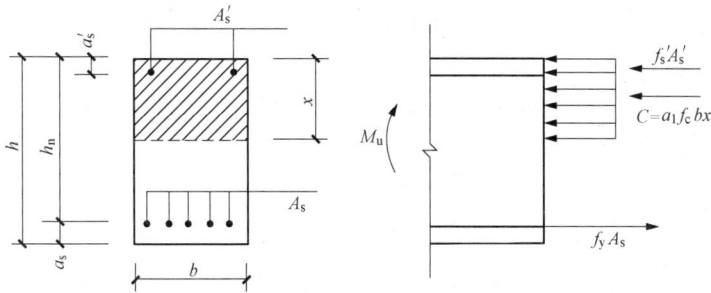

图 2.1-11　双筋矩形截面受弯梁正截面承载力计算简图

1）基本计算公式。根据力的平衡条件及力矩平衡条件可得：

$$\alpha_1 f_c bx + f_y' A_s' = f_y A_s \tag{2.1-2}$$

$$M \leqslant M_u = \alpha_1 f_c bx (h_0 - x/2) + f_y' A_s' (h_0 - a_s') \tag{2.1-3}$$

式中，a_s' 为从受压区边缘到受拉区纵向受力钢筋合力作用之间的距离。对于梁，一般情况当受压钢筋按一排布置时，可取 $a_s' = 40$mm；当受拉钢筋按两排布置时，可取 $a_s' = 65$mm。

2）公式适用条件。

①为了保证构件破坏时，受拉钢筋先达到屈服：$x \leqslant \xi_b h_0$ 　(2.1-4)

②为了保证构件破坏时，受压钢筋能达到屈服：$x \geqslant 2a_s'$ 　(2.1-5)

若 $x < 2a_s'$ 时，取 $x = 2a_s'$，则有 $A_s = M/[f_y(h_0 - a_s')]$ 　(2.1-6)

3）说明：可不作 $\rho \geqslant \rho_{min}$ 的验算；A_s' 不宜过多。

（5）双筋矩形截面梁计算方法。

1）截面设计（钢筋截面面积确定）。双筋矩形截面设计，通常可遇见下面两种情况：一种情况是受压钢筋的截面面积 A_s' 未知，要求在确定受拉钢筋截面面积 A_s 的同时，确定受压钢筋的截面面积 A_s'；另一种情况是受压钢筋的截面面积 A_s' 已知，只要求确定受拉钢筋的截面面积 A_s。下面将分别叙述如何应用计算公式对两种情况求解。

情况 1：已知 $b \times h$、f_c、f_y、f'_y、M，求：A'_s 和 A_s。

计算步骤：

①首先按单筋设计，求出 ξ 后判定是否需要采用双筋截面。

a. 假定受拉钢筋放两排，设 $a_s = 65\text{mm}$，则 $h_0 = h - 65\text{mm}$

b. 求 α_s $\qquad\qquad \alpha_s = M/(\alpha_1 f_c b h_0^2)$

c. 求 ξ $\qquad\qquad \xi = 1 - (1 - 2\alpha_s)^{1/2}$

d. 若 $\xi > \xi_b$，而 $b \times h$ 受限制，f_c 又不能提高，则按双筋矩形截面梁设计。

②取 $\xi = \xi_b$ 作为补充条件，即使（$A_s + A'_s$）之和最小，应充分发挥受压区混凝土的强度，按界限配筋设计。

③求 A'_s：$A'_s = \{M - \alpha_1 f_c b h_0^2 \xi_b(1 - 0.5\xi_b)\}/f'_y(h_0 - a'_s)$ $\qquad$ (2.1-7)

④求 A_s：$A_s = A'_s f'_y/f_y + \alpha_1 f_c b \xi_b h_0/f_y$ $\qquad\qquad$ (2.1-8)

⑤适用条件 $x \leqslant \xi_b h_0$ 和 $x \geqslant 2a'_s$ 均满足，不需再验算。

情况 2：已知：$b \times h$、f_c、f_y、f'_y、M、A'_s，求：A_s。

计算步骤：

①假定受拉钢筋放两排，则 $a_s = 65\text{mm}$，$h_0 = h - 65\text{mm}$；

受压钢筋放一排，则 $a'_s = 40\text{mm}$。

②充分利用 A'_s 受压，即使内力臂 z 最大，从而算出的 A_s 才会最小。

③将 M 分解成两部分，如图 2.1-12 所示，即

$$M \leqslant M_u = M_{u1} + M_{u2} \qquad\qquad (2.1-9)$$

其中 $\qquad\qquad\qquad M_{u1} = f'_y A'_s (h_0 - a'_s) \qquad\qquad\qquad (2.1-10)$

$$M_{u2} = M - M_{u1} = \alpha_1 f_c b x (h_0 - x/2) \qquad\qquad (2.1-11)$$

④M_{u2} 相当于单筋梁，求 A_{s2} 及 A_s

求 α_s $\qquad\qquad\qquad \alpha_s = M_{u2}/(\alpha_1 f_c b h_0^2)$

求 ξ、γ_s $\qquad\qquad\qquad \xi = 1 - (1 - 2\alpha_s)^{1/2}$

$$\gamma_s = [1 + (1 - 2\alpha_s)^{1/2}]/2$$

验算适用条件 (1) $x \leqslant \xi_b h_0$；(2) $x \geqslant 2a'_s$

a. 若 $\xi \leqslant \xi_b$ 且 $x \geqslant 2a'_s$

则 $\qquad\qquad\qquad\qquad A_{s2} = M_{u2}/(f_y \gamma_s h_0) \qquad\qquad\qquad (2.1-12)$

$$A_s = A_{s1} + A_{s2} = A'_s f'_y/f_y + A_{s2} \qquad\qquad (2.1-13)$$

b. 若 $\xi > \xi_b$，表明 A'_s 不足，可按 A'_s 未知情况 1 计算；

c. 若 $x < 2a'_s$，表明 A'_s 不能达到其设计强度 f'_y，$\sigma'_s \neq f'_y$。取 $x = 2a'_s$，假设混凝土压应力合力 C 也作用在受压钢筋合力点处，对受压钢筋和混凝土共同合力点取矩，此时内力臂为 $(h_0 - a'_s)$，直接求解 A_s：

$$A_s = M/[f_y(h_0 - a'_s)] \qquad\qquad (2.1-14)$$

2) 截面复核。承载力校核时，截面的弯矩设计值 M、截面尺寸 $b \times h$、钢筋种类、混凝土的强度等级、受拉钢筋截面面积 A_s 和受压钢筋截面面积 A'_s 都是已知的，要求确定截面能否抵抗给定的弯矩设计值。

截面能够抵抗的弯矩 M_u 求出后，将 M_u 与截面的弯矩设计值 M 相比较，如果 $M \leqslant M_u$，则

截面承载力足够,截面工作可靠;反之,如果 $M > M_u$,则截面承载力不够,截面将失效。这时,可采取增大截面尺寸、增加钢筋截面面积 A_s 和 A'_s 或选用强度等级更高的混凝土和钢筋等措施来解决。

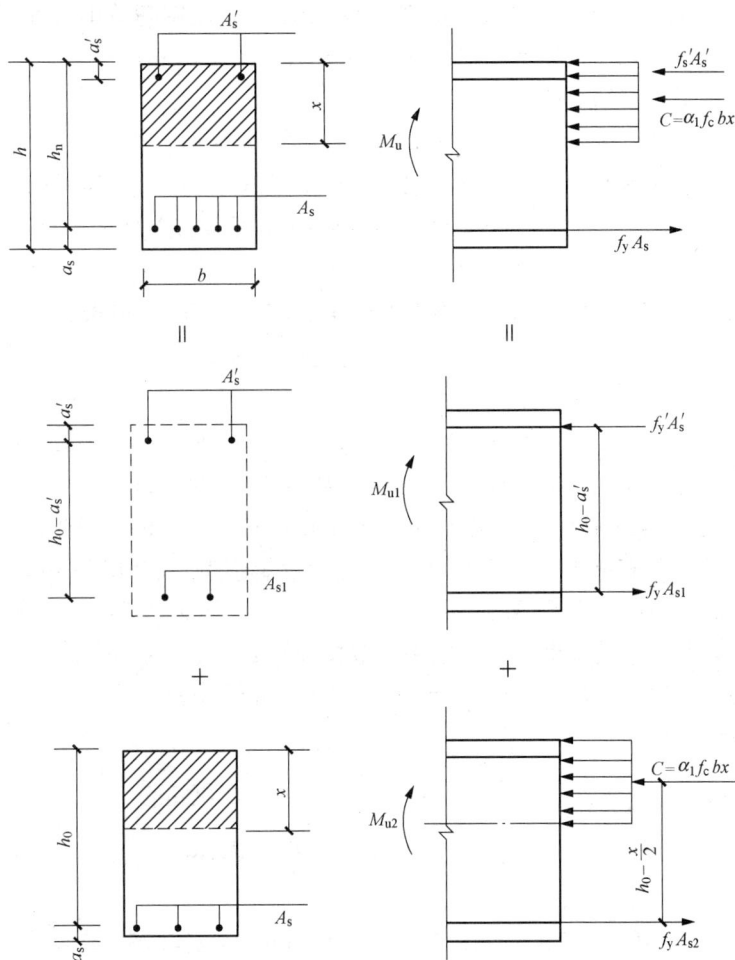

图 2.1-12　双筋矩形截面计算简图（分解）

已知：$b \times h$、f_c、f_y、f'_y、A_s、A'_s、(M)，求：M_u（比较 $M \leqslant M_u$）。

计算步骤：

①由 $\alpha_1 f_c bx + f'_y A'_s = f_y A_s$，求 x。

②验算适用条件：（1）$x \leqslant \xi_b h_0$；（2）$x \geqslant 2a'_s$。

a. 若 $2a'_s \leqslant x \leqslant \xi_b h_0$，则 $M_u = \alpha_1 f_c bx(h_0 - x/2) + f'_y A'_s(h_0 - a'_s)$

b. 若 $x < 2a'_s$，取 $x = 2a'_s$，则 $M_u = f_y A_s(h_0 - a'_s)$

c. 若 $x > \xi_b h_0$，取 $\xi = \xi_b$，则 $M_u = \alpha_1 f_c bh_0^2 \xi_b(1 - 0.5\xi_b) + f'_y A'_s(h_0 - a'_s)$

③当 $M_u \geqslant M$ 时，满足要求；否则为不安全。

当 M_u 大于 M 过多时，该截面设计不经济。

注意：在混凝土结构设计中，凡是正截面承载力复核题，都必须求出混凝土受压区高度 x 值。

【例 2.1-1】 已知梁的截面尺寸为 $b \times h = 200\text{mm} \times 500\text{mm}$，混凝土强度等级为 C40，纵筋采用 HRB400 级，截面弯矩设计值 $M = 350\text{kN} \cdot \text{m}$，环境类别为一类。求：所需受拉和受压筋截面面积 A_s、A_s'。

【解】 假定梁内纵向受拉钢筋双排布置 $a_s = 65\text{mm}$，受压钢筋单排布置 $a_s' = 40\text{mm}$。

（1）计算截面有效高度：$h_0 = h - a_s = (500 - 65)\text{mm} = 435\text{mm}$

（2）判断是否采用双筋截面：

$$M_u = \alpha_1 f_c b h_0^2 \xi_b (1 - 0.5\xi_b) = \alpha_1 f_c b h_0^2 \xi_b (1 - 0.5\xi_b)$$
$$= 1 \times 19.1 \times 200 \times 435^2 \times 0.384 \text{kN} \cdot \text{m} = 277.6 \text{kN} \cdot \text{m}$$
$$M_u = 277.6 \text{kN} \cdot \text{m} < M = 350 \text{kN} \cdot \text{m}，采用双筋矩形截面$$

（3）求 A_s'：

取 $\xi = \xi_b$，则有 $A_s' = (350 - 277.6) \times 10^6 / 360 \times (435 - 40) = 509\text{mm}^2$

（4）求 A_s：

$$A_s = A_s' f_y' / f_y + \alpha_1 f_c b \xi_b h_0 / f_y$$
$$= 509 \times 360 / 360 + 1.0 \times 19.1 \times 0.518 \times 435 / 360 = (509 + 2391)\text{mm}^2 = 2900\text{mm}^2$$

（5）选筋 A_s：6⏀25（$A_s = 2946\text{mm}^2$），A_s'：2⏀18（$A_s' = 509\text{mm}$）

【例 2.1-2】 已知梁的截面尺寸为 $b \times h = 300\text{mm} \times 600\text{mm}$，混凝土强度等级为 C35，纵筋采用 HRB400 级，配有纵向受压钢筋 2⏀16，截面弯矩值 $M = 340\text{kN} \cdot \text{mm}$，环境类别为一类。求：所需受拉钢筋截面面积 A_s。

【解】 假定梁内纵向受拉钢筋、受压钢筋单排布置 $a_s = a_s' = 40\text{mm}$。

（1）计算截面有效高度：$h_0 = h - a_s = (600 - 40)\text{mm} = 560\text{mm}$

（2）求 A_{s1} 及 M_1：

$$A_{s1} = \frac{f_y' A_s'}{f_y} = \frac{402 \times 360}{360}\text{mm}^2 = 402\text{mm}^2$$
$$M_1 = f_y' A_s' (h_0 - a_s') = 402 \times 360 \times (560 - 40)\text{N} \cdot \text{mm} = 75.25 \times 10^6 \text{N} \cdot \text{mm}$$

（3）求 M_2：

$$M_2 = M - M_1 = (340 - 75.25) \times 10^6 \text{N} \cdot \text{mm} = 264.75 \times 10^6 \text{N} \cdot \text{mm}$$

（4）求 A_{s2}：

$$\alpha_s = \frac{M_2}{\alpha_1 f_c b h_0^2} = \frac{264.75 \times 10^6}{16.7 \times 360 \times 560^2} = 0.169 < \alpha_{s \cdot max} = 0.384 \text{ 此梁不可能超筋，}$$

由附表 A-11 查出 $\gamma_s = 0.907$

$$A_{s2} = \frac{M_2}{f_y \gamma_s h_0} = \frac{264.75 \times 10^6}{360 \times 0.907 \times 560} = 1448\text{mm}^2$$

（5）求 A_s：$A_s = A_{s1} + A_{s2} = 402 + 1448 = 1850\text{mm}^2$

（6）选筋：A_s：4⏀25（$A_s = 1964\text{mm}^2$）

2. T 形截面梁抗弯承载力计算

（1）T 形截面概述。工程结构中，T 形和工字形截面梁的应用是很多的。例如现浇肋形楼盖中，楼板与梁浇注在一起形成 T 形截面梁；工业厂房的吊车梁，工字形屋面大梁、槽板、空心板等也均按 T 形截面计算，如图 2.1-13 所示。在预制构件中，有时由于构造的要求，做成独立的 T 形梁，例如 T 形檩条及 T 形吊车梁等。Ⅱ形、箱形、工形（便于布置纵向受拉钢筋）等截面，在承载力计算时均可按 T 形截面考虑。

如前所述，在对受弯构件正截面承载力分析时，不考虑混凝土的受拉作用。如果在矩形截面梁中，把大部分早已退出工作的受拉区混凝土部分挖去，如图 2.1-14 所示。只要把原有的纵向受拉钢筋集中布置在梁肋中，截面的承载力计算值与原矩形截面完全相同，这样做不仅可以节约混凝土，还可减轻自重。剩下的梁就成为由梁肋（$b \times h$）及挑出翼缘（$b'_f - b$）$\times h'_f$ 两部分所组成的 T 形截面。T 形截面的伸出部分称为翼缘，其宽度为 b'_f，翼缘厚度为 h'_f；中间部分称为肋或腹板，肋宽为 b，高为 h。有时为了需要，也采用翼缘在受拉区的倒 T 形截面或 I 形截面。

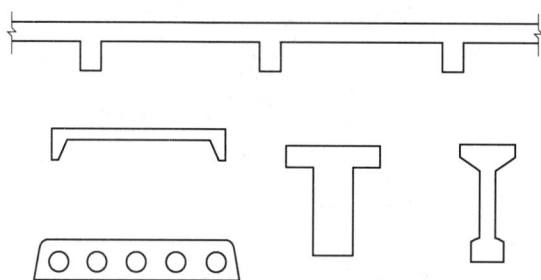

图 2.1-13　T 形截面应用示例

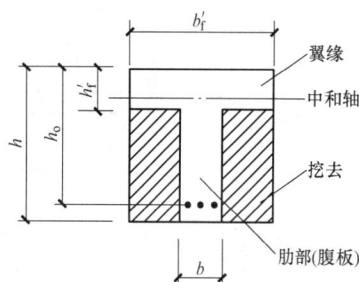

图 2.1-14　T 形截面计算

由于不考虑受拉区翼缘部分混凝土受力，工形截面按 T 形截面计算。对于现浇楼盖的连续梁如图 2.1-15 所示，由于支座处承受负弯矩，梁截面下部受压（1-1 截面），因此支座截面处按矩形，跨中（2-2 截面）则按 T 形截面计算。

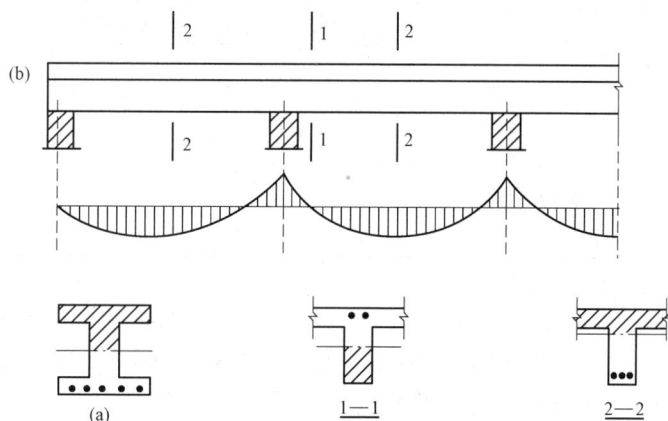

图 2.1-15　T 形截面与倒 T 形截面

（2）有效翼缘宽度 b'_f。T 形截面由缘翼和肋部（也称腹板）组成。由于翼缘宽度较大，截面有足够的混凝土受压区，很少设置受压钢筋，因此一般仅研究单筋 T 形截面。

在理论上，T 形截面翼缘宽度 b'_f 越大，截面受力性能越好。因在弯矩 M 作用下，b'_f 越大，则受压区高度 x 越小，内力臂增大，因而可减小受拉钢筋截面面积。但试验与理论研究证明，T 形截面梁受力后，翼缘上的纵向压应力是不均匀分布的，离梁肋越远，压应力越小。如图 2.1-16 所示。在工程设计时，考虑远离梁肋处的压应力很小，故在设计中把翼缘限制在一定范围内，称为翼缘的计算宽度 b_{f}'，并假定在 b_{f}' 范围内压应力是均匀分布的。

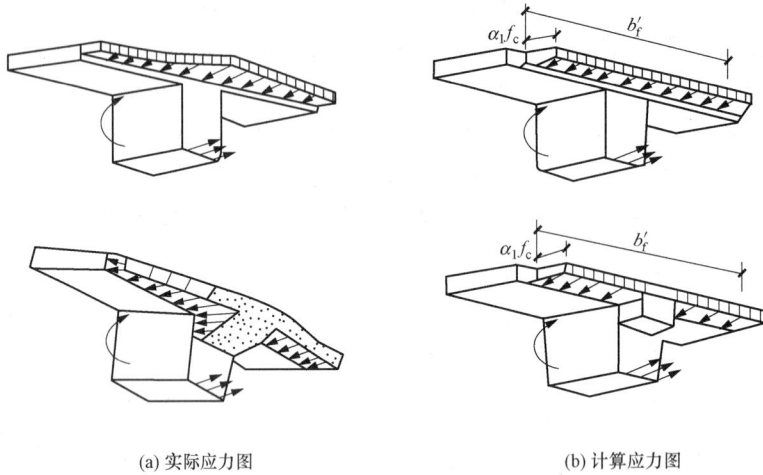

(a) 实际应力图　　　　　　　　(b) 计算应力图

图 2.1-16　T 形截面梁受压区实际应力和计算应力图

T 形截面翼缘计算宽度 b_{f}' 的取值，与翼缘厚度、梁跨度和受力情况等许多因素有关。

表 2.1-1 中列有《混凝土结构设计规范》（GB 50010—2010）规定的缘翼计算宽度 b_{f}' 计算 T 形梁翼缘宽度 b_{f}' 时应取表中有关各项中的最小值。

表 2.1-1　　　　　　　　建筑工程 T 形及倒 L 形截面受弯构件翼缘计算宽度 b_{f}

考虑情况		T 形截面		倒 L 形截面
		肋形梁板	独立梁	肋形梁板
按计算跨度 l_0 考虑		$l_0/3$	$l_0/3$	$l_0/6$
按梁（肋）净距跨度 s_{n} 考虑		$b+s_{\mathrm{n}}$	—	$b+s_{\mathrm{n}}/2$
按翼缘高度为 h_{f}' 考虑	$h_{\mathrm{f}}'/h_0 \geqslant 0.1$	—	$b+12h_{\mathrm{f}}'$	—
	$0.1 > h_{\mathrm{f}}'/h_0 \geqslant 0.05$	$b+12h_{\mathrm{f}}'$	$b+6h_{\mathrm{f}}'$	$b+5h_{\mathrm{f}}'$
	$h_{\mathrm{f}}'/h_0 < 0.05$	$b+12h_{\mathrm{f}}'$	b	$b+5h_{\mathrm{f}}'$

注　1. 表中 b 为梁的腹板宽度。

　　2. 如肋形梁在梁跨内设有间距小于纵肋间距的横肋时，则可不遵守表列第三种情况的规定。

　　3. 对有加腋的 T 形和 L 形截面，当受压区加腋的高度 $h_{\mathrm{h}} \geqslant h_{\mathrm{f}}'$ 且加腋的宽度 $b_{\mathrm{h}} \leqslant 3h_{\mathrm{h}}$ 时，则其翼缘计算宽度可按表列第三种情况规定分别增加 $2b_{\mathrm{h}}$（T 形截面和 I 形截面）和 b_{h}（倒 L 形截面）。

　　4. 独立梁受压区的翼缘板在荷载作用下经验算沿纵肋方向可能产生裂缝时，其计算宽度应取用腹板宽度 b。

（3）T 形截面抗弯承载力计算公式及适用条件。

1）T 形截面梁按受压区的高度不同，可分为下述两种类型：

①第一类 T 形截面：中和轴在翼缘内如图 2.1-17（a）所示，即 $x \leqslant h_{\mathrm{f}}'$。

②第二类 T 形截面：中和轴在梁肋内如图 2.1-17（b）所示，即 $x > h_{\mathrm{f}}'$。

两类 T 形截面的判断：当中和轴通过翼缘底面，即 $x = h_{\mathrm{f}}'$ 时如图 2.1-17（c）所示，为两种 T 形截面的界限情况。

2）两类 T 形截面的鉴别。

① $x = h'_f$ 时的特殊情况，根据力的平衡条件及力矩平衡条件可得：

$$\alpha_1 f_c b'_f h'_f = f_y A_s \tag{2.1-15}$$

$$M_u = \alpha_1 f_c b'_f h'_f (h_0 - h'_f/2) \tag{2.1-16}$$

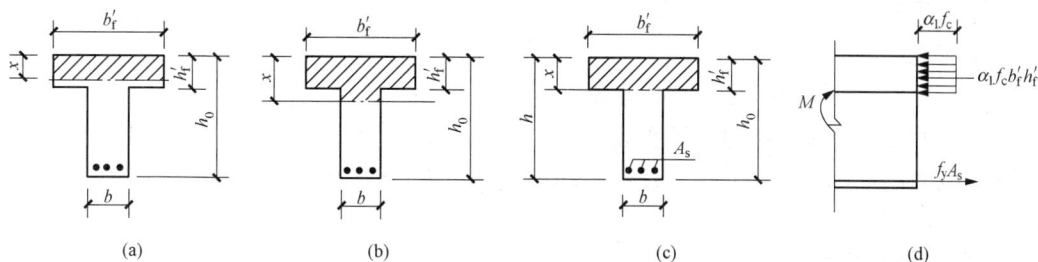

图 2.1-17 两类 T 形截面

②判别条件。

a. 当截面设计时：

$$M \leqslant \alpha_1 f_c b'_f h'_f (h_0 - h'_f/2) \qquad 则为第一类 T 形截面 \tag{2.1-17}$$

$$M > \alpha_1 f_c b'_f h'_f (h_0 - h'_f/2) \qquad 则为第二类 T 形截面 \tag{2.1-18}$$

b. 当截面复核时：

$$f_y A_s \leqslant \alpha_1 f_c b'_f h'_f \qquad 则为第一类 T 形截面 \tag{2.1-19}$$

$$f_y A_s > \alpha_1 f_c b'_f h'_f \qquad 则为第二类 T 形截面 \tag{2.1-20}$$

3）第一类 T 形截面的计算公式及适用条件。在计算 T 形截面受弯承载力时，不考虑梁的受拉区混凝土受力。因此，第一类 T 形截面（图 2.1-18）相当于宽度 $b = b'_f$ 的矩形截面，可用 b'_f 代替 b 按矩形截面的公式计算：

①计算公式。根据力的平衡条件及力矩平衡条件可得：

$$\alpha_1 f_c b'_f x = f_y A_s \tag{2.1-21}$$

$$M_u = \alpha_1 f_c b'_f x (h_0 - x/2) \tag{2.1-22}$$

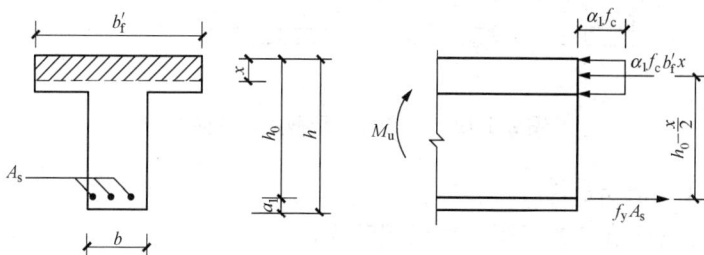

图 2.1-18 第一类 T 形截面计算简图

②适用条件。

a. $x \leqslant \xi_b h_0$，一般均能满足，不必验算。

b. $\rho \geqslant \rho_{min}$。

注意：$\rho = A_s/bh_0$，应根据梁肋宽度 b 来计算。

4）第二类 T 形截面的计算公式及适用条件。第二类 T 形截面与双筋矩形梁的计算公式有些相似，如图 2.1-19 所示。

19

①计算公式。根据力的平衡条件及力矩平衡条件可得：

$$\alpha_1 f(b'_f - b)h'_f + \alpha_1 f_c bx = f_y A_s \tag{2.1-23}$$

$$M_u = \alpha_1 f_c(b'_f - b)h'_f(h_0 - h'_f/2) + \alpha_1 f_c bx(h_0 - x/2) \tag{2.1-24}$$

②适用条件。

a. $x \leqslant \xi_b h_0$。

b. $\rho \geqslant \rho_{min}$，一般均能满足，不必验算。

（4）T形截面受弯承载力计算步骤。

对于截面设计，已知：$b \times h$、f_c、f_y、b'_f、h'_f、M；求：A_s。

其计算步骤：

1）判别截面类型

$$M \leqslant \alpha_1 f_c b'_f h'_f(h_0 - h'_f/2) \qquad \text{为第一种 T 形截面类型} \tag{2.1-25}$$

$$M > \alpha_1 f_c b'_f h'_f(h_0 - h'_f/2) \qquad \text{为第二种 T 形截面类型} \tag{2.1-26}$$

2）第一种类型，计算方法与 $b'_f \times h$ 的单筋矩形梁完全相同。取 $h_0 = h - 65 \text{mm}$。

3）第二种类型。

①如图 2.1-19 所示，取 $\qquad M = M_1 + M_2$

其中

$$M_1 = \alpha_1 f_c(b'_f - b)h'_f(h_0 - h'_f/2) \tag{2.1-27}$$

$$M_2 = \alpha_1 f_c bx(h_0 - x/2) \tag{2.1-28}$$

②计算 A_{s1} $\qquad A_{s1} = \alpha_1 f_c(b'_f - b)h'_f/f_y \tag{2.1-29}$

③计算 A_{s2} 及 A_s

$M_2 = M - M_1 = \alpha_1 f_c bh_0^2 \xi(1 - 0.5\xi)$，可按单筋矩形梁的计算方法，求得 A_{s2}

$A_s = A_{s1} + A_{s2}$

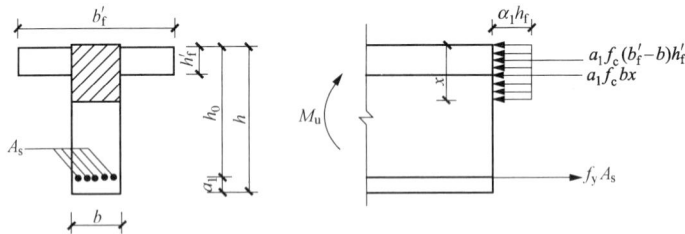

图 2.1-19　第二类 T 形截面计算简图

验算 $\xi \leqslant \xi_b$ 或 $x \leqslant \xi_b h_0$。

由此可知，可以把第二类 T 形截面梁理解为 $a'_s = h'_f/2$、$A'_s = A_{s1}$ 的双筋矩形截面受弯构件。

（5）T形截面承载力复核计算步骤。

对于截面复核，已知：$b \times h$、f_c、f_y、b'_f、h'_f、A_s、(M)，求：M_u（比较 $M \leqslant M_u$）。

其计算步骤：

1）鉴别截面类型。

$$f_y A_s \leqslant \alpha_1 f_c b'_f h'_f \qquad \text{为第一种 T 形截面类型}$$

$$f_y A_s > \alpha_1 f_c b'_f h'_f \qquad \text{为第二种 T 形截面类型}$$

2）第一种类型按 $b'_f \times h$ 单筋矩形梁的计算方法求 M_u。取 $h_0 = h - 65 \text{mm}$。

3) 第二种类型

①计算 A_{s1} 及 M_{u1}

$$A_{s1} = \alpha_1 f_c (b'_f - b) h'_f / f_y \tag{2.1-30}$$

$$M_{u1} = f_y A_{s1} (h_0 - h'_f / 2) \tag{2.1-31}$$

②计算 A_{s2} $\qquad A_{s2} = A_s - A_{s1}$ $\tag{2.1-32}$

③计算 ρ_2 $\qquad \rho_2 = A_s / b h_0$

④计算 ξ $\qquad \xi = \rho_2 f_y / \alpha_1 f_c$

⑤验算适用条件，求 M_{u2}

若 $\xi \leqslant \xi_b$ 且 $\rho_2 \geqslant \rho_{min}$，则 $\qquad M_{u2} = \alpha_1 f_c b h_0^2 \xi (1 - 0.5\xi)$ $\tag{2.1-33}$

若 $\xi > \xi_b$，取 $\xi = \xi_b$，则 $\qquad M_{u2} = \alpha_1 f_c b h_0^2 \xi_b (1 - 0.5\xi_b)$

若 $\rho_2 < \rho_{min}$，取 $\rho_2 = \rho_{min}$，则 $M_{u2} = 0.292 b h_0^2 f_t$

⑥最后可得 $\qquad M_u = M_{u1} + M_{u2}$ $\tag{2.1-34}$

⑦当 $M_u \geqslant M$ 时，满足要求；否则为不安全。

当 M_u 大于 M 过多时，该截面设计不经济。

【例 2.1-3】 已知一肋形楼盖的主梁，截面尺寸为 $b \times h = 300\text{mm} \times 650\text{mm}$，$b'_f = 800\text{mm}$，$h'_f = 110\text{mm}$ 混凝土强度等级为 C30，纵筋采用 HRB400 级，弯矩设计值 $M = 680\text{kN} \cdot \text{m}$，环境类别为一类；确定该梁受拉钢筋的面积。

【解】 假定梁内纵向受拉钢筋双排布置，$a_s = 65\text{mm}$。

（1）计算截面有效高度：$h_0 = h - a_s = 650 - 65 = 585\text{mm}$

（2）判别截面类型：

$$M_u = \alpha_1 f_c b'_f h'_f (h_0 - h'_f / 2) = 1.0 \times 14.3 \times 800 \times 110 \times (585 - 110/2)$$
$$= 666.95\text{kN} \cdot \text{m}$$

$M_u < M = 680\text{kN} \cdot \text{m}$，属于第二类 T 形截面

（3）求 M_1 及 A_{s1}：

（4）$M_{u1} = \alpha_1 f_c (b'_f - b) h'_f (h_0 - h'_f / 2)$
$\qquad = 1.0 \times 14.3 \times (800 - 300) \times 110 \times (585 - 110/2) = 416.845\text{kN} \cdot \text{m}$

（5）$A_{s1} = \alpha_1 f_c (b'_f - b) h'_f / f_y = 1.0 \times 14.3 \times (800 - 300) \times 110 / 360\text{mm}^2 = 2185\text{mm}^2$

（6）求 M_2 及 A_{s2}：

$$M_2 = M - M_1 = 680 - 416.845 = 263.155\text{kN} \cdot \text{m}$$

$$\alpha_s = \frac{M_2}{\alpha_1 f_c b h_0^2} = \frac{263.155 \times 10^6}{14.3 \times 300 \times 585^2} = 0.179 < \alpha_{s \cdot max} = 0.384$$

由附表 A-11 查出 $\gamma_s = 0.901$

$$A_{s2} = \frac{M_2}{f_y \gamma_s h_0} = \frac{263.155 \times 10^6}{360 \times 0.901 \times 585}\text{mm}^2 = 1387\text{mm}^2$$

（7）求 A_s：$A_s = A_{s1} + A_{s2} = (2185 + 1387)\text{mm}^2 = 3572\text{mm}^2$

（8）选筋：$6 \Phi 28$（$A_s = 3695\text{mm}^2$）

【例 2.1-4】 已知一肋形楼盖的次梁，截面尺寸为 $b \times h = 250\text{mm} \times 750\text{mm}$，$b'_f = 600\text{mm}$，$h'_f = 100\text{mm}$，混凝土强度等级为 C25，受拉纵筋为 $6 \Phi 22$，环境类别为一类；计算该 T 形截面梁的受弯承载力。

【解】 假定梁内纵向受拉钢筋双排布置 $a_s = 70mm$。

(1) 计算截面有效高度：$h_0 = h - a_s = (750 - 70)mm = 680mm$

(2) 判别截面类型：根据 $f_y A_s \leqslant \alpha_1 f_c b'_f h'_f$ 则为第一类 T 形截面

$$f_y A_s = 300 \times 2281 = 684.300kN$$

$$\alpha_1 f_c b'_f h'_f = 11.9 \times 600 \times 100kN = 714kN$$

(3) 计算 x：$x = \dfrac{f_y A_s}{\alpha_1 f_c b'_f} = \dfrac{300 \times 2281}{1.0 \times 11.9 \times 600}mm = 95.84mm < \xi_b h_0 = 0.55 \times 680 = 374mm$

(4) 计算 ρ：$\rho = \dfrac{A_s}{b h_0} = \dfrac{2281}{250 \times 680} = 1.34\% > \rho_{min}$

$$\rho_{min} = 0.45 \times \dfrac{f_t}{f_y} = 0.45 \times \dfrac{1.27}{300} = 0.191\% < 0.2\%，取 0.2\%$$

(5) 该 T 形截面梁的受弯承载力

$$M_u = \alpha_1 f_c b'_f x (h_0 - x/2)$$
$$= 1.0 \times 11.9 \times 600 \times 95.84 \times (680 - 95.84/2)kN \cdot m = 432.5kN \cdot m$$

2.1.3 现浇整体式单向板楼盖

现浇单向板肋梁楼盖，是一种比较普遍采用的结构形式，一般由主梁、次梁和板组成。板可支承在次梁，主梁或砖墙上。对混凝土板的计算，规范规定：两对边支承的板应按单向板计算；板四边支承时，当长边与短边长度之比小于或等于 2.0 时，应按双向板计算，当长边与短边长度之比大于 2.0、但小于 3.0 时，宜按双向板计算，当按沿短边方向受力的单向板计算时，应按长边方向布置足够数量的构造钢筋；当长边与短边长度之比大于或等于 3.0 时，可按沿短边方向受力的单向板计算。

计算单向板时，可取一单元宽度 $b = 1m$ 的板带作为典型的单元进行内力和配筋计算。

在单向板肋形楼盖中，荷载的传递路线是荷载（活）→板→次梁→主梁→柱或墙，也就是说，板的支座为次梁，次梁的支座为主梁，主梁的支座为柱或墙。在实际工程中，由于楼盖整体现浇，因此楼盖中的板和梁往往形成多跨连续结构，在内力计算和构造要求上与单跨简支的板和梁的计算均有较大的区别，这是现浇楼盖在设计和施工中必须注意的一个重要特点。

单向板肋形楼盖的设计步骤一般分以下几步进行：

(1) 结构平面布置。

(2) 确定计算简图并进行荷载计算。

(3) 对板、次梁、主梁进行内力计算。

(4) 对板、次梁、主梁进行配筋计算。

(5) 根据计算结果的构造要求，绘制楼盖施工图。

1. 结构平面布置

平面楼盖结构布置的主要任务是要合理地确定柱网和梁格，通常是在建筑设计初步方案提出的柱网和承重墙布置基础上进行的。结构平面布置应按下列原则进行：

(1) 柱网、承重墙和梁格的布置应满足房屋的使用要求。柱或墙的间距决定了主、次梁的跨度。室内房间的宽度和立面处理决定次梁的跨度；室内房间的进深则决定主梁的跨度。

当房屋的宽度不大于 5~7m 时，梁可以沿一个方向布置 [图 2.1-20 （a）]，当房屋的平面尺寸较大时，则梁应布置在两个方向上，并设若干排支撑柱，此时主梁可平行于纵向布置 [图 2.1-20（b）、（d）]，或垂直于纵向布置 [图 2.1-20（c）]。

（2）应考虑结构受力是否合理。布置梁板结构时，应尽量避免将集中荷载支承在板上，例如板上有隔墙或机器设备等集中荷载作用时，宜在板下设置梁来支承 [图 2.1-20（e）]，也尽量避免将梁支座搁在门窗洞口上，否则门窗过梁就要加强。

梁格布置力求规则整齐，梁尽可能连续贯通，板厚和梁的截面尺寸尽可能统一，这样不但便于设计和施工，而且还容易满足经济美观的要求。

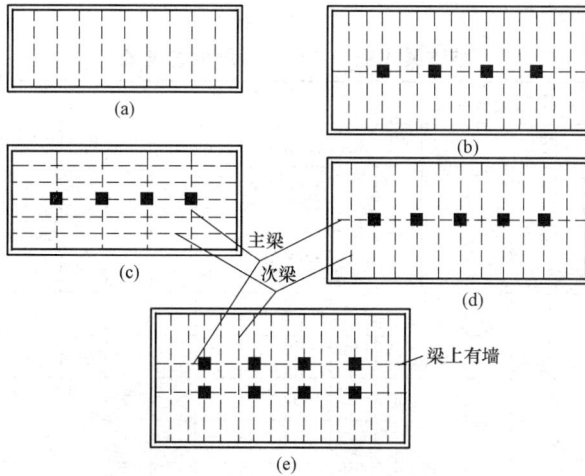

图 2.1-20　单向板肋梁楼盖结构布置

（3）应考虑节约材料，降低造价的要求。由于板的混凝土用量占整个楼盖的 50%～70%，因此应尽可能接近构造要求的最小板厚：工业建筑楼板为 70mm，民用建筑楼板为 60mm，屋面板为 60mm。此外，按照刚度要求，板厚还应不小于其跨长的 1/40。板的跨长及次梁的间距一般为 1.7～2.7m，常用的跨度为 2m 左右，所以板的厚度一般不小于表 2.1-2 的规定。

表 2.1-2　　　　　　　　　　　现浇钢筋混凝土板的最小厚度　　　　　　　　　　单位：mm

板 的 类 别		最 小 厚 度
单向板	屋面板	60
	民用建筑楼板	60
	工业建筑楼板	70
	行车道下的楼板	80
双向板		80
密肋楼盖	面板	50
	肋高	250
悬臂板（根部）	悬臂长度不大于 500mm	60
	悬臂长度 1200mm	100
无梁楼板		150
现浇空心楼盖		200

板进行设计时，板的厚度和跨度可根据荷载的大小参考表 2.1-3 来选择。

由实践可知，当梁的跨度增大时，楼盖的造价随着提高；当梁的跨度过小时，又使柱子和柱基础的数量增多，也会提高房屋的造价，同时柱子越多，房屋的使用面积就越小，不能满足使用功能要求。因此，主、次梁的平面布置也存在一个比较经济合理的范围，次梁的跨度一般为 4～6m，主梁的跨度一般为 5～8m。

根据以上原则，即可对楼盖进行结构布置。在无特殊要求的情况下，应把整个柱网布置成正方形或长方形，梁板应尽量布置成等跨度的，以便使板的厚度和梁的截面尺寸都可能统一，这样既便于内力计算又利于施工。

表 2.1-3　　　　　　　　　　　　整体梁式板（单向板）厚度参考表　　　　　　　　　单位：mm

q	多跨板/m												单跨板/m										
	1.6	1.8	2.0	2.2	2.4	2.6	2.8	3.0	3.2	3.4	3.6	3.8	1.6	1.8	2.0	2.2	2.4	2.6	2.8	3.0	3.2	3.4	3.6
2.00																							
2.40																							
2.80													60	～	70								
3.20															70	～	80						
3.60	60	～	70			80	～	90									80	～	90				
4.00				70	～	80			90	～	109								90	～	100		
4.80																				100	～	110	
5.60																							
6.40																							
7.20																							
8.00																					110	～	120

2. 单向板楼盖计算简图的确定

结构平面布置确定以后，即可确定不同构件（梁、板）的计算简图，其内容包括荷载计算、支承条件、计算跨度和跨数三方面的内容。

（1）荷载计算。作用在楼盖上的荷载，有恒荷载和活荷载两种，恒荷载包括结构自重、各构造层自重、永久设备自重等。活荷载主要是使用的人群、家具及一般设备的重量，上述荷载通常按均布荷载考虑。

楼盖恒荷载的标准值按结构实际构造情况通过计算来确定，楼盖的活荷载标准值按《建筑结构荷载规范》（GB 50009—2012）来确定。

当楼面板承受均布荷载时，通常取宽度为 1m 的板带进行计算，在确定板传递给次梁的荷载和次梁传递给主梁的荷载时，一般均忽略结构的连续性而按简支进行计算。所以，对次梁取相邻板跨中线所分割出来的面积作为它的受荷面积，次梁所承受荷载为次梁自重及其受荷面积上板传来的荷载；对于主梁，则承受主梁自重以及由次梁传来的集中荷载，但由于主梁自重与次梁传来的荷载相比较一般较小，故为了简化计算，一般可将主梁的均布自重荷载简化为若干集中荷载，与次梁传来的集中荷载合并。板、次梁荷载的计算单元如图 2.1-21（a）所示，板的计算简图如图 2.1-21（b）所示，次梁的计算简图如图 2.1-21（d）所示，主梁的计算简图如图 2.1-21（c）所示。

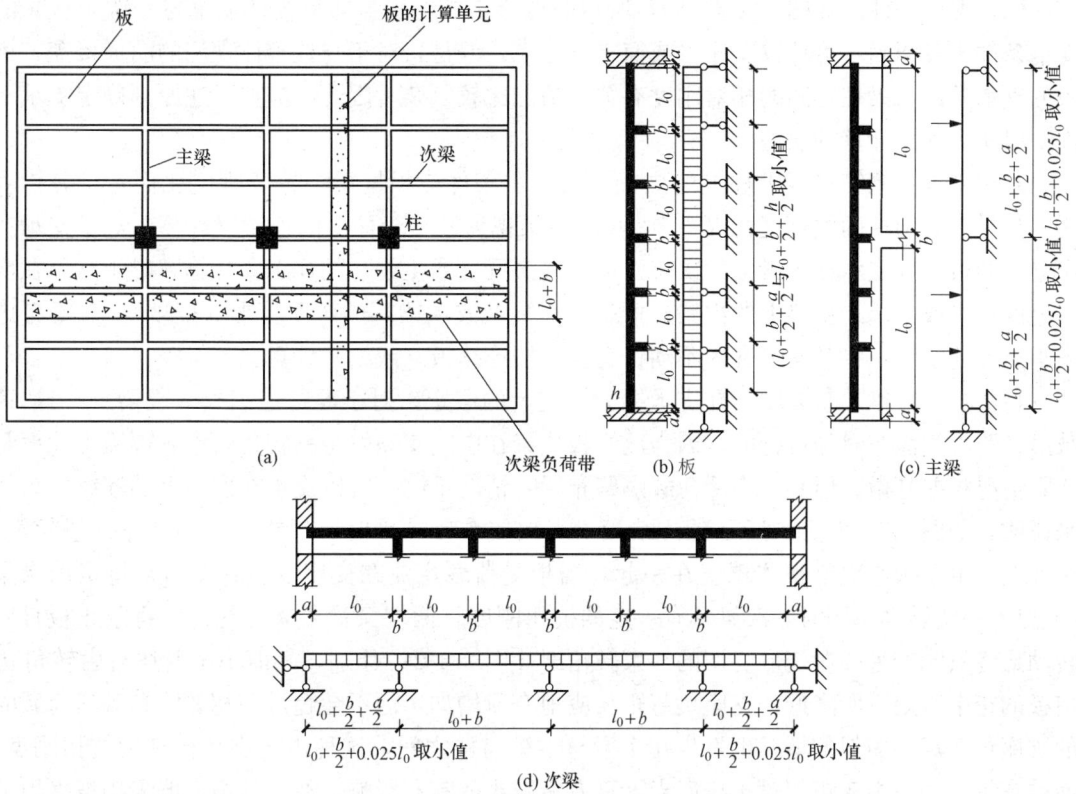

图 2.1-21　单向板肋形楼盖及计算简图

对于次梁和主梁的截面尺寸根据荷载的大小，可参考下列数据初估：

次梁　截面高度 $h = l_0/18 \sim l_0/12$　$b = h/3 \sim h/2$

主梁　截面高度 $h = l_0/14 \sim l_0/8$　$b = h/3 \sim h/2$

式中　l_0——次梁或主梁的计算跨度；

h、b——次梁或主梁的截面高度、宽度。

同时为了保证板和梁应具有足够的刚度，在初步假定板、梁截面尺寸时，尚应符合表 2.1-3 及表 2.1-4 的规定。

表 2.1-4　　　　　　　一般不作挠度验算的板、梁截面最小高度

构件类型		简单支承	两端连续	悬臂
平板	单向板	$l_0/35$	$l_0/40$	$l_0/12$
	双向板	$l_0/45$	$l_0/50$	
肋形板（包括空心板）		$l_0/20$	$l_0/25$	$l_0/10$
整体肋形梁	次梁	$l_0/20$	$l_0/25$	$l_0/8$
	主梁	$l_0/12$	$l_0/15$	$l_0/6$
独立梁		$l_0/12$	$l_0/15$	$l_0/6$

注　1. l_0 为板、梁的计算跨度（双向板为短向计算跨度）。

2. 如梁的计算跨度大于 9m 时，表中梁的各项数值应乘以系数 1.2。

25

（2）支承条件。如图 2.1-21（a）所示的混合结构，楼盖四周为砖墙承重，梁（板）的支承条件比较明确，可按铰支座（或简支）考虑，但是，对于与柱整体现浇的肋形楼盖，梁板的支承条件与梁柱之间的相对刚度有关，情况比较复杂。因此，应按下述原则确定支承条件，以减少内力计算的误差。

对于支承在钢筋混凝土柱上的主梁，其支承条件应根据梁柱抗弯刚度比而定。分析表明，如果主梁与柱的线刚度比大于 3，可将主梁视为铰支于柱上的连续梁计算，对于支承在次梁上的板（或支承在主梁上的次梁）可忽略次梁（或主梁）的连续梁计算。对于支承在次梁上的板（或支承在主梁上的次梁）可忽略次梁（或主梁）的弯曲变形（挠度），且不考虑支承点处的刚性，将其支座视为不动铰支座，按连续板（或梁）计算。

将与板（或梁）整体联结在支承视为铰支承的假定，对于等跨连续板（或梁），当活荷载沿各跨均为满布时是可行的，因为此时板或梁在中间支座发生的转角很小，按简支计算与实际情况相差甚微。但是，当活荷载隔跨布置时情况不同。现以支承在次梁上的连续板为例来说明，如图 2.1-22（a）所示的连续板，当按铰支座计算时，板绕支座的转角 θ 值较大。实际上，由于板与次梁整体现浇在一起，当板受荷载弯曲在支座发生转动时，将带动次梁（支座）一道转动。同时，次梁具有一定的抗扭刚度且两端又受主梁的约束，将阻止板自由转动最终只能产生两者变形协调的约束转角 θ'［图 2.1-22（b）］，其值小于前述自由转角 θ，使板的跨中弯矩有所降低，支座负弯矩相应地有所增加，但不会超过两相邻跨布满活荷载时的支座负弯矩。类似的情况也发生在次梁与主梁与柱之间，这种由于支承构件的抗扭刚度，使被支承构件跨中弯矩相对于按简支计算有所减小的有利影响，在设计中一般采用增大恒荷载或减小活荷载的办法来考虑［图 2.1-22（c）］，由此引起的误差将在计算荷载和内力时加以调整，即：

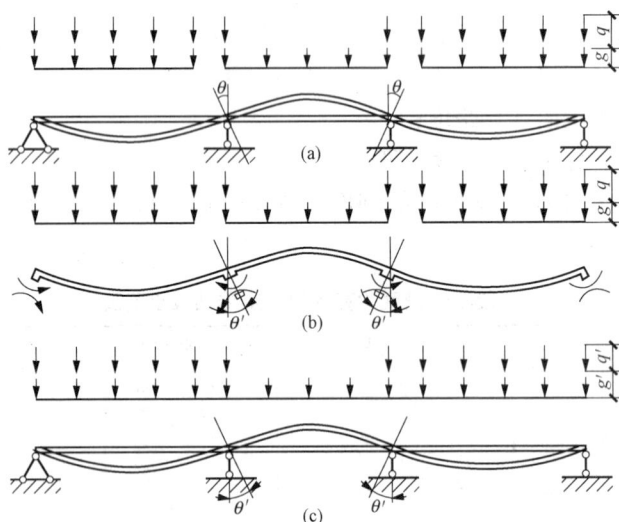

图 2.1-22　连续梁（板）的折算荷载

对于板 $\qquad g' = g + q/2 \qquad q' = q/2$ （2.1-35）

对于次梁 $\qquad g' = g + q/4 \qquad q' = 3q/4(11-2)$ （2.1-36）

式中　g'，q'——调整后的折算恒荷载、活荷载；

　　　　g，q——实际的恒荷载、活荷载。

对于主梁，转动影响很小，一般不予考虑。

梁、板的计算跨度 l_0 是指在计算内力时所采用的跨长，也就是简图中的支座反力之间的距离，其值与支承长度 a 和构件的弯曲刚度有关。对于连续梁、板，当其内力按弹性理论计算时，一般按下列规定采用：

1）连续板。

边跨：　　　　$l_0 = l_n + h/2 + b/2$

　　　　　　　$l_0 = l_n + a/2 + b/2$，以上两者取其中的较小值；

中间跨：

当与梁现浇及搁置长度 $a \leqslant 0.1 l_c$ 时，取 $l_0 = l_c$；

当与梁现浇及搁置长度 $a > 0.1 l_c$ 时，取 $l_0 = 1.1 l_n$。

2）连续梁。

边跨：　　　　　　　　$l_0 = l_c \leqslant 1.025 l_n + b/2$

中间跨：

当与支座现浇且搁置长度 $a \leqslant 0.05 l_c$ 时，取 $l_0 = l_c$；

当与支座现浇且搁置长度 $a > 0.05 l_c$ 时，取 $l_0 = 1.05 l_n$。

对于单跨梁、板和多跨连续梁板在不同支承条件下的计算跨度详见表 2.1-5。

表 2.1-5　　　　　　　　　　　连续梁板的计算跨度 l_0

分析方法	连 续 板	连 续 梁
按弹性方法分析内力	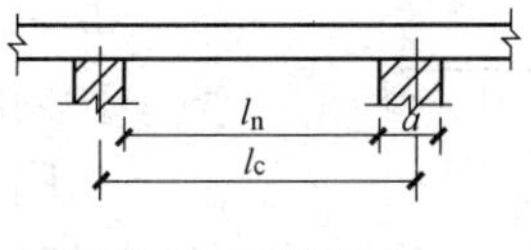 当 $a \leqslant 0.1 l_c$ 时，$l_0 = l_c$ 当 $a > 0.1 l_c$ 时，$l_0 = 1.1 l_n$ 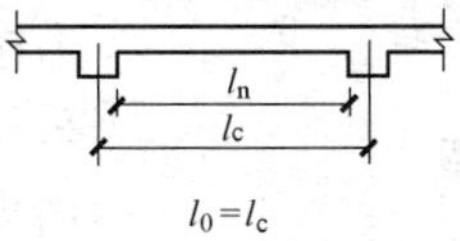 $l_0 = l_c$ 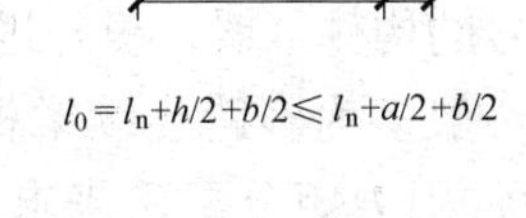 $l_0 = l_n + h/2 + b/2 \leqslant l_n + a/2 + b/2$	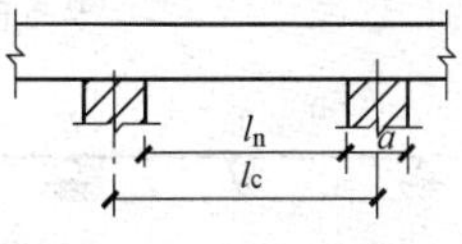 当 $a \leqslant 0.05 l_c$ 时，$l_0 = l_c$ 当 $a > 0.05 l_c$ 时，$l_0 = 1.05 l_n$ 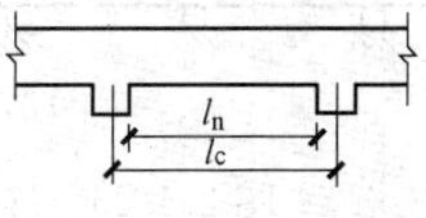 $l_0 = l_c$ 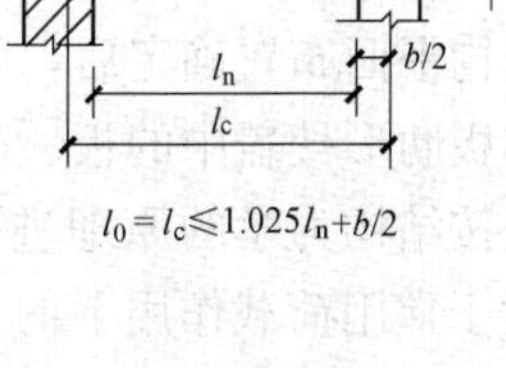 $l_0 = l_c \leqslant 1.025 l_n + b/2$

分析方法	连 续 板	连 续 梁
按塑性方法分析内力	当$a \leqslant 0.1l_c$时，$l_0=l_c$ 当$a > 0.1l_c$时，$l_0=1.1l_n$ $l_0 = l_n$ $l_0 = l_n + h/2 \leqslant l_n + b/2$	当$a \leqslant 0.05l_c$时，$l_0=l_c$ 当$a > 0.05l_c$时，$l_0=1.05l_n$ $l_0 = l_f$ $l_0 = l_n + a/2 \leqslant 1.025l_n$

在以上的规定中，l_n为梁或板的净跨，l_c为梁跨或板支承中心线间的距离，h为板厚。从上述规定可知，按弹性理论计算单跨或多跨连续梁板，为计算方便，若取构件支承中心线间的距离l_c作为计算跨长，结果总是偏安全的。

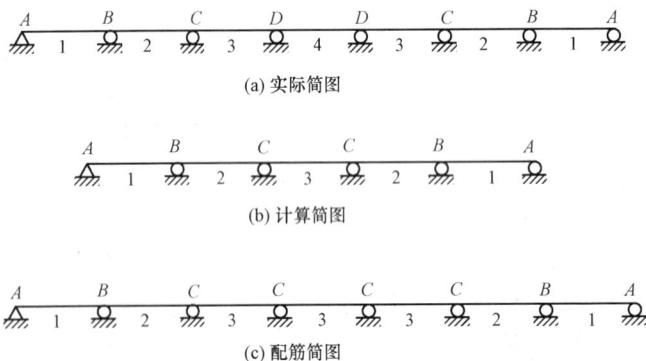

(a) 实际简图

(b) 计算简图

(c) 配筋简图

图 2.1-23　连续梁（板）计算简图

对于 5 跨和 5 跨以内的连续梁（板），跨数按实际跨数考虑。对于 5 跨以上的连续梁板［图2.1-23（a）］，当跨度相差不超过10％时，且各跨截面尺寸及荷载相同时，可近似按 5 跨连续梁（板）进行计算。从图 2.1-23 中可知，实际结构 1、2、3 跨的内力按 5 跨连续梁（板）计算简图采用，其余中间各跨（第 4 跨）内力均按 5 跨连续梁（板）的第 3 跨采用。

3. 按弹性方法的结构内力计算

结构平面布置确定后，即可对不同编号的构件（梁、板）进行结构内力计算。钢筋混凝土单向板肋形楼盖中的板、次梁、主梁，一般多为多跨连续梁板，其内力按弹性理论计算，也就是按结构力学的原理进行计算，一般常用力矩分配法来求连续板梁的内力。为方便计算，对于常用荷载作用下的等跨度、等截面的连续梁板均已有现成计算表格，详见附录 B 相应表格。对于跨度相差在10％以内的不等跨连续梁，其内力也可按表进行计算。实际应用上，就用这种计算表格，可迅速求得连续板梁的内力。具体方法如下：

（1）活荷载的最不利组合。作用于梁或板上的荷载有恒荷载和活荷载，恒荷载是保持不变的，而活荷载在各跨的分布则是随机的。对于简支梁，当恒、活荷载均为满载时，产生的内力（M 与 V）为最大，即为最不利状况；对于连续梁，则不一定是这样。由于活荷载位置的可变性，为使构件在各种可能的荷载情况下都能满足设计要求，需要求出在各截面上的最不利内力。因此，存在一个将活荷载如何布置与恒荷载进行组合，求出指定截面的最不利内力的问题。

图 2.1-24 为 5 跨连续梁当活荷载布置不同跨时的弯矩图和变形图，分析其变化规律和不同组合后的结果，不难得出确定截面最不利活荷载布置的原则，具体可归纳为以下几点：

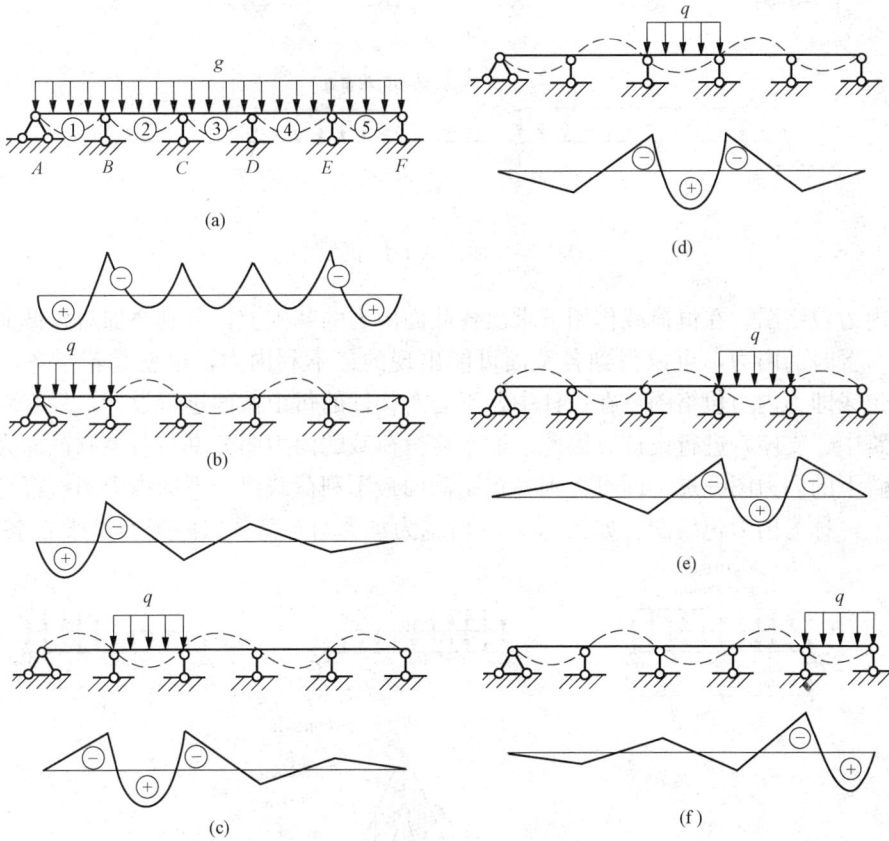

图 2.1-24　连续梁活荷载在不同跨时弯矩图

1）求某跨跨中的最大正弯矩时，应该在该跨布置活荷载，然后向其左右每隔一跨布置活荷载［图 2.1-25（a）、（b）］。

2）求某跨跨中的最大负弯矩时，应该在该跨不布置活荷载，而在相邻两跨布置活荷载，然后向左右每隔一跨布置活荷载［图 2.1-25（a）、（b）］。

3）求某支座的最大负弯矩时，应该在支座左右两跨布置活荷载，然后向左右每隔一跨布置活荷载［图 2.1-25（c）］。

4）求某支座截面的最大剪力时应在该支座的左右两跨布置活荷载，然后向左右每隔一跨布置活荷载［图 2.1-25（c）］。

梁上恒荷载应按实际情况布置。

活荷载布置确定后即可按结构力学的方法或进行连续梁的内力计算。

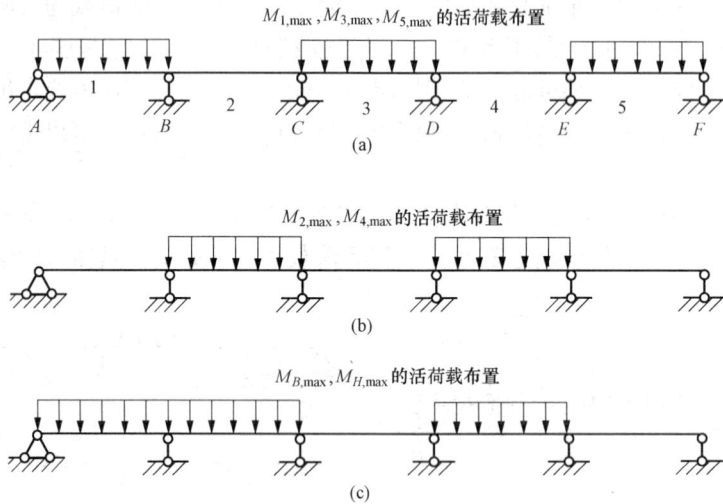

图 2.1-25 活荷载不利布置图

(2) 内力包络图。在恒荷载作用下求出各截面内力的基础上，分别叠加对各截面为最不利活荷载布置时的内力，可以得到各截面可能出现的最不利内力，也就是若干各内力图叠合，其外包线即为内力包络图。在设计中，不必对构件的每个截面进行设计，只需对若干控制截面（跨中、支座）进行设计。因此，通常将恒荷载的内力图分别与对控制截面为最不利活荷载布置下的内力图叠加，即可得到各控制截面最不利荷载组合下的内力图，将它们绘制在同一图上，称为内力包络图。如图 2.1-26 所示为承受均布荷载的两跨连续梁在各种最不

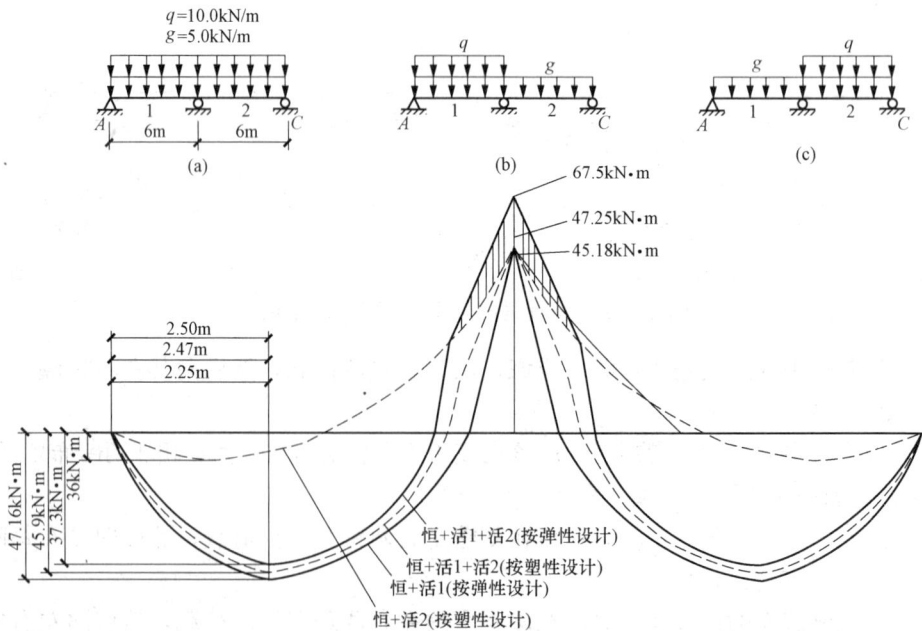

图 2.1-26 两跨连续梁的弯矩图（考虑塑性内力重分布）

利荷载组合下的包络图，用类似的方法可绘出剪力包络图。

（3）支座宽度的影响——支座截面计算内力的确定。在按弹性理论计算连续梁的内力时，其计算跨度取支座中心线间的距离，若梁与支座非整体连接或支承宽度很小时，计算简图与实际情况基本相符。然而支座总是有一定宽度的，且整体连接，这样在支座中心处梁的截面高度将会由于支承梁（板）的存在而实际增大了。实践证明不会在该截面破坏，破坏都出现在支承梁（柱）的边缘处（图 2.1-27），因此在设计整体肋形楼盖时，应考虑支承宽度的影响，也就是说在支座边缘处的内力比支座中心处要小，而支座边缘处的截面是危险截面。在承载力计算中应取支座边缘处的内力作为支座截面配筋计算的依据，为简化计算可按下列近似公式求得计算值，即：

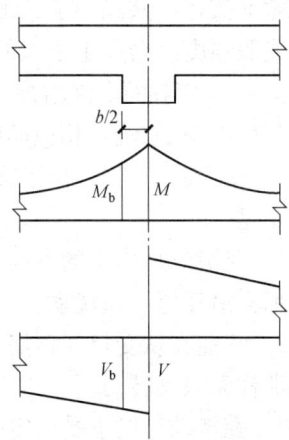

图 2.1-27　支座边缘的弯矩和剪力

$$M_{\mathrm{b}} = M - Vb/2 \qquad (2.1\text{-}37)$$

式中　M——支座中心处弯矩；

　　　V——按简支梁计算的支座中心剪力；

　　　b——支座宽度。

同理，剪力的实际计算值也应按支座边缘处采用。

当作用为均布荷载时：

$$V_{\mathrm{b}} = V_0 - (g + q)b/2 \qquad (2.1\text{-}38)$$

作为集中力时：

$$V_{\mathrm{cal}} = V_0$$

式中　V——支座中心处剪力；

　　　g，q——梁上的恒荷载和活荷载。

4. 钢筋混凝土连续梁板考虑塑性内力重分布的设计方法

在进行钢筋混凝土连续梁、板设计时，如果按上述弹性理论计算的内力包络图来选择截面及配筋，显然是安全的。因为这样计算理论的依据是：当构件任一截面达到极限承载力，即认为整个构件达到承载力极限状态。这种理论对静定结构是完全正确的，但对于具有一定塑性的连续梁板来说，构件任一截面达到极限承载力时并不会使结构丧失承载力，按弹性方法求得内力已不能正确反映实际内力。因此，在楼盖设计中考虑材料的塑性性质来分析结构的内力将更加合理。

按弹性理论计算钢筋混凝土连续梁，是假定它为均质弹性体，荷载与内力为线性关系。在荷载较小、混凝土开裂的初始阶段是适用的。但随着荷载的增加，由于混凝土受拉区裂缝的出现和开展，受压区混凝土的塑性变形，特别是受拉钢筋屈服的塑性变形，使钢筋混凝土连续梁的内力与荷载的关系已不是线性的而是非线性的。钢筋混凝土连续梁的内力，相对于线性弹性分布发生的变化，称为内力重分布现象。

钢筋混凝土连续梁内塑性铰的形成是结构破坏阶段内力重分布的主要原因。因此，本节先讨论塑性铰的概念，然后讨论塑性铰与内力重分布的关系，最后讨论塑性内力重分布计算的原则和方法。

（1）塑性铰的概念。由中职阶段的混凝土构件计算知道，钢筋混凝土受弯构件从加荷载到正截面破坏，共经历了三个阶段，其变形由弹性变形和塑性变形两部分组成，特别是钢筋达到屈服强度后会产生很大的塑性变形。当加载到受拉钢筋屈服，弯矩为 M_y，相应的曲率为 φ_y，随着荷载的少许增加，裂缝向上开展，混凝土受压区高度减小，中和轴上升，使截面达到极限弯矩 M_u，相应的曲率为 φ_u；当受压区边缘混凝土达到极限应变值，截面丧失承载力。这一破坏过程，位于梁内拉压塑性变形集中的区域形成了一个性能异常的铰，这个铰的特点是：

1）能沿弯矩作用的方向，绕不断上升的中和轴发生单向转动，而不能像普通铰（理想铰）那样沿任意方向转动。

2）只能在从受拉区钢筋开始屈服到受压区混凝土压坏的有限范围内转动，而不能像普通铰那样无限制转动。

3）在转动时能承受一定的弯矩，而普通铰不能承受弯矩。

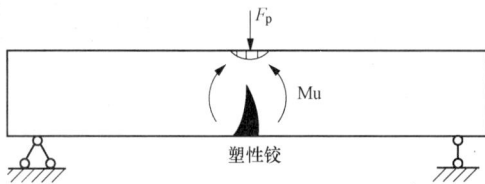

图 2.1-28 简支梁的破坏机构

因此，具有上述性能的铰，在杆系结构中称为塑性铰，它是构件塑性变形发展的结果。塑性铰出现后，对简支梁形成三铰在一直线上的破坏机构，标志着构件进入破坏状态，如图 2.1-28 所示。

（2）塑性内力重分布。对静定结构而言，当出现塑性铰时就不能再继续加载，因此静定结构出现塑性铰后便成了几何可变体系。但对超静定结构来说，它破坏的标志不是一个截面出现塑性铰，而是整个结构破坏机构的形成。它的破坏过程是：首先在一个截面出现塑性铰，随着荷载的增加，塑性铰陆续出现，每出现一个塑性铰，相当于超静定结构减少一次约束，直到最后一个塑性铰出现，整个结构形成破坏机构为止。在形成破坏的过程中，结构的内力分布和塑性铰出现前的弹性分布规律完全不同。在塑性铰出现后的加载过程中，结构的内力经历了一个重新分布的过程，这个过程称为塑性内力重分布。

钢筋混凝土连续梁塑性内力重分布的基本原则可总结如下：

1）钢筋混凝土连续梁达到承载力极限状态的标志，不是某一截面达到极限弯矩，而必须是出现足够数量的塑性铰，使整个结构形成可变体系。

2）塑性铰出现以前，连续梁的弯矩服从弹性内力分布规律，塑性铰出现以后，结构计算简图发生变化，各截面弯矩的增长率发生变化。

3）按弹性理论计算，连续梁的弯矩系数（内力分布）与截面配筋率无关，内力与外力既符合平衡条件，同时也满足变形协调关系。

4）考虑塑性内力重分布计算，虽然仍符合平衡条件，但不再符合变形协调关系。在塑性铰截面处，梁的变形曲线不再连续。

5）通过控制支座截面和跨中截面的配筋率可以控制连续梁中塑性铰出现的顺序和位置，控制调幅的大小和方向。为了保证调幅截面能形成塑性铰，并具有足够的转动能力，应使调幅截面受压区高度 $\xi = x/h_0 \leqslant 0.35$，钢筋采用塑性较好的 HPB300、HRB400、HRB500 等级别钢筋。

6）弯矩调幅不宜过大，对钢筋混凝土梁的支座截面负弯矩调幅不宜大于 25%；对钢筋混凝土板的负弯矩调幅不宜大于 20%。

（3）塑性内力重分布的计算方法。钢筋混凝土连续梁、板考虑塑性内力重分布的计算时，应用较多的是调幅法，即对构件中一些绝对值最大的弯矩进行调幅，根据弯矩调幅的基本原则，可以得到塑性内力重分布的内力计算方法。下面介绍在均布荷载作用下等跨连续梁、板考虑塑性内力重分布的弯矩和剪力的计算方法。

1）弯矩的计算。板和次梁的跨中及支座弯矩按下面公式计算：

$$M = \alpha(g+q)l_0^2 \tag{2.1-39}$$

式中　g——作用在梁、板上的均布恒荷载的设计值；

　　　q——作用在梁、板上的均布活荷载的设计值；

　　　l_0——计算跨度，按表 2.1-5 选用；

　　　α——弯矩系数，按表 2.1-6 选用。

表 2.1-6　　　　　　　　　　　　　弯矩系数

支承情况		截　面　位　置					
		端支座	边跨跨中	离端第二支座	离端第二跨跨中	中间支座	中间跨跨中
		A	Ⅰ	B	Ⅱ	C	Ⅲ
梁板搁置在墙上		0	1/11	二跨连续 −1/10	1/16	−1/14	1/16
板	与梁整浇连接	−1/16	1/14				
梁		−1/24		三跨以上连续 −1/11			
梁与柱整浇连接		−1/16	1/14				

2）剪力的计算。次梁支座的剪力可按下面公式计算：

$$V = \beta(g+q)l_n \tag{2.1-40}$$

式中　l_n——梁净跨度；

　　　β——剪力系数，按表 2.1-7 选用。

表 2.1-7　　　　　　　　　　　　　剪力系数

支　承　情　况	截　面　位　置				
	端支座内侧	离端第二支座		中间支座	
		左侧	右侧	左侧	右侧
搁置在墙上	0.45	0.60	0.55	0.55	0.55
与梁或柱整浇连接	0.50	0.55			

应当指出，按内力塑性重分布理论计算超静定结构虽然可以节约钢材，但在使用阶段钢筋应力较高，构件裂缝和变形均较大。因此，在下列情况下不能采用塑性铰计算方法，而应采用弹性理论计算方法：①使用阶段不允许开裂的结构；②重要部位的结构，要求可靠度较高的结构（例如主梁）；③受动力和疲劳荷载作用的结构；④处于有腐蚀性介质的环境中的结构。

5. 截面配筋计算及构造要求

（1）板的计算和构造要求。

1）板的计算。

①板一般能满足斜截面抗剪承载力要求，设计时可不进行受剪承载力计算。

②板受荷载进入极限状态时，支座处在上部开裂，而跨中在下部开裂，从支座到跨中各截面受压区合力作用点形成具有一定拱度的压力线。当板的周边具有足够的刚度（例如板四周有限制水平位移的边梁）时，在竖向荷载作用下，周边将对它产生水平推力（图2.1-29）。该推力可减少板中各计算截面的弯矩，其减少程度则视板的边长比及边界条件而异。为了考虑这种有利因素，一般规定，对四周与梁整体连接的单向板，其中间跨的跨中截面及中间支座截面的计算弯矩可减少20%，其他截面则不予降低。

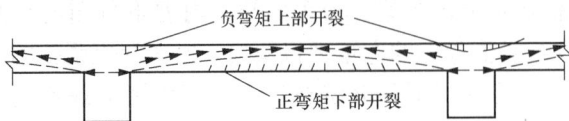

图2.1-29　简支梁的破坏机构

③根据弯矩算出各控制截面的钢筋面积之后，为使跨数较多的内跨钢筋与计算值尽可能一致，同时使支座截面尽可能利用跨中弯起的钢筋，应按先内跨后外跨、先跨中后支座的程序选择钢筋的直径和间距。

2）板的构造要求。

①板的厚度。板在楼盖中是大面积构件，故从经济角度考虑，其厚度应尽量薄，但从施工和刚度要求考虑，则不应小于前述最小板厚。

②板的支承长度应满足其受力钢筋在支座内锚固的要求，且一般不小于板厚，当搁置在砖墙上时，不小于120mm。

③板中受力钢筋一般采用HPB300级钢筋，常用直径为φ6mm、φ8mm、φ10mm等。对于支座负钢筋，为便于施工架立，宜采用直径不小于φ8mm的钢筋。

受力钢筋间距一般不小于70mm；当板厚$h \leqslant 150mm$时，不宜大于200mm；当板厚$h > 150mm$时，不宜大于$1.5h$，且不宜大于250mm。伸入支座的钢筋，采用分离式的配筋且全部伸入支座，支座负弯矩钢筋向跨内的延伸长度应覆盖负弯矩图并满足钢筋的锚固要求。

连续板受力钢筋有弯起式［图2.1-30（a）］和分离式［图2.1-30（b）］两种。前者整体性较好，且可节约钢材，但施工较复杂。后者整体性差，用钢量稍高，但施工方便。当板厚$h \leqslant 120mm$，且所受动态荷载不大时，可采用分离式配筋。

弯起式配筋可先按跨中正弯矩确定其钢筋直径和间距。然后，在支座附近将跨中钢筋按需要弯起1/2（隔一弯一）以承受负弯矩，但最多不超过2/3（隔一弯二）。如弯起钢筋的截面面积不够，可另加直钢筋。

弯起钢筋弯起角度一般采用30°，当板厚$h > 120mm$时，可采用45°。采用弯起式配筋应注意相邻两跨跨中及中间支座钢筋直径相互配合，间距变化应有规律，钢筋直径种类不宜过多，以便施工。

为了保证锚固可靠，板内伸入支座的下部受力钢筋采用半圆弯钩。对于上部负钢筋，为了保证施工时钢筋的设计位置，宜做成直抵模板的直钩。因此，直钩部分的钢筋长度为板厚减净保护层厚度。

确定连续板钢筋的弯起点和切断点，一般不必绘弯矩包络图，可按图2.1-30所示的构造要求处理。若为跨度相差不大于20%的不等跨连续板，图中的a值，当$q/g \leqslant 3$时，$a_1 \geqslant l_{01}/4$，$a_2 \geqslant l_{02}/4$，$a_3 \geqslant l_{03}/4$；当$q/g > 3$时，$a_1 \geqslant l_{01}/3$，$a_2 \geqslant l_{02}/3$，$a_3 \geqslant l_{03}/3$，g、q、l_0分别为恒荷载、活荷载设计值和板的计算跨度。若为等跨连续板时，图中的$a_1 = a_2 = a_3$，具体

取值按上述方法确定。但当板相邻跨度差超过 20%，或各跨荷载相差太大时，仍应按弯矩包络图和抵抗弯矩图来确定。

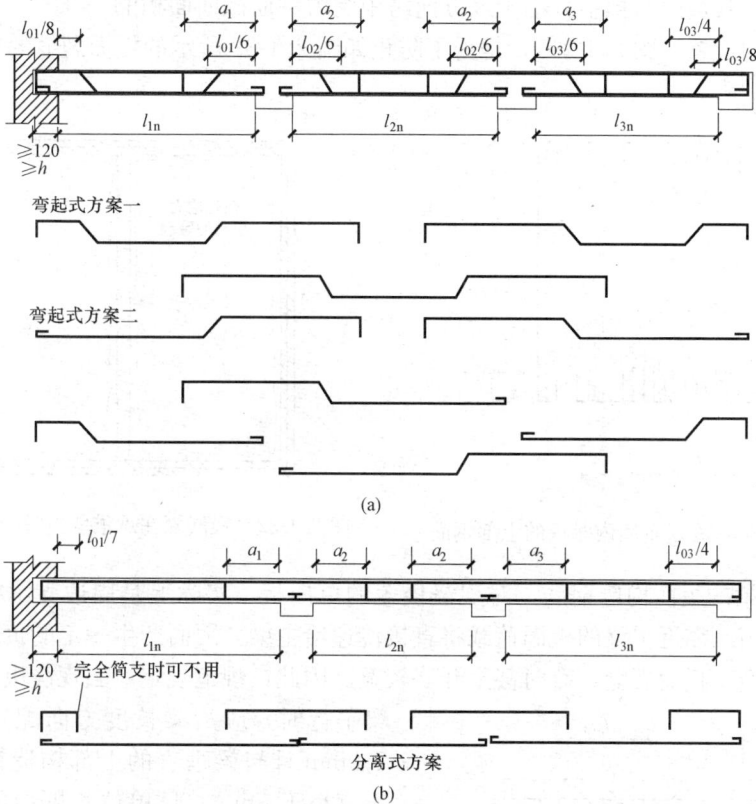

图 2.1-30　钢筋混凝土连续板受力钢筋两种配筋方式

④板中构造钢筋。

a. 分布钢筋：它是与受力钢筋垂直布置的钢筋，其作用除固定受力钢筋位置、抵抗温度收缩应力以及分布荷载的作用外，仍要承受一定数量的弯矩。例如现浇楼盖的单向板实际上为周边支承板，两个方向均发生弯曲。因此，规范规定，当按单向板设计时，除沿受力方向布置受力钢筋外，尚应在垂直受力方向布置分布钢筋。单位长度上分布钢筋的截面面积不宜小于受力钢筋截面面积的 15%，且不宜小于该方向板截面面积的 0.15%。此外，分布钢筋应均匀垂直布置于受力钢筋内侧，其间距不宜大于 200mm，直径不宜小于 6mm。在受力钢筋的弯折处也应布置分布钢筋。

b. 对于支承结构整体浇筑或嵌固承重砌体墙内的现浇混凝土板，应沿支承周边配置上部构造钢筋，其直径不宜小于 8mm，间距不宜大于 200mm，并应符合下列规定：

现浇楼盖与混凝土梁整体浇筑的单向板或双向板，应在板边上部设置垂直于板边的构造钢筋，其截面面积不宜小于跨中相应方向纵向钢筋截面面积的 1/3，该钢筋自梁边或墙边伸入板内的长度，在单向板中不宜小于受力方向板计算跨度的 1/4，在双向板中不宜小于板短跨方向计算跨度的 1/4，在板角处该钢筋应沿着两个垂直方向布置或按放射状布置。

嵌入砌体墙内的现浇混凝土板，对其上部与板边垂直的构造钢筋伸入板内的长度，从墙边算起不宜小于板短边跨度的 1/7；在两边嵌入墙内的板角部分，应配置双向上部构造钢筋，该钢筋伸入板内的长度从墙边算起不宜小于板短边跨度的 1/4；沿板的受力方向配置的上部构造钢筋，其截面面积不宜小于该方向跨中受力钢筋截面面积的 1/3。

这种钢筋的设置（图 2.1-31），是为了防止如图 2.1-32 所示的板面裂缝的出现和开展。

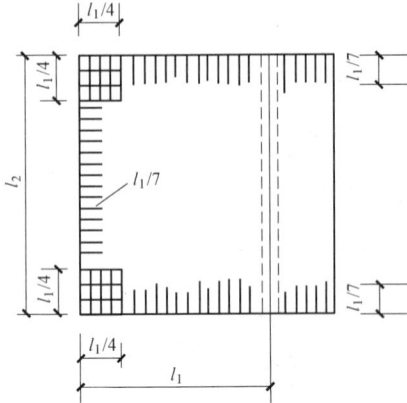

图 2.1-31 板嵌固在承重墙内时板的上部钢筋

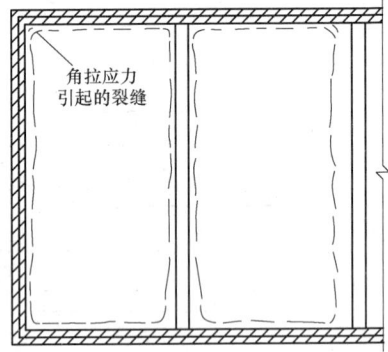

图 2.1-32 板嵌固在承重墙内时的顶面裂缝分布

c. 垂直于梁的板面构造钢筋，对现浇楼盖的单向板，实际上是周边支承板，主梁也将对板起支承作用。靠近主梁的板面荷载将直接传递给主梁，因而产生一定的负弯矩，并使板与主梁连接处产生板面裂缝，有时甚至开展较宽。因此，规范规定，当现浇板的受力钢筋与梁平行时，应沿梁长度方向配置间距不大于 200mm 且与梁垂直的上部构造钢筋，其直径不宜小于 8mm，且单位长度内的总截面面积不宜小于板中单位长度内受力钢筋截面面积的 1/3，该构造钢筋伸入板内的长度从梁边算起每边不宜小于 $l_0/4$，l_0 为板的计算跨度（图 2.1-33）。

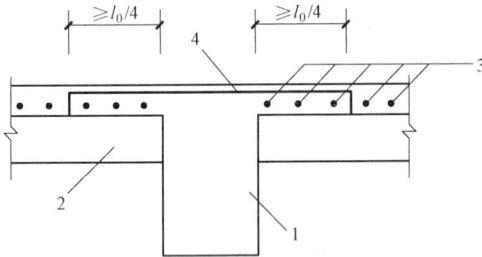

图 2.1-33 板嵌固在承重墙内时的顶面裂缝分布
1—主梁；2—次梁；3—板的受力筋；
4—垂直于主梁的构造筋

d. 板内孔洞周边的附加钢筋，当孔洞的边长 b（矩形孔）或直径 d（圆形孔）不大于 300mm 时，由于削弱面积较小，可不设附加钢筋，板内受力钢筋可绕过孔洞，不必切断 ［图 2.1-34（a）］。

当 b（或 d）大于 300mm，但小于 1000mm 时，应在洞边每侧配置加强洞口的附加钢筋，其截面面积不小于洞口被切断的受力钢筋截面面积的 1/2，且不小于 2φ10，并布置在与被切断的主筋同一水平面上 ［图 2.1-34（b）］。当 b（或 d）大于 1000mm 时，或孔洞周边有较大集中荷载时，应在洞边设肋梁 ［图 2.1-34（d）］。对于圆形孔洞，板中还须配置图 2.1-34（d）所示的上部和下部钢筋及图 2.1-34（c）所示的洞口附加环形钢筋和放射钢筋。

（2）次梁的计算与构造要求。

1）次梁的计算。

①按正截面抗弯承载力确定纵向受拉钢筋时，通常跨中按 T 形截面计算，支座因翼缘位于受拉区，按矩形截面计算，可参考 2.1.2 节关于 T 形截面承载力计算。

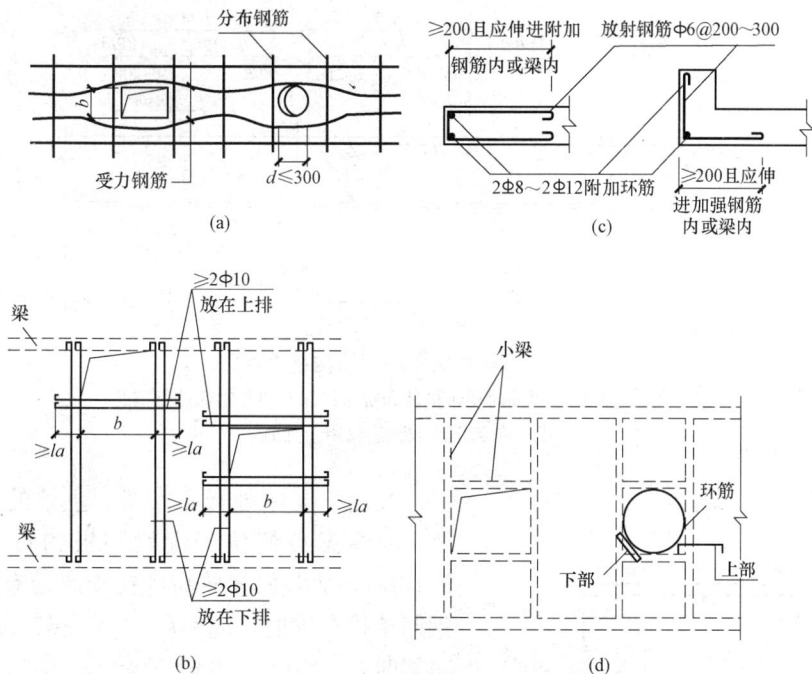

图 2.1-34 板上开洞的配筋方法

②按斜截面抗剪承载力确定横向钢筋在混凝土中，宜采用箍筋作为承受剪力的钢筋。当采用弯起钢筋时，其弯起角宜取 45°或 60°；在弯起钢筋的弯终点外应留有平行于梁轴线方向的锚固长度，在受拉区不应小于 $20d$，在受压区不应小于 $10d$，d 为弯起钢筋的直径。

③截面尺寸满足前述高跨比（1/18～1/12）和宽度比（1/3～1/2）的要求时，一般不必作使用阶段的挠度和裂缝宽度验算。

2）次梁的构造要求。

①次梁的钢筋组成及其布置可参考图 2.1-35，次梁伸入墙内长度一般不应小于 240mm。

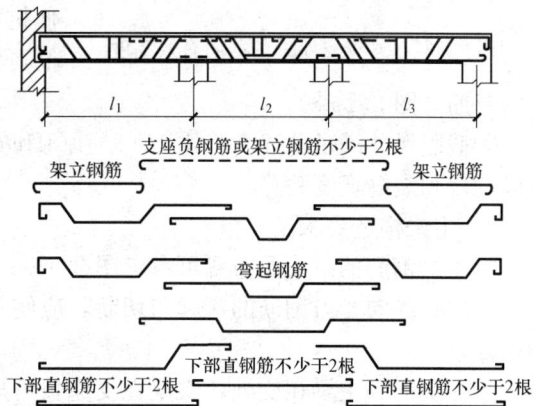

图 2.1-35　次梁的钢筋组成和布置

②当次梁相邻跨度相差不超过 20%，且均布恒荷载与活荷载设计值比 $q/g < 3$ 时，其纵向受力钢筋的弯起和切断可按图 2.1-36 进行，否则应按弯矩包络图确定。

（3）主梁的计算与构造要求。

1）主梁的计算。

①正截面抗弯承载力计算与次梁相同，通常跨中按 T 形截面计算，支座按矩形截面计算，当跨中出现负弯矩时，跨中也应按矩形截面计算。

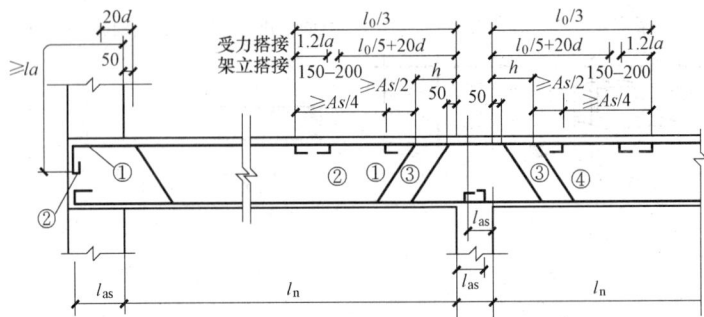

图 2.1-36　次梁的配筋构造要求

①、④—弯起钢筋可同时用于抗剪和抗弯；②—架立钢筋兼负钢筋；
③—弯起钢筋或鸭筋仅用于抗剪

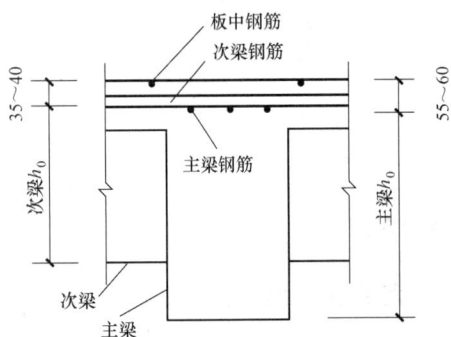

图 2.1-37　主梁支座处的截面有效高度

②由于支座处板、次梁、主梁的钢筋重叠交错，且主梁负筋位于次梁和板的负筋之下（图2.1-37），故截面有效高度在支座处有所减小。当钢筋单排布置时，$h_0 = h - (55 \sim 60)\text{mm}$；当双排布置时，$h_0 = h - (80 \sim 90)\text{mm}$。

③主梁主要承受集中荷载，剪力图呈矩形。如果在斜截面抗剪计算中，要利用弯起钢筋抵抗剪力，则应考虑跨中有足够的钢筋可供弯起，以使抗剪承载力图完全覆盖剪力包络图。若跨中钢筋可供弯起的根数不够，则应在支座设置专门抗剪的鸭筋（图 2.1-38）。

④截面尺寸满足前述高跨比 1/14～1/8 和宽高比 1/3～1/2 的要求时，一般不必作使用阶段挠度和裂缝宽度验算。

2）主梁构造要求。

①主梁钢筋的组成及布置可参考图 2.1-38，主梁伸入墙内的长度一般不应小于 370mm。

②主梁纵向受力钢筋的弯起与切断，应使其抵抗弯矩图覆盖弯矩包络图，并应满足有关构造要求。

③在次梁和主梁相交处，次梁在支座负弯矩作用下，在顶面将出现裂缝。这样，次梁主要通过其支座截面剪压区集中力传给主梁梁腹。试验表明，当梁腹有集中力作用时，将产生垂直于梁轴线的局部应力，作用点以上的梁腹内为拉应力，以下为压应力。由该局部应力和梁下部的法向拉应力引起的主拉应力将在梁腹引起斜裂缝 [图 2.1-39（a）]。为防止这种斜裂缝引起的局部破坏，应在主梁承受次梁传来集中力处设置附加的横向钢筋（吊筋或箍筋）。规范建议附加横向钢筋宜优先采用附加箍筋 [图 2.1-39（b）]。

规范规定，附加箍筋应布置在长度为 $s = 2h_1 + 3b$ 的范围内 [图 2.1-39（b）]。

第一道附加箍筋离次梁边 50mm [图 2.1-39（b）]，如集中力 F 全部由附加箍筋承受，则所需附加箍筋的总截面面积为：

$$A_{sv} \geqslant \frac{F}{f_{yv}} \qquad (2.1\text{-}41)$$

38

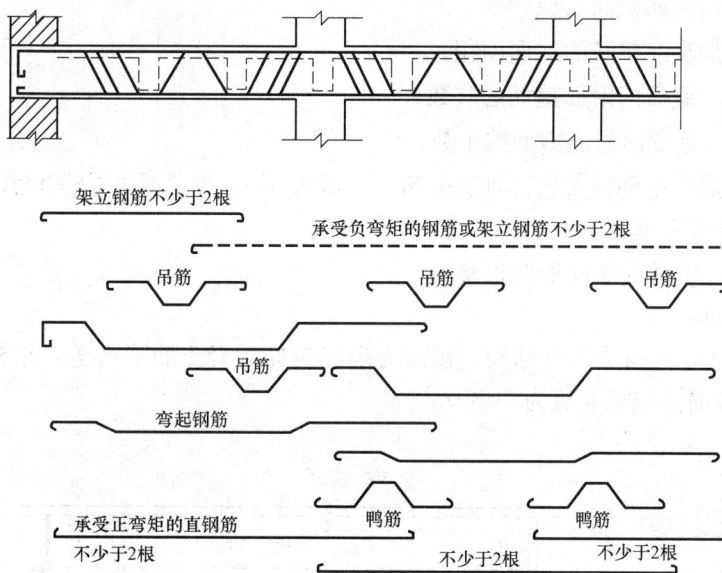

图 2.1-38 主梁配筋构造要求

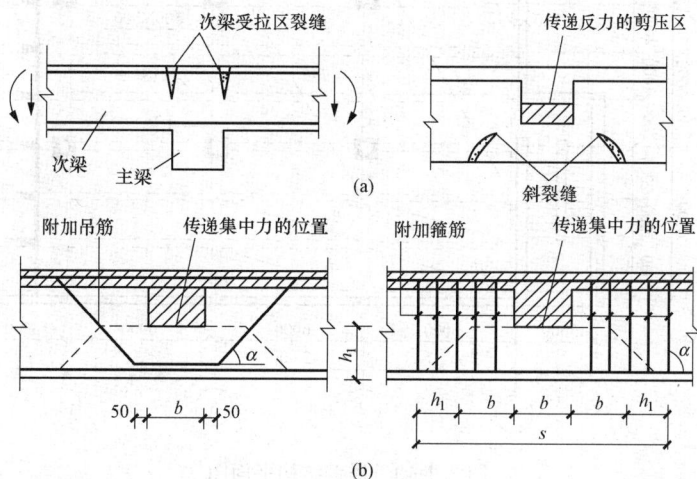

图 2.1-39 吊筋与附加箍筋的设置

当选定附加箍筋的直径和肢数后，由上式求得 A_{sv}，即不难算出 s 范围内附加箍筋的根数。

如集中力 F 全部由吊筋承受，其总截面面积为：

$$A_{sv} \geqslant \frac{F}{2f_y \sin\alpha}$$ (2.1-42)

如集中力 F 同时由附加吊筋和箍筋承受时，应满足下列条件：

$$F \leqslant 2f_y A_{sb} \sin\alpha + m \times n A_{sv1} f_{yv}$$ (2.1-43)

式中 F——由次梁传递的集中力设计值；

f_y、f_{yv}——吊筋、附加箍筋抗拉强度设计值；

A_sb——附加吊筋截面面积；

A_sv1——附加箍筋单肢的截面面积；

n——同一截面内附加箍筋的肢数；

m——在 s 范围内附加箍筋的个数；

α——吊筋弯起部分与构件轴线夹角，一般为 $45°$，当梁高 $h>800\text{mm}$ 时，采用 $60°$。

6. 单向板肋形梁楼盖设计例题

【例 2.1-5】 整体式单向板肋形楼盖设计。

（1）设计资料。

1）某多层工业建筑为混合结构，楼面为现浇钢筋混凝土肋形楼盖，结构平面布置如图 2.1-40 所示，楼面活载标准值为 6kN/m^2。

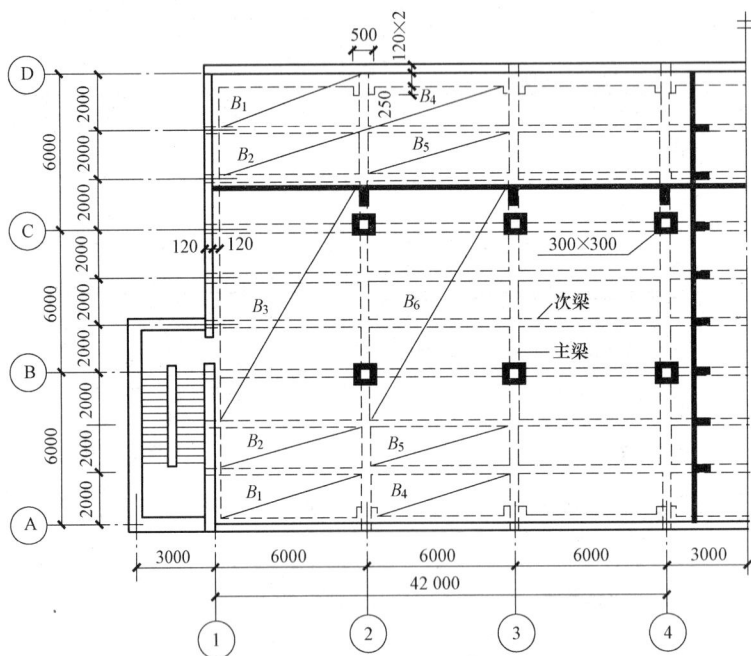

图 2.1-40 楼盖结构平面图

2）楼面面层采用 30mm 厚水磨石，梁、板下面 20mm 混合砂浆粉底。

3）梁、板均采用 C25 混凝土，钢筋采用 HPB300 和 HRB335 级钢筋。

（2）设计要求。

1）板、次梁按塑性内力重分布计算。

2）主梁按弹性理论计算。

3）绘出梁、板的施工图。

解 1. 板的设计

板按考虑塑性内力重分布方法计算，取 1m 宽板带为计算单元，有关尺寸时计算简图如图 2.1-41 所示，设板厚 $h=80\text{mm}$。

（1）荷载计算。

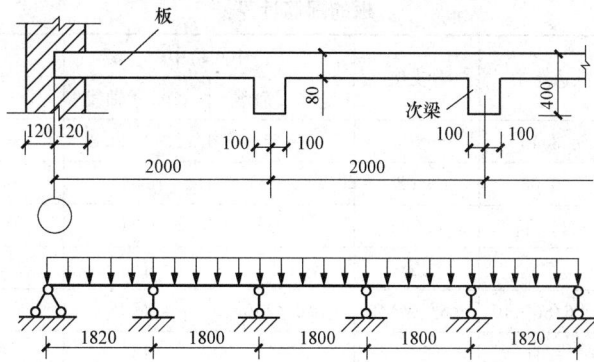

图 2.1-41　板的计算简图

30mm 厚的水磨石面层：	0.65kN/m^2
80mm 厚钢筋混凝土板：	$25\times0.08=2\text{kN/m}^2$
20mm 厚混合砂浆粉底：	$17\times0.02=0.34\text{kN/m}^2$
恒荷载标准值：	$g_k=2.99\text{kN/m}^2$
活荷载标准值：	$q_k=6.0\text{kN/m}^2$
荷载设计值：	$q=1.2\times2.99+1.3\times6=11.36\text{kN/m}^2$

《建筑结构荷载规范》（GB 50009—2012）规定，对标准值大于 4kN/m^2 的楼面结构活荷载分项系数取 1.3。

（2）内力计算。

初估次梁截面尺寸：

高 $h=l/18\sim l/12$　　取 $h=400$mm

宽 $b=h/3\sim h/2=130\sim200$mm　　　取 $b=200$mm

计算跨度：楼板按塑性理论计算，故计算跨度取净跨。

边跨：$l_0=(2000-120-100+80/2)\text{mm}=1820$mm

中间跨：$l_0=(2000-200)\text{mm}=1800$mm

因跨度差 $(1820-1800)/1800=1.18\%$，在 10% 以内，故可按等跨计算。

计算结果见表 2.1-8。

表 2.1-8　　　　　　　　　　　　板的弯矩计算

截面	边跨中	第二支座（B 支座）	中间跨中	中间支座
弯矩系数 α	1/11	−1/11	1/16	−1/14
$M=\alpha(g+q)l_0^2/$ (kN·m)	$1/11\times11.39\times1.82^2$ $=3.43$	$-1/11\times11.39\times1.82^2$ $=-3.43$	$1/16\times11.39\times1.8^2$ $=2.31$	$-1/14\times11.39\times1.8^2$ $=-2.64$

（3）配筋计算。

取 1m 宽板带计算，$b=1000$mm，$h=80$mm，$h_0=80-20=60$mm，钢筋采用 HPB300 级（$f_y=270\text{kN/m}^2$），混凝土采用 C25（$f_c=11.9\text{kN/m}^2$），$\alpha_1=1.0$。

①～④轴线间中间区格板与梁为整浇，故计算弯矩乘以系数 0.8 予以折减。板的配筋见表 2.1-9，配筋图如图 2.1-42 所示。

表 2.1-9 　　　　　　　　　　　　　　　　　　　　板的配筋计算

截面位置	边跨中	B支座	中间跨中		中间支座	
			①~②轴线	②~④轴线	①~②轴线	②~④轴线
$M/\mathrm{kN \cdot m}$	3.43	−3.43	2.31	2.31×0.8	−2.64	−2.64×0.8
$\alpha_s = M/\alpha_1 f_c b h_0^2$	0.08	0.08	0.054	0.043	0.062	0.049
$\xi = 1 - \sqrt{1 - 2\alpha_s}$	0.083	0.083	0.056	0.044	0.064	0.050
$A_s = \xi b h_0 \alpha_1 f_c / f_y /\mathrm{mm^2}$	220	220	148	116	169	133
选用钢筋	Φ6/8@140	Φ6/8@140	Φ6@140	Φ6@180	Φ8@200	Φ6@140
实配钢筋面积/$\mathrm{mm^2}$	281	281	202	157	251	202

注 配筋负偏差小于5%。

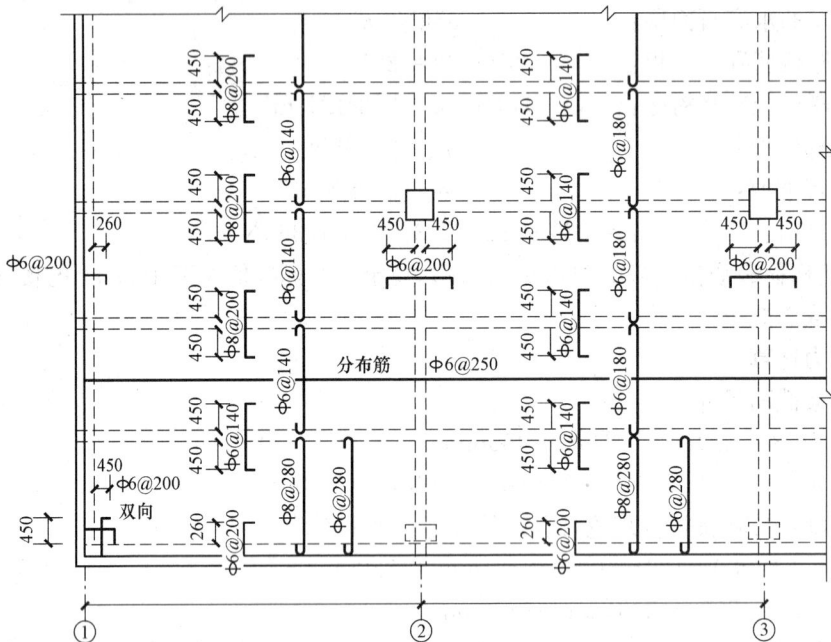

图 2.1-42　板配筋图

2. 次梁的计算

次梁按考虑塑性内力重分布方法计算,有关尺寸及计算简图如图 2.1-43 所示。

(1)荷载计算。

由板传来恒荷载:　　　　　　　　$2.99 \times 2.0\mathrm{kN/m} = 5.98\mathrm{kN/m}$

次梁自重:　　　　$25 \times 0.2 \times (0.4-0.08)\mathrm{kN/m} = 1.6\mathrm{kN/m}$

次梁粉刷:　　$17 \times 0.02 \times (0.4-0.08) \times 2\mathrm{kN/m} = 0.218\mathrm{kN/m}$

恒荷载标准值:　　　　　　　　　$g_k = 7.798\mathrm{kN/m}$

活荷载标准值:　　　　　　　　　$q_k = 6 \times 2 = 12\mathrm{kN/m}$

荷载设计值:　　　　$q = 1.2 \times 7.798 + 1.3 \times 12 = 24.958\mathrm{kN/m}$

《建筑结构荷载规范》(GB 50009—2012)规定:对标准值大于 $4\mathrm{kN/m^2}$ 的楼面结构活荷

载分项系数取 1.3。

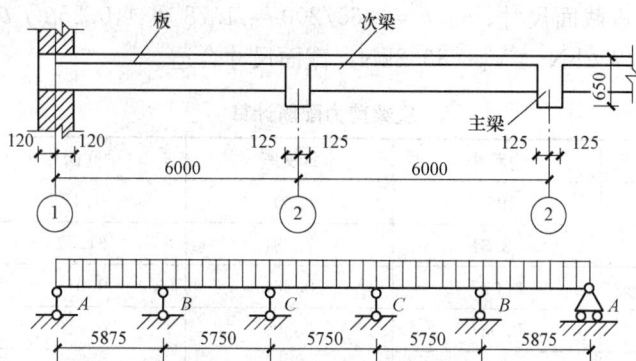

图 2.1-43　次梁的计算简图

（2）内力计算。

计算跨度（设主梁 $b \times h = 250\text{mm} \times 650\text{mm}$）：

边跨：$l_0 = (6000 - 250/2 - 120 + 240/2) = 5875\text{mm}$

中间跨：$l_0 = (6000 - 250) = 5750\text{mm}$

因跨度差 $(5875 - 5750)/5750 = 2.2\% < 10\%$ 可按等跨计算，计算结果见表 2.1-10 及表 2.1-11。

表 2.1-10　　　　　　　　　　　　次梁弯矩计算

截面	边跨中	B 支座	中间跨中	C 支座
弯矩系数 α	1/11	$-1/11$	1/16	$-1/14$
$M = \alpha (g+q) l_0^2 /$ kN·m	$1/11 \times 24.958 \times$ $5.875^2 = 78.31$	$-1/11 \times 24.958 \times$ $5.875^2 = -78.31$	$1/16 \times 24.958 \times$ $5.75^2 = 51.57$	$-1/14 \times 24.958 \times 5.75^2$ $= -58.94$

表 2.1-11　　　　　　　　　　　　次梁剪力计算

截面	A 支座	B 支座（左）	B 支座（右）	C 支座
剪力系数 β	0.45	0.6	0.55	0.55
$V = \beta (g+q) l_n /$ kN	$0.45 \times 24.958 \times$ $5.755 = 64.63$	$0.6 \times 24.958 \times$ $5.755 = 86.18$	$0.55 \times 24.958 \times$ $5.75 = 78.93$	$0.55 \times 24.958 \times$ $5.75 = 78.93$

（3）配筋计算。

1）正截面配筋计算，钢筋采用 HRB335 级（$f_y = 300\text{kN/m}^2$），混凝土采用 C25（$f_c = 11.9\text{kN/m}^2$），$\alpha_1 = 1.0$。次梁支座按矩形截面进行计算，跨中截面按 T 形截面进行计算，T 形截面翼缘宽度为

边跨：$b_f' = 1/3 \times 5875 = 1958\text{mm} < b+s = 2000\text{mm}$，取 $b_f' = 1958\text{mm}$；

中间跨：$b_f' = 1/3 \times 5750 = 1917\text{mm} < b+s = 2000\text{mm}$，取 $b_f' = 1917\text{mm}$；

设 $h_0 = 400 - 45 = 355\text{mm}$，翼缘高度 $h_f' = 80\text{mm}$。

$\alpha_1 f_c b_f' h_f' (h_0 - h_f'/2) = 1.0 \times 11.9 \times 1917 \times 80 \times (365 - 80/2) = 596.12\text{kN·m} > 78.3\text{kN·m}$，故次梁各跨中截面均属第一类 T 形截面。计算结果见表 2.1-12。

选用的 A_s 均大于 $\rho_{\min} bh = 0.002 \times 200 \times 400\text{mm}^2 = 160\text{mm}^2$。

2）斜截面配筋计算箍筋采用 HRB300 级（$f_{yv}=270\text{kN/m}^2$），混凝土采用 C25（$f_c=11.9\text{kN/m}^2$），验算斜截面尺寸；$h_w/b=365/200=1.78<4$，$0.25\beta_c f_c b h_0=0.25\times1.0\times200\times365\times11.9=217.2\text{kN}>V_b=86.2\text{kN}$，截面尺寸合适。

表 2.1-12　　　　　　　　　　　　　次梁剪力配筋计算

截　面	边跨中	B 支座	中间跨中	C 支座
b'_f 或 b/mm	1958	200	1917	200
$M/\text{kN}\cdot\text{m}$	78.31	78.31	51.57	58.94
$\alpha_s=M/(\alpha_1 f_c b h_0^2)$	0.027	0.261	0.018	0.196
$\xi=1-\sqrt{1-2\alpha_s}$	0.027	0.309	0.018	0.220
$A_s=\xi b h_0 \alpha_1 f_c/f_y/\text{mm}^2$	744	870	486	620
选配钢筋	3Φ18	2Φ20+2Φ14	3Φ16	2Φ20
实配钢筋/mm^2	763	936	603	628

注　配筋负偏差小于5%。

箍筋计算结果见表 2.1-13。

表 2.1-13　　　　　　　　　　　　　次梁抗剪箍筋计算

截　面	A 支座	B 支座（左）	B 支座（右）	C 支座
V/kN	64.63	26.18	78.93	78.93
$0.25\beta_c f_c b h_0/\text{kN}$	211.2>V	211.2>V	211.2>V	211.2>V
选配箍筋、直径、间距	双肢Φ6@200	双肢Φ6@200	双肢Φ6@200	双肢Φ6@200
$V_c=0.7f_t b h_0/\text{kN}$	61.1	61.1	61.1	61.1
$V_s=f_{yv}A_{yv}h_0/s/\text{kN}$	27.3	27.3	27.3	27.3
$V_{cs}=V_c+V_s/\text{kN}$	88.4>V	88.4>V	88.4>V	88.4>V

次梁配筋图如图 2.1-44 所示。

3. 主梁的设计

主梁按弹性理论设计，视为铰支在柱顶上的连续梁。有关尺寸及计算简图如图 2.1-45 所示。

（1）荷载计算。

由次梁传来恒荷载：　　　　　　　$7.798\times6\text{kN}=46.788\text{kN}$

主梁自重：　　　$[25\times0.25\times(0.65-0.08)\times2]\text{kN}=7.125\text{kN}$

主梁粉刷：　　$[17\times0.02\times(0.65-0.08)\times2\times2]\text{kN}=0.775\text{kN}$

恒荷载标准值：　　　　　　　　$G_K=54.688\text{kN}$

活荷载标准值：　　　　　　　　$P_K=12\times6\text{kN}=72\text{kN}$

恒荷载设计值：　　　　　　　$G=1.2\times54.688\text{kN}=65.63\text{kN}$

活荷载设计值：　　　　　$P=1.3\times72\text{kN}=93.6\text{kN}$

（2）内力计算。

计算跨度（设柱截面尺寸 300mm×300mm）：

边跨　$l_n=(6000-250-300/2)\text{mm}=5600\text{mm}$

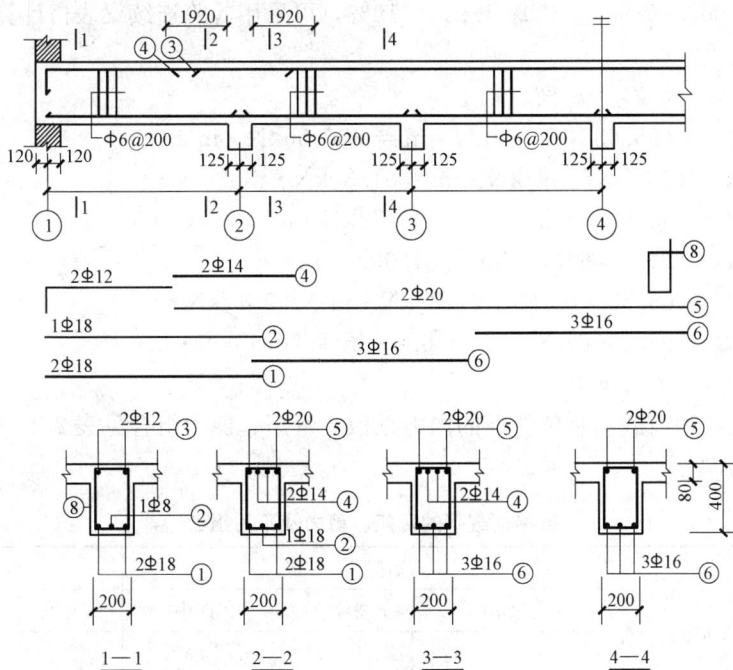

图 2.1-44 次梁配筋图

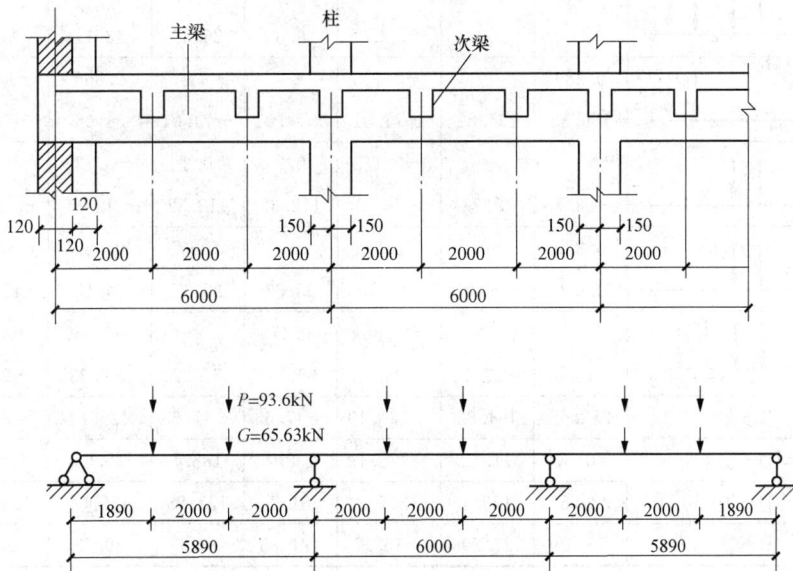

图 2.1-45 主梁计算简图

$l_0 = l_n + a/2 + b/2 = (5600 + 370/2 + 300/2)\text{mm} = 5935\text{mm}$

$l_0 = 1.025 l_n + b/2 = (1.025 \times 5600 + 150)\text{mm} = 5890\text{mm}$，比较以上各值，取小值 $l_0 = 5600\text{mm}$

中间跨　$l_n = (6000 - 300)\text{mm} = 5700\text{mm}$

$l_0 = l_n + b = (5700 + 300)\text{mm} = 6000\text{mm}$，比较以上各值，取小值 $l_0 = 5700\text{mm}$。

45

跨度差：$(6000-5890)/5890=1.9\%<10\%$，可采用等跨连续梁表格计算内力（见附表 B）。

1）弯矩：$M=k_1Gl_0+k_2Pl_0$

边跨 $Gl_0=(65.63\times5.89)\text{kN}\cdot\text{m}=386.56\text{kN}\cdot\text{m}$

    $Pl_0=(93.6\times5.89)\text{kN}\cdot\text{m}=551.30\text{kN}\cdot\text{m}$

中间跨 $Gl_0=(65.63\times6)\text{kN}\cdot\text{m}=393.78\text{kN}\cdot\text{m}$

    $Pl_0=(93.6\times6)\text{kN}\cdot\text{m}=561.6\text{kN}\cdot\text{m}$

B 支座 $Gl_0=[65.63\times(5.89+6)/2]\text{kN}\cdot\text{m}=390.17\text{kN}\cdot\text{m}$

    $Pl_0=[93.6\times(5.89+6)/2]\text{kN}\cdot\text{m}=556.45\text{kN}\cdot\text{m}$

2）剪力：$V=k_3G+k_4P$。

由附表查得各种荷载不利位置下的内力系数，弯矩、剪力组合见表 2.1-14，内力包络图如图 2.1-47 所示。

表 2.1-14   各种荷载下的弯矩、剪力及不利组合

项次	荷载简图	弯矩值/kN·m					剪力值/kN		
		边跨中		B 支座	中间跨中		A 支座	B 支座	
		k	k	k	k	k	k	k	k
		M_{1-1}	M_{1-2}	M_B	M_{2-1}	M_{2-2}	V_A	$V_{B左}$	$V_{B右}$
①		0.244	—	−0.267	0.67	0.067	0.733	−1.267	1.0
		94.32	60	−104.18	26.38	26.38	48.11	−83.15	65.63
②		0.289	—	−0.133	—	—	0.866	−1.134	0
		159.33	134.82	−74.01	−74.01	−74.01	81.06	−106.14	0
③		—	—	−0.133	0.2	0.2	−0.133	−0.133	1.0
		−23.75	48.88	−74.01	112.32	112.32	−12.45	−12.45	93.6
④		0.229	—	−0.311	—	0.17	0.689	−1.311	1.222
		126.25	69.4	−173.06	55.32	95.47	64.49	−122.71	114.38
⑤		—	—	−0.089	0.17	—	−0.089	−0.089	0.778
		−15.89	−32.71	−49.52	95.47	55.32	−8.33	−8.33	72.82
内力不利组合	①+②	253.65	194.82	−178.19	−47.63	−47.63	129.17	−189.29	65.63
	①+③	70.57	11.12	−178.19	138.7	138.7	35.66	−95.60	159.23
	①+④	220.57	129.4	−277.24	81.7	121.85	112.60	−205.86	180.01
	①+⑤	78.43	27.29	−153.7	121.85	81.7	39.78	−91.48	138.45

表中 M_{1-1}、M_{1-2} 弯矩值，可取脱离体由平衡条件求得。以项次②中的 M_{1-2} 为例，如图 2.1-46 所示。

（3）截面配筋计算。

1）正截面配筋计算：主梁跨中截面在正弯矩作用下按 T 形截面计算，其翼缘宽度 b'_f 为：$l/3=6000/3\text{mm}=2000\text{mm}$；$b+s_0=6000\text{mm}$，两者取较小值，即取 $b'_f=2000\text{mm}$。

设 $h_0=(650-45)\text{mm}=605\text{mm}$

则 $\alpha_1 f_c b'_f h'_f(h_0-h'_f/2)=1.0\times11.9\times2000\times80\times(605-80/2)=1075.76\text{kN}\cdot\text{m}>$

253.65kN·m，截面属第一类 T 形截面。

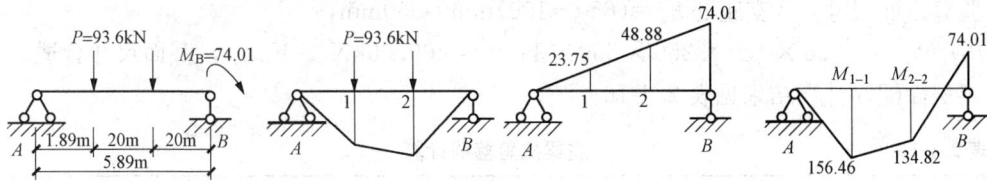

图 2.1-46　求 $M_{1\text{-}2}$ 计算图

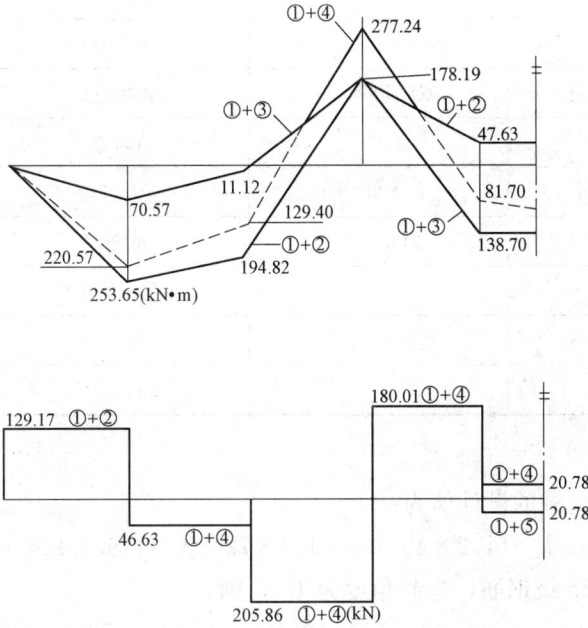

图 2.1-47　内力包络图

主梁支座截面以及在负弯矩作用下的跨中截面按矩形截面计算。设主梁支座截面钢筋按双排布置，则 $h_0=(650-100)\text{mm}=550\text{mm}$。

B 支座边弯矩：$M_{\text{边}}=M_{\text{中}}-Vb/2=(277.4-180.01\times0.3/2)\text{kN}\cdot\text{m}=250.4\text{kN}\cdot\text{m}$，主梁正截面配筋计算见表 2.1-15。

表 2.1-15　　　　　　　　　　　　　主梁正截面配筋计算

截　面	边跨中	中间支座	中间跨中
b_f' 或 b/mm	2000	250	2000
M/(kN·m)	253.65	250.2	138.7
h_0/mm	605	550	605
$\alpha_s=M/\alpha_1 f_c b h_0^2$	0.029	0.278	0.016
$\xi=1-\sqrt{1-2\alpha_s}$	0.029	0.334	0.016
$A_s=\xi b h_0 \alpha_1 f_c/f_y$/mm²	1392	1822	768
选配钢筋	4Φ22	5Φ22	2Φ18＋1Φ22
实配钢筋/mm²	1520	1900	888

2）斜截面配筋计算。

验算截面尺寸：B 支座处 $h_0 = (650-100)\text{mm} = 550\text{mm}$，

$0.25\beta_c f_c b h_0 = 0.25 \times 1.0 \times 250 \times 550 \times 11.9 = 409.06\text{kN} > V_{b(左)}$，截面尺寸合适。

斜截面配筋计算结果见表 2.1-16。

表 2.1-16　　　　　　　　　　　　主梁抗剪箍筋计算

截　面	A 支座	B 支座（左）	B 支座（右）
V/kN	129.17	205.86	180.01
$0.25\beta_c f_c b h_0 /\text{kN}$	$450 > V$	$409 > V$	$409 > V$
选配箍筋、直径、间距	双肢Φ8@200	双肢Φ8@200	双肢Φ8@200
$V_c = 0.7 f_t b h_0 /\text{kN}$	134.5	122.2	122.2
$V_s = f_{yv} A_{yv} h_0 / s /\text{kN}$	82.2	74.7	74.7
$V_{cs} = V_c + V_s /\text{kN}$	$216.7 > V$	$196.9 < V$	$196.9 > V$
弯筋根数及面积		1Φ20（314.2）	
$V_{sb} = 0.8 f_y A_{sb} \sin\alpha /\text{kN}$		53.3	
$V = V_{cs} + V_{sb} /\text{kN}$		$250.2 > V$	

3）吊筋计算。

由次梁传来集中荷载的设计值为：

$$F = (1.2 \times 46.788 + 1.3 \times 72)\text{kN} = 149.75\text{kN}$$

吊筋采用 HRB335 级钢筋，弯起角度为 45°，则：

$$A_{sb} = F/(2 f_y \sin\alpha) = 149.75 \times 10^3 /(2 \times 300 \times 0.707) = 353.02\text{mm}^2$$

吊筋采用 2Φ16（$A_{sb} = 402\text{mm}^2$）。

抵抗弯矩图及主梁配筋图如图 2.1-48 所示。

2.1.4　现浇整体式双向板楼盖

1. 双向板的受力特点与试验结果

对于四边支承板，当长边与短边之比 $l_2/l_1 < 2$ 时，板上荷载将沿两个方向传至支座，所以板应沿两个方向分别配置受力钢筋，这种板称为双向板，由双向板组成的肋形楼盖称为双向板肋形楼盖。

双向板的支承形式可以是四边支承（包括四边简支、四边固定、三边简支一边固定、两边简支两边固定和三边固定一边简支，如图 2.1-49 所示）、三边支承或两邻边支承；承受的荷载可以是均布荷载、局部荷载或三角形分布荷载；板的平面形状可以是矩形、圆形、三角形或其他形状。在楼盖设计中，常见的是均布荷载作用下四边支承的双向矩形板。

双向板的受力状态较为复杂。四边简支双向板在均布荷载作用下的试验研究表明：

（1）其竖向位移曲面呈碟形。矩形双向板沿长跨最大正弯矩并不发生在跨中截面，因为沿长跨的挠度曲线弯曲最大处不在跨中而在离板边约 1/2 短跨长处。

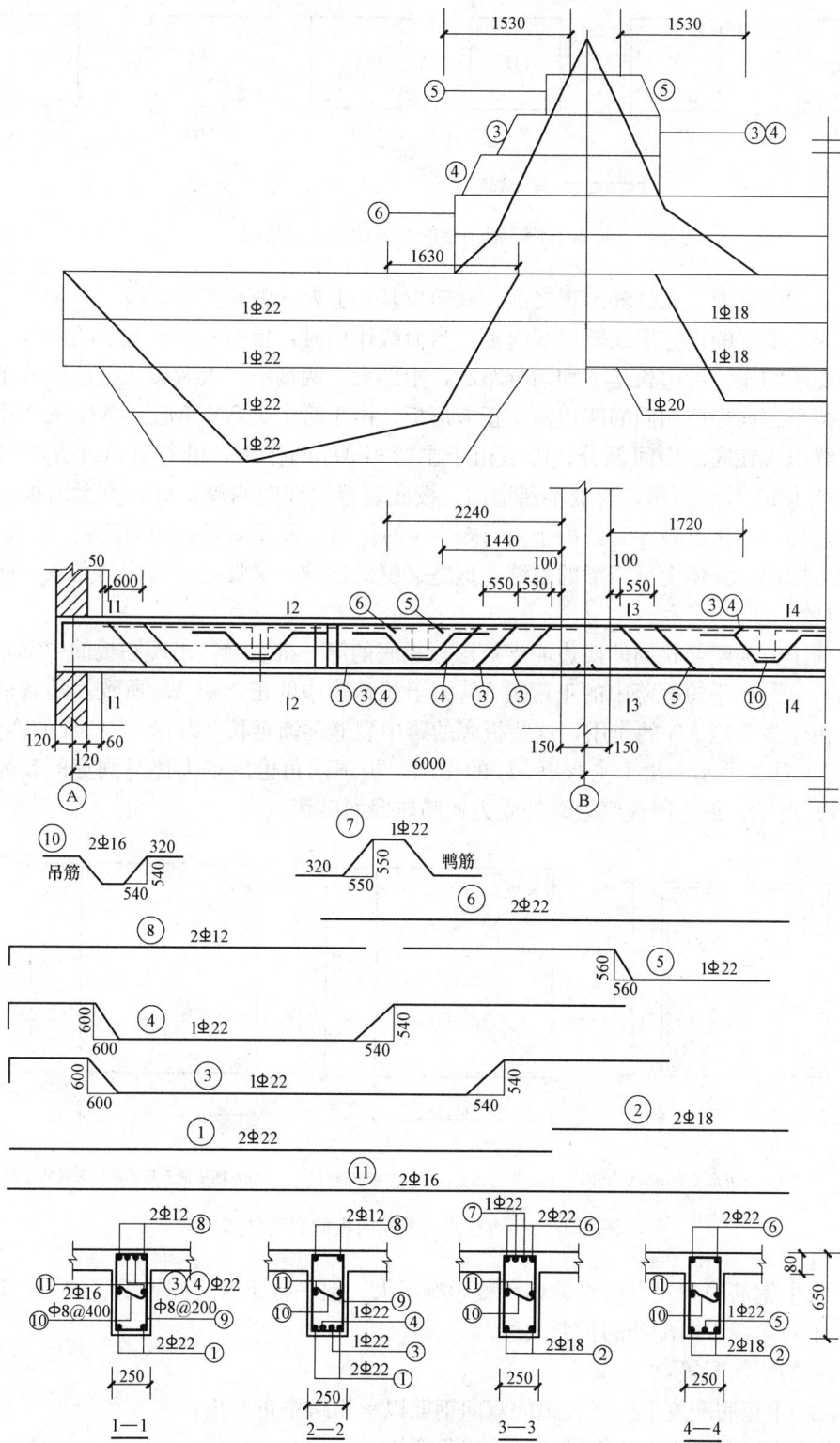

图 2.1-48 主梁配筋图

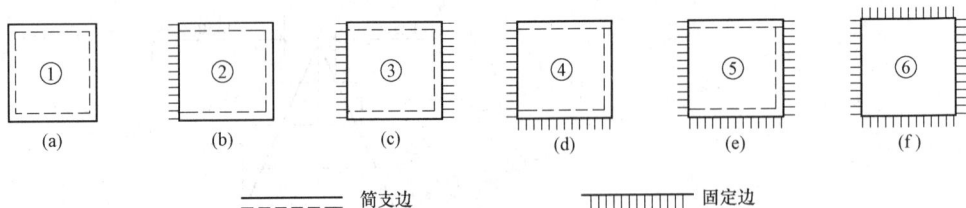

(a) ① (b) ② (c) ③ (d) ④ (e) ⑤ (f) ⑥

—————— 简支边　　ￗￗￗ 固定边

图 2.1-49　双向板的六种四边支承情况

（2）加载过程中，在裂缝出现之前，双向板基本上处于弹性工作阶段。

（3）四边简支的正方形或矩形双向板，当荷载作用时，板的四角有翘起的趋势，因此板传给四边支座的压力沿边长是不均匀分布的，中部大、两端小，大致按正弦曲线分布。

（4）两个方向配筋相同的四边简支正方形板，由于跨中正弯矩 $M_{01}=M_{02}$ 的作用，板的第一批裂缝出现在底面中间部分；随后由于主弯矩 M_{I} 的作用，沿着对角线方向向四周发展，如图 2.1-50（a）所示。荷载不断增加，板底裂缝继续向四周扩展，直至因板的底部钢筋屈服而破坏。当接近破坏时，由于主弯矩 M_{I} 的作用，板顶面靠近四周附近，出现了垂直于对角线方向的、大体上呈圆形的裂缝。这些裂缝的出现，又促进了板底对角线方向裂缝的进一步扩展。

（5）两个方向配筋相同的四边简支矩形板板底的第一批裂缝，出现在板的中部，平行于长边方向，这是由于短跨跨中的正弯矩 M_{01} 大于长跨跨中的正弯矩 M_{02} 所致。随着荷载进一步加大，由于主弯矩 M_{I} 的作用，这些板底的跨中裂缝逐渐延长，并沿45°向板的四角扩展，如图 2.1-50（b）所示。由于主弯矩 M_{II} 的作用，板顶四角也出现大体呈圆形的裂缝，如图 2.1-50（c）所示。最终因板底裂缝处受力钢筋屈服而破坏。

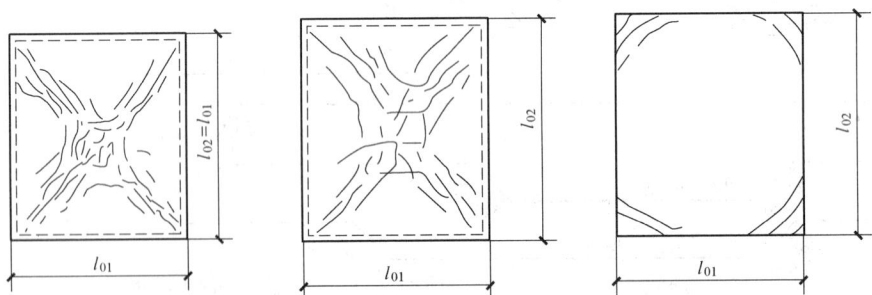

(a) 四边简支方形板板底裂缝分布　　(b) 四边简支矩形板板底裂缝分布　　(c) 四边简支矩形板板面裂缝分布

图 2.1-50　均布荷载下双向板的裂缝分布

（6）板中钢筋的布置方向对破坏荷载影响不大，但平行于四边配置钢筋的板，其开裂荷载比平行于对角线方向配筋的板要大些。

双向板的钢筋配置：

1）在跨中板底配置平行于板边的双向钢筋以承担跨中正弯矩。

2）沿支座边配置板面负钢筋，以承担负弯矩。

3）为四边简支的单块板时，在角部板面应配置对角线方向的斜钢筋，以承担主弯矩

M_{II}，在角部板底则配置垂直于对角线的斜钢筋以承担主弯矩 M_{I}。由于斜筋长短不一，施工不便，故常用平行于板边的钢筋所构成的钢筋网来代替。

（7）配筋率相同时，较细的钢筋较为有利，而在钢筋数量相同时，板中间部分钢筋排列较密的比均匀排列的好些（刚度略好，中间部分裂缝宽度略小，但靠近角部，则裂缝宽度略大）。

2. 双向板按弹性理论计算

双向板的内力计算方法有两种：一种是弹性论理计算法；另一种时塑性论理计算法、本节介绍弹性论理计算法。

弹性论理计算方法是按弹性薄板理论为依据而进行的一种计算方法，由于这种方法考虑边界条件，进行内力分析计算比较复杂，为了便于工程计算，采用简化的方法，根据双向板四边不同的支撑条件，已制成各种相应的计算用表。

（1）均布荷载作用下单块（单区格）四边支承双向板的计算。附表 C 列出了 7 种不同边界条件的矩形板，在均布荷载下的挠度及弯矩系数。板的跨中弯矩可按下式计算：

$$\left.\begin{array}{l} m_1 = \text{表中弯矩系数} \times (g+q)l_{01}^2 \\ m_2 = \text{表中弯矩系数} \times (g+q)l_{02}^2 \end{array}\right\} \tag{2.1-44}$$

式中　m_1、m_2——为平行于 l_{01} 方向、l_{02} 方向板中心点单位板宽内的弯矩（kN·m/m）；

　　　g、q——作用于板上的均布恒载、活载设计值；

　　　l_{01}、l_{02}——短跨长跨方向的计算跨度（m），计算方法与单向板的相同。

附表中弯矩系数是考虑混凝土横向变形系数（泊松比 ν）为 1/6 时得出的，而有些静力计算手册泊松比 $\nu=0$ 时的弯矩系数表，尚应考虑双向弯曲对两个方向板带弯矩设计值的相互影响，所以跨中弯矩需要按下式进行修正：

$$\left.\begin{array}{l} M_1^v = m_1 + \nu m_2 \\ M_2^v = m_2 + \nu m_1 \end{array}\right\} \tag{2.1-45}$$

对于钢筋混凝土板，可取 $\nu = \dfrac{1}{6}$ 或 0.2。

由于支座处只在一个方向有弯矩，因而板的支座弯矩可由下式直接求得：

$$\left.\begin{array}{l} m_1' = \text{表中弯矩系数} \times (g+q)l_{01}^2 \\ m_2' = \text{表中弯矩系数} \times (g+q)l_{02}^2 \end{array}\right\} \tag{2.1-46}$$

式中　m_1'、m_2'——分别为固定边中点沿 l_{01} 方向、l_{02} 方向单位板宽内的弯矩。

（2）均布荷载作用下连续（多区格）四边支承双向板的计算。采用一定的简化原则，将多区格连续板中的每区格等效为单区格板，然后按上述方法计算。

1）支座最大负弯矩。将全部区格满布均布活荷载时，支座弯矩最大。此时可假定各区格板都固结于中间支座，因而内区格板可按四边固定的单跨双向板计算其支座弯矩；边区格的内支座按固定考虑，外边界支座则按实际情况考虑。

由相邻区格板分别求得的同一支座负弯矩不相等时，取绝对值较大者作为该支座最大负弯矩。

2）跨中最大弯矩。双向板跨中最大弯矩的计算方法见表 2.1-17。

表 2.1-17　　　　　　　　双向板跨中最大弯矩的计算方法

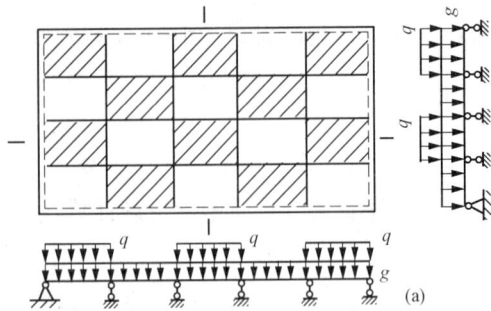

在求连续板跨中最大弯矩时，应在该区格及其前后左右每隔一区格布置活荷载，即棋盘式布置 [图 (a)]

如前所述，梁可视为双向板的不动铰支座，因此任一区格的板边既不是完全固定也不是理想简支。而附表 C 中各单块双向板的支承情况却只有固定和简支。为了能利用附表，可将活荷载设计值 q 分解为满布各区格的对称荷载 $q/2$ 和逐区格间隔布置的反对称荷载 $\pm q/2$ 两部分 [见图 (b)、(c)]

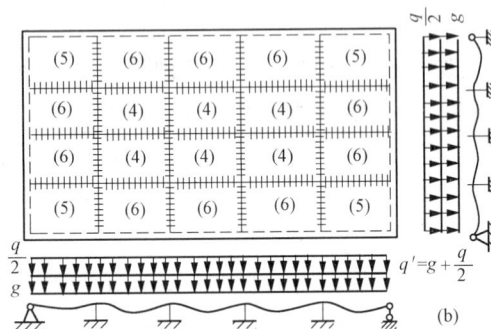

当全板区格作用有 $g+q/2$ 时，可将中间支座视为固定支座，内区格板均看作四边固定的单块双向板；而边区格的内支座按固定、外边支座按简支（支承在砖墙上）或固定（支承在梁上）考虑。然后按相应支承情况的单区格板查表计算

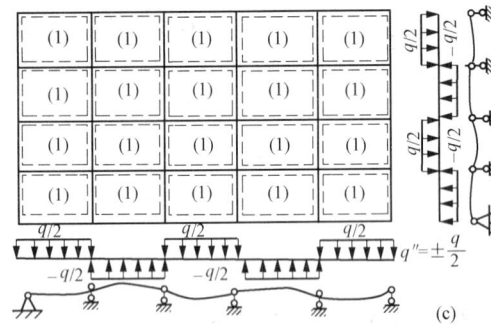

当连续板承受反对称荷载 $\pm q/2$ 时，可视为简支，从而内区格板的跨中弯矩可近似按四边简支的单块双向板计算；而边区格的内支座按简支、外边支座根据实际情况确定，然后查表计算其跨中弯矩即可

最后，将所求区格在两部分荷载作用下的跨中弯矩值叠加，即为该区格的跨中最大弯矩

3. 双向板截面设计

(1) 弯矩的折减。同单向板一样，对于四周与梁整体连接的双向板，也应考虑由于板的实际轴线呈拱形对板的弯矩降低的影响。因此，规范规定，截面的计算弯矩值应予以折减。

1) 中间区格的跨中截面及中间支座截面折减系数为 0.8。

2) 边区格的跨中截面及楼板边缘算起的第二支座：当 $\dfrac{l_b}{l} < 1.5$ 时，折减系数为 0.8；当 $1.5 \leqslant \dfrac{l_b}{l} \leqslant 2$ 时，折减系数为 0.9；当 $\dfrac{l_b}{l} > 2$ 时，不折减。其中 l_b 为沿楼板边缘方向的计算跨度（图 2.1-51）；l 为垂直于楼板边缘方向的计算跨度。

3) 楼板角区格不应折减。

（2）有效高度的确定。由于短跨方向的弯矩比长跨方向弯矩大，故短跨方向的受力钢筋应放在长跨方向受力钢筋的外侧（在跨中正弯矩截面短跨方向钢筋放在下排；支座负弯矩截面短跨方向钢筋放在上排），以充分利用板的有效高度 h_0。在估计 h_0 时：短向 $h_0 = h - 20mm$；长向 $h_0 = h - 30mm$。

（3）钢筋配置。

1）受力钢筋的分布方式。根据双向

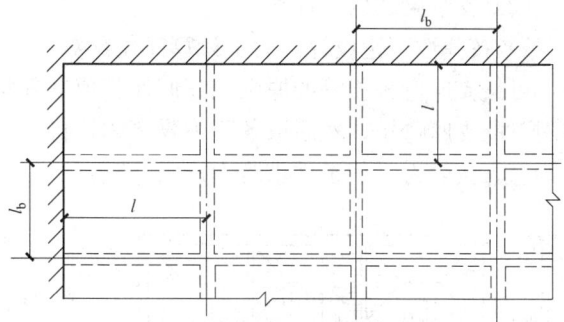

图 2.1-51　边区格的计算跨度示意图

板的破坏特征，双向板的板底应配置得平行于板边的双向受力钢筋以承担跨中正弯矩；对于四边有固定支座的板，在其上部沿支座边尚应布置承受负弯矩的受力钢筋。与单向板中配筋方式相类似，双向板的配筋方式有分离式和弯起式两种。为简化施工，目前在工程中多采用分离式配筋；但对于跨度及荷载均较大的楼盖板，为提高刚度和节约钢筋宜采用弯起式。

当内力按弹性理论计算时，所求得的弯矩是中间板带的最大弯矩，并由此求得板底配筋，而跨中弯矩沿着板长或板宽向两边逐渐减小，因此配筋应向两边逐渐减少。考虑到施工方便，将板在 l_1 和 l_2 方向各分为三个板带：两边板带的宽度为较小跨度 l_1 的 1/4；其余为中间板带。在中间板带均配置按最大正弯矩求得的板底钢筋，两边板带内则减少一半，但每米宽度内不得少于 3 根。而对支座边界板顶的负弯矩钢筋，为了承受板四角的扭矩，沿全支座宽度均匀配置。

按塑性理论计算时，钢筋可分带布置，但为了施工方便，也可均匀分布。

由于双向板短向正弯矩比长向的大，故沿短向的跨中受力钢筋应放在沿长向的受力钢筋下面。

2）支座负钢筋的配置。沿墙边、墙角处的构造钢筋，与单向板楼盖设计相同。

（4）双向板的构造要求。

1）截面钢筋的配置特点。双向板中钢筋的配置是沿板的两个方向上位置的，短边方向上的受力钢筋要放在长边方向受力钢筋的外面。

2）板厚。双向板的厚度一般不小于 80mm，也不大于 160mm，双向板一般变形和裂缝验算，因此要求双向板应具有足够的刚度。

对于简支板，$h \geqslant l_0/45$；对于连续板，$h \geqslant l_0/50$。l_0 为板短方向上的计算跨度。

3）板中钢筋的配置。双向板宜才用 HPB300 和 HRB335 级钢筋，配筋率要满足规范的要求，配筋方式类似于单向板，有弯起式布筋和分离式布筋两种。为方便施工，实际工程中采用分离式较多。

4. 双向板支承梁的计算

（1）支承梁上的荷载。如前所述，双向板上的荷载沿两个方向传给四边的支承梁或墙上，但要精确计算每根支承梁上分到的荷载是相当困难的，一般采用简化方法。即在每一区格板的四角作 45°线（图 2.1-52），将板分成四个区域，每块面积内的荷载传给与其相邻的支承梁。这样，对双向板的长边梁来说，由板传来的荷载呈梯形分布；而对短边梁来说，荷载则呈三角形分布。

（2）支承梁的内力计算。

1）按弹性理论设计。为了计算简化，对承受三角形和梯形荷载的连续梁，在计算内力时，可按支座弯矩相等的原则把它们换算成等效均布荷载（图2.1-53），求得等效均布荷载作用下的支座弯矩，然后取各跨为隔离体，将所求该跨的支座弯矩和实际荷载一同作用在该跨梁上，按静力平衡条件求跨中最大弯矩。

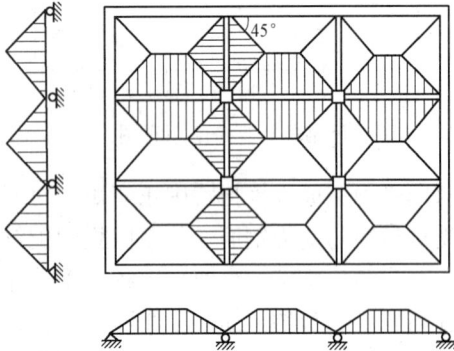

图 2.1-52　双向板支承梁的荷载面积　　　　图 2.1-53　支承梁的荷载等效示意图

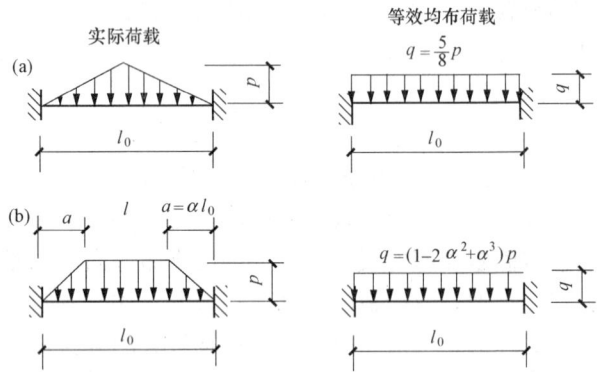

2）按塑性理论设计。

①首先按弹性理论计算其支座及跨中截面的最大弯矩值，然后根据连续梁塑性内力重分布设计原则计算其塑性弯矩值。

②各支座及跨中截面的塑性设计弯矩值可查阅有关手册的计算图表。

当考虑塑性内力重分布时，可在弹性分析求得的支座弯矩基础上，应用调幅法确定支座弯矩，再按实际荷载分布计算跨中弯矩。

3）支承梁的配筋设计及构造要求。双向板支承梁的截面配筋计算和构造要求与单向板楼盖中的梁相同。

5. 双向板肋梁楼盖设计例题

【例 2.1-6】　某工业厂房楼盖为双向板肋形楼盖，结构平面布置如图 2.1-54 所示，楼板厚 120mm，加上面层、粉刷等自重，恒荷载设计值 $g=4kN/m^2$，楼面活荷载的设计值 $q=8kN/m^2$，混凝土强度等级采用 C25（$f_c=11.9N/mm^2$），钢筋采用 HPB300 级钢筋（$f_y=300N/mm^2$），要求采用弹性理论计算各区格的弯矩，进行截面计算，并绘出配筋图。

【解】　（1）根据板的支撑条件和几何尺寸以及结构的对称性，将楼盖划分为 A、B、C、D 区格。

（2）按弹性理论计算各区格的弯矩。

1）区格 A：

$l_x=5.25m$，$l_y=5.5m$，$l_x/l_y=5.25/5.5=0.95$

查附表 C 得四边固定时的弯矩系数和四边简支时的系数（表中 α 为弯矩系数）

l_x/l_y	支承条件	α_x	α_y	α_x^1	α_y^1
0.95	四边固定	0.022 7	0.020 5	−0.055	−0.052 8
	四边简支	0.047 1	0.043 2	—	—

54

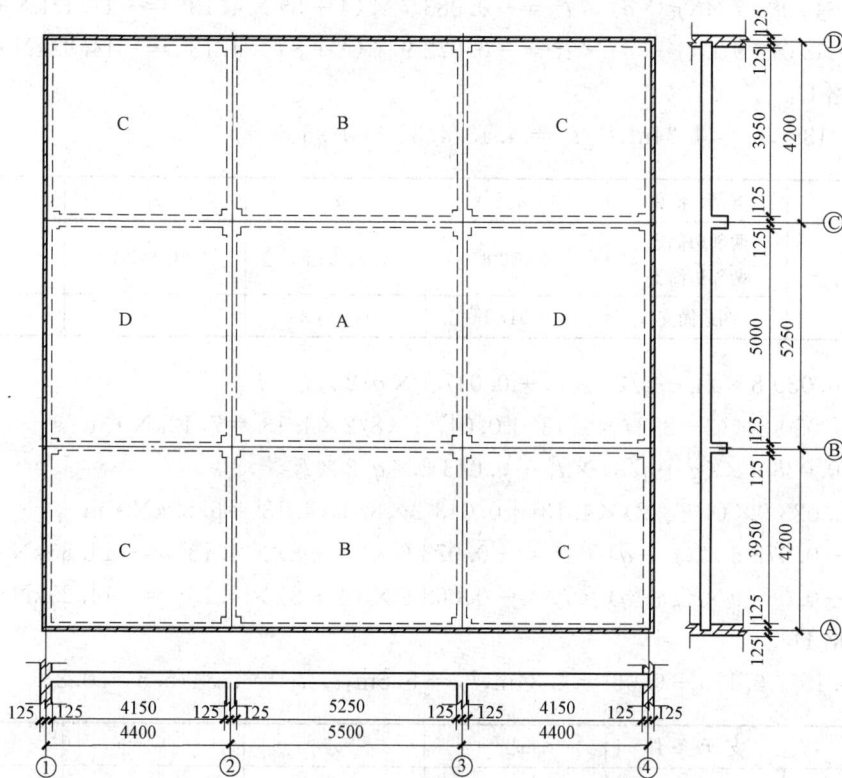

图 2.1-54　双向板肋形楼盖结构平面布置图

$M_x = 0.022\ 7 \times (g + q/2) \times l_x^2 + 0.047\ 1 \times q/2 \times l_x^2$

$= 0.022\ 7(4 + 8/2) \times 5.25^2 + 0.047\ 1 \times 8/2 \times 5.25^2 \text{kN} \cdot \text{m} = 10.20 \text{kN} \cdot \text{m}$

$M_y = 0.020\ 5 \times (g + q/2) \times l_x^2 + 0.043\ 2 \times q/2 \times l_x^2$

$= 0.020\ 5(4 + 8/2) \times 5.25^2 + 0.043\ 2 \times 8/2 \times 5.25^2 \text{kN} \cdot \text{m} = 9.28 \text{kN} \cdot \text{m}$

$M_x^1 = -0.055 \times (g + q) \times l_x^2 = -0.055 \times (4 + 8) \times 5.25^2 \text{kN} \cdot \text{m} = -18.19 \text{kN} \cdot \text{m}$

$M_y^1 = -0.052\ 8 \times (g + q) \times l_x^2 = -0.052\ 8 \times (4 + 8) \times 5.25^2 \text{kN} \cdot \text{m} = -17.46 \text{kN} \cdot \text{m}$

2) 区格 B：

$l_x = (3.95 + 0.125 + 0.06) = 4.13\text{m}, l_y = 5.5\text{m}, l_x/l_y = 4.13/5.5 = 0.75$

l_x/l_y	支承条件	α_x	α_y	α_x^1	α_y^1
0.75	三边固定 一边简支	0.039 0	0.027 3	−0.083 7	−0.072 9
	四边简支	0.067 3	0.042 0	—	—

$M_x = 0.039\ 0 \times (g + q/2) \times l_x^2 + 0.067\ 3 \times q/2 \times l_x^2$

$= 0.039\ 0(4 + 8/2) \times 4.13^2 + 0.067\ 3 \times 8/2 \times 4.13^2 = 9.91 \text{kN} \cdot \text{m}$

$M_y = 0.027\ 3 \times (g + q/2) \times l_x^2 + 0.042\ 0 \times q/2 \times l_x^2$

$= 0.027\ 3(4 + 8/2) \times 4.13^2 + 0.042\ 0 \times 8/2 \times 4.13^2 = 6.59 \text{kN} \cdot \text{m}$

55

$M_x^1 = -0.083\,7 \times (g+q) \times l_x^2 = -0.083\,7 \times (4+8) \times 4.13^2 = -17.13 \text{kN} \cdot \text{m}$

$M_y^1 = -0.072\,9 \times (g+q) \times l_x^2 = -0.072\,9 \times (4+8) \times 4.13^2 = -14.92 \text{kN} \cdot \text{m}$

3）区格 C：

$l_x = 4.13\text{m}, l_y = 4.34\text{m}, l_x/l_y = 4.13/4.34 = 0.95$

l_x/l_y	支承条件	α_x	α_y	α_x^1	α_y^1
0.95	两邻边固定 两邻边简支	0.030 8	0.028 9	−0.072 6	−0.069 8
	四边简支	0.047 1	0.043 2	—	—

$M_x = 0.030\,8 \times (g+q/2) \times l_x^2 + 0.047\,1 \times q/2 \times l_x^2$
$\qquad = 0.030\,8 \times (4+8/2) \times 4.13^2 + 0.047\,1 \times 8/2 \times 4.13^2 = 7.42 \text{kN} \cdot \text{m}$

$M_y = 0.028\,9 \times (g+q/2) \times l_x^2 + 0.043\,2 \times q/2 \times l_x^2$
$\qquad = 0.028\,9 \times (4+8/2) \times 4.13^2 + 0.043\,2 \times 8/2 \times 4.13^2 = 6.89 \text{kN} \cdot \text{m}$

$M_x^1 = -0.072\,6 \times (g+q) \times l_x^2 = -0.072\,6 \times (4+8) \times 4.13^2 = -14.86 \text{kN} \cdot \text{m}$

$M_y^1 = -0.068\,9 \times (g+q) \times l_x^2 = -0.068\,9 \times (4+8) \times 4.13^2 = -14.29 \text{kN} \cdot \text{m}$

4）区格 D：

$l_x = 4.15 + 0.125 + 0.06 = 4.34\text{m}, l_y = 5.5\text{m}, l_x/l_y = 4.34/5.5 = 0.83$

l_x/l_y	支承条件	α_x	α_y	α_x^1	α_y^1
0.83	三边固定 一边简支	0.032 6	0.027 4	−0.073 5	−0.069 3
	四边简支	0.058 4	0.043 0	—	—

$M_x = 0.032\,6 \times (g+q/2) \times l_x^2 + 0.058\,4 \times q/2 \times l_x^2$
$\qquad = 0.032\,6 \times (4+8/2) \times 4.34^2 + 0.058\,4 \times 8/2 \times 4.34^2 = 9.31 \text{kN} \cdot \text{m}$

$M_y = 0.027\,4 \times (g+q/2) \times l_x^2 + 0.043\,0 \times q/2 \times l_x^2$
$\qquad = 0.027\,4 \times (4+8/2) \times 4.34^2 + 0.043\,0 \times 8/2 \times 4.34^2 = 7.37 \text{kN} \cdot \text{m}$

$M_x^1 = -0.073\,5 \times (g+q) \times l_x^2 = -0.073\,5 \times (4+8) \times 4.34^2 = -16.61 \text{kN} \cdot \text{m}$

$M_y^1 = -0.069\,3 \times (g+q) \times l_x^2 = -0.069\,3 \times (4+8) \times 4.34^2 = -15.66 \text{kN} \cdot \text{m}$

（3）截面设计。

板跨中截面两个方向有效高度 h_0 的确定：假定钢筋选用 $\Phi 10$

则　$h_{0x} = h - \alpha_s = (120 - 15 - 5) = 100\text{mm}$

$h_{0y} = h - \alpha_s - d = (120 - 15 - 5 - 10) = 90\text{mm}$

板支座截面有效高度 $h_{0x} = h - \alpha_s = (120 - 15 - 5) = 100\text{mm}$

由于楼盖周边按铰支座考虑，因此 C 角区格板的弯矩不折减，而中央区格 A 和区格板 B、D 的跨中弯矩和支座弯矩可减少 20%。

简化计算受拉钢筋可近似按以下公式计算：

$$A_s = \frac{M}{0.95 f_y h_0}$$

配筋计算结果见表 2.1-18，其配筋图如图 2.1-55 所示。

表 2.1-18　　　　　　　　　　　　　配筋计算结果

截　面			mm	$M/\text{kN} \cdot \text{m}$	A_s/mm^2	配筋	实配$/\text{mm}^2$
跨中	区格 A	l_x	100	8.16	286	$\Phi8@170$	296
		l_y	90	7.42	289	$\Phi8@170$	296
	区格 B	l_x	100	7.93	278	$\Phi8@180$	279
		l_y	90	5.27	205	$\Phi8@200$	251
	区格 C	l_x	100	7.42	260	$\Phi8@180$	279
		l_y	90	6.89	267	$\Phi8@180$	279
	区格 D	l_x	100	7.45	261	$\Phi8@180$	279
		l_y	90	5.90	230	$\Phi8@200$	251
支座	A—B		100	14.13	496	$\Phi10@150$	523
	A—D		100	13.63	478	$\Phi10@150$	523
	B—C		100	14.61	513	$\Phi10@150$	523
	C—D		100	15.26	534	$\Phi10@140$	561

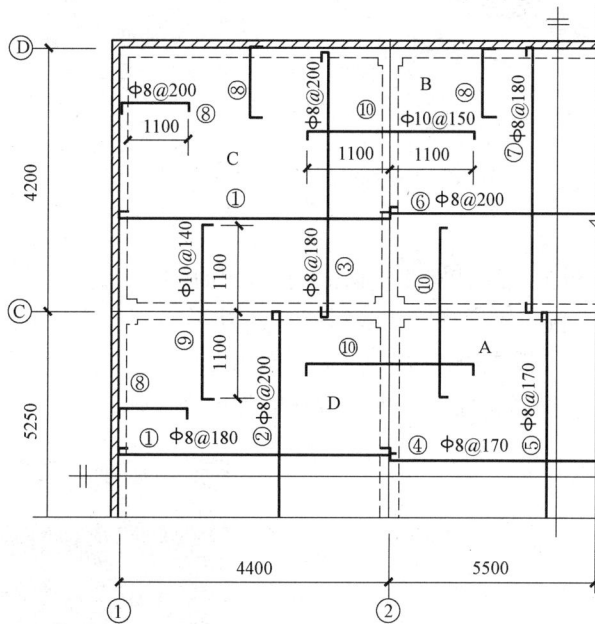

图 2.1-55　双向板肋形楼盖楼板按弹性理论计算配筋图

2.1.5　钢筋混凝土楼梯

　　楼梯作为竖向交通和人员紧急疏散的主要交通设施，使用广泛。一般楼梯由梯段、平台、栏杆（或栏板）几部分组成，其平面布置和梯段踏步尺寸等由建筑设计确定。在设计中要求楼梯坚固、耐久、安全、防火；做到上下通行方便，便于搬运家具物品，有足够的通行宽度和疏散能力。钢筋混凝土楼梯由于经济、耐用以及良好的耐火性能，得到广泛的应用。

钢筋混凝土楼梯按施工方法可分为现浇整体式和预制装配式两类。预制装配式楼梯整体性较差，现已很少使用。现浇整体式楼梯按结构形式、受力特点分为板式楼梯、梁式楼梯、悬挑楼梯和螺旋楼梯（图 2.1-56）。本节主要介绍板式楼梯、梁式楼梯的构造。

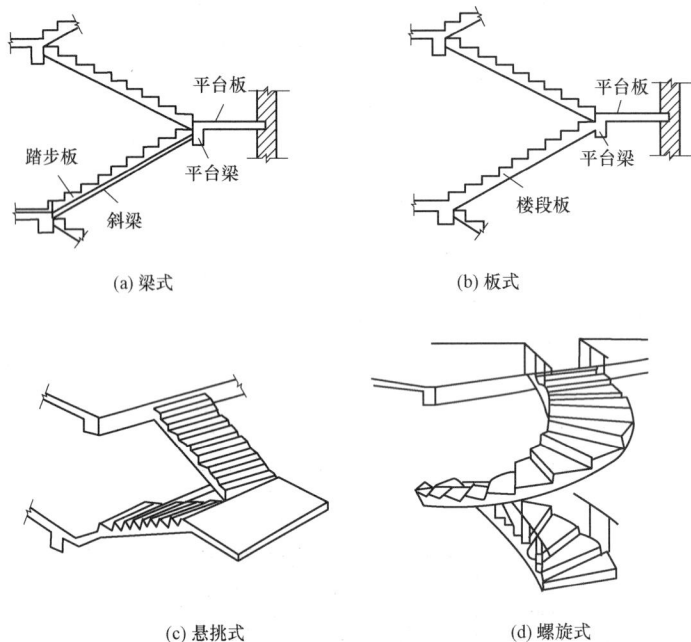

(a) 梁式　　　　　　　　　　　　　　(b) 板式

(c) 悬挑式　　　　　　　　　　　　　(d) 螺旋式

图 2.1-56　现浇整体式楼梯结构形式

1. 板式楼梯

板式楼梯是指踏步板为板式结构的楼梯。板式楼梯由梯段板（踏步斜板）、平台梁及平台板构成（图 2.1-57）。板式楼梯梯段板底面平整，外形轻巧、美观，施工支模方便，当梯段板跨度在 3.3m 以内时，板式楼梯较为经济；当跨度较大时，斜板较厚，自重较大，材料用量较多，经济性较差。因施工便利，板式楼梯成为现浇楼梯的主要形式。

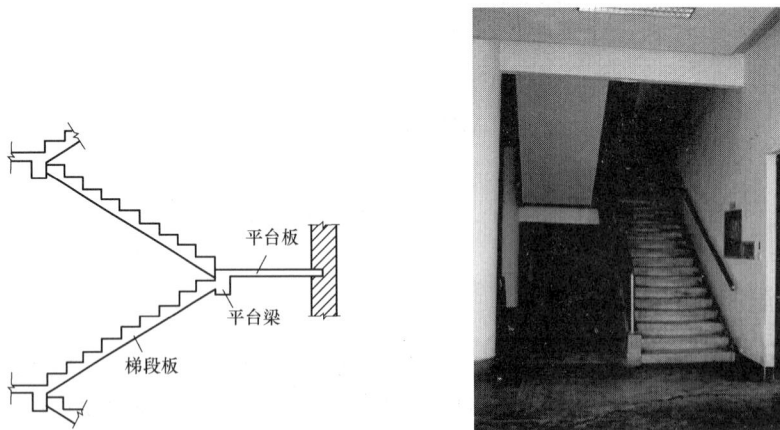

图 2.1-57　现浇板式楼梯的构成

（1）梯段板（踏步斜板）。梯段板是一块带有踏步的斜板，两端支承在上、下平台梁上。梯段板的厚度一般可取为 $l_0/30 \sim l_0/25$（l_0 为梯段板的水平计算跨度），常用厚度 $90 \sim 120\text{mm}$。

确定计算简图时将梯段板简化为两端支承在上下平台梁上的简支斜板，最终简化为两端简支的水平板计算（图 2.1-58）。考虑到梯段板两端的平台梁以及与之相连的平台板对其有一定的约束作用，减小了梯段板的跨中弯矩，斜板的弯矩可按 $M = 1/10(g+q)l_0^2$。

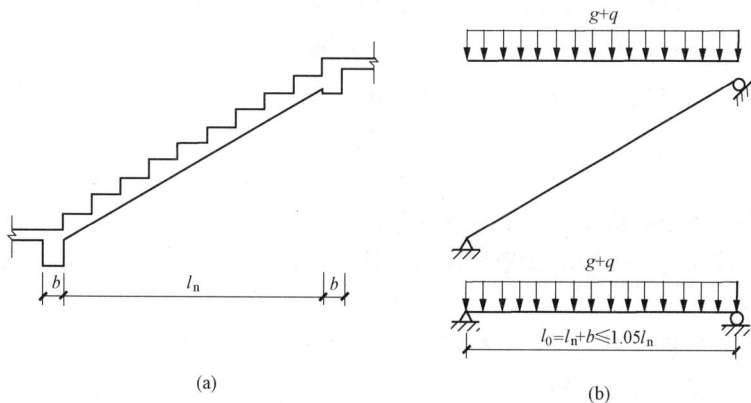

图 2.1-58　板式楼梯梯段板计算简图

梯段板中受力钢筋按跨中弯矩计算求得，并沿跨度方向布置，配筋可采用弯起式或分离式，因分离式钢筋规格少，施工方便不易弄错，是施工现场的主要配筋方式。为考虑支座连接处实际存在的负弯矩，防止混凝土开裂，在支座处应配置适量负筋，其伸出长度通常为 $l_n/4$（l_n 为梯段板的水平方向净跨），支座负筋可锚固在平台梁或相邻平台板内。在垂直受力钢筋的方向应设置分布钢筋。分布钢筋应位于受力钢筋的内侧，分布钢筋不少于 $\Phi 6 @ 250$，至少在每一踏步下放置 $1\Phi 6$，当梯段板厚 $t \geqslant 150\text{mm}$ 时，分布钢筋宜采用 $\Phi 8 @ 200$（图 2.1-59）。

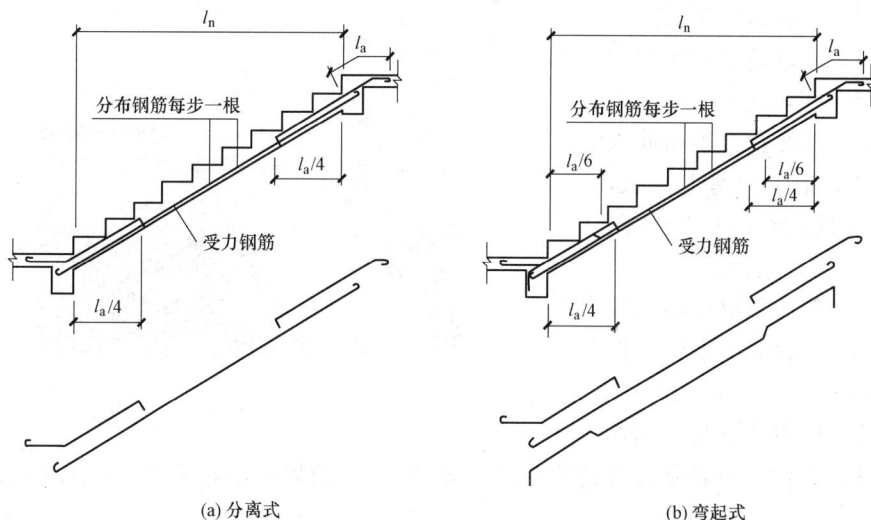

(a) 分离式　　　　　　　　(b) 弯起式

图 2.1-59　板式楼梯梯段板配筋图

59

（2）平台板。平台板根据支承情况可以为单向板或双向板。按单向板计算时，当板两边均与梁整体现浇时，考虑梁对板的约束，板的跨中弯矩减小，可按 $M=1/10(g+q)l_0^2$ 计算；当板一边与梁整体现浇，另一边支承在砖墙上时，板的跨中弯矩可按 $M=1/8(g+q)l_0^2$ 计算（l_0 为平台板的计算跨度）。

平台板配筋同整体楼盖一样，可采用分离式配筋或弯起式配筋。

（3）平台梁。平台梁承受梯段板、平台板传来的均布荷载和平台梁自重，两端支承在砖墙、钢筋混凝土墙或钢筋混凝土梯柱上，其计算和构造与一般受弯构件相同。内力计算时可不考虑梯段板之间的空隙，荷载按全跨满布考虑，按简支梁计算内力，并近似按矩形截面进行配筋。

2. 梁式楼梯

梁式楼梯指踏步由梁板式结构构成的楼梯。踏步板支承在斜梁上，斜梁支承在平台梁上。当梯段长度较大时，采用梁式楼梯比板式楼梯经济，但其模板较复杂，造型不如板式楼梯美观。

梁式楼梯由踏步板、斜梁、平台板和平台梁构成（图 2.1-60）。

（1）踏步板。梁式楼梯的踏步板为两端放在斜梁上的单向板。踏步板的高度由建筑设计确定，踏步板厚度 t 视踏步板跨度而定，一般 $t \geqslant 40mm$，踏步板的截面为梯形截面。为计算简便，在竖向切出一个踏步，按竖向简支计算，板的高近似按折算高度取用，折算高度可取梯形截面的平均高度 $h = c/2 + t/\cos\alpha$（图 2.1-61）。踏步板的配筋按计算确定，但每一级踏步的受力钢筋不得少于 $2\Phi6$，为了承受支座处的负弯矩，板底受力钢筋伸入支座后，每 2 根中应弯上一根，分布钢筋常选用 $\Phi6@250$（图 2.1-62）。

（2）踏步梁。斜梁两端支撑在平台梁上，其内力计算可按简支梁考虑 [图 2.1-63（a）、（b）]，荷载及内力计算与板式楼梯中斜板计算相似，只是除计算跨中最大弯矩外，还需计算支座剪力。弯矩及剪力计算公式为：

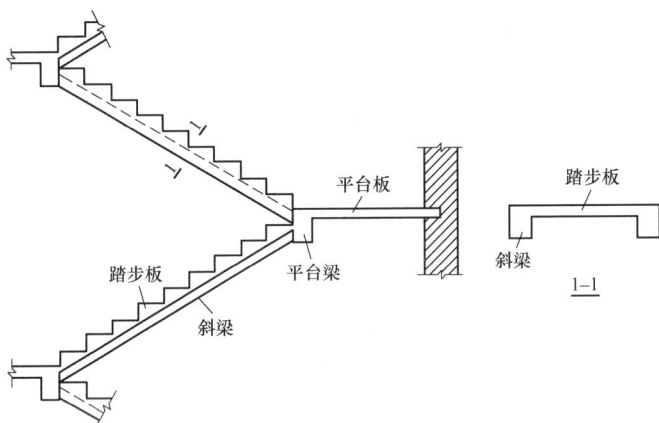

图 2.1-60　现浇梁式楼梯的构成

$$M_{max} = 1/8(g+q)l_0^2 \tag{2.1-47}$$

$$V_{max} = 1/2(g+q)l_n \tag{2.1-48}$$

式中 M_{max}、V_{max}——简支斜梁在竖向均布荷载作用下最大弯矩及剪力；

　　　　l_0、l_n——梯段斜梁的计算跨度、净跨的水平投影长度。

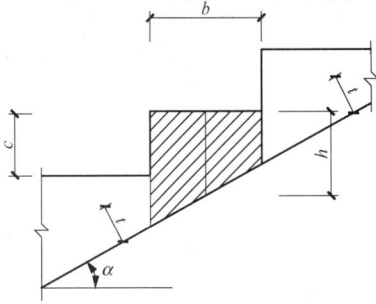

图 2.1-61　踏步板的高度取法

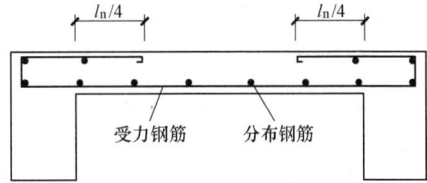

图 2.1-62　梁式楼梯踏步板配筋图

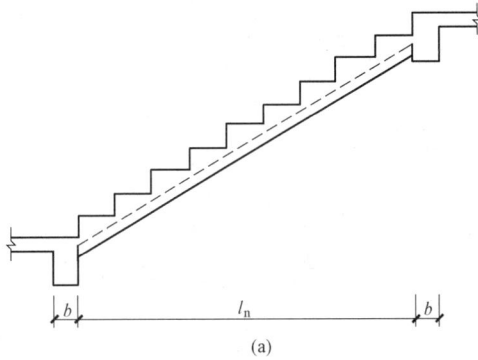

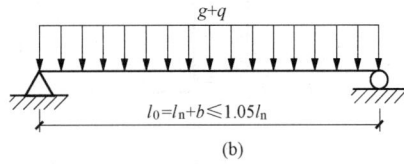

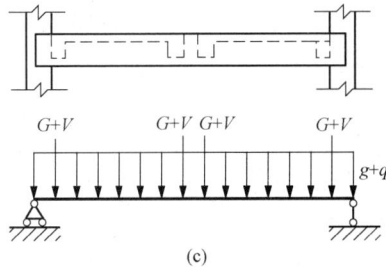

图 2.1-63　梁式楼梯斜梁、平台计算简图

　　计算斜梁时应考虑与其整浇的踏步板共同工作，因此应按倒 L 形梁计算。斜梁的纵向受力钢筋在平台梁中应有足够的锚固长度。

　　（3）平台板。梁式楼梯平台板的计算及构造与板式楼梯相同。

　　（4）平台梁。平台梁支撑在两侧楼梯间的横墙（柱）上，按简支梁计算，承受斜梁传来的集中荷载、平台板传来的均布荷载以及平台梁自重 [图 2.1-63（c）]。

　　平台梁的高度应保证斜梁的主筋能放在平台梁的主筋上，即在平台梁与斜梁的相交处，平台梁的底面应低于斜梁的底面，或与斜梁底面齐平。

　　平台梁横截面两侧的荷载大小不同，因此平台梁受有一定的扭矩作用，但一般不需计算，只需适当增强箍筋。此外，因为平台梁受有斜梁的集中荷载，所有在平台梁中位于斜梁支座两侧处，应设置附加箍筋。

3. 板式楼梯设计例题

【例 2.1-7】 设计资料：某工程楼梯采用现浇整体式钢筋混凝土结构，踏步尺寸：踏宽 300mm×踏高 150mm，踏步面层为 20mm 厚的细石混凝土，板底为 10mm 的粉刷层，其结构布置如图 2.1-64（a）所示，设计条件如下：

（1）活荷载标准值 $q_k = 2.50 \text{kN/m}^2$。

（2）材料选用。

混凝土采用 C25，$f_c = 11.90 \text{N/mm}^2$，$f_t = 1.27 \text{N/mm}^2$，$\alpha_1 = 1.0$。

板钢筋选用 HPB300 级，$f_y = 270 \text{N/mm}^2$，梁钢筋选用 HRB335 级，$f_y = 300 \text{N/mm}^2$。试按板式楼梯进行设计。

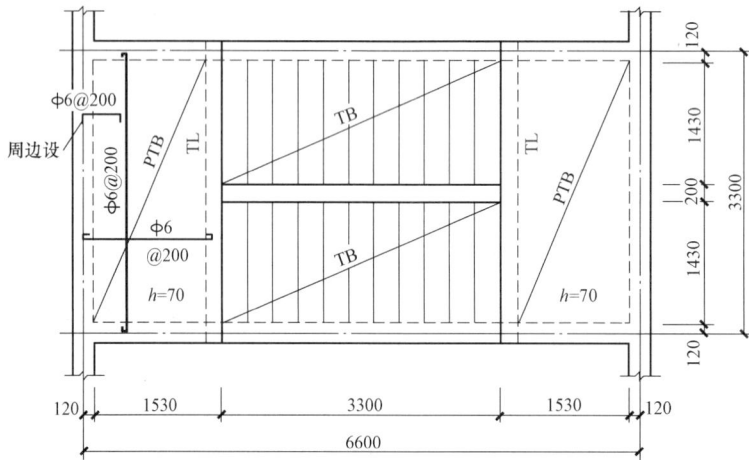

图 2.1-64（a） 某工程楼梯结构平面布置图

【解】 （1）梯段板的计算。

①确定板厚梯段板的净跨 $l_n = 3300 \text{mm}$，$l_0 = 3300 + 200 = 3500 > 1.05 l_n = 3465 \text{mm}$，取 $l_0 = 3465$，梯段板的厚度为 $h \geqslant \dfrac{l_0}{30} = \dfrac{3465}{30} = 116 \text{mm}$，取 $h = 120 \text{mm}$。

②荷载计算（取 1m 宽板计算）：

楼梯斜板的倾斜角 $\alpha = \arctan \dfrac{150}{300} = \tan^{-1} 0.5 = 26°57'\cos\alpha = 0.894$

恒荷载：

踏步重：$\dfrac{1}{2} \times 0.3 \times 0.15 / 0.3 \times 25 \text{kN/m} = 1.88 \text{kN/m}$

斜板自重：$0.12 \times 25 \times 1.0 \times \dfrac{1}{0.894} \text{kN/m} = 3.36 \text{kN/m}$

20mm 厚踏步面层：$0.02 \times (0.15 + 0.30) \times 1.0 / 0.3 \times 24 \text{kN/m} = 0.72 \text{kN/m}$

10mm 厚板底粉刷层：$0.01 \times 17 \times 1.0 \times \dfrac{1}{0.894} \text{kN/m} = 0.19 \text{kN/m}$

恒荷载标准值：$g_k = 1.88 + 3.36 + 0.72 + 0.19 \text{kN/m} = 6.15 \text{kN/m}$

活荷载标准值：$q_k = 2.5 \times 1.0 = 2.5 \text{kN/m}$

荷载设计值：$g+q=1.2\times6.15+1.4\times2.5=10.88\text{kN/m}$

③内力计算。计算跨度 $l_0=3465\text{mm}$，斜板两端均与梁整浇，考虑梁对板的约束作用，斜板的跨中和支座弯矩近似取：$M=\dfrac{1}{10}(g+q)l_0^2=\dfrac{1}{10}\times10.88\times3.465^2\text{kN}\cdot\text{m}=13.06\text{kN}\cdot\text{m}$

④配筋计算：

$$h_0=h-a_\text{s}=(120-20)\text{mm}=100\text{mm}$$

$$a_\text{s}=\frac{M}{\alpha_1 f_\text{c}bh_0^2}=\frac{13.06\times10^6}{1.0\times11.9\times1000\times100^2}=0.11$$

$$\gamma_\text{s}=1-0.5\xi=0.945$$

$$A_\text{s}=\frac{M}{\gamma_\text{s}h_0 f_\text{y}}=\frac{13.06\times10^6}{0.945\times100\times270}=512\text{mm}^2\geqslant\rho_\text{min}=0.002bh=240\text{mm}^2$$

受力钢筋选用 $\Phi10@130$（$A_\text{s}=604\text{mm}^2$），分布钢筋选用 $\Phi6@250$。梯段板配筋详图如图 2.1-64（b）所示。

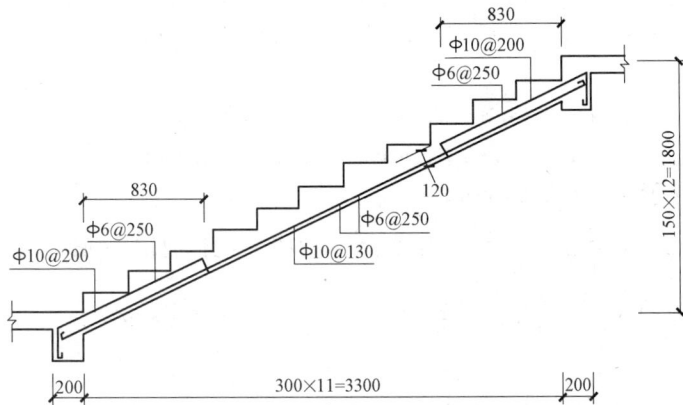

图 2.1-64（b） 某工程楼梯梯板配筋图

（2）平台板的计算。

①荷载计算（取 1m 宽板计算）。

恒荷载：

平台板自重（$h=70$）：$0.07\times1.0\times25\text{kN/m}=1.75\text{kN/m}$

20mm 厚踏步面层：$0.02\times1.0\times20\text{kN/m}=0.4\text{kN/m}$

10mm 厚板底抹灰：$0.01\times17\times1.0\text{kN/m}=0.17\text{kN/m}$

恒荷载标准值：$g_\text{k}=(1.75+0.4+0.19)=2.32\text{kN/m}$

活荷载标准值：$q_\text{k}=2.5\times1.0\text{kN/m}=2.5\text{kN/m}$

荷载设计值：$g+q=(1.2\times3.32+1.4\times2.5)\text{kN/m}=6.29\text{kN/m}$

②内力计算。

计算跨度：$l_0=l_\text{n}+h/2=1210+70/2=1245\text{mm}$

跨中弯矩：$M=\dfrac{1}{8}(g+q)l_0^2=\dfrac{1}{8}\times6.29\times1.245^2=1.22\text{kN}\cdot\text{m}$

配筋计算：

$$h_0=h-a_\text{s}=(70-20)\text{mm}=50\text{mm}$$

$$\alpha_s = \frac{M}{\alpha_1 f_c b h_0^2} = \frac{1.22 \times 10^6}{1.0 \times 11.9 \times 1000 \times 50^2} = 0.041$$

$$\gamma_s = 1 - 0.5\xi = 0.98$$

$$A_s = \frac{M}{\gamma_s h_0 f_y} = \frac{1.22 \times 10^6}{0.98 \times 50 \times 270} = 93 \text{mm}^2 < \rho_{min} = 0.0021bh = 147 \text{mm}^2$$

受力钢筋选用 $\Phi 6@200$（$A_s = 141 \text{mm}^2$，差值 $<5\%$，符合要求），分布钢筋选用 $\Phi 6@200$；墙边设构造钢筋 $\Phi 6@200$。平台板配筋详图如图 2.1-64（b）所示。

（3）平台梁的计算（梁截面取 $b \times h = 200 \text{mm} \times 350 \text{mm}$）

①荷载计算。

梯段板传荷设计值：$10.88 \times 3.3 \div 2 \text{kN/m} = 17.95 \text{kN/m}$

平台板传荷设计值：$6.29 \times \frac{1.53 + 0.12 - 0.1}{2} \text{kN/m} = 4.87 \text{kN/m}$

梁自重设计值：$1.2 \times 0.2 \times (0.35 - 0.07) \times 25 \text{kN/m} = 1.68 \text{kN/m}$

梁抹灰设计值：$1.2 \times (0.35 - 0.07) \times 0.02 \times 2 \times 17 \text{kN/m} = 0.23 \text{kN/m}$

荷载设计值：$q = 17.95 + 4.87 + 1.68 + 0.23 = 24.73 \text{kN/m}$

②内力计算。

计算跨度：$l_0 = l_n + a = 3.3 - 0.24 + 0.24 = 3.3 \text{m}$

$$l_0 = 1.05 l_n = 1.05 \times (3.3 - 0.24) = 3.213 \text{m}$$

取两者中较小值：$l_0 = 3.213 \text{mm}$

跨中弯矩：$M_{max} = \frac{1}{8} q l_0^2 = \frac{1}{8} \times 24.73 \times 3.213^2 = 31.91 \text{kN} \cdot \text{m}$

支座最大剪力：$V_{max} = \frac{1}{2} q l_n = \frac{1}{2} \times 24.73 \times 3.06 = 37.84 \text{kN}$

配筋计算

正截面计算：（按第一类倒 L 形截面计算）

翼缘宽度：$b_f' = \frac{l_0}{6} = \frac{3213}{6} = 536 \text{mm}$，$b_f' = b + \frac{s_0}{2} = \left(200 + \frac{1210}{2}\right) = 805 \text{mm}$，取 $b_f' = 536 \text{mm}$

$$h_0 = h - a_s = 350 - 40 = 310 \text{mm}$$

$$\alpha_s = \frac{M}{\alpha_1 f_c b h_0^2} = \frac{31.91 \times 10^6}{1.0 \times 11.9 \times 536 \times 310^2} = 0.052$$

$$\xi = 1 - \sqrt{1 - 2\alpha_s} = 1 - \sqrt{1 - 2 \times 0.052} = 0.053 < \xi_b = 0.576$$

$$\gamma_s = 1 - 0.5\xi = 0.974$$

$$A_s = \frac{M}{\gamma_s h_0 f_y} = \frac{31.91 \times 10^6}{0.974 \times 310 \times 300} = 353 \text{mm}^2 > \rho_{min} = 0.002bh = 140 \text{mm}^2$$

受力钢筋选用 $2\Phi 16$（$A_s = 402 \text{mm}^2$）

斜截面箍筋计算：

$$0.7 f_t b h_0 = 0.7 \times 1.27 \times 200 \times 310 = 55.12 \text{kN} > V_{max} = 37.87 \text{kN}$$

故箍筋可按构造要求配置 $\Phi 6@200$，但考虑此梁两侧荷载不同，存在一定的扭矩，但计算中并未考虑，因此将箍筋按 $\Phi 6@150$ 配置。楼梯平台梁配筋详图如图 2.1-64（c）所示。

在地震区进行楼梯设计时，应注意楼梯构件的影响：就是指在地震荷载作用下，楼梯作为抗侧移构件对结构的影响，此时楼梯构件不仅受压也要受拉，所以在地震区梯段板上部支座负筋应通长设置，即要求配双层通长钢筋。框架结构考虑将楼梯间的梯板与平台板脱开，避免梯段板在侧向力作用下形成斜撑，影响结构的刚度和强度，将梯段板一端设置滑动支座（图 2.1-65）。

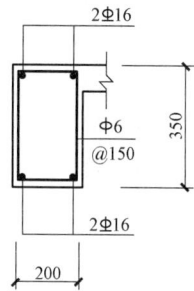

图 2.1-64（c） 某工程楼梯梯梁（TL）配筋

4. 梁式楼梯设计例题

【例 2.1-8】 设计资料：条件同例题【例 2.1-7】，现将板式楼梯改为梁式楼梯，如图 2.1-65 及图 2.1-66（a）所示，试设计此梁式楼梯。

【解】（1）踏步板的计算。

假定踏步板的底板厚度 $\delta=40\text{mm}$，踏宽 $300\text{mm}\times$ 踏高 150mm，$\cos\varphi=\dfrac{300}{\sqrt{300^2+150^2}}=\dfrac{300}{335}=0.894$，则踏步平均高度为 $h=\dfrac{150\text{mm}}{2}+\dfrac{40\text{mm}}{0.894}=120\text{mm}$。斜梁截面取 $b\times h=150\text{mm}\times300\text{mm}$

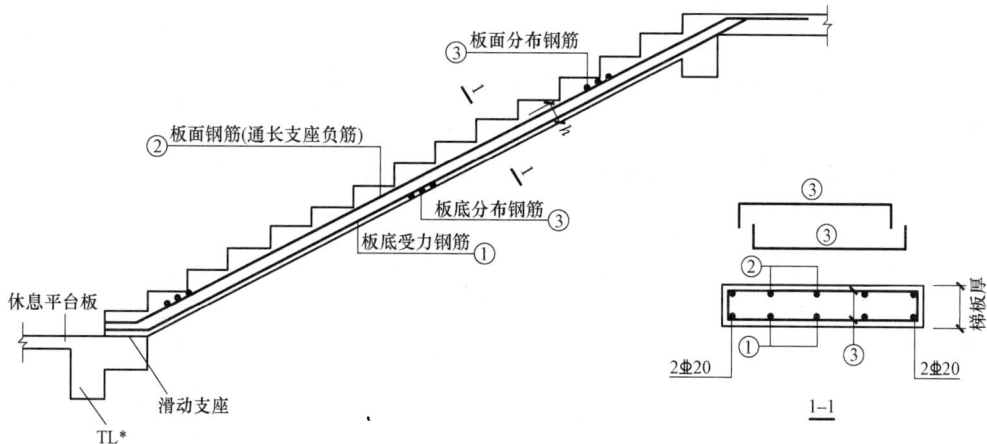

图 2.1-65 某工程楼梯梯段板配筋

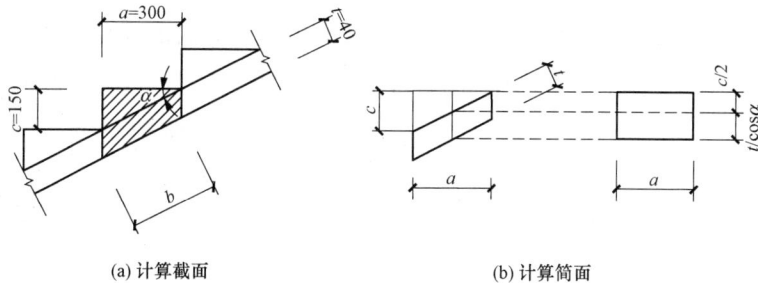

(a) 计算截面　　　　　　　　　　(b) 计算简面

图 2.1-66（a） 梯段踏步板计算截面及简图

①荷载计算。

恒荷载：

踏步板自重：$0.12\times0.3\times25=0.9\text{kN/m}$

20mm 厚踏步面层：$0.02\times(0.3+0.15)\times24=0.216\text{kN/m}$

10mm 厚板底粉刷层：$0.335 \times 0.01 \times 17 = 0.057 \text{kN/m}$

恒荷载标准值总计：$g_k = 0.563 + 0.335 + 0.216 + 0.057 = 1.171 \text{kN/m}$

活荷载标准值：$q_k = 2.5 \times 0.3 = 0.75 \text{kN/m}$

荷载设计值：$g + q = 1.2 \times 1.171 + 1.4 \times 0.75 = 2.455 \text{kN/m}$

②内力计算。

斜梁截面取 $b \times h = 150 \text{mm} \times 300 \text{mm}$，则踏步板计算跨度为

$$l_0 = l_n + b = 1.430 + 0.15 = 1.58 \text{m}$$

跨中弯矩 $M = \dfrac{1}{8}(g + q)l_0^2 = \dfrac{1}{8} \times 2.455 \times 1.58^2 = 0.766 \text{kN} \cdot \text{m}$

配筋计算（踏步板 $b \times h = 300 \text{mm} \times 120 \text{mm}$）

$$h_0 = h - a_s = 120 - 20 = 100 \text{mm}$$

$$\alpha_s = \frac{M}{\alpha_1 f_c b h_0^2} = \frac{0.766 \times 10^6}{1.0 \times 11.9 \times 300 \times 100^2} = 0.021$$

$$\gamma_s = 1 - 0.5\xi = 0.99$$

$$A_s = \frac{M}{\gamma_s h_0 f_y} = \frac{0.766 \times 10^6}{0.99 \times 100 \times 270} = 29 \text{mm}^2 < \rho_{\min} = 0.002bh = 72 \text{mm}^2$$

故踏步板应按构造钢筋，每踏步选用 $2\phi 8$（$A_s = 101 \text{mm}^2$），取踏步内斜板分布钢筋选用 $\phi 8@300$。

（2）楼梯斜梁的计算（斜梁截面取 $b \times h = 150 \text{mm} \times 300 \text{mm}$）。

①荷载计算。

踏步板传荷设计值 $\dfrac{1}{2} \times 2.455 \times (1.43 + 2 \times 0.15) \times \dfrac{1}{0.3} = 7.08 \text{kN/m}$

斜梁自重设计值 $1.2 \times (0.3 - 0.04) \times 0.15 \times 25 \times \dfrac{1}{0.894} = 1.31 \text{kN/m}$

斜梁抹灰设计值 $1.2 \times (0.3 - 0.04) \times 0.02 \times 17 \times 2 \times \dfrac{1}{0.894} = 0.24 \text{kN/m}$

荷载设计值总计 $g + q = 7.08 + 1.31 + 0.24 = 8.63 \text{kN/m}$

②内力计算。

取平台梁截面尺寸 $b \times h = 200 \text{mm} \times 400 \text{mm}$，斜梁水平方向的计算跨度为

$$l_0 = l_n + b = 3.3 + 0.2 = 3.5 \text{m}$$

跨中弯矩 $M_{\max} = \dfrac{1}{8}(g + q)l_0^2 = \dfrac{1}{8} \times 8.63 \times 3.5^2 = 13.2 \text{kN} \cdot \text{m}$

支座最大剪力 $V_{\max} = \dfrac{1}{2}(g + q)l_n \cos\alpha = \dfrac{1}{2} \times 8.63 \times 3.3 \times 0.894 = 12.73 \text{kN}$

配筋计算：

正截面计算（按第一类倒 L 形截面计算）

翼缘宽度 $b_f' = \dfrac{l_0}{6} = \dfrac{3500}{6} = 583 \text{mm}$，$b_f' = b + \dfrac{s_0}{2} = \left(150 + \dfrac{1430}{2}\right) = 865 \text{mm}$，取 $b_f' = 583 \text{mm}$

$$h_0 = h - a_s = 300 - 40 = 260 \text{mm}$$

$$\alpha_s = \frac{M}{\alpha_1 f_c b h_0^2} = \frac{13.2 \times 10^6}{1.0 \times 11.9 \times 583 \times 260^2} = 0.028$$

$$\xi = 1 - \sqrt{1 - 2\alpha_s} = 1 - \sqrt{1 - 2 \times 0.052} = 0.028 < \xi_b = 0.576$$
$$\gamma_s = 1 - 0.5\xi = 0.986$$

$$A_s = \frac{M}{\gamma_s h_0 f_y} = \frac{13.2 \times 10^6}{0.986 \times 260 \times 300} = 172 \text{mm}^2 > \rho_{min} = 0.002bh = 90 \text{mm}^2$$

受力钢筋选用 2Φ12（$A_s = 226 \text{mm}^2$）

斜截面箍筋计算

$$0.7f_t bh_0 = 0.7 \times 1.27 \times 150 \times 260 = 34.67 \text{kN} > V_{max} = 12.73 \text{kN}$$

故可按构造配置箍筋，选用双肢箍，Φ8@200。楼梯踏步板、斜梁配筋，如图 2.1-66 (b) 所示。

（3）平台梁的计算。平台梁的配筋计算同板式楼梯。

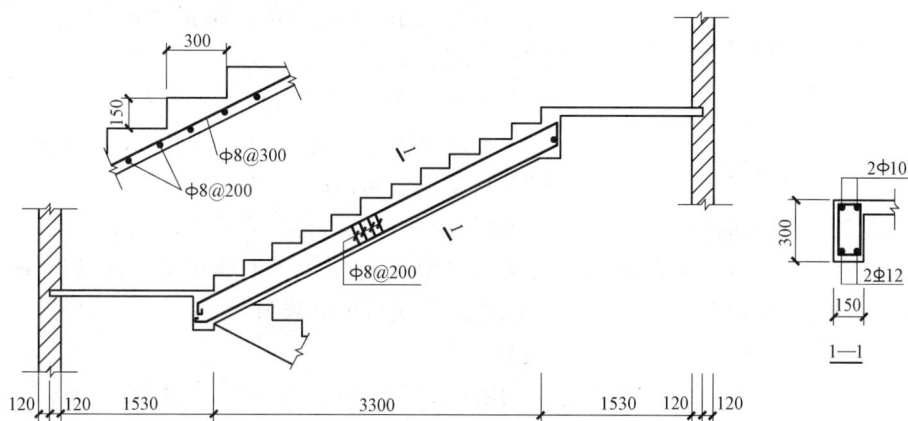

图 2.1-66（b） 梁式楼梯踏步板及斜梁配筋图

2.1.6 钢筋混凝土雨篷

雨篷是建筑入口处和顶层阳台上部用于遮挡雨雪、保护外门、窗免受雨淋的构件，是房屋结构中必不可少的悬挑构件。悬挑构件有现浇整体式和装配式两种结构，实际工程中多采用现浇式。根据悬挑长度，结构布置有两种方案：悬挑长度较大时，采用悬挑梁板结构；悬挑长度较小时，采用悬挑板结构。本节主要介绍悬挑板结构。

1. 概述

雨篷由雨篷板和雨篷梁组成，雨篷梁除支承雨篷板外，还兼作过梁。雨篷板通常做成变厚度的，根部不小于 70mm，板端部不小于 50mm；雨篷板的悬挑长度通常为 600～1200mm。雨篷梁宽度一般与墙厚相同，高度可按一般梁的高跨比选取。

雨篷是悬挑结构，其破坏会出现三种情况：雨篷板根部断裂；雨篷板的承载力破坏、雨篷梁弯剪扭破坏；雨篷梁的承载力破坏及整个雨篷倾覆。因此，雨篷的设计计算应包括雨篷板承载力计算、雨篷梁承载力计算和雨篷抗倾覆验算。

2. 雨篷板的承载力计算

雨篷板是固定在雨篷梁上的悬挑板，其承载力按受弯构件计算，取其挑出长度为计算跨度，取 $b = 1$m 板带为计算单元。

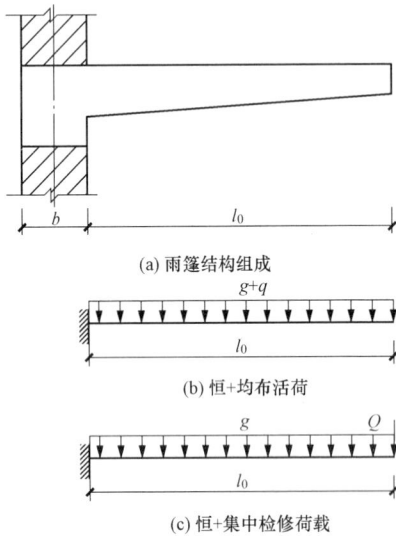

(a) 雨篷结构组成

(b) 恒+均布活荷

(c) 恒+集中检修荷载

图 2.1-67 雨篷板计算简图

作用在雨篷板上的恒荷载 g 包括板自重、面层及粉刷重等。活荷载有两种情况：一是雪荷载或 $0.5kN/m^2$ 的均布活荷载，q 取大值；二是作用在板端的 1kN 施工或检修集中荷载 Q，最终，活荷载效应取大值。《建筑结构荷载规范》（GB 50009—2012）规定施工集中荷载为：雨篷板承载力计算时，在每延长米范围布置一个 1.0kN，在进行雨篷抗倾覆验算时为沿板宽每 2.5~3.0m 范围内布置一个 1.0kN。按悬挑构件计算板根部的负弯矩值，取弯矩大值配置板受力筋，并置于板的上部（受拉区），钢筋伸入雨篷梁的锚固长度应满足受拉钢筋达到抗拉强度时的锚固长度要求（图 2.1-67）。

3. 雨篷梁的承载力计算

雨篷梁荷载：包括雨篷梁自重、抹灰荷载和梁上砌体自重等竖向荷载，如果雨篷梁上砌体还支承楼盖荷载，且楼盖至雨篷顶距离小于下部门洞宽度时，还要考虑楼盖传来的荷载；同时，还要承受由雨篷板传来的荷载，该荷载可简化为一个竖向荷载和一个线扭矩，如图 2.1-68 所示。例如雨篷板上部作用均布荷载 $g+q$，则雨篷梁的线扭矩荷载为 $m_T=(g+q)l_0(l_0/2+b/2)$，l_0 为雨篷板的计算跨度，b 为雨篷梁的宽度。

雨篷梁一般支承于门洞口两侧墙上。雨篷梁在平面内竖向荷载作用下，一般简化为简支梁，按简支梁计算弯矩和剪力。雨篷梁在线扭矩荷载作用下，简化为两端固定的单跨梁，梁的扭矩内力计算方法，与将线扭矩荷载视为竖向荷载作用下简支梁剪力的计算方法相同，梁的最大扭矩及扭矩内力分布，与简支梁的最大剪力及剪力内力分布相同，如图 2.1-69 所示。梁上作用均布线扭矩荷载 m_T，则支座截面最大扭矩内力为 $T_{max}=0.5m_T \times l_n$，$l_n$ 为雨篷梁的净跨度。

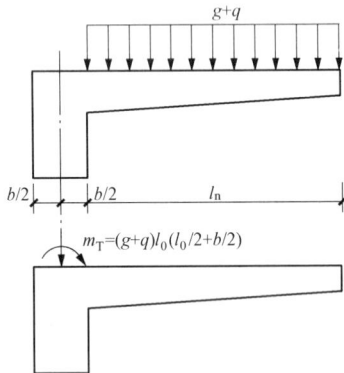

图 2.1-68 雨篷梁扭矩荷载

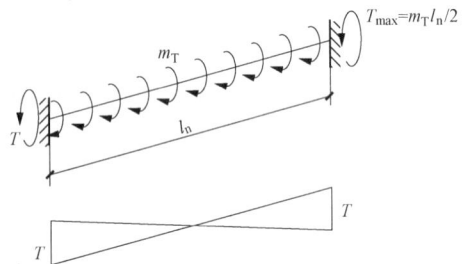

图 2.1-69 雨篷梁扭矩内力计算简图

由于悬挑雨篷板上作用的均布荷载及集中荷载的作用点不在梁的竖向对称平面上，它们使梁产生弯曲、剪切，同时还使梁产生扭转，因此雨篷梁属于弯、剪、扭联合作用构件，需对其进行受弯、受剪和受扭计算，配置纵向受力筋和箍筋。

雨篷梁支承于墙内的长度不宜小于 370mm；梁的受扭纵向钢筋应布置在截面周边；纵向钢筋（其中包括受扭的架立钢筋）在支座内的锚固长度应满足受拉钢筋达到抗拉强度时的锚固长度的要求；雨篷梁的箍筋应采用封闭式，末端应做成 135°弯钩，弯钩末端平直段长度不小于 $5d$ 和 50mm。

4. 雨篷抗倾覆验算

雨篷板上的荷载可能使雨篷绕梁底距墙外边缘 x_0 处的 O 点转动而产生倾覆（图 2.1-70）。为了使雨篷不致倾覆，设计时必须满足：

$$M_r \geqslant M_{ov} \tag{2.1-49}$$

式中　M_{ov}——雨篷荷载设计值对倾覆点 O 产生的倾覆力矩；

　　　M_r——雨篷的抗倾覆力矩设计值。

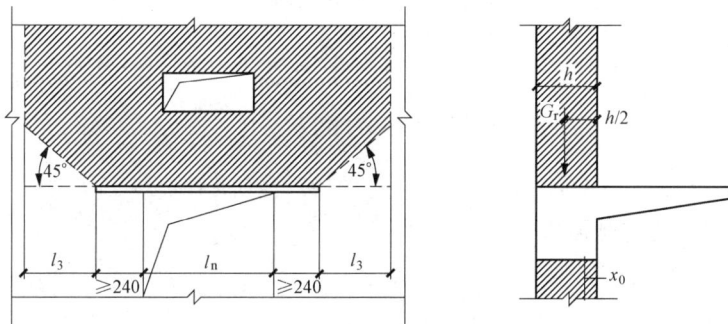

图 2.1-70　雨篷的抗倾覆计算

雨篷的抗倾覆力矩设计值可按下式计算：

$$M_r = 0.8G_r(l_2 - x_0) \tag{2.1-50}$$

式中　G_r——雨篷的抗倾覆荷载，按图中的阴影部分所示范围内的墙体与楼、屋面恒载标准值之和；

　　　l_2——G_r 作用点到墙外边缘距离，$l_2 = 0.5l_1$，其中，l_1 为墙厚；

　　　x_0——倾覆点 O 到墙外边缘距离，$x_0 = 0.13l_1$。

注意：在计算恒载 G_r 时，不考虑楼面、屋面的非永久性的"恒荷载"，例如楼面上的非承重隔墙、屋面上的保温和防水层等恒载。

【例 2.1-9】　某二层办公楼，横墙承重，其南入口（即纵墙）处有门洞，上方设现浇混凝土雨篷，如图 2.1-71 所示，设计雨篷处门洞净宽 2.4m（即雨篷梁净跨 2.4m），雨篷挑出长度 1.2m；女儿墙（厚 240，双面抹灰）自重标准值 5.24kN/m²，外纵墙（厚 370，双面抹灰）自重标准值 7.62kN/m²，窗重标准值 0.45kN/m²，该地区雪荷载标准值 0.8kN/m²，试设计该雨篷。

【解】　（1）雨篷抗倾覆验算。

计算倾覆点到墙外边缘距离：$x_0 = 0.13l_1 = 0.13 \times 370 = 48$mm。

1）抗倾覆力矩按式 $M_r = 0.8G_r(l_2 - x_0)$ 计算，抗倾覆弯矩由雨篷梁及梁上墙体重组成，因横墙承重，雨篷在纵墙上，因此不考虑楼板自重，M_r 计算见下式：

雨篷上部墙体产生的抗倾覆弯矩：

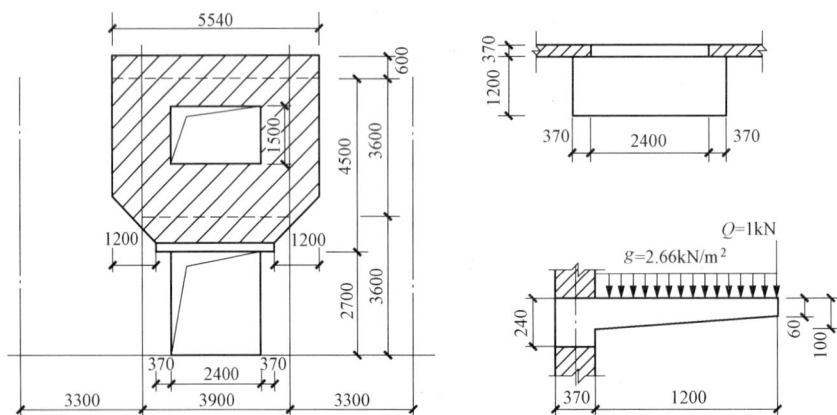

图 2.1-71　例 2.1-11 附图

$$M_{r1} = 0.8 \times [7.62 \times 4.5 \times 5.54 + 5.24 \times 5.54 \times 0.6 - 1.8 \times 1.5 \times$$

$$(7.62 - 0.45) - \frac{1}{2} \times 1.2 \times 1.2 \times 7.62 \times 2] \left(\frac{0.37}{2} - 0.048\right)$$

$$= 0.8 \times [189.97 + 17.42 - 19.36 - 10.97] \times 0.137 \mathrm{kN \cdot m} = 19.41 \mathrm{kN \cdot m}$$

雨篷梁自重产生的抗倾覆弯矩：

$$M_{r2} = 0.8 \times (0.24 \times 0.37 \times 25) \times (2.4 + 2 \times 0.37) \times \left(\frac{0.37}{2} - 0.048\right) \mathrm{kN \cdot m}$$

$$= 0.76 \mathrm{kN \cdot m}$$

总抗倾覆力矩 $M_r = M_{r1} + M_{r2} = (19.41 + 0.76) \mathrm{kN \cdot m} = 20.17 \mathrm{kN \cdot m}$。

2）倾覆力矩计算，活荷载效应应取屋面活荷载和检修荷载中较大值：

①考虑检修荷载。由《建筑结构荷载规范》（GB 50009—2012）规定在进行雨篷抗倾覆验算时，沿板宽每 2.5～3.0m 范围内布置一个 1.0kN。雨篷板宽度为 $(2.4 + 2 \times 0.37) \mathrm{m} = 3.14 \mathrm{m}$，因此取 2 个 1.0kN 的集中力。

可变荷载控制：

$$M_{ov1} = \left(\frac{1}{2} \times 2.66 \times 1.248^2 \times 1.2 \times 3.14 + 2 \times 1.4 \times 1.248\right) \mathrm{kN \cdot m}$$

$$= 11.29 \mathrm{kN \cdot m}$$

永久荷载控制：

$$M_{ov2} = \left(\frac{1}{2} \times 2.66 \times 1.248^2 \times 1.35 \times 3.14 + 2 \times 1.4 \times 0.7 \times 1.248\right) \mathrm{kN \cdot m}$$

$$= 11.23 \mathrm{kN \cdot m}$$

②考虑均布活荷载（屋面均布活荷载与雪荷载不同时考虑，取大值，因此活荷载取 0.8kN/m²）。

可变荷载控制：

$$M_{ov3} = (1.2 \times 2.66 \times 3.14 + 1.4 \times 0.8 \times 3.14) \times \frac{1.248^2}{2} \mathrm{kN \cdot m} = 10.54 \mathrm{kN \cdot m}$$

永久荷载控制：

$$M_{ov4} = (1.35 \times 2.66 \times 3.14 + 1.4 \times 0.7 \times 0.8 \times 3.14) \times \frac{1.248^2}{2} kN \cdot m = 10.7 kN \cdot m$$

对以上四个数值比较后，取大值，故 $M_{ov} = M_{ov1} = 11.29 kN \cdot m$，

$M_r > M_{ov}$，满足要求，雨篷不会发生整体倾覆破坏。

（2）雨篷板的计算。

混凝土强度等级 C25，$f_c = 11.9 N/mm^2$；HPB300 级钢筋，$f_y = 270 N/mm^2$；取 $b = 1m$ 板带为计算单元。

1）雨篷板根部弯矩计算。

①考虑检修荷载。由《建筑结构荷载规范》（GB 50009—2012）规定雨篷板承载力计算时，在每延长米范围布置一个 1.0kN。

可变荷载控制：

$$M_{max1} = (1.2 \times \frac{1}{2} \times 2.66 \times 1.2^2 + 1.4 \times 1 \times 1.2) kN \cdot m = 3.98 kN \cdot m$$

永久荷载控制：

$$M_{max2} = (1.35 \times \frac{1}{2} \times 2.66 \times 1.2^2 + 1.4 \times 0.7 \times 1 \times 1.2) kN \cdot m = 3.76 kN \cdot m$$

②考虑均布活荷载。

可变荷载控制：

$$M_{max3} = (1.2 \times 2.66 + 1.4 \times 0.8) \frac{1.2^2}{2} kN \cdot m = 3.11 kN \cdot m$$

永久荷载控制：

$$M_{max4} = (1.35 \times 2.66 + 1.4 \times 0.7 \times 0.8) \times \frac{1.2^2}{2} kN \cdot m = 3.15 kN \cdot m$$

对以上四个数值比较后，取大值，故 $M_{max} = M_{max1} = 3.98 kN \cdot m$。

2）配筋计算（受弯构件正截面计算）。

$$h_0 = (100 - 25) mm = 75 mm$$

$$\alpha_s = \frac{M_{max}}{\alpha_1 f_c b h_0^2} = \frac{3.98 \times 10^6}{1.0 \times 11.9 \times 1000 \times 75^2} = 0.059$$

$$\xi = 1 - \sqrt{(1 - 2\alpha_s)} = 1 - \sqrt{(1 - 2 \times 0.059)} = 0.061$$

$$A_s = \xi \frac{\alpha_1 f_c}{f_y} b h_0 = 0.061 \times \frac{1.0 \times 11.9}{270} \times 1000 \times 75 mm^2 = 202 mm^2$$

选 $\phi 8@150$，$A_s = 302 mm^2$。

（3）雨篷梁计算。

混凝土强度等级 C25，$f_c = 11.9 N/mm^2$，$f_t = 1.27 N/mm^2$；纵筋：HRB335 级钢筋，$f_y = 300 N/mm^2$。

箍筋：HPB300 级钢筋，$f_{yv} = 270 N/mm^2$。

1）雨篷梁内力计算：

板传给梁的恒荷载 $2.66 \times (1.2 + 0.185) kN/m = 3.68 kN/m$

板传给梁的均布活荷载 $0.8 \times (1.2 + 0.185) kN/m = 1.11 kN/m$

砌体重 $\frac{2.4}{3} \times 7.62 = 6.10 kN/m$

梁自重 $0.24 \times 0.37 \times 25 = 2.22 \mathrm{kN/m}$

①考虑检修荷载时雨篷梁上线荷载设计值。

可变荷载控制：

$$q_1 = 1.2 \times (3.68 + 6.1 + 2.22) + 1.4 \times 1 = 15.8 \mathrm{kN/m}$$

永久荷载控制：

$$q_2 = 1.35 \times (3.68 + 6.10 + 2.22) + 1.4 \times 0.7 \times 1 = 17.18 \mathrm{kN/m}$$

②考虑均布活荷载时雨篷梁上线荷载设计值。

可变荷载控制：

$$q_3 = 1.2 \times (3.68 + 6.1 + 2.22) + 1.4 \times 1.11 = 14.75 \mathrm{kN/m}$$

永久荷载控制：

$$q_4 = 1.35 \times (3.68 + 6.1 + 2.22) + 1.4 \times 0.7 \times 1.11 = 17.29 \mathrm{kN/m}$$

雨篷梁上线荷载设计值应取：$q = q_4 = 15.22 \mathrm{kN/m}$

$l_{01} = 1.1 l_n = 1.1 \times 2.4 = 2.64 \mathrm{m}$，$l_{02} = l_n + a = 2.4 + 0.24 = 2.64 \mathrm{m}$，取计算跨度 $l_0 = l_{01} = 2.64 \mathrm{m}$

弯矩：

$$M = \frac{1}{8} q l_0^2 = \frac{1}{8} \times 17.29 \times 2.64^2 = 15.10 \mathrm{kN \cdot m}$$

剪力：

$$V = \frac{q l_n}{2} = \frac{17.29 \times 2.4}{2} = 20.75 \mathrm{kN}。$$

扭矩 T 的计算：

沿梁单位长度的力偶：

①考虑检修荷载。

可变荷载控制：

$$M_1 = 1.2 \times \left(\frac{1}{2} \times 2.66 \times 1.385^2 \right) + 1.4 \times 1 \times 1.385 = 5.0 \mathrm{kN \cdot m}$$

永久荷载控制

$$M_2 = 1.35 \times \left(\frac{1}{2} \times 2.66 \times 1.385^2 \right) + 1.4 \times 0.7 \times 1 \times 1.385 = 4.42 \mathrm{kN \cdot m}$$

②考虑均布活荷载时雨篷梁上线荷载设计值。

可变荷载控制：

$$M_3 = 1.2 \times \left(\frac{1}{2} \times 2.66 \times 1.385^2 \right) + 1.4 \times \left(\frac{1}{2} \times 0.8 \times 1.385^2 \right) = 4.13 \mathrm{kN \cdot m}$$

永久荷载控制：

$$M_4 = 1.35 \times \left(\frac{1}{2} \times 2.66 \times 1.385^2 \right) + 1.4 \times 0.7 \times \left(\frac{1}{2} \times 0.8 \times 1.385^2 \right)$$
$$= 4.19 \mathrm{kN \cdot m}$$

取

$$M = M_1 = 5.0 \mathrm{kN \cdot m}$$

扭矩：

$$T = M l_n / 2 = 5.0 \times 2.4 / 2 = 6.0 \mathrm{kN \cdot m}$$

因此，雨篷梁承受弯矩 $M = 15.10 \mathrm{kN \cdot m}$、剪力 $V = 20.75 \mathrm{kN}$ 及扭矩 $T = 6.0 \mathrm{kN \cdot m}$。

2）弯剪扭构件承载力计算。

①验算截面尺寸是否满足要求。

$$\frac{h_w}{b} = \frac{200}{370} = 0.54 < 4$$

$$W_t = \frac{b^2}{6}(3h-b) = \frac{370^2}{6} \times (3 \times 240 - 370) = 7.99 \times 10^6 \, mm^3$$

$$\frac{V}{bh_0} + \frac{T}{0.8W_t} = \frac{20.75 \times 10^3}{370 \times 200} + \frac{6.0 \times 10^6}{0.8 \times 7.99 \times 10^6} = 1.22 < 0.25\beta_c f_c$$

$$= 0.25 \times 1.0 \times 11.9 = 2.975$$

故截面尺寸满足要求。

②验算是否按计算配置抗扭钢筋。

$$\frac{V}{bh_0} + \frac{T}{W_t} = \frac{20.75 \times 10^3}{370 \times 200} + \frac{6.0 \times 10^6}{7.99 \times 10^6} = 1.03 > 0.7f_t = 0.7 \times 1.27 = 0.89$$

故需按计算配置抗剪、抗扭钢筋。

③确定计算方法。

验算是否考虑剪力的影响：

$$V = 20.75 kN < 0.35 f_t bh_0 = 0.35 \times 1.27 \times 370 \times 200 = 32.89 kN$$

验算是否考虑扭矩的影响：

$$T = 6.0 kN \cdot m > 0.175 f_t W_t = 0.175 \times 1.27 \times 7.99 \times 10^6 = 1.78 kN \cdot m$$

因此，该构件应计算受弯构件的正截面受弯承载力和纯扭构件的受扭承载力。

④受弯构件承载力计算。

$$h_0 = (240 - 40)mm = 200mm$$

$$\alpha_s = \frac{M}{\alpha_1 f_c bh_0^2} = \frac{15.10 \times 10^6}{1.0 \times 11.9 \times 370 \times 200^2} = 0.086 < \alpha_{s,max} = 0.399 (满足要求)$$

$$\xi = 1 - \sqrt{(1-2\alpha_s)} = 1 - \sqrt{(1-2 \times 0.086)} = 0.09$$

$$A_s = \xi \frac{\alpha_1 f_c}{f_y} bh_0 = 0.09 \times \frac{1.0 \times 11.9}{300} \times 370 \times 200 = 264mm^2 > \rho_{min}bh = 0.002 \times 370 \times$$

$$240mm = 178mm^2$$

⑤抗扭承载力计算。

$$b_{con} = 370 - 35 \times 2 = 300mm, \quad h_{con} = (240 - 35 \times 2)mm = 170mm$$

纯扭构件应符合下式计算：$T \leqslant 0.35f_t W_t + 1.2\sqrt{\zeta}f_{yv}\frac{A_{stl}A_{cor}}{s}$，其中 $\zeta = \frac{f_y A_{stl} s}{f_{yv} A_{stl} u_{cor}}$

抗扭箍筋的计算（假设 $\zeta = 1.1$）：

$$\frac{A_{stl}}{s} = \frac{T - 0.35 f_t W_t}{1.2\sqrt{\zeta}f_{yv}A_{cor}} = \frac{6 \times 10^6 - 0.35 \times 1.27 \times 7.99 \times 10^6}{1.2 \times \sqrt{1.1} \times 270 \times 300 \times 170} = 0.141$$

抗扭纵筋的计算：

由 $\zeta = \frac{f_y A_{stl} s}{f_{yv} A_{stl} u_{cor}}$ 得：$A_{stl} = \frac{\zeta f_{yv} u_{cor}}{f_y} \cdot \frac{A_{stl}}{s} = \frac{1.1 \times 270 \times (300+170) \times 2}{300} \times 0.141mm^2$

$$= 132mm^2$$

验算抗扭纵筋配筋率：

$$\rho_{tl} = \frac{A_{stl}}{bh} = \frac{132}{370 \times 240} = 0.15\% < \rho_{tl,min} = 0.6\sqrt{\frac{T}{Vb}}\frac{f_t}{f_y}$$

$$= 0.6\sqrt{\frac{6 \times 10^3}{20.75 \times 370}} \times \frac{1.27}{300} = 0.225$$

应取 $A_{stl} = \rho_{tl,min}bh = 0.225\% \times 370 \times 240 = 200\text{mm}^2$。

3）配筋（选筋）。

①纵筋。将布置于梁下部的抗弯纵筋与抗扭纵筋合并考虑。

梁上部的纵筋面积：$\dfrac{A_{stl}}{2} = \dfrac{200}{2} = 100\text{mm}^2$，按架力钢筋构造要求，梁上部纵筋不少于2根，直径不小于8mm，综合选用2Φ12（$A_s = 226\text{mm}^2$）；因雨篷梁宽度较大，为增加钢筋骨架刚度，在中间增加2根直径12的钢筋。

梁下部的纵筋面积：$A_s + \dfrac{A_{stl}}{2} = 264 + \dfrac{200}{2} = 364\text{mm}^2$，选用2Φ16（$A_s = 402\text{mm}^2$），因雨篷梁宽度较大，为增加钢筋骨架刚度，在中间增加2Φ12的钢筋。

所有纵向钢筋应按受拉钢筋锚固长度要求进行锚固。

②箍筋。按抗扭计算所得箍筋很小；在弯剪扭构件中，箍筋的配筋率 ρ_{sv} 不应小于 $0.28f_t/f_{yv} = 0.28 \times 1.27/270 = 0.13\%$，$\rho_{sv} = A_{sv}/bs \geqslant 0.13\%$，选箍筋直径8mm，双肢箍，$A_{sv} = 50.3 \times 2 = 100.6\text{mm}^2$，$s \leqslant A_{sv}/(0.13\% b) = 209\text{mm}$，根据梁箍筋设置最大间距要求，箍筋间距不得大于150mm，因此箍筋选用Φ8@150。

至此计算完成，雨篷配筋如图 2.1-72 所示。

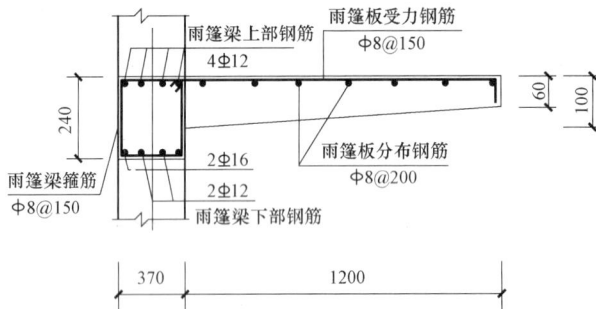

图 2.1-72　雨篷配筋图

小　结

（1）楼盖和楼梯、雨篷实际上是梁板结构，其设计的主要步骤是：结构选型和结构布置；内力计算（包括确定计算简图、内力分析、内力组合等）；截面配筋计算（板只进行正截面计算，主梁和次梁需进行正截面和斜截面计算）；绘制结构施工图（根据配筋计算结果和构造要求等）。

（2）在荷载作用下，如果板是双向弯曲受力，则称为双向板，否则为单向板。在实际工程设计中可按板的四边支承情况和板两个方向跨度的比值来区分单、双向板。

（3）双筋矩形截面梁，在受拉区和受压区同时设置受力钢筋的截面，受弯构件采用纵向受压钢筋来协助混凝土承受压力是不经济的，施工不便，双筋截面梁只适用于以下情况：① M 很大，按单筋计算 $\xi > \xi_b$，而截面尺寸 $b \times h$ 受限制，f_c 又不能提高；② 在不同荷载组合情况下，梁截面承受异号弯矩 $\pm M$。

（4）T形和工字形截面梁的应用是很多的。对 T 形和工字形截面梁承载力分析时，不考虑混凝土的受拉作用，把大部分早已退出工作的受拉区混凝土部分挖去而截面的承载力计算值与原矩形截面完全相同，这样做不仅可以节约混凝土且可减轻自重。T形可以分两种类型计算。

（5）钢筋混凝土楼梯按施工方法可分为现浇整体式和预制装配式两类。常用现浇楼梯有板式楼梯和梁式楼梯。板式楼梯由梯段板（踏步斜板）、平台梁及平台板构成；梁式楼梯由斜梁、踏步板、平台梁及平台板构成。跨度较小时，常用板式楼梯。斜板和斜梁在竖向荷载作用下的最大弯矩等于相应水平梁的最大弯矩。

（6）雨篷根据悬挑长度，结构布置有两种方案：悬挑长度较大时，采用悬挑梁板结构；悬挑长度较小时，采用悬挑板结构。悬挑板式雨篷由雨篷板和雨篷梁组成。雨篷的设计计算应包括雨篷板承载力计算、雨篷梁承载力计算和雨篷抗倾覆验算。

能力拓展与实训

一、基础训练

1. 思考题

（1）钢筋混凝土楼盖设计的一般步骤是什么？

（2）钢筋混凝土楼盖有哪几种类型？并说明它们各自的受力特点和适用范围。

（3）在什么情况下采用双筋截面梁？为什么要求双筋矩形截面的受压区高度 $x \geqslant 2a'_s$？若不满足这一条件应如何处理？

（4）T形截面有何优点？为什么 T 形截面的最小配筋公式中的 b 为肋宽？

（5）现浇单向板肋形楼盖中的板、次梁、主梁的计算简图如何确定？为什么主梁只能用弹性理论计算，而不采用塑性理论计算？

（6）什么叫"塑性铰"？混凝土结构中"塑性铰"与结构力学中的"理想铰"有何异同？

（7）什么叫"塑性内力重分布"？"塑性铰"与"塑性内力重分布"有何关系？

（8）什么叫"弯矩调幅"？连续梁进行"弯矩调幅"时要考虑哪些因素？

（9）为什么在计算支座截面配筋时应取支座边缘处的内力？

（10）在主、次梁交接处，主梁中为什么要设置吊筋或附加箍筋？如何计算？

（11）什么叫内力包络图？为什么要做内力包络图？

（12）现浇板式楼梯和梁式楼梯的结构组成？各有何优缺点？说出它们的适用范围。

（13）现浇悬挑板式雨篷由哪些构件组成？雨篷的设计包括哪些内容？

2. 选择题

（1）第一类 T 形截面梁，验算配筋率时，有效截面面积为（　　）。

    A. bh　　　　　　B. bh_0　　　　　　C. $b'_f h'_f$　　　　　　D. $b'_f h_0$

（2）单筋矩形截面，为防止超筋破坏的发生，应满足适用条件 $\xi \leqslant \xi_b$。与该条件等同的条件是（　　）。

A. $x \leqslant x_b$ B. $\rho \leqslant \rho_{max}$ C. $x \geqslant 2a_s$ D. $\rho \geqslant \rho_{min}$。

（3）双筋矩形截面梁设计时，若 A_s 和 A_s' 均未知，则引入条件 $\xi = \xi_b$，其实质是（ ）。

    A. 先充分发挥压区混凝土的作用，不足部分用 A_s' 补充，这样求得的 $A_s + A_s'$ 较小

    B. 通过求极值确定出当 $\xi = \xi_b$ 时，$(A_s' + A_s)$ 最小

    C. $\xi = \xi_b$ 是为了满足公式的适用条件

    D. $\xi = \xi_b$ 是保证梁发生界限破坏

（4）两类 T 形截面之间的界限抵抗弯矩值为（ ）。

    A. $M_u = \alpha_1 f_c b_f' h (h_0 - h_f'/2)$

    B. $M_u = \alpha_1 f_c b h_f' (h_0 - h_f'/2)$

    C. $M_u = \alpha_1 f_c b_f' h_f' (h_0 - h_f'/2)$

    D. $M_u = \alpha_1 f_c b h (h_0 - h_f'/2)$

3. 计算题

（1）已知梁截面尺寸 $b = 250mm$，$h = 550mm$，选用 C30 级混凝土，HRB400 级钢筋，截面承受的弯矩设计值 $M = 300kN \cdot m$，计算所需的纵向受力钢筋。

提示：已知：$b \times h = 200mm \times 450mm$，C30（$f_c = 14.3N/mm^2$，$f_t = 1.27N/mm^2$），HRB400（$f_y = 360N/mm^2$），$M = 300kN \cdot m$。求：$A_s'$ 和 A_s。

（2）已知梁的截面尺寸 $b = 200mm$，$h = 450mm$，选用 C20 级混凝土，HRB335 级钢筋，截面承载的弯矩设计值 $M = 170kN \cdot m$，梁截面的受压区已配置 3 根直径 20 的钢筋，求受拉钢筋的截面面积 A_s。

提示：已知：$b \times h = 200mm \times 450mm$，C20（$f_c = 9.6N/mm^2$，$f_t = 1.1N/mm^2$），HRB335（$f_y = f_y' = 300N/mm^2$），$M = 170kN \cdot m$，求：$A_s$。

（3）已知某矩形截面梁 $b = 200mm$，$h = 400mm$，混凝土强度等级 C30，钢筋采用 HRB335 级，受拉钢筋为 3 根直径 25 的钢筋，受压钢筋为 2 根直径 20 的钢筋，承受弯矩设计值 $M = 125kN \cdot m$，验证此梁是否安全。

（4）某 T 型截面梁，$b_f' = 400mm$，$h_f' = 100mm$，$b = 200mm$，$h = 600mm$，采用 C25 级混凝土，HRB400 级钢筋，承受弯矩设计值 $M = 130kN \cdot m$，试设计受拉钢筋面积。

提示：已知：$b_f' = 400mm$，$h_f' = 100mm$，$b = 200mm$，$h = 600mm$，C25（$f_c = 11.9N/mm^2$），HRB400（$f_y = 360N/mm^2$），$M = 130kN \cdot m$，求：A_s。

（5）某 T 形截面梁，$b_f' = 400mm$，$h_f' = 100mm$，$b = 200mm$，$h = 600mm$，采用 C25 混凝土，HRB400 级钢筋，承受弯矩设计值 $M = 280kN \cdot m$，试计算受拉钢筋面积。

已知：C25（$f_c = 11.9N/mm^2$，$f_t = 1.27N/mm^2$），HRB400（$f_y = 360N/mm^2$），求：A_s。

（6）已知某 T 形梁 $b_f' = 500mm$，$h_f' = 120mm$，$b = 250mm$，$b = 700mm$，采用 C20 混凝土，配有 HRB335 级受拉钢筋 7φ20。试求截面所能承受弯矩设计值。

已知：C20（$f_c = 9.6N/mm^2$），HRB335（$f_y = 300N/mm^2$），7φ20（$A_s = 2199mm^2$），求：M_u。

（7）某工业厂房楼盖为双向板肋形楼盖，结构平面布置如图 2.1-73 所示，楼板厚 120mm，加上面层、粉刷等自重，恒荷载设计值 $g = 4.1kN/m^2$，楼面活荷载的设计值 $q = 8kN/m^2$，混凝土强度等级采用 C30（$f_c = 14.3N/mm^2$），钢筋采用 HPB300 级钢筋（$f_y = 300N/mm^2$），要求按弹性理论计算各区格的弯矩，进行截面计算，并绘出配筋图。

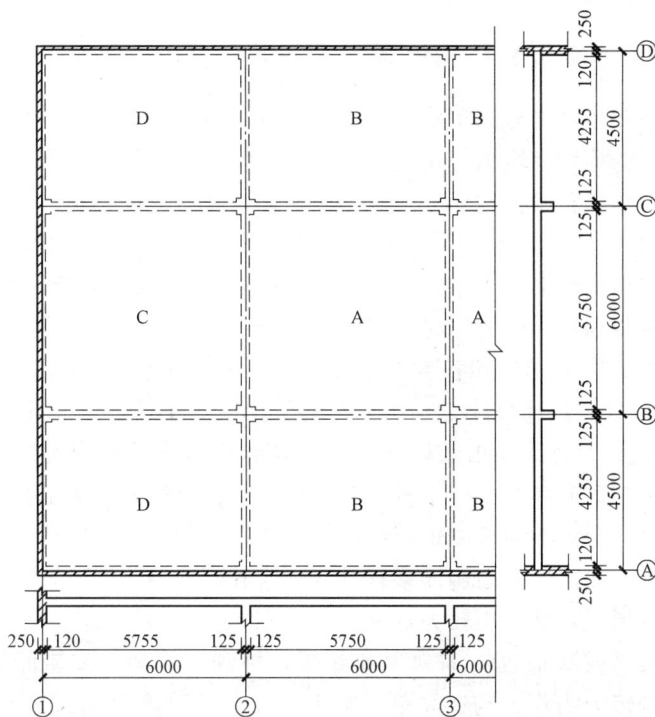

图 2.1-73 计算题 7 双向板平面布置图

二、工程能力训练

（1）查阅一现浇钢筋混凝土肋形楼盖的结构施工图，分组学习该施工图纸，对其中的主次梁的配筋进行归纳分析，总结规律。最后，根据结构施工图的说明，试选取一根主梁和一根次梁进行设计。

（2）按照国标图集《混凝土结构施工图平面整体表示方法制图规则和构造详图（现浇板式楼梯）》（11G101-2）第 19～20 页，绘制 AT 型楼梯施工图。

（3）参考国标图集《混凝土结构施工图平面整体表示方法制图规则和构造详图（现浇板式楼梯）》（11G101-2），以及本节现浇板式楼梯的计算例题，设计所在教学楼的楼梯，提供完整计算书并绘制施工图。

（4）参考国标图集《钢筋混凝土雨篷》（03G372），试绘制砌体住宅楼中 1.5m 门洞的钢筋混凝土雨篷施工图。

2.2 单层工业厂房结构

【工作任务】 钢筋混凝土单层工业厂房。

【任务目标】

知识目标：了解单层厂房的结构分类；了解钢筋混凝土单层工业厂房排架结构的组成与结构布置；掌握各类构件布置的原则。

能力目标：钢筋混凝土单层工业厂房排架结构的认识。

2.2.1 单层厂房结构类型和结构体系

工业厂房有单层和多层之分。单层厂房适应各种类型的工业生产，因而其应用范围较为广泛。例如，冶金厂的炼钢、轧钢等车间一般设有大型机器或设备，需要起吊设备，产品较重且外形尺寸较大，故宜直接在地面上生产，因而多设计成单层厂房。

单层厂房结构设计应根据生产工艺要求、建筑工业化及现代化要求，经过技术综合分析与比较，确定厂房的结构方案——结构的类型和结构体系，进行结构布置和构件选型。

单层工业厂房按其承重结构所用材料的不同，可分为混合结构、钢筋混凝土结构和钢结构。混合结构的承重结构由砖柱和各类屋架组成，一般用于单跨和等高多跨且无桥式起重机，跨度不大于 15m 且柱顶标高不超过 6.6m 的厂房；对于吊车起重量超过 150t，跨度大于 36m 的大型厂房，或有特殊要求的厂房（例如高温车间或者有较大设备的车间等）应采用全钢结构或钢屋架与钢筋混凝土柱承重，除上述两种情况以外的大部分厂房均可采用钢筋混凝土结构，因此钢筋混凝土结构的单层厂房是较普遍采用的一种厂房。

钢筋混凝土单层工业厂房的结构体系有排架结构和刚架结构两种。排架结构是目前单层工业厂房结构的基本形式，其应用较为普遍。

排架结构由屋架（或屋面梁）、柱和基础组成，柱顶与屋架（或屋面梁）铰接，柱底与基础刚接。排架结构传力明确，构造简单，施工方便，其跨度可超过 30m，高度可达 20～30m 或更高，吊车吨位可达 150t 以上，是目前单层工业厂房常用的结构形式 [图 2.2-1 (a)]。

刚架结构目前常用的是装配式钢筋混凝土门式刚架。刚架结构的柱与横梁，刚接成一个构件，柱与基础铰接。刚架结构梁柱合一，构件种类少，制作简单且结构轻巧。其缺点是刚度较差，梁柱转角处易产生早期裂缝，所以不宜用于有较大吨位吊车的工业厂房 [图 2.2-1 (b)]。

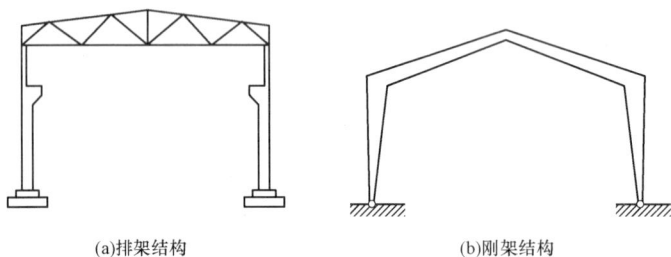

(a)排架结构　　　　　　　　　(b)刚架结构

图 2.2-1 单层厂房结构体系

本节介绍装配式钢筋混凝土单层厂房排架结构的组成和布置。

2.2.2 单层厂房结构组成

1. 结构组成

单层工业厂房由屋盖结构、吊车梁、柱、支撑、梁、基础及围护结构等结构构件组成了一个复杂的空间受力体系（图 2.2-2）。

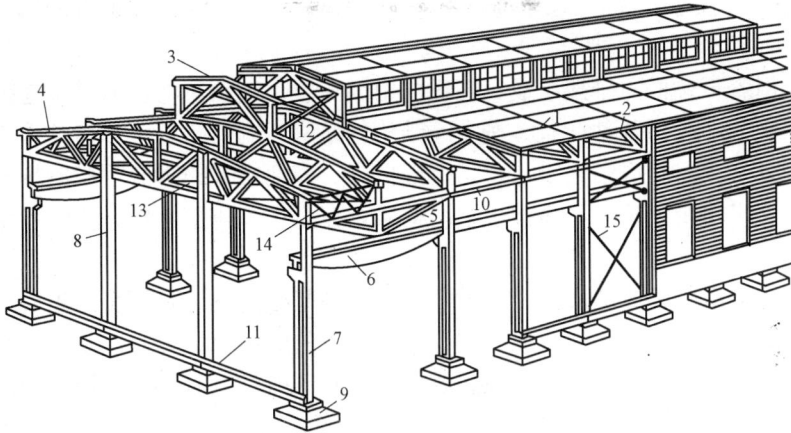

图 2.2-2 单层工业厂房结构

1—屋面板；2—天沟板；3—天窗架；4—屋架；5—托架；6—吊车梁；7—排架柱；
8—抗风柱；9—基础；10—连系梁；11—基础梁；12—天窗架垂直支撑；13—屋架下弦横向水平支撑；
14—屋架端部垂直支撑；15—柱间支撑

（1）屋盖结构。屋盖结构由排架柱顶以上各构件组成，可以分为无檩和有檩两种体系。有檩体系是小型屋面板铺在檩条上，檩条支撑在屋架上；无檩体系将大型屋面板直接铺设在屋架上。屋盖体系主要包括以下构件：

1）屋面板。屋面板起到围护和承重的作用，其承受屋面上的永久荷载及可变荷载，并将这些荷载传给屋架。

2）天窗架。承受天窗上的荷载，并将它们传给屋架。

3）檩条（用于有檩体系屋盖）。承受小型屋面板传来的荷载，并将其传给屋架。

4）屋架（屋面大梁）。承受屋面的全部荷载，并传递给柱子。

5）托架。当柱间距大于屋架间距时用以支撑屋架，并将屋架荷载传给柱子。

（2）吊车梁。吊车梁承受吊车竖向荷载和纵、横向水平制动力，并将其传给柱子。

（3）柱。

1）排架柱。承受屋盖、吊车梁、墙传来的竖向荷载和水平荷载，并将其传给基础。

2）抗风柱。承受山墙传来的风荷载，并将其传给屋架结构和基础。

（4）支撑。支撑包括屋盖支撑和柱间支撑，其作用是增强厂房结构空间刚度和稳定性，承受并传递各种水平荷载。

（5）梁。

1）圈梁。将墙体同厂房排架柱、抗风柱等连接在一起，以加强厂房的整体刚度，防止由于地基的不均匀沉降或较大振动荷载等对厂房产生的不利影响。

2）连系梁。连系纵向柱列，增强厂房的纵向刚度并传递风荷载到纵向柱列，且将上部墙体重量传给排架柱。

3）过梁。承受门窗洞口上墙体荷载，并将其传到门窗两侧的墙体。

4）基础梁。承托围护墙体重量，并将其传至柱基础。

（6）基础。基础承受柱及基础梁传来的荷载，并将其传至地基。

（7）外墙。外墙的作用主要是围护、承重（墙体自重及作用在墙面上的风荷载）。

2. 厂房的受力特点

单层厂房由若干榀横向排架组成，在纵向由吊车梁、连系梁将横向排架连接在一起形成空间结构体系来共同承担各种荷载。按空间结构体系进行内力分析，厂房结构属于多次超静定结构，比较复杂。在厂房结构设计中，一般按纵、横两个方向拆分为横向排架和纵向排架分别计算，即假定作用于某一平面排架上的荷载，完全由该排架承担，其他各结构构件不受其影响。

横向平面排架由屋架或屋面大梁、横向柱列及其基础构成，是厂房的主要承重结构，承受竖向荷载（结构自重、屋面活荷载、雪荷载和吊车的竖向荷载等）以及横向水平作用（风荷载、吊车的横向水平刹车制动力、地震的作用等），并将它们传至基础和地基（图 2.2-3）。

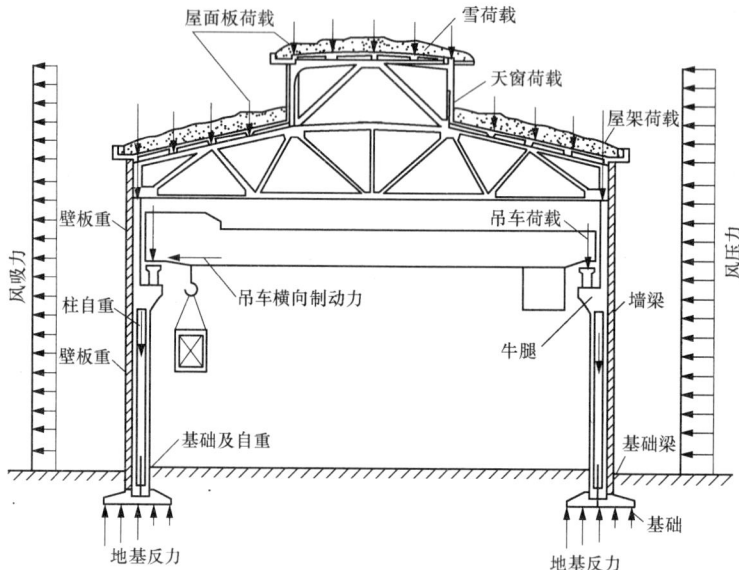

图 2.2-3　单层厂房横向平面排架及荷载示意图

纵向平面排架由连系梁、吊车梁、纵向柱列、柱间支撑及基础构成，其作用是保证厂房结构的纵向稳定性和刚度，并承受沿厂房纵向的各种水平作用（作用在山墙的纵向风荷载、吊车纵向水平刹车制动力、纵向地震作用）以及温度变化产生的应力等，并将它们传至基础和地基（图 2.2-4）。

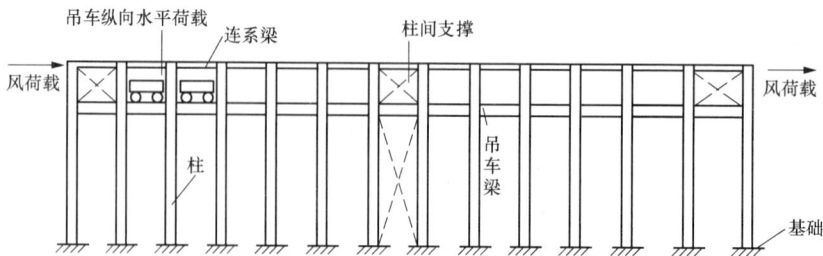

图 2.2-4　单层厂房纵向平面排架及荷载示意图

横向平面排架组成柱少，跨度大，承受着厂房的大部分主要荷载，因此工业厂房结构设计时必须进行计算。纵向平面排架组成柱多、跨度小、承受荷载较小，且有吊车梁、连系梁等多道联系，又有柱间支撑的有效作用，故纵向平面排架的刚度大、内力小，在工业厂房设计时一般不需计算，采取必要的构造措施即可。

3. 荷载传递

作用在厂房上的荷载可分为永久荷载和可变荷载。永久荷载（又称恒荷载）包括各种构件、围护结构及固定设备的自重；可变荷载（又称活荷载）包括屋面活荷载、雪荷载、积灰荷载、风荷载、吊车荷载等。上述荷载按其作用方向又可分为竖向荷载、横向水平荷载和纵向水平荷载三种。其中，前两种荷载主要通过横向平面排架传至基础（图 2.2-3），最后一种荷载通过纵向平面排架传至基础（图 2.2-4）。由于厂房的空间作用，荷载传递过程比较复杂，为了便于理解，现将三种荷载的传递线路简化表达如下（图 2.2-5～图2.2-7）。

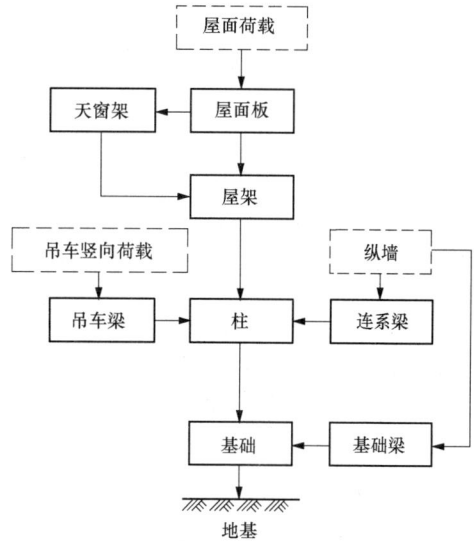

图 2.2-5　竖向荷载传递路线图

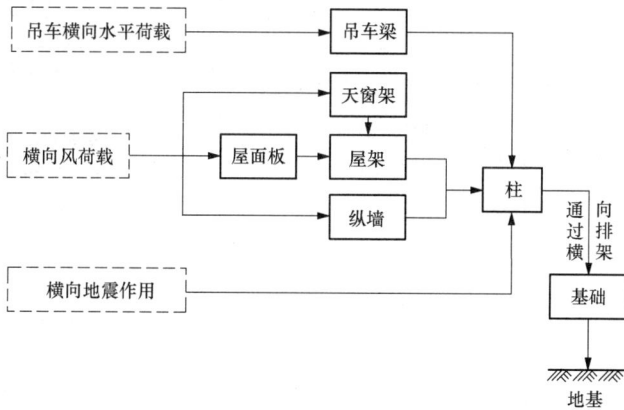

图 2.2-6　横向水平荷载传递路线图

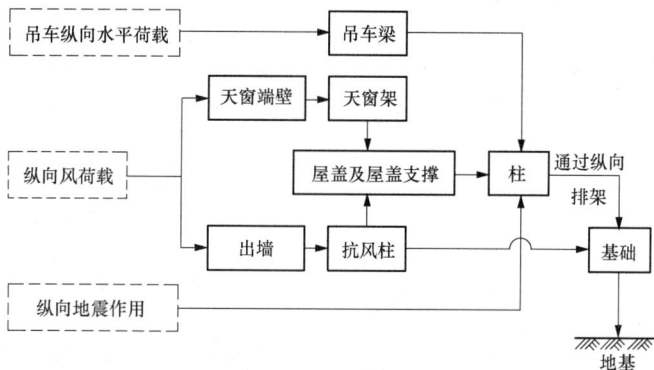

图 2.2-7　纵向水平荷载传递路线图

81

2.2.3 单层厂房主要构件

单层厂房结构的主要构件有屋面板、屋架（屋面梁）、吊车梁、柱、基础等，其中柱、基础应进行设计，而屋面板、屋架（屋面梁）、吊车梁均有国家标准图集，可不必另行设计，应根据工程具体情况，选用合适的标准构件。

1. 屋盖结构构件

屋盖结构构件主要由屋面板（或檩条和瓦）、屋架或屋架梁组成，起承重和围护作用。

（1）屋面板。厂房中的屋面板，主要有大型屋面板和小型屋面板。大型屋面板适用于无檩体系屋盖，小型屋面板、瓦材适用于有檩体系屋盖。屋面梁常做成预应力混凝土梁。

屋面板的类型很多，表 2.2-1 列出了工程中比较常用的一些类型，其中前三种适用于无檩屋盖。

表 2.2-1　　　　　　　　　　　　　　　　屋面板类型表

序号	构件名称	形式	特点及适用条件
1	预应力混凝土屋面板	5970(8970) 1490 240(300)	1. 屋面有卷材防水及非卷材防水两种 2. 屋面水平刚度好 3. 适用于中、重型和振动较大、对屋面要求较高的厂房 4. 屋面坡度：卷材防水最大 1/5，非卷材防水最大 1/4
2	预应力混凝土F型屋面板	5370 1400 200	1. 屋面自防水，板沿纵向互相搭接，横竖及脊缝加整瓦和脊瓦 2. 屋面材料省，屋面水平刚度及防水效果较预应力混凝土屋面板差，如构造及施工不当，易飘雨、飘雪 3. 适用于中、轻型非保温厂房，不适用于对屋面刚度及防水要求高的厂房 4. 屋面坡度 1/4
3	预应力混凝土单肋板	3980(5980) 935(1200) 280(250)	1. 屋面自防水，板沿纵向互相搭接，横竖及脊缝加整瓦和脊瓦，主肋只一个 2. 屋面材料省，屋面刚度差 3. 适用于中、轻型非保温厂房，不适用于对屋面刚度及防水要求高的厂房 4. 屋面坡度 1/3～1/4
4	钢丝网水泥波形瓦	990 1700(2000)	1. 在纵、横向互相搭接，加脊瓦 2. 屋面材料省、施工方便，刚度较差，运输、安装不当，易损坏 3. 适用于轻型厂房，不适用于有腐蚀性气体，有较大振动，对屋面刚度及隔热要求高的厂房 4. 屋面坡度 1/3～1/5
5	石棉水泥瓦	1～996 1820～2800	1. 质量轻，耐火及防腐性好，施工方便，刚度差，易损坏 2. 适用于轻型厂房，仓库 3. 屋面坡度 1/2.5～1/5

（2）屋架和屋面梁。屋面梁便于制作和安装，但由于其自重大、费材料，所以一般只用于跨度较小的厂房，屋面梁常做成预应力混凝土梁。屋架由于矢高较大、受力合理、自重轻，适用于较大跨度的厂房。屋架常做成拱式和桁架式两种。拱式屋架分为两铰拱屋架和三铰拱屋架，桁架式屋架外形有三角形、拱形、梯形以及折线形四种（图2.2-8）。

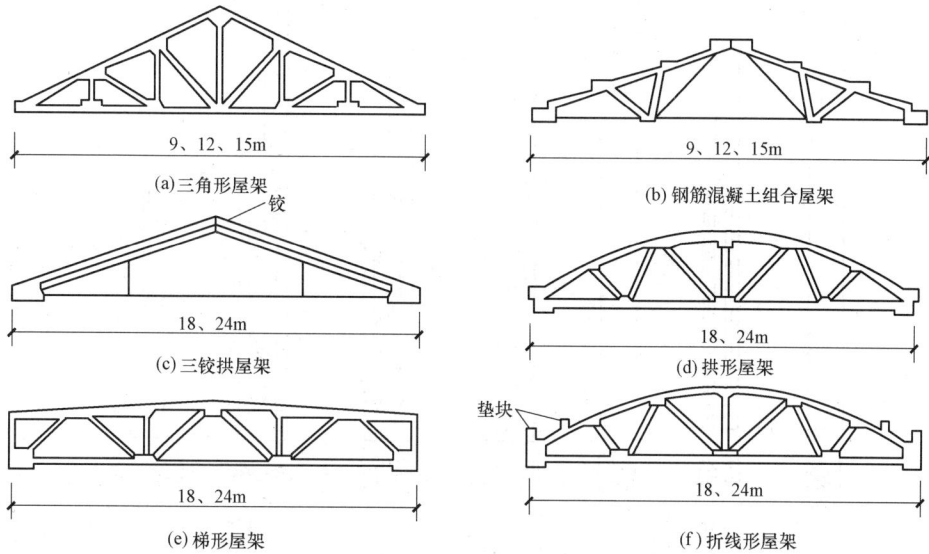

图 2.2-8　钢筋混凝土屋架类型

拱式屋架受力合理，但由于在端节间坡度大，屋面防水处理困难，所以只用于跨度不大于18m的有檩体系屋面，三角形和梯形屋架施工简单，但受力不太合理。折线形屋架在受力上接近拱式屋架，施工也较简单，且端节间坡度较小，所以应用比较普遍。

2. 吊车梁

吊车梁是有吊车厂房的重要构件，它承受吊车荷载（竖向和纵向、横向水平刹车制动力）、吊车轨道及吊车梁自重，并将它们传给排架柱。吊车梁按吊车的起重能力、跨度和吊车工作制的不同，可采用不同的形式。目前常用的吊车梁有钢筋混凝土等截面实腹吊车梁、钢筋混凝土和钢组合式吊车梁、预应力混凝土等截面和变截面吊车梁（图2.2-9）。

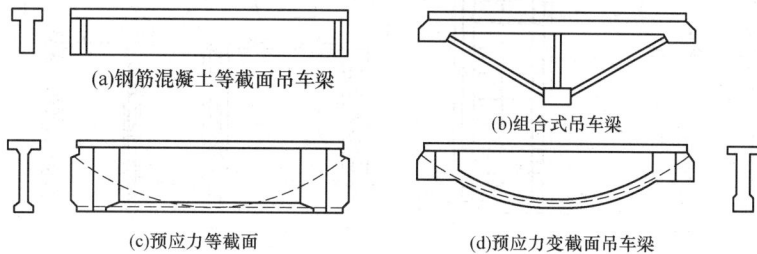

图 2.2-9　吊车梁的类型

3. 排架柱

单层厂房常用柱的形式可分为单肢柱和双肢柱两类。单肢柱的截面有矩形、工字形和环形；双肢柱又分为平腹杆、斜腹杆及双肢管柱，如图2.2-10所示。一般情况下，当柱截面

高度 $h \leqslant 700$mm 时，采用矩形截面柱；当 700mm$<h \leqslant 1400$mm 时，宜采用工字形截面柱；当 $h>1400$mm 时，采用双肢柱（抗震设防烈度 8 度和 9 度时，宜采用斜腹杆双肢柱）；当抗震设防烈度为 8 度和 9 度时，不宜采用薄壁工字形柱、腹板开洞工字形柱、预制腹板的工字形柱和管柱。

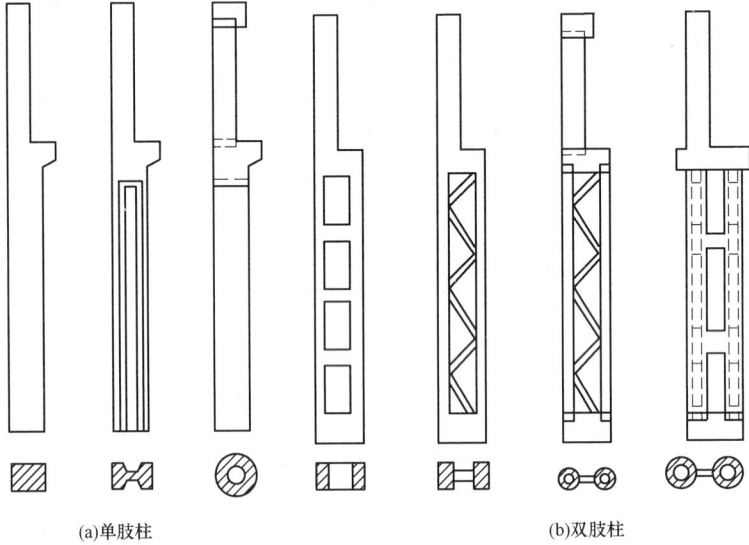

(a)单肢柱　　　　　　　　　　　　　　　(b)双肢柱

图 2.2-10　柱的形式

4. 基础

单层厂房基础一般采用独立基础，其主要形式有杯形基础、高杯基础、爆扩桩基础和预制桩基础。杯形独立基础是最常用的形式，有阶形和锥形两种，因与排架柱连接的部分做成杯口，习惯称杯形基础。当柱下基础与设备基础或地坑冲突，以及地质条件等原因需要加大基础埋梁时，为了使预制柱长度一致，可以做成高杯基础（图 2.2-11）。当地基条件较差、采用独立基础时底面积太大，或者为防止柱基的不均匀沉降时，则可以采用条形基础。当地基持力层很深，上部结构荷载很大，且对地基的变形要求严格时，可采用桩基础。

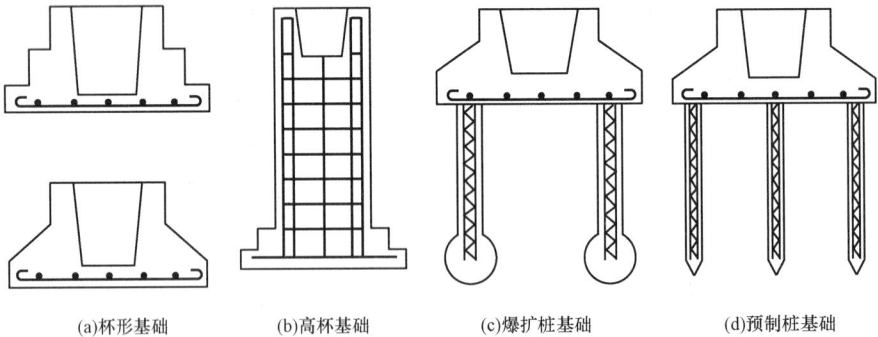

(a)杯形基础　　　　(b)高杯基础　　　　(c)爆扩桩基础　　　　(d)预制桩基础

图 2.2-11　基础类型

2.2.4　单层厂房结构布置

单层厂房的结构类型和结构体系确定之后，应根据厂房生产工艺等各项要求，进行厂房的结构布置，包括厂房平面布置、支撑布置和围护结构布置等。

1. 柱网布置

厂房承重柱的纵向和横向定位轴线，在平面上所形成的网格，称为柱网。柱网布置就是确定纵向轴线之间（跨度）和横向定位轴线之间（柱距）的尺寸。确定柱网，既是确定柱子的位置，同时也是确定屋面板、屋架和吊车梁等构件的跨度。

柱网布置的基本原则：符合生产工艺的正常使用要求；力求建筑和结构设计合理；遵守厂房建筑统一化基本规则的规定，为厂房设计标准化、生产工厂化和施工机械化创造条件。厂房跨度在 18m 以下时，常采用 3m 的倍数；当厂房跨度在 18m 以上时，应采用 6m 的倍数（图 2.2-12）。当工艺布置和技术经济有明显的优越性时，也可采用 21m、27m、33m 的跨度或其他柱距。

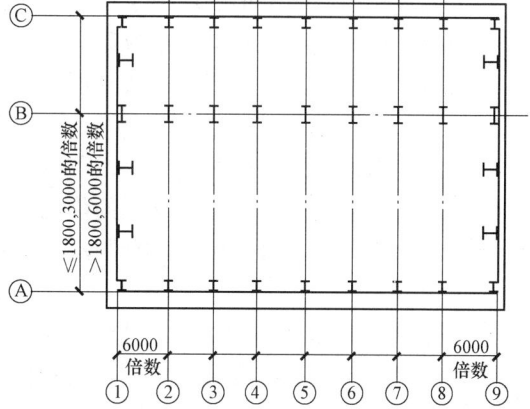

图 2.2-12　单层厂房柱网布置示例

目前，从经济指标、施工条件等方面衡量，高度较低的厂房，纵向采用 6m 的柱距比 12m 的柱距优越。从工业发展趋势来看，扩大柱距，能增加车间的有效面积，提高设备布置和工艺布置的灵活性，但构件的尺寸会随之增大，也会造成制作、运输和吊装的不便。12m 柱距是 6m 柱距的扩大模数，在大小车间相结合时，两者可配合使用，此外 12m 柱距时设置托架可以利用 6m 跨的标准屋面板，当条件具备时可直接采用 12m 跨屋面板。

2. 变形缝

变形缝包括伸缩缝、沉降缝和防震缝三种。

（1）伸缩缝。如果厂房长度和宽度过大，当气温变化时，在结构内部产生的温度应力可能使墙面、屋面等拉裂，影响使用。为了减小厂房结构中的温度应力，可设置伸缩缝将厂房分成几个区段。伸缩缝将基础顶面以上的结构构件完全分开，并留出一定宽度的缝隙，在温度变化时，上部结构在水平方向可以自由伸缩。伸缩缝至厂房的尽端或伸缩缝之间的区段称其为温度区段。对于装配式钢筋混凝土排架结构，伸缩缝的最大间距为 100m（露天为 70m）。伸缩缝的做法有双柱式和滚轴式（图 2.2-13）。双柱式用于厂房纵向伸缩缝，而滚轴式用于沿跨度方向设置横向伸缩缝。

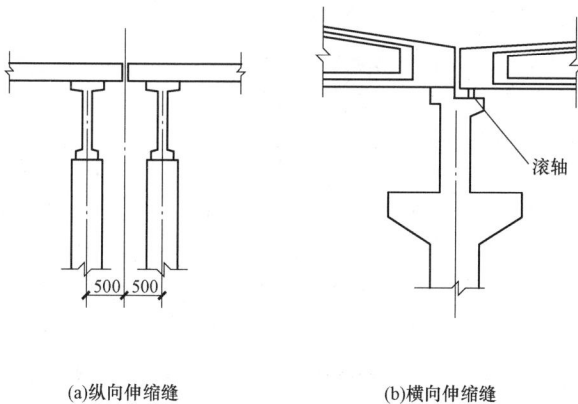

图 2.2-13　伸缩缝的做法

（2）沉降缝。厂房相邻两部分高差大于 10m、相邻两跨吊车起重量相差悬殊、地基的承载力有巨大的差别或厂房各部分的施工时间先后相隔很长时，应设置沉降缝。沉降缝应将建筑物从屋顶到基础全部分开，保证在

85

沉降缝的任一侧发生不同的沉降时，都不损坏整个建筑物。沉降缝可兼做伸缩缝。

（3）抗震缝。抗震缝是为了减轻震害采取的一种有效措施。当厂房平面、立面布置复杂，结构高度或刚度相差很大，在厂房侧边布置附属房屋时，应设置防震缝将建筑物分成两个独立的结构单元。在抗震设防区，厂房的伸缩缝和沉降缝应符合抗震缝的要求。

3. 支撑布置

在装配式钢筋混凝土单层厂房结构中，支撑是联系主要结构构件，构成空间整体结构体系、保证结构构件稳定性的重要组成部分。实践证明，如果支撑布置不当，不仅会影响厂房的正常使用，甚至可能引起工程事故，应予以足够的重视。单层厂房的支撑分屋盖支撑和柱间支撑两类。

（1）屋盖支撑。屋盖支撑包括上、下弦横向水平支撑、垂直支撑和纵向水平系杆、纵向水平支撑、天窗架支撑等。屋盖支撑的作用一是使厂房形成整体空间骨架；二是传递水平荷载，例如山墙风荷载、吊车纵向刹车制动力等；三是保证构件和杆件的稳定以及保证施工和安装时的稳定和安全。

1）屋架上弦横向水平支撑。有檩屋盖，在屋架与屋架上弦之间设置一组交叉的钢系杆再结合檩条，使屋架上弦沿屋面组成了水平桁架，如图 2.2-14 所示。

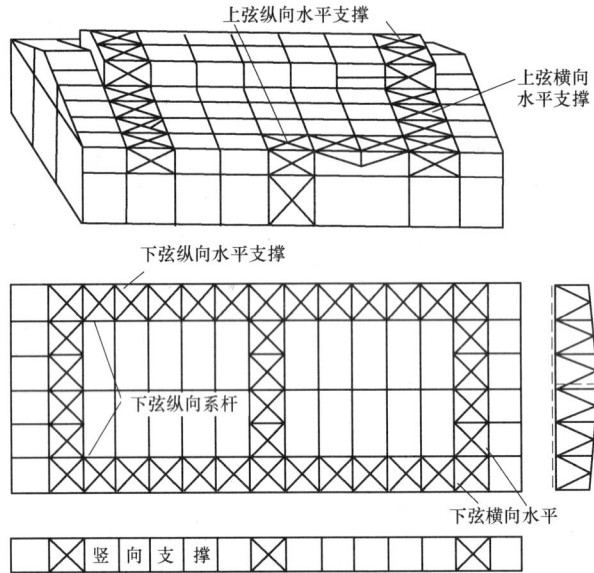

图 2.2-14　屋架上弦支撑、下弦支撑

支撑大大增强了屋盖体系的整体刚度，并将山墙部分风荷载传递到厂房两侧的纵向柱列，保证了屋架上弦或屋面梁上翼缘的侧向稳定。无檩屋盖，当屋面为大型屋面板且无天窗时，采用屋面板与屋架或屋面梁三点焊接，且屋面板纵肋间的空隙用 C20 细石混凝土灌实，能保证屋盖平面的稳定，并能传递山墙的风荷载，则认为可起到上弦横向支撑的作用，不需再设屋架上弦横向水平支撑。

2）屋架下弦横向水平支撑。下弦横向水平支撑的作用是保证将屋架下弦受到的水平力传至纵向排架柱顶。所以，当屋架下弦设有悬挂吊车或受到其他水平力，例如抗风柱与屋架下弦连接时，则应设置下弦横向水平支撑。

3）屋架间垂直支撑与水平系杆。屋架间的垂直支撑和下弦水平系杆是用以保证屋架的整体稳定，防止在吊车工作时或有其他振动时屋架下弦的侧向颤动。上弦水平系杆的作用则是保证屋架上弦或屋面梁受压翼缘的侧向稳定。

当屋面梁或屋架的跨度 $l \leqslant 18m$，且无天窗时，一般可不设垂直支撑和水平系杆。当 $l > 18m$ 时，应在第一或第二柱间的屋架跨中设置一道垂直支撑，并在各榀屋架跨中的下弦中点处设置钢筋混凝土水平系杆。

当为梯形屋架时还应在屋架支座处设垂直支撑。当屋架跨度 $l > 30m$ 时，则须再增设一道屋架垂直支撑和钢筋混凝土水平系杆。

4）屋架的纵向水平支撑。下弦纵向水平支撑是为了提高厂房的刚度，保证横向水平力纵向分布，增强排架的空间工作而设置的。如果厂房设有横向支撑时，则纵向支撑应尽可能同横向支撑形成封闭的支撑体系。当设有托架时，必须设置纵向水平支撑。如果只在部分柱间设有托架，则必须在设有托架的柱间和两端相邻的一个柱间设置纵向水平支撑，以承受屋架传来的风力（图 2.2-14）。

5）天窗架支撑。天窗架支撑包括天窗上弦水平支撑和天窗垂直支撑，一般均设置在天窗架的两端。其作用是保证天窗架系统的空间不变形，增强整体刚度，并把天窗端壁上的水平风荷载传给屋架。

（2）柱间支撑。柱间支撑的作用主要是提高厂房的纵向刚度和稳定性。对于有吊车的厂房，柱间支撑分上柱柱间支撑和下柱柱间支撑两种。上柱柱间支撑位于吊车梁以上，用以承受由山墙传递的风荷载，保证厂房上部的纵向刚度；下柱柱间支撑位于吊车梁下部，承受上部支撑传来的荷载和吊车梁传来的吊车纵向刹车制动力，并将它们传至基础。

柱间支撑宜采用交叉形式［图 2.2-15（a）］，交叉倾角通常在 35°～55°之间。因交通、设备布置或柱间距较大而不宜采用交叉支撑时，可采用门架式支撑，如图 2.2-15（b）、（c）所示。

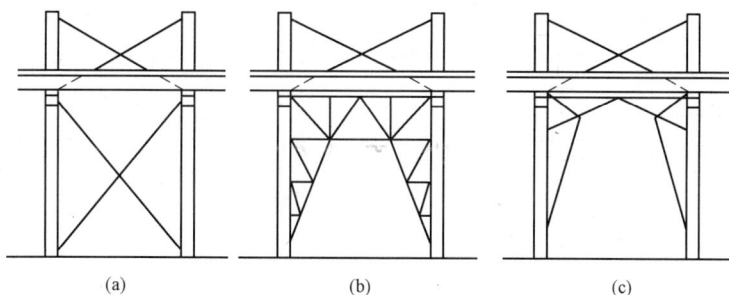

(a) (b) (c)

图 2.2-15　柱间支撑的常见形式

4. 围护结构布置

单层厂房的围护结构，包括屋面板、墙体、抗风柱、圈梁、连系梁、过梁、基础梁等构件。其作用是承受风、雪、雨、地震作用，以及地基产生不均匀沉降所引起的内力。下面主要介绍抗风柱、圈梁、连系梁、过梁、基础梁的布置位置及作用。

（1）抗风柱。厂房的山墙受风面积较大，一般需要设抗风柱将山墙分成几个区格。抗风柱承受山墙上的风荷载，一部分经抗风柱下端直接传至基础，另一部分向上通过屋盖结构传至纵向柱列，然后传至基础。

当厂房的跨度在 9～12m，柱顶高度小于 8m 时，可在山墙上设置砖壁柱作为抗风柱。一般情况下采用钢筋混凝土抗风柱。抗风柱的外侧贴砌山墙 [图 2.2-16（a）]。在很高的厂房中，为了减小抗风柱的截面尺寸，可以加设水平抗风梁或桁架作为抗风柱的中间支座。抗风柱一般与基础固接，与屋梁上弦铰接，根据具体情况也可与屋架的上、下弦同时铰接。抗风柱与屋架连接必须满足两个要求：一是在水平方向必须与屋架有可靠的连接以保证有效地传递风荷载；二是在竖向允许两者之间有相对位移的可能性，以防止因抗风柱与排架柱之间产生不均匀沉降而对厂房结构产生不利影响。所以，抗风柱和屋架一般采用竖向可以移动、水平向又有较大刚度的弹簧板连接 [图 2.2-16（b）]；如果柱的沉降差较大时，则宜采用螺栓连接 [图 2.2-16（c）]。

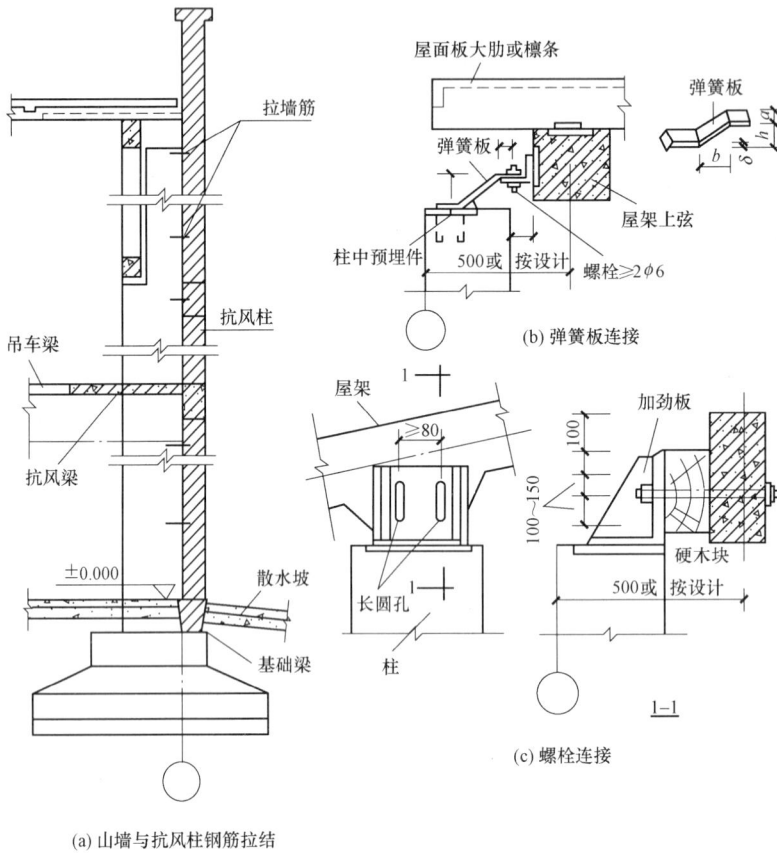

图 2.2-16　抗风柱与屋架的连接

（2）圈梁、连系梁、过梁、基础梁。当用砌体作为厂房的围护墙时，一般要设置圈梁、连系梁和基础梁。

圈梁的作用是将厂房墙体同厂房柱捆绑在一起，增加厂房的整体性。它可以提高厂房的整体刚度，防止由于地基不均匀沉降或振动荷载对厂房产生的不利影响。圈梁设置在围护墙内和柱拉结，在平面上应沿整个厂房封闭交圈。圈梁与柱仅起拉结作用，不承受墙体重量，故不需在柱上设置支撑圈梁的牛腿。

当厂房高度较大时，为防止墙体的强度不足以承受本身自重，或在高低跨处，由于形成悬墙的需要，常以连系梁代替圈梁。连系梁多采用预制，两端支撑在柱外侧的牛腿上，通过连系梁，将砌筑于其上的墙体重量直接传给柱。连系梁除承受墙体荷载外，还起到连系纵向柱列、增强厂房的纵向刚度、传递纵向水平荷载的作用。

过梁的作用是承托门窗洞口上部的墙体重量。

在进行围护结构布置时，应尽可能地将圈梁、连系梁和过梁结合起来，以简化结构、节约材料、方便施工。

基础梁起支撑外墙并起传递外墙竖向荷载至柱基础的作用。设置基础梁时，围护墙下不做基础。在基础梁下一般留 50～150mm 的空隙，以防因土壤冻胀导致基础梁和围护墙开裂。基础梁直接搭在基础的杯口上，梁顶标高一般设在室内地坪以下 50mm 处，起墙体防潮的功能。基础梁一般做成梯形截面，可选用标准图。

小　结

(1) 钢筋混凝土单层工业厂房的结构体系有排架结构和刚架结构两种。排架结构由屋架（或屋面梁）、柱和基础组成，柱顶与屋架（或屋面梁）铰接，柱底与基础刚接。刚架结构的柱与横梁，刚接成一个构件，柱与基础铰接。排架结构是目前单层工业厂房结构的基本形式，其应用较为普遍。

(2) 单层工业厂房由屋盖结构、吊车梁、柱、支撑、梁、基础及围护结构等结构构件组成。单层厂房由若干榀横向排架组成，在纵向由吊车梁、连系梁将横向排架连接在一起形成空间结构体系来共同承担各种荷载。在厂房结构设计中，一般按纵、横两个方向拆分为横向排架和纵向排架分别计算。

(3) 横向平面排架由屋架或屋面大梁、横向柱列及其基础构成，是厂房的主要承重结构，承受竖向荷载（结构自重、屋面活荷载、雪荷载和吊车的竖向荷载等）以及横向水平作用（风荷载、吊车的横向水平刹车制动力、地震的作用等），并将它们传至基础和地基。横向平面排架在厂房结构设计时必须进行计算。

(4) 纵向平面排架由连系梁、吊车梁、纵向柱列、柱间支撑及基础构成，其作用是保证厂房结构的纵向稳定性和刚度，并承受沿厂房纵向的各种水平作用（作用在山墙的纵向风荷载、吊车纵向水平刹车制动力、纵向地震作用）以及温度变化产生的应力等，并将它们传至基础和地基。纵向平面排架在厂房设计时一般不需计算，采取必要的构造措施即可。

(5) 在装配式钢筋混凝土单层厂房结构中，支撑是联系主要结构构件，构成空间整体结构体系、保证结构构件稳定性的重要组成部分。单层厂房的支撑分屋盖支撑和柱间支撑两类。

(6) 屋盖支撑包括上、下弦横向水平支撑、垂直支撑和纵向水平系杆、纵向水平支撑、天窗架支撑等。屋盖支撑的作用一是使厂房形成整体空间骨架；二是传递水平荷载，例如山墙风荷载、吊车纵向刹车制动力等；三是保证构件和杆件的稳定以及保证施工和安装时的稳定和安全。

(7) 对于有吊车的厂房，柱间支撑分上柱柱间支撑和下柱柱间支撑两种。柱间支撑的作用主要是提高厂房的纵向刚度和稳定性，传递水平荷载。

能力拓展与实训

一、基础训练

1. 思考题

（1）装配式钢筋混凝土单层厂房排架结构由哪些构件组成？分别叙述竖向荷载、横向水平荷载、纵向水平荷载的传递线路。

（2）单层工业厂房按其承重结构所用材料的不同，可分哪几类？按结构体系可分哪几类？

（3）横向排架上都作用哪些荷载？纵向排架上都作用哪些荷载？

（4）试述单层厂房的支撑的类型及其作用。

（5）试述单层厂房柱截面的常用形式及选用原则。

二、工程技能训练

（1）参观单层钢筋混凝土柱厂房，写出一份关于该厂房的感性认识报告。

（2）搜集单层钢筋混凝土柱厂房的相关图集，比如《建筑物抗震构造详图（单层工业厂房）》（11G329-3）、《1.5m×6.0m 预应力混凝土屋面板》（04G401-1）等并归纳所收集图集的主要内容。

（3）根据图集《建筑物抗震构造详图（单层工业厂房）》（11G329-3），分组讨论钢筋混凝土柱单层厂房标准图集的适用范围、图集中各构件的做法、构件之间的连接做法等，试以组为单位，完成一根排架边柱的施工图绘制，包括与其他构件连接详图。

2.3 多层及高层钢筋混凝土房屋

【工作任务】 多、高层钢筋混凝土房屋框架结构施工中解决构造问题。

【任务目标】

知识目标：了解钢筋混凝土、多层及高层钢筋混凝土房屋的常用结构体系的特点和各结构体系的适用范围；熟悉框架结构的布置原则与方法；掌握框架结构在水平荷载和竖向荷载作用下内力计算；掌握框架结构的内力组合；熟悉框架结构在水平荷载作用下的侧移验算方法；熟悉框架结构梁、柱的配筋计算和构造要求。

能力目标：掌握钢筋混凝土框架结构的受力特点、构造要求；识读框架结构施工图。

2.3.1 常用结构体系

随着我国综合国力的增强，国家基础设施建设及国民对居住城市的要求提高，大量的建筑拔地而起，建筑用地日趋紧张。建造高层建筑，有利于提高土地的利用效率，减少拆迁费用，有利于节约市政建设和管网建设（包括小区道路、文化福利设施、给排水、煤气、电及热力管网等）费用和投资，这也是建筑商业化、工业化和城市化的结果。而建筑新材料、新技术、新工艺的出现，为高层建筑的发展提供了物质和技术支持。我国最新修订的《高层建筑混凝土结构技术规程》（JGJ 3—2010）将 10 层和 10 层以上或房屋高度大于 28m 的住宅建筑、房屋高度大于 24m 的其他民用建筑定义为高层建筑。

高层建筑根据所用材料的不同，可分为钢筋混凝土结构，钢结构和钢－混凝土混合结构三种形式。钢筋混凝土结构造价较低，且材料来源丰富，可节约钢材，防火性能好，经过合理的设计可获得满意的抗震性能，发展中国家主要采用钢筋混凝土建造高层建筑，我国的高层建筑基本上都采用钢筋混凝土结构。我国广州的中信广场的中信大厦，建成于 1997 年，80 层 391m 高，是目前世界上最高的钢筋混凝土结构高层建筑。随着技术的进步，钢筋混凝土结构在 200m 以上高层建筑中所占比例可望增加。但当 40 层以上的楼房采用钢筋混凝土结构时，构件截面尺寸较大，使建筑使用面积小。钢筋混凝土高层建筑的结构面积率为 6％左右，而钢结构高层建筑可降至 2％~3％。钢结构自重较轻，地基与基础易于处理，建于软弱地基时尤为明显。钢结构现场作业面积较小，施工周期短。钢结构的抗震可靠性也明显地优于钢筋混凝土结构。由于上述情况，发达国家的高层建筑采用钢结构的较多。完工于 2004 年的台北 101 大厦 101 层，508m 高，是目前世界上最高的钢结构高层建筑。钢－混凝土混合结构则是指在同一建筑中，部分用钢结构，部分用钢筋混凝土结构，它综合了钢筋混凝土结构和钢结构的优点，克服了两者的缺点，是高层建筑中一种较好的结构形式。上海浦东的中心大厦完工于 2016 年，124 层，建筑高度 632m，采用钢－混凝土混合结构，超越了上海浦东的金茂大厦（建成于 1998 年，88 层，421m 高），成为我国已建成的第一高层建筑（图 2.3-1）。2010 年完工的阿拉伯联合酋长国的迪拜境内的哈里发塔（原名迪拜塔），169 层，高度为 828m，称为世界第一摩天大楼。很快这些纪录将会不断被刷新，人类永远不会停下探索新高度的脚步！

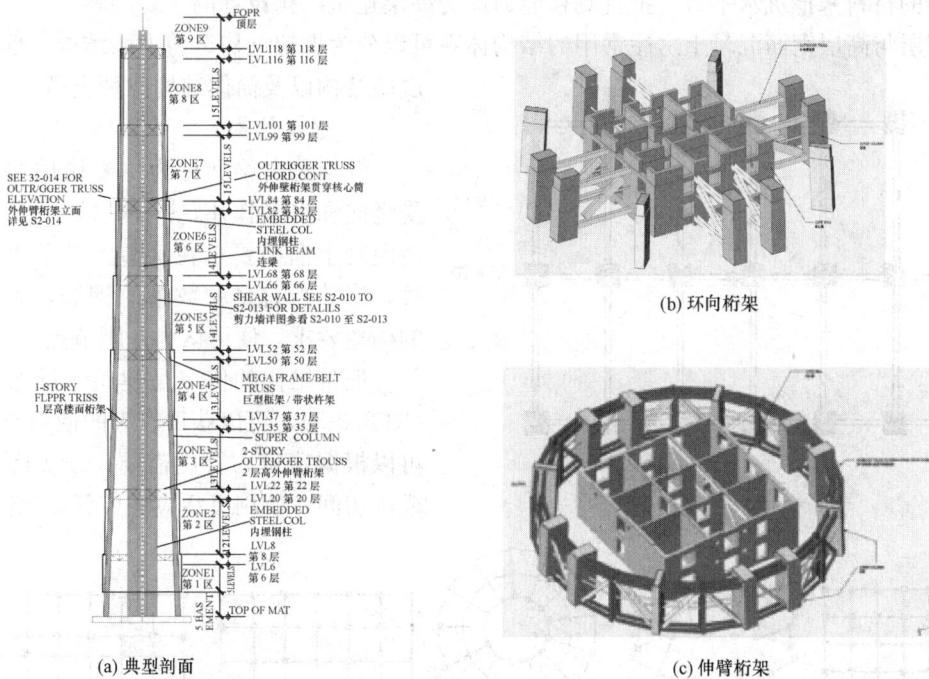

(a) 典型剖面

(b) 环向桁架

(c) 伸臂桁架

图 2.3-1 上海中心大厦（124 层，632m）（一）

(d) 立面效果图

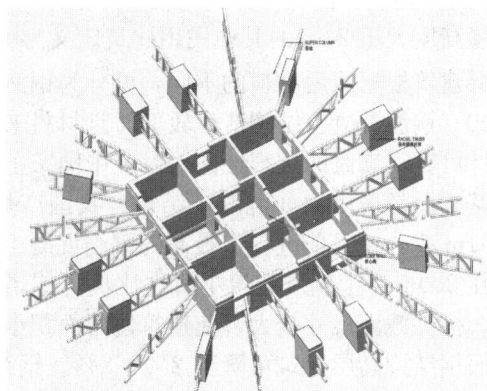

(e) 径向桁架

图 2.3-1　上海中心大厦（124 层，632m）（二）

　　多层和高层建筑结构都要承受竖向荷载和水平荷载。结构在水平荷载作用下，如同竖直的悬臂梁受均布荷载作用，其轴力 N、弯矩 M、位移 μ 可表示为 $N = f(H)$，$M = f(H^2)$，$\mu = f(H^4)$（其中 H 是房屋结构总高度），可以得出结论：结构产生的内力（N、M）和位移（μ）随建筑物高度 H 的增加而增加，其中位移的增加最快，弯矩次之。因此，多层建筑结构主要由竖向荷载控制或由竖向荷载和水平荷载共同控制，而高层建筑结构设计一般是由水平荷载控制的，这是高层建筑结构设计不同于多层建筑的特点。高层建筑中，结构要使用更多的材料来抵抗水平力，抵抗侧移能力成为高层建筑结构设计的主要问题。

　　多层与高层钢筋混凝土房屋常用的结构体系可以分为框架结构、剪力墙结构、框架－抗震墙结构以及筒体结构四种类型。

　　1. 框架结构

　　框架是由梁和柱为主要构件组成的承受竖向和水平作用的结构（图 2.3-2）。现浇混凝土框架要求在构造上把节点形成刚接，当节点有足够数量的钢筋，满足一定的构造要求，便可认为是刚节点。

　　框架结构的优点是建筑平面布置灵活（图 2.3-3），可以获得较大的使用空间，也可以根据建筑布置的需要，设置隔断分隔成小房间，使用灵活应用广泛。墙体为非

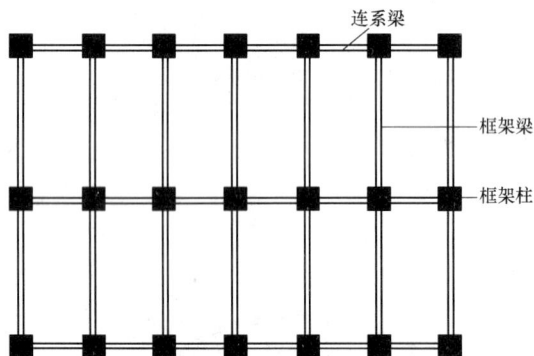

图 2.3-2　框架结构

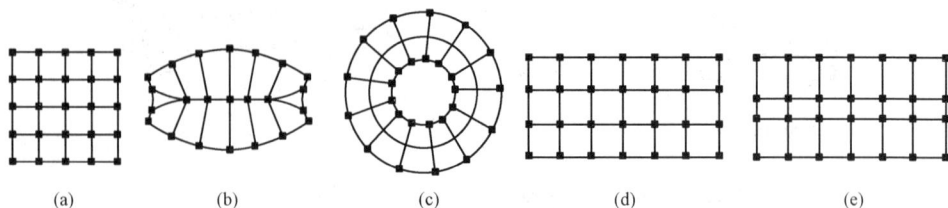

(a)　　　　(b)　　　　(c)　　　　(d)　　　　(e)

图 2.3-3　框架结构柱网布置示例

承重构件，可使立面设计灵活多变，如采用轻质材料，可大大降低房屋自重，节省材料。框架结构主要适用于多层工业厂房和仓库，以及民用房屋中的办公楼、旅馆、医院、学校、商店和住宅等建筑。

框架结构的梁、柱的截面尺寸较小，尺寸过大会影响使用面积。因此结构的侧向刚度较小，水平位移大，这是框架结构的主要缺点。当层数不多时，风荷载影响较小，竖向荷载对结构设计起控制作用。但在框架层数较多时，水平荷载将产生较大变形。变形大了容易引起非结构构件（如填充墙、装饰装潢等）出现裂缝及破坏，这些破坏会造成很大的经济损失，也会威胁人身安全，因此限制了框架结构房屋的建造高度。框架体系在非地震设防区用于15层以下的房屋，地震设防区常用于10层以下的房屋。

柱截面为L形、T形、Z形或十字形（截面各肢的肢高肢厚之比不大于4）的框架结构称为异形柱框架。其柱截面厚度与墙厚相同，一般为180~300mm。异形柱框架的最大优点是，柱截面宽度等于墙厚，室内墙面平整，便于布置。但其抗震性能较差，目前一般用于非抗震设计或按6、7度抗震设计的24m以下的建筑中。

2. 剪力墙结构

剪力墙结构是由纵横向钢筋混凝土墙体组成的承受竖向和水平作用的结构（图2.3-4）。由于剪力墙的间距受到楼板跨度限制，一般为3~8m，平面布置受到限制，不够灵活。剪力墙结构适用于房间尺寸不大的住宅、旅馆等建筑。

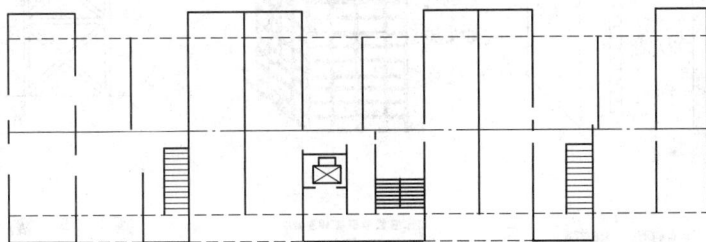

图 2.3-4　剪力墙结构

现浇剪力墙结构的整体性好，刚度大，在水平作用下侧向变形很小。墙体截面面积大，承载能力较强，抗震性能也较好。因此适宜建造高层建筑，一般多用于25~30层以上的房屋。对于底部（或底部2~3层）需要大空间的高层建筑，可将底部（或底部2~3层）的若干剪力墙改为框架，衍生出结构体系称为部分框支剪力墙结构。框支剪力墙结构不宜用于抗震设防地区。

3. 框架—剪力墙结构

框架—剪力墙结构是由框架和剪力墙共同组成的承受竖向和水平作用的结构（图2.3-5）。在框架-剪力墙结构中，剪力墙将负担绝大部分水平荷载，而框架则以负担竖向荷载为主，这样可大大减小柱的截面尺寸。

剪力墙在一定程度上限制了建筑平面的灵活性。这种体系一般用于办公楼、旅馆、住宅以及某些工业厂房，宜在16~25层房屋中采用。

4. 筒体结构

筒体结构是框架—剪力墙结构和剪力墙结构的演变与发展。它是以竖向筒体为主组成的承受竖向和水平作用的建筑结构（图2.3-6），这种结构体系既具有极大的刚度，又能因为剪力墙的集中而获得较大的空间，使建筑平面设计重新获得良好的灵活性，所以适用用于办公楼等各种办公与商业建筑。筒体结构的筒体分由剪力墙围成的薄壁筒和由密柱框架或壁式框架围成的框筒等。

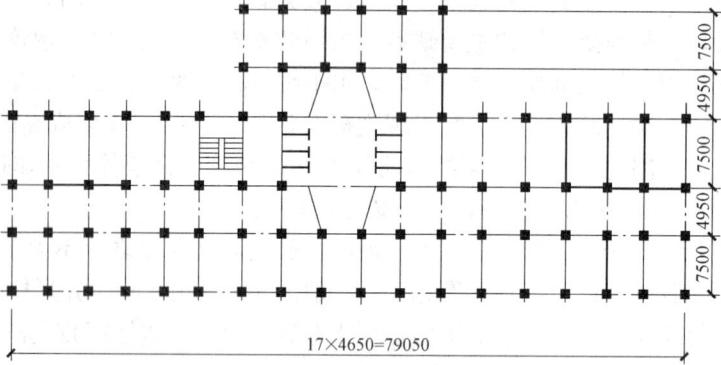

图 2.3-5 框架—剪力墙结构

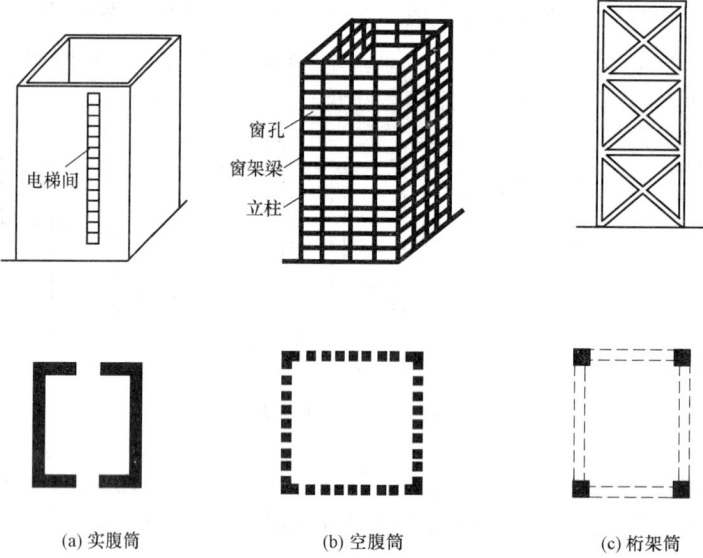

(a) 实腹筒   (b) 空腹筒   (c) 桁架筒

图 2.3-6 筒体的基本形式

筒体结构根据房屋高度和水平荷载的性质、大小的不同，可以采用不同的形式（图 2.3-7），有框筒、框架—核心筒、筒中筒、成束筒和多重筒结构。

(a) 框筒   (b) 框架—核心筒   (c) 筒中筒   (d) 成束筒   (e) 多重筒

图 2.3-7 筒体结构类型

2.3.2 高层房屋结构设计的一般规定

高层房屋的结构布置应遵循下述原则：

（1）进行房屋结构布置时，应尽可能减少房屋开间、进深的类型；尽可能统一柱网和层高，重复使用标准层；尽量减少构件的种类、规格，实现简化设计和施工的目标。

（2）高层建筑不应采用严重不规则的结构体系，进行平面布置和竖向布置时应满足下列要求：

1）建筑平面宜简单、规则、均匀对称，质量、刚度和承载力分布易均匀，尽可能减少结构质量中心和刚度中心的偏离，达到减小结构的扭转效应的目的。平面长度 L 不宜过长，突出部分长度 l 宜减小，L、l 值宜满足表 2.3-1 的要求，不宜采用角部重叠的平面形式或细腰平面形式（图 2.3-8）。

表 2.3-1 平面尺寸及突出部位尺寸的比值限值

设防烈度	L/B	l/B_{max}	l/b
6、7 度	$\leqslant 6.0$	$\leqslant 0.35$	$\leqslant 2.0$
8、9 度	$\leqslant 5.0$	$\leqslant 0.30$	$\leqslant 1.5$

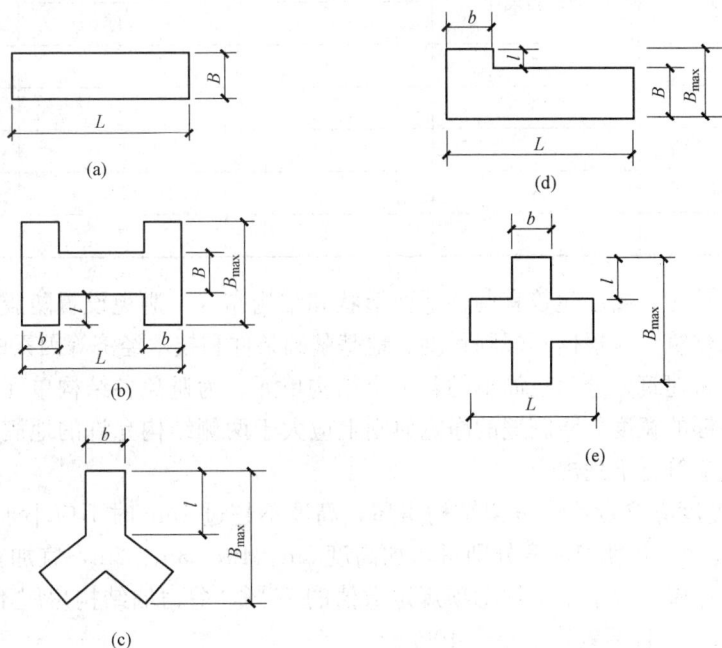

图 2.3-8 建筑平面示意

2）高层结构的竖向体型宜规则、均匀，避免有过大的外挑和收进。结构的侧向刚度宜下大上小，逐渐均匀变化；结构竖向抗侧力构件宜上、下连续贯通；高层建筑宜设地下室。

（3）为了使建筑具有必要的抗侧移刚度，高层建筑的高度和高宽比（表 2.3-3）不宜过大。高层建筑结构的最大适用高度应区分为 A 级和 B 级。A 级高度的钢筋混凝土高层建筑结构是指符合表 2.3-2 最大适用高度的建筑，是目前数量最多、应用最广泛的建筑。超过表 2.3-2 高度时，应列为 B 级高度建筑，应符合其相应高度限值，并应采取比 A 级高度建筑更严格的计算和构造要求。

表 2.3-2 A 级高度钢筋混凝土房屋的最大适用高度 单位：m

结 构 体 系		非抗震设计	设 防 烈 度				
			6 度	7 度	8 度		9 度
					0.20g	0.30g	
框架结构		70	60	50	40	35	—
框架—剪力墙结构		150	130	120	100	80	50
剪力墙结构	全部落地剪力墙	140	140	120	100	80	60
	部分框支剪力墙	120	120	100	80	50	不应采用
筒体结构	框架—核心筒	150	150	130	100	90	70
	筒中筒	180	180	150	120	100	80

注 房屋高度指室外地面到主要屋面板板顶的高度（不包括局部突出屋顶部分）。

表 2.3-3 钢筋混凝土高层建筑结构适用的最大高宽比

结 构 体 系	非抗震设计	抗震设防烈度		
		6 度、7 度	8 度	9 度
框架	5	4	3	—
板柱剪力墙	6	5	4	—
框架—剪力墙、剪力墙	7	6	5	4
框架—核心筒	8	7	6	4
筒中筒	8	8	7	5

（4）抗震设计时，高层建筑宜调整平面形状和结构布置，避免设置防震缝。体型复杂、平立面不规则的建筑，应根据不规则程度、地基基础条件和技术经济等因素的比较分析，合理设置防震缝，将建筑划分为较简单的若干个结构单元。为避免各结构单元在地震中相碰，防震缝应具有足够的宽度，防震缝的净宽原则上应大于两侧结构允许的地震水平位移之和。设置防震缝时，应符合下列规定：

1）防震缝宽度应符合：①框架结构房屋，高度不超过 15m 时不应小于 100mm；超过 15m 时，6 度、7 度、8 度和 9 度分别每增加高度 5m、4m、3m、2m，宜加宽 20mm；②框架—剪力墙结构房屋不应小于本款①项规定数值的 70%，剪力墙结构房屋不应小于本款①项规定数值的 50%，且两者均不小于 100mm。

2）防震缝两侧结构体系不同时，防震缝宽度应按不利的结构类型确定。

3）防震缝两侧房屋高度不同时，防震缝宽度可按较低的房屋高度确定。

4）防震缝宜沿房屋全高设置，地下室、基础可不设防震缝，但在与上部防震缝对应处应加强构造和连接。

（5）当房屋总长超过表 2.3-4 规定数值时，可设置伸缩缝或采用其他的一些构造措施。例如在房屋受温度影响较大的部位提高配筋率、每隔 30～40m 间距留出施工后浇带等。

表 2.3-4	伸缩缝的最大间距	单位：m
结 构 体 系	施 工 方 法	最 大 间 距
框架结构	现浇	55
剪力墙结构	现浇	45

（6）当相邻部分基础类型、埋深不一致或土质不同且性质差别很大，以及房屋层数、荷载相差很大时可设置垂直的沉降缝将相邻结构分开，划分为若干个可自由沉降的独立单元。沉降缝应从建筑物基础到屋顶全部贯通。抗震设计时，伸缩缝、沉降缝的宽度均应符合防震缝的宽度要求。

2.3.3 框架结构布置

1. 框架结构的类型

框架结构按施工方法不同可分为全现浇式框架、半现浇式框架、装配式框架和装配整体式框架四种形式。

全现浇框架的全部构件均在现场浇注。这种形式的优点是，整体性及抗震性能好，建筑平面布置灵活，预埋构件少，较其他形式的框架节省钢材等，缺点是模板消耗量大，现场湿作业多，施工周期长，在寒冷地区冬季施工困难等。对使用要求较高，功能复杂或处于地震高烈度地区的框架房屋，宜采用全现浇框架。全现浇框架是目前采用较多的框架形式之一。

全装配式框架是将梁、板、柱全部预制，然后在现场进行装配、焊接而成的框架。装配式框架所有的构件均为预制，可实现构件标准化、工厂化生产、现场机械化装配，因而构件质量容易保证，节约模板，改善施工条件，加快施工进度，节点预埋件多，总用钢量较全现浇框架多，施工需要大型运输和吊装机械，但其结构整体性差，在地震区不宜采用。

装配整体式框架是将预制梁、柱和板在现场安装就位后，焊接或绑扎节点区钢筋，而后现浇混凝土使之成为整体而形成框架。与全装配式框架相比，装配整体式框架保证了节点的刚性，提高了框架的整体性，省去了大部分的预埋铁件，节点用钢量减少，故应用较广泛。缺点是节点区现场浇筑混凝土施工较为复杂。

半现浇框架是将房屋结构中的梁、板和柱部分现浇，部分预制装配而形成的。常见的做法有两种：一种是梁、柱现浇，板预制；另一种是柱现浇，梁、板预制。半现浇框架的施工方法比全现浇简单，而整体受力性能比全装配优越。梁、柱现浇，节点构造简单，整体性好；而楼板预制，又比全现浇框架节约模板，省去了现场支模的麻烦。

2. 框架结构的布置

框架结构是一个空间受力体系，但为了计算简便（适应手工计算），把实际框架结构看成纵、横两个方向的平面框架，不考虑两者共同受力。平行于短轴方向的框架成为横向框架，承担平行于短轴方向的水平作用（荷载）；平行于长轴方向的框架成为纵向框架，承担平行于纵轴方向的水平作用（荷载）；楼（屋）面竖向荷载则传递到纵、横两个方向的梁上。在框架体系中，主要承受楼面和屋面荷载的梁称为框架梁，另一方向的梁称为连系梁。框架梁和柱组成主要承重框架，连系梁和柱组成非主要承重框架。若采用双向板，则双向框架都是承重框架。按竖向荷载传递路径的不同，承重框架的布置方案可分为横向框架承重、纵向框架承重和纵、横向框架承重。

1) 横向框架承重方案。框架梁沿房屋横向布置，连系梁和楼（屋）面板沿纵向布置 [图 2.3-9 (a)]。由于房屋纵向刚度较富裕，而横向刚度较弱，采用这种布置方案有利于增加房屋的横向刚度，提高抵抗水平作用的能力，因此在实际工程中应用较多。缺点是由于主梁截面尺寸较大，当房屋需要较大空间时，其净空间较小。

2) 纵向框架承重方案。框架梁沿房屋纵向布置，楼板和连系梁沿横向布置 [图 2.3-9 (b)]。其房间布置灵活，采光和通风好，利于提高楼层净高，需要设置集中通风系统的厂房常采用这种方案。但因其横向刚度较差，在民用建筑中一般较少采用。

3) 纵、横向框架承重方案。沿房屋的纵向和横向都布置承重框架 [图 2.3-9 (c)]。采用这种布置方案，可使两个方向都获得较大的刚度，因此，现浇楼盖且为双向板、地震区的多层框架房屋，以及由于工艺要求需双向承重且荷载较大的厂房常用这种方案。

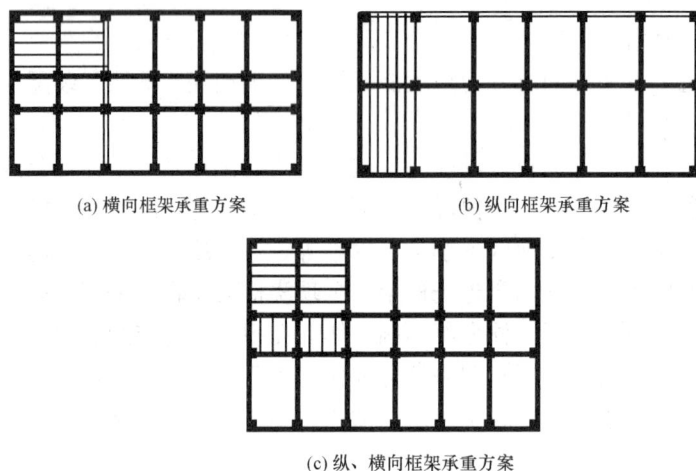

(a) 横向框架承重方案　　　　(b) 纵向框架承重方案

(c) 纵、横向框架承重方案

图 2.3-9　承重框架的布置方案

《高层规范》规定：高层框架结构应设计成双向梁柱抗侧力体系，即这种纵、横向框架承重体系；主体结构除个别外不应采用铰接。

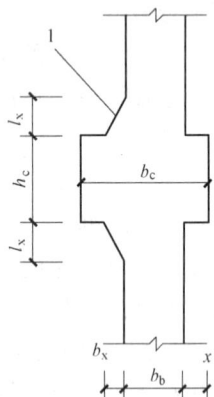

图 2.3-10　水平加腋梁
1—梁水平加腋

框架梁、柱轴线宜重合在同一平面内，当梁、柱轴线不能重合在同一平面内时，梁、柱轴线间偏心距不宜大于柱截面在该方向边长的 1/4。如偏心距大于该方向柱宽的 1/4 时，可采取增设梁的水平加腋（图 2.3-10）等措施。设置水平加腋后，仍须考虑梁柱偏心的不利影响。梁的水平加腋厚度应符合相关规范规定。

框架结构的填充墙及隔墙宜选用轻质墙体，并且与框架结构有可靠的拉结。此外，其布置宜符合下列要求：

①避免形成上、下层刚度变化大。

②避免形成短柱。

③减少因抗侧刚度偏心所造成的扭转。

主梁的跨度一般为 5～8m，次梁一般为 4～7m。它们决定了柱网的尺寸。从使用的角度出发，希望柱网尺寸能够大一些，而且当前许多高层建筑中的柱网尺寸已经达到 8.4m×8.4m 或者更大。但是，随着柱网尺寸的加大，楼板厚度以及梁、柱截面尺寸增大，材料用量增多，不经济，这些都是进行结构布置需要综合考虑的问题。

当房屋的平面尺寸较大、地基不均匀或各部分高度和荷载相差很大时，要考虑是否需要设置变形缝的问题。

通过掌握以上原则可以进行框架结构布置工作，而结构布置情况则用图纸来表达。结构布置图上要将房屋中每一结构构件的类型、编号、平面和空间的位置等明确的表示出来，它既是结构设计人员进行设计计算的依据，也是施工人员进行施工时必不可少的工程文件。

结构布置图主要包括基础平面图、各层结构平面布置图及屋面结构平面布置图。进行结构构件设计计算之前，先要将结构布置简图绘出。在结构布置简图绘出后，才能清晰了解有多少结构构件需要设计计算、各构件间的相互关系如何等，接下来才能进行后面的计算工作。

框架结构设计应按以下步骤进行设计：根据建筑设计方案，进行结构选型和布置；按照规范要求初步确定梁、柱截面尺寸和材料强度等级；计算荷载，确定框架计算简图；结构变形验算，结构内力计算及内力组合；截面承载力计算，即梁、柱配筋计算；按构造要求绘制施工图。例如建筑物位于抗震设防烈度为 6 度及以上地区时，应计算地震作用，尚需考虑地震作用对结构内力及水平位移的影响，具体按《建筑抗震设计规范》（GB 50011—2010）规定执行。

2.3.4 框架结构截面尺寸估算

框架结构属于超静定结构。框架的内力和变形取决于荷载的形式、大小以及构件或截面的刚度，而构件或截面的刚度又取决于构件的截面尺寸，因此要先确定构件的截面尺寸。反过来，构件的截面尺寸又与荷载和内力的大小等有关，在构件内力没有计算出来以前，很难准确地确定构件的截面尺寸大小，这是一个需要多次计算的过程。因此，只能先估算构件的截面尺寸，等构件的承载力计算和结构的变形计算完成后，如果均符合相关规范规定，则表示估算的截面尺寸符合要求，便以估算的截面尺寸作为框架的最终截面尺寸；否则，要重新估算和重新进行计算，直到符合要求为止。

下面介绍根据结构构件最小刚度条件、轴压比以及实际工程经验等因素确定的截面尺寸计算方法。

1. 框架梁

框架梁的截面尺寸应根据承受竖向荷载的大小、梁的跨度、框架的间距、是否考虑抗震设防要求以及选用的混凝土材料强度等诸多因素综合考虑确定。

一般情况下，框架梁的截面尺寸可按式（2.3-1）和式（2.3-2）估算：

$$h_b = \left(\frac{1}{8} \sim \frac{1}{18}\right)l_0 \tag{2.3-1}$$

$$b_b = \left(\frac{1}{2} \sim \frac{1}{4}\right)h_b \tag{2.3-2}$$

式中　l_0——梁的计算跨度；

h_b、b_b——梁的截面高度、宽度。

梁净跨与截面高度之比不宜小于 4；梁的截面宽度不宜小于梁截面高度的 1/4，也不宜小于 200mm。

在高层建筑中，随着层高的不断减小，为了获得较大的使用空间，有时将框架梁设计成扁梁。扁梁的截面尺寸可按式（2.3-3）和式（2.3-4）估算：

$$h_b = \left(\frac{1}{18} \sim \frac{1}{25}\right) l_0 \tag{2.3-3}$$

$$b_b = (1 \sim 3) h_b \tag{2.3-4}$$

扁梁除应满足承载力要求外，尚应满足刚度和裂缝的有关要求。

多层和高层建筑中的楼面可以做成装配式、装配整体式和现浇式三种形式。装配式楼面的刚度弱，一般只用于多层建筑中。房屋高度超过 50m 的高层建筑，宜采用现浇楼面结构。房屋高度不超过 50m 的高层建筑，除现浇楼面外，还可采用装配整体式楼面，也可以采用与框架梁有可靠连接的预制楼面。

三种楼面结构与框架梁的连接构造不一样。在现浇楼面中，楼面板的钢筋与框架梁的钢筋交结在一起，混凝土同时浇灌，整体性好。在装配整体式楼面中，将预制的楼面板搁置在框架梁上后，在预制板上做一层刚性的钢筋混凝土面层，整体性比现浇楼面弱。装配式楼面，是将预制的楼面板直接搁置在框架梁上，整体性差。在计算框架梁的截面惯性矩时，要考虑楼面板与梁连接使梁的惯性矩增加的有利影响。为了简化起见，可按表 2.3-5 中的公式计算。

表 2.3-5 <center>框架梁惯性矩取值</center>

楼 板 类 型	边 框 架 梁	中 框 架 梁
现浇楼板	$I = 1.5 I_0$	$I = 2.0 I_0$
装配整体式楼板	$I = 1.2 I_0$	$I = 1.5 I_0$
装配式楼板	$I = I_0$	$I = I_0$

注　1. I_0 为梁按矩形截面计算的惯性矩，$I_0 = \frac{1}{12} b_b h_b^3$。

　　2. 梁的线刚度为 $i_b = E_c I / l$。

2. 框架柱

框架柱截面一般都采用矩形或方形截面，在多层建筑中，框架柱的截面尺寸可按式（2.3-5）和式（2.3-6）估算：

$$b_c = \left(\frac{1}{12} \sim \frac{1}{18}\right) H_i \tag{2.3-5}$$

$$h_c = (1 \sim 2) b_c \tag{2.3-6}$$

式中　H_i——第 i 层层高；

　　　h_c、b_c——柱的截面高度、宽度。

在高层框架中，按式（2.3-5）和式（2.3-6）估算的柱截面尺寸可能偏小，可按式（2.3-7）估算：

$$\frac{N}{f_c b_c h_c} = 1.0 \tag{2.3-7}$$

式中　N——柱中轴向力，可近似按下式计算：

$$N = (1.1 \sim 1.2) N_v$$

N_v——柱支承的楼盖负荷面积上竖向荷载产生的轴向力设计值，计算时，可近似将楼面板沿柱轴线之间的中线划分，恒载和活荷载的分项系数均取 1.25，或近似取 $12\sim14kN/m^2$ 进行计算；

f_c——混凝土轴心抗压强度设计值。

框架柱的矩形截面边长，不宜小于 250mm，圆柱的截面直径不宜小于 350mm，剪跨比宜大于 2，截面的高宽比不宜大于 3。

为了减少构件类型，便于施工，多层房屋中柱截面沿房屋高度不宜改变。高层建筑中柱截面沿房屋高度可根据房屋层数、高度、荷载等情况保持不变或作 $1\sim2$ 次改变。当柱截面沿房屋高度变化时，中间柱宜使上、下柱轴线重合，边柱和角柱宜使截面外边线重合。

框架柱截面惯性矩按式（2.3-8）计算：

$$I_c = \frac{1}{12}b_c h_c^3 \tag{2.3-8}$$

框架柱的线刚度按式（2.3-9）计算：

$$i_c = \frac{E_c I_c}{H_i} \tag{2.3-9}$$

2.3.5 计算简图的确定及荷载计算

1. 平面计算单元的确定

框架结构是由纵、横向框架组成的空间受力体系，但为了计算简便，忽略它们之间的空间连系，将空间结构简化为若干个横向或纵向的平面框架进行内力和位移计算，每榀框架为一个计算单元，并且计算单元荷载取相邻两框架柱距的一半，如图 2.3-11 所示。

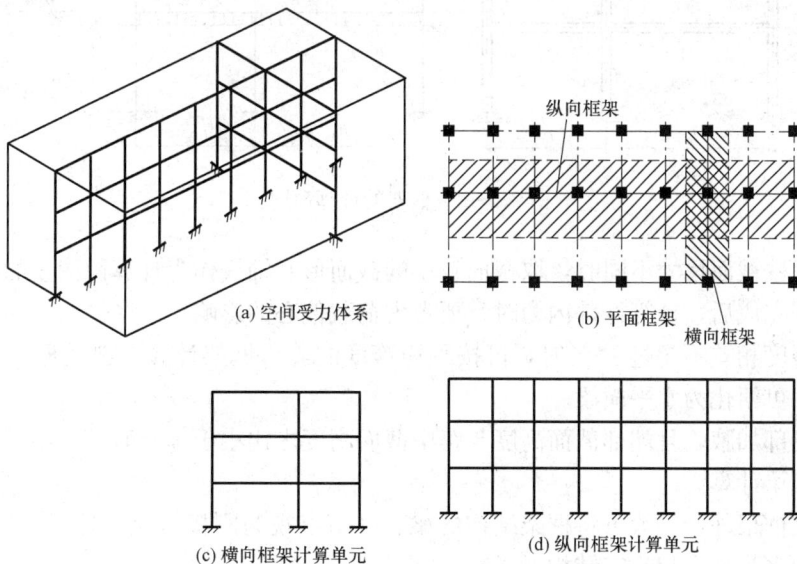

(a) 空间受力体系　　　(b) 平面框架

(c) 横向框架计算单元　　　(d) 纵向框架计算单元

图 2.3-11　框架结构计算单元的选取

框架结构承受的作用包括竖向荷载、水平荷载和地震作用。竖向荷载包括恒荷载和活荷载。恒载包括结构自重、结构表面的粉刷层重、土压力、预应力等。活荷载包括楼（屋）面活荷载、雪荷载、积灰荷载和施工荷载等，一般为分布荷载，有时有集中荷载。水平荷载为风荷载和水平地震作用。

在竖向荷载作用下，当采用横向框架承重方案时，截取横向框架作为计算单元，认为全部竖向荷载由横向框架承担；当采用纵向框架承重方案时，截取纵向框架作为计算单元，认为全部竖向荷载由纵向框架承担；当采用纵横向双向框架承重方案时，应根据竖向荷载实际传递路径，按纵横向框架共同承担进行计算。

在水平荷载作用下，整个框架体系可视为若干个平面框架共同抵抗与平面框架平行的水平荷载，与该方向垂直的框架不参与工作，即横向水平力由横向框架承担，纵向水平力由纵向框架承担。当水平荷载为风荷载时，每榀平面框架所抵抗的水平荷载可取计算单元范围内的风荷载；当水平荷载为水平地震作用时，每榀平面框架所抵抗的水平荷载可按各平面框架的侧向刚度比例来分配水平地震作用。

2. 计算简图的确定

在计算简图中（图 2.3-12），杆件用单线条表示，各单线条代表各构件形心轴所在位置线。因此，梁的跨度等于该跨左、右两边柱截面形心轴线之间的距离（l_{01}，l_{02}）。为简化起见，底层柱高可从基础顶面算到相邻层梁截面形心轴线处（h_1），其他各层柱高均取相邻两层梁截面形心轴线之间的距离。

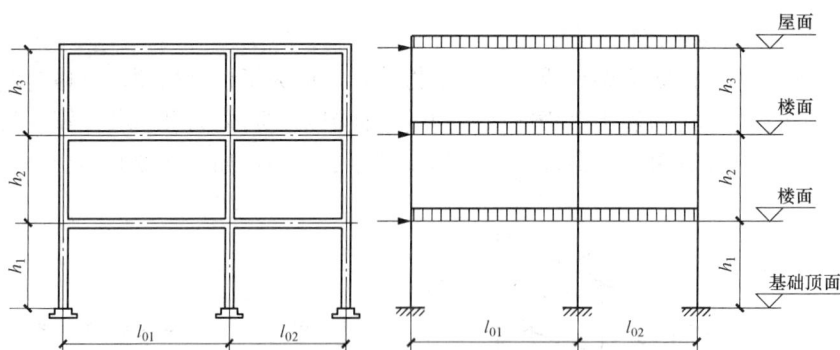

图 2.3-12 框架的计算简图

当上、下柱截面尺寸不同时，取截面较小的截面形心轴线作为计算简图上的柱单元，待框架内力计算完成后，计算杆件内力时，要考虑荷载偏心的影响。

当各跨跨度相差不超过 10% 时，可按平均跨度的等跨框架计算；斜线形横梁如倾斜不超过 1/8 时，可简化为水平横梁。

当梁在端部加腋，且端部截面高度与跨中截面高度之比小于 1.6 时，可不考虑加腋的影响，按等截面梁计算。

除装配式框架外，一般可将框架结构的梁、柱节点视为刚接节点，柱嵌固于基础顶面，所以框架结构多为高次超静定结构。

2.3.6 框架结构内力计算

框架结构的内力计算可分为竖向荷载（作用）下的内力计算和水平荷载（作用）下的内力计算。竖向荷载包括恒载、楼（屋）面活荷载、雪荷载和施工荷载等；水平荷载为风荷载，在抗震设计中还包括地震作用。

1. 竖向荷载作用下的内力计算

（1）楼面荷载分配原则。进行框架结构在竖向荷载作用下的内力计算之前，先要将楼面上的竖向荷载分配给支承它的结构。

楼面荷载的分配与楼盖的构造有关。当采用装配式或装配整体式楼板时，板上荷载通过预制板的两端传递给它的支承结构。例如采用现浇式楼板时，楼面上的恒载和活载根据每个区格板两个方向的边长之比，沿单向或双向传递。区格板长边边长与短边边长之比不小于 3 时沿单向传递，小于 3 时沿双向传递。

当板上荷载沿双向传递时，可以按双向板楼盖中的荷载分析原则：从每个区格板的四个角点作 45°线将板划成四块，每个分块上的恒载和活载向与之相邻的支承结构上传递。此时，由板传递给框架梁上的荷载为三角形或梯形。

（2）竖向活荷载最不利布置。作用在框架结构上的竖向荷载有恒载和活载。恒载的大小和位置是不变的，因此不存在最不利布置问题，可以将所有恒载满布在框架上一次计算。活荷载的大小和位置是变化的，由于它的作用位置不同，框架结构构件不同截面或同一截面不同类型的内力将发生改变，因此，要对其进行最不利布置，以求得控制截面上的最大内力。《高规》允许当楼面活荷载不大于 $4kN/m^2$ 时，可不考虑楼面活荷载不利布置引起的梁弯矩的增大，对多层建筑结构则应考虑活荷载的最不利布置影响。

活荷载通常有以下几种最不利布置方法：

1）逐跨布置法。即将楼面和屋面活荷载逐跨单独地作用在各跨上，分别算出其内力，然后再针对各控制截面去组合其可能出现的最大内力。这种方法烦琐，不适合手算。

2）最不利荷载布置法。为求某一指定截面的最不利内力，可以根据影响线方法，直接确定产生此最不利内力的活荷载布置。这种方法类似于连续梁计算中所采取的"棋盘"布置法。例如求某跨跨中产生的最大正弯矩，则应在该跨布置活荷载，然后按沿横向隔跨、沿竖向隔层的各跨各层"棋盘式"布置活荷载（图 2.3-13）。例如求某梁端最大负弯矩时，则应在该支座相邻跨及上下层布置活荷载，其他各跨各层按"棋盘式"布置；例如求某柱最大轴力时，应在该柱以上各层中，与该柱相邻的梁跨内都布满活荷载。

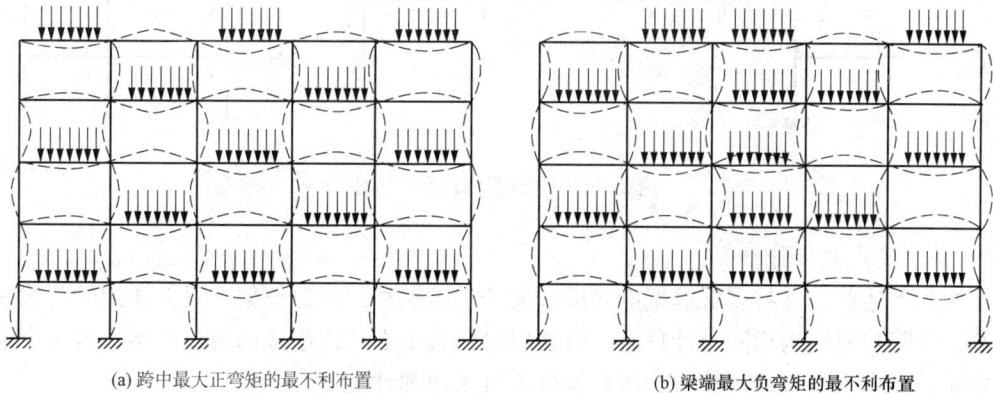

(a) 跨中最大正弯矩的最不利布置　　　　　　　　(b) 梁端最大负弯矩的最不利布置

图 2.3-13　竖向活荷载最不利布置

虽然最不利荷载位置法可以直接求得控制截面最不利内力，但内力分析次数很多，计算工作量也很大，故设计中仅当校核某个截面时用此法。

3）分层布置法或分跨布置法。为了简化计算，可近似地将活荷载一层做一次布置，有多少层便布置多少次；或一跨做一次布置，有多少跨便布置多少次，分别进行计算，然后进行最不利内力组合。此法用手算方法进行计算也很困难。

4）满布荷载法。上述三种方法都考虑了活荷载最不利布置，计算工作量都很大。为了简化计算，当活荷载与恒载的比值不大于1时，可不考虑活荷载的最不利布置，而把活荷载同时作用于所有的框架上，这样求得的内力在支座处与按最不利荷载位置法求得的内力极为相近，可直接进行内力组合。但求得的梁的跨中弯矩却比最不利荷载位置法的计算结果要小，因此对跨中弯矩应乘以1.1~1.2的系数予以增大。但对楼面活荷载较大的工业与民用多层框架结构，仍应考虑活荷载的不利布置。

在竖向荷载作用下，多层框架结构的内力分析可采用力法、位移法等结构力学计算方法进行精确计算。工程设计中，如采用手算，一般可采用近似计算方法。本节主要介绍分层法、弯矩二次分配法两种近似方法。由于这两种近似计算方法采用了不同的假定，因此其计算结果的近似程度也有差别。但在一般情况下，这两种结果均能满足工程设计的要求。

（3）分层法。

1）计算假定。在竖向荷载作用下，梁的线刚度大于柱的线刚度且结构基本对称的多层框架，用力法、位移法等结构力学的精确计算方法的计算结果表明：框架侧移值很小，而且作用在某层上的荷载对本层横梁及与之相连的柱的弯矩影响较大，而对其他各层横梁以及不与该梁相连的柱的弯矩和剪力影响很小。为了简化计算，可做如下假定：

①在竖向荷载作用下，不考虑框架侧移对内力的影响，即框架的侧移忽略不计。

②每层梁上的荷载仅对本层梁及与之相连的柱的内力产生影响，而对其他层梁、柱弯矩和剪力的影响忽略不计。

根据上述假定，计算时可将各层梁及与之相连的柱所组成的独立框架分层进行单独计算，其计算简图如图2.3-14所示。这种独立分层计算方法称为分层法。

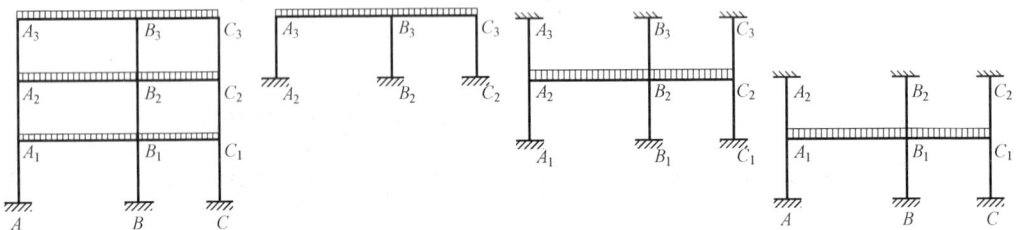

图2.3-14 分层法计算示意图

2）计算要点及步骤。

①按照上述假定，将多层框架沿高度分成若干无侧移的敞口框架。梁上作用的荷载、各层柱高、梁跨与原结构相同。计算时，将各层梁及其上下柱所组成的敞口框架作为一个独立计算单元。在内力与位移计算中，所有构件均可采用弹性刚度。

②在分层法计算简图中，假定柱的远端为完全嵌固支座。但实际上除底层柱在基础处为嵌固外，其余各层柱端都有一定转角产生，而按完全嵌固，梁柱变形将减小，亦即增大了结构实际刚度，为了减小计算简图与实际情况不符所产生的误差，必须进行修正：除底层柱外，其他

104

各层柱的线刚度均应乘以修正系数 0.9，且其传递系数由 1/2 改为 1/3（图 2.3-15）。

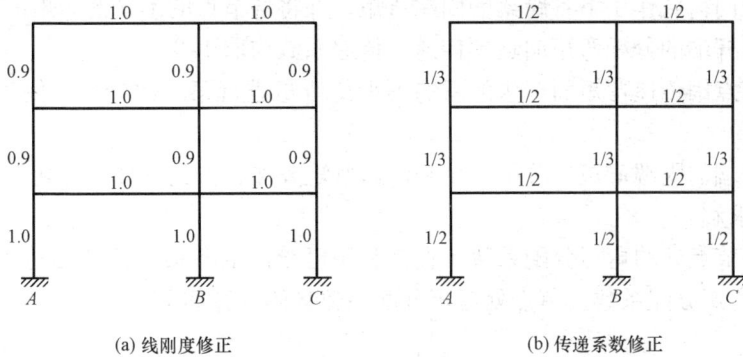

图 2.3-15　框架各杆的线刚度修正系数和传递系数

③按分层法计算的各梁弯矩为最终弯矩，各柱的最终弯矩为与各柱相连的两层计算弯矩叠加，即每一柱属于上、下两层，每一柱端的最终弯矩需将上、下层计算所得的弯矩值相加。上、下层柱端弯矩值相加后，将引起新的节点不平衡弯矩，如若节点不平衡弯矩较大，可对这些不平衡弯矩再做一次弯矩分配。

（4）弯矩二次分配法。在无侧移框架的弯矩分配法计算竖向荷载作用下框架结构的杆端弯矩时，由于要考虑任一节点的不平衡弯矩对框架结构所有杆件的影响，因而计算很繁杂。由分层法可知，框架中某节点的不平衡弯矩只对与该节点相交的各杆件的远端有影响，而对较远节点影响较小，为了简化计算，其对较远节点的影响就忽略不计。计算时，先对各节点不平衡弯矩进行第一次分配，并向远端传递，再将因传递弯矩而产生的新的不平衡弯矩进行第二次分配，整个弯矩分配和传递过程就结束，此即弯矩二次分配法。其步骤如下：

1）根据各杆件的线刚度计算各节点杆端弯矩分配系数，并计算竖向荷载作用下各跨梁的固端弯矩。

2）计算框架各节点的不平衡弯矩，并对全部节点的不平衡弯矩同时进行第一次分配。

3）将所有杆端的分配弯矩同时向远端传递。

4）将各节点因传递弯矩而产生的新的不平衡弯矩进行第二次分配，使各节点处于平衡状态。

5）将各杆端的固端弯矩、分配弯矩和传递弯矩叠加，得到各杆端最终弯矩。

【例 2.3-1】　图 2.3-16 所示为两层两跨的框架，试用弯矩二次分配法计算该框架梁柱的弯矩，并绘制弯矩图。其中括号内的数字表示梁柱各构件的相对线刚度 i 值。

【解】　（1）用弯矩二次分配法计算竖向荷载作用下框架内力的步骤：

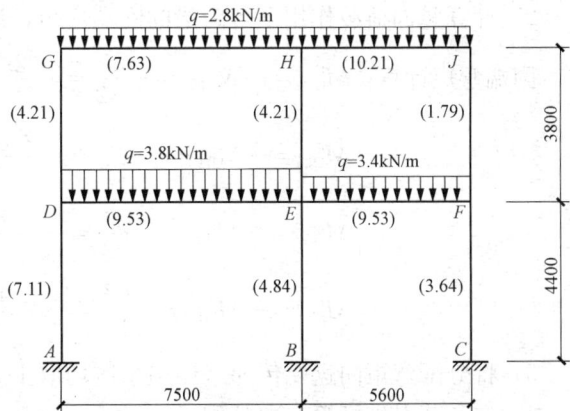

图 2.3-16　【例 2.3-1】框架计算简图

105

1）计算各梁、柱线刚度及相对线刚度；计算各节点处弯矩分配系数。

2）计算竖向荷载作用下各跨梁的固端弯矩，并将各节点的不平衡弯矩进行第一次分配。

3）将所有杆端的分配弯矩向远端传递，传递系数均取 1/2。

4）将各节点因传递弯矩而产生的新的不平衡弯矩进行第二次分配，使各节点处于平衡状态。

5）将各杆端的固端弯矩、分配弯矩和传递弯矩叠加，得到各杆端最终弯矩。

（2）具体求解。

1）计算各节点处的弯矩分配系数。直接利用已给出的各梁、柱的相对线刚度计算各节点处梁、柱的弯矩分配系数。节点处弯矩分配系数具体计算如下：

节点 G：$\mu_{右梁} = \dfrac{7.63}{7.63 + 4.21} = 0.644$

$\mu_{下柱} = \dfrac{4.21}{7.63 + 4.21} = 0.356$

节点 H：$\mu_{右梁} = \dfrac{10.21}{7.63 + 4.21 + 10.21} = 0.463$

$\mu_{下柱} = \dfrac{4.21}{7.63 + 4.21 + 10.21} = 0.191$

$\mu_{左梁} = \dfrac{7.63}{7.63 + 4.21 + 10.21} = 0.346$

节点 J：$\mu_{下柱} = \dfrac{1.79}{1.79 + 10.21} = 0.149$

$\mu_{左梁} = \dfrac{10.21}{1.79 + 10.21} = 0.851$

同理，可得其他各节点处的弯矩分配系数：

节点 D：$\mu_{右梁} = 0.457$；$\mu_{下柱} = 0.341$；$\mu_{上柱} = 0.202$

节点 E：$\mu_{右梁} = 0.407$；$\mu_{左梁} = 0.304$；$\mu_{下柱} = 0.155$；$\mu_{上柱} = 0.134$

节点 F：$\mu_{左梁} = 0.702$；$\mu_{下柱} = 0.2$；$\mu_{上柱} = 0.098$

2）计算竖向荷载作用下各跨梁的固端弯矩，进行第一次分配（图 2.3-17）。

固端弯矩计算：$M^F_{GH} = -M^F_{HG} = -\dfrac{ql^2}{12} = -\dfrac{2.8 \times 7.5^2}{12} = -13.13 \text{kN} \cdot \text{m}$

$M^F_{HJ} = -M^F_{JH} = -\dfrac{ql^2}{12} = -\dfrac{2.8 \times 5.6^2}{12} = -7.32 \text{kN} \cdot \text{m}$

$M^F_{DE} = -M^F_{ED} = -\dfrac{ql^2}{12} = -\dfrac{3.8 \times 7.5^2}{12} = -17.81 \text{kN} \cdot \text{m}$

$M^F_{EF} = -M^F_{FE} = -\dfrac{ql^2}{12} = -\dfrac{3.4 \times 5.6^2}{12} = -8.89 \text{kN} \cdot \text{m}$

3）将分配弯矩向远端传递（传递系数均取 1/2）。

4）在各节点进行第二次分配。

5）将各杆端的固端弯矩、分配弯矩和传递弯矩相加，即得各杆端弯矩。

具体计算如图 2.3-17 所示。根据节点平衡，绘制弯矩图如图 2.3-18 所示。

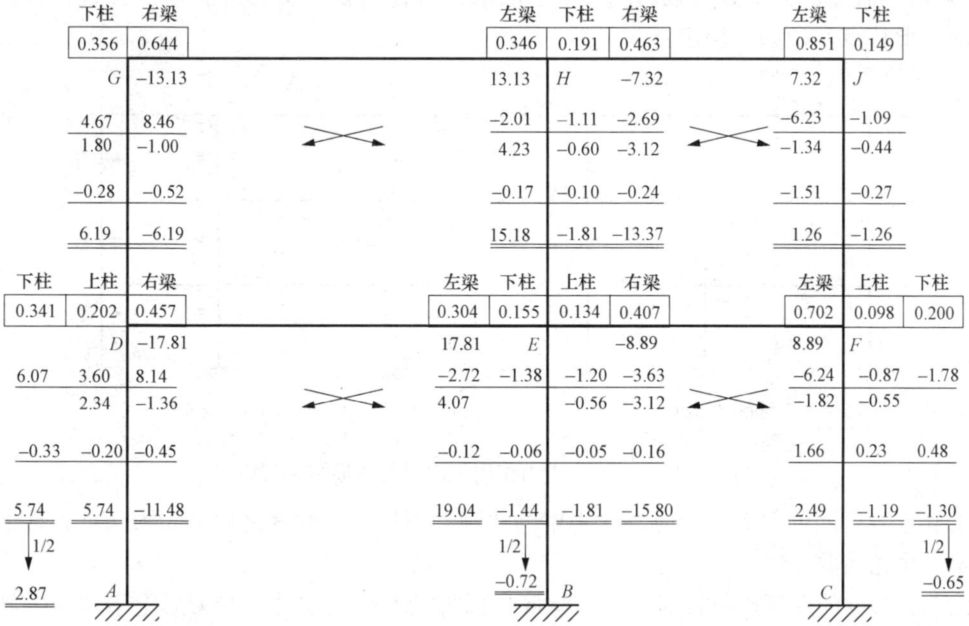

下柱 右梁
0.356 0.644
G −13.13
4.67 8.46
1.80 −1.00
−0.28 −0.52
6.19 −6.19
左梁 下柱 右梁
0.346 0.191 0.463
13.13 H −7.32
−2.01 −1.11 −2.69
4.23 −0.60 −3.12
−0.17 −0.10 −0.24
15.18 −1.81 −13.37
左梁 下柱
0.851 0.149
7.32 J
−6.23 −1.09
−1.34 −0.44
−1.51 −0.27
1.26 −1.26
下柱 上柱 右梁
0.341 0.202 0.457
D −17.81
6.07 3.60 8.14
2.34 −1.36
−0.33 −0.20 −0.45
5.74 5.74 −11.48
1/2
2.87
A
左梁 下柱 上柱 右梁
0.304 0.155 0.134 0.407
17.81 E −8.89
−2.72 −1.38 −1.20 −3.63
4.07 −0.56 −3.12
−0.12 −0.06 −0.05 −0.16
19.04 −1.44 −1.81 −15.80
1/2
−0.72
B
左梁 上柱 下柱
0.702 0.098 0.200
8.89 F
−6.24 −0.87 −1.78
−1.82 −0.55
1.66 0.23 0.48
2.49 −1.19 −1.30
1/2
−0.65
C

图 2.3-17 【例 2.3-1】弯矩二次分配法

2. 水平荷载作用下的内力计算

作用于整个框架结构上的水平作用（风荷载和水平地震作用），可以简化为作用于框架节点上的水平集中力。在简化后的水平集中力作用下的框架结构，其主要变形是框架的侧移。由精确算法得出一般框架在水平集中力作用下的弯矩图及变形图如图 2.3-19 所示。由图可知，因无节间荷载，各梁、柱的弯矩图都是直线，且每根杆件有一个反弯点（$M=0$，$V\neq0$），即该点的弯矩为零，剪力不为零。显然，只要能确定各柱的剪力和反弯点的位置，就可以很方便地算出柱端弯矩，进而由节点的平衡条件求得梁端弯矩及整个框架的其他内力，这种方法称为反弯点法。为了使结果更好地满足实际，对反弯点的某些地方进行修正，这种修正后的反弯点法就称为 D 值法。

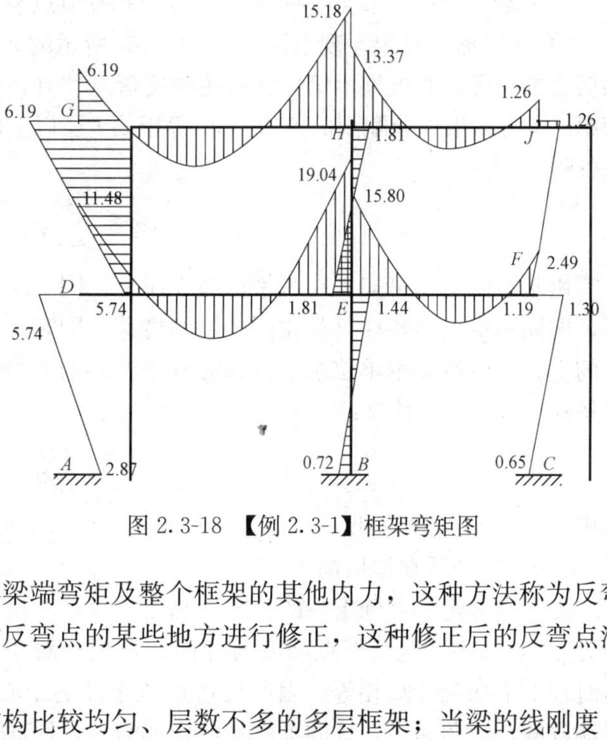

15.18
13.37
6.19
6.19
G
1.26
H
1.81
J
1.26
19.04
15.80
11.48
F
2.49
D
5.74
1.81
E
1.44
1.19
1.30
5.74
A
2.87
0.72
B
0.65
C

图 2.3-18 【例 2.3-1】框架弯矩图

（1）反弯点法。反弯点法适用于结构比较均匀、层数不多的多层框架；当梁的线刚度 i_b 与柱的线刚度 i_c 之比不小于 3（$i_b/i_c\geqslant3$）时，用反弯点法可以获得良好的近似结果，否则计算结果与实际相差较大，不可采用。反弯点法常用于在初步设计中估算梁和柱在水平荷载下的弯矩值。

1）基本假定。为了方便地利用反弯点法求得各柱的柱间剪力和反弯点位置，根据框架结构的变形特点，做如下假定：

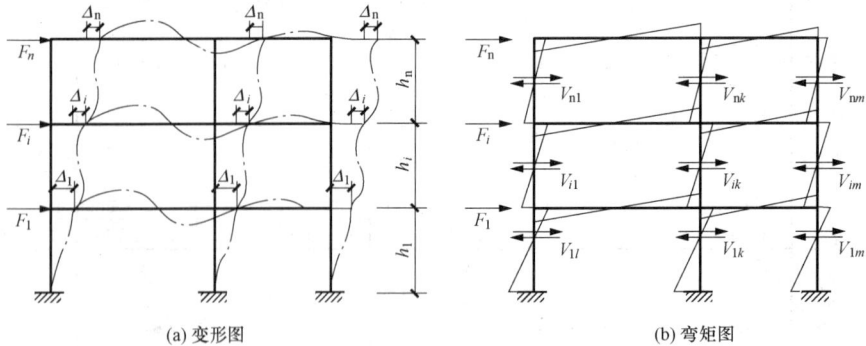

(a) 变形图   (b) 弯矩图

图 2.3-19　水平集中力作用下框架的变形图和弯矩图

①确定各柱间的剪力分配时，认为梁的线刚度与柱的线刚度之比为无限大，各柱上下两端均不发生角位移。

②确定各柱的反弯点位置时，认为除底层以外的其余各层柱，受力后上下两端的转角相同。假定底层的反弯点位于距柱下端 2/3 柱高处，其他各层柱的反弯点均位于柱高的中点处。

③不考虑框架梁的轴向变形，同一层各节点水平位移相同。

④梁端弯矩可由节点平衡条件求出，并按节点左、右梁的线刚度进行分配。

2）层间剪力确定。现以图 2.3-19（b）所示的 n 层、每层有 m 个柱的框架为例说明第 i 层剪力的分配。将框架沿第 i 层各柱的反弯点切开，令 V_i 为框架第 i 层的层间总剪力，V_{ik} 为第 i 层第 k 根柱分配到的剪力，V_i 等于第 i 层以上所有水平力的和。由第 i 层水平力平衡条件得：

$$V_i = \sum_{k=1}^{m} V_{ik}$$

(2.3-10)

由基本假定①可知：在水平荷载作用下，同一层各节点的侧移是相同的，且柱端转角为零，即同一层内的各柱具有相同的层间位移。同时，根据假定①还可确定柱的侧移刚度，即柱的上、下两端发生单位水平位移时柱中产生的剪力。令第 i 层第 k 根柱的抗侧刚度为 d_{ik}，可按式（2.3-11）计算：

$$d_{ik} = \frac{12i_c}{h^2}$$

(2.3-11)

式中　i_c——柱的线刚度；

　　　h——柱所在层层高。

由基本假定②可确定柱的反弯点高度。令柱的反弯点高度为反弯点至柱下端的距离，其值为 yh，其中 y 为反弯点高度与柱高的比值。对于上部各层柱，因各柱上下端转角相同，这时柱上下两端弯矩相等，因此反弯点位于柱的中心处，即 $y=1/2$；对于底层柱，因柱的下端嵌固，转角为零，柱的上端有一定的转角，因此底层柱的上端弯矩比下端小，反弯点偏离中点向上，可取 $y=2/3$。

由基本假定③可知：同层各柱柱端水平位移相等，令第 i 层各柱柱端相对侧移均为 Δ_i，根据抗侧刚度的定义，可得式（2.3-12）：

$$V_{ik} = d_{ik}\Delta_i \tag{2.3-12}$$

将式（2.3-12）代入式（2.3-10）得 $V_i = \sum_{k=1}^{m} d_{ik}\Delta_i$，整理得到：

$$\Delta_i = \frac{1}{\sum_{k=1}^{m} d_{ik}} V_i \tag{2.3-13}$$

将式（2.3-13）代入式（2.3-12）得到：

$$V_{ik} = \frac{d_{ik}}{\sum_{k=1}^{m} d_{ik}} V_i \tag{2.3-14}$$

所以，各层的层间总剪力 V_i 按各柱抗侧刚度 d_{ik} 在该层总抗侧刚度所占比例分配到各柱。

3）柱端弯矩确定。在求得柱反弯点高度 yh 和各柱的剪力后，由图 2.3-20 可知，可按式（2.3-15）、式（2.3-16）计算柱端弯矩。

第 i 层第 k 根柱下端弯矩：$\qquad M_{ik}^{d} = V_{ik}yh \tag{2.3-15}$

第 i 层第 k 根柱上端弯矩：$\qquad M_{ik} = V_{ik}(1-y)h \tag{2.3-16}$

4）梁端弯矩和剪力确定。

根据假定④可知：由于节点的所有弯矩平衡，所以梁端弯矩之和等于柱端弯矩之和。同时，节点左右梁端弯矩大小按其线刚度比例分配，由图 2.3-21 可得：

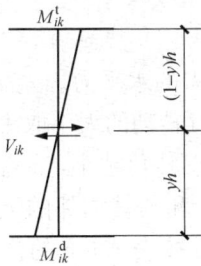

图 2.3-20 柱端弯矩计算 　　　　　图 2.3-21 梁端弯矩计算

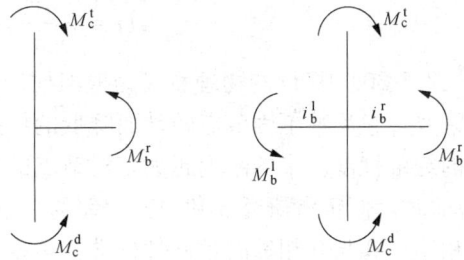

节点左端梁弯矩 M_b^l：$\qquad M_b^l = (M_c^t + M_c^d)\dfrac{i_b^l}{i_b^l + i_b^r} \tag{2.3-17}$

节点右端梁弯矩 M_b^r：$\qquad M_b^r = (M_c^t + M_c^d)\dfrac{i_b^r}{i_b^l + i_b^r} \tag{2.3-18}$

式中　M_c^t、M_c^d——节点上下两端柱的弯矩，由式（2.3-15）、式（2.3-16）确定；

　　　　i_b^l、i_b^r——节点左梁和右梁的线刚度。

此外，根据梁的平衡条件，如图 2.3-22 所示，可求出水平力作用下梁端剪力如下：

$$V_b^l = V_b^r = \frac{(M_b^l + M_b^r)}{l} \tag{2.3-19}$$

式中　V_b^l、V_b^r——梁左、右两端剪力；

　　　　l——梁的跨度。

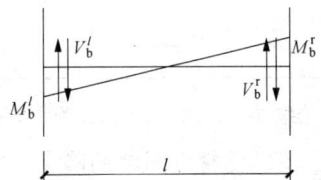

图 2.3-22 梁端剪力计算

（2）D 值法。反弯点法在计算时，假定梁柱线刚度比为无穷大、节点转角为零、框架柱的反弯点高度为定值、框架各柱中的剪力仅与各柱间的线刚度比有关等，从而得到柱的侧移刚度 d_{ik} 的计算公式，使得框架结构在水平荷载作用下的内力计算大为简化。但上述假定与实际工程往往存在一定差距，随着房屋层数的增加，柱的轴力增大，梁的线刚度可能接近或小于柱的线刚度，尤其是在抗震设计要求"强柱弱梁"的情况下，此时柱的抗侧刚度除了与柱本身的线刚度和层高有关外，还与柱两端的梁的线刚度有关。同时，框架各层节点转角将不可能相等。另外，由于影响柱反弯点高度的主要因素有：柱与梁的线刚度比、柱所在楼层的位置、上下层梁的线刚度比、上下层层高以及框架的总层数等。因此，柱的反弯点高度也不是定值。总之，如果再按反弯点法的假定来计算框架结构在水平荷载作用下的内力，误差就较大。

在分析了上述影响因素的基础上，有人改进了反弯点法，对柱的抗侧刚度和柱的反弯点位置进行修正。这种改进要点是柱的抗侧刚度不仅与柱本身线刚度和层高有关，而且还与梁的线刚度等有关；柱的反弯点高度不是定值，它随梁柱线刚度比、该柱所在层位置、上下层梁的线刚度比、上下层层高以及框架的总层数的不同而变化。修正后的抗侧刚度用 D 表示，故此法又称为"D 值法"。

D 值法适用于梁柱线刚度 $i_b/i_c<3$ 的情况，高层结构，特别是考虑抗震要求"强柱弱梁"的框架用 D 值法分析更合适。

1）D 值的确定。D 值法规定框架的节点均有转角，且降低后的柱的抗侧刚度表示为：

$$D = \alpha \frac{12i_c}{h^2} = \alpha \frac{12EI_c}{h^3} \tag{2.3-20}$$

式（2.3-20）中 D 的物理意义为框架柱产生单位水平位移所需的水平力。α 为柱抗侧刚度修正系数，它反映了因节点转动而降低的柱的抗侧移能力。节点转动的大小取决于梁对节点转动的约束程度。梁的刚度越大，对节点的约束能力越强，节点转角越小，α 就越接近于 1。计算 α 时，假定所研究柱和与其相邻的上下层柱的线刚度相等和与其相邻的上下层柱的旋转角相等、和与其相邻的各杆件杆端转角相等。各种情况下的 α 按表 2.3-6 的公式计算。

表 2.3-6　　　　　　　　　　　　柱抗侧移刚度修正系数表

位　置	边　柱		中　柱		α
一般层	 i_2 i_c i_4	$\bar{K} = \dfrac{i_2+i_4}{2i_c}$	i_1　i_2 i_c i_3　i_4	$\bar{K} = \dfrac{i_1+i_2+i_3+i_4}{2i_c}$	$\alpha = \dfrac{\bar{K}}{2+\bar{K}}$
底层	 i_2 i_c	$\bar{K} = \dfrac{i_2}{i_c}$	i_1　i_2 i_c	$\bar{K} = \dfrac{i_1+i_2}{i_c}$	$\alpha = \dfrac{0.5+\bar{K}}{2+\bar{K}}$

注　$i_1 \sim i_4$ 为梁线刚度；i_c 为柱线刚度；$\bar{K}$ 为楼层梁柱平均线刚度比。

2）反弯点高度的确定。柱的反弯点高度取决于框架的总层数、该柱所在层位置、上下层梁的线刚度比，以及荷载的作用形式等。

柱的反弯点高度比可按式（2.3-21）计算：

$$y = y_0 + y_1 + y_2 + y_3 \tag{2.3-21}$$

式中　y_0——标准反弯点高度比，是在各层等高、各跨相等、各层梁和柱线刚度都不改变的情况下求得的反弯点高度比，荷载根据作用形式可分为均布水平力和三角形分布水平力，本书分别列出两种分布水平力作用下 y_0 值，查附表 B-5，附表 B-6；

　　y_1——因上、下层梁刚度比变化的修正值，查附表 B-7；

　　y_2——因上层层高变化的修正值，查附表 B-8；

　　y_3——因下层层高变化的修正值，查附表 B-8。

①上、下层梁刚度比变化的修正值 y_1。若某层柱上、下梁线刚度不同，则该层柱的反弯点位置就不在标准反弯点位置，必须加以修正，修正值为 y_1。查附表 B-7 时，y_1 值有正有负：当 $i_1 + i_2 < i_3 + i_4$ 时，取 $\alpha_1 = \dfrac{i_1 + i_2}{i_3 + i_4}$，$y_1$ 取正值，反弯点向上移动 $y_1 h$；当 $i_1 + i_2 > i_3 + i_4$ 时，取 $\alpha_1 = \dfrac{i_3 + i_4}{i_1 + i_2}$，$y_1$ 取负值，反弯点向下移动 $y_1 h$。对于框架底层不考虑 y_1 的修正。

②上、下层层高变化时反弯点高度比的修正值 y_2、y_3 若某层柱上、下层层高改变时，反弯点位置也变化，必须加以修正，修正值为 y_2、y_3。查附表 B-8 时，取 $\alpha_2 = \dfrac{h_{上}}{h}$，当该层（层高为 h）的上层（层高为 $h_{上}$）较高时，则 $\alpha_2 > 1.0$，y_2 为正值，反弯点向上移动 $y_2 h$；若 $\alpha_2 < 1.0$，y_2 为负值，反弯点向下移动 $y_2 h$。取 $\alpha_3 = \dfrac{h_{下}}{h}$，当该层的下层（层高为 $h_{下}$）较高时，则 $\alpha_3 > 1.0$，y_3 为负值，反弯点向下移动 $y_3 h$；若 $\alpha_3 < 1.0$，y_3 为正值，反弯点向上移动 $y_3 h$。对于顶层柱不考虑 y_2 的修正，对于底层柱不考虑 y_3 的修正。

【例 2.3-2】　试用 D 值法计算如图 2.3-23 所示框架的弯矩，并绘出弯矩图。图中括号内的数字为各杆件的相对线刚度。

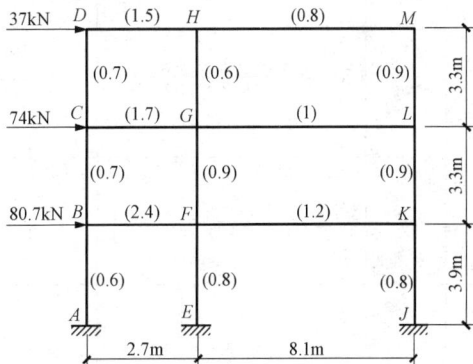

【解】　（1）D 值法的基本步骤。

1）确定修正后的各柱的抗侧刚度 D。

2）修正后柱的反弯点高度比 y。

3）确定层间剪力：

$$V_i = \sum_{k=1}^{m} V_{ik}$$

4）确定第 i 层中各柱分配到的剪力：

$$V_{ik} = \frac{D_{ik}}{\sum\limits_{k=1}^{m} D_{ik}} \times V_i$$

5）确定柱端弯矩：

$$M_{ik}^{d} = V_{ik} y h, \quad M_{ik}^{t} = V_{ik}(1 - y)h$$

6）确定梁端弯矩。

（2）具体计算。

1）确定修正后的各柱的抗侧刚度 D。

图 2.3-23　【例 2.3-2】框架计算简图

111

①确定各柱的梁柱线刚度比 $\bar{K}$ 值，见表 2.3-7（a）。

②根据 $\bar{K}$ 值和表 2.3-6，确定各柱的抗侧刚度修正系数 α 值，见表 2.3-7（a）。

③计算各柱的抗侧刚度 $D_{im} = \alpha \dfrac{12i_c}{h^2}$ 及每层总抗侧刚度 D_i，见表 2.3-7（a）。

表 2.3-7（a）　　　　　　　　　　**框架柱侧向刚度 D 值计算**

层次	柱编号	$\bar{K} = \dfrac{\sum i_b}{2i_c}$ 一般层 $\qquad$ $\bar{K} = \dfrac{\sum i_b}{i_c}$ 底层	$\alpha = \dfrac{\bar{K}}{2+\bar{K}}$ 一般层 $\qquad$ $\alpha = \dfrac{0.5+\bar{K}}{2+\bar{K}}$ 底层	各柱刚度 $D_{ik} = \alpha \dfrac{12i_c}{h^2}/(\text{kN/m})$	D_i
三层	CD	$\bar{K}_{CD} = \dfrac{1.5+1.7}{2\times0.7} = 2.286$	$\alpha = \dfrac{2.286}{2+2.286} = 0.533\,4$	$D_{CD} = 0.533\,4 \times \dfrac{12\times0.7}{3.3^2}$ $= 0.373 \times \dfrac{12}{3.3^2}$	$1.079 \times \dfrac{12}{3.3^2}$
	GH	$\bar{K}_{GH} = \dfrac{1.5+0.8+1.7+1}{2\times0.6}$ $= 4.166$	$\alpha = \dfrac{4.166}{2+4.166} = 0.675\,6$	$D_{GH} = 0.675\,6 \times \dfrac{12\times0.6}{3.3^2}$ $= 0.405 \times \dfrac{12}{3.3^2}$	
	LM	$\bar{K}_{LM} = \dfrac{0.8+1}{2\times0.9} = 1$	$\alpha = \dfrac{1}{2+1} = 0.333\,3$	$D_{LM} = 0.333\,3 \times \dfrac{12\times0.9}{3.3^2}$ $= 0.30 \times \dfrac{12}{3.3^2}$	
二层	BC	$\bar{K}_{BC} = \dfrac{2.4+1.7}{2\times0.7} = 2.929$	$\alpha = \dfrac{2.929}{2+2.929} = 0.594\,2$	$D_{BC} = 0.594\,2 \times \dfrac{12\times0.7}{3.3^2}$ $= 0.416 \times \dfrac{12}{3.3^2}$	$1.33 \times \dfrac{12}{3.3^2}$
	FG	$\bar{K}_{FG} = \dfrac{2.4+1.2+1.7+1}{2\times0.9}$ $= 3.5$	$\alpha = \dfrac{3.5}{2+3.5} = 0.636\,4$	$D_{FG} = 0.636\,4 \times \dfrac{12\times0.9}{3.3^2}$ $= 0.573 \times \dfrac{12}{3.3^2}$	
	KL	$\bar{K}_{KL} = \dfrac{1.2+1}{2\times0.9} = 1.222$	$\alpha = \dfrac{1.222}{2+1.222} = 0.379\,3$	$D_{KL} = 0.379\,3 \times \dfrac{12\times0.9}{3.3^2}$ $= 0.341\,4 \times \dfrac{12}{3.3^2}$	
一层	AB	$\bar{K}_{AB} = \dfrac{2.4}{0.6} = 4$	$\alpha = \dfrac{0.5+4}{2+4} = 0.75$	$D_{AB} = 0.75 \times \dfrac{12\times0.6}{3.9^2}$ $= 0.45 \times \dfrac{12}{3.9^2}$	$1.522\,5 \times \dfrac{12}{3.9^2}$
	EF	$\bar{K}_{EF} = \dfrac{2.4+1.2}{0.8} = 4.5$	$\alpha = \dfrac{0.5+4.5}{2+4.5} = 0.769\,2$	$D_{EF} = 0.769\,2 \times \dfrac{12\times0.8}{3.9^2}$ $= 0.615\,4 \times \dfrac{12}{3.9^2}$	
	JK	$\bar{K}_{JK} = \dfrac{1.2}{0.8} = 1.5$	$\alpha = \dfrac{0.5+1.5}{2+1.5} = 0.571\,4$	$D_{JK} = 0.571\,4 \times \dfrac{12\times0.8}{3.9^2}$ $= 0.457 \times \dfrac{12}{3.9^2}$	

注　当 i_b 为梁线刚度，i_c 为柱线刚度。

（2）确定各柱的反弯点高度比 y，见表 2.3-7（b）。

表 2.3-7（b）　　　　　　　　　反弯点高度比 y 值计算

层次	柱编号	$\bar{K}$	y_0	α_1	y_1	α_2	y_2	α_3	y_3	y
三层	CD	2.286	0.41	0.88	0	—	—	1	0	0.41
	GH	4.166	0.45	0.85	0	—	—	1	0	0.45
	LM	1.0	0.35	0.8	—	—	—	1	0	0.35
二层	BC	2.929	0.5	0.71	0	1	0	1.2	0	0.5
	FG	3.5	0.5	0.8	0	1	0	1.2	0	0.5
	KL	1.222	0.45	0.83	0	1	.0	1.2	0	0.45
一层	AB	4.0	0.55	—	—	0.85	0	—	—	0.55
	EF	4.5	0.55	—	—	0.85	0	—	—	0.55
	JK	1.5	0.575	—	—	0.85	0	—	—	0.575

注　当 $i_1+i_2<i_3+i_4$ 时，取 $\alpha_1=\dfrac{i_1+i_2}{i_3+i_4}$；当 $i_1+i_2>i_3+i_4$ 时，取 $\alpha_1=\dfrac{i_3+i_4}{i_1+i_2}$；$\alpha_2=\dfrac{h_上}{h}$，$\alpha_3=\dfrac{h_下}{h}$。

（3）确定层间剪力 V_i。

第三层层间剪力：$V_3=37\text{kN}$

第二层层间剪力：$V_2=(37+74)\text{kN}=111\text{kN}$

第一层层间剪力：$V_1=(37+74+80.7)\text{kN}=191.7\text{kN}$

（4）确定各层中各柱分配到的剪力 V_{ik}，$V_{ik}=\dfrac{D_{ik}}{\sum\limits_{k=1}^{m}D_{ik}}\times V_i$，具体计算见表 2.3-7（c）。

表 2.3-7（c）　　　　　　　　　框架柱侧向刚度 D 值计算

层次	层高 /m	柱编号	每根柱侧移刚度 D_{ik} /(kN/m)	第 i 层侧移刚度 D_i /(kN/m)	第 i 层剪力 V_i/kN	每根柱剪力 V_{ik}/kN	反弯点高度比 y	柱端弯矩 M/(kN·m) 柱顶弯矩 M_{im}^{t}	柱端弯矩 M/(kN·m) 柱底弯矩 M_{im}^{d}
三层	3.3	CD	$0.373\times\dfrac{12}{3.3^2}$	$1.079\times\dfrac{12}{3.3^2}$	37	12.8	0.41	24.92	17.32
		GH	$0.405\times\dfrac{12}{3.3^2}$			13.9	0.45	25.23	20.64
		LM	$0.30\times\dfrac{12}{3.3^2}$			10.29	0.35	22.07	11.88
二层	3.3	BC	$0.416\times\dfrac{12}{3.3^2}$	$1.33\times\dfrac{12}{3.3^2}$	111	34.7	0.5	57.29	57.29
		FG	$0.573\times\dfrac{12}{3.3^2}$			47.8	0.5	78.87	78.87
		KL	$0.341\,4\times\dfrac{12}{3.3^2}$			28.48	0.45	51.69	42.29
一层	3.9	AB	$0.45\times\dfrac{12}{3.9^2}$	$1.522\,5\times\dfrac{12}{3.9^2}$	191.7	56.68	0.55	99.47	121.6
		EF	$0.615\,4\times\dfrac{12}{3.9^2}$			77.51	0.55	136	166.3
		JK	$0.457\times\dfrac{12}{3.9^2}$			57.54	0.575	95.41	129.1

113

（5）确定柱端弯矩，$M_{ik}^{\mathrm{d}} = V_{ik} y h$，$M_{ik}^{\mathrm{t}} = V_{ik}(1-y)h$，具体计算见表 2.3-7（c）。

（6）确定梁端弯矩，由于节点的所有弯矩平衡，所以梁端弯矩之和等于柱端弯矩之和。同时，节点左右梁端弯矩大小按其线刚度比例分配，计算见式（2.3-17）及式（2.3-18），具体计算如下：

第一层梁：

$M_{\mathrm{BF}} = (57.29 + 99.47)\mathrm{kN \cdot m} = 156.8\mathrm{kN \cdot m}$

$M_{\mathrm{FB}} = (78.87 + 136) \times \dfrac{2.4}{2.4 + 1.2} = 143.2\mathrm{kN \cdot m}$, $M_{\mathrm{FK}} = (78.87 + 136) \times \dfrac{1.2}{2.4 + 1.2}$
$= 71.62\mathrm{kN \cdot m}$

$M_{\mathrm{KF}} = (42.29 + 95.41)\mathrm{kN \cdot m} = 137.7\mathrm{kN \cdot m}$

第二层梁：

$M_{\mathrm{CG}} = (17.32 + 57.29)\mathrm{kN \cdot m} = 74.61\mathrm{kN \cdot m}$

$M_{\mathrm{GC}} = (78.87 + 20.64) \times \dfrac{1.7}{1.7 + 1} = 62.65\mathrm{kN \cdot m}$, $M_{\mathrm{GL}} = (78.87 + 20.64) \times \dfrac{1}{1.7 + 1}$
$= 36.86\mathrm{kN \cdot m}$

$M_{\mathrm{LG}} = (11.88 + 51.69)\mathrm{kN \cdot m} = 63.57\mathrm{kN \cdot m}$

第三层梁：

$M_{\mathrm{DH}} = 24.92\mathrm{kN \cdot m}$

$M_{\mathrm{HD}} = 25.23 \times \dfrac{1.5}{1.5 + 0.8} = 16.45\mathrm{kN \cdot m}$, $M_{\mathrm{HM}} = 25.23 \times \dfrac{0.8}{2.4 + 1.2} = 8.776\mathrm{kN \cdot m}$

$M_{\mathrm{MH}} = 22.07\mathrm{kN \cdot m}$

（7）绘制各梁柱的弯矩图，如图 2.3-24 所示。

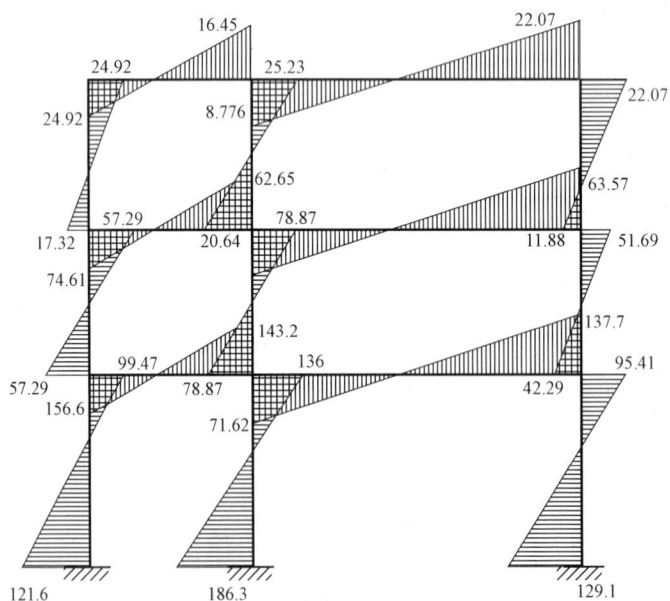

图 2.3-24 【例 2.3-2】框架水平荷载作用下弯矩图

2.3.7 框架侧移近似计算及限值

框架结构设计时，不仅要进行承载力的计算，而且要进行结构的刚度计算即控制框架的侧移。控制框架的侧移是通过结构的弹性变形验算得以实现。框架结构的弹性变形验算是指对其在正常使用条件下的侧移进行验算。框架结构的侧移主要是由风荷载和水平地震作用所引起的。

控制框架的侧移包括两部分内容：一是控制框架顶部的最大侧移；二是控制层间相对侧移。结构过大的侧向变形不仅会使人不舒服，影响使用；也会使填充墙或建筑装修出现裂缝或损坏；还会使主体结构出现裂缝、损坏，甚至倒塌。

框架结构在水平荷载作用下的受力变形特点如图 2.3-25 所示。其侧移由两部分组成：第一部分侧移由柱和梁的弯曲变形产生。柱和梁都有反弯点，形成侧向变形。框架下部的梁、柱内力大，层间变形也大，越到上部层间变形越小 ［图 2.3-25 （a）］，因其侧移曲线与悬臂梁的剪切变形曲线相似，故称为"剪切型"变形；第二部分侧移由柱的轴向变形产生。在水平力作用下，柱的拉伸和压缩使结构出现侧移。这种侧移在上部各层较大，越到底部层间变形越小 ［图 2.3-25 （b）］，因其侧移曲线与悬臂梁的弯曲变形曲线相似，故称为"弯曲型"变形。在两部分侧移中第一部分侧移是主要的，随着建筑高度加大，第二部分变形比例逐渐加大。对于一般多层框架，其侧移曲线是以总体剪切变形为主。

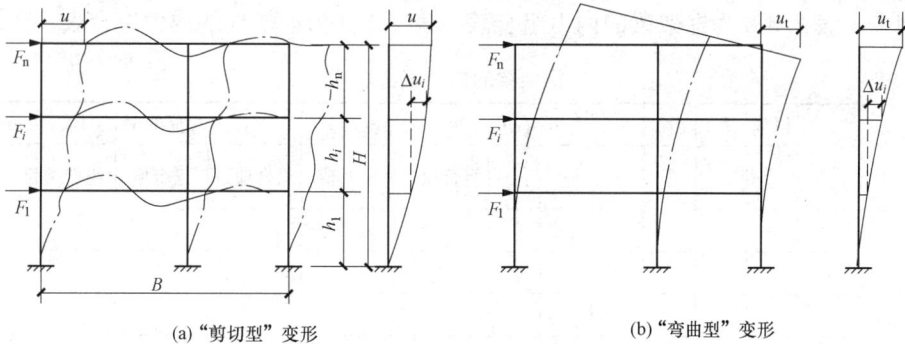

(a)"剪切型"变形　　　　　　　　　　(b)"弯曲型"变形

图 2.3-25　框架结构在水平荷载作用下的变形

框架第 i 层层间侧移可以按式（2.3-22）计算：

$$\Delta u_i = \frac{V_i}{\sum D_{ij}}$$

(2.3-22)

式中　V_i——第 i 层的总剪力；

$\sum D_{ij}$—— 第 i 层的所有柱的抗侧刚度之和。

每一层的层间侧移值求出后，就可以计算各层楼板标高处的侧移值和框架的顶点侧移值，各层楼板标高处的侧移值是该层以下各层层间侧移之和。顶点侧移是所有各层层间侧移之和。

第 i 层侧移 u_i：

$$u_i = \sum_{j=1}^{i} \Delta u_j$$

(2.3-23)

顶点侧移 u：

$$u = \sum_{i=1}^{n} u_i$$

(2.3-24)

框架结构在正常使用条件下的变形验算要求各层的层间侧移值与该层的层高之比 $\Delta u_i/h$ 不宜超过 1/550 的限值。

若不满足上式要求，则应加大框架构件尺寸或提高混凝土的强度等级，其中最有效的方法是加大构件截面的高度。

2.3.8 框架内力组合

框架结构在竖向恒荷载、竖向活荷载、水平风荷载作用下的内力确定以后，要对各构件进行内力组合，以便求出构件控制截面的最不利内力，并以此作为梁、柱配筋的依据。这种计算各截面可能发生的最不利内力的工作，称之为内力组合。

1. 控制截面

框架每一根杆件都有若干截面，内力沿这些截面是变化的。为便于施工，构件通常分段配筋。因此设计时应根据构件内力分布特点和截面尺寸变化情况，选取内力较大或尺寸改变处的几个主要截面计算。这几个主要截面的内力求出后，按此内力进行杆件的配筋便可以保证此杆件有足够的可靠度。这些主要截面称之为构件的控制截面。

每一根梁一般有三个控制截面，为左端支座截面、跨中截面和右端支座截面。每一根柱一般只有两个控制截面，柱顶截面、柱底截面。

为了便于进行内力组合，可以将每一根梁和每一根柱各控制截面在各种荷载作用下的内力分别列表。表 2.3-8 为框架梁的内力组合表。表 2.3-9 为框架柱的内力组合表。

表 2.3-8　　　　　　　　　　　框架梁的内力组合表

梁编号	截面		恒载	活1	活2	…	左风	右风	M_{max} 及相应的 V		$-M_{max}$ 及相应的 V		V_{max} 及相应的 M	
			①	②	③	…	…	…	组合项目	组合值	组合项目	组合值	组合项目	组合值
WL (KL)	左	M												
		V												
	中	M												
	右	M												
		V												

注　表中 M 为弯矩，单位：kN·m；V 为剪力，单位：kN。

表 2.3-9　　　　　　　　　　　框架柱的内力组合表

柱编号	截面		恒载	活1	活2	…	左风	右风	N_{max} 及相应的 M，V		N_{min} 及相应的 M，V		$|M_{max}|$ 及相应的 N，V	
			①	②	③	…	…	…	组合项目	组合值	组合项目	组合值	组合项目	组合值
KZ	上	M												
		N												
		V												
	下	M												
		N												
		V												

注　表中 M 为弯矩，单位：kN·m；N 为轴力，单位：kN；V 为剪力，单位：kN。

2. 控制截面最不利内力计算——即荷载效应组合

上面介绍了构件应选择控制截面，并计算这些截面的最不利内力。下面介绍这些截面上最不利内力的计算方法——即荷载效应组合。

框架结构的基本组合可采用简化规则，并应在下列组合值中取最不利值确定。

（1）由可变荷载效应控制的组合：

$$S = \gamma_G S_{Gk} + \gamma_{Q1} S_{Q1k}$$

$$S = \gamma_G S_{Gk} + 0.9 \sum_{i=1}^{n} \gamma_{Qi} S_{Qik} \tag{2.3-25}$$

（2）由永久荷载效应控制的组合：

$$S = \gamma_G S_{Gk} + \sum_{i=1}^{n} \gamma_{Qi} \psi_{ci} S_{Qik} \tag{2.3-26}$$

式中　S——荷载组合的效应设计值，即弯矩设计值、剪力设计值或轴力设计值等；

γ_G——永久荷载的分项系数，按下列规定采用：

①当其效应对结构不利时，对由可变荷载效应控制的组合，应取 1.2；对由永久荷载效应控制的组合，应取 1.35；

②当其效应对结构有利时，一般情况下取应 1.0；对结构的倾覆、滑移或漂浮验算，应取 0.9；

γ_Q——可变荷载的分项系数，按下列规定采用：

①一般情况下应取 1.4；

②对标准值大于 $4kN/m^2$ 的工业房屋楼面结构的活荷载应取 1.3；

S_{Gk}——永久荷载标准值产生的内力，即弯矩标准值、剪力标准值或轴力标准值等；

S_{Qik}——可变荷载标准值产生的内力，即弯矩标准值、剪力标准值或轴力标准值等；

其中 S_{Q1k} 为诸可变荷载效应中起控制作用者；

n——参与组合的可变荷载数量。

3. 最不利内力组合

框架梁的内力主要是弯矩和剪力。在竖向荷载作用下，梁的支座截面一般要考虑两个最不利内力：一个是支座截面在竖向荷载作用下可能产生的最不利负弯矩 $-M_{max}$，进行支座截面的正截面设计；另一个是支座截面在竖向荷载作用下可能产生的最不利剪力 V_{max}，进行支座截面的斜截面设计。梁的跨中截面一般只要考虑可能产生的最不利正弯矩 M_{max}。表 2.3-8 中最后三列是为记录梁控制截面的最不利内力而设计。

在水平荷载作用下，梁的支座截面有时还可能出现正弯矩，跨中截面也可能出现负弯矩，此时应进行支座截面正弯矩和跨中截面负弯矩的组合。

框架柱的弯矩在两端最大，剪力和轴力在同一层内通常无变化或变化很小。柱的正截面设计，不仅与截面上弯矩 M 和轴力 N 的大小有关，还与弯矩 M 与轴力 N 的比值即偏心距有关。图 2.3-26 所示截面尺寸为 $500mm \times 600mm$，采用 HRB335 级钢筋对称配筋计算图表。由图可见：对于大偏心受压的情况，当弯矩 M 相等或相近时，轴力越小，所需配筋越多，如图 2.3-26 中，g 和 e 点或 h 和 f 点相比，其 M 相同，但 g 点轴力比 e 点小，h 点轴力比 f 点小，g 与 h 点对应的一组内力配筋量却分别比 e 与 f 点对应的一组内力配筋量多；

117

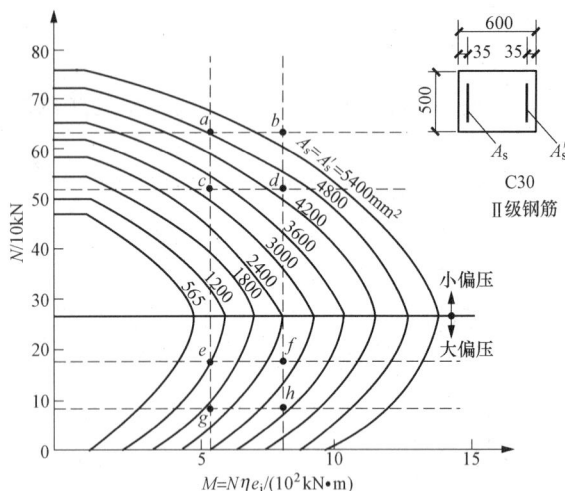

图 2.3-26 对称配筋计算图表

对于小偏心受压的情况，当弯矩 M 相等或相近时，轴力越大所需配筋越多；不论是大偏心受压还是小偏心受压的情况，当轴力 N 相等或相近时，弯矩 M 越大所需配筋越多。

因此，柱控制截面上最不利内力的类型为：

（1）M_{max} 及相应的轴力 N 和剪力 V。

（2）$-M_{max}$ 及相应的轴力 N 和剪力 V。

（3）N_{max} 及相应的弯矩 M 和剪力 V。

（4）N_{min} 及相应的弯矩 M 和剪力 V。

（5）V_{max} 及相应的轴力 N 和弯矩 M。

为了施工的简便以及避免施工过程中可能出现的错误，框架柱一般采用对称配筋。此时，第（1）、（2）两组最不利内力组合可合并为弯矩绝对值最大的内力，所以只需选择绝对值最大的弯矩 $|M_{max}|$ 及相应的轴力 N。表 2.3-9 中最后三列是为记录柱控制截面的最不利内力而设计的。

4. 梁端弯矩调幅

在竖向荷载作用下，框架结构按弹性理论求得的梁端负弯矩通常较大，这样梁支座处负弯矩钢筋往往很多。为了避免梁支座处配筋拥挤和增加结构的延性，通常考虑梁端塑性内力重分布，对竖向荷载作用下的梁端负弯矩进行调幅。这样不仅可以减小梁端配筋量，方便施工，而且在抗震结构中还可以提高柱的安全储备，以满足强柱弱梁的设计要求。具体调幅是将梁端弯矩乘以调幅系数 β 予以降低，调幅系数 β 取值如下：现浇框架：$\beta = 0.8 \sim 0.9$；装配式框架：$\beta = 0.7 \sim 0.8$。

梁端负弯矩减小后，经过塑性内力重分布，跨中弯矩将会增大，调幅后的跨中弯矩应按平衡条件计算（图 2.3-27）。为了

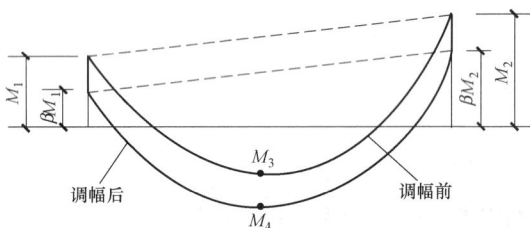

图 2.3-27 梁弯矩调幅示意图

保证梁的安全，梁跨中钢筋不至过少，调幅后的梁跨中正弯矩必须满足以下要求：

$$\frac{1}{2}(\beta M_1 + \beta M_2) + M_4 \geqslant M \qquad (2.3\text{-}27\text{a})$$

$$M_4 \geqslant \frac{1}{2}M \qquad (2.3\text{-}27\text{b})$$

式中　M_1，M_2——未调幅前梁左端支座弯矩、梁右端支座弯矩；

　　　M_3，M_4——梁跨中调幅前弯矩、调幅后弯矩；

　　　　M——按简支梁计算的该梁跨中弯矩；

　　　　β——梁端调幅系数。

应当注意，竖向荷载作用下的梁端弯矩允许调幅，而水平荷载作用下的梁端弯矩不允许调幅。因此，竖向荷载作用下的梁弯矩应先进行调幅，再与风荷载和水平地震作用产生的弯矩进行组合，再求出各控制截面的最不利内力值。框架梁进行调幅后，各计算截面的剪力设计值仍按弹性方法计算确定。

2.3.9　框架梁、柱的截面设计

1. 框架结构非抗震设计的一般设计步骤

多层框架结构根据建筑物所在地区是否有抗震设防的要求，可以分为非抗震设计和抗震设计两种情况。图 2.3-28 为框架结构非抗震设计的一般设计步骤。

2. 框架梁

根据框架设计步骤，在框架内力组合并确定梁、柱控制截面的最不利内力后，就要对梁、柱进行截面设计。框架梁属于梁的一种，是受弯构件。因此，其截面设计与一般受弯构件的设计基本相同，也是按受弯构件的正截面受弯承载力计算所需的纵向受力钢筋数量，按斜截面受剪承载力计算所需的箍筋数量，并采取相应的构造措施。下面仅对框架梁设计中一些特殊的地方做一些说明：

图 2.3-28　框架结构非抗震设计流程图

（1）梁端截面的配筋应按柱边缘截面的内力计算，其值是将梁轴线处的组合内力设计值换算成柱边缘梁截面的内力。

（2）当楼板与框架整体浇灌时，梁的跨中应按 T 形截面计算，支座处按矩形截面计算。

（3）验算梁的截面尺寸时，要求取控制截面的最不利内力为最大内力，如果不满足下面不等式，则应改变截面尺寸或提高材料强度后，再进行配筋计算：

$$|M_{\max}| \leqslant \alpha_{s,\max}\alpha_1 f_c b h_0^2 \tag{2.3-28}$$

$$V_{\max} \leqslant 0.25 f_c b h_0 \tag{2.3-29}$$

（4）梁的截面配筋后，还要验算其纵向受拉钢筋 A_s 是否满足纵筋最大、最小配筋率的要求以及裂缝宽度的要求。

3. 框架柱

（1）柱上端控制截面在梁底，柱下端控制截面在梁顶。按轴线计算简图算的柱端内力值，宜换算到控制截面处的相应值。为了简化起见，也可采用轴线处内力值，这样算得的钢筋用量比需要的钢筋量略微多一点。

（2）框架柱属于偏心受压构件，一般情况下，由于柱端有正负弯矩的作用，因此一般框架柱都对称配筋。柱中纵筋数量应按正截面受压承载力计算。一根柱上下两端的组合内力通常有很多组，应从中挑选出最不利的一组进行配筋计算，可参考本书 2.3.8 节的最不利内力组合的内容确定。框架柱平面内按偏心受压构件计算正截面受压承载力，平面外尚应按轴心

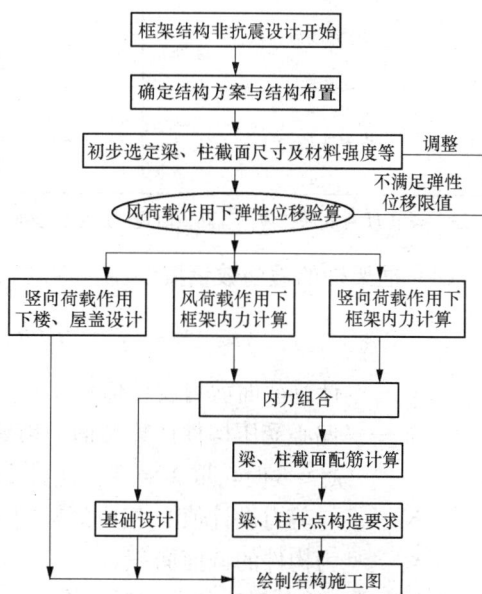

受压构件验算。

（3）在偏心受压柱的配筋计算中，需确定柱的计算长度 l_0。对于一般多层房屋中梁柱为刚接的钢筋混凝土框架柱，其计算长度可结合工程实践经验，按表 2.3-10 采用。

表 2.3-10   框架结构各层柱的计算长度

楼 盖 类 型	柱 的 类 型	计 算 长 度 l_0
现浇楼盖	底层柱	1.0H
	其余各层柱	1.25H
装配式楼盖	底层柱	1.25H
	其余各层柱	1.5H

注　表中 H 对底层柱为从基础顶面到一层楼盖顶面的高度；对其余各层柱为上、下两层楼盖顶面之间的高度。

（4）框架柱的箍筋数量按偏压构件的斜截面受剪承载力计算，应按式（2.3-30）计算：

$$V \leqslant \frac{1.75}{\lambda+1}f_t bh_0 + f_{yv}\frac{A_{sv}}{s}h_0 + 0.07N \tag{2.3-30}$$

式中　V——计算截面剪力设计值；

　　　λ——偏心受压构件计算截面的剪跨比，取 $\lambda = H_n/2h_0$；当 $\lambda < 1$ 时，取 $\lambda = 1$；当 $\lambda > 3$ 时，取 $\lambda = 3$；此处 H_n 为柱净高；

　　　N——与剪力设计值 V 相应的轴向力设计值，当 $N \geqslant 0.3f_c A$ 时，取 $N = 0.3f_c A$；A 为构件的截面面积。

当符合式（2.3-31）的要求时，有：

$$V \leqslant \frac{1.75}{\lambda+1}f_t bh_0 + 0.07N \tag{2.3-31}$$

可不进行斜截面受剪承载力计算，只需按构造配置箍筋。

2.3.10　框架结构的构造要求

1. 材料强度的要求

（1）混凝土的强度等级。框支梁、框支柱以及一级抗震等级的框架梁、柱及节点的混凝土强度等级不应低于 C30；其他各类结构构件，不应低于 C20；混凝土强度等级也不宜太高，9 度时不宜超过 C60，8 度时不宜超过 C70。

（2）钢筋的选用。考虑地震作用的框架梁、柱等结构构件的纵向受力钢筋宜选用 HRB400、HRB500 级热轧带肋钢筋；箍筋宜选用 HRB400、HRB335、HRB500、HPB300 级热轧钢筋；当有较高要求时，可采用 HRB400E、HRB500E、HRB335E、HRBF400E、HRBF500E、HRBF335E 级钢筋。

2. 框架梁

（1）框架梁截面尺寸。梁的截面尺寸应考虑满足竖向荷载作用下的刚度要求。梁的截面高度 h_b 可按 $h_b = (1/18 \sim 1/10)l_0$ 确定（l_0 为梁的计算跨度）。为防止梁的剪切脆性破坏，梁净跨与截面高度之比也不宜小于 4；梁的截面宽度 b_b 不宜小于 1/4 梁高，一般取 $(1/2 \sim 1/3)h_b$，也不宜小于 200mm。

（2）梁纵向钢筋的构造要求。非抗震设计时，梁纵向受拉钢筋除应满足受弯承载力的要求外，还必须考虑温度、收缩应力的作用，以控制裂缝宽度和防止发生脆性破坏。因此沿梁全长顶面和底面应至少各配置 2 根纵向钢筋，直径不小于 12mm；纵向受力钢筋的配筋百分率 ρ_{min}（％）不应小于 0.2 和 $45f_t/f_y$ 中的较大值。

（3）梁箍筋的构造要求。

1）梁的箍筋沿梁全长范围内设置，且第一排箍筋一般设置在距离节点边缘 50mm 处。

2）截面高度大于 800mm 时，其箍筋直径不宜小于 8mm，其余截面高度的梁不应小于 6mm。在受力钢筋搭接长度范围内，箍筋直径不应小于搭接钢筋最大直径的 0.25 倍。

3）箍筋间距不应大于表 2.3-11 的规定；在纵向受拉钢筋搭接长度范围内，箍筋的间距不应大于搭接钢筋较小直径的 5 倍，且不应大于 100mm；在纵向受压钢筋搭接长度范围内，箍筋的间距不应大于搭接钢筋较小直径的 10 倍，且不应大于 200mm。

表 2.3-11　　　　　　　　　非抗震设计梁箍筋最大间距　　　　　　　　　单位：mm

梁截面高度	$V > 0.7f_t bh_0$	$V \leqslant 0.7f_t bh_0$
$h_b \leqslant 300$	150	200
$300 < h_b \leqslant 500$	200	300
$500 < h_b \leqslant 800$	250	350
$h_b > 800$	300	400

4）当梁的剪力设计值大于 $0.7f_t bh_0$ 时，其箍筋面积配筋率应符合下式要求：

$$\rho_{sv} \geqslant 0.24 \frac{f_t}{f_{yv}} \tag{2.3-32}$$

5）当梁中配有计算需要的纵向受压钢筋时，其箍筋配置尚应符合下列要求：

①箍筋不应小于纵向受压钢筋最大直径的 0.25 倍。

②箍筋应做成封闭式。

③箍筋间距不应大于 15d 且不应大于 400mm；当一层内的受压钢筋多于 5 根且直径大于 18mm 时，箍筋间距不应大于 10d（d 为纵向受压钢筋最小直径）。

④当梁截面宽度大于 400mm 且一层内的受压钢筋多于 3 根时，或当梁截面宽度不大于 400mm 但一层内的受压钢筋多于 4 根时，应设置复合箍筋。

（4）框架梁的纵向钢筋不应与箍筋、拉筋及预埋件等焊接。

3. 框架柱

（1）框架柱截面尺寸。柱的截面的宽度和高度，四级或不超过 2 层时不宜小于 300mm，一、二、三级且超过 2 层时不宜小于 400mm；圆柱的直径，四级或不超过 2 层时不宜小于 350mm，一、二、三级且超过 2 层时不宜小于 450mm；柱剪跨比不宜大于 2，截面高宽比不宜大于 3。

（2）柱中纵向钢筋。一般情况下，由于框架柱可能承受正、负弯矩，故柱的纵向钢筋宜采用对称配筋。其构造要求如下：

1）框架柱纵向钢筋的最小直径不应小于 12mm。

2）柱中全部纵向钢筋最小配筋率不应小于 0.6％，且柱截面每一侧纵向钢筋的配筋率不应小于 0.2%。当混凝土的强度大于 C60 时，全部纵向钢筋的最小配筋率应增加 0.1%。当采用 HRB400 级钢筋，全部纵向钢筋最小配筋率不应小于 0.55%，采用 HRB500 级钢筋，全部纵向钢筋最小配筋率不应小于 0.50%。

3）纵向钢筋的净距不应小于 50mm，间距不应大于 350mm。

4）全部纵向钢筋最大配筋率不应大于 5%。

5）柱的纵向钢筋不应与箍筋、拉筋及预埋件等焊接。

（3）柱中箍筋。

1）周边箍筋应为封闭式。

2）箍筋间距不应大于 400mm，且不应大于柱短边尺寸和最小纵向受力钢筋直径的 15 倍。

3）箍筋直径不应小于 $d/4$（d 为纵向钢筋最大直径），且不应小于 6mm。

4）当柱中全部纵向受力钢筋的配筋率大于 3% 时，箍筋直径不应小于 8mm，间距不应大于 10d，且不应大于 200mm；箍筋末端应做成 135°弯钩，且弯钩末端平直段长度不应小于 10d（d 为纵向受力钢筋的最小直径）。

5）当柱截面短边尺寸大于 400mm 且各边纵向钢筋多于 3 根时，或当柱截面短边尺寸不大于 400mm 但各边纵向钢筋多于 4 根时，应设置复合箍筋（可采用拉筋）。

6）柱纵向钢筋搭接长度范围内，当纵向钢筋受压时，箍筋间距不应大于 10d（d 为纵向受力钢筋的最小直径），且不应大于 200mm；当纵向钢筋受压时，箍筋间距不应大于 5d（d 为纵向受力钢筋的最小直径），且不应大于 100mm，箍筋弯钩要适当加长，以绕过搭接的 2 根纵筋。当受压钢筋直径大于 25mm 时，尚应在搭接接头端面外 100mm 的范围内各设置两道箍筋。

4. 框架节点

（1）现浇框架节点。框架节点处于剪压复合受力状态，为保证节点具有良好的延性和足够的抗剪承载力，防止节点产生剪切脆性破坏，必须在节点内配置足够的箍筋。非抗震设计时，节点内箍筋配置应符合柱中箍筋的有关规定，但箍筋间距不宜大于 250mm。柱中纵向箍筋不宜在节点范围内切断，对四边均有梁相连的中间节点，可仅沿节点周边设置矩形箍筋。

（2）装配式及装配整体式框架节点。装配式及装配整体式框架节点是结构的薄弱部位，因此节点设计是这种结构设计中的关键环节。在设计中应采取有效措施保证梁、柱在节点处形成刚性节点，使得框架结构能够整体受力；在保证结构整体受力性能的前提下，应力求传力简单、明确、直接，方便安装，易于调整；常用的节点连接方法有钢筋混凝土明牛腿或暗牛腿刚性连接、齿槽式刚性连接、预制梁现浇柱整体式刚性连接，应根据实际情况选择适当的节点连接方法。

5. 纵筋的连接、截断和锚固

（1）纵筋的连接。抗震设计时，纵向钢筋的连接接头宜设置在构件受力较小部位，避开梁端、柱端箍筋加密区范围，具体接头位置可查阅标准构造图集（例如 101 系列图集等）。钢筋连接可采用机械连接、绑扎搭接或焊接。

现浇钢筋混凝土框架梁、柱纵向受力钢筋的连接方法，应符合下列规定：

①框架柱：一、二级抗震等级及三级抗震等级的底层，宜采用机械连接接头，也可采用绑扎搭接或焊接接头；三级抗震等级的其他部位和四级抗震等级，可采用绑扎搭接或焊接接头。

②框架梁：一级抗震等级宜采用机械连接接头，二、三、四级可采用绑扎搭接或焊接接头。位于同一连接区段内的受力钢筋接头面积百分率不宜超过50％。

③当接头位置无法避开梁端、柱端箍筋加密区时，应采用满足等强度要求的机械连接接头，且钢筋接头面积百分率不宜超过50％。

（2）纵筋的截断。一般可将框架梁支座上部负筋在适当位置截断，具体截断点可查阅标准构造图集（例如101系列图集等）。

（3）纵筋的锚固。非抗震设计时，受拉钢筋的最小锚固长度应取 l_a。受拉钢筋绑扎搭接的搭接长度 l_l，应根据同一连接区段内搭接钢筋截面面积的百分率按式（2.3-33）计算，且不应小于300mm。

$$l_l = \zeta l_a \tag{2.3-33}$$

式中　ζ——受拉钢筋搭接长度修正系数，按表2.3-12采用。

表2.3-12　　　　　　　　纵向受拉钢筋搭接长度修正系数 ζ

同一连接区段内搭接钢筋面积百分率（％）	≤25	50	100
受拉钢筋搭接长度修正系数 ζ	1.2	1.4	1.6

注　同一连接区段内搭接钢筋面积百分率取在同一连接区段内有搭接接头的受拉钢筋与全部受力钢筋面积之比。

梁、柱节点构造是保证框架结构整体空间受力性能的重要措施。现浇框架的梁、柱节点应做成刚性节点。非抗震设计时，框架梁、柱纵向钢筋在节点区的锚固要求应满足图2.3-29所示做法，其中 l_n 为框架梁的净跨，l_{ab} 为受拉钢筋的基本锚固长度。

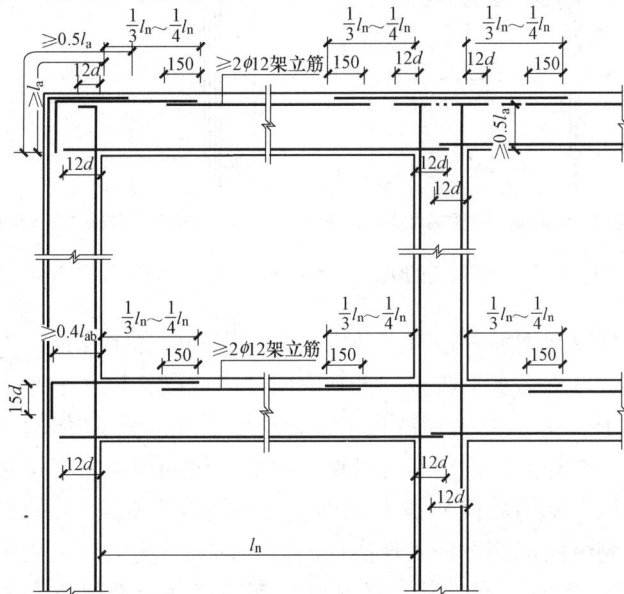

图2.3-29　非抗震设计时框架梁、柱纵向钢筋在节点区的锚固要求

此外，非抗震时，对于框架中间层中间节点、中间层端节点、顶层中间节点以及顶层端节点，梁、柱纵向钢筋在节点部位的锚固和搭接，《混凝土结构设计规范》（GB 50010—2010）还作了如下规定（图 2.3-30）：

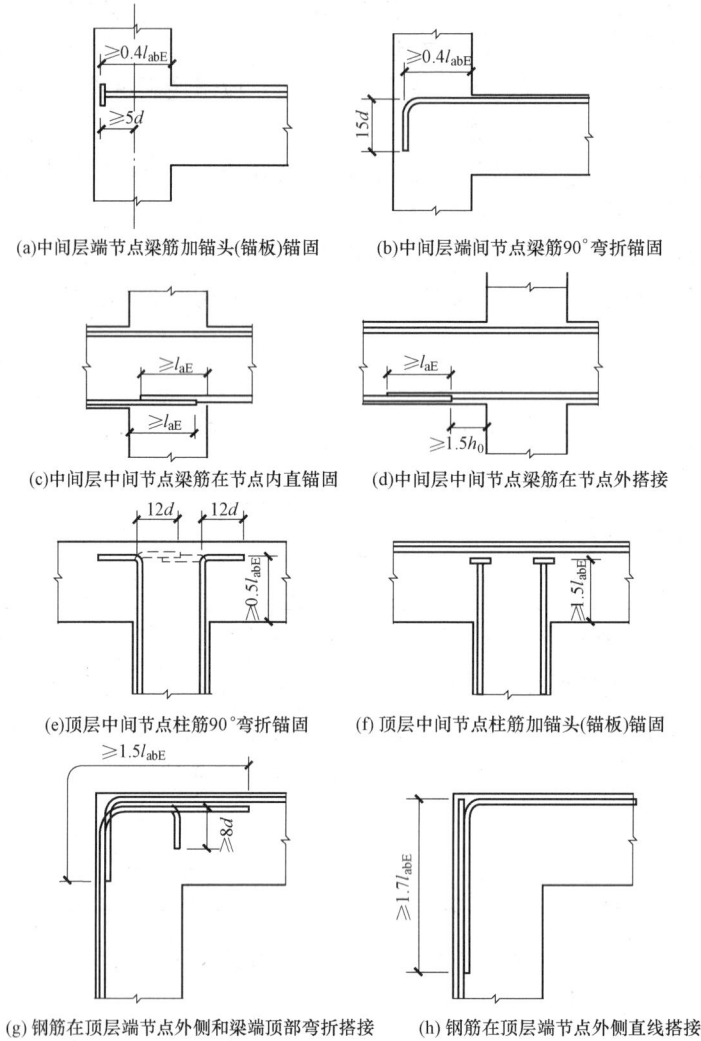

(a)中间层端节点梁筋加锚头(锚板)锚固　　　(b)中间层间节点梁筋90°弯折锚固

(c)中间层中间节点梁筋在节点内直锚固　　　(d)中间层中间节点梁筋在节点外搭接

(e)顶层中间节点柱筋90°弯折锚固　　　(f)顶层中间节点柱筋加锚头(锚板)锚固

(g)钢筋在顶层端节点外侧和梁端顶部弯折搭接　　　(h)钢筋在顶层端节点外侧直线搭接

图 2.3-30　梁和柱的纵向受力钢筋在节点区的锚固和搭接

①顶层中间节点柱纵向钢筋和边节点柱内侧纵向钢筋应深至柱顶。当从梁底计算的直线锚固长度不小于 l_a 时，可不必水平弯折，否则应向柱内或梁、板水平弯折。锚固段弯折前的竖直投影长度不应小于 $0.5l_a$，弯折后的水平投影长度不宜小于 12 倍的柱纵向钢筋直径。

②顶层端节点处，柱外侧纵向钢筋可与梁上部纵向钢筋搭接，搭接长度不应小于 $1.5l_a$，且伸入梁内的柱外侧纵向钢筋截面面积不宜小于柱外侧全部纵向钢筋截面面积的 65%；在梁宽范围以外的柱外侧纵向钢筋可伸入现浇板内，其伸入长度与伸入梁内相同。当柱外侧纵向钢筋的配筋率大于 1.2% 时，伸入梁内的柱纵向钢筋宜分两批截断，其截断点之间的距离不宜小于 20 倍的柱纵向钢筋直径。

③梁上部纵向钢筋伸入端节点的锚固长度，直线锚固时不应小于 l_a，且伸过柱中心线的长度不宜小于 5 倍的梁纵向钢筋直径；当柱截面尺寸不足时，梁上部纵向钢筋应伸至节点对边并向下弯折，锚固段弯折前的水平投影长度不应小于 $0.4l_a$，弯折后的竖直投影长度应取 15 倍的梁纵向钢筋直径。

④梁下部纵向钢筋的锚固与梁上部纵向钢筋相同，但采用 90° 弯折方式锚固时，竖直段应向上弯入节点内。

以上做法非抗震设计时纵向受拉钢筋锚固长度采用 l_a，而抗震设计时纵向受拉钢筋锚固长度 l_{abE}。

2.3.11 多层框架结构基础

房屋建筑的地基基础设计应贯彻国家技术经济措施，做到技术先进、安全适用、经济合理、确保质量、保护环境、提高效益，还应坚持因地制宜、就地取材。

地基基础设计时应依据地质勘察报告，充分了解拟建场地和地质条件，结合结构特点、使用要求，综合考虑施工条件、材料情况、场地环境和工程造价等因素，切实做到精心设计，保证建筑物安全、正常使用。

多、高层框架结构地基宜优先选择天然地基，当天然地基的变形和承载力不能满足时，可结合工程情况和当地地基处理经验及施工条件，选择复合地基，最后再选择桩基。基础的不同选型，直接关系到工期和造价，在考虑方案时应注意护坡、土方、结构专业以外的附加材料费用、工期等综合造价，不应只考虑结构专业的混凝土和钢筋用量。

多层框架因层数不多，其基础一般可采用柱下独立基础、柱下条形基础、柱下十字交叉梁基础、筏板基础等，根据地基情况和房屋的高度也可采用箱形基础或桩基。

柱下独立基础用于框架层数不多且地基土均匀、柱距较大的情况。

柱下条形基础呈条状布置，如图 2.3-31（a）所示，横截面一般为倒 T 形，其作用是把

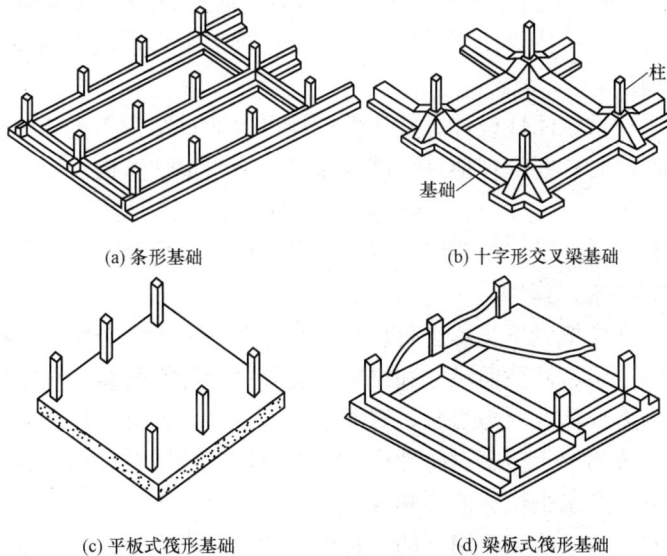

(a) 条形基础　　　　　　　　　　　(b) 十字形交叉梁基础

(c) 平板式筏形基础　　　　　　　　(d) 梁板式筏形基础

图 2.3-31　框架结构基础类型

各柱传来的上部结构的荷载较为均匀地传给地基，同时把上部各榀框架结构连成整体，以增加结构的整体性，减少不均匀沉降。柱下条形基础可以沿纵向框架布置，也可以沿横向框架布置。

柱下十字交叉梁基础布置成十字形［图 2.3-31 (b)］，沿柱网纵横向均匀正交布置条形基础，也可以斜交布置。这种方式既扩大了基础底面受力面积，又可使上部结构在纵横两个方向都有联系，具有较强的空间整体刚度。

若地基承载力较低且压缩性大，采用柱下十字交叉梁基础的底面积不能满足地基承载力与上部结构容许变形的要求，则可扩大基础底面积直至使底板连成一片，即为筏形基础。筏形基础可做成平板式或梁板式。平板式筏形基础是一片等厚的平板［图 2.3-31 (c)］，施工简单方便，但是混凝土用量较大；梁板式筏形基础一般沿柱网纵横向布置肋梁［图 2.3-31 (d)］，如同倒置的楼盖，随着肋梁间距的减小，板的厚度也相应减小，肋梁板结构增强了结构刚度，但施工较为复杂。

框架柱下基础方案的选择，取决于现场的工程地质条件、上部结构荷载的大小、上部结构对地基土不均匀沉降的敏感程度以及施工条件等因素，所以，在基础设计时应进行必要的技术经济比较论证，综合考虑后再确定。

小　结

(1) 高层建筑是指 10 层和 10 层以上或房屋高度大于 28m 的住宅建筑、房屋高度大于 24m 的其他民用建筑。

(2) 高层建筑根据所用材料的不同，可分为钢筋混凝土结构，钢结构和钢-混凝土混合结构三种形式。多层与高层房屋常用的钢筋混凝土结构体系有框架结构、剪力墙结构、框架-剪力墙结构和筒体结构。

(3) 多层和高层建筑结构都要承受竖向荷载（恒载、活载）和水平荷载（风荷载、地震作用）。高层建筑结构设计一般是由水平荷载控制的，这是高层建筑结构设计不同于多层建筑的特点。高层建筑中，结构要使用更多的材料来抵抗水平力，抵抗侧移能力成为高层建筑结构设计的主要问题。

(4) 房屋设计要注重整体性设计。整体性设计可以通过结构布置和构件截面尺寸及构造来反映。进行框架设计时，要合理地进行结构布置，恰当地估算构件截面尺寸并有可靠的构造措施。

(5) 框架结构是由纵、横向框架组成的空间受力体系，但为了计算简便，忽略它们之间的空间联系，按平面框架计算。

(6) 框架结构设计应按以下步骤进行设计：根据建筑设计方案，进行结构选型和布置；按照规范要求初步确定梁、柱截面尺寸和材料强度等级；计算荷载，确定框架计算简图；结构变形验算，结构内力计算及内力组合；截面承载力计算，即梁、柱配筋计算；按构造要求绘制施工图。例如建筑物位于抗震设防烈度为 6 度及以上地区时，应计算地震作用，尚需考虑地震作用对结构内力及水平位移的影响。

(7) 框架在竖向和水平荷载作用下的各种内力计算与内力组合是本章的重点。本节详细地介绍了用弯矩二次分配法计算竖向荷载产生的内力，用 D 值法计算水平荷载产生的内力，并通过例题加以应用，应切实掌握。

（8）结构的受力性能只有在可靠的构造保证的情况下才能充分发挥，结构设计中除了荷载以外，温度、收缩、徐变、地基不均匀沉降等也将对结构的内力与变形产生影响，这些影响目前主要通过构造措施进行控制。因此，在框架结构设计时，除了按计算配置各种钢筋以外，还必须满足各种构造上的要求。

能力拓展与实训

一、基础训练

1. 思考题

（1）什么是高层建筑？

（2）高层建筑结构体系有哪几种？各有何特点？

（3）框架结构有哪几种布置方案？

（4）如何确定框架的计算简图？框架结构应计算哪些荷载？

（5）简述框架结构的设计步骤。

（6）如何估算框架梁和框架柱的截面尺寸？

（7）框架结构在竖向荷载作用下的内力计算方法有哪些？各有何特点？

（8）框架结构在水平荷载作用下的内力计算方法有哪些？各有何特点？

（9）框架结构如何进行内力组合？

（10）为什么要进行框架结构的侧移验算？如何验算？

（11）现浇式框架梁、柱和节点的主要构造要求有哪些？

2. 习题

（1）试用弯矩二次分配法作图 2.3-32 所示框架的弯矩图，其中括号内的数字为各杆的相对线刚度。

（2）试用 D 值法作图 2.3-32 所示框架的弯矩图，其中括号内的数字为各杆的相对线刚度。

二、工程技能训练

（1）参观一框架结构房屋，按照《建筑结构制图标准》（GB/T 50105—2010）规定，绘制第一层结构布置平面图，图中要标注现场测量的框架梁、柱截面尺寸。

（2）根据国标图集《混凝土结构施工图平面整体表示方法制图规则和构造详图》（11G101-1～3）：包括混凝土框架、剪力墙、梁、板、现浇板式楼梯以及各类基础做法，《建筑物抗震构造详图（多层和高层钢筋混凝土房屋）》（11G329-1），分组讨论该标准图集的适用范围、图集中各构件的做法、构件之间的连接做法等。

（3）以某工程施工图为例，试以组为单位，完成一榀框架的施工图绘制，并进行钢筋放样。

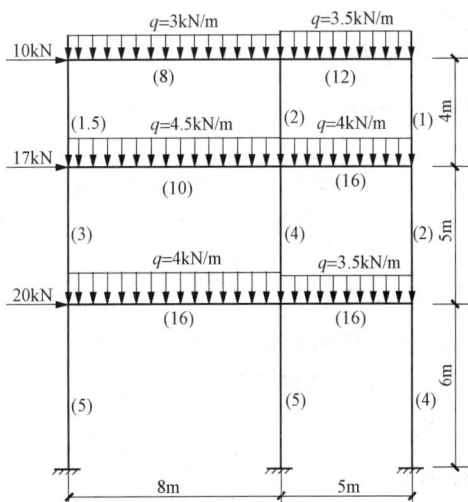

图 2.3-32　习题 1、2 图

2.4 偏心受压构件正截面承载力计算

【工作任务】 钢筋混凝土偏心受压构件施工中构造处理。

【任务目标】

知识目标：掌握偏心受压构件正截面两种破坏形态的特征。了解偏心受压构件正截面受压承载力的计算原理，熟悉偏心受压构件正截面受压承载力的计算应力图形及其计算公式。掌握对称配筋矩形截面偏心受压构件正截面受压承载力的计算方法。熟悉偏心受压构件纵向钢筋与箍筋的主要构造要求。了解偏心受压构件斜截面受剪承载力计算。

能力目标：具有对框架柱和排架柱计算分析能力。

偏心受压构件正截面承载力计算是在对偏心受压构件试验分析的基础上，对试验现象进行理论分析，进而得出相应的承载力公式。

钢筋混凝土偏心受压破坏特征主要与偏心距和纵向钢筋的数量有关，根据作用在截面上的弯矩与轴向压力的数值相对大小及配筋情况，偏心受压破坏分为两类。因偏心受压构件同时作用弯矩和轴力，故其破坏形态介于受弯构件与轴心受压构件之间。

2.4.1 偏心受压构件正截面破坏特征

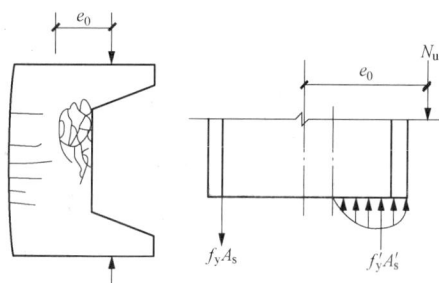

图 2.4-1 大偏心受压构件破坏形态
和截面应力分布

1. 大偏心受压破坏（受拉破坏形态）

当轴向力的相对偏心距较大且纵向受拉钢筋配置得不太多时发生受拉破坏。如图 2.4-1 所示，受压构件在偏心荷载作用下，靠近纵向压力的一侧截面受压，远离纵向压力另一侧受拉。随着荷载的增加，首先在受拉一侧出现水平横向裂缝，随着荷载的增加，水平横向裂缝不断地开展，中和轴上升，使混凝土压区高度迅速减小，在破坏前主裂缝逐渐明显，受拉钢筋的应力达到屈服强度，最后压区混凝土被压碎，构件破坏。

受拉破坏形态也称大偏心受压破坏。大偏心受压构件破坏特征与双筋截面受弯适筋梁相似，其破坏都始于受拉钢筋的屈服，然后导致受压区混凝土被压碎，属延性破坏类型。

2. 小偏心受压破坏（受压破坏形态）

当轴向力的相对偏心距 e_0/h 较小时，或轴向力的相对偏心距 e_0/h 虽然较大，但却配置了特别多的受拉钢筋，构件截面全部受压或大部分受压。破坏时，受压应力较大一侧的混凝土被压坏，同侧的受压钢筋的应力也达到抗压屈服强度。而离轴向力 N 较远一侧的钢筋（以下简称"远侧钢筋"），可能受拉也可能受压，但都不屈服，分别如图 2.4-2（a）和（b）、（c）所示。

受压破坏形态又称小偏心受压破坏，截面破坏是从受压区开始的，混凝土先被压碎，远侧钢筋可能受拉也可能受压，但都不屈服，属于脆性破坏类型。

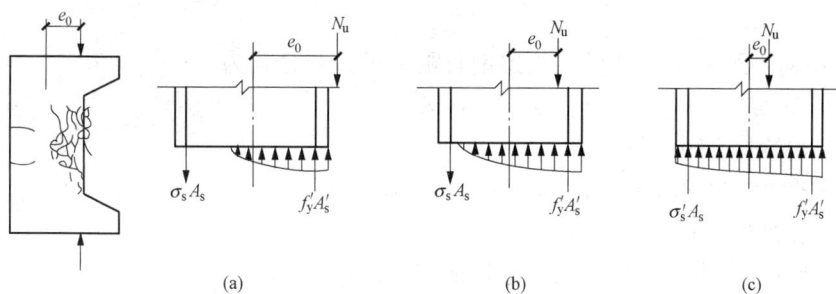

图 2.4-2　小偏心受压构件破坏形态和截面应力分布

综上可知，"受拉破坏形态"与"受压破坏形态"都属于材料破坏（针对于短柱）。它们不同之处在于截面破坏的起因，即截面受拉部分和受压部分谁先发生破坏。受拉破坏是受拉钢筋先屈服而后受压混凝土被压碎；受压破坏是截面的受压部分先发生破坏。

3. 界限破坏

在"受拉破坏形态"与"受压破坏形态"之间存在着一种界限破坏形态，称为"界限破坏"。它不仅有横向主裂缝，而且比较明显。其主要特征是：在受拉钢筋应力达到屈服强度的同时，受压区混凝土被压碎。界限破坏形态也属于受拉破坏形态。

界限破坏时形截面的界限受压区高度 x_b 与截面有效高度 h_0 的比值 x_b/h_0 称为界限相对受压区高度，以 ξ_b 表示。ξ_b 见表 2.4-1。

当 $\xi \leqslant \xi_b$ 时，为大偏心受压破坏；当 $\xi > \xi_b$ 时，为小偏心受压破坏。

表 2.4-1　　　　　　　　　　钢筋混凝土构件的界限相对受压区高度 ξ_b

钢　筋　级　别	抗拉强度设计值 f_y	ξ_b	
		$\leqslant$C50	C80
HPB300	270	0.576	0.518
HRB335，HRBF335	300	0.55	0.493
HRB400，HRBF400，RB400	360	0.518	0.463
HRB500，HRBF500	535	0.482	0.429

2.4.2　偏心受压构件正截面计算原则

1. 截面应力分布的假定

由偏心受压构件的破坏分析可知，偏心受压构件的截面应力分布是受弯构件和轴心受压构件的叠加，为简化计算，对于大小偏心受压构件，截面受压区混凝土的应力分布同钢筋混凝土适筋梁正截面计算一样，截面受压区混凝土的曲线应力分布都简化成等效矩形应力分布。

2. 附加偏心矩 e_a

由于荷载作用位置的不定性、混凝土质量的不均匀性和施工误差等因素的综合影响。在计算轴向力对截面重心的偏心距 $e_0 = M/N$；还需要考虑附加偏心距，《混凝土结构设计规范》（GB 50010—2010）给出附加偏心距 e_a 计算公式：

$$e_a = h/30 \text{ 且} \geqslant 20\text{mm} \tag{2.4-1}$$

式中　　h ——偏心方向的截面最大尺寸。

3. 初始偏心距 e_i

考虑附加偏心距 e_a 后，构件的初始偏心距 e_i 的计算公式为：

$$e_i = e_0 + e_a \tag{2.4-2}$$

式中　e_i——初始偏心距；

e_0——轴向力对截面重心的偏心距，$e_0 = M/N$；

e_a——附加偏心距。

4. 偏心受压构件考虑二阶效应的弯矩设计值计算

上述所分析偏心受压为钢筋混凝土短柱，其破坏实质是材料破坏。试验表明，对于长细比较大的柱则在承受偏心受压荷载后，它会产生比较大的纵向弯曲，构件截面由此产生附加弯矩，而附加弯矩又使构件侧向挠曲进一步增大，使原来的初始偏心距加大，使长柱在弯矩和轴力共同作用下破坏或者可能发生失稳破坏。因此，对长细比较大的柱在设计时要考虑结构的二阶效应。

结构的二阶效应是指结构上的重力荷载或构件的轴向压力在变形后的结构或构件中引起的附加内力（例如弯矩）和附加变形（例如结构侧移、构件挠曲），结构的二阶效应可分为结构重力二阶效应（称为 p—Δ 效应）和受压构件的挠曲二阶效应（称为 p—δ 效应。）

当框架形状不对称、竖向荷载不对称或两者都不对称等情况都会使框架产生侧移。如图 2.4-3 所示，在这种情况下，变形后的结构在重力荷载作用下，会产生附加内力（例如弯矩）和附加变形（例如结构侧移），此为结构的二阶效应（即 p—Δ 效应）。

（1）偏心受压构件的纵向弯曲引起的二阶弯矩（即为 p—δ 效应）。在轴向力的作用下发生单曲率弯曲，且两端弯矩值相等的杆件，如图 2.4-4 所示，杆件中间的最大挠度 δ，则构件中间区段截面的弯矩为 $M = N(e_i + \delta) = Ne_i + N\delta$，称 Ne_i 为一阶弯矩，$N\delta$ 为由纵向弯曲引起的二阶弯矩。对于长细比小的柱，即所谓"短柱"，由于最大弯矩点的挠度 δ 很小，在设计计算时一般可忽略不计。对于长细比较大的柱则挠度 δ 很大，它会产生比较大的纵向弯曲，设计时必须予以考虑。即要考虑结构的 p—δ 二阶效应。此时，构件中间区段的截面成为设计的控制截面。

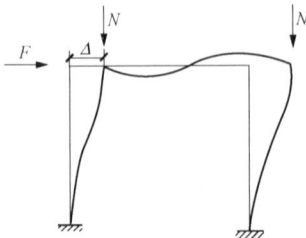

图 2.4-3　p—Δ 效应

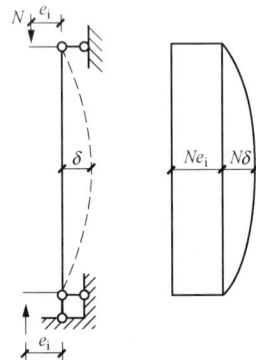

图 2.4-4　两端弯矩值相等二阶效应

实践工程用的长柱，考虑附加弯矩影响时，通常采用增大系数法。经过不利组合确定的杆端弯矩设计值，考虑 p—δ 效应的方法是取柱端最大弯矩 M_2 乘以柱端截面偏心距调节系数 C_m 和弯矩增大系数 η_{ns}。

为沿用我国工程设计习惯，规范将 η_{ns} 转换为理论上完全等效的"曲率表达式"。

（2）$C_m-\eta_{ns}$ 方法。对于弯矩作用平面内截面对称的偏心受压构件，若当同一主轴方向的杆端弯矩比 $M_1/M_2 \leqslant 0.9$，且轴压比 $N/f_cA \leqslant 0.9$ 时，构件的长细比满足式（2.4-3）的要求：

$$l_0/i \leqslant 34 - 12M_1/M_2 \tag{2.4-3}$$

式中 i——偏心方向的截面回转半径；

l_0——构件的计算长度，可近似取偏心受压构件相应主轴方向上下支撑点之间的距离；

M_1、M_2——已考虑侧移影响的偏心受压构件两端截面按结构弹性分析确定的对同一主轴的组合弯矩设计值，绝对值较大端为 M_2，绝对值较小端为 M_1；当构件按单曲率弯曲时，M_1/M_2 取正值，否则取负值。

对于单曲率矩形截面偏心受压构件，若 $M_1=M_2$，则 $l_0/i \leqslant 34-12M_1/M_2 = 34-12 = 22$，$i=0.289h$，$l_0/i = l_0/0.289h \leqslant 22$，由此得矩形截面限制条件为 $l_0/h \leqslant 6.4$。

因此，可不考虑轴向压力在该方向的挠曲杆件中产生的附加弯矩影响，否则应根据式（2.4-4），按截面二个主轴方向分别考虑轴向压力在挠曲杆件中产生的附加弯矩。

《混凝土结构设计规范》（GB 50010—2010）偏于安全地规定除排架结构柱以外的偏心受压构件，在其偏心方向上考虑杆件自身挠曲影响的控制截面弯矩设计值可按式（2.4-4）计算：

$$M = C_m\eta_{ns}M_2 \tag{2.4-4}$$

$$C_m = 0.7 + 0.3\frac{M_1}{M_2} \tag{2.4-5}$$

$$\eta_{ns} = 1 + \frac{1}{1300\left(\frac{M_2}{N}+e_a\right)/h_0}\left(\frac{l_0}{h}\right)^2\zeta_c \tag{2.4-6}$$

$$\zeta_c = \frac{0.5f_cA}{N} \tag{2.4-7}$$

当 $C_m\eta_{ns} < 1$ 时，取 $C_m\eta_{ns} = 1$；对剪力墙构件，可取 $C_m\eta_{ns} = 1$。

式中 ζ_c——偏心受压构件长细比对截面曲率的影响系数，当计算值大于 1 时，取 1.0；

C_m——柱端截面偏心距调节系数，当 C_m 小于 0.7 时，取 0.7；

η_{ns}——弯矩增大系数；

h——偏心方向截面尺寸，圆形截面取直径 d；环形截面取外直径 D；

h_0——截面的有效高度；

A——构件的截面面积。

2.4.3 矩形截面偏心受压构件正截面受压承载力基本计算

1. 大偏心受压构件正截面的受压承载力计算公式

按适筋梁正截面承载力的处理方法，把受压区混凝土曲线压应力用等效矩形图形来替代，其应力值取为 $\alpha_1 f_c$，受压区高度取为 x，如图 2.4-5 所示。

（1）计算公式。根据力的平衡条件及力矩平衡条件可得：

$$N \leqslant N_u = \alpha_1 f_c bx + f_y'A_s' - f_yA_s \tag{2.4-8}$$

$$Ne = \alpha_1 f_c bx(h_0 - x/2) + f_y'A_s'(h_0 - a_s') \tag{2.4-9}$$

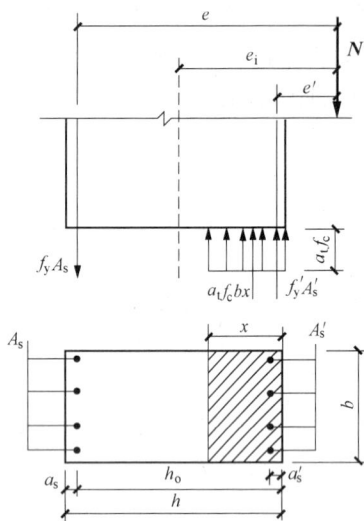

图 2.4-5 大偏心受压等效应力图形

式中 N——受压承载力设计值；

α_1——系数；

e——轴向力作用点至受拉钢筋 A_s 合力点之间的距离；

$$e = e_i + h/2 - a'_s \qquad (2.4\text{-}10a)$$
$$e_i = e_0 + e_a$$

a'_s——纵向受压钢筋合力点至受压区边缘的距离；

x——受压区计算高度。

（2）适用条件。

1）$x \leqslant \xi_b h_0$，为了保证构件破坏时，受拉钢筋先达到屈服。

2）$x \geqslant 2a'_s$，为了保证构件破坏时，受压钢筋能达到屈服。

若 $x < 2a'_s$ 时，说明构件破坏时，受压钢筋 A'_s 不屈服，这时设 $x = 2a'_s$，对受压钢筋 A'_s 取矩，得：

$$Ne' = f_y A_s (h_0 - a'_s) \qquad (2.4\text{-}11)$$

式中 e'——轴向力作用点至受压钢筋 A'_s 合力点的距离：

$$e' = e_i - h/2 + a'_s \qquad (2.4\text{-}10b)$$

2. 小偏心受压构件正截面的受压承载力计算公式

小偏心受压破坏时，受压区混凝土被压碎，受压钢筋 A'_s 的应力达到屈服强度，而远离压力的另一侧钢筋 A_s 可能受拉或受压但都不屈服，分别如图 2.4-6（a）或（b）、（c）所示。在计算时，受压区的混凝土曲线压应力图仍用等效矩形图来代替。

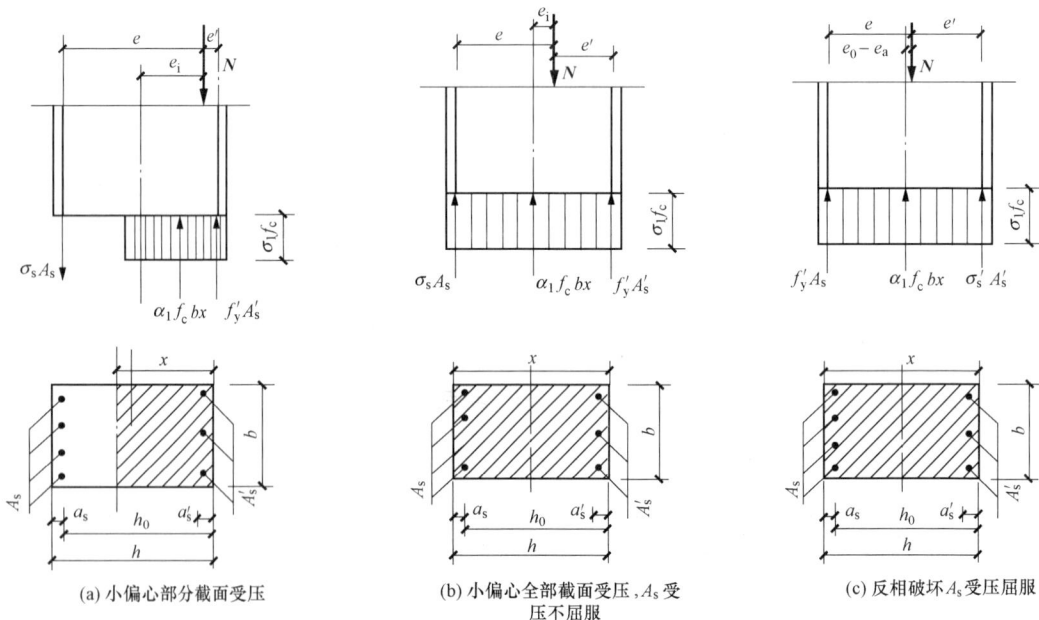

(a) 小偏心部分截面受压　　　(b) 小偏心全部截面受压，A_s 受压不屈服　　　(c) 反相破坏 A_s 受压屈服

图 2.4-6　矩形截面小偏心受压等效应力图形

132

（1）计算公式。根据力的平衡条件及力矩平衡条件可得：

$$N = \alpha_1 f_c bx + f'_y A'_s - \sigma_s A_s \qquad (2.4\text{-}12)$$

$$Ne = \alpha_1 f_c bx(h_0 - x/2) + f'_y A'_s(h_0 - a'_s) \qquad (2.4\text{-}13a)$$

或 $$Ne' = \alpha_1 f_c bx(x/2 - a'_s) + \sigma_s A_s(h_0 - a'_s) \qquad (2.4\text{-}13b)$$

式中　x——受压区计算高度，当 $x > h$，在计算时，取 $x = h$；

σ_s——钢筋 A_s 的应力值，可近似取简化计算式（2.4-14）

$$\sigma_s = f_y(\xi - \beta_1)/(\xi_b - \beta_1) \qquad (2.4\text{-}14a)$$

$$\text{要求满足 } f_y \leqslant \sigma_s \leqslant f_y \qquad (2.4\text{-}14b)$$

β_1——$\beta_1 = x/x_c$，当混凝土 $\leqslant$ C50 时，$\beta_1 = 0.8$；C80 时，$\beta_1 = 0.74$；

ξ, ξ_b——相对受压区计算高度和相对界限受压区计算高度；

e, e'——轴向力作用点至受拉钢筋 A_s 合力点和受压钢筋 A_s' 合力点之间的距离：

$$e = h/2 + e_i - a_s \qquad (2.4\text{-}15a)$$

$$e' = h/2 - e_i - a'_s \qquad (2.4\text{-}15b)$$

$$e_i = e_0 + e_a$$

（2）反向破坏。当相对偏心距 e_0/h 很小且 A'_s 比 A_s 大得很多时，也可能在离轴压力较远的一侧混凝土先压坏，此时钢筋 A_s 受压，应力达到 f'_y，称为反向破坏，如图 2.4-7（c）所示。

为了避免这种反向破坏，《混凝土结构设计规范》（GB 50010—2010）规定，对于小偏心受压构件除按上述式（2.4-12）和式（2.4-13a）或式（2.4-13b）计算外，还应满足下列条件：

$$Ne' \leqslant \alpha_1 f_c bh(h'_0 - h/2) + f'_y A_s(h'_0 - a_s) \qquad (2.4\text{-}16)$$

$$e' = h/2 - a'_s - e_i = h/2 - a'_s - (e_0 + e_a) \qquad (2.4\text{-}17)$$

式中　h'_0——钢筋 A'_s 合力点至离轴压力较远一侧混凝土边缘的距离，即 $h'_0 = h - a'_s$。

3. 垂直于弯矩作用平面的承载力验算

无论是构件设计或截面，是大偏心受压还是小偏心受压，除了在弯矩作用平面内依照偏心受压进行计算外，尚要验算垂直于弯矩作用平面的轴心受压承载力。此时，可不考虑弯矩的作用，但应考虑稳定系数 φ 的影响。垂直于弯矩作用平面的受压见应按长细比 l_0/b 考虑确定 φ 值，详见本节例题。

2.4.4　对称配筋矩形截面偏心受压构件正截面受压承载力计算

所谓对称配筋，是指在偏心受压构件截面的靠近压力的一侧和远离压力的另一侧配置相同强度等级、相同面积、同一规格的纵向受力钢筋，即 $A_s = A'_s$，$f_y = f'_y$，$a'_s = a_s$。在实际工程中，由于对称配筋构造简单，施工方便，实用于构件在承受不同荷载时可能产生不同符号弯矩的情况，是偏心受压构件最常用的配筋形式。

截面设计已知截面尺寸，内力设计值 N 及 M、材料强度等级、构件计算长度，求纵向受力钢筋（对称配筋）的数量。

截面设计步骤如下：

（1）判别大小偏心类型：

由 $N_u = \alpha_1 f_c bx + f'_y A'_s - f_y A_s$ 可得

$$x = N/(\alpha_1 f_c b) \qquad (2.4\text{-}18\text{a})$$

$$\xi = \frac{N}{\alpha_1 f_c b h_0} \qquad (2.4\text{-}18\text{b})$$

若 $x \leqslant \xi_b h_0$，或 $\xi \leqslant \xi_b$ 则为大偏心受压；若 $x > \xi_b h_0$，或 $\xi > \xi_b$ 则为小偏心受压。

（2）大偏心受压构件的计算（$x \leqslant \xi_b h_0$）。

1）当 $2a_s' \leqslant x \leqslant \xi_b h_0$ 时，可以求得：

$$A_s = A_s' = \{Ne - \alpha_1 f_c b x (h_0 - x/2)\}/f_y'(h_0 - a_s') \qquad (2.4\text{-}19)$$

2）当 $x < 2a_s'$ 时，取 $x = 2a_s'$，假设混凝土压应力合力 C 也作用在受压钢筋合力点处，对受压钢筋和混凝土共同合力点取矩，此时 A_s 内力臂为（$h_0 - a_s'$），直接求解 A_s：

$$A_s = A_s' = Ne'/f_y(h_0 - a_s') \qquad (2.4\text{-}20)$$

$$e' = e_i - h/2 + a_s'$$

（3）小偏心受压构件的计算（$x > \xi_b h_0$）。小偏心受压构件的计算采用《规范》推荐近似公式计算法，当 $x > \xi_b h_0$，说明构件为小偏向受压构件，但此时的 ξ 值并不是小偏心受压构件的实际值，必须重新计算。由式（2.4-12）、式（2.4-13），当 $A_s f_y = A_s' f_y'$ 时，可得：

$$N = \alpha_1 f_c b h_0 \xi + f_y' A_s' - f_y A_s \frac{\xi - \beta_1}{\xi_b - \beta_b} \qquad (2.4\text{-}21)$$

$$Ne = \alpha_1 f_c b h_0^2 \xi (1 - 0.5\xi) + f_y' A_s' (h_0 - a_s') \qquad (2.4\text{-}22)$$

求解 ξ 的近似公式：

$$\xi = \xi_b + \frac{N - \alpha_1 f_c b h_0 \xi_b}{\dfrac{Ne - 0.43 \alpha_1 f_c b h_0^2}{(\beta_1 - \xi_b)(h_0 - a_s')} + \alpha_1 f_c b h_0} \qquad (2.4\text{-}23)$$

把式（2.4-21）代入式（2.4-20），即可求得钢筋面积

$$A_s = A_s' = \frac{Ne - \alpha_1 f_c b h_0^2 \xi (1 - 0.5\xi)}{f_y'(h_0 - a_s')} \qquad (2.4\text{-}24)$$

【例 2.4-1】 某现浇矩形截面受压柱，截面尺寸 $b \times h = 300\text{mm} \times 500\text{mm}$，柱弯矩平面内的计算长度 $l_0 = 4.5\text{m}$，混凝土强度 C30（$\alpha_1 f_c = 14.3\text{N/mm}^2$），纵向钢筋采用 HRB400（$f_y = f_y' = 360\text{N/mm}^2$，$\xi_b = 0.518$）柱控制截面弯矩设计值 $M_1 = 230\text{kN} \cdot \text{m}$，$M_2 = 250\text{kN} \cdot \text{m}$，与 M_2 对应的轴向压力设计值 $N = 1550\text{kN}$，采用对称配筋，试计算所需的钢筋 $A_s = A_s'$。

【解】 （1）弯矩作用平面内偏心受压的承载力验算。

1）判断是否需考虑轴向力在弯曲方向产生的附加弯矩：

①同一主轴方向的杆端弯矩比：$M_1/M_2 = 230/250 = 0.92 \geqslant 0.9$

②柱轴压比：$N/(f_c A) = 1550 \times 10^3/(14.3 \times 300 \times 500) = 0.723 < 0.9$

③柱的长细比满足要求：

$$l_0/i = 4500/0.289 \times 500 = 31.14 > 34 - 12 M_1/M_2 = 34 - 12 \times 0.92 = 23$$

需考虑轴向力在弯曲方向产生的附加弯矩的影响。

2）计算需要考虑附加弯矩后控制截面的弯矩：

$$h_0 = h - a_s = 500 - 40 = 460\text{mm}$$

$$e_a = h/30 = 500/30 = 16.7\text{mm} < 20\text{mm}，故取 } e_a = 20\text{mm}$$

$$C_m = 0.7 + 0.3 \frac{M_1}{M_2} = 0.7 + 0.3 \times 0.92 = 0.976 > 0.7$$

$$\zeta_c = \frac{0.5f_cA}{N} = 0.5 \times 14.3 \times 300 \times 500/1550 \times 10^3 = 0.692 < 1.0$$

$$\eta_{ns} = 1 + \frac{1}{1300\left(\frac{M_2}{N} + e_a\right)/h_0}\left(\frac{l_0}{h}\right)^2\zeta_c$$

$$= 1 + \frac{1}{1300\left(\frac{250 \times 10^6}{1550 \times 10^3} + 20\right)/460}\left(\frac{4500}{500}\right)^2 \times 0.692 = 1.109 > 1.0$$

$$C_m\eta_{ns} = 0.976 \times 1.109 = 1.082 > 1.0$$

$$M = C_m\eta_{ns}M_2 = 1.082 \times 250 = 270.6\text{kN} \cdot \text{m}$$

3）判断大小偏心。

① 求 e_0：$e_0 = M/N = 270.6 \times 10^6/1550 \times 10^3 = 174.6\text{mm}$

② 求 e_i：$e_i = e_0 + e_a = 174.6 + 20 = 194.6\text{mm}$

③ 求 ξ：$\xi = \dfrac{N}{\alpha_1 f_c b h_0} = \dfrac{1550 \times 10^3}{1.0 \times 14.3 \times 300 \times 460} = 0.785 > \xi_b = 0.518$，为小偏心受压构件。

4）求该小偏心受压构件实际的 ξ。

① 求 e：$e = h/2 + e_i - a_s = 500/2 + 194.6 - 40 = 404.6\text{ mm}$

② 求 ξ：

$$\xi = \xi_b + \frac{N - \alpha_1 f_c b h_0 \xi_b}{\dfrac{Ne - 0.43\alpha_1 f_c b h_0^2}{(\beta_1 - \xi_b)(h_0 - a_s')} + \alpha_1 f_c b h_0}$$

$$= 0.518 + \frac{1550 \times 10^3 - 1.0 \times 14.3 \times 300 \times 460 \times 0.518}{\dfrac{1550 \times 10^3 \times 404.58 - 0.43 \times 14.3 \times 300 \times 460^2}{(0.8 - 0.518)(460 - 40)} + 1.0 \times 14.3 \times 300 \times 460}$$

$$= 0.651$$

5）计算纵向受力钢筋截面面积：

$$A_s = A_s' = \frac{Ne - \alpha_1 f_c b h_0^2 \xi(1 - 0.5\xi)}{f_y'(h_0 - a_s)}$$

$$= \frac{1550 \times 10^3 \times 404.6 - 1.0 \times 14.3 \times 300 \times 460^2 \times 0.651 \times (1 - 0.5 \times 0.651)}{360 \times (460 - 40)}\text{mm}^2$$

$$= 1511\text{mm}^2$$

6）选配钢筋及验算配筋率。

每侧各配 4Φ22（$A_s = A_s' = 1520\text{mm}^2$）

截面总的配筋率：$\rho = 2 \times 1520/300 \times 500 = 2.03\% < \rho_{max} = 5\%$

$$\rho = 2.03\% > \rho_{min} = 0.55\%$$

每一侧的配筋率：$\rho = 1.02\% > \rho_{min} = 0.2\%$，满足要求。

（2）验算垂直于弯矩作用平面的承载力：

$$l_0/d = 4500/300 = 15 > 8，查表得 \varphi = 0.895$$

$$N_u = 0.9\varphi(f_cA + f_y'A_s') = 0.9 \times 0.895 \times (14.3 \times 300 \times 500 + 360 \times 2 \times 1520)$$

$$= 2609\text{kN} > N = 1550\text{kN}$$

故垂直于弯矩作用平面的承载力满足要求。

【例 2.4-2】 某偏心受压柱，截面尺寸 $b \times h = 500\text{mm} \times 650\text{mm}$，$a_s = a_s' = 50\text{mm}$，柱顶截面弯矩设计值 $M_1 = 535\text{kN} \cdot \text{m}$，柱底截面弯矩设计值 $M_2 = 560\text{kN} \cdot \text{m}$，与 M_2 对应的轴向压力设计值 $N = 2280\text{kN}$。柱挠曲变形为单曲率，弯矩平面内柱上下两端的支撑长度 $l_0 = 4.8\text{m}$ 弯矩平面外柱的计算长度 $l_0 = 6.0\text{m}$。混凝土强度 C35（$\alpha_1 f_c = 16.7\text{N/mm}^2$），纵筋采用 HRB500（$f_y = f_y' = 435\text{N/mm}^2$，$\xi_b = 0.482$），采用对称配筋，试计算所需的钢筋 $A_s = A_s'$。

【解】 （1）弯矩作用平面内偏心受压承载力验算。

1）判断是否需考虑轴向力在弯曲方向产生的附加弯矩。

同一主轴方向的杆端弯矩比：$M_1/M_2 = 535/560 = 0.955 \geqslant 0.9$

满足其中一个条件，就需考虑轴向力在弯曲方向产生的附加弯矩的影响。

2）计算需要考虑附加弯矩后控制截面的弯矩：

$$h_0 = h - a_s = 650 - 50 = 600\text{mm}$$

$$e_a = h/30 = 650/30 = 22\text{mm} > 20\text{mm}，\text{故取 } e_a = 22\text{mm}$$

$$C_m = 0.7 + 0.3\frac{M_1}{M_2} = 0.7 + 0.3 \times 0.955 = 0.986\ 5 > 0.7$$

$$\zeta_c = \frac{0.5 f_c A}{N} = 0.5 \times 16.7 \times 500 \times 650/2280 \times 10^3 = 1.19 > 1.0，\text{取 } \zeta_c = 1.0$$

$$\eta_{ns} = 1 + \frac{1}{1300\left(\dfrac{M_2}{N} + e_a\right)/h_0}\left(\frac{l_0}{h}\right)^2 \zeta_c$$

$$= 1 + \frac{1}{1300\left(\dfrac{560 \times 10^6}{2280 \times 10^3} + 22\right)/600}\left(\frac{4800}{650}\right)^2 \times 1 = 1.094 > 1.0$$

$$C_m \eta_{ns} = 0.986\ 5 \times 1.094 = 1.079 > 1.0$$

$$M = C_m \eta_{ns} M_2 = 1.079 \times 560 = 604.4\text{kN} \cdot \text{m}$$

3）判断大小偏心。

①求 e_0：$e_0 = M/N = 604.4 \times 10^6/2280 \times 10^3 = 265\text{mm}$

②求 e_i：$e_i = e_0 + e_a = 265 + 22 = 287\text{mm}$

③求 ξ：$\xi = \dfrac{N}{\alpha_1 f_c b h_0} = \dfrac{2280 \times 10^3}{1.0 \times 16.7 \times 500 \times 600} = 0.455 < \xi_b = 0.482$ 为大偏心受压构件。

4）计算纵向受力钢筋截面面积。

① $2a_s' \leqslant x \leqslant \xi_b h_0$ 是否满足。

$2a_s' = 2 \times 50 = 100\text{mm}$；$\xi_b h_0 = 0.482 \times 600 = 289\text{mm}$

$x = \xi h_0 = 0.455 \times 600 = 273\text{ mm}$

$2a_s' = 100\text{mm} \leqslant x = 273\text{mm} \leqslant \xi_b h_0 = 289\text{mm}$，属大偏心受压构件一般情况。

②求 e：$e = h/2 + e_i - a_s = (650/2 + 287 - 50)\text{mm} = 562\text{mm}$

③计算所需的钢筋 $A_s = A_s'$

$$A_s = A_s' = \frac{Ne - \alpha_1 f_c b h_0^2 \xi(1 - 0.5\xi)}{f_y(h_0 - a_s')} =$$

136

$$\frac{2280 \times 10^3 \times 562 - 1.0 \times 16.7 \times 500 \times 273 \times (600 - 0.5 \times 273)}{360 \times (600 - 50)} \text{mm}^2 = 977 \text{mm}^2$$

5）选配钢筋及验算配筋率。

每侧各配 4Φ18（$A_s = A'_s = 1018 \text{mm}^2$）

截面总的配筋率：$\rho = 2 \times 1018/500 \times 650 = 0.626\% < \rho_{max} = 5\%$

$\rho = 0.626\% > \rho_{min} = 0.55\%$

每一侧的配筋率：$\rho = 0.313\% > \rho_{min} = 0.2\%$，满足要求。

（2）验算垂直于弯矩作用平面的承载力：

$l_0/d = 6000/500 = 12 > 8$，查表得 $\varphi = 0.95$

$N_u = 0.9\varphi(f_c A + f'_y A'_s) = 0.9 \times 0.95 \times (16.7 \times 500 \times 650 + 410 \times 2 \times 1018)$

$\qquad = 5354.2 \text{kN} > N = 2200 \text{kN}$

故垂直于弯矩作用平面的承载力满足要求。

2.4.5 偏心受压柱正截面 N_u—M_u 的相关曲线

对于截面尺寸和材料强度确定的偏心受压构件，达到极限承载力时，截面承受的 N_u 和 M_u 不是相互独立的，而是存在着相关性，即 N_u 和 M_u 之间存在着一一对应关系。如将一组截面尺寸、材料强度及配筋已知的偏心受压构件进行试验，可得到达到极限状态的 N_u 和 M_u 的组合，将试验所得 N_u 和 M_u 组合表示在以 M 为横轴，以 N 为纵轴的坐标图内，就可以在坐标图内绘出 N_u—M_u 相关曲线，如图 2.4-7 所示，整个曲线分两个曲线段，其中 AB 曲线为小偏心受压破坏 N_u—M_u

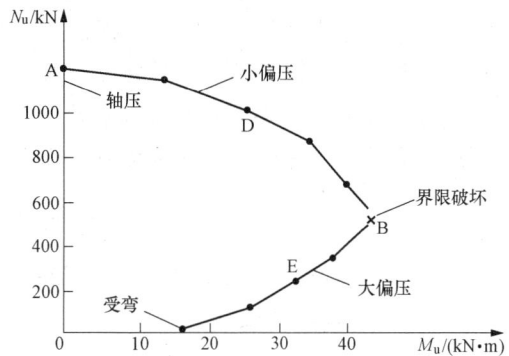

图 2.4-7 N_u—M_u 相关曲线

相关曲线（随着轴向压力的增加，正截面受弯承载力随之减小），而 BC 曲线为大偏心受压破坏 N_u—M_u 相关曲线（轴向压力的存在反而使构件正截面的受弯承载力提高），在界限破坏时，正截面受弯承载力 M_u 达到最大值。

N_u—M_u 相关曲线反应以下特征：

A 点坐标（0，N_u）是轴心受压承载力；B 点坐标（M_b，N_b）是大偏心和小偏心受压的界限点，C 点坐标（M_u，0）是受弯构件承载力。整个曲线说明了在截面尺寸、材料强度及配筋已知的一定时，构件从轴心受压到是偏心受压，再至受弯的全过程正截面承载力变化规律。

$M = 0$ 时，N 最大；$N = 0$ 时，M 不是最大；界限破坏时对应的 M 最大。

当 N 一定时，不论大、小偏心受压，M 值越大越不安全，即当 $M \leqslant M_u$ 时，满足要求；否则为不安全。

当 M 一定时，对小偏心受压，N 值越大越不安全，即当 $N \leqslant N_u$ 时，满足要求；否则为不安全；而对于大偏心受压，则 N 值越小越不安全，即当 $N \leqslant N_u$ 时，不安全；否则满足要求。

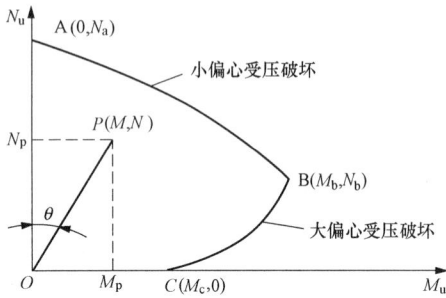

图 2.4-9 N_u—M_u 相关曲线

N_u—M_u 试验相关曲线（图 2.4-9）是偏心受压构件承载力计算的依据。在 N_u—M_u 相关曲线坐标系中，任意一点都对应一组内力 $P(N, M)$，如果点 P 位于曲线与坐标轴围成的区域内，说明这组内力 $P(N，M)$ 小于截面的承载力，截面不会发生破坏。反义，如果点 P 位于曲线与坐标轴围成的区域之外，说明这组内力 $P(N,M)$ 大于截面的承载力，截面将发生破坏；如果点 P 位于曲线上，说明这组内力 $P(N,M)$ 与截面的承载力相等，处于极限状态。

2.4.6 偏心受压构件斜截面受剪承载力计算

一般偏心受压构件，在承受弯矩和压力的同时，往往还受到较大的剪力作用，因此，对偏心受压构件，除了进行正截面承载力计算外，还要对斜截面承载力进行计算。

1. 偏心受压构件斜截面受剪性能

偏心受压构件由于轴心压力的存在，对构件的抗剪承载力产生一定的影响。偏心压力限制了斜裂缝的出现和开展，使混凝土的剪压区高度增大，因而提高了混凝土的抗剪承载力。

2. 偏心受压构件斜截面受剪承载力计算

偏心受压构件斜截面受剪承载力计算为

$$V \leqslant V_u = \frac{1.75}{1+\lambda} f_t b h_0 + f_{yv} \frac{A_{sv}}{s} h_0 + 0.07N \tag{2.4-25}$$

式中 V——构件计算截面的剪力设计值；

V_u——构件抗剪承载力；

N——与剪力设计值相应的轴向力设计值，当 $N > 0.3 f_c A$ 时，取 $N = 0.3 f_c A$（A 为构件截面面积）；

λ——偏心受压构件计算截面的剪跨比，取 $\lambda = \dfrac{M}{V h_0}$。

计算截面的剪跨比应按下列规定取用：

（1）对框架柱，取 $\lambda = H_n / 2h_0$；当 $\lambda < 1$ 时，取 1，当 $\lambda > 3$ 时，取 3；H_n 为柱的净高。

（2）对其他偏心受压构件，当承受均布荷载时，取 $\lambda = 1.5$；当承受集中荷载的作用（包括作用有多种荷载。其中集中荷载对支座截面或节点边缘所产生的剪力值占总剪力值的 75% 以上的情况）取 $\lambda = a/h_0$，当 $\lambda < 1.5$ 时，取 $\lambda = 1.5$，当 $\lambda > 3$ 时，取 $\lambda = 3$（a 为集中荷载至支座截面或节点边缘的距离）。

为防止截面发生斜压破坏，截面尺寸应满足

$$V \leqslant 0.25 \beta_c f_c b h_0 \tag{2.4-26}$$

对于矩形截面偏心受压构件，若符合

$$V \leqslant V_u = \frac{1.75}{1+\lambda} f_t b h_0 + 0.07N \tag{2.4-27}$$

则可不进行斜截面承载力计算，按偏心受压构件的构造规定配置箍筋。

【例 2.4-3】 某现浇框架矩形截面偏心受压柱，截面尺寸 $b \times h = 300mm \times 400mm$，$H_n = 3m$，混凝土 C30，（$\alpha_1 f_c = 14.3N/mm^2$，$f_t = 1.43N/mm^2$，$\beta_c = 1.0$），箍筋用 HPB300（$f_{yv} = 270N/mm^2$），纵筋采用 HRB400（$f_y = f_y' = 360N/mm^2$）。在柱端作用轴向压力设计值 $N = 800kN$，剪力设计值 $V = 180kN$。试计算所需箍筋。

【解】 （1）设 $a_s = a_s' = 40mm$，$h_0 = h - a_s = 400 - 40 = 360mm$

（2）验算截面尺寸是否满足要求：

$$0.25\beta_c f_c b h_0 = 0.25 \times 1 \times 14.3 \times 300 \times 360 = 386.1kN > V_{max} = 180kN$$

故截面尺寸满足要求。

（3）验算是否需要计算配置箍筋：

$$\lambda = H_n/2h_0 = 3000/2 \times 360 = 4.17 > 3 \ \text{取} \ \lambda = 3$$

$$0.3f_c A = 0.3 \times 14.3 \times 300 \times 400 = 514.8kN < N = 800kN$$

$N > 0.3f_c A$ 时，取 $N = 0.3f_c A = 514.8kN$

$$\frac{1.75}{1+\lambda}f_t b h_0 + 0.07N = \frac{1.75}{1+3} \times 1.43 \times 300 \times 360 + 0.07 \times 514.8 \times 10^3$$
$$= 103.6kN < V = 180kN$$

需要按计算配置箍筋。

（4）计算箍筋所需量：

$$\frac{A_{sv}}{s} = \frac{nA_{sv1}}{s} \geq \frac{V - \left(\frac{1.75}{1+\lambda}f_t b h_0 + 0.07N\right)}{f_{yv}h_0} = \frac{(180-103.6) \times 10^3}{270 \times 360} = 0.786$$

采用双肢箍，则 $n = 2$；$d = 8mm$。则有：$s \leq 2 \times 50.3/0.786 = 128mm$，取 $s = 120mm$。
柱中选用 Φ8@120 的双肢箍。

小　　结

（1）钢筋混凝土偏心受压构件根据偏心距大小和纵向钢筋配筋情况，可分为大偏心受压破坏和小偏心受压破坏两类。其界限破坏与受弯构件的适筋梁和超筋梁的界限破坏相同，即当 $\xi \leq \xi_b$ 时，为大偏心受压破坏；当 $\xi > \xi_b$ 时，为小偏心受压破坏。

（2）大偏心受压构件破坏特征与双筋截面的适筋梁相似，其破坏都始于受拉钢筋的屈服，然后导致受压区混凝土被压碎，故称为受拉破坏，属延性破坏类型，小偏心受压破坏，截面破坏是从受压区开始的，混凝土先被压碎，远侧钢筋可能受拉也可能受压，但都不屈服，属于脆性破坏类型。

（3）对于有侧移和无侧移的偏心受压构件，若杆件的长细比比较大时，在轴向压力下，发生单曲率变形，由于杆件自身挠曲变形的影响，通常会增大杆件中间区段截面的弯矩，即产生 p-δ 效应。在进行截面设计时，内力应考虑二阶效应。

（4）偏心受压柱矩形截面对称配筋由于构造简单，施工方便，实用于构件在承受不同荷载时可能产生不同符号弯矩的情况，是偏心受压构件最常用的配筋形式，在设计截面时，可按照 x 的大小判别大小偏心受压；$x = N/\alpha_1 f_c b$（或 $\xi = \frac{N}{\alpha_1 f_c b h_0}$）。若 $x = N/\alpha_1 f_c b \leq \xi_b h_0$，或 $\xi \leq \xi_b$ 则为大偏心受压；若 $x = N/\alpha_1 f_c b > \xi_b h_0$，或 $\xi > \xi_b$ 则为小偏心受压。

（5）偏心受压构件斜截面承载力进行计算与受弯构件矩形截面独立梁受集中荷载的受剪承载力公式相似，偏心受压构件由于轴向压力的存在，限制了斜裂缝的出现和开展，使混凝土剪压区高度增大，因而提高了混凝土的受剪承载力。

能力拓展与实训

一、基础训练

1. 选择题（课堂练习）

（1）影响钢筋混凝土受压构件稳定系数 φ 的最主要因素是（　　）。

    A. 配筋率　　　　B. 混凝土强度　　　C. 钢筋强度　　　　D. 构件的长细比

（2）小偏心受压破坏特征下列表述不正确的是（　　）。

    A. 远离一侧钢筋受拉未屈服，近离一侧钢筋受压屈服，混凝土压碎

    B. 远离一侧钢筋受拉屈服，近离一侧钢筋受压屈服，混凝土压碎

    C. 远离一侧钢筋受压未屈服，近离一侧钢筋受压屈服，混凝土压碎

    D. 偏心距较大，但远离一侧钢筋 A_s 较多且受拉而未屈服，近离一侧钢筋受压屈服，混凝土压碎

（3）判断小偏压构件的条件是（　　）。

    A. $\xi \leqslant \xi_b$　　　　B. $\xi > \xi_b$　　　　C. $\xi = \xi_b$

（4）结构中内力主要有弯矩，剪力和轴力的构件为（　　）。

    A. 梁　　　　　　B. 柱　　　　　　C. 墙　　　　　　D. 板

（5）偏心受压柱按其受力特点可分为（　　）。

    A. 大偏心受压　　B. 小偏心受压　　C. 大偏心受拉　　D. 小偏心受拉

（6）判断大偏压构件的条件是（　　）。

    A. $\xi \leqslant \xi_b$　　　　B. $\xi > \xi_b$　　　　C. $\xi = \xi_b$

（7）偏心受压构件的承载力往往受到纵向弯曲的影响，当矩形截面偏心受压构件的长细比 l_0/b（　　）时，可以不考虑挠度对偏心距的影响。

    A. $\leqslant 6$　　　　　B. $\leqslant 8$　　　　　C. $\leqslant 10$　　　　　D. $\leqslant 5$

（8）从 $N\text{-}M$ 承载力试验相关曲线可以出（　　）。

    A. 受拉破坏时，构件的受弯承载力随构件的受压承载力提高而降低

    B. 受压破坏时，构件的受弯承载力随构件的受压承载力提高而提高

    C. 受拉破坏时，构件的受弯承载力随构件的受压承载力提高而提高

    D. 受压破坏时，构件的受压承载力随构件的受弯承载力提高而提高

2. 思考题

（1）简述偏心受压短柱的破坏形态。偏心受压构件如何分类。

（2）长柱的正截面受压破坏与短柱的破坏有何异同？

（3）怎样区分大、小偏心受压破坏？

3. 计算题

（1）矩形截面偏心受压柱的截面尺寸 $b \times h = 400\text{mm} \times 600\text{mm}$，柱的计算长度 $l_0 = 7.2\text{m}$，$a_s = a_s' = 40\text{mm}$，混凝土强度 C25（$\alpha_1 f_c = 11.9\text{N/mm}^2$），采用 HRB400 级钢筋（$f_y = $

$f_y' = 360 \text{N/mm}^2$，$\xi_b = 0.518$），承受轴向压力值 $N = 1000 \text{kN}$，弯距设计值 $M = 450 \text{kN} \cdot \text{m}$，若采用对称配筋，试计算所需要的钢筋。

（2）矩形截面偏心受压柱，截面尺寸 $b \times h = 300 \text{mm} \times 500 \text{mm}$ 柱的计算长度 $l_0 = 2.4 \text{m}$，$a_s = a_s' = 40 \text{mm}$，混凝土强度为 C25（$\alpha_1 f_c = 11.9 \text{N/mm}^2$），采用 HRB335 钢筋（$f_y = f_y' = 300 \text{N/mm}^2$，$\xi_b = 0.55$），承受轴向压力设计值 $N = 960 \text{kN}$，弯距设计值 $M = 173 \text{kN} \cdot \text{m}$，若采用对称配筋，试计算所需钢筋面积。

二、工程技能训练

学习一套框架结构的施工图纸，试分析框架柱的编号规律，分析其受力特点的不同，选取有代表性的框架柱三根，分析其荷载，配筋及其构造。

单元 3

砌 体 结 构

砌体结构是指由块体和砂浆砌筑而成的墙、柱等作为建筑物主要受力构件的结构。是砖砌体、砌块砌体和石砌体结构的统称。

1. 砌体结构主要优点

（1）材料来源广泛，易于就地取材。

（2）砌体结构造价低。

（3）砌体结构比钢结构、钢筋混凝土结构有更好的耐火性，且具有良好的保温、隔热性能，节能效果明显。

（4）砌体结构施工操作简单快捷。

（5）当采用砌块或大型板材作为墙体时，可以减轻结构自重，加快施工进度。

2. 砌体结构存在的缺点

（1）砌体结构的自重大。

（2）由于砌体结构工程多为小型块材经人工砌筑而成，所以砌筑工作相当繁重（在一般砖砌体结构居住建筑中，砌砖用工量占 1/4 以上）。

（3）现场的手工操作，不仅使工程进展缓慢，而且施工质量得不到保证。

（4）砂浆和块材间的粘结力较弱，使无筋砌体的抗拉、抗弯及抗剪强度都很低，造成砌体抗震能力较差，有时需采用配筋砌体。

（5）采用烧结普通黏土砖建造砌体结构，不仅毁坏大量的农田，严重影响农业生产，而且对环境造成污染。

3. 我国砌体结构发展概况

（1）应用范围不断扩大。

（2）新材料、新技术和新结构不断研制和使用。

（3）砌体结构计算理论和计算方法逐步完善。

目前，砌体结构广泛应用于一般的工业与民用建筑中，也可以用来建造桥梁、隧道、堤坝、水池等构筑物。由于砌体材料的抗压强度高而抗拉强度低，因而常用于多层建筑物中以受压为主的墙、柱和基础，并与钢筋混凝土楼盖、屋盖组成砖混结构。当在砌块砌体中配置承受竖向和水平作用的钢筋时，就形成了配筋砌体剪力墙，它和钢筋混凝土楼盖、屋盖组成配筋砌块砌体剪力墙结构，可作为高层建筑的承重结构。

3.1 混合结构房屋墙体设计

【工作任务】 砌体结构房屋施工中能够处理常见的结构构造问题。

【任务目标】

知识目标:

(1) 了解混合结构房屋空间工作性质,掌握房屋静力计算方案的划分及划分的依据。

(2) 熟练掌握混合结构房屋墙柱的计算方法。

(3) 了解墙体的构造要求及构造措施。

能力目标:混合结构房屋的墙体施工中能够处理常见的结构构造问题。

3.1.1 砌体结构的静力计算方案

混合结构房屋系指主要承重构件由不同的材料组成的房屋,例如楼(屋)盖用钢筋混凝土结构,承重墙为砌体的房屋。常见的多层砖房均为混合结构。

在砌体结构房屋的设计中,承重墙、柱的布置十分重要。因为承重墙、柱的布置不仅影响着房屋建筑平面的划分和室内空间的大小,而且还决定着竖向荷载的传递路线及房屋的空间刚度,其至影响房屋的工程造价。

1. 房屋的空间工作性能

在砌体结构房屋中,屋盖、楼盖、墙、柱、基础等构件一方面承受着作用在房屋上的各种竖向荷载,另一方面还承受着墙面和屋面传来的水平荷载。由于各种构件之间是相互联系的,不仅是直接承受荷载的构件起着抵抗荷载的作用,而且与其相连接的其他构件也不同程度的参与工作,因此整个结构体系处于空间工作状态。

影响房屋空间性能的因素很多,除楼(屋)盖刚度和横墙间距外,还有屋架的跨度、排架的刚度、荷载类型及多层房屋层与层之间的相互作用等。

2. 房屋的静力计算方案

根据房屋的空间工作性能将房屋的静力计算方案分为刚性方案、弹性方案、刚弹性方案。

(1) 刚性方案。当房屋的横墙间距较小、楼盖(屋盖)的水平刚度较大时,房屋的空间刚度较大,在荷载作用下,房屋的水平位移很小,可视墙、柱顶端的水平位移等于零。在确定墙、柱的计算简图时,可将楼盖或屋盖视为墙、柱的水平不动铰支座,墙、柱内力按不动铰支承的竖向构件计算 [图 3.1-1 (a)],按这种方法进行静力计算的方案为刚性方案,按刚性方案进行静力计算的房屋为刚性方案房屋。一般多层砌体房屋的静力计算方案都是属于这种方案。

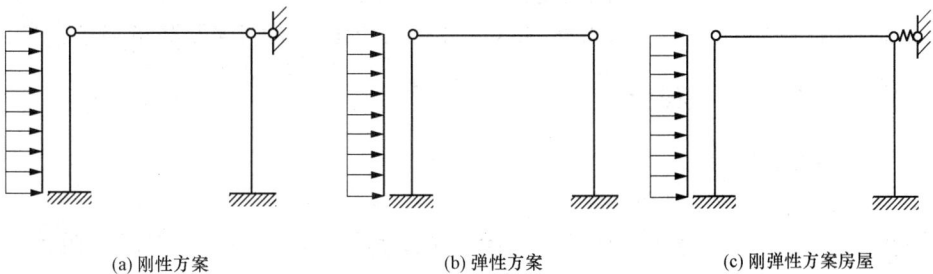

(a) 刚性方案   (b) 弹性方案   (c) 刚弹性方案房屋

图 3.1-1 砌体房屋的计算简图

(2) 弹性方案。当房屋横墙间距较大,楼盖(屋盖)水平刚度较小时,房屋的空间刚度较小，在荷载作用下房屋的水平位移较大，在确定计算简图时，不能忽略水平位移的影响，不能考虑空间工作性能，按这种方案法进行静力计算的方案为弹性方案，按弹性方案进行静力计算的房屋为弹性方案房屋。一般的单层厂房、仓库、礼堂的静力计算方案多属此种方案［图 3.1-1（b）］。静力计算时，可按屋架或大梁与墙（柱）铰接的、不考虑空间工作性能的平面排架或框架计算。

（3）刚弹性方案房屋。房屋空间刚度介于刚性方案和弹性方案房屋之间。在荷载作用下，房屋的水平位移也介于两者之间。在确定计算简图时，按在墙、柱有弹性支座（考虑空间工作性能）的平面排架或框架计算［图 3.1-1（c）］。按这种方案法进行静力计算的方案为刚弹性方案，按刚弹性方案进行静力计算的房屋为弹性方案房屋。

3. 静力计算方案的确定

根据楼（屋）盖类型和横墙间距的大小，计算时可根据表 3.1-1 确定房屋的静力计算方案。

表 3.1-1 房屋的静力计算方案

	屋盖或楼盖类别	刚性方案	刚弹性方案	弹性方案
1	整体式、装配整体和装配式无檩体系钢筋混凝土屋盖或钢筋混凝土楼盖	$s<32$	$32\leqslant s\leqslant72$	$s>72$
2	装配式有檩体系钢筋混凝土屋盖、轻钢屋盖和有密铺望板的木屋盖或木楼盖	$s<20$	$20\leqslant s\leqslant48$	$s>48$
3	瓦材屋面的木屋盖和轻钢屋盖	$s<16$	$16\leqslant s\leqslant36$	$s>36$

注 1. 表中 s 为房屋横墙间距，其长度单位为 m。
　　2. 对无山墙或伸缩缝处无横墙的房屋，应按弹性方案考虑。

作为刚性和刚弹性方案的房屋的横墙必须有足够的刚度。《砌体结构设计规范》(GB 50003—2011) 规定，刚性和刚弹性方案房屋的横墙，应符合下列要求：

（1）横墙中开有洞口时，洞口的水平截面面积不应超过横墙截面面积的 50%。

（2）横墙的厚度不宜小于 180mm。

（3）单层房屋的横墙长度不宜小于其高度，多层房屋的横墙长度不宜小于 $H/2$（H 为横墙总高度）。

注：①当横墙不能同时符合上述要求时，应对横墙的刚度进行验算。如其最大水平位移值 $u_{max}\leqslant H/4000$ 时，仍可视作刚性或刚弹性方案房屋的横墙。②凡符合注①刚度要求的一段横墙或其他结构构件（例如框架等），也可视作刚性或刚弹性方案房屋的横墙。

3.1.2 混合房屋墙、柱设计

1. 单层刚性方案房屋计算

（1）单层房屋承重纵墙的计算。

1）静力计算假定。刚性方案的单层房屋，由于其屋盖刚度较大，横墙间距较密，其水平变位可不计，内力计算时有以下基本假定：

①纵墙、柱下端与基础固结，上端与大梁（屋架）铰接。

②屋盖刚度等于无限大，可视为墙、柱的水平方向不动铰支座。

2）计算单元。计算单层房屋承重纵墙时，一般选择有代表性的一段或荷载较大以及截面较弱的部位作为计算单元。有门窗洞口的外纵墙，取一个开间为计算单元，无门窗洞口的纵墙，取 1m 长的墙体为计算单元。其受荷宽度为该墙左右各 1/2 的开间宽度。

3）计算简图。单层刚性方案房屋计算的计算简图如图 3.1-2 所示。

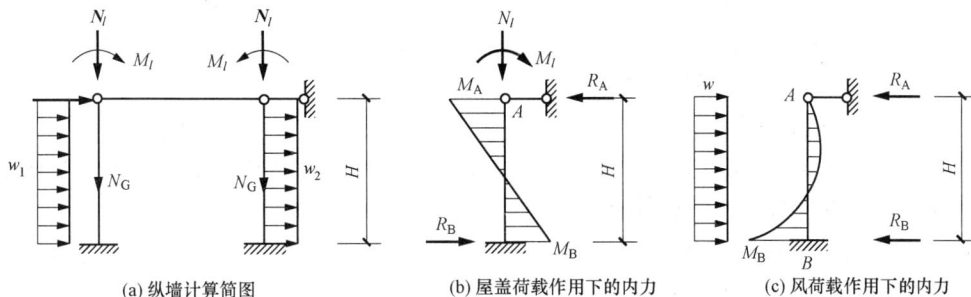

(a) 纵墙计算简图   (b) 屋盖荷载作用下的内力   (c) 风荷载作用下的内力

图 3.1-2 单层刚性方案房屋

4）纵墙、柱的荷载。

①屋面荷载：屋面荷载包括屋盖构件自重、屋面活荷载或雪荷载，这些荷载以集中力（N_l）的形式通过屋架或大梁作用于墙、柱顶部，对屋架，其作用点一般距墙体中心线 150mm，对屋面梁，N_l 距墙体边缘的距离为 $0.4a_0$，则其偏心距 $e_1 = h/2 - 0.4a_0$，a_0 为梁端的有效支承长度，因此，作用于墙顶部的屋面荷载通常由轴向力（N_l）和弯矩（$M_l = N_l e_1$）组成。

②风荷载：包括作用于屋面上和墙面上的风荷载，屋面上（包括女儿墙上）的风荷载可简化为作用于墙、柱顶部的集中荷载的 W，作用于墙面上的风荷载为均布荷载 ω。

③墙体荷载：墙体荷载（N_G）包括砌体自重、内外墙粉刷和门窗等自重，作用于墙体轴线上。等截面柱（墙）不产生弯矩，若为变截面则上柱（墙）自重对下柱产生弯矩。

5）内力计算。

①在屋盖荷载作用下的内力计算：在屋盖荷载作用下，该结构可按一次超静定结构计算内力，其计算结果为：

$$\left.\begin{array}{c} R_A = -R_B = -\dfrac{3M_l}{2H} \\[2mm] M_A = M_l,\ M_B = -\dfrac{M_l}{2} \\[2mm] N_A = N_l,\ N_B = N_l + N_G \end{array}\right\} \tag{3.1-1}$$

②在风荷载作用下的内力计算：

由于由屋面风荷载作用下产生的集中力 W，将由屋盖传给山墙再传到基础，因此计算时将不予考虑，而仅仅只考虑墙面风荷载 ω。

$$\left.\begin{array}{c} R_A = \dfrac{3}{8}wH,\ R_B = \dfrac{5}{8}wH \\[2mm] M_B = \dfrac{1}{8}wH^2 \\[2mm] M_x = \dfrac{wHx}{8}\left(3 - 4\dfrac{x}{H}\right) \\[2mm] x = \dfrac{3}{8}H\ 时,\ M_{max} = -\dfrac{9}{129}wH^2 \end{array}\right\} \tag{3.1-2}$$

在离上端 x 处弯矩：

对迎风面，$w=w_1$；对背风面，$w=w_2$。

6）墙、柱控制截面与内力组合。控制截面为内力组合最不利处，一般指梁的底面、窗顶面和窗台处，其组合有：

① $|M|_{max}$ 与相应的 N 和 V；

② $|M|_{min}$ 与相应的 N 和 V；

③ $|N|_{max}$ 与相应的 M 和 V；

④ $|N|_{min}$ 与相应的 M 和 V。

（2）单层房屋承重横墙的计算。单层刚性方案房屋采用横墙承重时，可将屋盖视为横墙的不动铰支座，其计算与承重纵墙相似。

2. 多层刚性方案房屋计算

（1）多层房屋承重纵墙的计算。

1）计算单元。在进行多层房屋纵墙的内力及承载力计算时，通常选择有代表性的一段或荷载较大以及截面较弱的部位作为计算单元。计算单元的受荷宽度为 $(L_1+L_2)/2$，如图 3.1-3 所示。一般情况下，对有门窗洞口的墙体，计算截面宽度取窗间墙宽度，对无门窗洞口的墙体，计算截面宽度取 $(L_1+L_2)/2$。对无门窗洞口且受均布荷载的墙体，取 1m 宽的墙体计算。

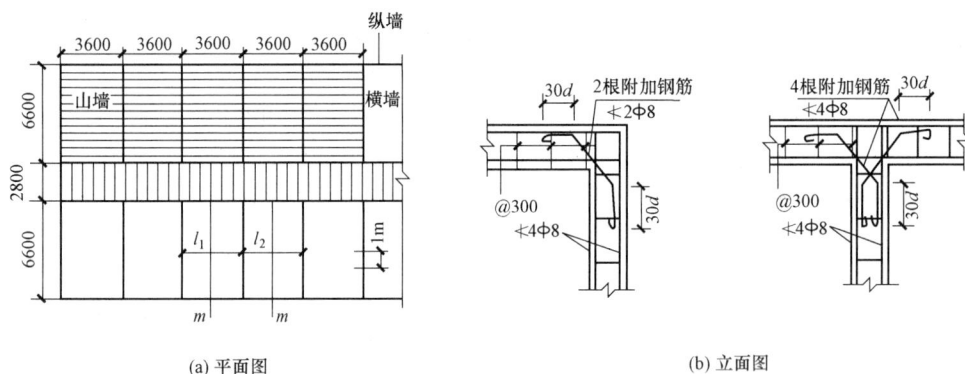

(a) 平面图　　　　　　　　　　　　(b) 立面图

图 3.1-3　多层房屋计算单元

2）计算简图。

①竖向荷载作用下墙体的计算简图。对多层民用建筑，在竖向荷载作用下，多层房屋的墙体相当于一竖向连续梁，由于楼盖嵌砌在墙体内，使墙体在楼盖处被削弱，使此处墙体所能传递的弯矩减小，可假定墙体在各楼盖处均为不连续的铰支承［图 3.1-4（a）］，在刚性方案房屋中，墙体与基础连接的截面竖向力较大，弯矩值较小，按偏心受压远轴心受压计算结果相差很小，为简化计算，也假定墙铰支于基础顶面［图 3.1-4（b）］，因此在竖向荷载作用下，多层砌体房屋的墙体可假定为以楼盖和基础为铰支的多跨简支梁。计算每层内力时，分层按简支梁分析墙体内力，其计算高度等于每层层高，底层计算高度要算至基础顶面。

因此，竖向荷载作用下多层刚性方案房屋的计算原则为：

a. 上部各层荷载沿上一层墙体的截面形心传至下层。

b. 在计算某层墙体弯矩时，要考虑梁、板支承压力对本层墙体产生的弯矩，当本层墙体与上层墙体形心不重合时，要考虑上层墙体传来的荷载对本层墙体产生的弯矩，其荷载作用点如图 3.1-5 所示(N_u——上层墙体传来的竖向荷载；N_l——本层楼盖传来的竖向荷载)。

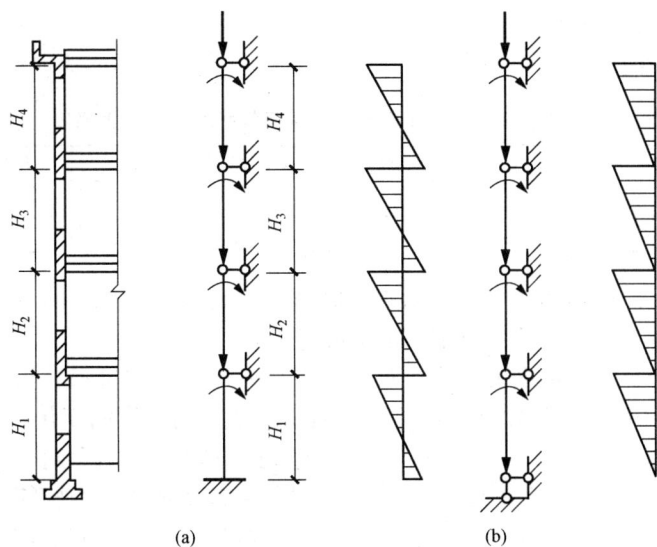

图 3.1-4　外纵墙竖向荷载作用下的计算简图

c. 每层墙体的弯矩按三角形变化，上端弯矩最大，下端为零。

②水平荷载作用下墙体的计算简图。作用于墙体上的水平荷载是指风荷载，在水平风载作用下，纵墙可按连续梁分析其内力，其计算简图如图 3.1-6 所示。

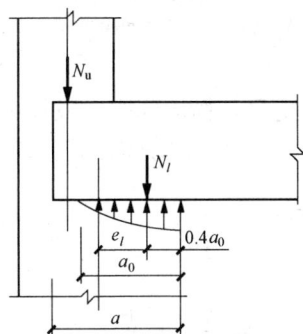

图 3.1-5　纵墙竖向荷载作用位置

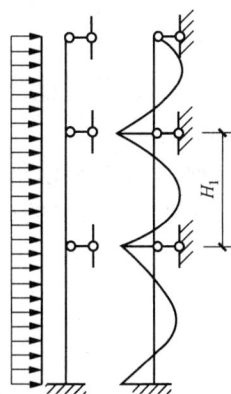

图 3.1-6　水平荷载作用位置

由风荷载引起的纵墙的弯矩可近似按下式计算：

$$M=\frac{1}{12}wH_i^2 \tag{3.1-3}$$

式中　w——计算单元内，沿每米墙高的风荷载设计值；

　　　H_i——第 i 层墙高。

在迎风面，风荷载表现为压力，在背风面，风荷载表现为吸力。

在一定条件下，风荷载在墙截面中产生的弯矩很小，对截面承载力影响不显著，因此风荷载引起的弯矩可以忽略不计。《砌体结构设计规范》（GB 50003—2011）规定：刚性方案多层房屋的外墙符合下列要求时，静力计算可不考虑风荷载的影响：

a. 洞口水平截面面积不超过全截面面积的 2/3。

b. 层高和总高度不超过表 3.1-2 的规定。

c. 屋面自重不小于 $0.8kN/m^2$。

表 3.1-2　　　　刚性方案多层房屋外墙不考虑风荷载影响时的最大高度

基本风压值/(kN/m^2)	层高/m	总高/m	基本风压值/(kN/m^2)	层高/m	总高/m
0.4	4.0	28	0.6	4.0	18
0.5	4.0	24	0.7	3.5	18

对于多层砌块房屋 190mm 厚的外墙，当层高不大于 2.8m，总高不大于 19.6m，基本风压不大于 $0.7kN/m^2$ 时，可不考虑风荷载的影响。

3）控制截面的与截面承载力验算。对于多层砌体房屋，如果每一层墙体的截面与材料强度都相同，则只需验算底层墙体承载力，如有截面或材料强度的变化，则还需要验算变截面处墙体的承载力。对于梁下支承处，尚应进行局部受压承载力验算。

每层墙体的控制截面有：楼盖大梁底面处、窗口上边缘处、窗口下边缘处、下层楼盖大梁底面处，如图 3.1-7 所示。

求出墙体最不利截面的内力后，按受压构件承载力计算公式进行截面承载力验算。

在墙体承载力验算中发现承载力不足时，可采用下述方法提高承载力：

①提高砂浆强度等级。

②加大墙体厚度或加壁柱。

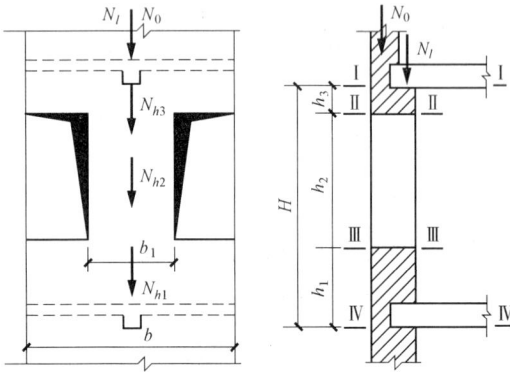

图 3.1-7　控制截面内力计算位置

③采用配筋砌体。

（2）多层刚性方案房屋承重横墙的计算。横墙承重的房屋，横墙间距一般较小，所以通常属于刚性方案房屋。房屋的楼盖和屋盖均可视为横墙的不动铰支座，其计算简图如图 3.1-8所示。

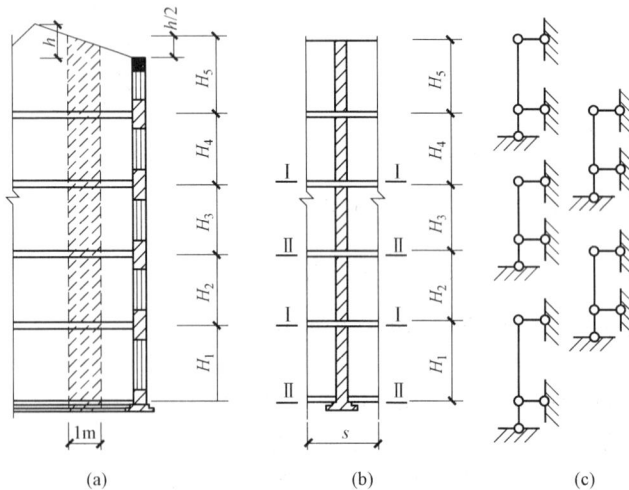

(a)　　　　　　　(b)　　　　　　　(c)

图 3.1-8　多层刚性方案房屋承重横墙的计算简图

148

1）计算单元与计算简图。一般沿墙长取 1m 宽为计算单元，每层横墙视为两端为不动铰接的竖向构件，构件高度为每层层高，顶层若为坡屋顶，则构件高度取顶层层高加上山尖高度 h 的平均值，底层算至基础顶面或室外地面以下 500mm 处。

2）内力分析要点。作用在横墙上的本层楼盖荷载或屋盖荷载的作用点均作用于距墙边 $0.4a_0$ 处。

如果横墙两侧开间相差不大，则视横墙为轴心受压构件，如果相差悬殊或只是一侧承受楼盖传来的荷载，则横墙为偏心受压构件。

承重横墙的控制截面一般取该层墙体截面 Ⅱ—Ⅱ，如图 3.1-9 所示，此处的轴向力最大。

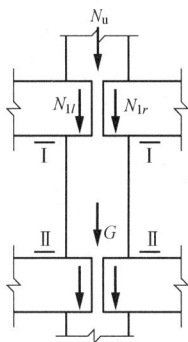

图 3.1-9　横墙上
作用的荷载

【例 3.1-1】　某四层教学楼部分平面图、剖面图如图 3.1-10 所示，采用钢筋混凝土装配式楼盖屋盖，屋面和楼面构造如图 3.1-10（a）所示，梁截面尺寸为 250mm×600mm，伸入墙内 240mm，外墙 370mm 厚，内墙 240mm 厚，隔墙厚 120mm，采用双面粉刷，层高 3.6m，采用 MU10 烧结普通砖和 M5 混合砂浆砌筑，采用 1800mm 宽、2100mm 高的钢窗，基本风压 $W_0=0.6kN/m^2$，基本雪压 $S_0=0.7kN/m^2$，试验算该教学楼外纵墙承载力。

【解】　（1）静力计算方案和计算简图。

屋盖及楼盖属钢筋混凝土装配式，最大横墙间距 $S=10.8m<32m$，故为刚性方案。由表 3.1-2 可知，外墙不考虑风荷载的影响，故承载力验算只考虑竖向荷载，其计算简图如图 3.1-10（b）所示。

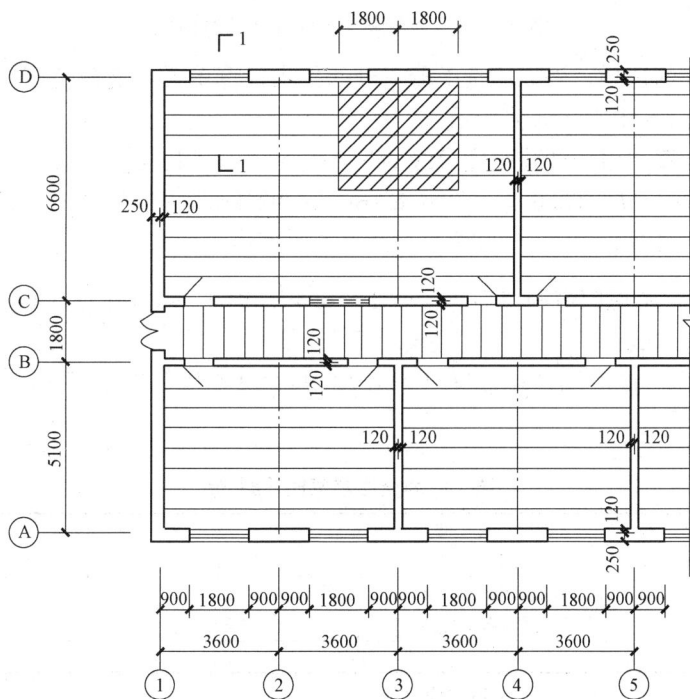

图 3.1-10　教学楼平面图

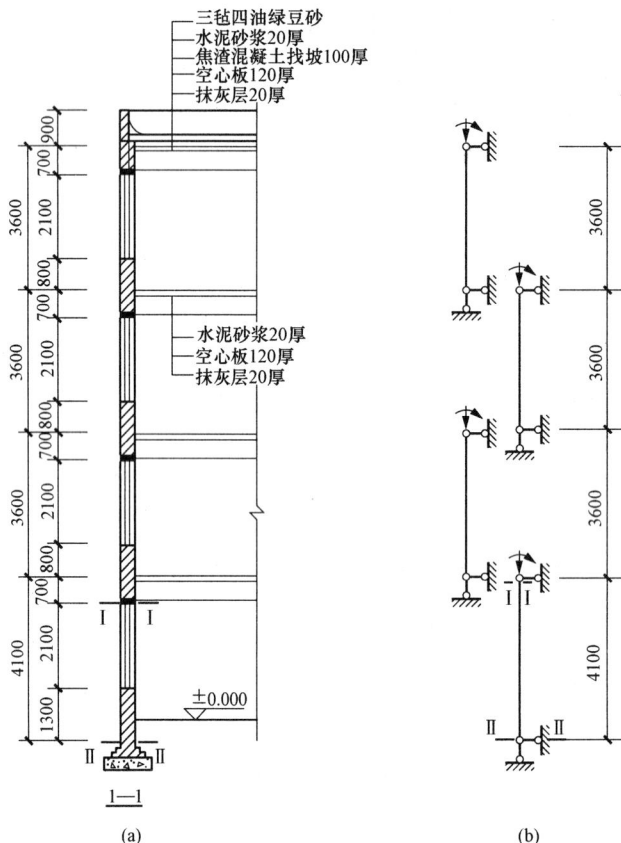

图 3.1-11　教学楼 1-1 剖面及计算简图

（2）计算单元的选择。外纵墙选上取一开间作为计算单元，受荷范围为 $3.6m \times 3.3m = 11.88m^2$，如图 3.1-8 中斜线部分所示。

（3）高厚比验算。由于砂浆强度等级 M5 查表 3.1-3，得 $[\beta] = 24$，选底层横墙间距较大的两道纵墙验算。$H = (3.6 + 0.5) = 4.1m$，$S = 3.6m \times 3 = 10.8m > 2H = 8.2m$，查表 3.1-4 得 $H_0 = H = 4.1m$。

承重墙 $\mu_1 = 1$，考虑门窗洞口后，$\mu_2 = 1 - 0.4 \dfrac{b_s}{s} = 1 - 0.4 \dfrac{1.8}{3.6} = 0.8$

$$\beta = \frac{H_0}{h} = \frac{4.1}{0.37} = 11.1 < \mu_1 \mu_2 [\beta] = 1 \times 0.8 \times 24 = 19.2$$

满足要求。

表 3.1-3　　　　　　　　　　墙、柱的允许高厚比 $[\beta]$ 值

砌体类别	砂浆强度等级	墙	柱
无筋砌体	M2.5	22	15
	M5.0 或 Mb5.0、Ms5.0	24	16
	≥M7.5 或 Mb5.0、Ms5.0	26	17
配筋砌块砌体	—	30	21

注　1. 毛石墙、柱允许高厚比应按表中数值降低 20%。

　　2. 组合砖砌体构件的允许高厚比，可按表中数值提高 20%，但不得大于 28。

　　3. 验算施工阶段砂浆尚未硬化的新砌砌体高厚比时，允许高厚比对墙取 14，对柱取 11。

150

表 3. 1-4

受压构件的计算高度 H_0

房 屋 类 别			柱		带壁柱墙或周边拉结的墙		
			排架方向	垂直排架方向	$s>2H$	$2H \geqslant s>H$	$s \leqslant H$
有吊车的单层房屋	变截面柱上段	弹性方案	$2.5H_u$	$1.25H_u$	$2.5H_u$		
		刚性、刚弹性方案	$2.0H_u$	$1.25H_u$	$2.0H_u$		
	变截面柱下段		$1.0H_l$	$0.8H_l$	$1.0H_l$		
无吊车的单层和多层房屋	单跨	弹性方案	$1.5H$	$1.0H$	$1.5H$		
		刚弹性方案	$1.2H$	$1.0H$	$1.2H$		
	多跨	弹性方案	$1.25H$	$1.0H$	$1.25H$		
		刚弹性方案	$1.10H$	$1.0H$	$1.1H$		
	刚性方案		$1.0H$	$1.0H$	$1.0H$	$0.4s+0.2H$	$0.6s$

注 1. 表中 H_u 为变截面柱的上段高度；H_l 为变截面柱的下段高度。

2. 对于上端为自由端的构件，$H_0 = 2H$。

3. 独立砖柱，当无柱间支撑时，柱在垂直排架方向的 H_0 应按表中数值乘以 1.25 后采用。

4. s——房屋横墙间距。

5. 自承重墙的计算高度应根据周边支承或拉接条件确定。

（4）荷载计算。

1）屋面恒荷载标准值：

三毡四油绿豆砂	0.35kN/m²
20mm 水泥砂浆找平层	0.02×20＝0.4kN/m²
100mm 焦渣混凝土找坡	0.1×14＝1.4kN/m²
120mm 预应力空心板（包括灌缝）	2.2kN/m²
20mm 板底抹灰	0.02×17＝0.34kN/m²
	＝4.69kN/m²

2）楼恒荷载标准值：

20mm 水泥砂浆面层	0.02×20＝0.4kN/m²
120mm 预应力空心板（包括灌缝）	2.2kN/m²
20mm 板底抹灰	0.02×17＝0.34kN/m²
	＝2.94kN/m²

3）屋面活荷载标准值： 0.7kN/m²

4）楼面活荷载标准值： 2.5kN/m²

5）梁自重（包括 15mm 粉刷）：

$$(0.25×0.6×25+2×0.6×0.015×17)\text{kN/m} = 4.1\text{kN/m}$$

6）墙自重（370mm 墙体，双面抹灰）：

$$(0.365×19+0.02×20+0.02×17)\text{kN/m}^2 = 7.68\text{kN/m}^2$$

7）钢框玻璃窗自重：0.45kN/m²。

（5）内力计算。由于外纵墙厚度一样，材料强度等级相同，因而选取荷载最大的底层中 Ⅰ-Ⅰ 和 Ⅱ-Ⅱ 截面（图 3.1-9）作为控制截面进行承载力计算。

1）计算截面面积：
$$A = 0.37 \times (3.6 - 1.8)\text{m}^2 = 0.666\text{m}^2 > 0.3\text{m}^2$$

2）计算屋（楼）面荷载设计值。

由屋面大梁传来的集中荷载设计值为：
$$\{[4.69 \times 3.6 \times (3.3 - 0.24) + 4.1 \times 3.3] \times 1.35 +$$
$$0.7 \times 3.6 \times (3.3 - 0.24) \times 1.4\}\text{kN} = 98.8\text{kN}$$

由楼面梁传来的集中荷载设计值为：
$$1.2 \times [2.94 \times 3.6 \times (3.3 - 0.24) + 4.1 \times 3.3]\text{kN} +$$
$$1.4 \times [2.5 \times 3.6 \times (3.3 - 0.24)]\text{kN} = 93.7\text{kN}$$

3）计算每次墙自重（包含钢框玻璃窗自重）：
$$1.2 \times [(3.6 \times 3.6 - 1.8 \times 2.1) \times 7.68 + 1.8 \times 2.1 \times 0.45]\text{kN} = 86.6\text{kN}$$

对于顶层上女儿墙按 900mm 计，其荷载设计值为 $1.2 \times (3.6 \times 0.9 \times 7.68)\text{kN} = 30.0\text{kN}$

4）楼面、屋面梁荷载产生的偏心距计算。

由查表可知 $f = 1.5\text{MPa}$，则梁端支承有效长度 $a_0 = 10\sqrt{\dfrac{h_c}{f}}$，即：
$$a_0 = 10\sqrt{\frac{h_c}{f}} = 10\sqrt{\frac{600}{1.5}}\text{mm} = 200\text{mm}$$

对楼面梁　$e_0 = \dfrac{h}{2} - 0.4a_0 = \left(\dfrac{370}{2} - 0.4 \times 200\right)\text{mm} = 105\text{mm}$

5）控制截面内力计算。

截面 I - I：

轴向力设计值　　$(93.7 \times 3 + 98.8 + 30 + 86.6 \times 3)\text{kN} = 669.7\text{kN}$

弯矩设计值　　　$(93.7 \times 0.105)\text{kN} \cdot \text{m} = 9.84\text{kN} \cdot \text{m}$

截面 II - II：

轴向力设计值　　$(669.7 + 86.6 + 1.2 \times 3.6 \times 0.5 \times 7.68)\text{kN} = 772.9\text{kN}$

弯矩设计值　　　0

（6）截面承载力验算。

1）纵墙承载力验算详见表 3.1-5。

表 3.1-5　　　　　　　　　　　　　纵墙承载力验算表

截　面	项　目	M/(kN·m)	N/kN	$e=M/N$/mm	e/h	y/mm	e/y	β	φ	A/mm²	φfA/kN	是否满足要求
底层墙体	I - I	9.84	669.7	14.7	0.04	185	0.08<0.6	11.1	0.75	0.666×10⁵	749.2	满足要求
	II - II	0	772.9	0	0	185	0	11.1	0.84	1.332×10⁵	1679.8	满足要求

注　φ 见表 3.1-6。

2）梁端支承外砌体局部受压承载力验算。
$$A_0 = h(2h + b) = 370 \times (2 \times 370 + 250) = 3.66 \times 10^5\text{mm}^2$$
$$A_l = a_0 b = 200 \times 250 = 5 \times 10^4\text{mm}^2$$
$$\frac{A_0}{A_l} = \frac{3.66 \times 10^5}{5 \times 10^4} = 7.32 > 3，取 \varphi = 0$$

$$\gamma = 1 + 0.35 \sqrt{\frac{A_0}{A_l} - 1} = 1 + 0.35 \sqrt{7.32 - 1} = 1.88 < 2.0$$

满足要求。

取 $\eta = 0.7$，则

$$\eta \gamma f A_l = (0.7 \times 1.88 \times 1.5 \times 5 \times 10^4) \text{kN} = 98.7 \text{kN} > 93.7 \text{kN}$$

梁端支承外砌体局部受压承载力满足要求。

表 3.1-6　　　　　　　　　　　影响系数 φ（砂浆强度等级≥M5）

β	e/h 或 e/h_T						
	0	0.025	0.05	0.075	0.1	0.125	0.15
≤3	1	0.99	0.97	0.94	0.89	0.84	0.79
4	0.98	0.95	0.90	0.85	0.80	0.74	0.69
6	0.95	0.91	0.86	0.81	0.75	0.69	0.64
8	0.91	0.86	0.81	0.76	0.70	0.64	0.59
10	0.87	0.82	0.76	0.71	0.65	0.60	0.55
12	0.845	0.77	0.71	0.66	0.60	0.55	0.51
14	0.795	0.72	0.66	0.61	0.56	0.51	0.47
16	0.72	0.67	0.61	0.56	0.52	0.47	0.44
18	0.67	0.62	0.57	0.52	0.48	0.44	0.40
20	0.62	0.595	0.53	0.48	0.44	0.40	0.37
22	0.58	0.53	0.49	0.45	0.41	0.38	0.35
24	0.54	0.49	0.45	0.41	0.38	0.35	0.32
26	0.50	0.46	0.42	0.38	0.35	0.33	0.30
28	0.46	0.42	0.39	0.36	0.33	0.30	0.28
30	0.42	0.39	0.36	0.33	0.31	0.28	0.26

β	e/h 或 e/h_T					
	0.175	0.2	0.225	0.25	0.275	0.3
≤3	0.73	0.68	0.62	0.57	0.52	0.48
4	0.64	0.58	0.53	0.49	0.45	0.41
6	0.59	0.54	0.49	0.45	0.42	0.38
8	0.54	0.50	0.46	0.42	0.39	0.36
10	0.50	0.46	0.42	0.39	0.36	0.33
12	0.49	0.43	0.39	0.36	0.33	0.31
14	0.43	0.40	0.36	0.34	0.31	0.29
16	0.40	0.37	0.34	0.31	0.29	0.27
18	0.37	0.34	0.31	0.29	0.27	0.25
20	0.34	0.32	0.29	0.27	0.25	0.23
22	0.32	0.30	0.27	0.25	0.24	0.22
24	0.30	0.28	0.26	0.24	0.22	0.21
26	0.28	0.26	0.24	0.22	0.21	0.19
28	0.26	0.24	0.22	0.21	0.19	0.18
30	0.24	0.22	0.21	0.20	0.18	0.17

3.1.3 墙体的构造要求和抗震构造措施

砌体结构房屋，除应进行承载能力计算和高厚比验算外，尚应满足砌体结构的一般构造要求，同时保证房屋的空间刚度和稳定性，必须采取合理的构造措施。

1. 一般构造要求

（1）材料的最低强度等级。地面以下或防潮层以下的砌体，潮湿房间的墙，所用材料的最低强度等级应符合表 3.1-1 的要求。

（2）墙、柱最小尺寸。为了避免墙柱截面过小导致稳定性能变差，以及局部缺陷对构件的影响增大，《砌体结构设计规范》（GB 50003—2011）规定了各种构件的最小尺寸：对于承重的独立砖柱，其截面尺寸不应小于 240mm×370mm；对于毛石墙，其厚度不宜小于 350mm；对于毛料石柱截面较小边长，不宜小于 400mm；当有振动荷载时，墙、柱不宜采用毛石砌体。

（3）垫块设置。为了增强砌体房屋的整体性和避免局部受压损坏，《砌体结构设计规范》（GB 50003—2011）规定：对于跨度大于 6m 的屋架和跨度大于下列数值的梁，应设置素混凝土垫块或钢筋混凝土垫块，当墙中设有圈梁时，垫块与圈梁宜浇成整体：砖砌体 4.8m，砌块和料石砌体 4.2m，毛石砌体 3.9m。

（4）壁柱设置。对厚度小于或等于 240mm 的墙，当大梁跨度大于或等于下列数值时，其支承处宜加设壁柱，或采用配筋砌体和在墙中设钢筋混凝土柱等措施对墙体予以加强：对 240mm 厚的砖墙为 6m、对 180mm 厚的砖墙为 4.8m、砌块和料石墙为 4.8m。

（5）砌块砌体房屋的构造。

1）砌块砌体应分皮错缝搭砌，上下皮搭砌长度不得小于 90mm。当搭砌长度不满足上述要求时，应在水平灰缝内设置不少于 2φ4 的焊接钢筋网片（横向钢筋间距不宜大于 200mm），网片每段均应超过该垂直缝，其长度不得小于 300mm。

2）砌块墙与后砌隔墙交接处，应沿墙高每 400mm 在水平灰缝内设置不少于 2φ4、横筋间距不大于 200mm 的焊接钢筋网片。

3）混凝土砌块房屋，宜将纵横墙交接处、距墙中心线每边不小于 300mm 范围内的孔洞，采用不低于 Cb20 灌孔混凝土将孔洞灌实，灌实高度应为墙身全高。

4）混凝土砌块墙体的下列部位，如未设圈梁或混凝土垫块，应采用不低于 Cb20 灌孔混凝土将孔洞灌实：

①格栅、檩条和钢筋混凝土楼板的支承面下，高度不应小于 200mm 的砌体。

②屋架、梁等构件的支承面下，高度不应小于 600mm，长度不应小于 600mm 的砌体。

③挑梁支承面下，距墙中心线每边不应小于 300mm，高度不应小于 600mm 的砌体。

（6）砌体中留槽洞及埋设管道时的构造要求。如果砌体中由于某些需求，必须在砌体中留槽洞、埋设管道时，应该严格遵守下列规定：

1）不应在截面长边小于 500mm 的承重墙体、独立柱内埋设管线。

2）不宜在墙体中穿行暗线或预留、开凿沟槽，当无法避免时应采取必要的措施或按削弱后的截面验算墙体的承载力。

3）对受力较小或未灌孔的砌块砌体，允许在墙体的竖向孔洞中设置管线。

（7）夹心墙的构造要求。夹心墙是一种具有承重、保温和装饰等多种功能的墙体，一般在北方寒冷地区房屋的外墙使用。它由两片独立的墙体组合在一起，分为内叶墙和外叶墙，中间夹层为高效保温材料。内叶墙通常用于承重。外叶墙用于装饰等作用，内外叶之间采用金属拉结件拉结。

墙体的材料、拉结件的布置和拉结件的防腐等必须保证墙体在不同受力情况下的安全性和耐久性。

（8）墙、柱稳定性的一般构造要求。

1）预制钢筋混凝土板在混凝土圈梁上的支承长度不应小于80mm，板端伸出的钢筋与圈梁可靠连接，且同时浇筑；预制钢筋混凝土板在墙上的支承长度不应小于100mm。

2）为了提高墙体稳定性和房屋整体性，在墙体转角处和纵横墙交接处应沿竖向每隔400～500mm设拉结钢筋，其数量为每120mm墙厚不少于1根直径6mm的钢筋；或采用焊接钢筋网片，埋入长度从墙的转角或交接处算起，对实心砖墙每边不小于500mm，对多孔砖墙和砌块墙不小于700mm。

3）填充墙、隔墙应采取措施与周边构件进行可靠连接。

4）山墙处的壁柱宜砌至山墙顶部，且屋面构件与山墙应有可靠拉结。

（9）圈梁设置的构造要求。圈梁是沿建筑物外墙四周、内纵墙及部分横墙上设置的连续封闭梁。为了增强房屋的整体刚体，防止由于地基的不均匀沉降或较大振动荷载对房屋引起的不利影响，应在墙中设置现浇钢筋混凝土圈梁。

圈梁在砌体中主要用于承受拉力，当地基有不均匀沉降时，房屋可能发生向上或向下弯曲变形，这时设置在基础顶面和檐口部位的圈梁对抵抗不均匀沉降最为有效。如果房屋可能发生微凹形沉降，则基础顶面的圈梁受拉与上部砌体共同工作；如果发生微凸形沉降，则檐口部位圈梁受拉与下部砌体共同工作。由于不均匀沉降会引起墙体裂缝，墙体稳定性降低，另外温度收缩应力、地震作用等也会引起墙体开裂，破坏房屋的整体性和造成砌体的稳定性降低，所以为了解决这些问题，在砌体结构墙体中设置圈梁是比较有效的构造措施。

圈梁应按《砌体结构设计规范》（GB 50003—2011）进行设计。当受振动或建筑在软土地基上的砌体房屋可能出现不均匀沉降时，应增加圈梁的数量。为了保证圈梁发挥应有的作用，圈梁必须满足以下构造要求：

1）圈梁宜连续地设在同一水平面上，并形成封闭状。当圈梁被门窗洞口截断时，应在洞口上部增设相同截面的附加圈梁。附加圈梁和圈梁的搭接长度不应小于其中对中垂直间距的2倍，且不得小于1m（图3.1-12）。

2）纵横墙交接处的圈梁应有可靠的连接。刚弹性和弹性方案房屋，圈梁应与屋架、大梁等构件可靠连接（图3.1-13）。

图 3.1-12 洞口处的附加圈梁

3）钢筋混凝土圈梁的宽度宜与墙厚相同，当墙厚 $h \geqslant 240$mm 时，其宽度不宜小于 $2h/3$，圈梁高度不应小于120mm。纵向钢筋不应少于4Φ10，绑扎接头的搭接长度按受拉钢筋考虑，箍筋间距不应大于300mm。

4）圈梁兼作过梁时，在过梁部分的钢筋应按计算用量另行增配。

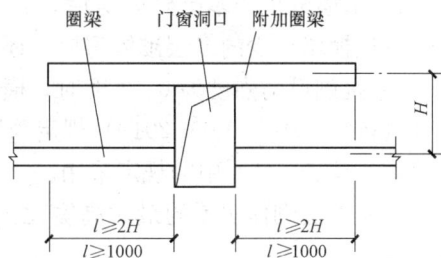

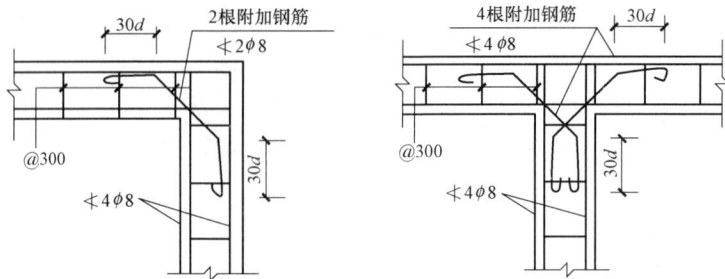

图 3.1-13　圈梁在房屋转角及丁字交叉处的连接构造

2. 多层砌体房屋抗震设计一般规定

（1）多层砌体房屋的层数和总高度。

1）多层砌体房屋的层数和总高度不应超过表 3.1-7 的规定。

表 3.1-7　　　　　　　　　　　　多层砌体房屋的层数和总高度限制　　　　　　　　　　单位：m

房屋类别		最小抗震墙厚度/mm	烈度和设计基本地震加速度										
			6		7				8				9
			0.05g		0.10g		0.15g		0.20g		0.30g		0.40g
			高度	层数	高度	层数	高度	层数	高度	层数	高度	层数	高度	层数
多层砌体房屋	普通砖	240	21	7	21	7	21	7	18	6	15	5	12	4
	多孔砖	240	21	7	21	7	18	6	18	6	15	5	9	3
	多孔砖	190	21	7	18	6	15	5	15	5	12	4	—	—
	小砌块	190	21	7	21	7	18	6	18	6	15	5	9	3
底部框架-抗震墙砌体房屋	普通砖、多孔砖	240	22	7	22	7	19	6	16	5	—	—	—	—
	多孔砖	190	22	7	19	6	16	5	13	4	—	—	—	—
	小砌块	190	22	7	22	7	19	6	16	5	—	—	—	—

2）横墙较少的多层砌体房屋，总高度比表 3.1-4 中的规定降低 3m，层数相应减少一层；各层横墙很少的多层砌体房屋，还应再适减少一层。

3）抗震设防烈度为 6、7 度时，横墙较少的丙类多层砖砌体房屋，当按现行《建筑抗震设计规范》（GB 50001—2010）规定采取加强措施并满足抗震承载能力要求时，其高度和层数容许仍按表 3.1-4 中的规定采用。

（2）多层砌体房屋的最大高宽比限制。多层砌体房屋的最大高宽比应符合表 3.1-8 的规定。

表 3.1-8　　　　　　　　　　　　多层砌体房屋的最大高宽比

烈度/度	6	7	8	9
最大高宽比	2.5	2.5	2.0	1.5

（3）多层砌体房屋的抗震横墙间距。多层砌体房屋的抗震横墙间距不应超过表 3.1-9 的

规定。

表 3.1-9 多层砌体房屋的抗震横墙间距 单位：m

房 屋 类 别		烈 度			
		6	7	8	9
多层砌体房屋	现浇和装配整体式钢筋混凝土楼（屋）盖	15	15	11	7
	装配式钢筋混凝土楼（屋）盖	11	11	9	4
	木屋盖	9	9	4	—
底部框架-抗震墙房屋	上部各层	同多层砌体房屋			—
	底层或底部两层	18	15	11	

（4）多层砌体房屋的局部尺寸限值。多层砌体房屋中砌体墙段局部尺寸限值宜符合表3.1-10的要求。

表 3.1-10 房屋的局部尺寸限制 单位：m

部 位	6 度	7 度	8 度	9 度
承重窗间墙最小宽度	1.0	1.0	1.2	1.5
承重外墙尽端至门窗洞边的最小距离	1.0	1.0	1.2	1.5
非承重外墙尽端至门窗洞边的最小距离	1.0	1.0	1.0	1.0
内墙阳角至门窗洞边的最小距离	1.0	1.0	1.5	2.0
无锚固女儿墙（非出入口处）的最大高度	0.5	0.5	0.5	0.0

（5）多层砌体房屋的结构布置。

1）对于多层砌体结构房屋，应优先采用横墙承重的结构布置方案，其次考虑采用纵、横墙共同承重的结构布置方案，避免采用纵墙承重方案。

2）纵横墙布置均匀对称，沿平面内宜对齐，沿竖向上下连续；且纵横向墙体的数量不宜相差过大。

3）楼梯间不宜设置在房屋的尽端和转角处。

4）烟道、风道、垃圾道等不宜削弱墙体。

5）不应在房屋的转角处设置转角窗。

6）不宜采用无锚固的钢筋混凝土预制挑檐。

3. 抗震构造措施

为了加强房屋的整体性，提高结构的延性和抗震性能，除进行抗震验算以保证结构具有足够的承载能力外，《建筑抗震设计规范》（GB 50011—2010）和《砌体结构设计规范》（GB 50003—2011）还规定了墙体的一系列抗震构造措施。

（1）钢筋混凝土构造柱的设置。

1）钢构造柱设置部位和要求。钢筋混凝土构造柱，是指先砌筑墙体，而后在墙体两端或纵横墙交接处现浇的钢筋混凝土柱。

钢筋混凝土构造柱可以明显提高房屋的抵抗变形能力，增加建筑物的延性，提高建筑物的抗侧移能力，防止或延缓建筑物在地震影响下发生突然倒塌，或减轻建筑物的损坏程度。因此应根据房屋的用途，结构部位的重要性，设防烈度等条件，将构造柱设置在震害较重、连接比较薄弱、易产生应力集中的部位。

对于多层普通砖、多孔砖房应按下列要求设置钢筋混凝土构造柱。

①构造柱设置部位，一般情况下应符合表 3.1-11 的要求。

表 3.1-11　　　　　　　　　　　　砖砌体房屋构造柱设置要求

房 屋 层 数				设 置 部 位	
设防烈度					
6 度	7 度	8 度	9 度	楼、电梯间的四角处；楼梯斜梯段上下端对应的墙体处；外墙四角和对应转角；错层部位横墙与外纵墙交接处；大房间内外墙交接处；较大洞口两侧处	隔 12m 或单元横墙与外纵墙的交接处；楼梯间对应的另一侧内横墙与外纵墙交接处
≤五	≤四	≤三			
六	五	四	三		隔开间横墙（轴线）与外纵墙交接处，山墙与纵墙交接处
七	六、七	五、六	三、四		内墙（轴线）与外纵墙交接处；内墙的局部较小墙垛处，内纵墙与横墙（轴线）交接处

②外廊式和单面走廊式的多层房屋，应根据房屋增加一层后的层数，应按表 3.1-11 的要求设置构造柱；且单面走廊两侧的纵墙均应按外墙处理。

③教学楼、医院等横墙较少的房屋，应根据房屋增加一层后的层数，按表 3.1-11 的要求设置构造柱；当教学楼、医院的横墙较少的房屋为外廊式或单面走廊式时，应按表 3.1-11 中第 2 款要求设置构造柱，但 6 度不超过四层、7 度不超过三层和 8 度不超过二层时，应按增加二层后的层数对待。

2）构造柱截面尺寸、配筋和连接。

①构造柱的最小截面可采用 240mm×180mm。目前在实际应用中，一般构造柱截面多取 240mm×240mm。纵向钢筋宜采用 4Φ12，箍筋间距不宜大于 250mm，且在柱的上下端宜适当加密；6、7 度时超过六层，8 度时超过五层和 9 度时，构造柱纵向钢筋宜采用 4Φ14，箍筋间距不应大于 200mm；房屋四角的构造柱可适当加大截面及配筋。

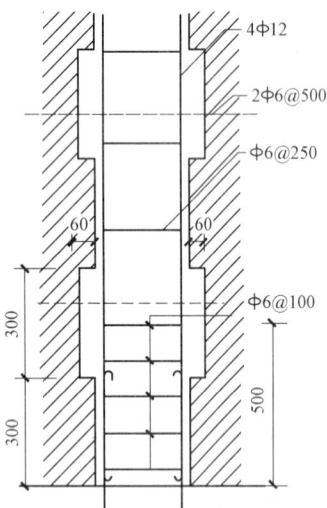

图 3.1-14　砖墙与构造柱

②钢筋混凝土构造柱必须先砌墙，后浇柱，构造柱与墙连接处应砌成马牙槎，并应沿墙高每隔 500mm，设 2Φ6 拉结钢筋，每边伸入墙内不宜小于 1.0m，但当墙上门窗洞边到构造柱边（即墙马牙槎外齿边）的长度小于 1.0m 时，则伸至洞边上（图 3.1-14）。

③构造柱应与圈梁连接，以增加构造柱的中间支点。构造柱与圈梁连接处，构造柱的纵筋应穿过圈梁，保证构造柱纵筋上下贯通。

④构造柱可不单独设置基础，但应伸入室外地面下 500mm 或与埋深小于 500mm 的基础圈梁相连。

（2）钢筋混凝土圈梁的设置。抗震设防的房屋圈梁的设置应符合《建筑抗震设计规范》（GB 50011—2010）的要求：

1）装配式钢筋混凝土楼（屋）盖或木楼盖、木屋盖的砖房横墙承重时按表 3.1-12 的要求设置圈梁。纵墙承重时每层均应设置圈梁，且抗震横墙上的圈梁间距应比表内规定适当加密。现浇或装配整体式钢筋混凝土楼（屋）盖与墙体有可靠连接的房屋可不另设圈梁，但楼板沿墙体周边应加强配筋并应与相应的构造柱钢筋可靠连接。

圈梁的截面高度不应小于120mm，配筋应符合表3.1-12的要求。为了加强基础的整体性和刚性而增设的基础圈梁，其截面高度不应小于180mm，纵筋不应小于4Φ12。

2）多层砌块房屋均应按表3.1-12和表3.1-13的要求来设置现浇钢筋混凝土圈梁，圈梁宽度不小于190mm，配筋不应小于4Φ12，箍筋间距不应大于200mm。

表3.1-12　　　　　　　　　　　　砖房现浇钢筋混凝土圈梁设置要求

墙 类 别	地 震 烈 度		
	6、7	8	9
外墙和内纵墙	屋盖处和每层楼盖处	屋盖处和每层楼盖处	屋盖处和每层楼盖处
内横墙	同上 屋盖处间距不大于4.5m 楼盖处间距不大于7.2m 构造柱对应部位	同上 各层所有横墙，且间距不大于4.5m 构造柱对应部位	同上 各层所有横墙处

表3.1-13　　　　　　　　　　　　　　砖房圈梁配筋要求

配 筋	地 震 烈 度		
	6、7	8	9
最小纵筋	4Φ10	4Φ12	4Φ14
最大箍筋间距	250	200	150

3）蒸压灰压砖、蒸压粉煤灰砖砌体结构房屋；在6度8层、7度7层和8度5层时，应在所有楼（屋）盖处的纵横墙上设置钢筋混凝土圈梁，圈梁的截面尺寸不应小于240mm×180mm，圈梁纵筋不应小于4Φ12，箍筋采用Φ6@200。其他情况下圈梁的设置和构造要求应符合上述条款的规定。

（3）墙体间的拉结。

1）大房间的外墙转角及内外墙交接处，均应沿墙高每隔500mm配置2Φ6拉结钢筋，并伸入墙内不宜小于1m。

2）后砌的自承重隔墙应沿墙高每隔500mm配置2Φ6拉结钢筋与承重墙或柱连接，每边伸入墙内不小于500mm。

3）当设防烈度为8、9度时，长度大于5.1m的后砌非承重砌体隔墙的墙顶尚应与楼板或梁拉结。

（4）楼（屋）盖梁板与墙柱间的连接。

1）现浇钢筋混凝土楼板或屋面板伸进纵横墙内的长度，均不宜小于120mm。

2）装配式钢筋混凝土楼板或屋面板，当圈梁未设在板同一标高时，板端伸进外墙的长度不应小于120mm，伸进内墙的长度不宜小于100mm，且不应小于80mm，在梁上不应小于80mm。

3）当板的跨度大于4.8m并与外墙平行时，靠外墙的预制板侧边应与墙或圈梁拉结。

楼（屋）盖的钢筋混凝土梁或屋架，应与墙、柱（包括构造柱）或圈梁有可靠的连接。梁与砖柱的连接不应削弱砖柱截面，独立砖柱顶部应在两个方向均有可靠连接。

小　　结

（1）考虑屋盖（或楼盖）刚度和横墙间距两个主要因素的影响，按房屋空间刚度（作用）的大小，将混合结构房屋的静力计算方案可分为三种：刚性方案、刚弹性方案和弹性方案。

（2）多层刚性方案房屋承重墙的计算步骤为：合理计算单元、确定计算简图、计算荷载和内力、确定控制截面、验算控制截面的承载能力。

（3）砌体结构的构造要求是保证结构正常工作的合理措施，应熟练掌握并正确应用。

（4）砌体结构房屋中，在墙体内沿水平方向设置的连续的、封闭的钢筋混凝土梁，称为圈梁。圈梁的主要作用是增强房屋的整体性和空间刚度，防止由于地基不均匀沉降或较大振动荷载等对房屋的不利影响。因此，在各类房屋砌体房屋中均应按规定设置圈梁。

（5）钢筋混凝土构造柱，是指先砌筑墙体，而后在墙体两端或纵横墙交接处现浇的钢筋混凝土柱。钢筋混凝土构造柱可以提高房屋的抵抗变形能力，增加建筑物的延性，提高建筑物的抗侧移能力，防止或延缓建筑物在地震影响下发生突然倒塌，或减轻建筑物的损坏程度。因此应根据房屋的用途，结构部位的重要性，设防烈度等条件，将构造柱设置在震害较重、连接比较薄弱、易产生应力集中的部位。

能力拓展与实训

一、基础训练

1. 思考题

（1）混合结构房屋的有哪几种静力计算方案？根据什么划分的？不同的静力计算方案之间有什么区别？

（2）刚性方案房屋墙、柱的静力计算简图是怎样的？

（3）在砌体房屋墙、柱的承载力验算时，选择哪些部位和截面既能减少计算工作量又能保证安全可靠？

（4）砌体结构的构造要求有哪些？

（5）简述混合结构房屋中圈梁的作用、布置和构造要求。

（6）简述混合结构房屋中构造柱的作用、布置和构造要求？

2. 填空题

（1）墙体的承重体系有（　　　　）、（　　　　）、（　　　　）、（　　　　）。

（2）房屋的静力计算方案有（　　　　）、（　　　　）、（　　　　）。

（3）横墙承重的荷载传递路线是（　　　）、（　　　）、（　　　）、（　　　）、（　　　）。

（4）纵横墙承重的荷载传递路线是（　　　）、（　　　）、（　　　）、（　　　）、（　　　）。

（5）一类楼（屋）盖，刚性方案的最大横墙间距 $s=$（　　　　）。

（6）二类楼（屋）盖，刚性方案的最大横墙间距 $s=$（　　　　）。

（7）高厚比验算的目的是：（1）防止（　　　）、（　　　）；（2）防止（　　　）、（　　　）。

3. 选择题

（1）楼板沿纵向铺设在大梁上，大梁一端搁在纵墙上，另一端与柱整体连接，此类方案是（　　　）。

    A. 横墙承重方案   B. 纵墙承重方案

    C. 纵横墙承重方案   D. 内框架承重方案

（2）房屋横墙间距较小，屋（楼）盖水平刚度较大的方案称为（　　　）。

    A. 刚性方案   B. 弹性方案   C. 刚弹性方案   D. 纵横墙承重方案

（3）若某混合结构房屋，拟设计为刚性方案，但刚度不足，应采用最有效的措施是（　　　）。

    A. 增加原刚性横墙的厚度   B. 增加砂浆的强度等级

    C. 减小上部荷载   D. 减小刚性横墙间距

（4）混合结构房屋静力计算的三种方案是按（　　　）划分的。

    A. 屋盖或楼盖的刚度   B. 横墙的间距

    C. 屋盖或楼盖的刚度及横墙的间距   D. 都不是

4. 计算题

某四层教学楼部分平面图、剖面图如图 3.1-15 所示，采用钢筋混凝土装配式楼盖屋盖，梁截面尺寸为 250mm×500mm，伸入墙内 240mm，外墙 370mm 厚，内墙 240mm 厚，隔墙厚 120mm，采用双面粉刷，层高 3.6m，采用 MU10 烧结普通砖和 M7.5 混合砂浆砌筑，采用 1500mm 宽、2100mm 高的钢窗，基本风压 $W_0 = 0.6 \text{kN/m}^2$，基本雪压 $S_0 = 0.9 \text{kN/m}^2$，试验算该教学楼墙体承载力。

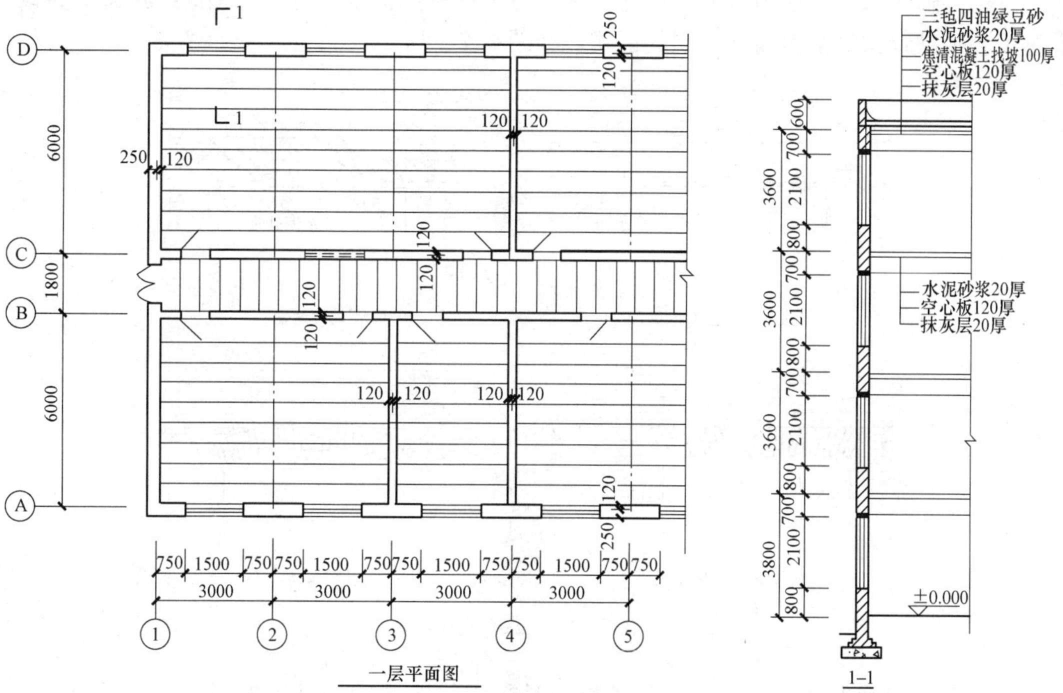

图 3.1-15 一层平面图及 1-1 剖面图

二、工程技能训练

校园内选择一个有代表性的砖混结构房屋。要求：

（1）按抗震要求设置构造柱和圈梁。

（2）验算承重墙体的承载能力。

3.2　砌体结构房屋其他结构构件设计

【工作任务】　砌体结构房屋施工。

【任务目标】

知识目标：

（1）了解过梁、墙梁、挑梁、雨篷的类型、受力特点及构造要求。

（2）掌握过梁荷载的取值及承载力计算方法。

（3）掌握挑梁的计算方法及构造要求。

能力目标： 通过熟悉过梁、墙梁、挑梁、雨篷的设计过程，能够解决砌体结构房屋施工中常见的问题。

3.2.1　过梁

为了承受门窗洞口上部墙体的重力和楼盖传来的荷载，并将其传给洞口两侧的墙体设置的横梁称为过梁。

1. 过梁的种类

过梁是砌体结构门窗洞口上常用的构件，主要有钢筋混凝土过梁、钢筋砖过梁、砖砌平拱过梁和砖砌弧拱过梁等几种不同的形式，如图 3.2-1 所示。

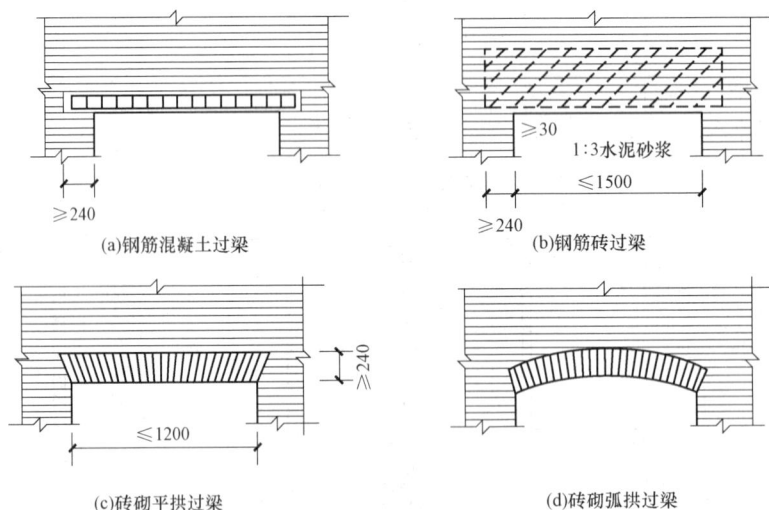

图 3.2-1　过梁的常用类型

（1）钢筋混凝土过梁。钢筋混凝土过梁是采用较普遍的一种，可现浇，也可预制〔图 3.2-1（a）〕。其断面形式有矩形和 L 形两种。

（2）钢筋砖过梁。钢筋砖过梁是指在洞口顶面砖砌体下的水平灰缝内配置纵向受力钢筋而形成的过梁［图 3.2-1（b）］，其净跨 l_n 不宜超过 1.5m。

（3）砖砌平拱过梁。砖砌平拱是指将砖竖立或侧立构成跨越洞口的过梁［图 3.2-1（c）］，其跨度不宜超过 1.2m。

（4）砖砌弧拱是指将砖竖立或侧立成弧形跨越洞口的过梁［图 3.2-1（d）］，当矢高 $f=(1/8 \sim 1/12)l_n$ 时，$l_n=(2.5 \sim 3.0)$m；矢高 $f=(1/5 \sim 1/6)l_n$ 时，$l_n=(3.0 \sim 4.0)$m，此种形式过梁由于施工复杂，目前很少采用。

目前常用的有钢筋砖过梁和钢筋混凝土过梁两种形式。由于砖砌过梁延性较差，跨度不宜过大，因此对有较大振动荷载或可能产生不均匀沉降的房屋，应采用钢筋混凝土过梁。钢筋混凝土过梁有预制、现浇两种。其断面形式有矩形和 L 形两种。

2. 砖砌过梁的构造要求

（1）砖砌过梁截面计算高度内的砂浆不宜低于 M5。

（2）砖砌平拱用竖砖砌筑部分的高度不应小于 240mm。

（3）钢筋砖过梁底面砂浆层处的钢筋，其直径不应小于 5mm，间距不宜大于 120mm，钢筋伸入支座砌体内的长度不宜小于 240mm，砂浆层的厚度不宜小于 30mm。

3. 过梁的计算

（1）过梁的受力特点。过梁的工作不同于一般的简支梁，砖砌过梁由于过梁与其上部砌体及墙间砌成一整体，彼此共同工作，这样上部砌体不仅仅是过梁的荷载，而且，由于它本身的整体性而具有拱的作用，即部分荷载通过这种拱的作用直接传递到窗间墙上，从而减轻过梁的荷载。对于钢筋混凝土过梁其受力状态类似于墙梁中的托梁，处于偏心受拉状态。但工程上由于过梁的跨度通常不大，将过梁按简支梁计算，并通过调整荷载的取值来考虑其有利影响。

1）砖砌平拱过梁：受弯构件（墙体上部受压、下部受拉）。砖砌平拱过梁的工作机理类似于三铰拱，除可能发生受弯破坏和受剪破坏，在跨中开裂后，还会产生水平推力。此水平推力由两端支座处的墙体承受。当此墙体的灰缝抗剪强度不足时，会发生支座滑动而破坏，这种破坏易发生在房屋端部的门窗洞口处墙体上，如图 3.2-2（a）所示。

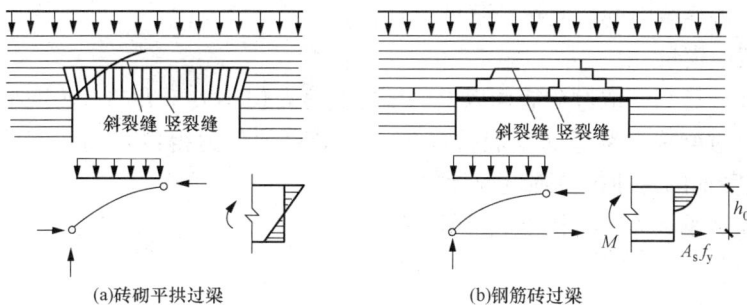

图 3.2-2 过梁的破坏形式

2）钢筋砖过梁：三铰拱（钢筋受拉，上部墙体受压）。钢筋砖过梁的工作机理类似于带拉杆的三铰拱，有两种可能的破坏形式：正截面受弯破坏和斜截面受剪破坏。当过梁受拉区的拉应力超过砖砌体的抗拉强度时，则在跨中受拉区会出现垂直裂缝；当支座处斜截面的主拉应力超过砖砌体沿齿缝的抗拉强度时，在靠近支座处会出现斜裂缝，在砌体材料中表现为阶梯形斜裂缝，如图 3.2-2（b）所示。

由过梁的破坏形式可知，应对过梁进行受弯、受剪承载力验算。对砖砌平拱还应按其水平推力验算端部墙体的水平受剪承载力。

（2）过梁上的荷载。作用在过梁上的荷载有一定高度内的砌体自重和过梁计算高度范围内的梁、板传来的荷载。

1）砌体自重。试验表明，当砖砌体的砌筑高度接近跨度的一半时，跨中挠度的增加明显减小。此时，过梁上砌体的当量荷载相当于高度等于 1/3 跨度时的墙体自重。这是由于砌体砂浆随时间增长而逐渐硬化，参加工作的砌体高度不断增加，使砌体的组合作用不断增强。当过梁上墙体有足够高度时，施加在过梁上的竖向荷载将通过墙体内的拱作用直接传给支座。因此，过梁上的墙体荷载应如下取用。

①对砖砌体，当过梁上的墙体高度 $h_w < l_n/3$ 时，应按墙体的均布自重采用，其中 l_n 为过梁的净跨。当墙体高度 $h_w \geq l_n/3$ 时，应按高度为 $l_n/3$ 墙体的均布自重采用。

②对混凝土砌块砌体，当过梁上的墙体高度 $h_w < l_n/2$ 时，应按墙体的均布自重采用。当墙体高度 $h_w \geq l_n/2$ 时，应按高度为 $l_n/2$ 墙体的均布自重采用。

2）梁、板荷载。对梁板传来的荷载，试验结果表明，当在砌体高度等于跨度的 0.8 倍左右的位置施加外荷载时，过梁的挠度变化已很微小。因此可认为，在高度等于跨度的位置上施加外荷载时，荷载将全部通过拱作用传递，而不由过梁承受。对过梁上部梁、板传来的荷载，《规范》规定：对砖和小型砌块砌体，当梁、板下的墙体高度 $h_w < l_n$（l_n 为过梁的净跨）时，应计入梁、板传来的荷载。当梁、板下的墙体高度 $h_w \geq l_n$ 时，可不考虑梁、板荷载。

（3）过梁的计算。

1）砖砌平拱过梁的承载力计算。

①正截面受弯承载力，可按下式计算：

$$M \leq f_{tm}W \tag{3.2-1}$$

式中　M——按简支梁并取净跨计算的跨中弯矩设计值；

　　　f_{tm}——沿齿缝截面的弯曲抗拉强度设计值；

　　　W——截面模量。

过梁的截面计算高度取过梁底面以上的墙体高度，但不大于 $l_n/3$。砖砌平拱中由于存在支座水平推力，过梁垂直裂缝的发展得以延缓，受弯承载力得以提高。因此，式（3.2-1）的 f_{tm} 取沿齿缝截面的弯曲抗拉强度设计值。

②斜截面受剪承载力，可按下式计算：

$$V \leq f_v bz \tag{3.2-2}$$

式中　V——剪力设计值；

　　　f_v——砌体的抗剪强度设计值；

　　　b——截面宽度；

　　　z——内力臂，当截面为矩形时，取 z 等于 $2h/3$。

一般情况下，砖砌平拱的承载力主要由受弯承载力控制。

2）钢筋砖过梁的承载力计算。

①正截面受弯承载力，可按下式计算：

$$M \leqslant 0.85 h_0 f_y A_s \tag{3.2-3}$$

式中　M——按简支梁并取净跨计算的跨中弯矩设计值；

　　　f_y——钢筋的抗拉强度设计值；

　　　A_s——受拉钢筋的截面面积；

　　　h_0——过梁截面的有效高度，$h_0 = h - a_s$；

　　　a_s——受拉钢筋重心至截面下边缘的距离。

　　　h——过梁的截面计算高度，取过梁底面以上的墙体高度，但不大于 $l_n/3$；当考虑梁、板传来的荷载时，则按梁、板下的高度采用。

②钢筋砖过梁的受剪承载力计算与砖砌平拱过梁相同。

3）钢筋混凝土过梁的承载力计算。钢筋混凝土过梁的承载力应按钢筋混凝土受弯构件计算。过梁的弯矩按简支梁计算，计算跨度取（$l_n + a$）和 $1.05 l_n$ 二者中的较小值，其中 a 为过梁在支座上的支承长度。在验算过梁下砌体局部受压承载力时，可不考虑上部荷载的影响，即取 $\varphi = 0$。由于过梁与其上砌体共同工作，构成刚度很大的组合深梁，其变形非常小，故其有效支承长度可取过梁的实际支承长度，并取应力图形完整系数 $\eta = 1$。

钢筋混凝土过梁还需要梁端支承处砌体局部受压验算，验算时可不考虑梁端上层荷载的影响；砌体局部抗压强度提高系数取 $\gamma = 1.25$；过梁梁端有效支承长度取 $a_0 = a < h$。

4. 钢筋混凝土过梁通用图集

钢筋混凝土过梁分为现浇过梁和预制过梁，预制过梁一般为标准构件，全国和各地区均有标准图集。

【例3.2-1】 已知钢筋砖过梁净跨 $l_n = 1500\text{mm}$，过梁宽度与墙体厚度相同 $b = 240\text{mm}$，采用 MU10 黏土砖、M5 混合砂浆砌筑而成。在离窗口 600mm 高度处，存在由楼板传来的均布竖向荷载，其中恒荷载为 3.5kN/m、活荷载 3kN/m，砖墙自重 5.24kN/m²，试设计该钢筋砖过梁。

【解】（1）荷载计算。由于楼板位于小于跨度的范围内（$h_w < l_n$），故在荷载 p 的计算中，除要计入墙体自重外还需考虑由梁、板传来的均布荷载：

$$p_1 = 1.35 \times (5.24 \times 1.5/3 + 3.5) + 1.4 \times 0.7 \times 3$$

$$= 1.35 \times 6.12 + 0.98 \times 3 = 11.20\text{kN/m}$$

$$p_2 = 1.2 \times (5.24 \times 1.5/3 + 3.5) + 1.4 \times 3 = 1.2 \times 6.12 + 1.4 \times 3 = 11.54\text{kN/m}$$

（2）钢筋砖过梁受弯承载力计算。过梁计算高度，因考虑梁、板传来的荷载，故 $h = h_w = 600\text{mm}$

则 $h_0 = 600 - 15 = 585\text{mm}$，采用 HPB300 级钢筋 $f_y = 270\text{N/mm}^2$

跨中最大弯矩　　　$M = p l_n^2/8 = 11.54 \times 1.5^2/8 = 3.25\text{kN} \cdot \text{m}$

得　　　$A_s = M/(0.85 h_0 f_y) = 3.25 \times 10^6/(0.85 \times 585 \times 270) = 24.2\text{mm}^2$

选用 2Φ6（56.6mm²）作为抗弯钢筋。

（3）过梁受剪承载力验算。

据表：　　　　　　　　　$f_v = 0.11\text{N/mm}^2$

支座边缘剪力： $V=pl_n/2=11.54\times1.5/2=8.66\mathrm{kN}$

$$V_u=f_v bz=2f_v bh/3=2\times0.11\times240\times600/3=10.56\mathrm{kN}$$

故 $V_u=10.56\mathrm{kN}>V=8.66\mathrm{kN}$，钢筋砖过梁受剪承载力满足要求。

【例 3.2-2】 已知钢筋混凝土过梁净跨 $l_n=2100\mathrm{mm}$，过梁上墙体高度 $1600\mathrm{mm}$，砖墙厚度 $b=240\mathrm{mm}$，采用 MU10 黏土砖、M5 混合砂浆砌筑而成。在窗口上方 $500\mathrm{mm}$ 处，由楼板传来的均布竖向荷载中恒载标准值为 $12\mathrm{kN/m}$、活载标准值为 $6\mathrm{kN/m}$，砖墙自重取 $5.24\mathrm{kN/m^2}$，混凝土容重取 $25\mathrm{kN/m^3}$，试设计该钢筋混凝土过梁。

【解】 根据题意，考虑过梁跨度及荷载等情况，过梁截面取 $b\times h=240\mathrm{mm}\times300\mathrm{mm}$。

（1）荷载计算。由于楼板位于小于跨度的范围内（$h_w<l_n$），故在荷载 p 的计算中，除要计入墙体自重外，还需考虑由梁、板传来的均布荷载：

$$p_1=1.35\times(25\times0.24\times0.3+5.24\times2.1/3+12)+1.4\times0.7\times6$$
$$=1.35\times17.47+0.98\times6=29.46\mathrm{kN/m}$$
$$p_2=1.2\times(25\times0.24\times0.3+5.24\times2.1/3+12)+1.4\times6$$
$$=1.2\times17.47+1.4\times6=29.36\mathrm{kN/m}$$

（2）配筋计算。搁置在砖墙上的混凝土过梁计算跨度：

$$l_0=1.05l_n=1.05\times2100=2205\mathrm{mm}$$
$$M=pl_0^2/8=29.46\times2.205^2/8=17.9\mathrm{kN\cdot m}$$
$$V=pl_n/2=29.46\times2.10/2=30.93\mathrm{kN}$$

取 C20 混凝土，经计算（略），得纵筋 $A_s=238\mathrm{mm^2}$。

纵筋选用 2Φ14，箍筋通长采用 Φ6@250。

（3）过梁梁端支承处局部抗压承载力验算。

参数取值： $\eta=1.0$，$\varphi=0$，$\gamma=1.25$

取 $f=1.5\mathrm{N/mm^2}$，

$$A_l=a_0\times b=141.42\times240=33\,941.1\mathrm{mm^2}$$
$$A_0=(a+b)\times b=(240+240)\times240=115\,200\mathrm{mm^2}$$

由 $N_l=pl_0/2=29.46\times2.205/2=32.48\mathrm{kN}$ 得

$$\varphi N_0+N_l=N_l=32.48\mathrm{kN}<\eta\gamma A_l f=1.0\times1.25\times33\,941.1\times1.5=63.6\mathrm{kN}$$

故钢筋混凝土过梁支座处砌体局部受压安全。

3.2.2 墙梁

由支承墙体的钢筋混凝土梁及其上计算高度范围内墙体所组成的能共同工作的组合构件称为墙梁。其中的钢筋混凝土梁称为托梁。

在多层砌体结构房屋中，为了满足使用要求，往往要求底层有较大的空间，如底层为商店、饭店等，而上层为住宅、办公室、宿舍等小房间的多层房屋，可用托梁承托以上各层的墙体，组成墙梁结构，上部各层的楼面及屋面荷载将通过砖墙及支撑在砖墙上的钢筋混凝土楼面梁或框架梁（托梁）传递给底层的承重墙或柱。此外，单层工业厂房中外纵墙与基础梁、承台梁与其上墙体等也构成墙梁。与多层钢筋混凝土框架结构相比，墙梁节省钢材和水泥，造价低，因此应用广泛。

1. 墙梁的种类

墙梁按支承情况分为简支墙梁、连续墙梁和框支墙梁（图 3.2-3）；按墙梁承受荷载情况可分为承重墙梁和自承重墙梁。承重墙梁除了承受托梁和托梁以上的墙体自重外，还承受由屋盖或楼盖传来的荷载。自承重墙梁仅承受托梁和托梁以上的墙体自重。

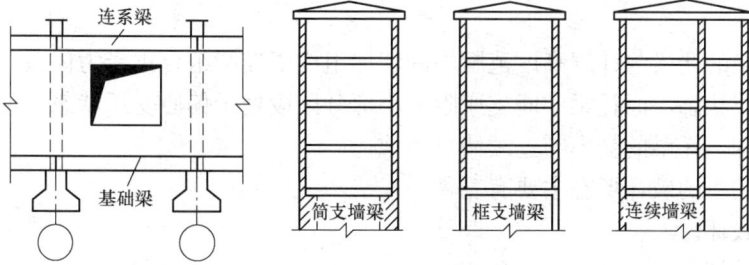

图 3.2-3　墙梁

底层大空间房屋结构其墙梁不仅承受墙梁（托梁与墙体）的自重，还承受托梁及以上各层楼盖和屋盖荷载，因而属于承重墙梁。

单层工业厂房中承托围护墙体的基础梁、承台梁等与其上墙体构成的墙梁一般仅承受自重作用，为自承重墙梁。

采用烧结普通砖和烧结多孔砖砌体和配筋砌体的墙体的有关尺寸应符合表 3.2-1 的规定。墙梁计算高度范围内每跨允许设置一个洞口；洞口边缘至支座的中心距 a_i，距边支座不应小于 $0.15l_{0i}$。对于多层房屋的墙梁，各层洞口宜设置在相同的位置且宜上下对齐。墙梁的计算跨度 l_{0i}，对于简支墙梁和连续墙梁取 $1.1l_{ni}$ 或两者较小值；l_{ni} 为净跨，l_{ci} 为支座中心线距离。对于框支墙梁取框架柱中心线间的距离 l_{ci}。墙体计算高度 H_w，取托梁顶面上一层墙体高度，当 $H_w > l_0$ 时，取 $H_w = l_0$（对连续墙梁或多跨框支墙梁 l_0 取各跨的平均值）。

表 3.2-1　　　　　　烧结普通砖、烧结多孔砖砌体、配筋砌体墙梁设计规定

墙梁类型	墙体总高/m	跨度/m	墙体高跨比 (h_w/l_{0i})	托梁高跨比 (h_b/l_{0i})	洞宽比 (b_h/l_{0i})	洞高 (h_h)
承重墙梁	≤18	≤9	≥0.4	≥1/10	≤0.3	≤$5h_w/6$ 且 $h_w - h_h \geq 0.4m$
自承重墙梁	≤18	≤12	≥1/3	≥1/5	≤0.8	

注　1. 墙体总高度指托梁顶面到檐口的高度，带阁楼的坡屋面应算到山尖墙 1/2 高度处。

2. 对自承重墙梁，洞口至边支座中心的距离不宜小于 $0.1l_{0i}$，门窗洞上口至墙顶的距离不应小于 0.5m。

3. h_w——墙体计算高度；h_b——托梁截面高度；l_{0i}——墙梁计算跨度；b_h——洞口宽度；h_h——洞口高度，对窗洞取洞顶至托梁顶面距离。

167

2. 墙梁的受力特点

试验表明，对于简支墙梁，当无洞口和跨中开洞墙梁，作用于简支墙梁顶面的荷载通过墙体拱的作用向支座传递。此时托梁上、下部钢筋全部受拉，沿跨度方向钢筋应力分布比较均匀，处于小偏心受拉状态。托梁与计算高度范围内的墙体两者组成一拉杆拱机构。

偏开洞墙梁，由于墙梁顶部荷载通过墙体的大拱和小拱作用向两端支座及托梁传递。托梁既作为大拱的拉杆承受拉力，又作为小拱一端的弹性支座，承受小拱传来的竖向压力，产生较大的弯矩，一般处于大偏心受拉状态。托梁与计算范围内的墙体两者组成梁—拱组合受力机构。

而连续墙梁的托梁与计算高度范围内的墙体组成了连续组合拱受力体系。托梁大部分区段处于偏心受拉状态，而托梁中间支座附近小部分区段处于偏心受压状态，框支墙梁将形成框架组合拱结构，托梁的受力与连续墙梁类似。

墙梁可能发生的破坏形态主要有三种：

（1）弯曲破坏。

（2）剪切破坏。剪切破坏有三种情况：

第一种，当墙体高跨比比较小时（$h_w/l_0 < 0.5$）容易发生斜拉破坏，墙体在主拉应力作用下产生沿灰缝的阶梯形斜裂缝，斜拉破坏承载力较低。

第二种，当墙体高跨比比较大时（$h_w/l_0 > 0.5$），容易发生斜压破坏，主压应力作用下沿支座斜上方形成较陡的斜裂缝，斜压破坏承载力较高。

第三种，当承受集中荷载时，破坏斜裂缝发生在支座和集中荷载作用点的连线上，破坏呈脆性，这种破坏称劈裂破坏。

（3）局压破坏。

3. 墙梁的构造要求

对墙梁的基本构造要求作了如下规定：

（1）托梁混凝土强度等级不应低于 C30。纵向钢筋宜采用 HRB335、HRB400 或 RRB400 级钢筋。

（2）托梁纵向受力钢筋宜通长设置，当有接头时，应采用焊接接头，接头类型和质量应按照国家现行《混凝土结构工程施工质量验收规范》（GB 50204—2015）的规定。

（3）承重墙梁的托梁纵向钢筋配筋率，不应小于 0.6%。偏开洞时托梁箍筋加密区。

（4）在梁端 $l_0/5$ 范围内，托梁上部钢筋用量不应少于跨中下部钢筋的 1/3；当托梁截面高度大于或等于 500mm 时，应沿梁高设置通长水平腰筋，其直径不宜小于 12mm，间距不宜大于 200mm。

（5）承重墙梁支承长度不应小于 350mm；托梁纵向钢筋应伸入支座并应满足受拉钢筋的锚固要求。

（6）承重墙梁砌体的砖不宜低于 MU10，承重墙梁计算高度范围内砌体的砂浆不应低于 M10，其余部分砌体及非承重墙梁砌体的砂浆，不应低于 M5。

（7）墙梁的墙体，不应采用空斗墙；墙体厚度不应小于 240mm。

（8）墙梁开洞时，宜在洞口设置钢筋混凝土过梁，过梁支承长度不宜小于 370mm；在洞口范围内不宜施加集中荷载。

（9）承重墙梁两端应设置翼墙，翼墙厚度不应小于 240mm，宽度不应小于 3 倍墙厚，墙梁与翼墙应同时砌筑。

（10）多层房屋设有墙梁时，在墙梁的顶面和翼墙的托梁标高宜设置圈梁。

（11）设有承重墙梁房屋，当采用装配式楼盖时，在托梁与楼板、楼板与墙体之间应铺砌砂浆。

（12）墙梁计算高度范围内的墙体每天可砌高度，不应超过 1.5m，否则应加设临时支承。

（13）框支墙梁柱截面尺寸不宜小于 $400mm \times 400mm$ 或 $D \geqslant 450mm$。

3.2.3 挑梁

在砌体结构房屋中，一端埋入墙内，另一端悬挑在墙外的钢筋混凝土梁，称为挑梁。

在砌体结构房屋中，为了支承挑廊、阳台、雨篷等，常设有埋入砌体墙内的钢筋混凝土悬臂构件，即挑梁。当埋入墙内的长度较大且梁相对于砌体的刚度较小时，梁发生明显的挠曲变形，将这种挑梁称为弹性挑梁，例如阳台挑梁、外廊挑梁等；当埋入墙内的长度较短，埋入墙内的梁相对于砌体刚度较大，挠曲变形很小，主要发生刚体转动变形，将这种挑梁称为刚性挑梁。嵌入砖墙内的悬臂雨篷梁属于刚性挑梁。

1. 挑梁的受力特点

埋置于墙体中的挑梁是与砌体共同工作的。在墙体上的均布荷载和挑梁端部集中力作用下经历了弹性、带裂缝工作和破坏等三个受力阶段。挑梁与砌体上界面墙边水平裂缝①→挑梁埋入端下界面水平裂缝②→挑梁埋入端上角阶梯形斜裂缝③→局部受压裂缝④（图 3.2-4）。

挑梁可能发生的破坏形态有以下三种：

（1）挑梁倾覆破坏。挑梁倾覆力矩大于抗倾覆力矩，挑梁尾端墙体斜裂缝不断开展，挑梁绕倾覆点发生倾覆破坏。

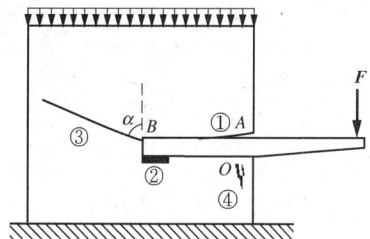

图 3.2-4　挑梁的破坏

（2）梁下砌体局部受压破坏。当挑梁埋入墙体较深、梁上墙体高度较大时，挑梁下靠近墙边小部分砌体由于压应力过大发生局部受压破坏。

（3）挑梁弯曲破坏或剪切破坏。挑梁由于正截面受弯承载力或斜截面受剪承载力不足引起弯曲破坏或剪切破坏。

2. 挑梁的计算

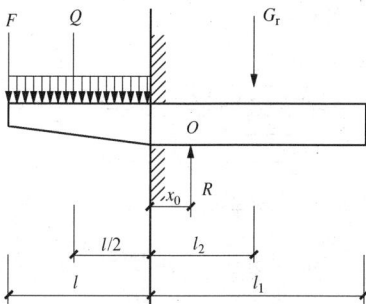

图 3.2-5　挑梁抗倾覆计算简图

挑梁的计算包括挑梁抗倾覆验算，挑梁自身承载力计算和挑梁悬挑端根部砌体局部受压承载力验算三部分。

（1）挑梁的抗倾覆验算。计算简图如图 3.2-5 所示。挑梁不发生倾覆破坏，应满足下列条件：

①计算倾覆点位置 x_0 的确定。

也可近似采用 $x_0 = 0.3h_b$，且均不大于 $0.13l_1$

当 $l_1 < 2.2h_b$ 时 $x_0 = 0.13h_b$

②抗倾覆荷载的计算。

挑梁的抗倾覆力矩按下式计算：

$$M_r = 0.8G_r(l_2 - x_0) \tag{3.2-4}$$

式中 G_r——挑梁的抗倾覆荷载;

l_2——作用点至墙外边缘的距离;

x_0——计算倾覆点至墙外边缘的距离。

(2) 挑梁下砌体局部受压承载力验算。挑梁下砌体局部受压承载力下式计算

$$N_l \leqslant \eta\gamma f A_l \tag{3.2-5}$$

式中 N_l——挑梁下支承压力,可取 $N_l = 2R$,其中 R 为挑梁的倾覆荷载设计值;

η——挑梁下压应力图形完整系数,可取 $\eta = 0.7$;

γ——砌体局部受压强度提高系数;对矩形截面一字状墙段,$\gamma = 1.25$;对 T 形截面丁字状墙段,$\gamma = 1.5$;

A_l——挑梁下砌体局部受压面积,可取 $A_l = 1.2bh_b$,b 为挑梁截面宽度,h_b 为挑梁截面高度。

(3) 挑梁自身承载力计算。挑梁各截面最大内力(图 3.2-6):

$$M_{max} = M_{0v}; \quad V_{max} = V_0$$

式中 M_{max}——挑梁最大弯矩设计值;

V_{max}——挑梁最大剪力设计值;

V_0——挑梁的荷载设计值在挑梁的墙外边缘处截面产生的剪力。

挑梁受弯承载力和受剪承载力的计算与一般钢筋混凝土梁相同。

3. 挑梁的构造

挑梁自身除按钢筋混凝土受弯构件设计外,还应满足下列构造要求:

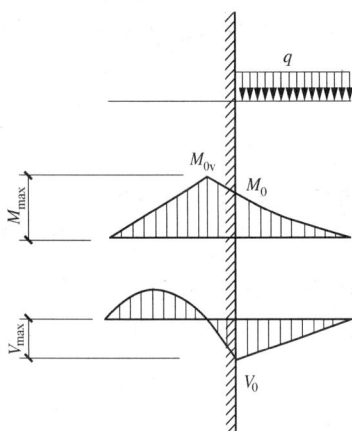

图 3.2-6 挑梁内力图

(1) 纵向受力钢筋至少应有 1/2 的钢筋面积伸入梁尾端,且不少于 2Φ12。其他钢筋伸入支座的长度不应小于 $2l_1/3$。

(2) 挑梁埋入砌体长度 l_1 与挑出长度 l 之比宜大于 1.0;当挑梁上无砌体时,l_1 与 l 之比宜大于 2。

【例 3.2-3】 某办公楼承托阳台的钢筋混凝土挑梁埋置于 T 形截面墙段(图 3.2-7),挑梁挑出长度 l = 1.5m,埋入长度 l_1 = 2.0m,挑梁截面尺寸 b = 240mm,h_b = 350mm;挑梁上墙体净高 3.0m,墙厚 h = 240mm;墙体采用 MU10 烧结多孔砖、M5 混合砂浆砌筑,双面粉刷;挑梁末端承受的集中荷载标准值:F_k = 6kN,挑梁承受的阳台和本层楼板传来的均布恒载标准值为:$g_{1k} = g_{2k}$ = 17.75kN,挑梁承受的均布活载标准值 q_{1k} = 8.25kN/m,q_{2k} = 4.95kN/m。挑梁采用 C20 混凝土,纵筋为 HRB335,挑梁自重标准值为 2.31kN/m。进行挑梁的抗倾覆验算和局部受压承载力验算。

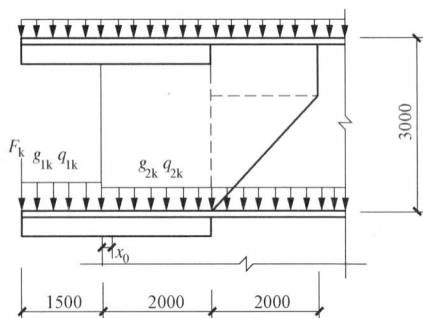

图 3.2-7 挑梁示意图

【解】 根据题意，挑梁需进行以下验算：

（1）挑梁抗倾覆验算。

①计算倾覆点 O 的位置。

挑梁埋入墙体长度：$l_1 = 2.0\text{m}$，$l_1 = 2000 > 2.2h_b = 2.2 \times 350 = 770\text{mm}$，
由此知倾覆点至墙边缘的距离为：

$$x_0 = 0.3，h_b = 0.3 \times 350 = 105\text{mm}$$

②计算倾覆力矩。

倾覆力矩由阳台上作用的 F_k、q_{1k}、g_{1k} 产生：

$$M_{0v1} = 1.2 \times [6 \times (1.5 + 0.105) + (17.75 + 2.31) \times (1.5 + 0.105)^2/2] +$$
$$1.4 \times [8.25 \times (1.5 + 0.105)^2/2] = 57.45\text{kN} \cdot \text{m}$$

$$M_{0v2} = 1.35 \times [6 \times (1.5 + 0.105) + (17.75 + 2.31) \times (1.5 + 0.105)^2/2] +$$
$$1.4 \times [8.25 \times (1.5 + 0.105)^2/2] = 58.29\text{kN} \cdot \text{m}$$

③计算抗倾覆力矩。

抗倾覆力矩由挑梁埋入段自重以及挑梁上部有效范围内墙体的自重共同作用：

$$M_r = 0.8 \times [17.75 \times (2 - 0.105)^2/2 + 4.95 \times 2.0 \times 3.0 \times (1.0 - 0.105) +$$
$$1.0 \times 2.0 \times 4.95 \times (2.0 + 1.0 - 0.105) + \times 2.0 \times 2.0 \times 4.95 \times (+2.0 - 0.105)]$$
$$= 0.8 \times [31.87 + 26.58 + 28.66 + 25.36] = 89.98\text{kN} \cdot \text{m}$$

④抗倾覆验算。

由上述计算结果，比较倾覆力矩和抗倾覆力矩有：

$$M_r = 89.98\text{kN} \cdot \text{m} > M_{0v} = 58.29\text{kN} \cdot \text{m}$$

抗倾覆承载力满足要求。

（2）挑梁下砌体的局部受压承载力验算。

①挑梁下的支撑压力：

$$N_1 = 2R = 2 \times \{1.2 \times [6 + 17.75 \times (1.5 + 0.105)] +$$
$$1.4 \times 8.25 \times (1.5 + 0.105)\}$$
$$= 2 \times (41.39 + 18.54) = 119.9\text{kN}$$

（按永久荷载分项系数为 1.35，可变荷载分项系数为 1.4×0.7，可知 $N_1 = 119.07\text{kN}$）

②挑梁局部受压承载力计算：

$$\eta = 0.7 \qquad \gamma = 1.5 \quad f = 1.5$$
$$A_l = 1.2bh_b = 1.2 \times 240 \times 350 = 10\,080\text{mm}^2$$
$$\eta f \gamma A_l = 0.7 \times 1.5 \times 1.5 \times 10\,080 = 158.76\text{kN}$$
$$N_1 = 119.9\text{kN} < 158.76\text{kN}$$

所以挑梁局部受压承载力满足要求。

③挑梁设计。

挑梁承受的最大弯矩为：

$$M_{max} = M_{0v} = 58.29\text{kN}$$

挑梁承受的最大剪力为：

$$V_{01} = 1.2 \times [6 + (17.75 + 2.31) \times 1.5] + 1.4 \times (8.25 \times 1.5)$$
$$= 43.31 + 17.33 = 60.64\text{kN}$$

$$V_{02} = 1.2 \times [6 + (17.75 + 2.31) \times 1.5] + 1.4 \times (8.25 \times 1.5)$$
$$= 60.85 \text{kN}$$

$$V_{max} = 60.85 \text{kN}$$

挑梁的最大弯矩和剪力得到后，即可按钢筋混凝土受弯构件进行挑梁的抗弯、抗剪承载力计算，此处省略。

小　　结

（1）钢筋混凝土过梁是砌体结构中应用较多的受力构件，计算时应按有关规定正确确定过梁上的荷载。

（2）过梁、墙梁、挑梁和雨篷是混合结构房屋中的常见构件，都是由钢筋混凝土或砌体结构的梁与其上墙体组合而成的混合结构，其特点是墙与梁共同工作。

（3）过梁是砌体结构门窗洞口上常用的构件，主要有钢筋混凝土过梁、钢筋砖过梁、砖砌平拱过梁和砖砌弧拱过梁等几种不同的形式。

（4）目前常用的有钢筋砖过梁和钢筋混凝土过梁，钢筋混凝土过梁有预制、现浇两种。其中钢筋混凝土过梁可按相应标准图集选用。钢筋混凝土过梁断面形式有矩形和 L 形两种。

（5）由支承墙体的钢筋混凝土梁及其上计算高度范围内墙体所组成的能共同工作的组合构件称为墙梁。其中的钢筋混凝土梁称为托梁。

（6）墙梁按支承情况分为简支墙梁、连续墙梁和框支墙梁；按墙梁承受荷载情况可分为承重墙梁和自承重墙梁。承重墙梁除了承受托梁和托梁以上的墙体自重外，还承受由屋盖或楼盖传来的荷载。自承重墙梁仅承受托梁和托梁以上的墙体自重。

（7）在砌体结构房屋中，一端埋入墙内，另一端悬挑在墙外的钢筋混凝土梁，称为挑梁。在砌体结构房屋中，为了支承挑廊、阳台、雨篷等，常设有埋入砌体墙内的钢筋混凝土悬臂构件，即挑梁。嵌入砖墙内的悬臂雨篷梁属于刚性挑梁。

（8）挑梁的计算包括挑梁抗倾覆验算、挑梁自身承载力计算和挑梁悬挑端根部砌体局部受压承载力验算三部分。

（9）雨篷梁是一个弯剪扭构件。

能力拓展与实训

一、基础训练

1. 思考题

（1）什么是圈梁、过梁、墙梁和挑梁？

（2）常用过梁的种类及其适用范围有哪些？如何确定过梁上的荷载？

（3）简述墙梁的种类、墙梁的破坏形式及构造要求。

（4）简述挑梁的受力特点、计算内容及构造要求。

2. 填空题

（1）挑梁埋入墙体内的长度与挑出长度之比宜大于（　　　）。

（2）雨篷板的受力钢筋配置在板的上部，且不宜小于（　　　）。

（3）钢筋混凝土过梁端部的支承长度不应小于（　　　）。

（4）钢筋砖过梁的跨度不应超过（　　　）。

3. 选择题

（1）进行挑梁抗倾覆验算时，墙体自重荷载分项系数取（　　　）。

　　A. 0.8　　　　　　　B. 1.0　　　　　　　C. 1.2　　　　　　　D. 1.35

（2）砖砌平拱过梁的一般不会发生（　　　）。

　　A. 跨中截面受弯破坏　　　　　　　B. 局部受压破坏

　　C. 支座边沿水平灰缝发生滑移破坏　　D. 支座附近受剪破坏

（3）某简支托梁和其上部的砌体组合承重墙梁用以支承托梁墙体及其上的荷重时，托梁高度 h_b 应满足（　　　）。

　　A. $\geq l_0/8$　　　　　B. $\geq l_0/10$　　　　　C. $\geq l_0/12$　　　　　D. $\geq l_0/15$

（4）墙梁计算高度范围内只允许设置一个洞口，对多层房屋的墙梁，各层洞口宜设置在（　　　）。

　　A. 不同位置，且上下错开　　　　　　B. 相同位置，且上下对齐

　　C. 墙角，且上下错开　　　　　　　　D. 根据建筑要求，且上下错开

（5）砖砌平拱过梁和挡土墙属于（　　　）构件。

　　A. 受压　　　　　B. 受拉　　　　　C. 受剪　　　　　D. 受弯

（6）墙梁计算高度范围内。每跨允许设置（　　　）洞口。

　　A. 一个　　　　　B. 两个　　　　　C. 三个　　　　　D. 四个

4. 计算题

已知钢筋砖过梁净跨为 1.5m，采用 MU7.5 烧结普通砖，M5 混合砂浆砌筑，在窗口上皮 600mm 高度处作用板传来的荷载标准值 10kN/m（其中活荷载 4kN/m）墙厚 240mm，试设计该钢筋的过梁。

二、工程技能训练

观察周边建筑物的过梁、挑梁（如有墙梁，含墙梁），结合所学的构造要求写出一份认识报告。

单元 4

钢　结　构

4.1　钢结构的材料和设计指标

【工作任务】　钢材的合理选用及应用。

【任务目标】

知识目标：理解钢材的力学性能、种类及牌号表示方法，掌握常用钢材规格、标注方法。

能力目标：能够合理选用钢材，熟悉牌号，熟悉钢结构施工图中钢材标注方法。

钢结构是由钢结构是用钢板、热轧型钢、冷弯薄壁型钢、钢管等钢材，通过焊接、螺栓连接等有效的连接方式所形成的结构。由于具有强度高，自重轻显著特点，因此钢结构主要用于大跨度屋盖结构（钢屋盖、钢架、体育馆、飞机场）、重型厂房结构（钢铁联合厂房、重型机构制业）、大跨度桥梁结构（跨度为500m世界第一的上海卢浦大桥）、高耸结构（高300m的法国巴黎埃菲尔铁塔）和超高层房屋结构（高312m的深圳地王大厦）等。具有优越的抗震性能，无污染、可再生、节能、安全，符合建筑可持续发展的原则，可以说钢结构的发展是21世纪建筑文明的体现。

要深入了解钢结构特性，首先必须了解钢结构的材料种类、规格及标注方法，钢结构的设计方法及设计指标。

4.1.1　钢材的力学性能及其影响因素

1. 钢材的力学性能

钢材的力学性能是钢材在各种荷载作用下反映的各种特征，包括强度、塑性、冷弯性能和韧性等方面，须由实验测定。

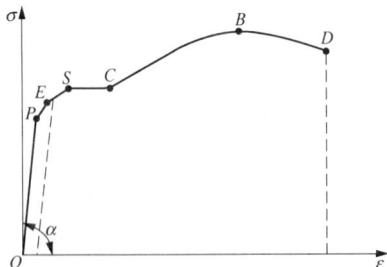

图 4.1-1　碳素结构钢应力-应变曲线

（1）强度性能。钢材标准试件在常温静载情况下，单向均匀拉伸时的应力-应变（σ-ε）曲线的性质可分为有明显屈服点钢材（低碳钢等）和无明显屈服点钢材（热处理、钢丝、钢绞线等），如曲线图 4.1-1 所示，低碳钢工作特性可以分成如下几个阶段：

1）弹性阶段（OPE）。在曲线 OPE 段，钢材处于弹性阶段，当荷载增加时变形也增加，当荷载降到 O 时（完全卸载）变形也降到 O（曲线回到原点）。其中，

OP 段是一条线段，荷载与伸长率成正比，符合胡克定律。*P* 点对应的应力称为比例极限，用 f_p 表示，*E* 点对应的应力称为弹性极限，用 f_e 表示。由于比例极限和弹性极限非常接近，试验中很难加以区别，所以实际应用中常将二者视为相等，应力—应变曲线的斜率就是钢材的弹性模量。

2）屈服阶段（*SC* 段）。当应力超过弹性极限后，应力不再增加，仅有些微小的波动；而应变却在应力几乎不变的情况下急剧增长，材料暂时失去了抵抗变形的能力。这个现象一直持续到 *C* 点。这种应力几乎不变，应变却不断增加，从而产生明显塑性变形的现象，称为屈服现象。在该阶段中，曲线第一次上升到达的最高点，称为上屈服点，曲线首次下降所达到的最低点，称为下屈服点，即屈服极限，设计中则以取下屈服点作为设计依据，用 f_y 表示。

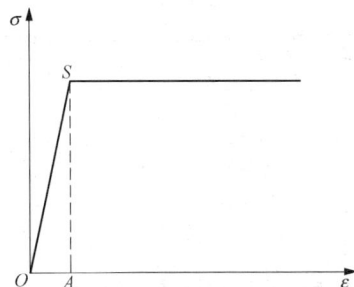

图 4.1-2　理想的弹塑性体
应力—应变曲线

对于无缺陷和残余应力影响的试件，比例极限和屈服点比较接近，且屈服点以前应变很小（对低碳钢约为 0.15%）。为了简化计算，通常假定屈服点以前钢材为完全弹性体，屈服点以后则为完全塑性体，这样就可把钢材视为理想的弹-塑性体，其应力曲线表现为双直线（图 4.1-2）。

3）强化阶段（*CB* 段）。经过屈服阶段以后，从 *C* 点开始曲线又逐渐上升，材料又恢复了抵抗变形的能力，要使它继续变形，必须增加应力，这种现象称为材料的强化。此时钢材的弹性并没有完全恢复，塑性特性非常明显，此时若将外力慢慢卸去，应力-应变关系将沿着与 *OP* 近乎平行的直线下降。这说明材料的变形已不能完全消失，其中，能消失的变形称为弹性变形（应变）；残留下来的变形称为塑性变形（应变）。曲线最高点 *B* 点，是材料所能承受的最大荷载，其对应的应力，称为强度极限或抗拉强度，用 f_u 表示。

4）劲缩阶段（*BD* 段）当应力超过极限强度时，在试件材料质量较差处，截面出现横向收缩，截面面积开始显著缩小，塑性变形迅速增大，这种现象称为颈缩。此时，应力不断降低，变形却持续发展，直至 *D* 点试件断裂。

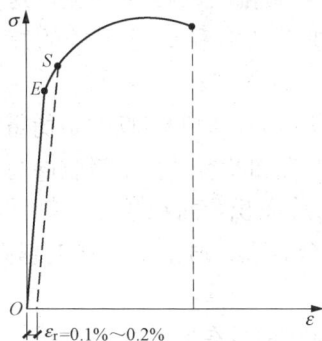

图 4.1-3　低碳钢应力—应变曲线

高强度钢没有明显的屈服极限，这类钢材屈服条件是根据实验分析结果而人为规定的，故称为条件屈服强度（或名义屈服），条件屈服强度以卸载后残余应变为 0.2% 所对应的应力点定义的（用 $\sigma_{0.2}$ 表示），如图 4.1-3 所示，由于这类钢材不具有明显的塑性平台，设计中不宜利用它的塑性。

由以上试验结果可以分析，当应力到达屈服极限 f_y 时，钢材会产生显著的塑性变形；极易察觉，钢材仍可以继续承载（到达极限强度后才破坏），可及时处理而不致破坏，这样，钢材有必要的安全储备。当应力到达抗拉强度（强度极限）时，f_u 钢材会由于局部变形而导致断裂，这都是工程实际中应当避免的。因此，屈服极限和抗拉强度是反映钢材强度的两个主要性能指标，其他指标还有弹性模量、比例极限等。

（2）塑性性能。塑性是指当应力超过屈服极限后，能产生显著的塑性变形而不立即断裂的性质。衡量钢材塑性好坏的主要指标是伸长率 δ 和截面收缩率 ψ。δ、ψ 值越大，钢材的塑性越好。

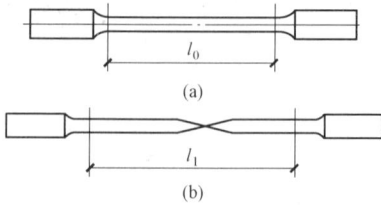

图 4.1-4　标准试件拉件

1）伸长率。伸长率是应力—应变曲线中的最大应变值，其值等于试件拉断后的绝对变形值（时间拉断时拼接长度与原标距差值，如图 4.1-4 所示）和原标距比值的百分率，即：

$$\delta = \frac{l_1 - l_0}{l_0} \times 100\% \qquad (4.1\text{-}1)$$

式中　δ——伸长率；

l_1——试件原标距长度（mm）；

l_0——试件拉断后原标距长度（mm）。

2）截面收缩率。断面收缩率是指试件拉断后，颈缩区的断面面积缩小值与原断面面积比值的百分。按下列式计算：

$$\psi = \frac{A_0 - A_1}{A_0} \times 100\% \qquad (4.1\text{-}2)$$

式中　ψ——伸长率；

A_0——试件原标距长度（mm²）；

A_1——试件拉断后原标距长度（mm²）。

（3）冷弯性能。钢材的冷弯性能是指钢材在冷加工（常温下加工）中产生塑性变形时，对表面裂纹、分层的抵抗能力。钢材的冷弯性能用冷弯试验来检验。

冷弯试验在材料试验机上进行，通过冷弯冲头加压，如图 4.1-5 所示。当试件弯曲至 180°时，检查试件弯曲表面不出现无裂纹、断裂或分层，即认为试件冷弯性能合格。

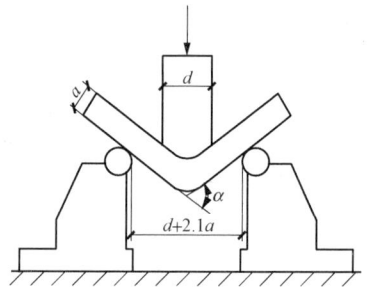

图 4.1-5　冷弯试验示意图

冷弯试验一方面可以检验钢材能否适应构件制作中的冷加工工艺过程；另一方面通过试验还能暴露出钢材的内部缺陷，例如硫，磷偏析和硫化物与氧化物的掺杂情况，这些都将降低钢材的冷弯性能。因此，冷弯性能是鉴定钢材冷加工性能和钢材质量的综合指标。

（4）冲击韧性。钢材的强度和塑性指标是由静力拉伸试验获得的，而冲击韧性是衡量钢材在动力荷载作用下，抵抗脆性破坏的能力。它用钢材在塑性变形和断裂过程中吸收的总能量来度量，其值为图 4.1-1 中应力—应变曲线与横坐标所包的总面积，面积越大，韧性越大，它与钢材的塑性有关而又不同于塑性，是强度与塑性的综合表现，通常钢材强度越大，冲击韧度越低，则表示钢材趋于脆性。

韧性指标用冲击韧性值 a_k 表示，用冲击试验获得。它是判断钢材在冲击荷载作用下是否出现脆性破坏的主要指标之一。

在冲击试验中，一般采用截面尺寸为 10mm×10mm，长度为 55mm，中间开有小槽（夏氏 V 形缺口）的长方形试件，放在提锤式冲击试验机上进行试验，如图 4.1-6 所示。冲断试样后，可求出 a_k 值，即：

$$a_k = \frac{A_k}{A_n} \qquad (4.1\text{-}3)$$

式中　a_k——冲击韧性值（N·m/cm² 或 J/cm²）；

A_k——冲击功（N·m 或 J）有试验机上的刻度盘读出或按式 $A_k = W(h_1 - h_2)$ 计算；

W——摆锤质量（N）；

h_1、h_2——冲断前、后的摆锤高度（mm）；

A_n——试件缺口处的截面面积（cm²）。

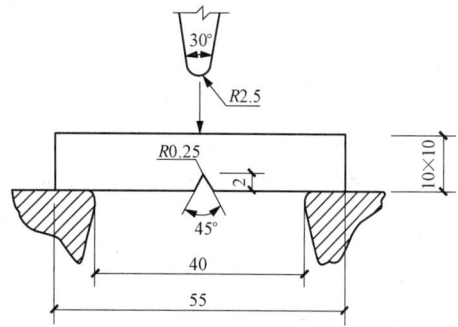

图 4.1-6　冲击韧性试验示意图

2. 钢结构对材料的要求

钢结构原材料是钢，钢的种类繁多，性能差异很大，适用于钢结构的钢只是其中的一部分，用作钢结构用钢必须符合下列要求：

（1）较高的抗拉强度 f_u 和屈服点 f_y。屈服点 f_y 是衡量结构承载力的指标，f_y 高则可减轻结构自重，节约钢材和降低造价。f_u 是衡量钢材经过较大变形后的抗拉能力，这直接反映钢材内部组织的优势，同时 f_u 高可以增加结构的安全储备。

（2）较好的塑性和韧性。塑性和韧性好，结构在静载荷动载作用下有足够的应变能力，既可减轻结构脆性破坏的倾向，又能通过较大的塑性变形调整局部应力，同时又具有较好的抵抗重复荷载作用的能力。

（3）良好的工艺性能（包括冷加工、热加工和可焊性能）。良好的工艺性能不但要易于加工成各种形式的结构，而且不致于加工而对结构的强度、塑性、韧性等造成较大的不利影响。

（4）屈强比的要求。屈强比是指屈服强度和抗拉强度的比值，它是衡量钢材强度储备的一个系数。抗拉强度 f_u 是钢材破坏前能够承受的最大应力。虽然在达到这个应力时，钢材已由于产生很大的塑性变形而失去使用性能，但是抗拉强度高则可增加结构的安全保障，因此将屈服强度和抗拉强度的比值 f_y/f_u 定义为屈强比，作为衡量钢材强度储备的一个系数。屈强比越低，钢材的安全储备越大。

此外，根据结构的具体工作条件，有时还要求钢材具有适应低温、高温和腐蚀性环境的能力。

按以上要求，《钢结构设计规范》（GB 50017—2003）具体规定：承重结构采用的钢材应具有抗拉强度、生长率、屈服强度和硫、磷含量的合格保证，对焊接结构尚应具有碳含量的合格保证。焊接承重结构以及重要的非焊接承重结构采用的钢材还具有冷弯试验的合格保证。

3. 钢材破坏形式

钢材有两种性质完全不同的破坏形式，即塑性破坏和脆性破坏。钢结构所用的材料虽然有较好的塑性和韧性，一般为塑性破坏，但在一定条件下，仍然有脆性破坏的可能。

塑性破坏是由于变形过大，超过了材料或构件可能的应变能力而产生的，而且仅在构件的应力达到了钢材的抗拉强度后才发生。在塑性破坏前，由于总有较大的塑性变形发生，而变形持续的时间较长，很容易及时发现而采取措施予以补救，不致引起严重后果。另外，塑性变形后出现内力重分布，使结构中原先内力不均匀部分趋于均匀，从而提高结构的承能力。

脆性破坏前塑性变形很小，甚至没有塑性变形，计算应力可能小于钢材的屈服点，断裂从应力集中处开始，冶炼和机械加工过程中产生的缺陷，特别是缺口和裂纹，常是断裂的发源地。破坏前无任何预兆，断口平直并呈有光泽的晶粒状。由于脆性破坏前无明显的预兆，无法及时觉察和采取补救措施，而且个别构件的断裂常引起整个结构塌毁，危及生命财产的安全，后果严重。因此，在设计、施工和使用钢结构时，要特别注意防止出现脆性破坏。

4. 影响钢材性能的因素

（1）化学成分的影响。钢材是由各种化学成分组成的，化学成分及其含量对钢材的性能特别是力学性能的影响极大。铁（Fe）是钢材的基本元素，纯铁质软，在碳素结构钢中约占99%；碳和其他元素，仅占1%，但对钢材的力学性能却有着决定性的影响。其他元素包括硅（Si）、锰（Mn）、硫（S）、磷（P）、氮（N）、氧（O）等。低合金钢中还有少量（低于5%）合金元素，如铜（Cu）、钒（V）、钛（Ti）、铌（Ni）、铬（Gr）等。

在碳素结构钢中，碳是仅次于铁的主要元素，它直接影响钢材的强度、塑性、韧性和可焊性等。碳含量增加，钢材的强度提高，而塑性、韧性和疲劳强度下降，同时恶化钢材的可焊性和抗腐蚀性。因此，尽管碳是使钢材获得足够强度的主要元素，但在钢结构中采用的碳素结构钢，对含碳量要加以限制，一般其质量分数不应超过0.22%在焊接结构中还应低于0.20%。

硫和磷是钢材中的有害成分，它们降低钢材的塑性、韧性、可焊性和疲劳强度。在高温时，硫使钢变脆，称之热脆；在低温时磷使钢变脆，称之冷脆。一般硫的质量分数应不超过0.045%，磷的质量分数不超过0.045%。但是，磷可提高钢材的强度和抗锈性。可使用的高磷钢，其质量分数可达0.12%，这时应减少钢材中的含碳量，以保持一定的塑性和韧性。氧和氮都是钢中的有害杂质，氧的作用和硫类似，使钢产生热脆现象；氮的作用和磷类似，使钢产生冷脆现象。由于氧、氮容易在熔炼过程中逸出，一般不会超过极限含量，故通常不要求作质量分数分析。

硅和锰是钢材中的有益元素，它们都是炼钢的脱氧剂。硅和锰可使钢材的强度提高，且当含量不过高时，对钢材的塑性和韧性无显著的不良影响。在碳素结构钢中，硅的质量分数应不大于0.3%，锰的质量分数为0.3%～0.8%。对于低合金高强度结构钢，锰的质量分数可达1.0%～1.6%，硅的质量分数可达0.55%。

钒和钛是钢材中的合金元素，能提高钢材的强度和抗腐蚀性能，又不显著降低钢材的塑性。铜在碳素结构钢中属于杂质成分。它可以显著地提高钢材的抗腐蚀性能，也可以提高钢材的强度，但对可焊性有不利影响。

（2）冶炼与轧制缺陷的影响。常见的冶炼与轧制缺陷有偏析、非金属夹杂、气孔、裂纹及分层等。偏析是钢中化学成分不一致和不均匀性，特别是硫、磷偏析严重将恶化钢的性能。非金属夹杂是钢中含有硫化物和氧化物等杂质。气孔是浇注钢锭时，由氧化铁与碳作用所生成的一氧化碳气体不能充分逸出而形成的。这些缺陷都将影响钢材的力学性能。浇注时的非金属夹杂物在轧制后能造成钢材的分层，会严重降低钢材的冷弯性能。

冶炼与轧制缺陷对钢材性能的影响，不仅在结构或构件受力工作时表现出来，有时在工制作过程中也可表现出来。

（3）钢材硬化的影响。冷拉、冷弯、冲孔、机械剪切等冷加工使钢材产生很大塑性变形，从而提高了钢材的屈服点，同时降低了钢材的塑性和韧性，这种现象称为冷作硬化（或应变硬化）。

在高温时熔化于铁中的少量氮和碳，随着时间的增长逐渐从纯铁中析出，形成自由碳化物和氮化物，对钢材的塑性变形起遏制作用，使钢材的强度提高，塑性、韧性下降，这种现象称为时效硬化，俗称老化。时效硬化的过程一般很长，但如在材料塑性变形后加热，可使时效硬化发展特别迅速，这种方法称之为人工时效。另外，还有应变时效，是指应变硬化后又加时效硬化。

在钢结构中，一般不利用硬化来提高钢材的强度，有些重要结构要求对钢材进行人工时效后检验其冲击韧度，以保证结构具有足够的抗脆性破坏能力。

（4）温度的影响。钢材的力学性能随温度不同而变化（图 4.1-7），温度升高，约 200℃ 以内钢材性能没有很大变化，温度在 430～540℃ 之间强度急剧下降，600℃ 时强度很低不能承担荷载。但在 250℃ 左右，钢材的强度反而略有提高，同时塑性和脆性均下降，材料有转脆的倾向，钢材表面氧化膜呈现蓝色，称为蓝脆现象。钢材应避免在蓝脆温度范围内进行热加工。当温

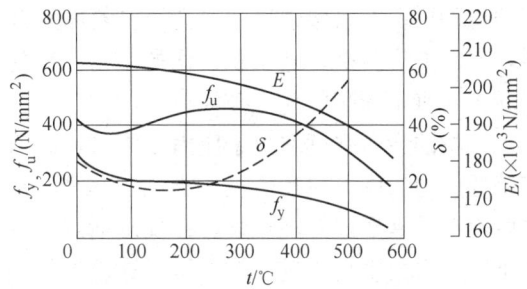

图 4.1-7　温度对钢材力学性能的影响

度在 260～320℃ 时，在应力持续不变的情况下，钢材以很缓慢的速度继续变形，此种现象称为徐变现象。

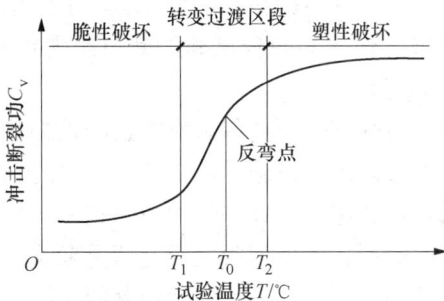

图 4.1-8　冲击韧度—温度值关系曲线

当温度从常温开始下降，特别是在负温度范围内时，钢材强度虽有提高，但其塑性和韧性降低，材料逐渐变脆，这种性质称为低温冷脆。如图 4.1-8 所示，随着温度的降低 C_v 值迅速下降，材料将由塑性破坏转变为脆性破坏，且这一转变是在一个温度区间 TT 内完成的，此温度区 TT 称为钢材的脆性转变温度区，在此区段内曲线的反弯点所对应的温度 T 称为转变温度。如果把低于完全脆性破坏的最高温度 T 作为钢材的脆断设计温度，即可保证钢结构低温工作的安全。每种钢材的脆性转变温度区及脆断设计温度需要由大量破坏或不破坏的使用经验和实验资料经统计分析确定。

5. 应力集中的影响

计算中认为，在受轴向力作用的杆件中应力是沿截面均匀分布的。但实际上，在钢结构

179

的构件中有时存在着孔洞、槽口、凹角、截面突变以及钢材内部缺陷等。此时，构件中的应力分布将不再保持均匀，而是在某些区域产生局部高峰应力，在另外一些区域则应力降低，形成所谓应力集中现象。高峰区的最大应力与净截面的平均应力之比称为应力集中系数。研究表明，在应力高峰区域总是存在着同号的二向或三向应力，这是因为由高峰拉应力引起的截面横向收缩受到附近低应力区的阻碍而引起垂直于内力方向的拉应力 σ_y，在较厚的构件里还产生 σ_z，使材料处于复杂受力状态。由能量强度理论可知，这种同号的二向或三向应力场有使钢材变脆的趋势。应力集中系数越大，变脆的倾向越严重。但由于建筑钢材塑性好，在一定程度上能促使应力进行重分配，使应力分布严重不均匀的现象趋于平缓。故受静荷载作用的构件在重温下工作时，可不考虑应力集中的影响。但在负温下或动力荷载作用下工作的结构，应力集中的不利影响将十分突出，往往是引起脆性破坏的根源，故在设计对方采取措施避免或减小应力集中，并选用优质钢材。

6. 反复荷载作用的影响

钢材在反复荷载作用下，结构的抗力及性能都会发生显著变化，甚至发生疲劳破坏。在直接的连续反复的动力荷载作用下，根据实验，钢材的强度降低，即低于一次静力荷载作用下的拉伸试验的极限强度 f，这种现象称为钢材的疲劳。疲劳破坏表现为突然发生的脆性断裂，实际上疲劳破坏是素积损伤的结果。钢材的疲劳破坏是微观裂纹在连续重复荷载作用下不断扩展直至断裂的脆性破坏。

钢材的疲劳强度取决于应力集中（或缺口效应）和应力循环次数。截面几何形状突然改变处的应力集中，对疲劳极为不利。在高峰应力作用下，首先在应力高峰区出现微观裂纹，然后逐渐开展形成宏观裂缝，在反复荷载的继续作用下，裂缝不断开展，有效截面面积相应减小，应力集中现象越来越严重，这就促使裂缝继续开展。同时，由于是二向或三向同号拉应力场，材料的塑性变形受到限制。因此，当反复循环荷载达到一定的循环次数时，裂缝的开展使截面削弱过多，经受不住外力的作用而发生脆性断裂，即疲劳破坏。如果钢材中存在着残余应力，在交变荷载作用下将更加剧疲劳破坏的倾向。

观察钢材疲劳破坏的截面断口可发现，断口一般具有光滑的和粗糙的两个区域，光滑部分表现出裂缝的扩张和闭合过程是由裂缝逐渐发展引起的，说明疲劳破坏也经历一个缓慢的转变过程，而粗糙部分表明钢材最终断裂瞬间的脆性破坏性质和拉伸试验的断口颇为相似，破坏是突然的，几乎以 2000m/s 的速度断裂，因而比较危险。

以上介绍了各种因素对建筑钢材基本性能的影响，研究和分析这些影响因素的最终目的是了解建筑钢材在什么条件下可能发生脆性破坏，从而可以采取措施予以防止。钢材的脆性破坏往往是多种因素影响的结果。例如，当温度降低，荷载速度增大，使用应力较高，特别是这些因素同时存在时，材料或构件就有可能发生脆性断裂。根据现阶段研究情况来看，在建筑钢材中的脆性破坏还不是一个单纯由设计计算或者加工制造某一方面来控制的问题，而是一个必须由设计、制造及使用等多方面来共同加以防止的问题。

为了防止脆性破坏的发生，一般需要在设计、制造及使用中注意下列各点：

（1）合理的设计。构造应力求合理，使构件能均匀、连续地传递应力，避免构件截面剧烈变化。对于焊接结构，应满足焊接连接的构造要求，避免产生过大的应力集中和焊接应力。低温下工作受动力作用的钢结构应选择合适的钢材，使所用钢材的脆性转变温度低于结构的工作温度，并尽量使用较薄的材料。

（2）正确的制造。应严格遵守设计对制造所提出的技术要求，尽量避免使材料出现应变硬化，或因剪切、冲孔而造成的局部硬化。要正确地选择焊接工艺，保证焊接质量，不在构件上任意起弧、打火和锤击，必要时可用热处理的方法消除重要构件中的焊接残余应力；重要部位的焊接，要由经过考试挑选的有经验的焊工进行施工。

（3）正确的使用。例如不在主要结构上任意焊接附加的零件，不任意悬挂重物，不任意超负荷使用结构；要注意检查维护，及时油漆防锈，避免任何撞击和机械损伤；原设计在常温工作的结构，在冬季停产检修时要注意保温。

4.1.2 钢材的种类、规格和选用

1. 钢材的种类

钢材按用途可分为结构用钢、工具钢和特殊钢。结构钢又分为建筑用钢和机械用钢。按冶炼方法可分为平炉钢和转炉钢。承重结构钢一般采用平炉或氧气转炉钢。按脱氧方法可分为沸腾钢（代号为 F）、半镇静钢（b）、镇静钢（Z）和特殊镇静钢（TZ），镇静钢和特殊镇静钢的代号省略。镇静钢脱氧充分，成本高；沸腾钢脱氧较差，但成本低；半镇静钢介于镇静钢与沸腾钢之间。

钢材品种繁多，按化学成分可分为碳素钢和合金钢。在建筑工程中采用的是碳素结构钢、低合金高强度钢和耐候钢。

（1）碳素结构钢。

1）普通碳素结构钢。按照最新国家标准《碳素结构钢》（GB/T 700—2006）规定，碳素结构钢分为三个牌号，即分为 Q195、Q235、Q275，它们分别相当于旧标准中的 1 号、3 号、5 号钢。牌号由代表屈服强度的字母、屈服强度数值、质量等级、脱氧方法符号四个部分按顺序组成。其中：

Q——钢的屈服强度"屈"字汉语拼音的首位字母；

235——屈服强度数值，单位 MPa；

A、B、C、D——质量等级；

F——沸腾钢；

b——半镇静钢；

Z——镇静钢；

TZ——特殊镇静钢。

碳素结构钢按质量等级将钢分为 A、B、C、D 四级。A 级钢只保证抗拉强度、屈服点、伸长率，必要时也可附加冷弯试验的要求，化学成分对碳、锰的极限含量要求可以不作为交货条件。B、C、D 级钢均保证抗拉强度、屈服点、伸长率、冷弯和冲击韧性（分别为＋20℃，0℃，－20℃）等力学性能。化学成分对碳、硫、磷的极限含量比旧标准要求更加严格。

冶炼方法一般由供货方自行决定，设计者不再另行提出，如需货方有特殊要求时可在合同中加以注明。对于 Q235 来说，A、B 两级钢的脱氧方法可以是"Z"或"F"，C 级钢只能是"Z"，D 级钢只能是"TZ"，其中，用"Z"与"TZ"符号时可以省略。

例如：Q235-A·F 表示屈服极限为 235N/mm² 的 A 级沸腾钢。

2）优质碳素结构钢。优质碳素结构钢以不热处理或热处理（退火、正火或高温回火）状态交货。要求热处理状态交货的应在合同中注明（未注明者，按不热处理交货），例如用于高强度螺栓的 45 号优质碳素结构钢需经热处理，强度较高，对塑性和韧性又无显著影响。

（2）低合金高强度结构钢。按照最新国家标准《低合金高强度结构钢》（GB/T 1591—2008）规定，碳素结构钢分为四个牌号，即分为 Q295、Q345、Q390、Q420、Q460。牌号由代表屈服强度的字母、屈服强度数值、质量等级、脱氧方法符号四个部分按顺序组成。其中：

Q——钢材的屈服强度"屈"字汉语拼音的首位字母；

345——屈服强度数值，单位 MPa；

A、B、C、D、E——质量等级；

Z——镇静钢；

TZ——特殊镇静钢。

低合金高强度结构钢的质量等级符号，除于碳素结构钢 A、B、C、D 四个等级相同外还增加一个等级 E，主要是要求－40℃的冲击韧性。钢材的牌号如 Q345-B、Q390-C。低合金高强度结构钢一般为镇静钢，因此钢材的牌号中不注明脱氧方法。冶炼方法也由供货方自行选择。

A 级钢材应进行冷弯实验，其他质量级别的钢材如供货方能保证弯曲实验结果符合规定要求，可不做检验。Q460 钢材和各牌号 D、E 级钢材一般不供应型钢、钢棒。

（3）耐大气腐蚀用钢（耐候钢）。在钢的冶炼过程中，加入少量的合金元素，一般为 Cu、P、Cr、Ni 等，使之在金属机体表面上形成保护层，以提高钢材耐大气腐蚀性能，这类钢统称为耐大气腐蚀用钢或耐候钢。

我国现行生产的耐候钢分为高耐候结构钢和焊接用耐候钢。

1）高耐候结构钢。按照现行国家标准《耐候结构钢》（GB/T 4171—2008）规定，这类钢材适用于耐大气腐蚀的建筑结构，产品通常在交货状态下使用。但作为焊接结构用材时，板厚应不大于 16mm。

这类钢的耐候性能比焊接结构用耐候钢好，故称为高耐候结构钢。高耐候结构钢按化学成分分为铜磷钢和铜磷铬镍钢两类。其牌号表示方法是由分别代表"屈服极限"和"高耐候"的拼音首字母 Q 和 GNH 以及屈服极限数值组成，含 Cr、Ni 的高耐候结构钢在牌号后加代号"L"。例如，牌号 Q345GNHL 表示屈服极限为 345MPa 含有铬、镍的高耐候结构钢。

2）焊接结构用耐候钢。这类耐候钢以保持钢材具有良好的焊接性能为特点，其适用厚度可达 100mm。牌号表示由代表"屈服极限"的字母 Q 和"耐候"的字母 NH 以及钢材的质量等级（C、D、E）顺序组成；规定共为 Q235NH、Q295NH、Q355NH、Q460NH 四种牌号，钢材的质量等级只与钢材冲击韧件的试验温度与冲击功数值有关。

2. 钢材的规格

钢结构采用的钢材有热轧成型的钢板和型钢以及冷弯（或冷压）成型的薄壁型钢。

（1）热轧钢板。钢板分为厚钢板，薄钢板和扁钢三种。其规格如下：厚钢板：厚度4.5～60mm，宽度 600～3000mm，长 4～12m；薄钢板：厚度 0.35～4mm，宽度 500～1500mm，长 0.5～4m；扁钢：厚度 4～60mm，宽度 12～200mm，长 3～6m。

钢板的表示方法：在符号"—"后加"宽度×厚度×长度"，如—500×10×10 000，单位为 mm。

厚钢板可用来做梁、柱等构件的腹板和翼缘以及屋架的节点板等。薄钢板主要用来制造冷弯薄壁型钢。扁钢可用来做各种构件的连接板、组合梁的翼缘板，以及用来制造螺旋焊接钢管等。

（2）热轧型钢。型钢可以直接用作构件，以减少加工制造工作量，因此，在设计中应优先采用。钢结构常用的热轧型钢有角钢、工字钢、槽钢和钢管（图 4.1-9）。

| (a) 角钢 | (b) 工字钢 | (c) 槽钢 | (d) H 型钢 | (e) T 型钢 | (f) 钢管 |

图 4.1-9　热轧型钢截面

1）角钢。有等边的和不等边的两种。等边角钢以一边宽和厚度表示，例如∟110×10为肢宽 110mm、厚度为 10mm 的等边角钢。不等边角钢则以两边宽度和厚度表示，∟100×80×10 为长肢宽 100mm、短肢宽 80mm、厚度为 10mm 的角钢。角钢长度一般为4～19m。

2）工字钢。有普通工字钢、轻型工字钢。普通工字钢和轻型工字钢用号数表示，号数即为其截面高度的厘米数。20 号以上的工字钢，同一号数有三种腹板厚度分别为 a、b、c三类，例如 I32a、I32b、I32c，a 类腹板较薄，用作受弯构件较为经济。轻型工字钢的腹板和翼缘均较普通工字钢薄，因而在相同重量下，其截面模量和回转半径均较大。工字钢长度一般为 5～19m。

3）H 型钢。H 型钢是世界各国使用很广泛的热轧型钢，与普通工字钢相比，其翼缘内外两侧平行，便于与其他构件相连。它可分为宽翼缘 H 型钢（代号 HW，翼缘宽度 B 与截面高度 H 相等）、中翼缘 H 型钢［代号 HW，$B=[(1/2\sim2/3)H]$、窄翼缘 H 型钢［代号HN，$B=[(1/3\sim1/2)H]$。各种 H 型钢均可剖分为 T 型钢供应，代号分别为 TW、TW 和TN。H 型钢和剖分 T 型钢的规格标记均采用：高度 H×宽度 B×腹板厚度 t_1×翼缘厚度 t_2表示。例如 HM340×250×9×14，其剖分 T 型钢为 TM170×250×9×14，单位均为 mm。H 型钢长度一般为 5～19m。

4）槽钢。有普通槽钢和轻型槽钢两种，按其截面高度的厘米数编号，例如［32a、［32b即高度为 320mm，a 类腹板较薄。号码相同的轻型槽钢，其翼缘宽而薄，腹板也较薄，回转半径较大，重量较轻。工字钢长度一般为 5～19m。

5）钢管。有无缝钢管和焊缝钢管两种，用符合"ϕ"后面加"外径×厚度"表示，例如$\phi50\times5$，单位为 mm。

（3）薄壁型钢。薄壁型钢（图 4.1-10）是用薄钢板（一般采用 Q235 钢或 Q345 钢），经模压或弯曲而制成，其壁厚一般为 1.5～5mm，常用于承受荷载较小的轻型结构中。对于防锈涂层的彩色压型钢板，所用钢板厚度为 0.4～1.6mm，常用作轻型屋面及墙面。

图 4.1-10　薄壁型钢截面

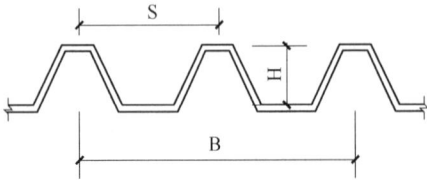

图 4.1-11　压型钢板

常用压型钢板用 YX H-S-B 表示：YX——分别为压、型的汉语拼音字母；H——压型钢板波高；S——压型钢板波距；B——压型钢板有效覆盖宽度；如图 4.1-11 所示。

例如：YX 130-300-600 表示压型钢板波高为 130mm，波距为 300mm，压型钢板有效覆盖宽为 600mm，如图 4.1-12 所示（双波），厚度通常是在说明材料性能时一并说明。

例如：YX 173-300-300 表示压型钢板波高为 173mm，波距为 300mm，压型钢板有效覆盖宽为 300mm，如图 4.1-13 所示（单波）。

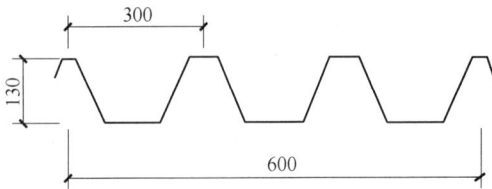

图 4.1-12　双波压型钢板

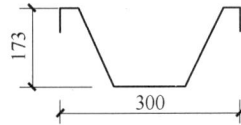

图 4.1-13　单波压型钢板

3. 钢材的选用

1）选用要求。为保证承重结构的承载能力和防止在一定条件下出现脆性破坏，应根据结构的重要性、荷载特征、结构形式、连接方法、钢材厚度和工作温度等因素综合考虑，选用合适的钢材牌号和材性。当结构构件的截面是按强度控制并有条件时，宜采用 Q345 钢。Q345 钢和 Q235 钢相比，屈服强度提高 45% 左右，故采用 Q345 钢可比 Q235 钢节约 15%～25%。

2）钢材的选用。对钢材质量的要求，一般来说，对承重结构的钢材应该保证抗拉强度、屈服点、伸长率和硫、磷的含量，对焊接结构尚应该保证碳的含量。

焊接结构承重结构以及重要的非焊接结构的钢材应具有冷弯试验的合格保证。

对于需要验算疲劳的以及主要受拉或受弯焊接钢材，应具有常温冲击韧度合格证。当结构工作温度不高于 0℃ 但高于 −20℃ 时，Q235 钢和 Q345 钢应具有 0℃ 冲击韧度合格证；对 Q390 钢和 Q420 钢应具有 −20℃ 冲击韧度合格证。当结构工作等于或低于 −20℃ 时，对 Q235 钢和 Q345 钢用具有 −20℃ 冲击韧度合格证，对 Q395 钢和 Q420 钢应具有 −40℃ 冲击韧度的合格保证。

4.1.3 钢结构的设计方法及设计指标

1. 钢结构设计方法

钢结构的计算采用以概率理论为基础的极限状态设计方法，用分项系数的设计表达式进行计算。按《钢结构设计规范》（GB 50017—2003）的规定，设计钢结构时，应根据结构破坏可能产生的后果，采用不同的安全等级，一般工业于民用建筑结构的安全等级可取二级（特殊建筑钢结构的安全等级可根据具体情况另行确定）。

承重结构应按承载能力极限状态荷载效应的基本组合按下列式中最不利值确定。

可变荷载效应控制的组合：

$$\gamma_0 \left(\gamma_G \sigma_{GK} + \gamma_{Q1} \sigma_{Q1K} + \sum_{i=2}^{n} \gamma_{Qi} \psi_{ci} \sigma_{QiK} \right) \leqslant f \tag{4.1-4}$$

永久荷载效应控制的组合：

$$\gamma_0 \left(\gamma_G \sigma_{GK} + \sum_{i=1}^{n} \gamma_{Qi} \psi_{ci} \sigma_{QiK} \right) \leqslant f \tag{4.1-5}$$

式中　γ_0——结构重要性系数，对安全等级一级、二级、三级的结构构件，分别取 1.1、1.0、0.9；

　　　σ_{GK}——永久荷载设计值在结构构件截面或连接中产生的应力；

　　　σ_{Q1K}——第一个可变荷载的设计值在结构构件的截面或连接中产生的应力（该应力大于其他任意第 i 个可变荷载设计值产生的应力）；

　　　σ_{QiK}——第 i 个可变荷载设计值在结构构件的截面或连接中产生的应力；

　　　ψ_{ci}——第 i 个可变荷载的组合值系数；

　　　γ_G——永久荷载分项系数；

　γ_{Q1}、γ_{Qi}——第一个和第 i 个可变荷载荷载分项系数；

　　　f——结构构件或连接的强度设计值，按表 4.1-1～表 4.1-4 采用。

对正常使用极限状态，钢结构的设计主要是控制变形和挠度，例如梁的挠度，柱顶的水平位移，高层建筑层间相对水平位移等。结构或构件按荷载标准组合计算时，设计表达式为：

$$\upsilon = \upsilon_{Gk} + \upsilon_{Q1k} + \sum_{i=1}^{n} \psi_{ci} \upsilon_{Qik} \leqslant [\upsilon] \tag{4.2-6}$$

式中　υ——结构或荷载构件产生的挠度或变形值；

　　　υ_{Gk}——永久荷载标准值在结构或构件中产生的挠度或变形值；

　　　υ_{Q1k}——第 1 个可变荷载标准值产生的挠度或变形值；

　　　υ_{Qik}——第 i 个可变荷载标准值在结构或构件中产生的挠度或变形值；

　　　$[\upsilon]$——结构或构件的允许挠度或变形值，按规范规定采用。

其他符号意义同前。

2. 钢结构设计指标

钢材和连接的强度设计值为材料的强度标准值为材料的强度标准值除以材料抗力分项系数，钢结构设计中，应根据钢材厚度或直径按表 4.1-1～表 4.1-4 采用。

表 4.1-1　　　　　　　　　　　　　钢材的强度设计值　　　　　　　　　　单位：N/mm²

钢　材		抗拉、抗压和抗弯 f	抗　剪 $f_{\rm V}$	端面承压（刨面顶紧） f_{ce}
牌　号	厚度或直径/mm			
Q235 钢	≤16	215	125	325
	>16～35	205	120	
	>40～60	200	115	
	>60～100	190	110	
Q345 钢	≤16	310	180	400
	>16～35	295	170	
	>40～60	265	155	
	>50～100	250	145	
Q390 钢	≤16	350	205	415
	>16～35	335	190	
	>40～60	315	180	
	>50～100	295	170	
Q420 钢	≤16	380	220	440
	>16～35	360	210	
	>40～60	340	195	
	>50～100	325	185	

注　表中厚度系指计算点的钢材厚度，对轴心受压和轴心受拉构件系指较厚钢板的厚度。

表 4.1-2　　　　　　　　　　　　　焊缝的强度设计值　　　　　　　　　　单位：N/mm²

焊接方法和焊条型号	钢　材		对　接　焊　缝				角　焊　缝
	牌　号	厚度或直径 /mm	抗压 f_c^w	焊缝质量为下列等级时，抗拉 f_t^w		抗剪 f_V^w	抗拉、抗压和抗剪 f_f^w
				一级、二级	三级		
自动焊、半自动焊和 E43 型焊条的手工焊	Q235 钢	≤16	215	215	185	125	160
		>16～35	205	205	175	120	
		>40～60	200	200	170	115	
		>60～100	190	190	160	110	
自动焊、半自动焊和 E50 型焊条的手工焊	Q345 钢	≤16	310	310	256	180	200
		>16～35	295	295	250	170	
		>40～60	265	265	225	155	
		>50～100	250	250	210	145	
自动焊、半自动焊和 E55 型焊条的手工焊	Q390 钢	≤16	350	350	300	205	220
		>16～35	335	335	285	190	
		>40～60	315	315	270	180	
		>50～100	295	295	250	170	

焊接方法和焊条型号	钢 材		对 接 焊 缝				角 焊 缝
	牌号	厚度或直径 /mm	抗压 f_c^w	焊缝质量为下列 等级时，抗拉 f_t^w		抗剪 f_V^w	抗拉，抗压和抗剪 f_f^w
				一级、二级	三级		
自动焊、半自动焊和 E55 型焊条的手工焊	Q420 钢	≤16	380	380	320	220	220
		>16～35	360	360	305	210	
		>40～60	340	340	290	195	
		>50～100	325	325	275	185	

注 1. 自动焊和半自动焊所采用的所采用的焊丝和焊剂，应保证其熔敷金属抗拉强度不低于相应手工焊焊条的数值。

2. 焊缝质量等级应符合现行国家标准《钢结构工程施工质量验收规范》（GB 50205—2001）的规定，其中厚度小于 8mm 钢材的对接焊缝，不宜用超声波探伤确定焊缝质量等级。

3. 对接焊缝抗弯受压区强度设计值取 f_c^w，抗弯受拉区强度设计值取 f_t^w。

4. 表中厚度系指计算点的钢材厚度，对轴心受压和轴心受拉构件系指较厚钢板的厚度。

表 4.1-3 **螺栓连接的强度设计值** 单位：N/mm²

螺栓的性能等级 锚栓的构件的钢材牌号		普 通 螺 栓						锚栓	承压型连接 高强度螺栓		
		C 级螺栓			A 级、B 级螺栓						
		抗拉 f_t^b	抗剪 f_V^b	承压 f_c^b	抗拉 f_t^b	抗剪 f_V^b	承压 f_c^b	抗拉 f_t^b	抗拉 f_t^b	抗剪 f_V^b	承压 f_c^b
普通螺栓	4.6 级、4.8 级	170	140	—							
	5.6 级	—			210	190					
	8.8 级				400	320					
锚栓	Q235 钢							140			
	Q345 钢							180			
承压型连接 高强度螺栓	8.8 级								400	250	
	10.9 级								500	310	
构件	Q235 钢			305			405				470
	Q345 钢			385			510				590
	Q420 钢			400			530				615
	Q420 钢			425			560				655

注 1. A 级螺栓用于 $d≤24$mm 和 $l≤10d$ 或 $l≤150$mm 按较小值的螺栓；B 级螺栓用于 $d>24$mm 或 $l>10d$ 或 $l>150$mm（按较小值）的螺栓。（d 为公称直径，l 为螺杆公称长度）。

2. A、B 级螺栓孔的精度和孔道壁表面粗糙度，C 级螺栓孔的允许偏差和孔道壁表面粗糙度，均应符合现行国家标准《钢结构工程施工质量验收规范》（GB 50205—2001）的要求。

表 4.1-4 **结构构件或连接设计强度折减系数**

项 次	情 况	折减系数
1	单面连接的角钢 （1）按轴心受力计算强度和连接	0.85
	（2）按轴心受压计算稳定性 等边角钢	$0.6+0.0015λ$，但不大于 1.0
	短边连接的不等边角钢	$0.5+0.0025λ$，但不大于 1.0
	长边相连的不等边角钢	0.70

项　次	情　　况	折减系数
2	(2) 无垫板的单面施焊对接焊缝	0.85
3	(3) 施工条件较差的高空安装焊缝和铆钉连接	0.90
4	(4) 沉头和半沉头铆钉连接	0.80

注　1. λ 为长细比，对中间无连系的但角钢压杆应按最小回转半径计算，当 λ＜20 时，取 λ＝20。

2. 当以上几种情况同时存在时，其折减系数应连乘。

小　　结

(1) 钢材的力学性能是衡量质量的重要指标。力学性能指标包括屈服点、抗拉强度、伸长率、冷弯性能和冲击韧性等五项。

(2) 钢材的化学成分及其含量对钢材的力学性能、可焊性和加工性能影响很大。碳素结构钢当中除铁以外，还有碳、锰、硅、硫、磷、氯、氧等。第一合金钢中含有少量的合金元素，例如钒、钛、铜、铌、铬等。

(3) 影响钢材力学性能的主要因素除化学成分外，还有成材过程、钢材硬化、温度、应力集中和反复荷载作用等的影响。

(4) 我国目前建筑用钢主要为碳素结构钢和第一合金高强度结构钢，《钢结构设计规范》(GB 50017—2003) 推荐用钢材为 Q235、Q345、Q390、Q420 等。

能力拓展与实训

一、基础训练

1. 思考题

(1) 影响刚才强度和脆性破坏的因素有哪些？

(2) 在钢材的化学成分中应严格控制哪些有害成分的含量，为什么？

(3) 钢材在复杂应力作用下，采用什么理论核算期折算强度？钢材的抗剪强度与抗拉强度直接有什么关系？

(4) 为什么说应力集中是影响钢材性能的重要因素？哪些原因使钢材产生应力集中？

(5) 钢材有哪几种规格？型钢用什么符号表示？选择钢材时应考虑哪些主要因素？

二、工程技能训练

参观钢材市场，写出一份钢材的感性认识报告。

4.2　钢结构的连接

【工作任务】　钢结构连接及焊缝质量检验，处理连接常见问题。

【任务目标】

知识目标：理解钢结构主要连接方法、特点及构造要求；掌握对接焊缝、螺栓连接构造与计算；熟悉钢结构的常用焊缝符号，焊缝连接缺陷及焊缝连接质量检验；了解焊接残余应力和残余变形产生的原因及其危害，减少烤瓷接残余应力的措施。

能力目标：能够识读钢结构焊接、螺栓连接施工图及焊缝质量检验施工图，能够处理钢结构施工中常见的连接问题。

4.2.1 钢结构的连接方法

钢结构是由各种型钢或板材通过一定的连接方法组成的。因此，连接方法及其质量优劣直接影响到钢结构的工作性能。钢结构的连接必须符合安全可靠、传力明确、构造简单、制造方便和节约钢材的原则。钢结构的连接方法有焊缝连接、螺栓连接、铆钉连接和轻型钢结构的紧固件连接四种，如图 4.2-1 所示。

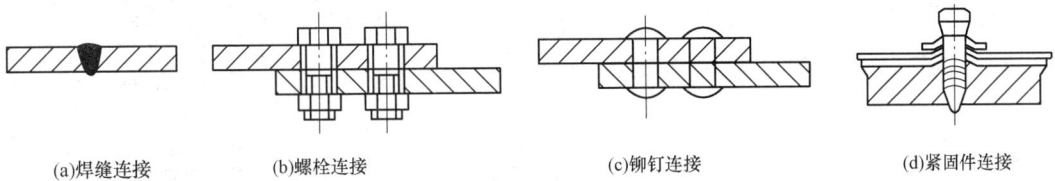

(a)焊缝连接　　　(b)螺栓连接　　　(c)铆钉连接　　　(d)紧固件连接

图 4.2-1　钢结构的连接方法

1. 焊缝连接

焊缝连接是由钢结构最主要的连接方法。其优点是：构造简单，任何形式的构件都可直接相连；用料经济、不削弱截面；制作加工方便，可实现自动化操作；连接的密闭性好，结构刚度大。其缺点是：在焊缝附近的热影响区内，钢材的金相组织发生改变，导致局部材质变脆；焊接残余变形使受压构建承载力降低；焊接结构对裂缝很敏感，局部裂缝一旦发生改变，就容易扩展到整体，低温冷脆现象较为突出。

2. 螺栓连接

螺栓连接分普通螺栓连接和高强度螺栓连接两种。

(1)普通螺栓连接。普通螺栓连接分为 A、B、C 三级。C 级为粗制螺栓，由未经加工的圆钢压制而成，制作精度差，一般配用 Ⅱ 类孔，即螺栓孔在零件上一次冲成，或不用钻模钻成，螺栓孔的直径比螺栓杆的直径大 1.5～3mm（见表 4.2-1）。对于采用 C 级螺栓的连接，由于螺栓杆与螺栓孔之间有较大的空隙，受剪力作用时，将会产生较大的剪切滑移，连接的变形大，但安装方便，且能有效地传递拉力，故可用于沿螺栓杆轴心受拉的连接，以及次要结构的抗剪连接或安装时临时固定中。

表 4.2-1　　　　　　　　　　　　　　　　C 级螺栓孔径

螺栓公称直径/mm	12	16	20	(22)	24	(27)	30
螺栓孔公称直径/mm	13.5	17.5	22	(24)	26	(30)	33

A、B 级精制螺栓是由毛坯在车床上经过切削加工精制而成，表面光滑，尺寸精准，一般配用 Ⅰ 类孔，螺栓直径与螺栓孔之间的缝隙只有 0.3～0.5mm。由于有较高的精度，因而受剪性能好，但制作和安装复杂，价格较高，已很少在钢结构中采用。

(2)高强度螺栓连接。高强度螺栓连接有两种类型：一种是只依靠摩擦阻力传力，并以剪力不超过接触面摩擦力作为设计准则的称为摩擦型连接；另一种是允许接触面滑移，以连接达到破坏的极限承受力作为设计准则的，称为承压型连接。

摩擦型连接的剪切变形小，弹性性能好，施工较简单，可拆卸，耐疲劳，特别适用于承受动力荷载的结构。承压连接的承载力高于摩擦型，连接紧凑，但剪切变形大，故不得用于承受动力荷载的结构中。

3. 铆钉连接

铆钉连接由于构造复杂、费钢费工，现在很少采用。但铆钉连接的塑形和韧性较好，传力可靠，质量易于检查，在一些重型和直接承受动力荷载的结构中，有时仍然采用。

4. 机械式连接

在冷弯薄壁轻型钢结构中经常采用射钉、自攻螺钉、钢拉铆钉等机械式连接方法，主要用于压型钢板之间及压型钢板与冷弯型钢等支撑构件之间的连接。

4.2.2 焊接方法、焊缝形式和质量级别

1. 焊接方法

焊接方法很多，但钢结构中通常采用电弧焊。电弧焊有焊条电弧焊、埋弧焊（自动或半自动埋弧焊）以及气体保护焊等。

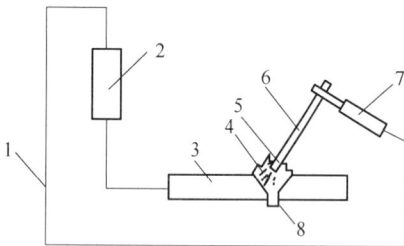

图 4.2-2 焊条电弧焊
1—导线；2—焊机；3—焊件；4—电弧；
5—保护气体；6—焊条；7—焊钳；8—熔池

（1）焊条电弧焊。焊条电弧焊是最常用的一种焊接方法（图 4.2-2）。通电后，在涂有药皮的焊条与焊件之间产生电弧，电弧的温度可高达 3000℃。在高温作用下，电弧周围的金属熔化，形成熔池，同时焊条中的焊条很快熔化，滴入熔池中，与焊件的熔融金属相结合，冷却后即形成焊缝。焊条药皮则在焊接过程中产生气体，保护电弧和熔化金属，并形成熔渣覆盖着焊缝，防止空气中氧气、氮等有害气体与熔化金属接触而形成易脆的化合物。

焊条电弧焊的设备简单、操作灵活方便，适于任意空间位置的焊接，特别适于焊接短焊缝，但生产效率低、劳动强度大，焊接质量取决于焊工的技术水平。

焊条电弧焊所用焊条应与焊件钢材（或主体金属）相适应：对 Q235 钢材采用 E43 型焊条（E4300～E4328）；对 Q345 钢材采用 E50 型焊条（E5000～E5048）；对 Q390 钢材和 Q420 钢材采用 E55 型焊条（E5500～E5518）。不同钢种的钢材相焊接时，例如 Q235 钢材与 Q345 钢材相焊接，宜采用与低强度钢材相适应的焊条 E43 型。

（2）埋弧焊（自动或半自动埋弧焊）。埋弧焊是电弧在焊剂层下燃烧的一种电弧焊方法。焊丝送进和电弧按焊接方向的移动有专门机构控制完整的称"自动埋弧焊"（图 4.2-3）；焊丝送进有专门机构，而电弧焊按焊接方向的移动靠人工操作完成的称"半自动埋弧焊"用电后，由于电弧焊的作用，使埋于焊剂下的焊丝和附近的焊剂熔化，熔渣浮在熔化的焊缝金属上面，使熔化金属不与空气接触，并供给焊缝金属以必要的合金元素。随着焊机的自由移动，颗粒状的焊剂不断地由料斗漏下，电弧完全被埋在焊剂之内，同时焊丝也自动地随熔化随下降，这就是自动埋弧焊的原理。埋弧焊电弧焊热量集中、熔深大，适用于厚钢板的焊

接，具有较高的生产效率。采用自动或半自动操作，焊接时的工艺条件稳定，焊缝的化学成分均匀，故形成的焊缝质量好，焊件变形小。同时，较高的焊速也减少了热影响区的范围。但埋弧焊对焊件边缘的装配精度（例如间隙）要求比焊条电弧焊高。

埋弧焊所用焊丝和焊剂应与母材金属强度相适应，即要求焊缝与母材金属等强度。

（3）气体保护焊。气体保护焊是利用二氧化碳气体或其他惰性气体作为保护介质的一种电弧熔焊方法。它直接依靠保护气体在电焊周围造成局部的保护层，以防止有害气体的侵入并保证焊接过程。由于保护气体是喷射的，有助于熔滴的过渡，又由于热量集中，焊接速度快，焊接熔深大，故所形成的焊缝强度比焊条电弧焊高，塑性和抗腐蚀性好，适用于全位置的焊接，但不适用于野外或有风的地方施焊。

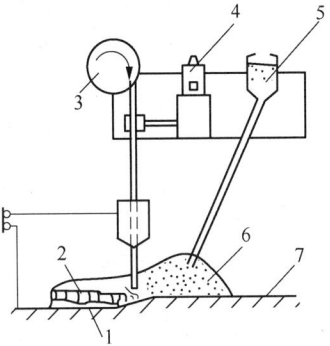

图 4.2-3　焊条电弧焊
1—焊缝金属；2—焊渣；3—焊丝转盘；
4—送丝器；5—焊机漏斗；
6—焊机焊；7—焊件

2. 焊缝连接形式

焊缝连接形式按被连接钢材的相互位置，可分为对接、搭接、T 形连接和角焊连接四种（图 4.2-4）。这些连接所采用的焊缝主要有对接焊接和角焊缝。

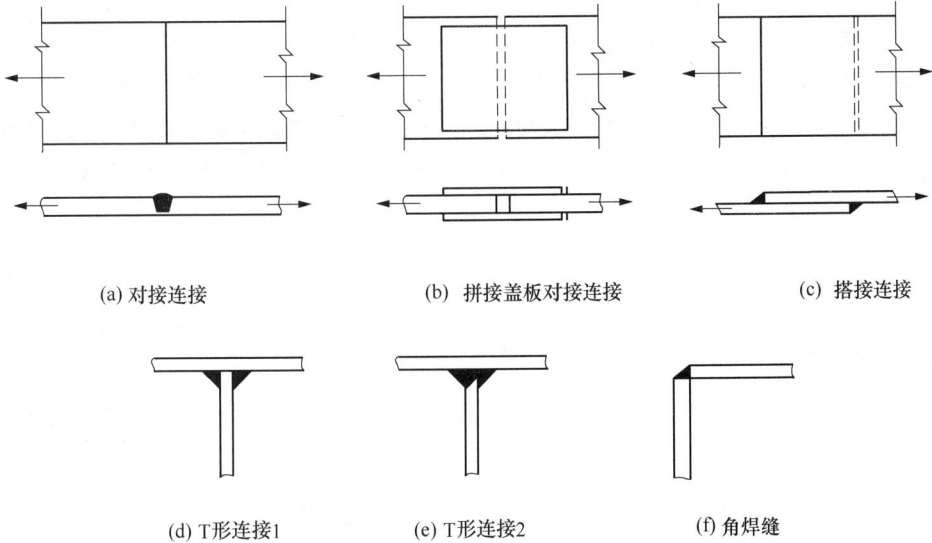

(a) 对接连接　　　　　　(b) 拼接盖板对接连接　　　　　　(c) 搭接连接

(d) T 形连接1　　　　　　(e) T 形连接2　　　　　　(f) 角焊缝

图 4.2-4　焊缝连接形式

对接连接主要用于厚度相同或接近相同的两构件的相互连接。图 4.2-4（a）为采用对接焊缝的对接连接，由于相互连接的两构件在同一平面内，因而传力均匀平缓，没有明显的应力集中，且用料经济，但焊件边缘需要加工，被连接两板的间隙有严格的要求。

图 4.2-4（b）所示为用双层盖板和角焊缝的对接连接，这种连接传力不均匀焊缝缺陷费料、但施工简便，所连接两板的间隙大小无须严格控制。

图 4.2-4（c）所示为用角焊缝的搭接连接，适用于不同厚度构件的连接。这种连接作用

力不在同一直线上，材料轿费，但构造简单、施工方便。

T形连接省工省料，常用于制作组合截面。当采用角焊缝连接时［图4.2-4（d）］，焊件间存在缝隙，截面突出，应力集中现象严重，疲劳强度较低，可用于不直接承受动力荷载的结构中对于直接承受动力荷载的结构，例如重级工作制吊车梁，其上翼缘与腹板的连接，应采用图4.2-4（e）所示的K形坡口焊缝进行连接。

焊缝连接如图4.2-4（f）所示，主要用于制作箱型截面。

焊缝按施焊位置分为平焊、横焊、立焊和仰焊，如图4.2-5所示。平焊也称俯焊，施焊方便，质量易保证；横焊、立焊施焊要求焊工的操作水平较平焊要高一些，质量较平焊低；仰焊的操作条件最差，焊缝质量最不易保证，因此设计和制造时应尽量避免采用仰焊。

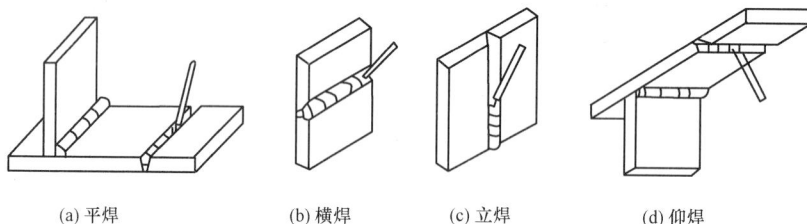

| (a) 平焊 | (b) 横焊 | (c) 立焊 | (d) 仰焊 |

图 4.2-5　焊缝施焊位置

3. 焊缝质量级别及检验

（1）焊缝缺陷。焊缝缺陷指焊接过程中产生于焊缝金属附近热影响区钢材表面或内部的缺陷有裂纹、焊瘤、烧穿、弧坑、气孔、夹渣、咬边、未熔合、未焊透（图4.2-6），以及焊缝尺寸不符合要求、焊缝成形不良等。裂纹是焊缝连接中最危险的缺陷。产生裂纹的原因很多，例如钢材的化学成分不当，焊接工艺条件（如电流、电压、焊速、施焊次序等）选择不合适，焊件表面油污未清除干净等。

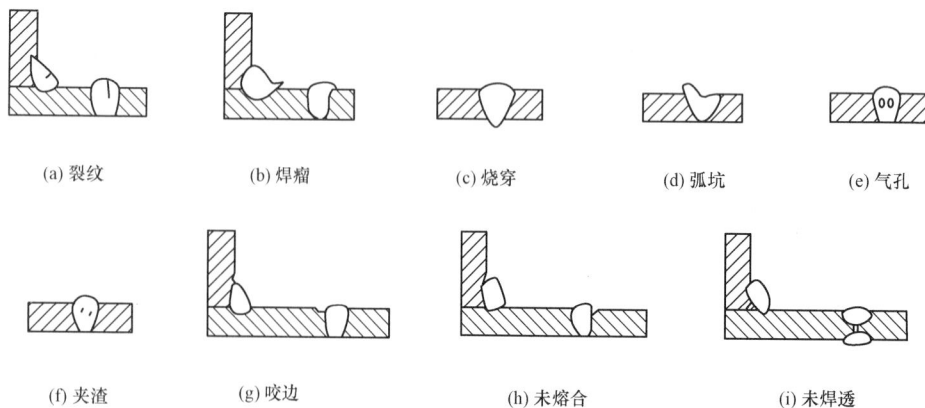

| (a) 裂纹 | (b) 焊瘤 | (c) 烧穿 | (d) 弧坑 | (e) 气孔 |
| (f) 夹渣 | (g) 咬边 | (h) 未熔合 | (i) 未焊透 |

图 4.2-6　焊缝缺陷

（2）焊缝质量检验。焊缝缺陷的存在将削弱焊缝的受力面积，在缺陷处引起应力集中，故对连接的强度、冲击韧度及冷弯性能等均有不利影响。因此，焊缝质量检验极为重要。

焊缝质量检验一般可用外观检查及内部无损检验，前者检查外观缺陷和几何尺寸，后者检查内部缺陷。内部无损检验目前广泛采用超声波检验，它使用灵活、经济、对内部缺陷反应灵敏，但不易识别缺陷性质，有时还用磁粉检验、荧光检验等较简单的方法作为辅助检验。当前采用的检验方法为 X 射线或 γ 射线透照或拍片，其中 X 射线应用较广。

《钢结构工程施工质量验收规范》（GB 50205—2001）规定焊缝按其检验方法和质量要求分为一级、二级和三级。三级焊缝只要求对全部焊缝作外观检查且符合三级质量标准。一级、二级焊缝则除外观检查外，还应采用超声波探伤方法应符合现行国家标准《钢焊缝手工超声波探伤结果分级》（GB/T 11345—1989）或《钢熔化焊对接接头射线照相和质分级》（GB/T 3323—1987）的规定。

钢结构中一般采用三级焊缝，便可满足通常的强度要求，但对接焊缝的抗拉强度有较大的变异性，《钢结构设计规范》（GB 50017—2003）规定其设计值只为母材的 85%左右。因而对有较大拉应力的对接焊缝以及直接承受动力荷载构件的较重要的对接焊缝，宜采用二级焊缝，对直接承受动力荷载和疲劳性能有较高要求处可采用一级焊缝。

4. 焊缝符号及标注方法

在钢结构施工图上，要用焊缝符号标明焊缝的形式、尺寸和辅助要求。根据国家标准《焊缝符号表示法》（GB/T 324—2008）和《建筑结构制图标准》（GB/T 50105—2010）的规定，焊缝符号主要由引出线和基本（图形）符号组成，必要时还可加上辅助符号、补充符号和栅线符号。引出线由横线和带箭头的斜线组成。箭头指到图形上的相应焊缝处，横线的上面和下面用来标注图形符号和焊缝尺寸。当引出线的箭头指向焊缝所在的一面时，应将图形符号和焊缝尺寸等标注在水平横线的上面；当箭头指向对应焊缝所在的另一面时，则应将图形符号和焊缝尺寸等标注在水平线下面。必要时，可在水平横线的末端加一尾部作为其他说明之用。图形符号表示焊缝的基本形式，如用⊿表示角焊缝，用 V 表示 V 形的对接焊缝。辅助符号表示焊缝的辅助要求，如用⚑表示现场安装焊缝等（表 4.2-2）。

当焊缝分布比较复杂或上述标注方法不能表达清楚时，在标注焊缝代号的同时，可在图形上加栅线表示。

表 4.2-2　　焊缝符号及标注方法

类别	名称		示意图	符号	示例
基本符号	对接焊缝	I形	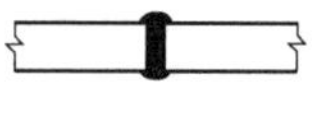	‖	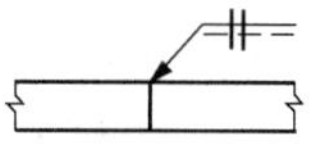
		V形		V	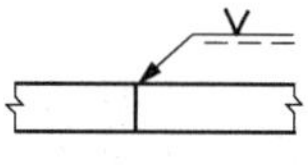
		单边 V 形		⊬	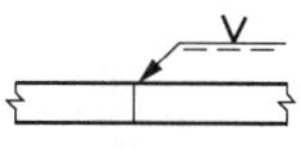
		K形		K	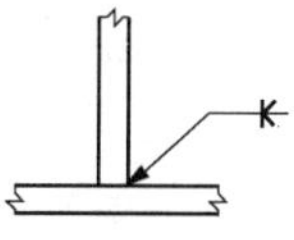

类别	名 称		示意图	符 号	示 例
基本符号	角焊缝	单面焊缝		◺	
		背面焊缝		◺	
		双面焊缝		◺	
	塞焊缝			⊓	
辅助符号	平面符号			—	
	凹面符号			⌣	
补充符号	三面围焊符号			⊏	
	周边焊缝符号			○	
	现场安装焊缝符号			⚑	或
	焊缝底部有垫板的符号			▭	
	尾部符号			⟨	
栅线符号	正面焊缝		⌶⌶⌶⌶⌶⌶⌶⌶⌶⌶⌶⌶		
	背面焊缝		⌶⌶⌶ ⌶⌶⌶ ⌶⌶⌶ ⌶⌶⌶ ⌶⌶⌶		
	安装焊缝		⌄⌄⌄⌄⌄⌄⌄⌄⌄⌄⌄⌄⌄⌄⌄		

194

4.2.3 对接焊缝的构造与计算

1. 对接焊缝连接的构造

(1) 对接焊缝的形式。对接焊缝按所受力的方向正对接焊缝 [图 4.2-7 (a)] 和斜对焊缝 [图 4.2-7 (b)]。

(2) 对接焊缝的构造。对接焊缝的破口形式如图 4.2-8 所示。破口形式取决于焊件厚度 t。当焊件厚度 $t \leqslant 10$ 时，可用直边锋（I 形坡口）；当焊件厚度 $t=10 \sim 20$mm 时，可用斜坡口的单边 V 形或 V 形焊缝；当焊件厚度 $t > 20$mm 时，则采用 U 形 K 形和 X 形坡口焊缝。对于 U 形焊缝和 V 形焊缝需对焊缝根部进行补焊。埋弧焊的熔深较大，同样坡口形式的适用板厚 t 可适当加大，对接间隙 c 可稍小些，钝边高度 p 可稍大。对接焊缝坡口形式的选用，应根据板厚和施工条件按现行标准《气焊、焊条电弧焊、气体保护焊和高能束焊的推荐坡口》（GB 985.1—2008）和《埋弧焊的推荐坡口》（GB 985.2—2008）的要求确定。

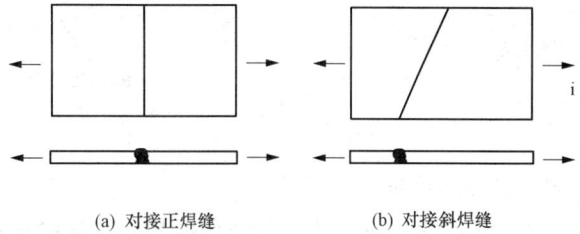

(a) 对接正焊缝   (b) 对接斜焊缝

图 4.2-7 对接焊缝形式

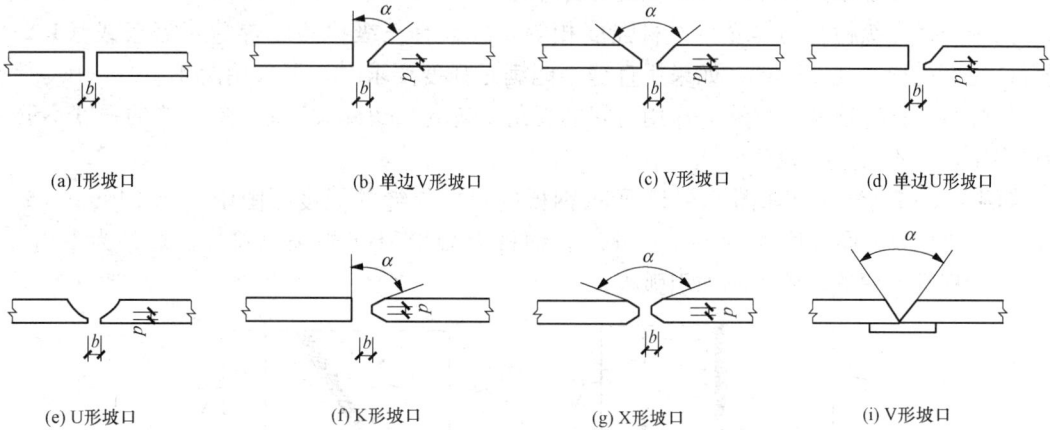

(a) I 形坡口   (b) 单边 V 形坡口   (c) V 形坡口   (d) 单边 U 形坡口

(e) U 形坡口   (f) K 形坡口   (g) X 形坡口   (i) V 形坡口

图 4.2-8 对接焊缝坡口形式

在焊缝的起灭弧处，常会出现弧坑等缺陷，此处极易产生应力集中和裂纹，对承受动力荷载尤为不利，故焊接时对直接承受动力荷载的焊缝，必须采用引弧板（图 4.2-9），焊后将它割除。对受精力荷载的结构设置引弧板有困难时，允许不设置引弧板，但每条焊缝的起弧及灭弧端应各减去 t（t 为焊件的较小厚度）后作为焊缝的计算长度。

当对接焊缝拼接处的焊件宽度不同或厚度相差 4mm 以上时，应分别在宽度方向或厚度方向从一侧或两侧做成坡度不大于 1:2.5 斜坡 [图 4.2-10 (a)、(b)]，以使截面过渡缓和，减少应力集中。但对直接承受动力荷载且需进行疲劳计算的结构，应使斜角坡度不大于 1:4。如果两钢板厚度相差小于 4mm 时，也可不做斜坡，直接用焊缝表面斜坡来找坡，焊缝的计算厚度等于较薄板的厚度。

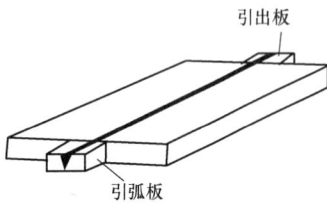

図 4.2-9 用引弧板焊接

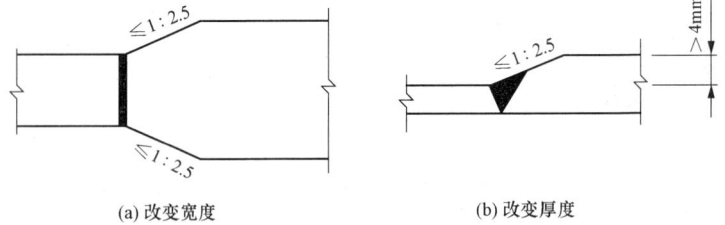

(a) 改变宽度

(b) 改变厚度

图 4.2-10 用引弧板焊接

2. 对接焊缝链接的计算

对接焊缝的截面与被焊构件截面相同，焊缝中的应力情况与焊件原来的情况基本相同，故对接焊缝链接的计算方法与构件的强度计算相似。

轴心受力对接焊缝（图 4.2-11），可按下式计算：

$$\sigma = \frac{N}{l_w t} \leqslant f_t^w \text{ 或 } f_c^w \tag{4.2-1}$$

式中　N——轴心拉力或压力（N）；

　　f——焊缝的计算长度（mm），当未采用引弧板时，取实际长度减去 $2t$；

　　t——在对接接头中链接件的较小厚度（mm），在 T 形接头中为腹板厚度；

f_t^w、f_c^w——对接焊缝的抗拉、抗压强度设计值（N/mm²）。

由于一、二级检验的焊缝与木材强度相等，故只有三级检验的焊缝才需按式（4.2-3）进行抗拉（抗压）强度验算。如果用直缝不能满足强度要求时，可采用图 4.2-11（b）所示斜对街焊缝。计算证明，焊缝与作用力间的夹角 θ 满足 $\tan\theta \leqslant 1.5$ 时，斜焊缝的强度不低于母材强度，可不再进行验算。

【例 4.2-1】　试验算如图 4.2-11 所示钢板的对接焊缝的强度，图中 $a = 540\text{mm}$，$t = 22\text{mm}$，轴心力的设计值为 $N = 2150\text{kN}$。钢材为 Q235-B，焊条电弧焊，焊条为 E43 型，三级检验标准的焊缝，施焊时加引弧板。

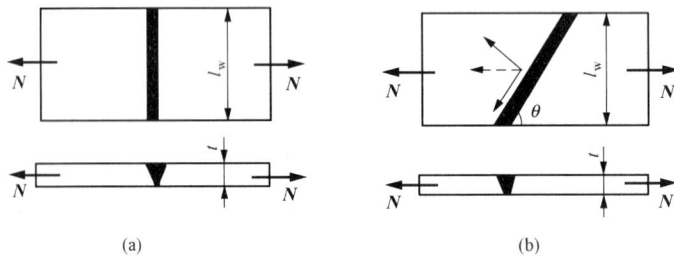

(a)

(b)

图 4.2-11　轴心受力的对接焊缝

【解】　（1）直缝连接其计算长度 $l_w = 54\text{cm}$。焊缝正应力为：

$$\sigma = \frac{N}{l_w t} = \frac{2150 \times 10^3}{540 \times 22} = 181\text{N/mm}^2 > f_t^w = 175\text{N/mm}^2$$

不满足要求，改用斜对接焊缝，取割斜度为 1.5:1，即 $\theta = 56°$。焊缝长度：

$$l_w = \frac{a}{\sin\theta} = \frac{54}{\sin 56°} = 65\text{cm}$$

故此时焊缝的正应力是：

$$\sigma = \frac{N\sin\theta}{l_{\mathrm{w}}t} = \frac{2150 \times 10^3 \times \sin56°}{650 \times 22} = 124.6\mathrm{N/mm^2} < f_{\mathrm{t}}^{\mathrm{w}} = 175\mathrm{N/mm^2}$$

切应力为：

$$\tau = \frac{N\cos\theta}{l_{\mathrm{w}}t} = \frac{2150 \times 10^3 \times \cos56°}{650 \times 22} = 84\mathrm{N/mm^2} < f_{\mathrm{v}}^{\mathrm{w}} = 120\mathrm{N/mm^2}$$

说明：单 $\tan\theta \leqslant 1.5$ 时焊缝强度能够满足，可以不必计算。

（2）对接焊缝在弯矩和剪力共同作用下的计算。

①矩形截面：图 4.1-12（a）所示为对接接头收到弯矩和剪力的作用，由于焊缝截面时矩形，正应力与切应力图形分别为三角形与抛物线形，其最大值应分别满足下列强度条件：

$$\sigma_{\max} = \frac{M}{W_{\mathrm{w}}} = \frac{6M}{l_{\mathrm{w}}^2 t} \leqslant f_{\mathrm{t}}^{\mathrm{w}} \tag{4.2-2}$$

$$\tau_{\max} = \frac{VS_{\mathrm{w}}}{I_{\mathrm{w}}t} = \frac{3V}{2\,l_{\mathrm{w}}t} \leqslant f_{\mathrm{v}}^{\mathrm{w}} \tag{4.2-3}$$

式中　W_{w}——焊缝截面系数（$\mathrm{mm^3}$）；

S_{w}——受拉部分截面到中和轴的面积矩（$\mathrm{mm^3}$）；

I_{w}——焊缝截面惯性矩（$\mathrm{mm^4}$）；

$f_{\mathrm{v}}^{\mathrm{w}}$——对接焊缝抗剪强度设计值（$\mathrm{N/mm^2}$）。

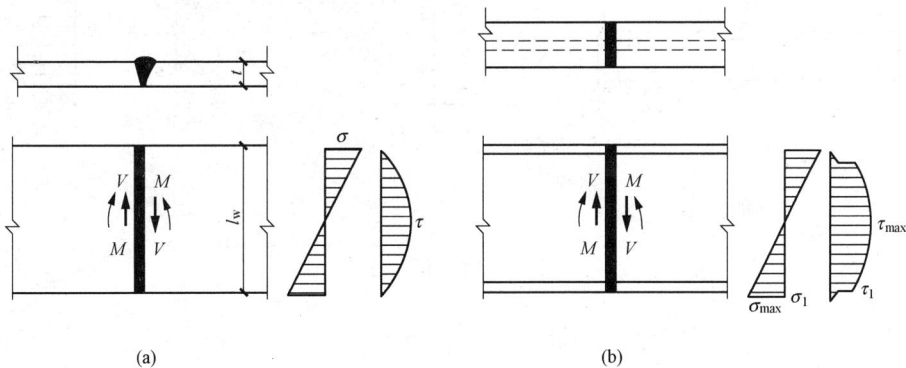

图 4.2-12　对接焊缝受弯矩和剪力共同作用

②T 形截面：图 4.2-12（b）所示为工字形截面梁的接头，采用对接焊缝，除应分别验算最大正应力和切应力外，对于同时受有较大正应力和较大切应力处，例如腹板与翼缘的交接点，还应按下式验算折算应力：

$$\sqrt{\sigma_1^2 + 3\,\tau_1^2} \leqslant 1.1\,f_{\mathrm{t}}^{\mathrm{w}} \tag{4.2-4}$$

式中　σ_1、τ_1——验算点处的焊缝正应力和切应力（$\mathrm{N/mm^2}$）；

1.1——考虑到最大折算应力只在局部出现，而将强度设计值适当提高的系数。

其中

$$\sigma_1 = \sigma_{\max}\frac{h_0}{h} = \frac{M}{W_{\mathrm{w}}}\frac{h_0}{h} \tag{4.2-5}$$

$$\tau_1 = \frac{VS_{\mathrm{w1}}}{I_{\mathrm{w}}t_{\mathrm{w}}} \tag{4.2-6}$$

I_{w}——工字型截面惯性矩（mm）；

W_{w}——工字型截面系数（$\mathrm{mm^3}$）；

S_{w1}——工字型截面手拉翼缘对中和轴的面积矩（mm³）；

t_w——腹板厚度（mm）。

（3）对接焊缝在弯矩、剪力和轴心力共同作用下的计算。

当轴心力与弯矩、剪力共同作用时，焊缝的最大正应力，按下式计算：

$$\sigma_{max} = \frac{N}{\sum l_w t} + \frac{M}{W_w} \leqslant f_t^w \qquad (4.2\text{-}7)$$

切应力按下式验算：

$$\tau_{max} = \frac{VS_w}{I_w t_w} = f_v^w \qquad (4.2\text{-}8)$$

折算应力仍按式（4.2-11）验算：

$$\sqrt{\sigma_1^2 + 3\tau_1^2} \leqslant 1.1 f_t^w \qquad (4.2\text{-}9)$$

【例 4.2-2】 某 8m 跨简支梁截面和荷载设计值如图所示。在距支座 2.4m 处有翼缘和腹板的拼接连接，试验算其拼接的对接焊缝。已知钢材 Q235-BF，采用 E43 型焊条电弧焊。焊缝为三级检验标准，施焊时采用引弧板。

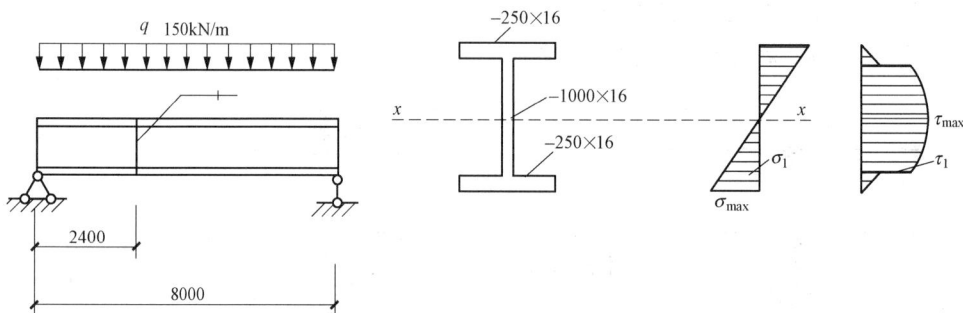

图 4.2-13 例 4.2-2

【解】 （1）距支座 2.4m 处内力验算：

$$M = \left(\frac{150 \times 8}{2} \times 2.4 - \frac{150 \times 2.4^2}{2} \right) kN \cdot m = 1008 kN \cdot m$$

$$V = \left(\frac{150 \times 8}{2} - 150 \times 2.4 \right) kN = 240 kN$$

（2）焊缝计算截面几何特征值计算：

$$I = \left(\frac{250 \times 1032^3}{12} - \frac{250 \times 1000^3}{12} + \frac{10 \times 1000^3}{12} \right) mm^4 = 2898 \times 10^6 mm^4$$

$$W_w = \frac{2898 \times 10^6}{1032/2} mm^3 = 5.616\ 3 \times 10^6 mm^3$$

$$S_{w1} = 250 \times 16 \times \left(\frac{1000}{2} + \frac{16}{2} \right) mm^3 = 2.032 \times 10 mm^3$$

$$S_w = \left(2.032 \times 10^6 + 500 \times 10 \times \frac{500}{2} \right) mm^3 = 3.282 \times 10^6 mm^3$$

（3）焊缝强度计算：查表 4.1-1 得 $f_t^w = 185 N/mm^2$，$f_v^w = 125 N/mm^2$

$$\sigma_{max} = \frac{M}{W_w} = \frac{1008 \times 10^6}{2898 \times 10^6 \times 10} = 179.5 N/mm^2 < f_t^w = 185 N/mm^2$$

$$\tau_{max} = \frac{VS_w}{I_w t_w} = \frac{240 \times 10^3 \times 3.282 \times 10^6}{2898 \times 10^6 \times 10} \text{N/mm}^2 < f = 125\text{N/mm}^2$$

$$\sigma_1 = \sigma_{max} \frac{h_0}{h} = 179.5 \times \frac{1000}{1032} \text{N/mm}^2 = 16.8\text{N/mm}^2$$

$$\tau_1 = \frac{VS_{w1}}{I_w t_w} = \frac{240 \times 10^3 \times 2.032 \times 10^6}{2898 \times 10^6 \times 10} \text{N/mm}^2 = 16.8\text{N/mm}^2$$

$$\sqrt{\sigma_1^2 + 3\tau_1^2} = \sqrt{173.9^2 + 3 \times 16.8^2} = 176.3\text{N/mm}^3$$

$$< 1.1 f_t^w = 1.1 \times 185\text{N/mm}^2 = 203.5\text{N/mm}^2$$

满足要求。

4.2.4 角焊缝连接的构造与计算

1. 角焊缝形式

在相互搭接或丁字连接构件的边缘，所焊接截面为三角形的焊缝，叫作角焊缝（图4.2-14）。角焊缝是最常用的焊缝。

（1）角焊缝按其余作用力的关系可分为：焊缝长度方向与作用力垂直的正面角焊缝；焊缝长度方向与作用力平行的侧面角焊缝以及斜焊缝（图4.2-15）。

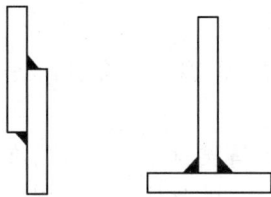

图 4.2-14　角焊缝

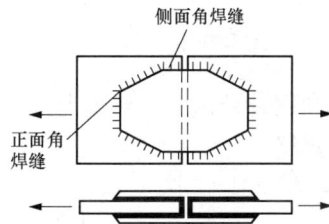

图 4.2-15　角焊缝形式

（2）焊缝沿长度方向的布置分为连续角焊缝和间断角焊缝两种（图4.2-16）。连续角焊缝的受力性能较好，是主要的角焊缝形式。间断角焊缝的起灭弧处容易引起应力集中，只能用于一些次要构件的连接或受力很小的连接中，重要结构应避免采用。间断角焊缝的间断距离 l 不宜过长，以免连接不紧密，潮气侵入引起构件锈蚀。一般在受压构件中应满足 $l \leqslant 15t$，在受拉构件中应满足 $l \leqslant 30t$，t 为较薄焊件的厚度。

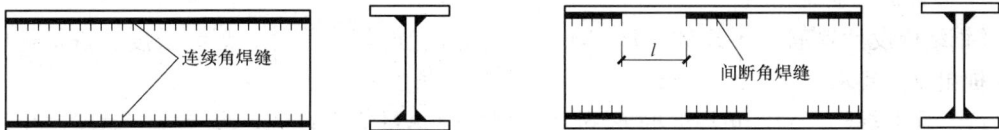

图 4.2-16　角焊缝形式

（3）角焊缝按截面形式可分为直角角焊缝（图4.2-17）和斜角角焊缝（图4.2-18）。

直角角焊缝通常做成表面微凸的等腰直角三角形截面［图4.2-17（a）］。在直角承受动力荷载的结构中，为尖端应力集中；正面角焊缝的截面常采用图4.2-17（b）所示的平坦式截面；侧面角焊缝的截面则做成凹式截面［图4.2-17（c）］。

两焊脚边的夹角 $\alpha > 90°$ 或 $\alpha < 90°$ 的焊缝称为斜角角焊缝（图4.2-18）。斜角角焊缝常用

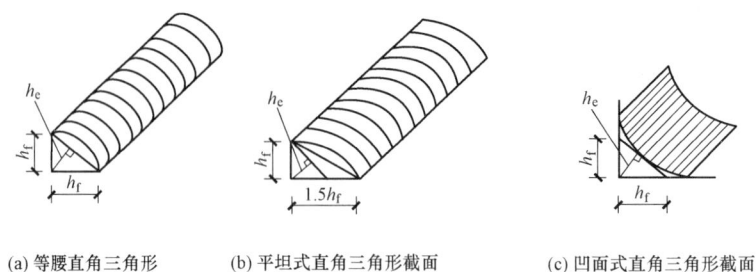

(a) 等腰直角三角形　　(b) 平坦式直角三角形截面　　(c) 凹面式直角三角形截面

图 4.2-17　直角角焊缝形式

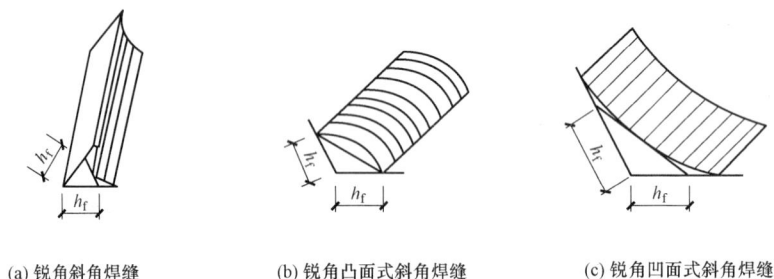

(a) 锐角斜角角焊缝　　(b) 锐角凸面式斜角焊缝　　(c) 锐角凹面式斜角焊缝

图 4.2-18　斜角角焊缝形式

语钢漏斗和钢管结构中，对于夹角 $\alpha < 120°$ 或 $\alpha > 120°$ 的斜角角焊缝，除钢管结构外，不宜用作受力焊缝。

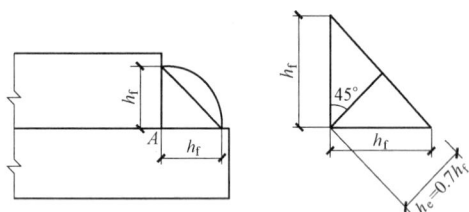

图 4.2-19　斜角角焊缝形式

实验表明，等腰直角角焊缝常在沿 45° 左右方向的截面破坏，因此计算时是以 45° 的最小截面为危险截面（图 4.2-19），此危险截面称为角焊缝的计算截面或有效截面。平坦式、凹面式角焊缝的有效截面如图 4.2-17（b）、（c）所示。

直角角焊缝的有效厚度 h_e 为：

$$h_e = \cos 45° \times h_f = 0.7 h_f$$

上式中略去了焊缝截面的圆弧形加高部分，式中 h_f 是角焊缝的焊脚尺寸。

2. 角焊缝的构造要求

《钢结构设计规范》（GB 50017—2003）对角焊缝的焊脚尺寸、焊缝长度、搭接长度等尺寸提出以下要求：

（1）最大焊脚尺寸。角焊缝的 h_f 过大，焊接时热量输入过大，焊缝收缩时将产生较大的焊接残余应力和残余变形，且热影响区扩大易产生脆裂，较薄焊件易烧穿。板件边缘的角焊缝与板件边缘等厚时，施焊时易产生咬边现象。因此，角焊缝的 $h_{f,max}$ 应符合以下规定：

$$h_{f,max} \leqslant 1.2 t_{min} \tag{4.2-10}$$

t_{min} 为较薄焊件厚度。对板件边缘（厚度为 t_1）的角焊缝尚应符合下列要求：当 $t_1 > 6mm$ 时，$h_{f,max} \leqslant t_1 - (1 \sim 2)mm$；当 $t_1 \leqslant 6mm$ 时，$h_{f,max} \leqslant t_1$。

（2）最小焊脚尺寸。如果板件厚度较大而焊缝焊脚尺寸过小，则施焊时焊缝冷却速度过快，可能产生淬硬组织，易使焊缝附近主体金属产生裂纹。因此，角焊缝最小焊脚尺寸

$h_{f,min}$ 应满足下式要求：

$$h_{f,min} \geqslant 1.5 \sqrt{t_{max}} \qquad (4.2\text{-}11)$$

此处，t_{max} 为较厚焊件的厚度。自动焊的热量集中，因而熔深较大，故最小焊脚尺寸 $h_{f,min}$ 可较上式减小 1mm。T 形连接单面胶焊缝可靠性较差，应增加 1mm（图 4.2-20）。当焊件厚度等于或小于 4mm 时，$h_{f,min}$ 应与焊件同厚。

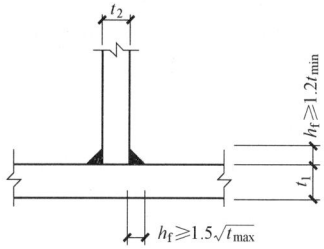

图 4.2-20　角焊缝的焊脚尺寸

（3）最小焊缝长度。角焊缝的焊缝长度过短，焊件局部受热严重，且施焊时起落弧坑相距过近，再加上一些可能产生的缺陷使焊缝不够可靠。因此，规定角焊缝的计算长度 $l_w \geqslant 8 h_f$，且不小于 40mm。

（4）侧面角焊缝的最大计算长度。侧缝沿长度方向的切应力分布很不均匀，两端大而中间小，且随焊缝的长度与其焊脚尺寸之比增大而更为严重。当焊缝过长时，其两端应力可能

图 4.2-21　搭接长度要求

达到极限，而中间焊缝却未充分发挥承载力。因此，侧面角焊缝的计算长度 $l_w \leqslant 60 h_f$。

（5）搭接长度。在搭接连接中，为减小因焊缝收缩产生过大的焊接残余应力及因偏心产生的附加弯矩，要求搭接长度 $l \geqslant 5 t_1$（t_1 为较薄构件的厚度）且不小于 25mm（图 4.2-21）。

（6）板件的端部仅用两次侧面角焊缝连接时焊接长度及两侧焊缝间距。当板件的端部仅用两侧面角焊缝连接时（图 4.2-22），为避免应力传递过于弯折而致使板件应力过分不均匀，应使 $l_w \geqslant b$；同时为避免因焊缝收缩引起板件变形拱曲过大，尚应使 $b \leqslant 16t$（当 $t > 12mm$ 时）或 190mm（当 $t \leqslant 12mm$ 时），t 为较薄焊件的厚度。

（7）转角处绕角焊长度。当角焊缝的端部在构件转角处时，为避免起落弧缺陷发生在应力集中较严重的转角处，宜作长度为 $2h_f$ 的绕角焊（图 4.2-23），且转角处必须连续施焊，以改善连接的受力性能。

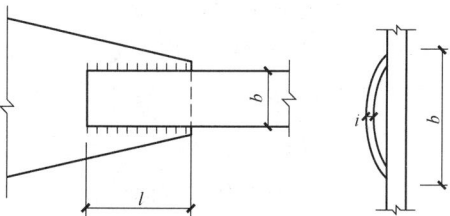

图 4.2-22　焊缝长度及两侧焊缝间距

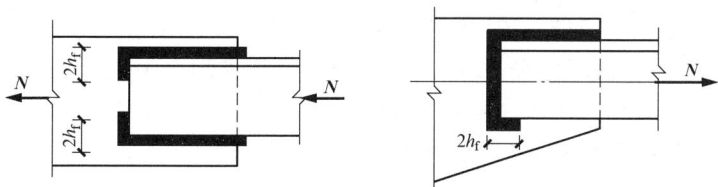

图 4.2-23　角焊缝的绕角焊缝

3. 角焊缝连接计算

角焊缝应力状态十分复杂，家里角焊缝的计算公式主要靠实验分析。对角焊缝的大量实验表明，通过 A 点的（图 4.2-19）任一辐射面都可能是破坏截面，但侧焊缝的破坏强度较高，一般是侧面角焊缝的 1.35～1.55 倍。因此设计计算时，不论角焊缝受力方向如何，均

假定其破坏截面在 45°线的喉部截面处，并略去了焊缝截面的圆弧形加高部分。角焊缝的强度设计值就是根据对该截面的研究结果确定的。

计算角焊缝的角度时，假定有效截面上的应力截面均匀分布，并且不分抗拉、抗压或抗剪，都用同一强度设计值 f_f^w。

（1）角焊缝轴心受力作用时的计算。当作用力通过角焊缝群形心时，认为焊缝沿长度方向的应力均匀分布，则角焊缝的强度按下列表达式计算。

①侧面角焊缝或作用力平行于焊缝长度方向的角焊缝：

$$\sigma_f = \frac{N}{h_e \sum l_w} \leqslant \beta_f f_f^w \tag{4.2-12}$$

②正面角焊缝或作用力垂直于焊缝长度方向的角焊缝：

$$\tau_f = \frac{N}{h_e \sum l_w} \leqslant f_f^w \tag{4.2-13}$$

③两个方向综合作用的角焊缝。分别计算各焊缝在梁方向力作用下的 σ_f 和 τ_f，然后按下式计算其强度：

$$\sqrt{\left(\frac{\sigma_f}{\beta_f}\right)^2 + \tau_f^2} \leqslant f_f^w \tag{4.2-14}$$

④由侧面、正面和斜向各种角焊缝组成的周围角焊缝。假设破坏时各部分角焊缝都达到各自的极限强度，则有：

$$\frac{N}{\sum \beta_f h_e l_w} \leqslant f_f^w \tag{4.2-15}$$

式中　N——轴心力（N）；

h_e——角焊缝的计算厚度（mm），对直角焊缝，$h_e = \cos 45° \times h_f = 0.7 h_f$；

$\sum l_w$——连接一侧角焊缝计算长度（mm），每条焊缝取其实际长度减去 $2 h_f$；

σ_f——按焊缝有效截面计算，垂直于长度方向的应力（N/mm^2）；

τ_f——按焊缝有效截面计算，平行于焊缝长度方向的切应力（N/mm^2）；

β_f——正面角焊缝的强度设计值增高系数。对承受精力或间接承受动力荷载的结构，取 $\beta_f = 1.22$，对直接承受动力荷载的结构，取 $\beta_f = 1.0$；

f_f^w——角焊缝强度设计值（N/mm），按表 4.1-2 采用。

【例 4.2-3】　试设计如图 4.2-24（a）所示一双盖板的对接接头。已知钢板截面为 $-250mm \times 14mm$，盖板截面为 $2-200mm \times 10mm$，承受轴心力设计值为 690kN（静力荷载），钢材为 Q235，焊条 E43 型，焊条电弧焊。

【解】　根据角焊缝的最大、最小焊脚尺寸要求，确定焊脚尺寸 h_f。

取 $h_f = 8mm$ $\begin{cases} \leqslant h_{f,amx} = t - (1-2)mm = [10 - (1-2)]mm = 8-9 \\ \leqslant 1.2 t_{min} = 1.2 \times 10mm = 12mm \\ > 1.5 \sqrt{t_{max}} = 1.5 \sqrt{14} \, mm = 5.6mm \end{cases}$

由表 4.1-2 查得角焊缝强度设计值 $f_f^w = 160N/mm^2$

（1）采用侧面角焊缝［图 4.2-24（b）］因采用双盖板，接头一侧共有 4 条焊缝，每条焊缝所需的计算长度为：

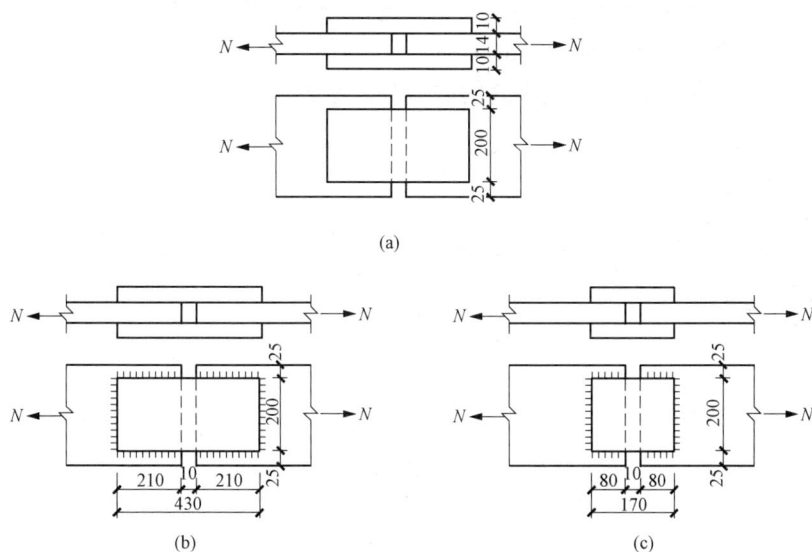

图 4.2-24　例 4.2-3

$$l_{w} = \frac{N}{4h_{e}f_{f}^{w}} = \frac{690 \times 10^{3}}{4 \times 0.7 \times 8 \times 160}mm = 192.5mm，取\ l_{w} = 210mm$$

盖板总长：

$$l = (210 \times 2 + 10)mm = 430mm$$

$$8h_{f} = 8 \times 8mm = 64mm < l_{w} = 210mm < 60h_{f} = 60 \times 8mm = 480mm（满足）$$

$$l_{w} = 210mm > b = 200mm（满足）$$

$$t = 10mm < 12mm\ 且\ b = 200 > 190mm，不满足构造要求。$$

（2）改采用三面围焊［图 4.2-24（c）］由式（4.2-12）得正面角焊缝所能承受的内力为：

$$N' = 2 \times 0.7\ h_{f}l'_{w}\beta_{f}f_{f}^{w} = (2 \times 0.7 \times 8 \times 200 \times 1.22 \times 160)N = 437\ 284N$$

接头一侧所需接缝计算长度为：

$$l_{w} = \frac{N - N'}{4h_{e}f_{f}^{w}} = \frac{690\ 000 - 437\ 284}{4 \times 0.7 \times 8 \times 160}mm = 70.5mm$$

盖板总长：　　$l = (70.5 \times 8) \times 2mm + 10mm = 167.0mm，取 170mm。$

（3）角钢连接中角焊缝计算。角钢与连接板用角焊缝连接可以采用三种形式，即采用两侧缝、三面围焊和 L 形围焊（图 4.2-25）。为避免偏心受力，应使焊缝传递的合力作用线与角钢杆件的轴线相重合。

①对于三面围焊［图 4.2-25（b）］，可先假定正面角焊缝的焊脚尺寸 h_{f3}，求出正面角焊缝所分担的轴心力 N_{3}。当腹杆为双角钢组成的 T 形截面，且肢宽为 b 时有：

$$N_{3} = 2 \times 0.7 \times h_{f3}b\beta_{f}f_{f}^{w} \tag{4.2-16}$$

由平衡条件（$\sum M = 0$）可得

$$N_{1} = \frac{N(b - e)}{b} - \frac{N_{3}}{2} = k_{1}N - \frac{N_{3}}{2} \tag{4.2-17}$$

$$N_{2} = \frac{Ne}{b} - \frac{N_{3}}{2} = k_{2}N - \frac{N_{3}}{2} \tag{4.2-18}$$

式中 N_1、N_2——角钢肢背肢尖上的侧面角焊缝所分担的轴力（N）；

$\quad\quad e$——角钢的形心距（mm）；

$\quad\quad k_1$、k_2——角钢肢背和肢尖焊缝的内力分配系数，可按表4.2-3的近似值采用。

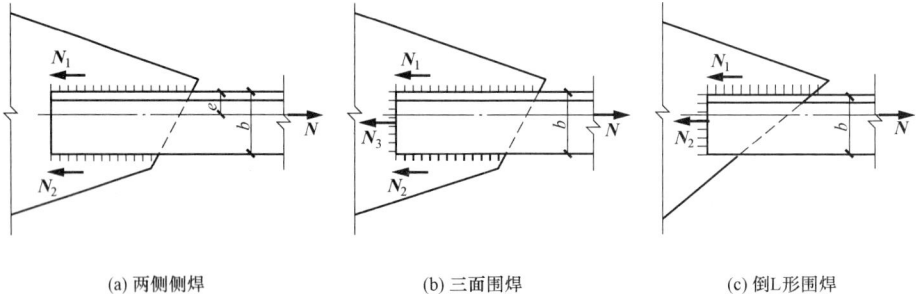

(a) 两侧侧焊   (b) 三面围焊   (c) 倒L形围焊

图 4.2-25 桁架腹杆与节点板的连接

表 4.2-3   焊缝内力分配系数

角 钢 分 类		等边角钢	不等边边角钢（短肢相连）	不等边边角钢（长肢相连）
连接情况				
分配	肢背分配 k_1	0.70	0.75	0.65
系数	肢背分配 k_2	0.30	0.25	0.35

②对于用面焊缝［图4.2-25（a）］，N_1、N_2 为肢背与肢尖承担的内力分别为：

$$N_1 = k_1 N \tag{4.2-19}$$

$$N_2 = k_2 N \tag{4.2-20}$$

求得各条焊缝所受的内力后，按构造要求假定肢背和肢尖焊缝的焊脚尺寸，即可求出焊缝的计算长度。例如对双角钢组成的 T 形截面：

$$l_{w1} = \frac{N_1}{0.2 \times 0.7 h_{f1} f_f^w} \tag{4.2-21}$$

$$l_{w2} = \frac{N_2}{2 \times 0.7 h_{f2} f_f^w} \tag{4.2-22}$$

式中 h_{f1}、l_{w1}——一个角钢肢背上的侧面角焊缝的焊脚尺寸及计算长度（mm）；

$\quad\quad h_{f2}$、l_{w2}——一个角钢肢尖上的侧面角焊缝的焊脚尺寸及计算长度（mm）。

考虑每条焊缝两端的起灭弧缺陷，实际焊缝长度为计算长度加 $2h_f$；对于三面围焊，由于在杆件端部转角处必须连续施焊，每条侧面角焊缝只有一端可能起灭弧，故焊缝实际长度为计算长度加 h_f；对于采用绕角焊的侧面角焊实际长度等于计算长度（绕角焊缝长度 $2h_f$，不进入计算）。

③当杆件受力很小时，可采用 L 形围焊［图4.2-25（c）］。由于只有正面角焊缝和角钢肢背上的侧面角焊缝，令式（4.2-18）中的 $N_2 = 0$，得：

$$N_3 = 2 k_2 N \tag{4.2-23}$$

$$N_1 = N - N_3 \tag{4.2-24}$$

角钢肢背上的角焊缝计算长度可按式（4.2-16）计算，角钢端部的正面角焊缝的长度已知，可按下式计算其焊脚尺寸：

$$h_{f3} = \frac{N_3}{2 \times 0.7 l_{w3} \beta_f f_f^w} \tag{4.2-25}$$

式中 $l_{w3} = b - h_{f3}$。

【例 4.2-4】 试确定图 4.2-26 所示承受轴心力（静荷）的三面围焊连接的承载力及肢尖焊缝的长度。已知角钢为 $2 \llcorner 125mm \times 10mm$，其肢与厚度为 8mm 的节点板连接，搭接长度为 300mm，焊脚尺寸 $h_f = 8mm$，钢材为 Q235-BF，焊条电弧焊，焊条为 E43 型。

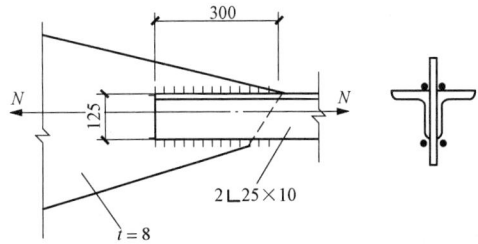

【解】 角焊缝强度设计值 $f_f^w = 160N/mm^2$。焊接内力分配系数为 $k_1 = 0.7$ $k_2 = 0.3$。正面角焊缝的长度等于相连角钢肢的宽度，即 $l_{w3} = b = 125mm$，则正面角焊缝所承受的内力 N_3 为：

$$N_3 = h_e l_w \beta_f f_f^w = (2 \times 0.7 \times 8 \times 125 \times 1.22 \times 160)kN = 273.3kN$$

肢背角焊缝所能承受的内力 N_1 为：

$$N_1 = 2h_e l_w f_f^w = 2 \times 0.7 \times 8 \times (300 - 8) \times 160 kN = 523.3kN$$

由式（4.2-17）可知：

$$N_1 = k_1 N - \frac{N_3}{2} = \left(0.7N - \frac{273.3}{2}\right)kN = 523.3kN$$

则

$$N = \frac{523.3 + 136.6}{0.7}kN = 955.6kN$$

由式（4.2-18）计算肢尖焊缝承受的内力 N_2 为：

$$N_2 = k_2 N - \frac{N_3}{2} = (0.3 \times 955.6 \times 136.6)kN = 150.1kN$$

由此可算出肢尖焊缝的长度为：

$$l'_{w2} = \frac{N_2}{2h_e f_f^w} + 8 = \left(\frac{150.1 \times 10^3}{2 \times 0.7 \times 8 \times 160} + 8\right)mm = 92mm$$

该构件采用三面围焊的承载力为 955.6kN，肢尖焊缝长度取 100mm。

（4）承受弯矩、轴心力和剪力作用的角焊缝连接计算。图 4.2-27 所示的双面角焊缝连接承受偏心斜拉力 N 作用，计算时，可将作用力 N 分解为 N_x、N_y 两个分力。角焊缝同时承受轴心力 N_x、剪力 N_y 和弯矩 $M = N_x e$ 的共同作用。焊缝计算截面上的应力分布如图 4.2-27 所示。图中 A 点应力最大，为控制设计点。此处垂直于焊缝长度方向的应力由两部分组成，即由轴心拉力 N_x 产生的应力：

$$\sigma_f^n = \frac{N_x}{A_w} = \frac{N_x}{2h_e l_w} \tag{4.2-26}$$

由弯矩 M 产生的应力：

$$\sigma_f^m = \frac{M}{W_w} = \frac{6M}{2h_e l_w^2} \tag{4.2-27}$$

图 4.2-26　桁架腹杆与节点板的连接

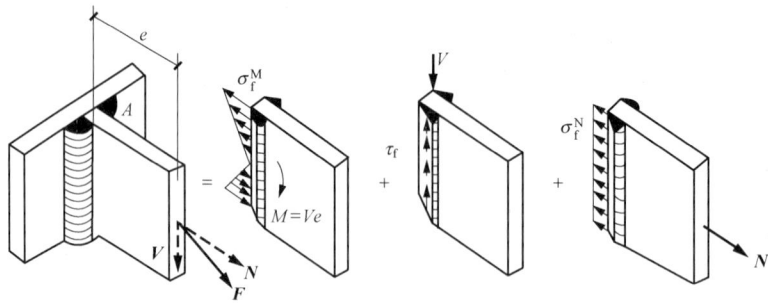

图 4.2-27 承受偏心斜拉力的角焊缝

这两部分应力由于在 A 点处的方向相同，可直接叠加，故 A 点垂直于焊缝长度方向的应力为：

$$\sigma_f = \sigma_f^N + \sigma_f^M$$

$$= \frac{N_x}{2h_e l_w} + \frac{6M}{2h_e l_w^2} \tag{4.2-28}$$

剪力 N_y 在 A 点处产生平行于焊缝长度方向的应力为：

$$\tau_f^v = \frac{N_y}{A_w} = \frac{N_y}{2h_e l_w} \tag{4.2-29}$$

式中 l_w ——焊缝的计算长度（mm）为实际长度减 $2h_f$。

则焊缝的强度计算式为：

$$\sqrt{\left(\frac{\sigma_f^N + \sigma_f^M}{\beta_f}\right)^2 + (\tau_f^v)^2} \leqslant f_f^w \tag{4.2-30}$$

当连接直接承受动力荷载时，取 $\beta_f = 1.0$。

【例 4.2-5】 图 4.2-28 所示角钢与柱用角焊缝连接，焊脚尺寸 $h_f = 10$mm，钢材为 Q345，焊条 E50 型，手工焊。试计算焊缝所能承受的最大静力荷载设计值 F。

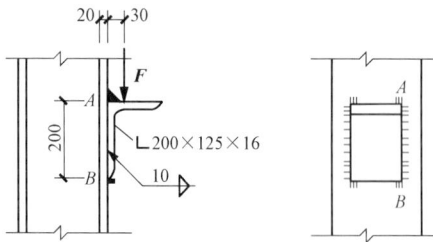

图 4.2-28 例 4.2-5

【解】 将偏心力 F 向焊缝群形心简化，则焊缝同时承受弯矩 $M = 30F$kN·mm 及剪力 $V = F$kN，因转角处有绕角焊 $2h_f$，故焊缝计算长度不考虑起弧灭弧的影响，取 $l_w = 200$mm。

（1）焊缝计算截面的几何参数：

$$A_w = 2 \times 0.7 \times 10 \times 200 = 2800\text{mm}^2$$

$$W_w = \frac{2 \times 0.7 h_f l_w^2}{6} = \frac{2 \times 0.7 \times 10 \times 200^2}{6}\text{mm}^3 = 93\ 333\text{mm}^3$$

（2）求应力分量：

$$\sigma_f^w = \frac{M}{W_w} = \frac{30F \times 10^3}{93\ 333}\text{N/mm}^2 = 0.321\ 4F\text{N/mm}^2$$

$$\tau_f^w = \frac{V}{A_w} = \frac{F \times 10^3}{2800}\text{N/mm}^2 = 0.357\ 1F\text{N/mm}^2$$

（3）求 F。由表 4.1-2 查得角焊缝强度设计值 $f_f^w = 200N/mm^2$：

$$\sqrt{\left(\frac{\sigma_f}{\beta_f}\right)^2 + \tau_f^2} = \sqrt{\left(\frac{0.321\,4F}{1.22}\right)^2 + (0.357\,1F)^2} \leqslant f_f^w = 200N/mm^2$$

$$F \leqslant 450.7kN$$

该连接所能承受的最大静力荷载设计值 F 为 450.7kN。

4. 焊接应力和焊接变形

钢结构在焊接过程中，由于不均匀的加热和冷却，焊区在纵向和横向收缩时，将导致构件承受变形（图 4.2-29），这种变形称为焊接变形。由于各焊接间的约束，整个构件不能自由变形，因此在产生焊接变形的同时还将产生焊接残余应力，简称焊接应力。焊接变形和焊接应力将影响结果安装困难，严重时其至无法使用。为减少和限制焊接应力和焊接变形，可在设计上和工艺上采取必要措施。

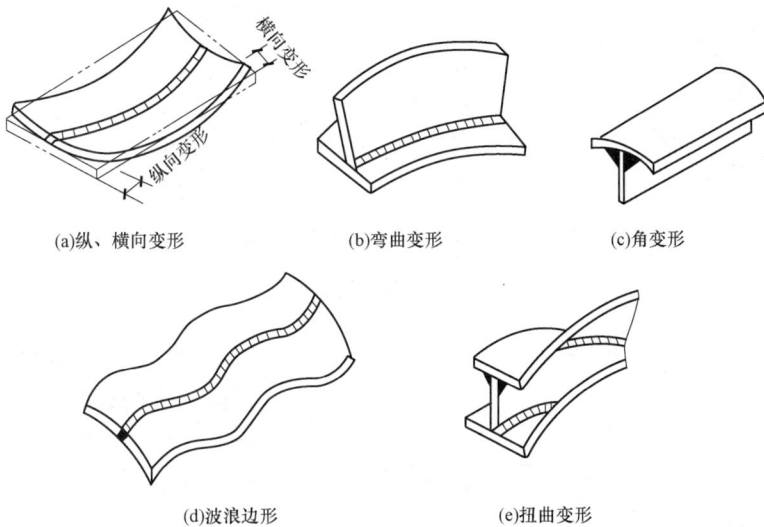

(a)纵、横向变形　　　(b)弯曲变形　　　(c)角变形

(d)波浪边形　　　(e)扭曲变形

图 4.2-29　焊接变形

（1）设计上的措施。

1）焊接位置的合理安排。只要结构允许，就尽可能使焊缝对称于构件截面的中心轴，以减小焊接变形，如图 4.2-30（a）、（c）所示。

2）焊接尺寸要适当。在保证安全的前提下，不得随意加大焊缝厚度。焊缝尺寸过大，容易引起过大的焊接残余应力，且在施焊时有焊穿、过热等缺点，使连接强度降低。

3）焊缝的数量宜少，不宜集中。当几块钢板交汇一处进行焊接时，应采用图 4.2-31（e）的方式。若采用如图 4.2-30（f）所示的方式，则热量高度集中，会引起过大的焊接变形，同时焊缝基本金属也会发生组织改变。

4）应尽量避免两至三条焊缝垂直交叉。比如梁腹板加劲肋与腹板及翼缘的焊缝连接，就应中断，以保证主要焊缝连续通过［图 4.2-30（g）］。

（2）工艺上的措施。

1）采取合理的施焊次序。例如钢板对接采用分段退焊，厚焊缝采用分层焊，工字型截面按对角跳焊（图 4.2-31）。

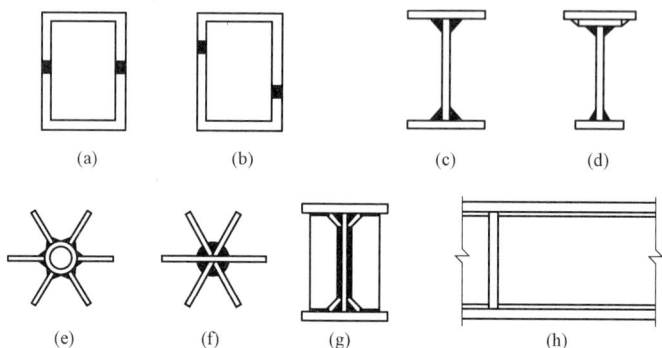

图 4.2-30 减少焊接应力和焊接变形的设计措施

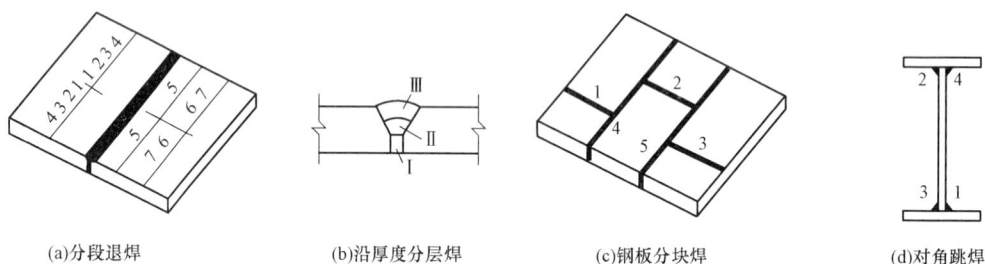

(a)分段退焊   (b)沿厚度分层焊   (c)钢板分块焊   (d)对角跳焊

图 4.2-31 合理的施焊次序

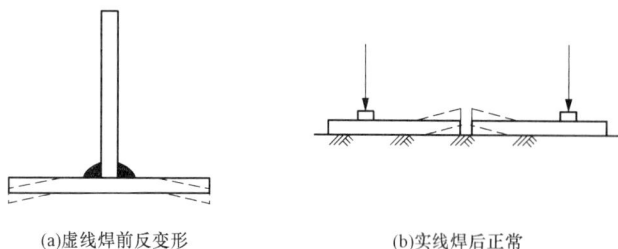

(a)虚线焊前反变形   (b)实线焊后正常

图 4.2-32 减少焊接变形的措施

2）采用反变形。施焊前给构件以一个与焊接变形反方向的预变形，使之与焊接所引起的变形相抵消，从而达到减小焊接变形的目的（图 4.2-32）。

3）小尺寸焊件。焊前预热或焊后回火加热至 600℃ 左右，然后缓慢冷却，可以消除焊接应力和焊接变形。

4.2.5 普通螺栓连接的构造与计算

1. 普通螺栓连接的构造

（1）螺栓的规格。钢结构采用的普通螺栓形式为大六角头型，其代号用字母 M 和公称直径的毫米数表示。为制造方便，一般情况下，同一结构中宜尽可能采用一种螺栓直径和孔径的螺栓，需要时也可采用 2 至 3 种螺栓直径。

螺栓直径 d 根据整个结构及其主要连接的尺寸和受力情况选定，受力螺栓一般采用 M16 以上，建筑工程中常用 M16、M20、M24 等。

钢结构施工图的螺栓和孔的制图应符合表 4.2-4。其中细"+"线表示定位线，同时应标注或统一说明螺栓的直径和孔径。

表 4.2-4	螺栓排列及孔图例				
名称	永久螺栓	高强度螺栓	安装螺栓孔	圆形螺栓孔	长圆形螺栓孔
图例	◇	◆	◈	●	▬

（2）螺栓的排列。螺栓的排列有并列和错列两种基本形式（图 4.2-33）。并列较简单，但栓孔对截面削弱较多；错列较紧凑，可减少截面削弱，但排列较繁杂。

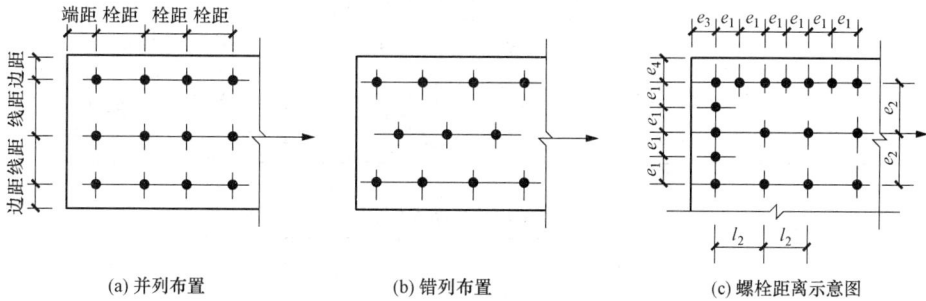

(a) 并列布置   (b) 错列布置   (c) 螺栓距离示意图

图 4.2-33　螺栓的排列

不论采用哪种排列方法，螺栓间距及螺栓到构件边缘的距离应满足下列要求：

1）受力要求：螺栓在构件上的排列，螺栓间距及螺栓至构件边缘的距离不应太小，否则螺栓之间的钢板以及边缘处螺栓孔前的钢板可能沿作用力方向被剪断；螺栓的间距及边距也不应太大，否则连接钢板不易夹紧，潮气容易侵入缝隙引起钢板锈蚀。对于受压构件，螺栓间距过大还容易引起钢板鼓曲。

2）施工要求：螺栓间距及边距太小，应有足够的操作空间便于扳手操作。

因此，《钢结构设计规范》(GB 50017—2003) 根据螺栓孔直径，钢材边缘加工情况（轧制边，切割边）及受力方向，规定了螺栓中心间距及边距的最大，最小限制，见表 4.2-5。

表 4.2-5	螺栓最大、最小允许距离			最大容许距离（取两者的较小值）	最小容许距离
名　称	位置和方向			最大容许距离（取两者的较小值）	最小容许距离
中心间距	外排（垂直于内力方向或平行于内力方向）			$8d_0$ 或 $12t$	$3d_0$
	中间排	垂直于内力方向		$16d_0$ 或 $24t$	
		平行于内力方向	构件受压力	$12d_0$ 或 $18t$	
			构件受拉力	$16d_0$ 或 $24t$	
	沿对角线方向			—	
中心至构件边缘距离	垂直内力方向	平行于内力方向		$4d_0$ 或 $8t$	$2d_0$
		剪切边或手工气割边			$1.5d_0$
		轧制边自动精密气割或锯割边	高强度螺栓		$1.2d_0$
			其他螺栓或铆钉		

注　1. d_0 为螺栓孔或铆钉孔直径，t 为外层较薄板件的厚度。
　　2. 钢板边缘与刚性构件（例如角钢、槽钢等）相连的螺栓或铆钉的最大间距，可按中间排的数值采用。

209

对于角钢，工字钢和槽钢上的螺栓排列，除应满足表 4.2-5 要求外，还应注意不要在靠近截面倒角和圆角处打孔，因此，还应分别符合表 4.2-6、表 4.2-7 和表 4.2-8 的要求（图 4.2-34）。

表 4.2-6 　　　　　　　　　　　　角钢上螺栓线距表 　　　　　　　　　　　　单位：mm

单排行列	b	40	45	50	56	75	80	90	100	110	125
	e	25	25	30	30	40	45	50	55	60	70
	d_{0max}	11.5	13.5	15.5	15.5	22	22	24	24	26	26

双行错列	b	125	140	160	180	200	双行并列	b	160	180	200
	e_1	55	60	70	70	80		e_1	60	70	80
	e_2	90	100	120	140	160		e_2	130	140	160
	d_{0max}	24	24	26	26	26		d_{0max}	24	24	26

表 4.2-7 　　　　　　　　　　　　普通工字钢上螺栓线距表 　　　　　　　　　　　　单位：mm

型号		10	12.6	14	16	18	20	22	25	28	32	36	40	45	50	56	63
翼缘	a	36	42	44	44	50	54	54	64	64	70	74	80	84	94	104	110
	d_{0max}	11.5	11.5	13.5	15.5	17.5	17.5	20	22	22	22	24	24	26	26	26	26
翼缘	c_{max}	35	35	40	45	50	50	50	60	60	65	65	70	75	75	80	80
	d_{0max}	9.5	11.5	13.5	15.5	17.5	17.5	20	22	22	22	24	24	26	26	26	26

表 4.2-8 　　　　　　　　　　　　普通槽钢上的螺栓线距表 　　　　　　　　　　　　单位：mm

型号		5	6.3	8	10	12	14	16	18	20	22	25	28	32	36	40
翼缘	a	20	22	25	28	30	35	40	45	45	50	50	50	50	60	60
	d_{0max}	11.5	11.5	13.5	15.5	17.5	17.5	20	22	22	22	24	24	26	26	26
翼缘	c_{max}	—	—	—	35	45	45	50	55	55	60	60	65	70	75	75
	d_{0max}	—	—	—	11.5	13.5	17.5	20	22	22	22	22	24	24	26	26

3）螺栓连接的构造要求。螺栓连接除了满足上述螺栓排列的允许距离外，根据不同情况尚应满足下列构造要求：

（1）为了使连接可靠，每一杆件在节点上以及拼接接头的一端，永久性螺栓数不宜少于两个，但根据实践经验，对于组合构件缀条，其端部连接可采用一个螺栓。

（2）对直接承受动力荷载的普通螺栓连接应采用双螺母或其他防止螺母松动的有效措施。例如采用弹簧垫圈，或将螺母和螺杆焊死等方法。

（3）由于 C 级螺栓与孔壁有较大间隙，只宜用于沿其杆轴方向受拉连接。在承受静力荷载结构的次要连接，可拆卸结构的连接和临时固定构件用的安装连接中，也可用 C 级螺栓受剪。但在重要的连接中，例如制动梁或吊车梁上翼缘与柱的连接，由于传递制动梁的水平支承反力，同时受到反复动力荷载作用，不得采用 C 级螺栓。

2. 普通螺栓连接的受力性能和计算

螺栓连接按螺栓传力方式可分为受剪螺栓连接、抗拉螺栓连接和同时受拉受剪螺栓连接，如图 4.2-34 所示。受剪螺栓连接是连接受力后使被连接件的接触面产生相对滑移倾向的螺栓连接，它依靠栓杆的受剪和栓杆对孔壁挤压来传递垂直于栓杆方向的外力；受拉螺栓连接是连接受力后使被连接件的接触面产生相互脱离倾向的螺栓连接，它由栓杆直接承受拉力来传递平行于栓杆的外力；连接受力后产生相对滑移和脱离倾向的螺栓连接是同时受拉受剪螺栓连接，它依靠栓杆的承压、受剪和直接承受拉力来传递外力。

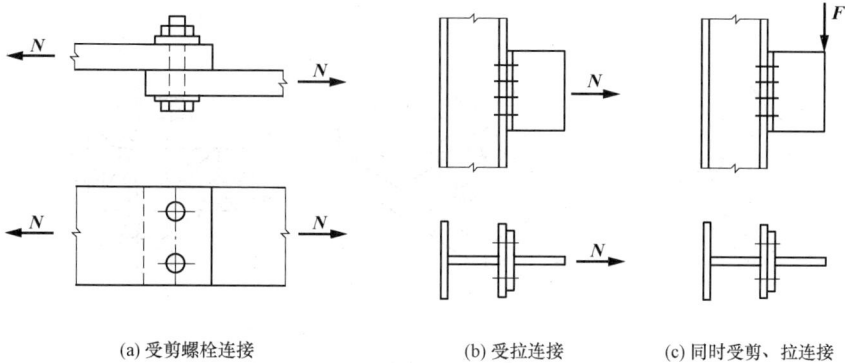

(a) 受剪螺栓连接　　　　　　　(b) 受拉连接　　　　　(c) 同时受剪、拉连接

图 4.2-34　普通螺栓按传力方式分类

（1）受剪螺栓连接的抗剪承载力计算。受剪螺栓连接达到极限承载力时，可能有五种破坏形式：

①当栓杆直径较小，板件较厚栓杆被剪断 ［图 4.2-35 （a）］。

②当栓杆直径较大，板件较薄被挤压破坏或螺栓承压破坏 ［图 4.2-36 （b）］。

③板件可能因螺栓孔削弱太多被拉断 ［图 4.2-35 （c）］。

④端距太小，端距范围内的构件端部被冲剪破坏 ［图 4.2-35 （d）］。

⑤当板件太厚，栓杆较长时，可能发生弯曲破坏 ［图 4.2-35 （e）］。

上述五种破坏形式前三种通过相应的强度计算来控制，对第④、⑤种破坏，通过采取一定构造措施来控制，当构件上螺栓孔的端距大于 $2d_0$、保证螺栓间距及边距不小于表 4.2-5 规定，可避免构件端部板被剪坏，限制板叠厚度不超过栓杆直径的 5 倍，可防止栓杆弯曲破坏。

受剪螺栓中，假定螺栓受剪面上的剪应力是均匀分布的，将孔壁承压应力换算为沿栓杆直径投影宽度内板件面上均匀分布的应力，则有：

单个受剪螺栓的承压承载力设计值为：

$$N_v^b = n_v \frac{\pi d^2}{4} f_v^b \tag{4.2-31}$$

单个受剪螺栓的承压承载力设计值为：

$$N_t^b = d \sum t f_c^b \tag{4.2-32}$$

式中　n_v——受剪面数目，单剪 $n_v = 1$，双剪 $n_v = 2$，四剪 $n_v = 4$，如图 4.2-35 所示；

　　　d——栓杆直径；

　　　$\sum t$——在同一受力方向承压构件的较小总厚度；

　　　f_v^b、f_c^b——螺栓的抗剪、承压强度设计值（N/mm²），查表 4.1-3。

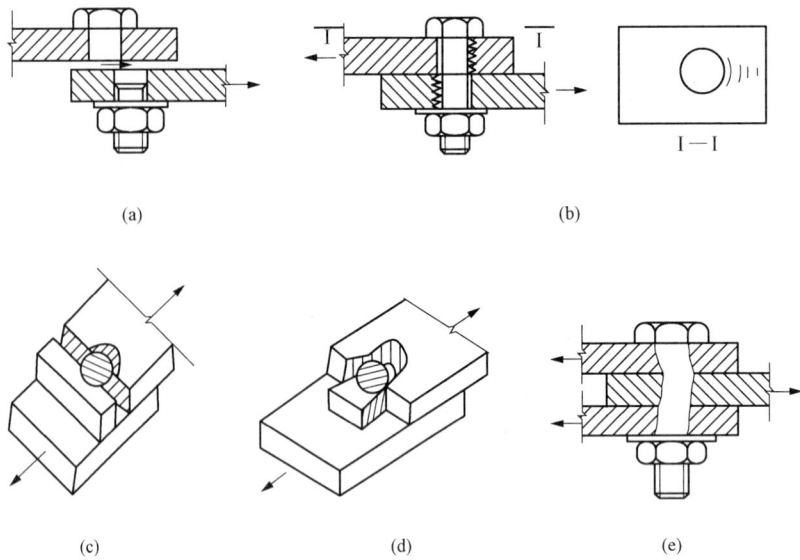

图 4.2-35 受剪螺栓连接的破坏形

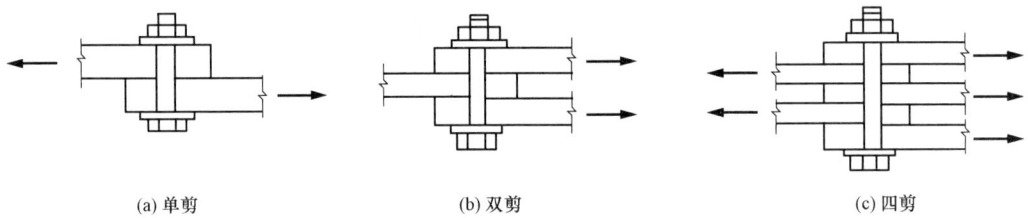

图 4.2-36 受剪螺栓连接

（2）受拉螺栓连接。受拉螺栓连接在外力作用下，构件的接触面有脱开趋势。此时螺栓受到沿杆轴方向的受力作用，故抗拉螺栓连接的破坏形式为螺栓被拉断。

单个受拉螺栓的承载力设计值为：

$$N_t^b = A_e f_t^b = \frac{\pi d_e^2}{4} f_t^b \qquad (4.2\text{-}33)$$

式中 d_e——螺栓在螺纹处的有效直径（mm）；

     A_e——螺栓在螺纹处的有效面积（mm²），见表 4.2-9；

     f_t^b——螺栓抗拉强度设计值（N/mm²），见表 4.2-3。

表 4.2-9   **螺栓螺纹处的有效截面面积**

公称直径 d /mm	12	14	16	18	20	22	24	27	30
螺栓有效截面积 A_e/cm²	0.84	1.15	1.57	1.92	2.45	3.03	43.53	4.59	5.61
公称直径 d /mm	33	36	39	42	45	48	52	56	60
螺栓有效截面积 A_e/cm²	6.94	8.17	9.76	11.2	13.1	14.7	17.6	20.3	23.6

公称直径 d /mm	64	68	72	76	80	85	90	95	100
螺栓有效截面积 A_e/cm²	26.8	30.6	34.6	38.9	43.4	49.5	55.9	62.7	70

3. 普通螺栓群连接计算

（1）普通螺栓群受剪。如图 4.2-37 所示，受轴心力作用的螺栓连接栓盖板对接接头，试验证明，在轴心力作用下，各螺栓在弹性工作阶段受力并不相等，两头大，中间小。不过，当螺栓沿受力方向的连接长度 $l \leqslant 15 d_0$（d_0 为螺栓孔直径）时，进入弹塑性阶段时，内力重分布而使螺栓群中各螺栓受力逐渐趋于相等。因此，可按平均受力计算。连接一侧需要的螺栓数目为：

$$n = \frac{N}{N_{min}^b} \qquad (4.2\text{-}34)$$

式中 N_{min}^b ——单个受剪螺栓的承载力设计值应 N_v^b 和承压承载力设计值 N_c^b 中的较小值。

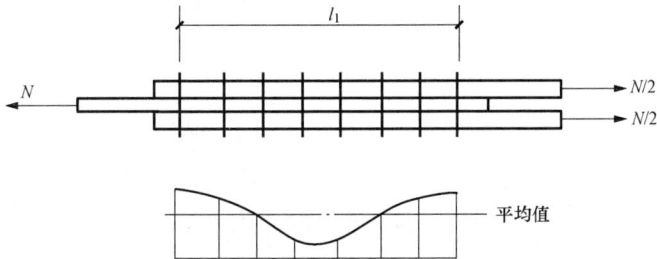

图 4.2-37 长接头螺栓的内力分布

当螺栓沿受力方向的连接长度过大时，各螺栓受力将很不均匀，端部螺栓受力最大，可能首先破坏，然后依次逐个向内破坏。因此，《规范》规定对此种情况，将螺栓（含高强度螺栓）的承载力设计值 N_{min}^b 乘以折减系数 η：

$$\eta = 1.1 - \frac{l_1}{150 d_0} \geqslant 0.7 \qquad (4.2\text{-}35)$$

则对长连接（$l > 15 d_0$），所需抗剪螺栓数目为：

$$n = \frac{N}{\eta N_{min}^b} \qquad (4.2\text{-}36)$$

【例 4.2-6】 如图 4.2-38 所示，截面 $-360\text{mm} \times 8\text{mm}$ 的钢板采用双盖板 4.6 级普通螺栓连接（C 级），盖板厚度为 6mm 的对接焊缝的强度，Q235-AF，螺栓采用 M20，孔径 $d_0 = 21.5\text{mm}$，构件承受拉力设计值中 $N = 325\text{kN}$，试进行螺栓连接计算。

【解】 （1）螺栓连接计算。

一个受剪螺栓的承压承载力设计值为：

$$N_v^b = n_v \frac{\pi d^2}{4} f_v^b = 2 \times \frac{3.14 \times 20 \times 20}{4} \times 140 = 87\,920\text{N}$$

一个受剪螺栓的承压承载力设计值为：

$$N_t^b = d \sum t f_c^b = 20 \times 8 \times 305 = 48\,800\text{N}$$

连接一侧所需螺栓数为：

$$n = \frac{N}{N_{min}^b} = \frac{325}{48.8} = 6.7 \text{ 个}$$

采用错列式排列，每侧用 8 个螺栓，按表 4.2-5 的规定排列（图 4.2-38）。

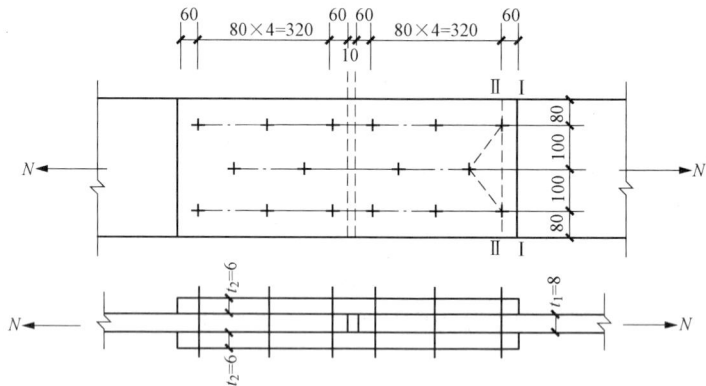

图 4.2-38　例 4.2-6

（2）构件截面验算。

直线截面 Ⅰ-Ⅰ 净截面面积：

$$A_n = A - n_1 d_0 t = 340 \times 8 - 3 \times 21.5 \times 8 = 2536 \text{mm}^2$$

直线截面 Ⅱ-Ⅱ 净截面面积：

$$A_{n2} = \left[(2 \times 80 + 2\sqrt{(100^2 + 80^2)} \times 8 - 3 \times 21.5 \times 8 \right] = 2536 \text{mm}$$

$$\sigma = \frac{N}{A_{min}} = \frac{325\,000}{2536} = 128 \text{N/mm}^2 < f = 215 \text{N/mm}^2 \text{（满足）}$$

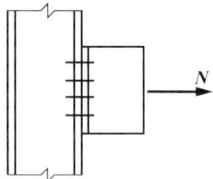

图 4.2-39　螺栓群
承受拉力

（2）普通螺栓群受拉。如图 4.2-39 所示螺栓群在拉力作用下的抗拉连接，通常假定螺栓平均受力，而连接所需螺栓数为：

$$n = \frac{N}{N_t^b} \tag{4.2-37}$$

式中　N_t^b——单个受拉螺栓的承载力设计值，按（4.2-33）计算。

（3）受拉螺栓群在弯矩作用下的计算。图 4.2-40（a）所示为柱翼缘与牛腿用螺栓连接。螺栓群在弯矩作用下，连接上部牛腿与翼缘有分离的趋势，使螺栓群的旋转中心下移。通常近似假定螺栓群绕最底排螺栓旋转，各排螺栓所受拉力的大小与该排螺栓到转动轴线的距离 y 成正比。因此，顶排螺栓（1 号）所受拉力最大，如图 4.2-40（b）所示。设各排螺栓所受拉力为 N_1^M，N_2^M，N_3^M，$\cdots$，N_n^M，各排螺栓到最下一排螺栓的距离分别为 y_1，y_2，y_2，$\cdots$，y_n。由平衡条件和基本假定得：

$$\frac{M}{m} = N_1^M y_1 + N_2^M y_2 + N_3^M y_3 + \cdots + N_n^M y_n \tag{4.2-38}$$

$$\frac{N_1^M}{y_1} = \frac{N_2^M}{y_2} = \frac{N_3^M}{y_3} = \cdots = \frac{N_1^M}{y_1} \tag{4.2-39}$$

由式（4.2-39）求得，$N_i^M = N_1^M y_i / y_1$，代入式（4.2-38）再经整理后可得：

$$N_1^M = \frac{M y_1}{m \sum y_i^2} \tag{4.2-40}$$

设计时要求受力最大的最外排螺栓所受拉力不超过单个受拉螺栓的承载力设计值，即：

$$N_1^M = \frac{M y_1}{m \sum y_i^2} \leqslant N_t^b \tag{4.2-41}$$

式中　M——弯矩设计值；

y_1、y_i——最外排螺栓（1 号）、第 i 排螺栓到转动轴 O' 的距离，转动轴通常取在弯矩指向一侧最外排螺栓处；

m——螺栓的纵向列数，图 4.2-40 中，$m=2$。

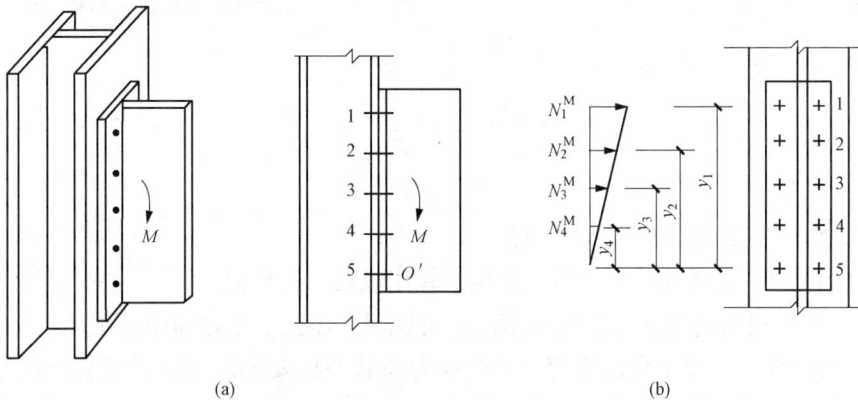

图 4.2-40　弯矩作用下的受拉螺栓

【例 4.2-7】　牛腿与柱用 C 级普通螺栓和承托连接，如图 4.2-41 所示，承受竖向荷载（设计值）$F=220\mathrm{kN}$，偏心距 $e=200\mathrm{mm}$。试设计其螺栓连接。已知构件和螺栓均用 Q235 钢，螺栓为 M20，孔径 21.5mm。

【解】　牛腿的剪力 $V = F = 200\mathrm{kN}$，由端板刨平顶紧于承托来传递，弯矩 $M = Fe = 220 \times 200 = 44 \times 10^3 \mathrm{kN \cdot mm}$ 由螺栓连接传递，使螺栓受拉。初步假定螺栓布置如图 4.2-41 所示。对最下排螺栓 O 轴取距，最大受力螺栓（最上排 I）的拉力为：

$$N_1 = \frac{M_y 1}{m \sum y_1^2} = \frac{44 \times 10^3 \times 320}{2 \times (80^2 + 160^2 + 240^2 + 320^2)} \mathrm{kN} = 36.67\mathrm{kN}$$

一个螺栓的抗拉承载力设计值为：

$$N_t^b = A_e f_t^b = 245 \times 170\mathrm{N} = 41\ 650\mathrm{N} > N_1 = 36.67\mathrm{kN}$$

即假定螺栓连接满足设计要求，确定采用。

（4）同时受拉受剪螺栓连接。如图 4.2-42（a）所示，螺栓群承受偏心力 F 的作用，将 F 向螺栓群简化，可知螺栓群同时承受剪力 $V = F$ 和弯矩 $M = Fe$ 的作用。

同时承受剪力和拉力作用的普通螺栓连接，应考虑两种可能的破坏形式：①栓杆受剪兼受拉破坏；②孔壁受压破坏。

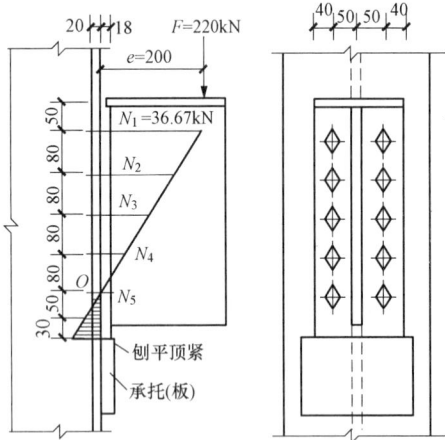

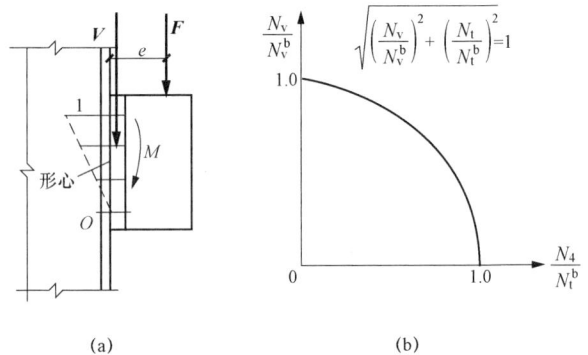

图 4.2-41 例 4.2-7   图 4.2-42 螺栓同时承受拉力和剪力作用

根据试验，这种螺栓的强度应符合：

$$\sqrt{\left(\frac{N_v}{N_v^b}\right)^2 + \left(\frac{N_t}{N_t^b}\right)^2} \leqslant 1 \tag{4.2-42}$$

且 $N_v \leqslant N_c^b$ (4.2-43)

式中 N_v、N_c ——普通螺栓所承受的剪力、拉力；

N_v^b、N_t^b、N_c^b ——普通螺栓的受剪、受拉、承压承载力设计值。

式（4.2-43）是为防止连接板件较薄时，可能因承压强度不足而引起破坏。

对于 C 级螺栓，一般不允许受剪（承受静力荷载的次要连接或临时安装连接除外），可设置承托受剪力，螺栓只承受弯矩产生的拉力。

4.2.6 高强度螺栓连接的构造与计算

（1）概述。高强度螺栓连接有两种类型：一种是只依靠摩擦阻力传力，并以剪力不超过接触面摩擦力作为设计准则的称为摩擦型连接；另一种是允许接触面滑移，以连接达到破坏的极限承受力作为设计准则的，称为承压型连接。

摩擦型连接的剪切变形小，弹性性能好，施工较简单，可拆卸，耐疲劳，特别适用于承受动力荷载的结构。承压连接的承载力高于摩擦型，连接紧凑，但剪切变形大，故不得用于承受动力荷载的结构中。

1）高强度螺栓性能等级。高强度螺栓性能等级为分为 8.8 级、9.8 级、10.9 级。其中小数点前数字表示整数表示螺栓成品的抗拉强度 f_u，例如"8"表示 800N/mm^2，"10"表示 1000N/mm^2 等。小数点以后数字（0.9 和 0.8）则表示其屈强比为 f_y/f_u。

2）高强度螺栓预拉力。高强度螺栓是通过拧紧螺母，使螺杆受到拉伸，产生预拉力，而被连接板件之间产生很大的预拉力。高强度螺栓的预拉力值应尽量高些，但必须保证螺栓在拧紧过程中不会屈服或断裂，因此，控制预拉力是保证连接质量的关键因素之一。预拉力值与螺栓的材料强度和有效截面等因素有关，《规范》规定其计算公式为：

$$P = \frac{0.9 \times 0.9 \times 0.9 f_u A_e}{1.2} = 0.607\,5 f_u A_e \tag{4.2-44}$$

式中 A_e——螺纹处的有效面积；

f_u——螺栓材料经热处理后的最低抗拉强度，对于 8.8 级螺栓，$f_u = 830 \text{N/mm}^2$；

对于 10.9 级螺栓，$f_u = 1040 \text{N/mm}^2$。

式 (4.2-13) 中系数 1.2 是考虑拧紧螺栓时栓杆内产生的剪应力的影响，三个系数 0.9 是分别考虑：螺栓材质的不均匀性；0.9 补偿螺栓紧固后因有一定松弛而引起的预拉力损失；以螺栓的抗拉强度为准，为了安全引入附加安全系数。各种规格高强度螺栓预拉力取值见表 4.2-10。

表 4.2-10　　　　　　　　　　　一个高强度螺栓的预拉力 P　　　　　　　　　　单位：kN

螺栓性能等级	螺栓公称直径/mm					
	M16	M20	M22	M24	M27	M30
8.8 级	80	125	150	175	230	280
10.9 级	100	155	190	225	290	355

3）高强度螺栓的紧固方法。高强度螺栓和与之配套的螺母和垫圈合称连接副。我国现有的高强度螺栓有大六角头型和扭剪型两种，如图 4.2-43 所示。这两种高强度螺栓都是通过拧紧螺帽，使栓杆受到拉伸，产生预拉力，从而使被连接板件间产生压紧力。但具体控制方法不同，大六角头型采用转角法和扭矩法；扭剪型采用扭掉螺栓尾部的梅花卡头法。

①转角法先用普通扳手初拧，使被连接板件相互紧密贴合，再以初拧位置为起点，用长扳手或风动扳手旋转螺母至终拧角度。终拧角度与螺栓直径和连接件厚度有关。这种方法无须专用扳手，工具简单，但不够精确。

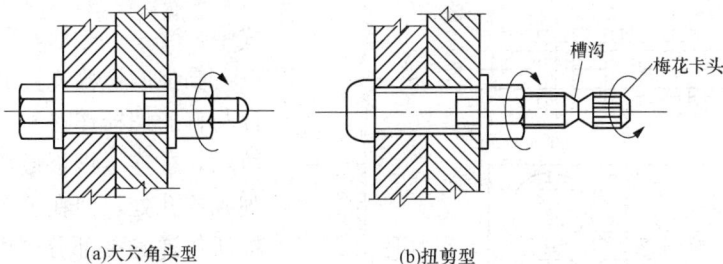

(a)大六角头型　　　　　　　(b)扭剪型

图 4.2-43　高强度螺栓

②扭矩法。扭矩法用一种可直接显示扭矩大小的特制扳手来实现。先用普通扳手初拧（不小于终拧扭矩值的 50%），使连接件紧贴，然后用定扭矩测力扳手终拧。终拧扭矩值按预先测定的扭矩与螺栓拉力之间的关系确定。施拧时偏差不得超过 ±10%。

③扭掉螺栓尾部的梅花卡头法。这种方法紧固时用特制的电动扳手，这种扳手有两个套筒，外套筒套在螺母六角体上，内套筒套在螺栓的梅花卡头上。接通电源后，两个套筒按相反方向转动，螺母逐步拧紧，梅花卡头的环形槽沟受到越来越大的剪力，当达到所需要的紧固力时，环形槽沟处剪断，梅花卡头掉下，紧固完毕。

(2) 高强度螺栓抗剪连接计算。

1) 摩擦型连接的高强度螺栓抗剪连接计算。摩擦型高强度螺栓连接中每个螺栓的承载力与螺栓所受预拉力 P、摩擦面的抗滑移系数 μ 以及连接的传力摩擦面数目 n_f 有关。因此，单个受剪螺栓的受剪承载力设计值为：

$$N_v^b = 0.9\, n_f \mu P \qquad\qquad (4.2\text{-}45)$$

式中　　n_f——传力摩擦面数目，单剪时 $n_f = 1$，双剪时 $n_f = 2$；

$\quad\quad P$——单个高强度螺栓的设计预拉力，按表 4.2-8 采用；

$\quad\quad \mu$——摩擦面抗滑移系数，按表 4.2-9 采用；

$\quad\quad 0.9$——抗力分项系数 $\gamma_R = 1.111$ 的倒数。

高强度螺栓连接中，摩擦系数的大小对承载力的影响很大。实验表明，摩擦系数与构件的材质、接触面的粗糙程度、法向力的大小等都有直接的关系，其中主要是接触面的形式和构件的材质。为了增大接触面的摩擦系数，根据工程情况，接触面进行处理，并在施工图上清楚注明。各种摩擦面上的抗滑移系数 μ 见表 4.2-11。

表 4.2-11　　　　　　　　　　摩擦面抗滑移系数 μ 值

在连接处构件的接触面的处理方法	构件的钢号		
	Q235 钢	Q345 钢、Q390 钢	Q420 钢
喷砂（丸）	0.45	0.5	0.50
喷砂（丸）后涂无机富锌漆	0.35	0.40	0.40
喷砂（丸）后生赤锈	0.45	0.50	0.50
钢丝刷清除浮锈或未经处理的干净轧制表面	0.30	0.35	0.40

一个摩擦型连接高强度螺栓的承载力求得后，则连接一侧所需螺栓数可按下式计算：

$$n \geqslant \frac{N}{N_v^b} \qquad\qquad (4.2\text{-}46)$$

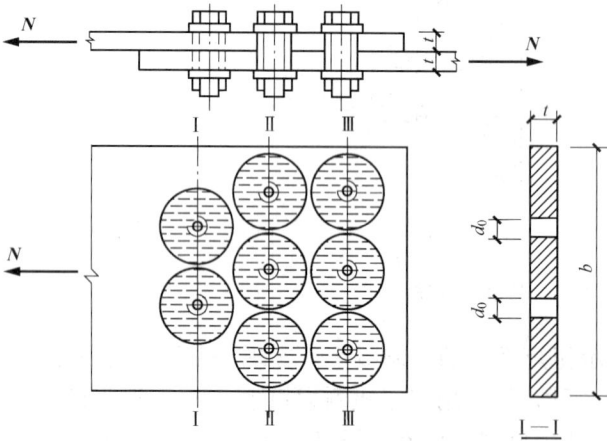

图 4.2-44　孔前传力示意图

式中　　N——连接承受的轴心力（N）。

高强度螺栓连接的净截面强度设计与普通螺栓连接不同。如图 4.2-44 所示，被连接钢板最危险截面在第一列螺栓孔处，但在这个截面上每个螺栓所传递的一部分已由摩擦作用在孔前传走（称为孔前传力）。实验结果表明，每个高强度螺栓孔前传力为 50%，即孔前传力系数为 0.5。

设连接一侧的螺栓数为 n，计算截面处的螺栓数为 n_1，则构件净截面受力为：

$$N' = N - 0.5\,\frac{n_1}{n}N = \left(1 - 0.5\,\frac{n_1}{n}\right)N \qquad\qquad (4.2\text{-}47)$$

净截面强度计算公式为：

$$\sigma = \frac{N'}{A_n} = \left(1 - 0.5\,\frac{n_1}{n}\right)\frac{N}{A_n} \leqslant f \qquad\qquad (4.2\text{-}48)$$

通过以上分析可以看出：采用高强度螺栓摩擦型连接时，开孔对截面的削弱影响较普通螺栓连接小，有时可能无影响。

2）承压型连接的高强度螺栓抗剪连接计算。高强度螺栓承压型链接受剪时，极限承载力由螺栓杆抗剪和孔壁承压决定，摩擦力仅起延缓滑移的作用，因此计算和普通螺栓相同。

【例 4.2-8】 如图 4.2-45 所示，某双盖板高强度螺栓摩擦型连接，构件材料为 Q235 钢，螺栓采用 M20，强度等级为 8.8 级，接触面喷砂处理，承受的最大拉力 $N = 800\text{kN}$。试设计此连接。

【解】 （1）采用摩擦型高强度螺栓连接时。

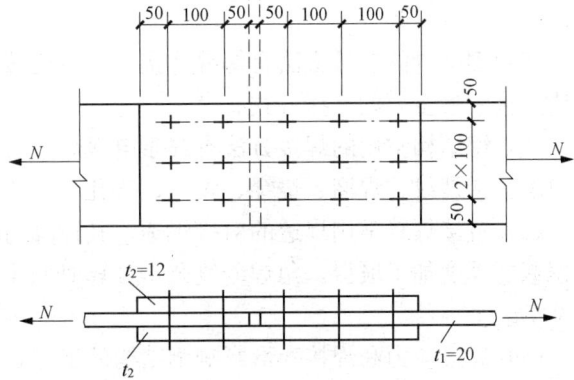

图 4.2-45　例 4.2-8

查表 4.2-1 得 $f = 205\text{N/mm}^2$

查表 4.2-10 和表 4.2-11 得 $P = 125\text{kN}, \mu = 0.45$。

$$N_v^b = 0.9 n_f \mu P = 0.9 \times 2 \times 0.45 \times 125\text{kN} = 101.3\text{kN}$$

连接一侧所需螺栓数为：

$$n = \frac{N}{N_v^b} = \frac{800}{101.3} = 7.9 \text{ 个}$$

取 9 个，排列如图 4.2-43 右侧所示。

构件截面验算：

$$N' = \left(1 - 0.5\frac{n_1}{n}\right)N = \left(1 - 0.5 \times \frac{3}{6}\right) \times 800\text{kN} = 600\text{kN}$$

$$\sigma = \frac{N'}{A_n} = \frac{600\ 000}{300 \times 20 - 3 \times 22 \times 20} = 143\text{N/mm}^2 < f = 215\text{N/mm}^2 \text{（满足）}$$

验算毛截面强度：

$$\sigma = \frac{N}{A} = \frac{800\ 000}{300 \times 20} = 133.33\text{N/mm}^2 < f = 215\text{N/mm}^2 \text{（满足）}$$

（2）采用承压型高强度螺栓连接时。

一个受剪螺栓的承压承载力设计值为：

$$N_v^b = n_v \frac{\pi d^2}{4} f_v^b = 2 \times \frac{3.14 \times 20 \times 20}{4} \times 250\text{N} = 157\ 000\text{N}$$

一个受剪螺栓的承压承载力设计值为：

$$N_t^b = d \sum t f_c^b = 20 \times 20 \times 470\text{N} = 188\ 000\text{N}$$

连接一侧所需螺栓数为：

$$n = \frac{N}{N_{min}^b} = \frac{800\ 000}{157\ 000} = 5.1 \text{ 个}$$

（3）构件截面验算：

$$A_n = A - n_1 d_0 t = (300 \times 20 - 3 \times 22 \times 20)\text{mm}^2 = 4680\ \text{mm}^2$$

式中，$n_1 = 3$ 为第一列螺栓数目。

$$\sigma = \frac{N}{A_n} = \frac{800\ 000}{4680} = 171\text{N/mm}^2 < f = 205\text{N/mm}^2\ (满足)$$

小　结

（1）钢结构的连接方法有焊缝连接、铆钉连接和螺栓连接、紧固件四种。焊缝链接是钢结构连接中最主要的连接方式。

（2）钢结构常用的焊接方法有焊条电弧焊、自动或半自动埋弧焊和气体保护焊三种。焊缝缺陷包括裂纹、焊溜、烧穿、弧坑、气孔、夹渣、咬边、未熔合和未焊透等。

（3）对接焊缝常用焊透的对接焊透，其计算与构件的计算方法类似。对接焊透的板边应根据板的厚度加工坡口。角焊缝复杂，计算时假定其破坏在 45°截面处，即焊缝的有效厚度为 $0.7h_f$。

（4）焊接应力和焊接变形影响钢结构的工作，使构件安装困难。因此，应在焊缝设计上和焊缝施工工艺上采取必要的措施，以减小焊接应力和焊接变形的影响。

（5）根据受力要求、构造要求和施工要求，螺栓的排列应符合最大、最小距离要求。常用的普通螺栓为 C 级螺栓，其抗剪连接承载力是以螺栓杆不被剪坏或板件不被压坏为准则；其抗拉连接承载力是以螺栓杆不被拉坏为准则。

（6）高强度螺栓连接分为摩擦型连接和承压型连接。高强度螺栓摩擦型连接设计时，是以剪力达到板件接触面间可能产生的最大摩擦阻力为极限状态的；高强度螺栓承压型连接与普通螺栓连接传力机理相同，因此计算也相同。

能力拓展与实训

一、基础训练

1. 思考题

（1）钢结构的连接方式有哪几种？各有何特点？

（2）焊条牌号应根据什么选择？Q235 钢材和 Q345 钢材需用什么牌号焊条焊接？

（3）角焊接的形式和尺寸都有哪些构造要求？

（4）螺栓在钢板和型钢上的允许距离都有哪些规定？它们是根据什么原则规定的？

（5）在受剪连接中使用普通螺栓或摩擦型连接高强度螺栓，验算开孔对构件截面削弱的影响时，哪一种较大？

（6）普通螺栓与高强度螺栓有哪些不同之处？

2. 习题

（1）计算如图 4.2-46 所示的两块钢板的对接焊缝连接，钢板宽度 $B=300$mm，厚度 $t=12$mm，计算轴心拉力 $N=926$kN，钢材为 Q235，焊条 E43 型，采用焊条电弧焊，施焊时不用引弧板，焊缝的检验质量标准为三级。

（2）计算如图 4.2-47 所示的由三块钢板焊成的工字形截面的对接焊缝连接，截面尺寸为：翼缘宽度 $b=100$mm，厚度 $t_1=12$ mm，腹板高度 $h_0=200$ mm，厚度 $t_2=8$ mm。计算轴心拉力 $N=200$kN，作用在焊缝桑的计算弯矩 $M=36$kN/m。计算剪力 $V=25$kN，钢材为

Q235，焊条 E43 型，采用焊条电弧焊，施焊时采用引弧板，焊缝检验质量标准为三级。

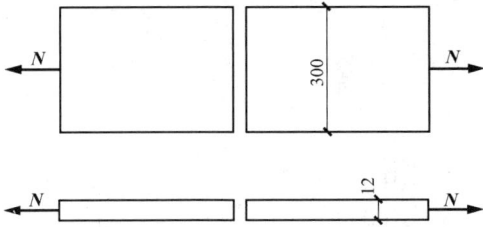

图 4.2-46　习题（1）

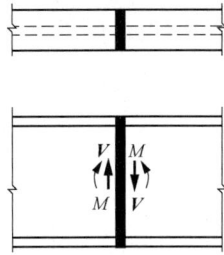

图 4.2-47　习题（2）

（3）设计一双盖板的钢板对接接头，如图 4.2-48 所示，已知钢板截面尺寸为 400mm×12mm，承受的轴心拉力设计值 $N=900$kN（静力荷载），钢材为 Q345 钢，焊条采用 E50 型，手工弧焊。

（4）设计如图 4.2-49 所示牛腿与柱连接的角焊缝。钢材为 Q235，焊条 E43 型，焊条电弧焊，$F=250$N（静力荷载设计值），$e=200$mm。

（5）如图 4.2-50 所示的两角钢（2∟100×80×

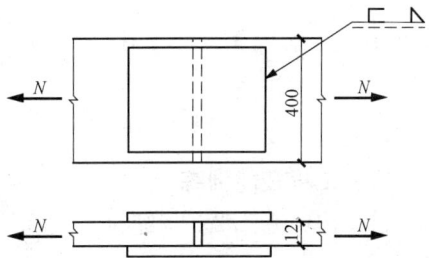

图 4.2-48　习题（3）

10），通过 10mm 厚的连接钢板和 20mm 厚的翼缘板连接与柱的翼缘，钢材为 Q235 钢，采用 E43 型，焊条电弧焊，承受计算的静力荷载设计值 $N=700$kN，试确定角钢和连接钢板间的焊缝尺寸：

1）采用两边侧焊。

2）采用三边围焊。

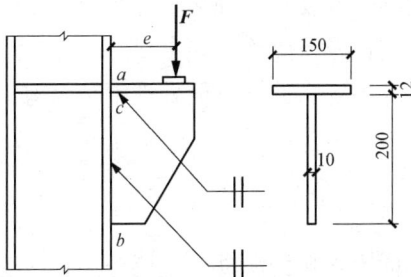

图 4.2-49　习题（4）

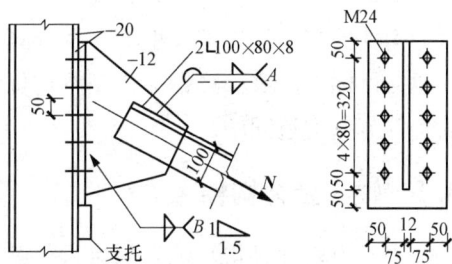

图 4.2-50　习题（5）

（6）将习题 4.2-3 的连接改为螺栓连接。①采用普通型 C 级螺螺栓，M20；②采用摩擦型高强度螺栓 M16，$\mu=0.45$。

（7）一牛腿用普通粗制螺栓与柱连接，如图 4.2-51 所示。牛腿下端设有承托板以承受剪力，螺栓直径 $d=20$mm，螺距为 75mm，钢材为 Q235。计算剪力 $V=110$kN，$e=180$mm，计算轴心拉力 $N=180$kN，采用 E43 型焊条。试验算螺栓强度及承托与柱的连接焊缝。

221

（8）试设计摩擦型连接高强度螺栓的钢板拼接连接。连接采用双盖板，钢板截面为一360×16，双盖板为2块一360×8。钢材为Q345，螺栓为8.8级、M22，接触面采用喷砂处理，承受轴心拉力设计值 $N=1400$kN。

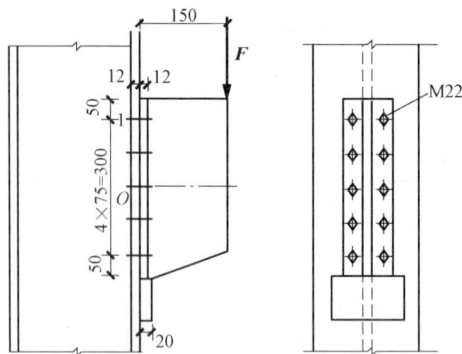

图 4.2-51　习题（7）

二、工程技能训练

（1）按照表4.2-3焊缝符号及标注方法示意图，选择常用对接焊缝、角焊缝，制作连接模型。

（2）制作受拉、受剪螺栓模型。

4.3　钢结构基本构件

【工作任务】　钢结构基本构件设计及验算。

【任务目标】

知识目标：掌握轴心受力、受弯构件的强度和刚度计算要点；理解轴心受力、受弯、拉弯压弯构件的整体和局部失稳概念及验算；熟悉基本构件及节点构造要求。

能力目标：能够验算钢结构基本构件强度、刚度、稳定性验算，能处理钢结构施工中构件及构件节点构造问题。

4.3.1　轴心受力构件

轴心受力构件是指只承受通过构件截面形心的轴向力作用的构件。主要分为轴心受拉构件和轴心受压构件两类，广泛应用于网架、网壳、析架、屋架、托架和塔架等各类承重体系以及支撑体系中。

轴心受力构件按其截面形式，可分为型钢截面和组合截面。热轧型钢截面，有圆钢、圆管、方管、角钢、槽钢、工字钢、宽翼缘H型钢、T型钢等，其中最常用的是工字形或H形截面。组合截面又可分为实腹式组合截面和格构式组合截面两种，如图4.3-1所示。

1. 轴心受力构件强度、刚度、稳定性

（1）轴心受力构件强度。轴心受力构件强度，以截面应力达到屈服强度为极限，按下列公式计算：

222

$$\sigma = \frac{N}{A_n} \leqslant f \qquad (4.3\text{-}1)$$

式中　N——轴心拉力或轴心压力设计值；

　　　A_n——净截面积；

　　　f——钢材抗拉、抗压强度设计值。

（2）轴心受力构件刚度。轴心受力构件正常使用极限状态，必须保证一定的刚度。当构件刚度不足时，在自身重力作用下，会产生过大的挠度，并且在运输和安装过程中容易造成弯曲，在承受动力荷载的结构中，还会引起较大晃动。轴心受力构件的刚度是通过限制构件长细比来保证的，《规范》对刚度的要求，应满足如下要求：

$$\lambda = \frac{l_0}{i} \leqslant [\lambda] \qquad (4.3\text{-}2)$$

式中　λ——两主轴方向长细比的较大值；

　　　l_0——相应方向的构件计算长度；

　　　i——相应方向的截面回转半径；

　　　$[\lambda]$——受拉构件或受压构件的容许长细比，按表 4.3-1 或表 4.3-2 选用。

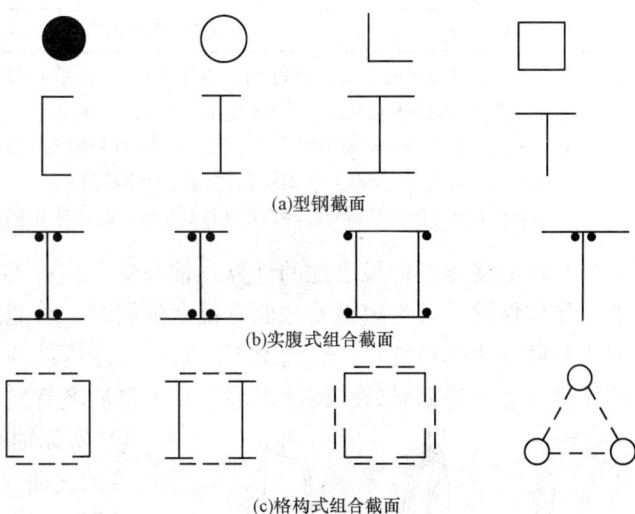

(a)型钢截面

(b)实腹式组合截面

(c)格构式组合截面

图 4.3-1　轴心受力构件截面形式

表 4.3-1　　　　　　　　　　　　　　受拉构件的容许长细比

项次	构件名称	承受静力荷载或间接动力荷载的结构		直接承受动力荷载的结构
		一般建筑结构	有重级工作制吊车的厂房	
1	桁架的杆件	350	250	250
2	吊车梁或吊车桁架以下的柱间支撑	300	200	—
3	其他拉杆、支撑素杆等（张紧圆钢除外）	400	350	—

注　1. 承受静力荷载的结构中，可仅计算受拉构件在竖向平面内的长细比。

　　2. 在直接或间接承受动力荷载的结构中，计算单角钢受拉构件的长细比时，应采用角钢的最小回转半径；在计算单角钢交叉受拉杆件平面外的长细比时，应采用与角钢肢边平行轴的回转半径。

　　3. 中、重级工作制吊车桁架下弦杆的长细比不宜超过 200。

　　4. 在设有夹钳吊车或刚性料耙吊车的厂房中，支撑（表中第 2 项除外）的长细比不宜超过 300。

　　5. 受拉构件在永久荷载与风荷载组合作用下受压时，其容许的长细比不宜超过 250。

　　6. 跨度等于或大于 60m 的桁架，其受拉弦杆和腹杆的长细比不宜超过 300（承受静力荷载或间接动力荷载）或 250（直接承受动力荷载）。

表 4.3-2   受压构件的容许长细比

项次	构 件 名 称	容许长细比
1	柱、桁架和天窗架中的杆件	150
	柱的缀条、吊车梁或吊车桁架以下的柱间支撑	
2	支撑（吊车梁或吊车桁架以下的柱间支撑除外）	200
	用以减少受压构件长细比的杆件	

注　1. 桁架（包括空间桁架）的受压腹杆，当其内力等于或小于承载能力的 50% 时，容许长细比可取 200。

　　2. 单角钢受压构件长细比的计算方法与表 4.2-1 注②相同。

　　3. 跨度等于或大于 60m 的桁架，其受压弦杆和端压杆的容许长细比宜取 100，其他受压腹杆可取 150（承受静力荷载或间接动力荷载）或 120（直接承受动力荷载）。

　　4. 由容许长细比控制截面的杆件，在计算其长细比时，可考虑扭转效应。

（3）轴心受压杆件稳定性的计算。轴心受压构件的受力性能与轴心受拉构件差别很大，轴心受压构件除了较为短粗或截面有很大削弱时，可能因其净截面的平均应力达到屈服强度而丧失承载能力破坏外，一般情况下，轴心受压构件的承载能力是由稳定条件决定的。国内外因压杆突然失稳而导致结构物倒塌的重大事故屡有发生，需要加以重视。

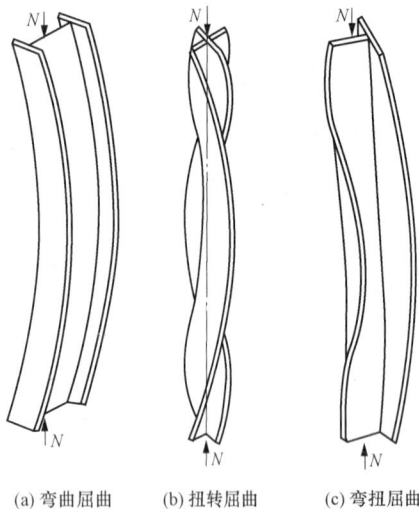

(a) 弯曲屈曲　(b) 扭转屈曲　(c) 弯扭屈曲

图 4.3-2　轴心受压构件失稳后屈曲形式

1）实际轴心受压构件的受力性能。实际轴心受压构件的屈曲（图 4.3-2）性能受到初始缺陷和杆端约束的影响，初始缺陷主要有初弯曲、初偏心、残余应力等，它们使轴心受压构件的稳定承载能力降低；杆端约束使轴心受压构件的稳定承载能力提高。

①截面上的残余应力及其影响。钢结构构件经过轧制、焊接等工艺加工后，不可避免地在构件中产生自相平衡的残余应力，残余应力的存在会降低轴心受压构件屈曲失稳时的临界力。残余应力的分布不同，影响也不同，一般残余应力对弱轴稳定极限承载力的影响比对强轴的影响严重得多。

②轴心受压构件的初弯曲、初偏心及其影响。受加工制造、运输和安装等过程的影响，不可避免地会使实际轴心受压构件产生初弯曲，荷载产生初偏心。构件初弯曲与荷载初偏心的影响在本质上是相同的，都会降低构件的稳定极限承载能力。

③杆端约束的影响。轴心受压构件的屈曲临界力还与杆端约束情况有关，杆端约束越强，构件的稳定极限承载能力越高。对于这种影响，用计算长度 l_0 代替实际长度 l 的方法来反映，即：

$$l_0 = \mu l \tag{4.3-3}$$

式中　μ——构件的计算长度系数，由构件的支承条件确定，对于常见支承条件，可按表 4.3-3 取用；

　　　l——构件的长度或侧向支承点间的距离（mm）。

理论值是按理想条件推导而得的，在实际工程中无论是固定端，还是铰支座，都是很难

224

达到理想状态，因此规范给出了实际应用建议值。

表 4.3-3   轴心受压构件计算长度系数

| 端部支承示意 | 无转动、无侧移 | | | 无转动、自由侧移 | | |
| | 自由转动、无侧移 | | | 自由转动、自由侧移 | | |

构件的屈曲时挠曲线形式						
理论值	0.5	0.7	1.0	1.0	2.0	2.0
建议值	0.65	0.8	1.2	1.0	2.0	2.0

2）实际轴心受压构件稳定性计算。

①稳定性计算公式。对实际轴心受压构件，只要能够合理确定其稳定极限承载力 N_u，就可得到轴心受压构件整体稳定性的计算公式：

$$\sigma = \frac{N}{A} \leqslant \frac{N_u}{A\gamma_R} \times \frac{f_y}{f_y} = \frac{N_u}{Af_y} \times \frac{f_y}{\gamma_R} = \varphi f$$

即
$$\frac{N}{\varphi A} \leqslant f \tag{4.3-4}$$

式中　N——轴心压力设计值（N）；

　　　A——构件的毛截面面积（mm^2）；

　　　γ_R——钢材的抗力分项系数；

　　　φ——轴心受压构件的整体稳定系数；

　　　f_y——钢材的屈服强度（N/mm^2）；

　　　f——钢材的抗压强度设计值（N/mm^2）。

②整体稳定系数 φ。整体稳定系数 $\varphi = N_u / Af_y$。通过对理想和实际轴心受压构件屈曲临界力的讨论可知，N_u 除与杆件的长细比 λ 有关外，构件的初始缺陷对其影响也不容忽视。现行钢结构设计规范取各种截面形式、不同加工方法及各种典型残余应力分布的实际轴心受压构件，考虑了杆件具有 $v_0 = l/1000$ 呈正弦曲线分布的初弯曲，忽略初偏心，以大量实验实测数据为基础，并对原始条件做出了合理计算假定，共计算出 200 多种杆件的 N_u 及 φ 值，绘出了 200 多条 $\varphi - \lambda \sqrt{f_y/235}$ 关系曲线，俗称柱子曲线。最后以满足可靠度为前提，将 200 多条曲线中数值详尽地进行归并，给出了 a、b、c、d 四条曲线（图 4.3-3）。其中每条曲线代表一类截面，截面分类按表 4.3-4 采用。

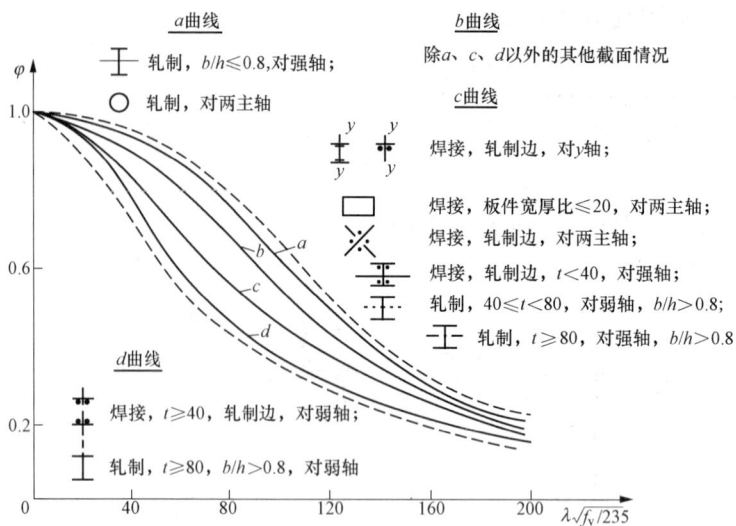

图 4.3-3　柱子曲线

表 4.3-4（a）　　　　　　　　轴心受压构件的截面分类（板厚 $t<40\text{mm}$）

截　面　形　式				对 x 轴	对 y 轴
		轧制		a 类	a 类
		轧制，$b/h\leqslant 0.8$		a 类	b 类
轧制，$b/h\geqslant 0.8$	焊接，翼缘为焰切边		焊接	b 类	b 类
轧制			轧制，等边角钢		
轧制，焊接（板件宽厚比>20）	轧制或焊接				

截 面 形 式		对 x 轴	对 y 轴
焊接	轧制截面和翼缘为焰切边的焊接截面	b 类	b 类
格构式	焊接，板件边缘焰切		
焊接，翼缘为轧制或剪切边		b 类	c 类
焊接，板件边缘轧制或剪切	焊接，板件宽厚比≤20	c 类	c 类

表 4.3-4（b） 轴心受压构件的截面分类（板厚 $t \geqslant 40\text{mm}$）

截 面 形 式		对 x 轴	对 y 轴
轧制工字型钢或 H 形截面	$t < 80\text{mm}$	a 类	a 类
	$t \geqslant 80\text{mm}$	c 类	d 类
焊接轧制工字形截面	翼缘为焰切边	b 类	b 类
	翼缘为轧制或剪切边	c 类	d 类
焊接箱形截面	板件宽厚比>20	b 类	b 类
	板件宽厚比≤20	c 类	c 类

$\lambda\sqrt{f_y/235}$ 一定时，a 类截面残余应力影响最小，φ 值最大，d 类截面残余应力影响最严重，φ 值最小。这样，只要知道构件长细比 λ、构件截面种类、钢材牌号就可由图 4.3-3 确定出整体稳定系数 φ。为便于应用，《钢结构设计规范》（GB 50017—2003）将 a、b、c、d

四条曲线分别编制成四个表格，见书后附录 D-1，可根据截面种类及 $\lambda \sqrt{f_y/235}$ 的数值直接查表确定整体稳定系数 φ。考虑扭转屈曲及弯扭屈曲的影响，规范对构件长细比 λ 的计算作了如下规定：

a. 截面 λ_y 为双轴对称或极对称的构件：

$$\lambda_x = \frac{l_{0x}}{i_x}, \qquad \lambda_y = \frac{l_{0y}}{i_y} \tag{4.3-5}$$

式中 l_{0x}、l_{0y}——构件对主轴 x 和 y 方向的计算长度；

i_x、i_y——构件对主轴 x 和 y 方向的截面回转半径。

对双轴对称十字形截面构件，λ_x 或 λ_y 取值不得小于 $5.07b/t$（其中 b/t 为悬伸板件宽厚比）。

b. 截面为单轴对称的构件，绕非对称主轴的长细比 λ_x 扔按式（4.3-5）计算。但绕对称轴的长细比应考虑构件扭转效应的不利影响，采用换算长细比 λ_{yz} 代替 λ_y。换算长细比 λ_{yz} 的计算可参阅《钢结构设计规范》（GB 50017—2003）。对图 4.3-4 所示截面的换算长细比 λ_{yz} 可按下列简化方法计算：

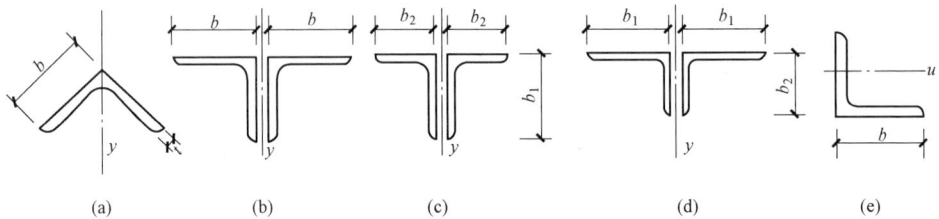

图 4.3-4   单角钢和双角钢组成的 T 形截面

（a）等边单角钢截面 ［图 4.3-4（c）］。

当 $b/t \leqslant 0.54 l_{0y}/b$ 时：

$$\lambda_{yz} = \lambda_y \left(1 + \frac{0.85b^4}{l_{0y}^2 t^2}\right) \tag{4.3-6a}$$

当 $b/t > 0.54 l_{0y}/b$ 时：

$$\lambda_{yz} = 4.78 \frac{b}{t} \left(1 + \frac{l_{0y}^2 t^2}{13.5b^4}\right) \tag{4.3-6b}$$

（b）等边双角钢截面 ［图 4.3-4（c）］。

当 $b/t \leqslant 0.58 l_{0y}/b$ 时：

$$\lambda_{yz} = \lambda_y \left(1 + \frac{0.475b^4}{l_{0y}^2 t^2}\right) \tag{4.3-7a}$$

当 $b/t > 0.58 l_{0y}/b$ 时：

$$\lambda_{yz} = 3.9 \frac{b}{t} \left(1 + \frac{l_{0y}^2 t^2}{18.6b^4}\right) \tag{4.3-7b}$$

（c）长肢相连的不等边双角钢截面。

当 $b_2/t \leqslant 0.48 l_{0y}/b_2$ 时：

$$\lambda_{yz} = \lambda_y \left(1 + \frac{1.09b_2^4}{l_{0y}^2 t^2}\right) \tag{4.3-8a}$$

当 $b_2/t > 0.48l_{0y}/b_2$ 时：

$$\lambda_{yz} = 5.1\frac{b_2}{t}\left(1 + \frac{l_{0y}^2 t^2}{17.4b_2^4}\right) \tag{4.3-8b}$$

式中 b_2——不等边角钢短肢宽度（mm）。

（d）短肢相连的不等边双角钢截面。

当 $b_1/t \leqslant 0.56l_{0y}/b_1$ 时，可近似取 $\lambda_{yz} = \lambda_y$。否则应取：

$$\lambda_{yz} = 3.7\frac{b_1}{t}\left(1 + \frac{l_{0y}^2 t^2}{52.7b_1^4}\right) \tag{4.3-9}$$

式中 b_1——不等边角钢长肢宽度（mm）。

（e）单轴对称截面的轴心压杆在绕非对称主轴以外的任何一轴失稳时，应按弯扭屈曲计算其稳定性。当计算图 4.3-4（e）所示等边单角钢绕 u 轴的稳定时，可按下式计算其换算长细比 λ_{uz}，并按 b 类截面查表得出 φ 值。

当 $b/t \leqslant 0.69l_{0u}/b$ 时，$\lambda_{uz} = \lambda_u\left(1 + \frac{0.25b^4}{l_{0u}^2 t^2}\right)$ \hfill (4.3-10a)

当 $b/t > 0.69l_{0u}/b$ 时，$\lambda_{uz} = 5.4\frac{b}{t}$ \hfill (4.3-10b)

式中 $\lambda_u = l_{0u}/i_u$。

单面连接的单角钢轴心受压构件（如格构柱的缀条），在考虑荷载偏心原因对材料强度进行折减后，可不考虑弯扭效应。

【例 4.3-1】 已知某轻工业厂房梯形钢屋架的下弦杆，截面为双角钢 2∟160×100×10，短肢相连，如图 4.3-5 所示。承受的轴心拉力设计值 $N = 970$kN，两主轴方向计算长度分别为 $l_{0x} = 6$m 和 $l_{0y} = 15$m，构件在同一截面上开有两个直径 $d = 21.5$mm 的螺栓孔，试验算此截面是否安全。钢材为 Q235。

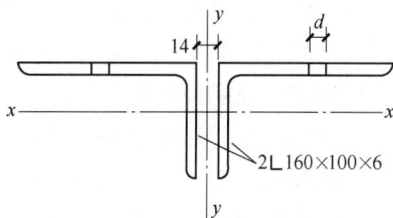

图 4.3-5 例 4.3-1

【解】 由表 4.1-1 查得 $f = 215$N/mm²，由表 4.1-2 查得 $[\lambda] = 350$，由附表 D-3 查得截面几何特征 $A = 50.64$cm²，$i_x = 2.85$cm，$i_y = 7.78$cm。

强度验算：

$$A_n = A - 2d_t = (50.64 - 2 \times 2.15 \times 1)\text{cm}^2 = 46.24\text{cm}^2$$

$$\sigma = \frac{N}{A_n} = \frac{970 \times 10^3}{46.34 \times 10^2}\text{N/mm}^2 = 209.3\text{N/mm}^2 < f = 215\text{ N/mm}^2 \quad （满足）$$

刚度验算：

$$\lambda_x = \frac{l_{0x}}{i_x} = \frac{6 \times 10^2}{2.85} = 210.5 < [\lambda] = 350 \quad （满足）$$

$$\lambda_x = \frac{l_{0y}}{i_y} = \frac{15 \times 10^2}{7.78} = 192.8 < [\lambda] = 350 \quad （满足）$$

此截面是安全的。

【例 4.3-2】 已知某钢屋架的段斜杆，截面为双角钢 2∟140×90×10，长肢相连，如图 4.3-6 所示。承受的轴心压力设计值 $N = 655$kN，计算长度 $l_{0x} = l_{0y} = 254$cm，试验算此截面

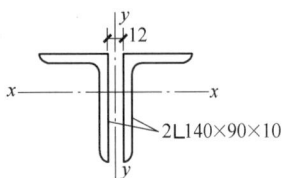

图 4.3-6 例 4.3-2

的整体稳定性。钢材为 Q235。

【解】 由表 4.2-1 查得 $f = 215 \text{N/mm}^2$，由附表 D-3 查得截面几何特征：$A = 44.52 \text{cm}^2$，$i_x = 4.47$，$i_y = 3.74 \text{cm}$。

长细比为

$$\lambda_x = \frac{l_{0x}}{i_x} = \frac{254}{4.47} = 56.82$$

$$\lambda_y = \frac{l_{0y}}{i_y} = \frac{254}{3.47} = 67.91$$

绕 y 轴的长细比采用换算长细比 λ_{yz} 代替 λ_y，由式 (4.3-8a) 可得

$$\frac{b_2}{t} = \frac{9}{1} = 9 < 0.48 \frac{l_{0y}}{b_2} = 0.48 \times \frac{254}{9} = 13.55$$

$$\lambda_{yz} = \lambda_y \left(1 + \frac{1.09 b_2^4}{l_{0y}^2 t^2}\right) 67.91 \times \left(1 + \frac{1.09 b_2^4}{l_{0y}^2 t^2}\right) = 67.91 \times \left(1 + \frac{1.09 \times 9^4}{254^2 \times 1^2}\right) = 75.44$$

查表 4.3-4 (a) 可知，对 x、y 轴均属 b 类截面，且 $\lambda_{yz} > \lambda_y$，由 $\lambda_{yz}\sqrt{f_y/235}$ 查附表 B-1 得 $\varphi_{yz} = 0.717$。

验算稳定性。

$$\frac{N}{\varphi_{yz} A} = \frac{655 \times 10^3}{0.717 \times 44.52 \times 10^2} \text{N/mm}^2 = 205.2 \text{N/mm}^2 = 205.2 \text{N/mm}^2 < 215 \text{N/mm}^2$$

满足整体稳定性要求。

2. 实腹式轴心受压柱

(1) 实腹式轴心受压柱的局部稳定。

1) 局部失稳现象。为了节约钢材，提高构件整体稳定承载能力，在钢板焊接组成的截面中，我们往往选择宽而薄的钢板来增加截面的惯性矩。但这些板件如果过宽过薄，就有可能在构件表失整体稳定前产生局部凹凸鼓曲现象（图 4.3-7），把这种现象称为局部失稳（局面屈曲）。局部失稳不像整体失稳那样危险，但由于部分材料提前进入塑性而退出工作，降低了构件的承载能力。因此，轴心受压构件应该保证其局部稳定性。

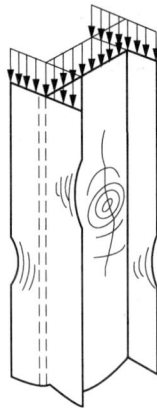

图 4.3-7 轴心受压构件局部失稳

2) 板件宽厚比（高厚比）的限值。板件屈曲时的临界应力与板的周边支承情况和板件宽厚比有关。按照板局部失稳不先于构件整体失稳的原则（$\sigma_{cr} \geqslant \varphi_{min} f$），规范以限制板件的宽厚比（高厚比）不能过大来保证轴心受压柱的局部稳定。工字形及 H 形截面构件的具体规定如下。

翼缘板自由外伸宽度与其厚度 t（图 4.3-8）之比，应符合：

$$\frac{b_1}{t} \leqslant (10 + 0.1\lambda)\sqrt{f_y/235} \tag{4.3-11}$$

腹板计算高度与其厚度（图 4.3-8）之比，应符合：

$$\frac{h_0}{t_w} \leqslant (25 + 0.5\lambda)\sqrt{f_y/235} \tag{4.3-12}$$

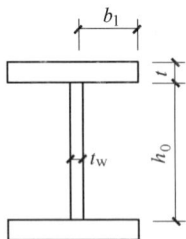

图 4.3-8 工字形截面尺寸

式中，λ 为构件两主轴方向长细比的较大值，当 $\lambda < 30$ 时，取 $\lambda = 30$，当 $\lambda > 100$ 时取 $\lambda = 100$。

对于箱形截面、T 形截面受压构件翼缘、腹板的宽厚比或高厚比的

限值可查阅相关规范。

工字形或箱形截面受压构件的腹板，其高厚比不符合要求时，可用纵横向加劲肋加强（图 4.3-9），或在计算构件的强度和稳定性时，腹板的截面仅考虑计算高度边缘范围内两侧宽度各 $20t_w\sqrt{f_y/235}$ 的部分（计算构件的稳定系数时，仍用全部截面），此截面称为有效截面，如图 4.3-10 所示。

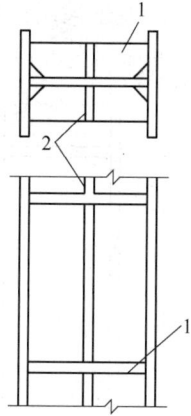

图 4.3-9　纵横向
加劲肋

（2）实腹式轴心受压柱截面设计。实腹式轴心受压柱截面设计包括截面形式、截面尺寸的确定及截面验算。

1）轴心受压柱截面形式的确定。在确定截面形式时要考虑以下几个基本原则。

①宽肢薄壁原则。在满足板件局部稳定的前提下截面尽量开展，以增大截面惯性矩和回转半径、减小长细比，提高构件的整体稳定承载力和构件刚度，达到节约钢材的目的。

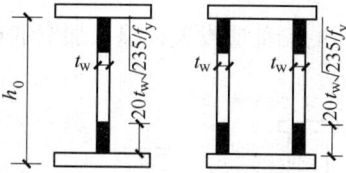

图 4.3-10　纵横向加劲肋

②等稳定性原则。使构件在两主轴方向的整体稳定承载力接近，以充分发挥其承载能力，因此尽可能使两主轴方向的长细比或稳定系数接近，即≈。

③制造省工、连接方便的原则。制造省工，宜优先选用型钢截面；对于组合截面的选择，要便于采用现代化的制造方法和减少工作量，杆件应便于与其他构件连接。

实腹式轴心受压柱的截面形式一般按图 4.3-1 选择双轴对称截面，其中工字型钢、H 型钢、钢板组合工字形截面较为常见。型钢截面制造省时省工，但两主轴方向的回转半径相差较大、腹板相对较厚，多用于两主轴方向计算长度不等的小型构件。组合工字形截面能较好地做到等稳定性、宽肢薄壁，节约钢材，但制造省工，多用于受力较大的大、中型构件。

2）轴心受压柱截面尺寸的确定。

①确定截面所需几何特征值。假定长细比 λ：长细比 λ 凭经验假定，一般在 60～100 之间取值。轴力大而计算长度小时，取小值，反之，取大值。假定的长细比 λ 不能超过允许长细比。用 λ 查附录 D-2 得出整体稳定系数，按稳定性要求确定截面需要的面积 A：

$$A = \frac{N}{\varphi A} \tag{4.3-13}$$

按下列公式确定截面所需回转半径：

$$i_x = \frac{l_{0x}}{\lambda} \qquad i_y = \frac{l_{0y}}{\lambda} \tag{4.3-14}$$

②确定型钢型号或组合截面各板件尺寸。

型钢截面：由 A、查附录 D-3 直接选择合适的型钢型号即可。

组合截面：首先借助截面回转半径近似值，确定所需截面高度 h 和宽度 b：

$$h \approx \frac{i_x}{\alpha_1} \qquad b \approx \frac{i_y}{\alpha_2} \tag{4.3-15}$$

式中　α_1、α_2——系数，按附录 D-2 取用。

然后，根据 A、h、b，并考虑制造省工、连接方便的原则，结合钢板规格确定板件尺寸。为便于采用自动焊，h 与 b 宜大致相等。腹板厚度及翼缘厚度 t 均不小于 6mm，一般符合 $t_w = (0.4 \sim 0.7)t$。

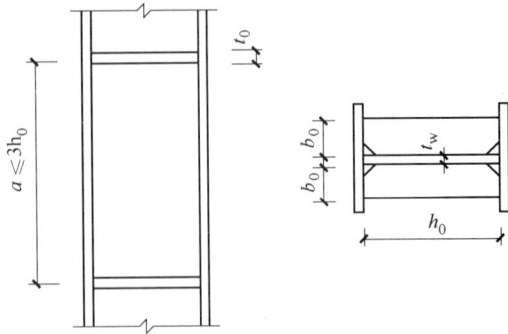

图 4.3-11　实腹式柱的横向加劲肋

3）截面验算。计算初选截面的几何特征，然后按相应公式进行强度、刚度、整体稳定和局部稳定的验算。验算过程中出现某方面不满足要求或截面尺寸不符合经济要求时，可直接调整截面后再验算，直至合理为止。

4）构造规定。当实腹式柱的腹板计算高度 h_0 与厚度 t_w 之比大于 $80 > \sqrt{f_y/235}$ 时，应采用横向加劲肋加强（图 4.3-11），其间距不得大于 $3h_0$。横向加劲肋的尺寸应该满足：外伸宽度 $b_s \geqslant \left(\dfrac{h_0}{30} + 40\right)$，厚度 $t_s \geqslant \dfrac{b_s}{15}$。

格构式柱或大型实腹式柱，在受有较大水平力和运送单元的端部应设置横隔（加宽的横向加劲肋），横隔的间距不得大于柱截面长边尺寸的 9 倍和 8m。

在轴心受压柱板件间（如组合工字形截面翼缘与腹板间）的纵向焊缝，只承受偶然弯曲和横向力作用引起的微小剪力，焊缝焊脚尺寸可按构造要求采用。

【例 4.3-3】　设计一两端铰接轴心受压柱。已知柱长 $l = 7$m，在侧向（即 x 轴方向）有一支承点，如图 4.3-12 所示，承受的轴心压力设计值 $N = 720$kN（包括柱自重），钢材为 Q235，焊条为 E43 系列。

【解】　（1）按轧制工字型钢进行设计。

1）初选截面。由表 4.1-1 查得 $f = 215\text{N/mm}^2$；由表 4.3-2 查得容许长细比 $[\lambda] = 150$。

假定长细比 $\lambda = 125$，初步确定 $b/h < 0.8$，查表 4.3-4（a）可知对 x 轴属于 a 类截面，对 y 轴属于 b 类截面，查附表 D-1 得 $\varphi_x = 0.463$，$\varphi_y = 0.411$，则：

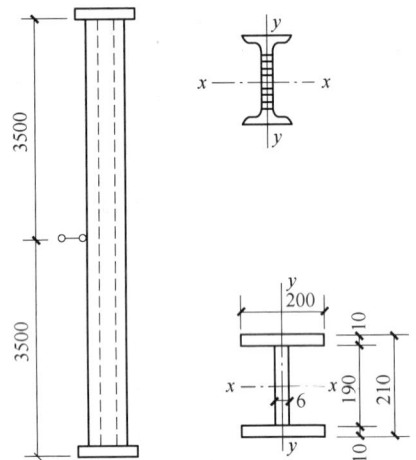

图 4.3-12　例 4.3-3

$$A' = \frac{N}{\varphi_{\min} f} = \frac{720 \times 10^3}{0.411 \times 215}\text{mm}^2 = 8148\text{mm}^2 = 81.48\text{cm}^2$$

$$i'_x = \frac{l_{0x}}{\lambda} = \frac{7000}{125}\text{mm} = 56\text{mm} = 5.6\text{cm}$$

$$i'_y = \frac{l_{0y}}{\lambda} = \frac{3500}{125}\text{mm} = 28\text{mm} = 2.8\text{cm}$$

查附表 D-3 选择 $I40a$，$A = 86.07\text{cm}^2$，$i_x = 15.88\text{cm}$，$i_y = 2.77\text{cm}$。

2）截面验算。

截面无削弱，可不进行强度验算。

刚度验算：　　　$\lambda_x = \dfrac{l_{0x}}{i_x} = \dfrac{700}{15.88} = 44.1 < [\lambda] = 150$　满足

$$\lambda_y = \frac{l_{0y}}{i_y} = \frac{350}{2.77} = 126.4 < [\lambda] = 150 \quad 满足$$

整体稳定验算 $b/h \leqslant 0.8$，由 λ_y 查附表 D-1 得 $\varphi_y = 0.404$。

$$\frac{N}{\varphi_y A} = \frac{720 \times 10^3}{0.404 \times 86.07 \times 10^2} \text{N/mm}^2 = 207.1 \text{N/mm}^2 < f = 215 \text{N/mm}^2 \quad 满足$$

型钢构件可不验算局部稳定。

所选截面满足要求。

(2) 按焊接工字形组合截面（翼缘为轧制边）进行设计。

1) 初选截面。假定长细比 $\lambda = 70$，查表 4.3-4（a）可知对 x 轴属于 b 类截面，对 y 轴属于 c 类截面，查附表 D-1 得：$\varphi_x = 0.751$，$\varphi_y = 0.634$，则：

$$A' = \frac{N}{\varphi_{\min} f} = \frac{720 \times 10^3}{0.643 \times 215} \text{mm}^2 = 5208 \text{mm}^2 = 52.08 \text{cm}^2$$

$$i'_x = \frac{l_{0x}}{\lambda} = \frac{7000}{70} \text{mm} = 100 \text{mm} = 10 \text{cm}$$

$$i'_y = \frac{l_{0y}}{\lambda} = \frac{3500}{70} \text{mm} = 50 \text{mm} = 5 \text{cm}$$

由附表 C 查出 $\alpha_1 = 0.43$，$\alpha_2 = 0.24$

$$h' = \frac{i'_x}{\alpha_1} = \frac{100}{0.43} \text{mm} = 233 \text{mm}, \quad b' = \frac{i'_y}{\alpha_2} = \frac{50}{0.24} \text{mm} = 208 \text{mm}$$

取 $b = 200 \text{mm}$，$h = 190 \text{mm}$，$t = 10 \text{mm}$

$$t'_w = \frac{A' - 2b_t}{h_0} = \frac{5208 - 2 \times 200 \times 10}{190} \text{mm} = 6.36 \text{mm}, \quad 取 t_w = 6 \text{mm}$$

截面如图 4.3-12 所示。

2) 截面验算。

几何特征：$A = (2 \times 20 \times 1 + 19 \times 0.6) \text{cm}^2 = 51.4 \text{cm}^2$

$$I_x = \left(\frac{0.6 \times 19^3}{12} + 2 \times 20 \times 1 \times 10^2 \right) \text{cm}^4 = 4343 \text{cm}^4$$

$$I_y = \left(2 \times \frac{1 \times 20^3}{12} \right) \text{cm}^4 = 1333 \text{cm}^4$$

$$i_y = \sqrt{\frac{I_y}{A}} = \sqrt{\frac{1333}{51.4}} \text{cm} = 5.09 \text{cm}$$

截面无削弱，可不进行强度验算。

刚度验算：
$$\lambda_x = \frac{l_{0x}}{i_x} = \frac{700}{9.19} = 76.2 < [\lambda] = 150 \quad 满足$$

$$\lambda_y = \frac{l_{0y}}{i_y} = \frac{350}{5.09} = 68.8 < [\lambda] = 150 \quad 满足$$

整体稳定验算：查附表 B-2 和附表 B-3 得出 $\varphi_x = 0.713 \varphi = 0.650$

$$\frac{N}{\varphi_y A} = \frac{720 \times 10^3}{0.650 \times 51.4 \times 10^2} \text{N/mm}^2 = 215.5 \text{N/mm}^2 \approx f = 215 \text{N/mm}^2 \quad 满足$$

局部稳定验算：$\dfrac{b_1}{t} = \dfrac{97}{10} = 9.7 < (10 + 0.1\lambda) = 10 + 0.1 \times 76.2 = 17.62 \quad 满足$

$$\frac{h_0}{t_w} = \frac{190}{6} = 31.7 < (25 + 0.5\lambda) = 25 + 0.5 \times 76.2 = 63.1 \quad 满足$$

所选截面满足要求。

（3）设计结果分析。工字形组合截面铰轧制工字钢截面用钢量节省了 33% $\left(\frac{86.07 - 51.4}{86.07} \times 100\% = 33\%\right)$，且很容易做到等稳定性；而轧制工字钢除非侧向支撑设置十分合理，否则很难做到等稳定性。

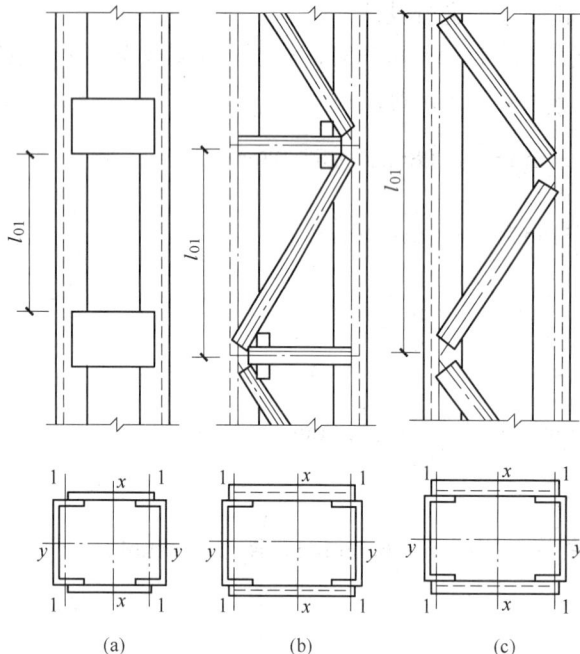

图 4.3-13 格构式构建的组成

3. 格构式轴心受压构件

（1）格构式轴心受压构件组成。格构式构件由肢件通过缀材连接成整体，如图 4.3-13 所示。缀材可分为缀条和缀板，格构式构件又分为缀条式和缀板式。缀条常用单角钢，一般只放置与构件轴线成 $\alpha = 40° \sim 70°$ 夹角的斜缀条，为了减小分肢的计算长度也可同时设置横缀条。缀条采用钢板等距离垂直于构件轴线横放。

常用的格构式轴心受压柱的截面形式有槽钢或工字钢组成的双肢格构式柱。对于轴心压力较小但长度较大的构件，可以采用角钢或钢管组成的三肢、四肢格构式柱。

（2）格构式轴心受压构件的整体稳定性。格构式轴心受压构件需分别考虑对实轴和虚轴的整体稳定性。

1）对实轴的整体稳定性。格构式双肢构件相当于两个并列的实腹式杆件，因此格构式轴心受压构件对实轴的整体稳定承载力计算和实腹式柱完全相同，可以直接用对实轴的长细比 λ_y，查附录 D-1 得到 φ 值，再由式（4.3-4）计算对实轴 y 轴的整体稳定承载力。

2）对虚轴的整体稳定性。轴心受压构件整体弯曲后，杆内将出现弯矩和剪力，对于实腹式受压杆，由于抗剪刚度大，剪力产生的附加变形很小，因此，可以忽略剪力产生的附加变形对整体稳定承载力的影响。但对于格构式轴心受压杆绕虚轴发生弯曲失稳时，所产生的剪力由缀件承担，由此产生的附加剪切变形较大，导致构件刚度减小，整体稳定承载力降低，因此，其影响不能忽略。《钢结构设计规范》（GB 50017—2003）规定，双肢格构式轴心受压构件对虚轴的换算长细比 λ_{0x} 计算公式为：

缀条式格构柱 $\qquad\qquad\qquad \lambda_{0x} = \sqrt{\lambda_x^2 + 27\frac{A}{A_{1x}}}$ $\qquad\qquad$ （4.3-16）

缀板式格构柱 $\qquad\qquad\qquad \lambda_{0x} = \sqrt{\lambda_x^2 + \lambda_1^2}$ $\qquad\qquad\qquad$ （4.3-17）

式中 λ_x——整个构件对 x 轴（虚轴）的长细比；

$\quad A$——整个构件横截面的毛面积；

234

A_{1x}——构件截面中垂直于 x 轴各斜缀条的毛截面面积之和；

λ_1——单个分肢对最小刚度轴 1-1 的长细比，$\lambda_1 = l_{01} / i_1$；

l_{01}——单肢的计算长度，对于缀条柱，取缀条节点间的距离；对于缀板柱，焊接时取缀板间的净距离；螺栓连接时，取相邻两缀板边缘螺栓间的距离；

i_1——单肢最小回转半径，即单肢绕 1-1 轴的回转半径。

由三肢或四肢组成的格构式压杆，对虚轴的换算长细比计算公式见《规范》规定。

（3）分肢的稳定性。格构式受压构件的分肢可以看成单独的实腹式轴心受压构件，因此要求单肢不先于构件整体失去承载能力，为此《规范》规定单肢的稳定性不应低于构件的整体稳定性。对于缀条式构件要求 $\lambda_1 \leqslant 0.7\lambda_{max}$，对于缀板式构件要求 $\lambda_1 \leqslant 0.5\lambda_{max}$、且不应大于 40，当 $\lambda_{max} < 50$ 时，λ_{max} 取 50。

（4）缀件的设计。

1）缀件的剪力。格构式轴心受压构件绕虚轴弯曲失稳时产生的横向剪力由缀件承担，如图 4.3-14 所示。

《规范》规定轴心受压构件的剪力 V 为：

$$V = \frac{Af}{85} \sqrt{\frac{f_y}{235}} \qquad (4.3\text{-}18)$$

为便于应用，可认为此 V 值沿构件的全长不变，如图 4.3-14（c）所示。对于双肢格构式构件，此剪力由双侧缀件平均分担，即每侧缀件各承担剪力 $V_1 = \dfrac{V}{2}$。

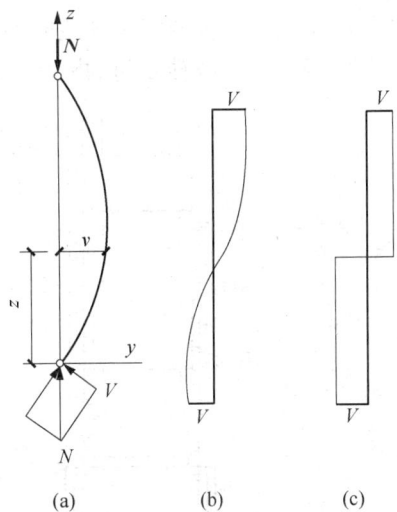

图 4.3-14　轴心受压构件截面的剪力

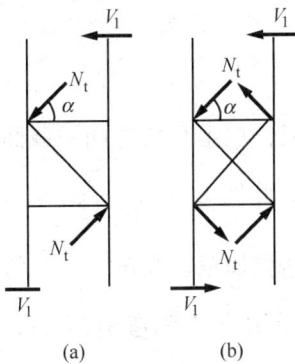

图 4.3-15　缀条计算简图

2）缀条计算。缀条式构件的每个缀件面如同一个竖向的平面平行弦桁架，缀条可以视为桁架的腹杆，如图 4.3-15 所示，因此可按铰接桁架计算斜缀条的内力，即：

$$N_t = \frac{V_1}{n\cos\alpha} \qquad (4.3\text{-}19)$$

式中　V_1——分配到一个缀材面的剪力；

　　　n——承受剪力 V_1 的斜缀条数，图 4.3-15（a）为单缀条体系，$n = 1$；图 4.3-15（b）为双缀条体系，$n = 2$；

　　　α——缀条与构件轴线法线的夹角。

由于构件弯曲变形方向可能向左或者向右，因此剪力方向也将随着改变，斜缀条可能受拉或者受压，故应按不利情况作为轴心受压构件设计。但缀条一般采用单角钢且单面连接在分肢上，故在受力时存在偏心。为简化计算，《规范》规定将材料强度设计值 f 乘以附表 4.1-4 中的折减系数 γ_f 以考虑偏心受力的不利影响，并规定计入 γ_f 后可不计扭转效应。

横缀条主要用于减小分肢的计算长度，一般不作计算，可取和斜缀条相同截面。缀条不应采用小于∟45×4 或∟56×36×4 的角钢。

3）缀板计算。缀板式格构式构件如同多层刚架。假定其在受力弯曲时，反弯点分布在各缀板间分肢的中点和缀板中点，该处弯矩为零，只承受剪力。如图 4.3-16 所示，从中取出隔离体，可得缀板的内力为

竖向剪力
$$T = \frac{V_1 l_1}{a} \tag{4.3-20}$$

弯矩（缀板与分肢连接处）
$$M = T\frac{a}{2} = \frac{V_1 l_1}{a} \tag{4.3-21}$$

式中　l_1——相邻两缀板轴线间的距离（mm）；

　　　　a——分肢轴线间的距离（mm）。

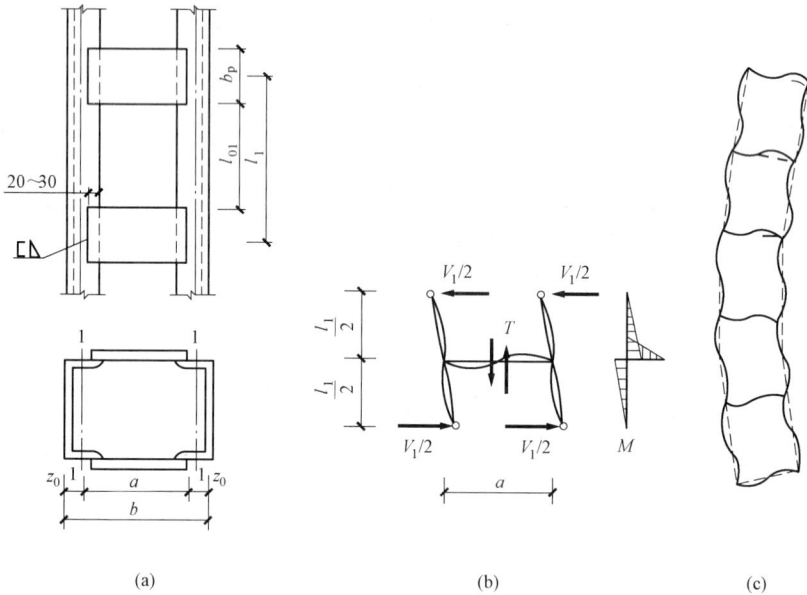

图 4.3-16　缀板计算简图

缀板尺寸由刚度条件决定，因此缀板应有一定的刚度。《规范》规定在构件同一截面处两侧缀板的线刚度之和 $\left(\dfrac{I_b}{l_1}\right)$ 不得小于柱分肢线刚度 $\left(\dfrac{I_1}{l_1}\right)$ 的 6 倍，此处 $I_b = 2 \times \dfrac{1}{12}t_p b_p^3$。通常取缀板宽度 $b_p \geqslant \dfrac{2a}{3}$，厚度 $t_p \geqslant \dfrac{a}{40}$，不小于 6mm。端缀板宽适当加宽，取 $b_p = a$。缀板与肢件的搭接长度一般取 20～30mm，用角焊缝连接，角焊缝承受剪力 T 和弯矩 M 的共同作用。

（5）格构式轴心受压柱的横隔。和大型实腹式柱一样，为了增加构件的抗扭刚度，避免截面变形，格构式构件应设置用钢板或角钢做的横隔，如图 4.3-17 所示。横隔在有较大的水平力处、运输单元的端部设置，横隔的间距不得大于柱截面较大宽度的 9 倍且不得大于 8m。

（6）格构式轴心受压柱的设计。格构式轴心受压构件的设计包括：

1）选择构件形式和钢材牌号。

2）确定肢件截面。

3）确定肢件间距。

4）单肢稳定性验算。

5）缀件、连接节点设计。

4. 梁柱连接形式和构造

一般来说，从受力性能上来看，梁与柱的连接有铰接、半刚性连接和刚性连接三种。传统的钢框架分析和设计为了简化，

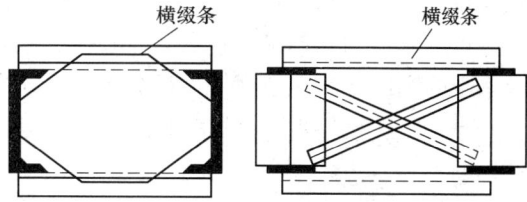

图 4.3-17　格构式构件的横隔

假定梁柱连接是完全刚性连接或理想铰接，但实际上，任何刚性连接都具有一定的柔性，铰接都具有一定的刚性。理想中的刚性连接和铰接是不存在的。换句话说，目前梁柱连接全部是处在刚性连接和铰接之间的半刚性连接。不过，为了设计和研究的方便，习惯上，只要连接对转动约束达到理想刚性连接的 90% 以上，即可视为刚性连接，而把外力作用下梁柱轴线夹角的改变量达到理想铰接的 80% 以上的连接视为铰接。那么，处在两者之间的连接，就全部是半刚性连接。

在我国，钢框架梁柱连接只限于刚性连接和铰接两种，对于半刚性连接，目前有关设计规范中还没有涉及。而在其他一些国家，例如美国钢结构学会（AISC）规定，允许设计者在钢框架设计中明确地考虑连接特性。

美国容许应力设计（ASD）规范列出了三种类型的构造：

①类型 1（或刚性连接）。假定梁柱连接有足够的刚性，能保持相交杆件之间原有的角度不变。类型 1 连接假定用于弹性结构分析

②类型 2（或简支连接）。假定结构承受重力荷载时，主梁和次梁连接只传递剪力，不传递弯矩。这种连接可以不受约束地转动。

③类型 3（或半刚性连接）。假定连接可以传递剪力，也能够传递部分弯矩。

荷载抗力系数设计（LRTD）规范在其条文中指出了两种类型的构造：FR（全约束）型和 PR（部分约束）型。FR 型相当于 ASD 的类型 1，PR 型包括了 ASD 的类型 2 和类型 3。如果采用 PR 型，在分析和设计中必须考虑柔性连接的影响。

（1）半刚性连接类型。半刚性连接主要通过摩擦型高强度螺栓/焊缝和连接件（角钢、端板、T 型钢）把梁柱连接在一起，根据连接件的不同和连接位置的变化主要有以下类型：

1）双腹板角钢连接。双腹板角钢连接由两个角钢，用焊缝或用螺栓连接到柱及梁的腹板上，如图 4.3-18（a）所示。试验证明，这类连接能够承受的弯矩可到达梁在工作荷载下的全固端弯矩的 29%，对于梁高度较大的连接尤其如此。

2）矮端板连接。矮端板连接由一个长度比梁高小的端板用焊接与梁相连，用螺栓与柱相连组成，如图 4.3-18（b）所示。这类连接的弯矩—转角特性与双腹板角钢连接相似。

3）顶底角钢连接。图 4.3-18（c）所示为一个典型的顶底角钢连接。根据试验结果，这类连接可以抵抗一些梁端弯矩。

4）带双腹板角钢的顶底角钢连接。这类连接是顶底角钢连接与双腹板角钢连接的组合。图 4.3-18（d）所示为一个典型的带双腹板角钢的顶底角钢连接。这类连接被视为最典型的半刚性连接。

5）外伸/平齐端板连接。当连接要求抗弯时，端板连接是梁柱连接的常用方式。端板在加工厂与梁端两个翼缘及腹板焊接，然后在现场用螺栓与柱连接。外伸端板连接分为两类：

仅在受拉边的延伸端板连接，或在受拉及受压两边的外伸端板连接。当结构承受交变荷载时，则可用双边的外伸端板连接，如图 4.3-18（e）、图 4.3-18（f）所示。此外，为了增加端板本身的刚度，可在端板外伸部分加设斜向加劲肋。

6）短 T 型钢连接。由设在梁上、下翼缘处的两个短 T 型钢，用螺栓与梁和柱相连而成，如图 4.3-18（g）所示，这类连接被认为是最刚劲的半刚性连接之一，当与双腹板角钢连接一起使用时，尤其刚劲。

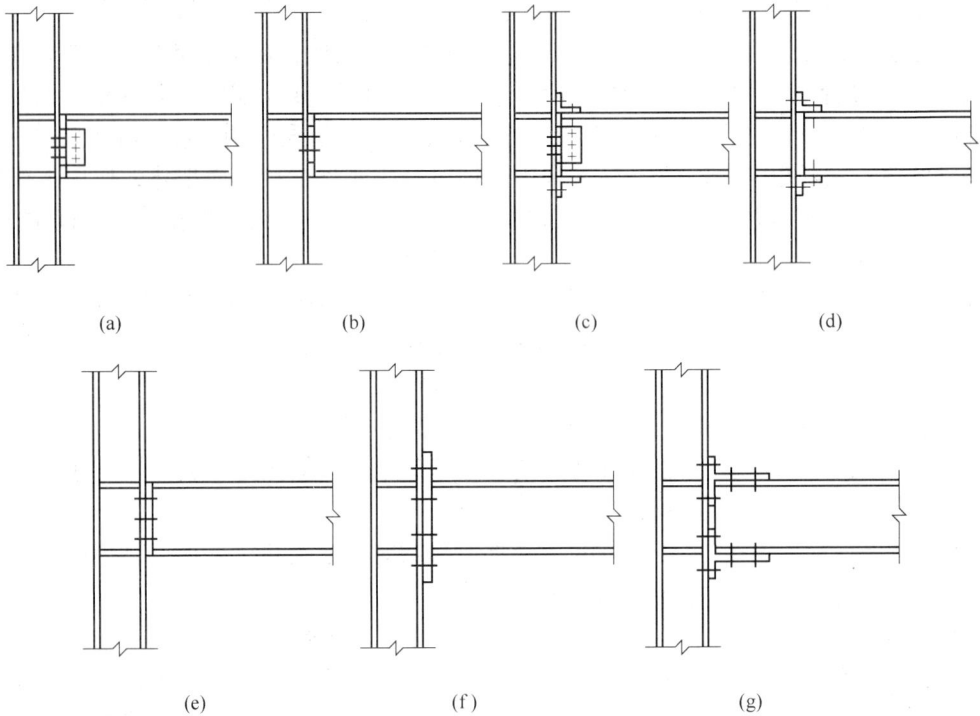

图 4.3-18　各种半刚性连接类型

（2）铰接类型。按照工程分析中的规定，只要外力作用下梁柱轴线夹角的改变量达到理想铰接的 80％的连接，就属于铰接，因此连接弯矩－转角刚度很小，柔性很大的单腹板角钢连接/单板连接属于典型的铰接。此外，柔性较小的双腹板连接有时也属于铰接。单腹板角钢连接由一个角钢，用螺栓或用焊缝连接到柱及梁的腹板上，最常用的形式是角钢在制造厂与柱焊接，而梁在现场用螺栓与角钢连接。单板连接用一块板来取代连接角钢，它所消耗的材料比单角钢连接少，同时偏心的影响也小。

（3）刚性连接类型。

1）传统刚性连接类型。钢框架结构的梁柱连接多按刚性连接设计。梁柱刚性连接的主要构造形式有以下三种：

①全焊节点，即梁的上、下翼缘用全熔透坡口对接焊缝，腹板用角焊缝与柱翼缘连接。

②全栓接节点，即梁的翼缘和腹板通过 T 形连接件使用高强度螺栓与柱翼缘连接。

③栓焊混合节点，即梁的上、下翼缘通过全熔透坡口对接焊缝与柱翼缘连接，梁腹板使用高强度螺栓与预先焊在柱翼缘上的剪切板连接。全焊节点适用于工厂连接，不适用于工地

连接，而全栓接节点的费用较高，因而栓焊混合节点在多高层建筑钢结构中成为典型的梁柱刚性节点形式。

20 世纪 70～80 年代完成的一大批节点和框架试验为美国、日本等国的规范采用栓焊混合节点提供了依据。根据理论和试验研究认为，栓焊混合节点具有较好的塑性转动能力，因此在 1994 年以前，栓焊混合节点成为钢框架结构中常用的梁柱刚性节点形式。

2）刚性连接存在的问题。在 1994 年美国北岭地震和 1995 年日本阪神地震中，数百幢多高层钢结构房屋的梁柱刚性连接节点出现大量的脆性断裂。根据震后对钢结构破坏的观察和检测，钢框架梁柱刚性连接节点的破坏形式可归纳为：梁柱刚性连接节点在地震中的破坏集中在节点下翼缘焊缝处，连接的脆性断裂通常由此形成。其可能存在的原因可以从以下几方面来解释：从梁的角度来看，第一，位于梁上翼缘的刚性楼板与梁组成了组合截面，使得梁截面的中和轴上移，这就导致梁的下翼缘在荷载作用下会有较大的受拉变形，同时楼面板与梁的共同作用也降低了上翼缘屈曲的可能性；第二，梁与楼板的共同变形导致下翼缘应力的增大。从焊接的角度看，第一，由于焊接工艺要求设置焊接垫板，下翼缘的垫板位于梁截面最大受拉纤维处，所以相对而言上翼缘焊缝处的焊接垫板所处的截面位置具有较小的应力和应变；第二，在上翼缘处施焊的困难比下翼缘处小一些，技术人员则可以更好地控制上翼缘焊接的质量；第三，焊接质量达不到预期目的，离散性较大；第四，大量焊缝集中于小范围，产生了相当高的约束力；第五，梁下翼缘的焊接施工在腹板所留焊接孔内进行，无法一次连续完成，在翼缘中线留下焊接缺陷；第六，焊接垫板在施焊后留在原处，使柱翼缘、对接焊缝与垫板间形成一条"人工"的 K 形裂缝，裂缝尖端的应力集中非常严重；第七，焊缝自身存在质量缺陷，例如裂缝、欠焊、夹渣及气孔等。

基于这些，在震后进行的研究中，减少梁翼缘处对接焊缝的应力，人为地使塑性铰在梁上某一部位形成，成为改进刚性连接节点设计的重要思路。具体方法主要有两种：一种是将梁端连接部位局部加强，但需注意不要因此出现弱柱，有违"强柱弱梁"抗震设计原则；另一种是，在离开柱面一定距离处将梁的上、下翼缘局部削弱。

3）新型梁柱刚性连接类型。

①加强连接型。

a. 加盖板节点。加盖板节点是在节点部位梁的上、下翼缘外表面焊上楔形的钢板，在现场采用坡口全熔透对接焊缝和角焊缝分别与柱翼缘和梁翼缘连接，使焊缝截面面积不小于单独翼缘截面面积的 1.2 倍，盖板的长度宜取 $0.3 h_b$ 且不小于 180mm（h_b 为梁截面高度）。加设盖板后，减少了柱表面区域的应力集中程度，迫使较大应力和非弹性应变远离焊缝、切割孔，使三向拉应力状态向梁中转移，如图 4.3-19（a）所示。

根据试验，此类节点具有较好的塑性转动能力，多数试件的塑性转角大于。0.025rad；但也有少数构件出现脆性断裂，原因是梁翼缘的有效厚度加大，坡口焊缝因过厚而出现残余三轴拉应力，以及柱翼缘热影响区扩大并严重变脆，加大了柱翼缘层状撕裂的危险性。

b. 加腋节点。加腋节点是在节点部位梁的下面加上三角形的梁腋，其目的在于通过加腋增加节点处截面的有效高度，从而迫使塑性铰在梁腋区域外形成，减少梁下翼缘处对接焊缝的应力。梁腋由 H 型钢或工字钢切割而成，梁腋的腹板、翼缘分别通过角焊缝、对接焊缝与梁柱焊接，如图 4.3-19（b）所示。

试验结果表面，此种形式节点的塑性转角达到 0.04rad 以上。此外，由于与柱焊接的梁

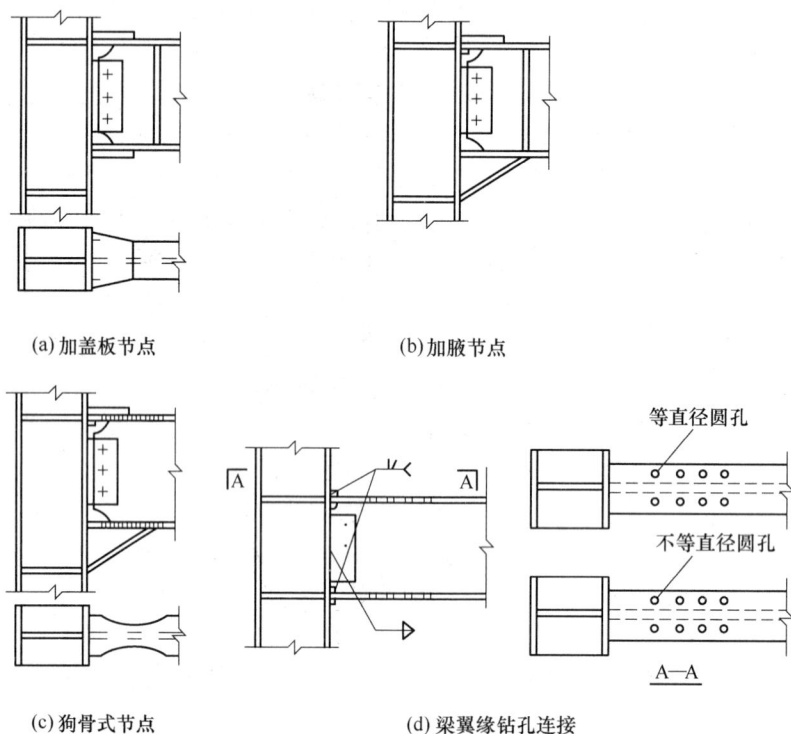

(a) 加盖板节点   (b) 加腋节点

(c) 狗骨式节点   (d) 梁翼缘钻孔连接

图 4.3-19　新型梁柱刚性连接类型

端截面高度增大，柱翼缘出现厚度方向裂缝的可能性有所减少。缺点是梁腋与柱翼缘之间的斜向坡口焊缝，施焊比较困难。

②梁翼缘削弱型。梁翼缘削弱型按照"强节点弱构件"的抗震设计概念，采取削弱节点附近梁翼缘的办法，以保护梁柱间的连接焊缝，实现梁端塑性铰位置的外移。试验结果表明，梁的塑性转角在 0.03rad 以上。

a. 狗骨式梁柱刚性连接。狗骨式梁柱刚性连接节点是在靠近柱边的等截面钢梁上，将上、下翼缘沿梁的纵向对称于腹板进行圆弧切割，其翼缘的切除宽度约为 40%；梁腹板与柱翼缘之间用角焊缝代替通常的螺栓连接；上、下翼缘的全熔透坡口焊缝要用引弧板；下翼缘焊接衬板要割除，割除后，焊根用焊缝补焊；上翼缘衬板焊后保留，用焊缝封闭；柱翼缘加劲板与梁翼缘等厚，等等，如图 4.3-19（c）所示，其实质是削弱了梁翼缘，从而将塑性铰人为外移，从实际发展情况看，因削弱梁截面的方法省工、效果好，故已在某些工程中采用。

对于这类节点应特别注意削弱处气割后，应磨平，避免在刻痕处产生应力集中效应，减少梁的塑性变形能力。

b. 梁翼缘钻孔。削弱梁翼缘的一种更简单的方法是，在离开柱面一段距离处，在梁的上、下翼缘各钻两排圆孔，一种方法是所有孔径都相等；另一种方法是由柱面算起，由近到远，孔径逐渐加大，如图 4.3-19（d）所示。

梁翼缘削弱型节点的最突出优点是构造简单、造价低、施工方便。缺点是可能需要加大整根梁的截面尺寸，以满足承载力和刚度的需要。

③加强梁段型。这类节点的基本构造是：在工厂里将一段较宽翼缘短梁焊于柱上，形成带有各层悬臂梁段的树枝状柱，然后在工地现场再采用栓焊连接或全螺栓连接将悬臂梁段与梁拼接。短梁特意做得稍强一些，短梁翼缘可以是变宽度或等宽度，使梁端塑性铰位置由柱面向外转移，如图 4.3-20 所示，这种梁柱连接方法在日本得到广泛应用。

这种节点的优点是梁柱连接关键处的焊缝，可以在工厂内制作，质量可以得到较为严格的控制；现场仅有高强度螺栓连接工作，安装费用较低。缺点是树形柱的运输较复杂、费用较高。

④预应力型。

a. 设计概念。一般的抗震钢结构是利用结构的延性和非弹性耗能来吸收输入结构的地震能量的，然而，地震时结构的过大塑性变形，往往导致结构承载力的下降，以致危及结构安全。

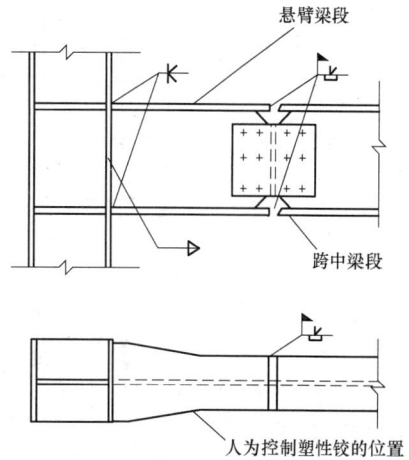

图 4.3-20　加强梁段型节点图

美国里海大学通过试验研究，借鉴预制混凝土结构后张无粘结预应力组装原理，以顶底角钢连接的半刚性连接节点为基础，增设后张预应力拉杆，使结构在增大耗能容量的同时，提高梁柱节点在地震作用下梁端转动变形的可恢复性，减少节点角变形的积累，如图 4.3-21 所示。

b. 细部构造。在梁端上、下翼缘设置角钢，采用高强度螺栓与柱进行摩擦型连接；并在梁的上、下翼缘设置盖板，以防梁翼缘局部屈曲。

在梁翼缘与柱翼缘之间设置承压型钢垫板，以保证仅仅是梁翼缘及其盖板与柱翼缘接触。

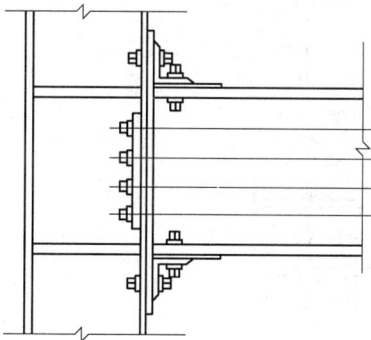

图 4.3-21　预应力型节点

在梁柱节点处，沿梁轴线设置数根后张预应力高强度钢丝束，并将其在节点区段以外锚固。

5. 柱脚设计

（1）柱脚的形式及构造。柱脚的作用是将柱身的压力传给基础，并和基础牢固连接。轴心受压柱的柱脚主要采用铰接形式，如图 4.3-22 所示。图 4.3-22（a）称为平板式柱脚，是一种最简单的构造形式，适用于柱轴力很小时。柱身的压力经过焊缝传给地板，底板将其传给基础。图 4.3-22（b）、（c）、（d）除底板外，又增加了靴梁、隔板和肋板等构件，适用于柱轴力较大的时候。柱身的压力经过竖向焊缝传给靴梁后，再经过靴梁与底板的水平焊缝传给底板，最后底板将其传给基础。隔板和肋板起着降低板划分为较小区格而减少底板弯矩的作用。一般按构造要求设置两个直径 20～25mm 柱脚锚栓，将柱脚固定于基础。为便于安装，柱脚栓孔径取为锚栓直径的 1.5～2 倍或做 U 形缺口，待柱调整就位后，再用孔径比锚栓直径大 1~2mm 的垫板套住锚栓，并与底板焊牢。

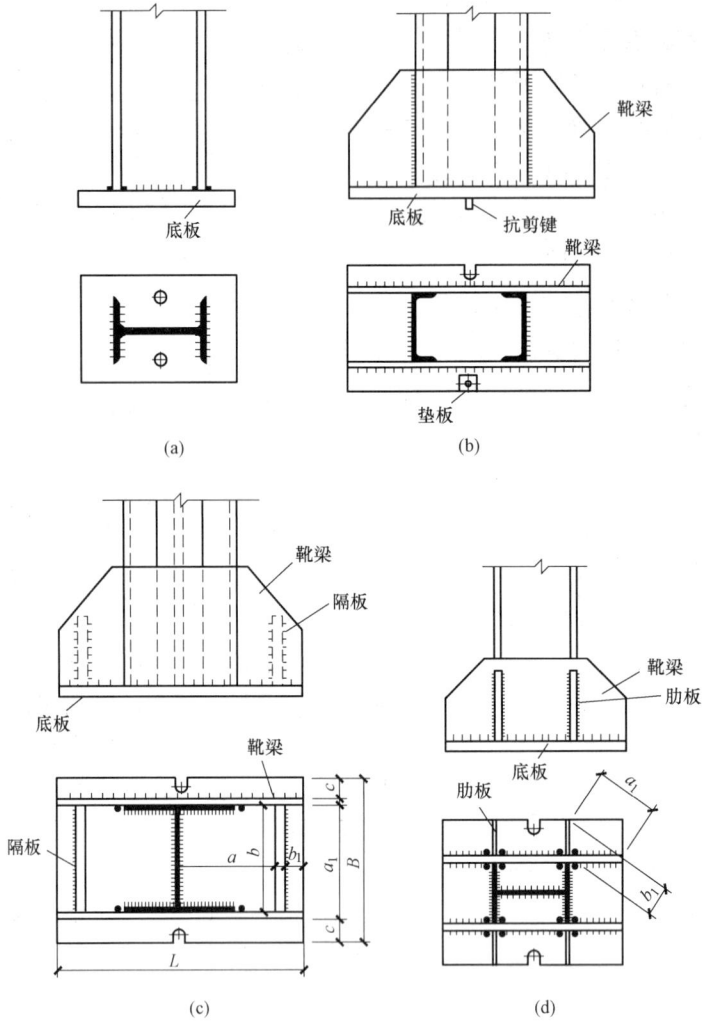

图 4.3-22　铰接柱脚

（2）柱脚的计算。柱脚的计算包括底板、靴梁、隔板、肋板尺寸的确定及连接焊缝的计算。铰接柱脚一般剪力很小，由底板与基础摩擦力承担，当剪力较大时可设置抗剪键。

1）底板计算。底板平面面积 A 取决于基础材料的抗压强度，一般按下式计算：

$$A = BL \geqslant \frac{N}{f_c} + \Delta A \qquad (4.3\text{-}22)$$

式中　N——柱身传来的轴心压力设计值（N）；

　　　f_c——混凝土轴心抗压强度设计值（N/mm²）；

　　　ΔA——锚栓孔面积（mm²）；

　　　B、L——底板宽度（mm）。

对于图 4.3-23（b）所示有靴梁的柱脚，底板厚度 B 根据常用构造要求确定，一般取：

$$B = b + 2t + 2c \tag{4.3-23a}$$

式中　b——柱子载面的宽度和高度，

　　　t——靴梁厚度，

　　　c——悬臂部分的长度（一般取 3～4 倍的锚栓直径，为 2～10cm）。

底板长度 L：

$$L \geqslant A/B \tag{4.3-23b}$$

B、L 应取为 10mm 的整数倍，$1 \leqslant \dfrac{A}{B} \leqslant 2$。

底板厚度取决于其抗弯强度和刚度。将底板视为支承的靴梁、隔板、肋板及柱身上的平板，承受均匀分布的基础反力 q 作用。这样底板被划分成了若干个四边支承板，三边支承板，二边支承板及悬臂板 [图 4.3-23（c）]。分别计算各区格板的弯矩值：

①四边支承板　$M_4 = \alpha q a^2$ 　　（4.3-24）

式中　α——系数，根据四边支承板长边 b 与短边 a 之比，按表 4.3-5 取用；

　　　a——四边支承板短边长度（mm）；

　　　q——基础传来的均匀反力（N/m）。

②三边支承板　$M_3 = \beta q a_1^2$ 　　（4.3-25）

式中　a_1——自由边长度（mm）；

　　　β——系数，根据四边支承板长边 b_1 与短边 a_1 之比，按表 4.3-6 取用。

③二边支承板扔可用（4.3-25）计算，a_1 取对角线长度，b_1 取支承边交点至对角线的距离。

④悬臂板　　　$M_1 = \dfrac{q c^2}{2}$ 　　（4.3-26）

各区格的弯矩计算后，取其中最大的弯矩 M_{max}，按下式确定底板厚度：

$$t \geqslant \sqrt{\dfrac{6 M_{max}}{f}} \tag{4.3-27}$$

式中　f——钢材的抗弯强度设计值（N/mm²）。

底板的厚度一般为 20～40mm，为保证底板有足够刚度，最小厚度不宜小于 14mm。

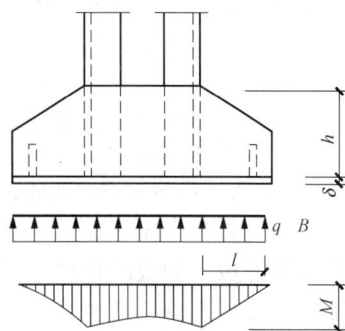

(a)

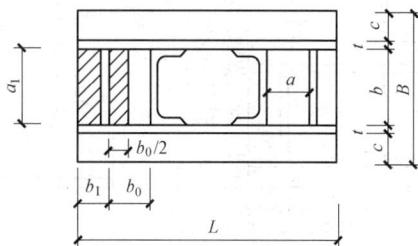

(b)

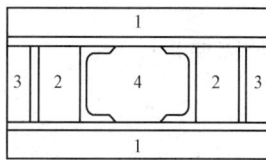

(c)

图 4.3-23　靴梁、隔板、肋板受力范围

表 4.3-5						系数 α 值						
b/a	1.0	1.1	1.2	1.3	1.4	1.5	1.6	1.7	1.8	1.9	2.0	3.0	$\geqslant$4.0
α	0.048	0.055	0.063	0.069	0.075	0.081	0.086	0.091	0.095	0.099	0.101	0.119	0.125

表 4.3-6 系数 β 值

b_1/a_1	0.3	0.4	0.5	0.6	0.7	0.8	0.9	1.0	1.2	≥1.4
β	0.026	0.042	0.058	0.072	0.085	0.092	0.104	0.111	0.120	0.125

2）靴梁计算。靴梁的厚度宜取与连接的柱子翼缘厚度大致相等，靴梁的高度取决于柱身何载传递给靴梁所需的焊缝长度。每条焊缝长度不宜超过 $60h_f$。

靴梁截面尺寸确定后，可将靴梁视为支承宇地板上的两端悬桃梁进行受力验算，如图 4.3-23（a）所示。计算证明，跨中截面弯矩不起控制作用，每个靴梁上所爱最大弯矩值和剪力值位于悬桃梁支座处，按下式计算：

$$M = \frac{1}{4}qB\,l_1^2 \qquad (4.3\text{-}28)$$

$$V = \frac{1}{4}qB\,l_1 \qquad (4.3\text{-}29)$$

3）隔板，助板计算。隔板可视为简支梁，助板可视为悬臂梁，其传递的力为图 4.3-23（b）所示阴影部分的基础反力。在满足局部稳定的前提下先假定隔板，肋板的截面尺寸，然后验算隔板，肋板的强度，并用支反力对其与靴梁的连接焊缝进行计算，按基础反力对其与地板的连接焊缝进行计算。

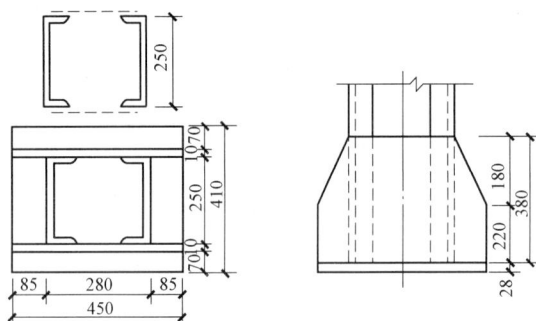

图 4.3-24　例 4.3-4

【例 4.3-4】 试设计一轴心受压格构柱的柱脚。格构柱的分肢 [25a，截面形式如图 4.3-24 所示，轴心受压设计值 $N=1260$kN。钢材 Q235，焊条 E43 系列，手工焊，质量级别三级。素混凝土基础，混凝土强度等级 C15。

【解】（1）底板尺寸确定。C15 混凝土的轴心抗压强度设计值 $f_c = 7.2$N/mm^2，锚栓孔直径取 40mm，简化计算锚栓孔面积 $\Delta A = (2 \times 40 \times 40)mm^2 = 3200$mm^2 $=32$cm^2

底板所需面积：

$$A = \frac{N}{f_c} + \Delta A = \left(\frac{1260 + 10^3}{7.2} + 3200\right)\text{mm}^2 = 178\,200\text{mm}^2 = 1782\text{cm}^2$$

取底板宽度：$B = b + 2t + 2c = (25 + 2 \times 1 + 2 \times 7)$cm $= 41$cm，取 $B = 41$cm

底板长度：$L \leqslant \dfrac{A}{B} = \dfrac{1782}{41}$ cm $= 43.6$cm，取 $L = 45$cm

底板承受的均匀分布的基础反力：

$$q = \frac{1260 \times 10^3}{410 \times 450 - 3200}\text{N/mm}^2 = 6.95\text{N/mm}^2$$

四边支承板 $b/a = 280/250 = 1.12$，查表 4.3-5 得 $\alpha = 0.0566$，则：

$$M_4 = \alpha q a^2 = (0.566 \times 6.95 \times 250^2) = 24\,585.4\text{N} \cdot \text{m}$$

三边支撑板 $b_1/a_1 = 85/250 = 0.34$，查表 4.3-6 得 $\beta = 0.0324$，则：

244

$$M_3 = \frac{1}{2}qc_1^2 = (0.032\ 4 \times 6.95 \times 250^2) = 14\ 073.8 \text{N} \cdot \text{m}$$

悬臂板
$$M_1 = \frac{1}{2}qc^2\left(\frac{1}{2} \times 6.95 \times 70^2\right) = 17\ 027.5 \text{N} \cdot \text{m}$$

$M_{\max} = M_4 = 24\ 585.6 \text{N}$，取第二组钢材 $f = 205 \text{N/mm}^2$，$f_v = 120 \text{N/mm}^2$

底板厚度 $t = \sqrt{\dfrac{6M_{\max}}{f}} = \sqrt{\dfrac{6 \times 24\ 585.6}{250}} \text{mm} = 26.8 \text{mm}$，取 $t = 28 \text{mm} = 2.8 \text{cm}$

（2）靴梁计算与柱身的连接角焊缝共 4 条，按构造要求确定焊脚尺寸 $h_f = 8 \text{mm}$ 查表 4.1-2 得角焊缝的强度设计值 $f_f^w = 160 \text{N/mm}^2$，每条焊缝计算长度：

$$l_w = \frac{N}{4 \times 0.7h_f f_f^w} = \frac{1260 \times 10^3}{4 \times 0.7 \times 8 \times 160} = 351.6 \text{mm} < 60h_f = 480 \text{mm}$$

靴梁高度取 38cm，厚度取 1.0cm。

每块靴梁承受的最大弯矩：

$$M = \frac{1}{4}qBl_1^2 = \left(\frac{1}{4} \times 6.95 \times 410 \times 85^2\right) \text{N} \cdot \text{mm} = 5\ 146\ 909.4 \text{N} \cdot \text{mm}$$

抗弯强度：$\sigma = \dfrac{M}{W} = \dfrac{5\ 146\ 909.4 \times 6}{10 \times 380^2} \text{N/mm}^2 = 21.4 \text{N/mm}^2 < f = 215 \text{N/mm}^2$

每块靴梁承受的最大剪力：$V = \dfrac{qB}{2}l_1 = \left(\dfrac{6.95 \times 410 \times 85}{2}\right) \text{N} = 121\ 104.8 \text{N}$

抗剪强度：

$$\tau = 1.5\frac{A}{V} = \left(1.5 \times \frac{121\ 103.8}{10 \times 390}\right) \text{N/mm}^2 = 47.8 \text{mm}^2 < f_v = 120 \text{N/mm}^2$$

设靴梁与底板连接焊缝的焊脚尺寸 $h_f = 8 \text{mm}$，则焊缝长度：

$$\sum l_w = [2 \times (450 - 2 \times 8) + 4 \times (85 - 2 \times 8)] \text{mm} = 1144 \text{mm}$$

所需焊脚尺寸：$h_f = \dfrac{N}{0.7\sum l_w \beta_f f_f^w} = \dfrac{1260 \times 10^3}{0.7 \times 1144 \times 1.22 \times 160} \text{mm} = 8.1 \text{mm}$

取 $h_f = 9 \text{mm}$，满足构造要求。

4.3.2 受弯构件

受弯构件是指主要承受横向荷载作用的构件。钢结构中最常用的受弯构件就是钢梁。它是组成钢结构的基本构件之一，钢梁多指用型钢或钢板制造的实腹式构件。钢梁在建筑结构中应用广泛，例如，工作平台梁、楼盖梁、墙梁、吊车梁及屋面檩条等。

钢梁按荷载作用情况的不同可分为单向弯曲梁和双向弯曲梁。例如工作平台梁、楼盖梁等只在一个平面内受弯，属于单向弯曲梁；而吊车梁、檩条、墙梁等在两个主平面内受弯，属于双向弯曲梁。

钢梁按加工制作方式可分为型钢梁和组合梁，如图 20-1 所示。

由型钢截面组成的梁称为型钢梁，如图 4.3-25（a）～（c）所示；由几块钢板组成的梁称为组合梁，如图 4.3-25（d）、（e）所示。

型钢梁通常采用的型钢为工字钢、H 型钢和槽钢，如图 4.3-25（a）～（c）所示。工字钢及 H 型钢是双轴对称截面，受力性能好，应用广泛。槽钢截面剪力中心在腹板外弯曲时比

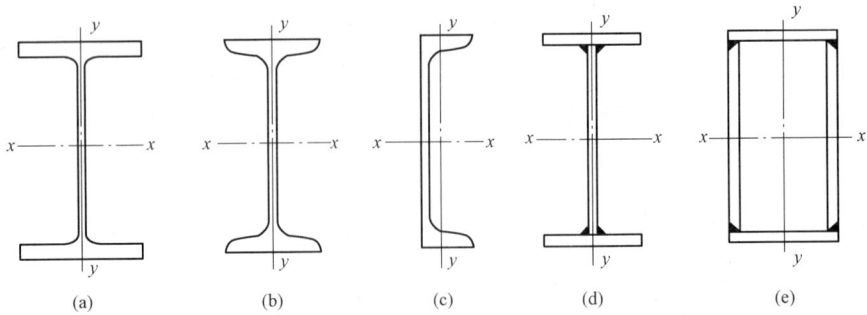

图 4.3-25 钢梁截面类型

较理想，并且在构造上便于处理。

型钢梁结构简单，制造方便，成本较低，但因轧制条件的限制，截面尺寸小，故仅适用于跨度及荷载较小时的情况。当荷载及跨度较大时，现有的型钢规格往往不能满足要求，应考虑采用组合梁。

组合梁最常用的是用三块钢板焊成的工字形截面，如图 4.3-25（d）所示，由于其构造简单，加工方便，并且可以根据受力需要调配截面尺寸，所以用钢节省。当荷载或跨度较大且梁高又受限制或抗扭要求较高时，可采用双腹板式的箱形截面，如图 4.3-25（e）所示，但其制造费工，施焊不易，且较费钢。

钢梁的设计应满足强度、刚度、整体稳定和局部稳定四个方面的要求。

1. 梁的强度、刚度和整体稳定

（1）梁的强度。梁的承载能力极限状态包括强度和稳定两方面。稳定又包括整体稳定和局部稳定。梁的正常使用极限状态是控制梁在横向荷载作用下的最大挠度。

1）抗弯强度计算。梁截面的应力随弯矩增加而变化。如图 4.3-26 所示工字形截面梁，截面上正应力的发展过程可分为三个阶段：

①弹性阶段 ［图 4.3-26（b）］，此时正应力为直线分布，梁最外边缘的因力不超过屈服点。

②弹塑性阶段 ［图 4.3-26（d）］，弯矩继续增加，截面边缘区域出现塑性变形，但其中间部分仍保持弹性。

③塑性阶段 ［图 4.3-26（e）］，当弯矩再继续增加，梁截面塑性变形继续向内发展，整个截面全部进入塑性，截面将形成一塑性铰，此时梁的承载能力达到最大值。

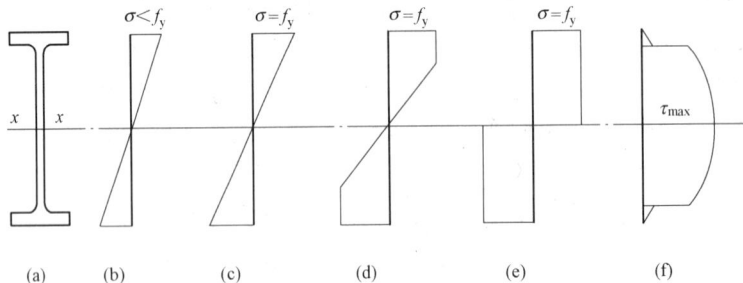

图 4.3-26 梁截面的应力分布

虽然塑性状态是梁强度承载能力的极限状态，但此时梁变形太大。因此，规范规定：一般情况下，考虑截面部分发展塑性，对于直接承受动力荷载且需计算疲劳的梁，塑性发展对疲劳不利，以弹性极限弯矩作为梁可以承担的最大弯矩。在主平面内受弯的实腹构件，其抗弯强度的计算公式可写为：

双向弯曲时

$$\frac{M_x}{\gamma_x W_{nx}} + \frac{M_y}{\gamma_y W_{ny}} \leqslant f \tag{4.3-30}$$

式中　M_x、M_y——同一截面处绕 x、y 轴的弯矩设计值（N·mm），对工字形截面，x 轴为强轴，y 轴为弱轴；

W_{nx}、W_{ny}——对 x、y 轴的净截面模量；

γ_x、γ_x——截面塑性发展系数，对直接承受动力荷载且需计算疲劳的梁，宜 $\gamma_x = \gamma_y = 1.0$；其他情况按表 4.3-7 取用；

f——钢材的抗弯强度设计值。

表 4.3-7　　　　　　　　　　　截面塑性发展系数

项　次	截　面　形　式	γ_x	γ_y
1	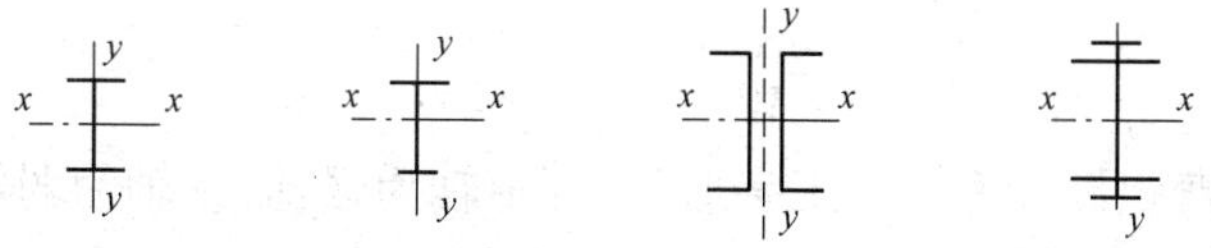		1.2
2	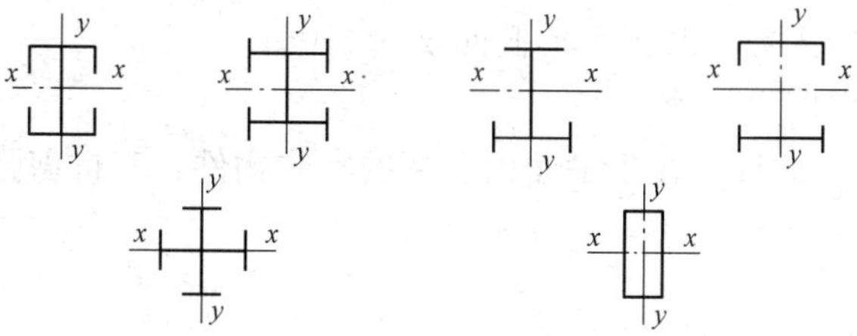	1.05	1.05
3		$\gamma_{x1} = 1.05$ $\gamma_{x2} = 1.2$	1.2
4			1.05
5	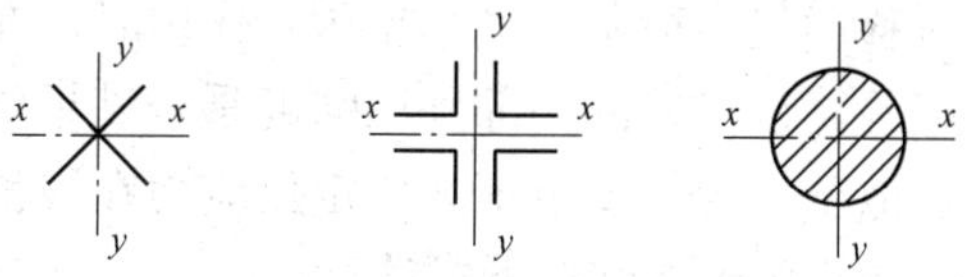	1.2	1.05
6	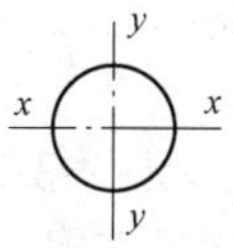	1.15	1.15

项次	截面形式	γ_x	γ_y
7		1.0	1.05
8		1.0	1.0

当梁的受压翼缘的自由外伸宽度与其厚度之比大于 $13\sqrt{235/f_y}$，但不应超过 $15\sqrt{235/f_y}$ 时，考虑塑性发展对翼缘局部稳定不利，应取 $\gamma_x = 1.0$（f_y 为钢材的屈服强度）。

单向弯曲梁：

$$\frac{M_x}{\gamma_x W_{nx}} \leqslant f \tag{4.3-31}$$

式中　M_x——绕 x 轴的弯距设计值（对工字形截面：x 轴为强轴，y 轴为弱轴）；

$\qquad W_{nx}$——对 x 轴的净截面模量；

$\qquad \gamma_x$——截面塑性发展系数；对工字形截面 $\gamma_x = 1.05$；

$\qquad f$——钢材的抗弯强度设计值。

2）抗剪强度。抗剪强度的计算在主平面内受弯的实腹构件，其抗剪强度按下式计算：

$$\tau = \frac{VS}{It_w} \leqslant f_v \tag{4.3-32}$$

式中　V——计算截面沿腹板平面作用的剪力设计值；

$\qquad S$——计算剪应力处以上毛截面对中和轴的面积矩；

$\qquad I$——毛截面惯性矩；

$\qquad t_w$——腹板厚度；

$\qquad f_v$——钢材的抗剪强度设计值。

型钢梁因腹板较厚，一般均能满足抗剪强度要求，如最大剪力处截面无削弱可不必计算。

3）局部承压强度。当梁翼缘受有固定集中荷载（支座反力、次梁对主梁压力等）作用且该处未设置支承加劲肋或受有移动集中荷载（吊车轮压）作用时，在集中荷载作用点处腹板过边缘存在很大的压应力，应验算该位置的局部承压强度是否满足要求。集中荷载从作用点开始到腹板计算高度边缘可扩散至一定长度范围，假定压应力在该长度范围均匀分布（图4.3-26）则腹板计算高度边缘的局部承压强度按下式计算：

$$\sigma_c = \frac{\psi F}{t_w l_z} \leqslant f \tag{4.3-33}$$

式中　F——集中荷载设计值（N），对动力荷载应考虑动力系数；

$\qquad \psi$——集中荷载增大系数，对重级工作制吊车梁，取 $\psi = 1.35$；对其他梁，取 $\psi = 1.0$；

248

t_w——腹板厚度（mm）；

f——钢材的抗压强度设计值（N/mm²）；

l_z——集中荷载在腹板计算高度边缘的假定分布长度（mm）。

如集中荷载作用点位于梁中部时［图 4.3-26（a）］：

$$l_z = a + 5h_y + 2.0h_R \qquad (4.3\text{-}34a)$$

式中　a——集中荷载沿梁跨度方向的支承长度，对吊车梁可取 50mm；

h_y——梁顶面至腹板计算高度边缘处的距离；

h_R——轨道的高度，计算处无轨道时取 0。

如集中荷载作用点距离梁外边缘的尺寸 $a_1 < 2.5h_R$ 时［图 4.3-26（b）］，则取：

$$l_z = a + a_1 + 2.0h_R \qquad (4.3\text{-}34b)$$

腹板计算高度的确定：对轧制型钢梁，为腹板与上、下翼缘相接处两内弧起点间的距离［图 4.3-27（b）中 1—1 截面］；对焊接组合梁，为腹板高度，如图 4.3-27（a）所示。

若固定集中荷载处设有支承加劲肋，则认为集中荷载全部由加劲肋传递，可不进行局部承压强度验算。

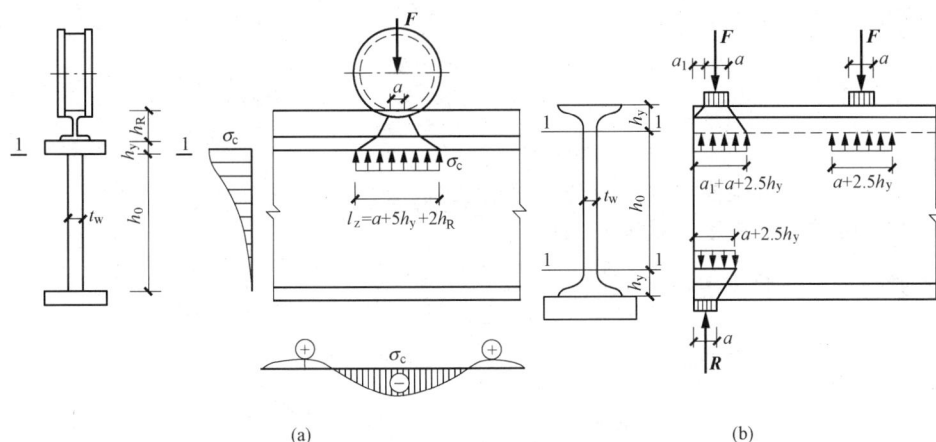

图 4.3-27　梁腹板局部压应力

4）折算应力。在梁腹板计算高度边缘处，若同时受有较大的正应力、切应力和局部压应力，如图 4.3-28 所示，或同时受有较大的正应力和切应力（例如连续梁支座处或梁的翼缘截面改变处等），其折算应力应按下式计算：

$$\sqrt{\sigma^2 + \sigma_c^2 - \sigma\sigma_c + 3\tau^2} \leqslant \beta_1 f \qquad (4.3\text{-}35)$$

式中　σ、τ、σ_c——腹板计算高度边缘同一点上同时产生的正应力、切应力和局部压应力（N/mm²），τ、σ_c 应按式（4.3-32）和式（4.3-33）计算，σ 应按式 $\sigma = My_1/I_n$ 计算；σ、σ_c 以拉应力为正值，压应力为负值；

I_n——梁净截面惯性矩（mm⁴）；

y_1——所计算点至梁中和轴的距离（mm）；

β_1——计算折算应力的强度设计值增大系数。当 σ 与 σ_c 异号时，取 $\beta_1 = 1.2$；当 σ 与 σ_c 同号或 $\sigma_c = 0$ 时，取 $\beta_1 = 1.1$。

（2）梁的刚度。梁必须具有一定的刚度才能保证正常使用。梁的刚度不足时，在横向荷

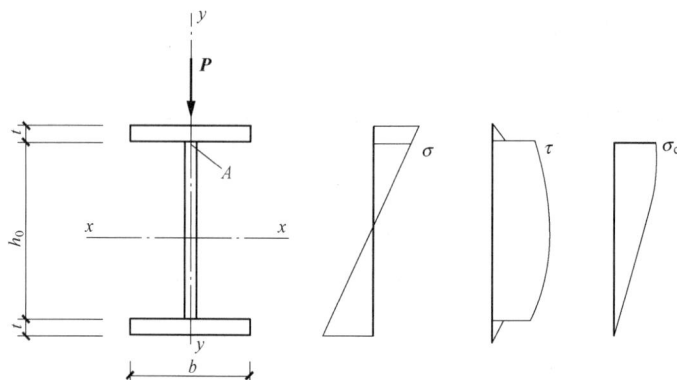

图 4.3-28　工字型截面的 σ、τ、σ_c 图形

载作用下会产生较大的挠度。一方面给人们不舒服和不安全的感觉，另一方面可能导致顶棚抹灰脱落，吊车梁挠度过大还会使吊车运行时产生剧烈振动，这些都影响到了建筑的正常使用。规范规定梁的刚度通过限制最大挠度或相对挠度 υ/l 值来保证，即

梁的刚度计算应满足：

$$\upsilon \leqslant [\upsilon] \tag{4.3-36}$$

$$\frac{\upsilon}{l} \leqslant \frac{[\upsilon]}{l} \tag{4.3-37}$$

式中　υ——梁的最大挠度，计算时荷载取标准值；

$[\upsilon]$——梁的容许挠度，见表 4.3-8。

简支梁受均布荷载作用：$\upsilon = \dfrac{5 q_k l^4}{384 EI}$

简支梁跨中受一个集中荷载作用：$\upsilon = \dfrac{P_k l^3}{48 EI}$

简支梁跨中等距离布置两个相等的集中荷载：$\upsilon = \dfrac{23 P_k l^3}{648 EI}$

简支梁跨中等距离布置三个相等的集中荷载：$\upsilon = \dfrac{19 P_k l^3}{348 EI}$

以上计算梁挠度的公式中，q_k 为均布荷载标准值，P_k 为一个集中荷载的标准。

表 4.3-8　　　　　　　　　　　　受弯构件的容许挠度

项次	构　件　类　别	挠度容许值	
		$[\upsilon_T]$	$[\upsilon_Q]$
1	吊车梁和吊车桁架（按自重和起重量最大的一台吊车计算挠度） （1）手动吊车和单梁吊车（含悬挂吊车） （2）轻级工作制桥式吊车 （3）中级工作制桥式吊车 （4）重级工作制桥式吊车	$l/500$ $l/800$ $l/1000$ $l/1200$	
2	手动或电动葫芦的轨道梁	$l/400$	
3	有重轨（质量≥38kg/m）轨道的工作平台梁	$l/600$	
	有轻轨（质量≤24kg/m）轨道的工作平台梁	$l/600$	

250

项次	构 件 类 别	挠度容许值	
		$[v_T]$	$[v_Q]$
4	楼（屋）盖梁或桁架，工作平台梁（第3项除外）和平台板 （1）主梁或桁架（包括设有悬挂起重设备的梁和桁架） （2）抹灰顶棚的次梁 （3）除（1），（2）外的其他梁 （4）屋盖檩条 ①支撑无积灰的瓦楞铁和石棉瓦者 ②支撑压型金属板、有积灰的瓦楞铁和石棉瓦等屋面者 ③支撑其他屋面材料者 （5）平台板	$l/400$ $l/250$ $l/250$ $l/150$ $l/200$ $l/200$ $l/150$	$l/500$ $l/350$ $l/300$
5	墙梁构件（风荷载不考虑阵风系数） （1）支柱 （2）抗风桁架（作为连续支柱的支撑时） （3）砌体墙的横梁（水平方向） （4）支撑压型金属板、瓦楞铁和石棉瓦墙面的横梁（水平方向） （5）带有玻璃窗的横梁（竖直和水平方向）	 $l/200$	$l/400$ $l/1000$ $l/300$ $l/200$ $l/200$

注 1. l 为受弯构件的跨度（对悬臂梁和伸臂梁为悬伸长度的2倍）。

　　2. $[v_T]$ 为全部荷载标准值产生的挠度（如有起拱应减去拱度）的容许值。

　　　 $[v_Q]$ 为可变荷载标准值产生的挠度的容许值。

（3）梁的整体稳定。为了提高梁在强轴方向的抗弯强度和刚度，往往把梁截面设计得高而窄。但对于高而窄的梁，如果在其侧向没有足够的支撑，当外荷载达到某一值时，构件的侧向弯曲和扭转就会急剧增加（图4.3-29），使梁丧失承载能力，这种现象称为梁丧失整体稳定性。

梁的整体失稳是突然发生的，并且在强度未充分发挥之前，往往事先又无明显征兆，因此必须特别加以重视。

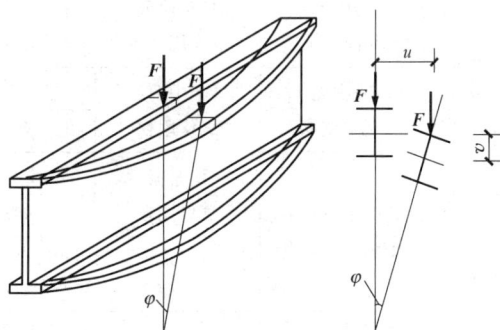

图4.3-29　梁的整体失稳

1）梁的整体稳定计算公式及稳定系数。

①整体稳定计算公式。为保证梁整体稳定，要求梁在荷载设计值作用下最大应力 σ，应满足：

$$\sigma = \frac{M_x}{W_x} \leqslant \frac{\sigma_{cr}}{\gamma_R} = \frac{\sigma_{cr}}{f_y} \times \frac{f_y}{\gamma_R}$$

令 $\sigma_{cr}/f_y = \varphi_b$，则整体稳定计算公式可写为：

$$\frac{M_x}{\varphi_b W_x} \leqslant f \tag{4.3-38}$$

式中　M_x——绕强轴（x轴）作用的最大弯矩设计值（N·mm）；

　　　φ_b——梁的整体稳定系数；

　　　W_x——按受压纤维确定的梁毛截面系数（mm²）。

②整体稳定系数。

a. 等截面焊接工字形和轧制 H 型钢简支梁按公式中 $\sigma_{cr}/f_y = \varphi_b$ 计算，并考虑钢材牌号、初始缺陷及截面单轴对称等因素影响，规范给出了整体稳定系数 φ_b 的计算公式：

$$\varphi_b = \beta_b \frac{4320}{\lambda_y^2} \times \frac{Ah}{W_x} \left[\sqrt{1 + \left(\frac{\lambda_y t_1}{4.4h} \right)^2} + \eta_b \right] \frac{235}{f_y} \qquad (4.3\text{-}39)$$

式中　β_b——梁整体稳定的等效临界弯矩系数，按表 4.3-9 取用；

　　　λ_y——梁在侧向支撑点间对截面弱轴 y-y 轴的长细比。$\lambda_y = l_1/i_y$，l_1 为受压翼缘自由长度，对跨中无侧向支承点的梁 l_1 为其跨度，对对跨中有侧向支承点的梁 l_1 为受压翼缘侧向支承点之间的距离（梁的支座处处视为侧向支承）；i_y 为梁毛截面对 y 轴的回转半径；

　　　A——梁的毛截面面积（mm^2）；

　h、t_1——梁截面的全高和受压翼缘厚度（mm）；

　　　η_b——截面不对称影响系数。双轴对称截面，取 $\eta_b = 0$，加强受压翼缘的单轴对称工字形截面，$\eta_b = 0.8(2\alpha_b - 1)$，加强受拉翼缘的单轴对称工字形截面，$\eta_b = 2\alpha_b - 1$，截面形式如图 4.3-29 所示。$\alpha = \dfrac{I_1}{I_1 + I_2}$，式中，$I_1$ 和 I_2 分别为受压翼缘和受拉翼缘对 y 轴的惯性矩。

表 4.3-9　　　　　　　　　　H 型钢或等截面工字型简支梁系数 β_b

项次	侧向支承	荷　载		$\xi \leqslant 2.0$	$\xi > 2.0$	适用范围
1	跨中无侧向支承	均布荷载作用在	上翼缘	$0.69 + 0.13\xi$	0.95	图 4.3-29 (a)、(b)、(d) 的截面
2			下翼缘	$1.73 - 0.20\xi$	1.33	
3	跨中无侧向支承	集中荷载作用在	上翼缘	$0.73 + 0.18\xi$	1.09	图 4.3-29 (a)、(b)、(d) 的截面
4			下翼缘	$2.23 - 0.28\xi$	1.67	
5	跨度中点有一个侧向支承点	均布荷载作用在	上翼缘	1.15		图 4.3-29 的所有截面
6			下翼缘	1.40		
7		集中荷载作用在截面高度上任意位置		1.75		
8	跨中有不少于两个等距侧向支承点	任意荷载作用在	上翼缘	1.20		
9			下翼缘	1.40		
10	梁端有弯矩，但跨中无荷载作用			$1.75 - 1.05 \left(\dfrac{M_2}{M_1} \right) + 0.3 \left(\dfrac{M_2}{M_1} \right)^2$ 但小于等于 2.3		

注　1. $\xi = l_1 t_1 / b_1 h$——参数，其中 b_1 和 t_1，如图 4.3-30 所示，l_1 为弱轴方向计算长度。

　　2. M_1、M_2 为梁的端弯矩，使梁产生同向曲率时，M_1、M_2 取同号，产生反向曲率时，取异号，$|M_1| \geqslant |M_2|$。

　　3. 表中项次 3，4 和 7 的集中荷载是指一个或少数几个集中荷载位于跨中央附近的情况，对其他情况的集中荷载，应按表中项次 1，2，5，6 内的数值采用。

　　4. 表中项次 8，9 的 β_b，当集中荷载 b_1 作用在侧向支撑点处时，取 $\beta_b = 1.2$。

　　5. 荷载作用在上翼缘系指荷载作用点在翼缘表面，方向指向截面形心；荷载作用在下翼缘系指荷载作用点在翼缘表面，方向背向截面形心。

　　6. 对 $\alpha_b > 0.8$ 的加强受压翼缘工字形截面，下列情况的 β_b 值应乘以相应的系数。

　　　项次 1：$\xi \leqslant 1.0$ 时乘以 0.95；

　　　项次 3：$\xi \leqslant 0.5$ 时乘以 0.90；$0.5 < \xi \leqslant 1.0$ 时乘以 0.95。

252

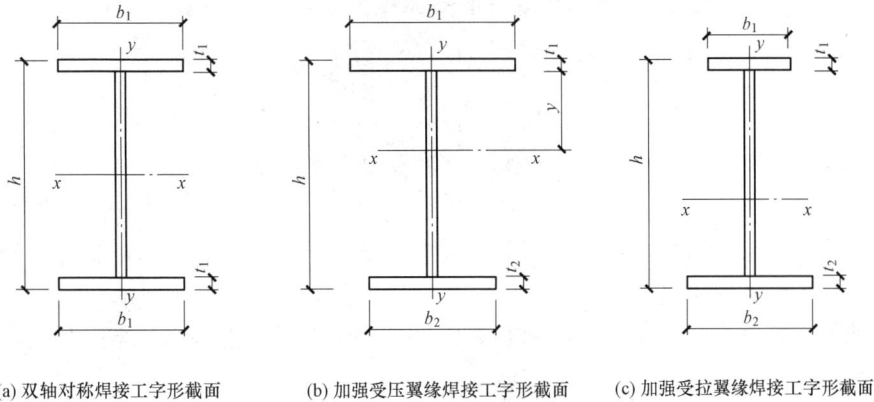

(a) 双轴对称焊接工字形截面　　　　(b) 加强受压翼缘焊接工字形截面　　　　(c) 加强受拉翼缘焊接工字形截面

图 4.3-30　焊接工字形截面和 H 型截面

因为残余应力等影响，按以上方法计算的中大于 0.6 时，梁的截面部分进入塑性工作状态，对整体稳定不利，为了考虑这一影响，规范规定用代替 φ'_b，代替 φ_b 的可按下式计算：

$$\varphi'_b = 1.07 - \frac{0.282}{\varphi_b} \leqslant 1.0 \tag{4.3-40}$$

b. 轧制普通工字钢简支梁轧制普通工字钢简支梁整体稳定系数中应按表 4.3-10 取用。当所得的值大于 0.6 时，也应按式（4.3-40）计算出相应的 φ'_b 代替 φ_b。

表 4.3-10　　　　　　　　　　　　　轧制普通工字钢简支梁的 φ_b

项次	荷载情况			工字钢型号	自由长度 l_1/m								
					2	3	4	5	6	7	8	9	10
1	跨中无侧向支承点的梁	集中荷载作用于	上翼缘	10～20	2.00	1.30	0.99	0.80	0.68	0.58	0.53	0.48	0.43
				22～32	2.40	1.48	1.09	0.86	0.72	0.62	0.54	0.49	0.45
				36～63	2.80	1.60	1.07	0.83	0.68	0.56	0.50	0.45	0.40
2			下翼缘	10～20	3.10	1.95	1.34	1.01	0.82	0.69	0.63	0.57	0.52
				22～40	5.50	2.80	1.84	1.37	1.07	0.86	0.73	0.64	0.56
				45～63	7.30	3.60	2.30	1.62	1.20	0.96	0.80	0.69	0.60
3		均布荷载作用于	上翼缘	10～20	1.70	1.12	0.84	0.68	0.57	0.50	0.45	0.41	0.37
				22～40	2.10	1.30	0.93	0.73	0.60	0.51	0.45	0.40	0.36
				45～63	2.60	1.45	0.97	0.73	0.59	0.50	0.44	0.38	0.35
4			下翼缘	10～20	2.50	1.55	1.08	0.83	0.68	0.56	0.52	0.47	0.42
				22～40	4.00	2.20	1.45	1.10	0.85	0.70	0.60	0.52	0.46
				45～63	5.60	2.80	1.80	1.25	0.95	0.78	0.65	0.55	0.49
5	跨中有侧向支承点的梁（不论荷载作用在截面高度上的位置）			10～20	2.20	1.39	1.01	0.79	0.66	0.57	0.52	0.47	0.42
				22～40	3.00	1.80	1.24	0.96	0.76	0.65	0.56	0.49	0.43
				45～63	4.00	2.20	1.38	1.01	0.80	0.66	0.56	0.49	0.43

注　1. 同表 4.3-9 的注 3、5。

2. 表中数值适用于 Q235 钢材，对其他牌号，表中数值应乘以 $235/f_y$。

253

c.轧制槽钢简支梁。轧制槽钢简支梁的整体稳定系数 φ_b，不论荷载的形式和作用点在截面高度上的位置，均可按下式计算：

$$\varphi_b = \frac{570bt}{l_1 h} \times \frac{235}{f_y} \qquad (4.3\text{-}41)$$

式中 h、b、t——槽钢截面的高度、翼缘宽度和翼缘平均厚度（mm）。

按式（4.3-41）计算的值大于 0.6 时，也应按式（4.3-39）计算出相应的代替。

2）保证整体稳定性的措施。《钢结构设计规范》（GB 50017—2003）规定，符合下列情况之一者，可不计算梁的整体稳定性：

①有铺板（各种钢筋混凝土板和钢板）密铺在梁的受压翼上并与其牢固相连，能阻止梁受压翼缘的侧向位移时。

②H 型钢或工字形截面简支梁受压翼缘的自由长度 l_1 与其宽度 b_1 之比不超过表 4.3-11 所规定的数值时。

表 4.3-11   H 型钢或等截面工字型简支梁不需计算整体稳定性的最大 l_1/b_1 值

钢　号	跨中无侧向支承点的梁		跨中有侧向支承点的梁，不论荷载作用于何处
	荷载作用在上翼缘	荷载作用在下翼缘	
Q235	13.0	20.0	16.0
Q345	10.5	16.5	13.0
Q390	10.0	15.5	12.5
Q420	9.5	15.0	12.0

注   对跨中无侧向支承点的梁，l_1 为其跨度；对跨中有侧向支撑点的梁，l_1 为受压翼缘侧向支承点间的距离（梁的支座处视为有侧支承）。

当不符合上列情况之一时，在最大刚度主平面内受弯的构件，其整体稳定性应按式（4.3-37）计算。

在两个主平面内受弯的工字形截面构件或 H 型钢截面构件，其整体稳定性应按下式计算：

$$\frac{M_x}{\varphi_b W_x} + \frac{M_y}{\gamma_y W_y} \leqslant f \qquad (4.3\text{-}42)$$

式中 W_x、W_y——按受压纤维确定的对 x 轴、y 轴毛截面系数（mm³）；

φ_b——绕强轴（x 轴）弯曲所确定的梁整体稳定系数。

【例 4.3-5】 某焊接工字形等截面简支梁，跨度 $l = 15$m，在支座及跨中三分点处各有一水平侧向支承，截面如图 4.3-31 所示。钢材为 Q345，承受均布恒荷载标准值为 12.5kN/m，均布活荷载标准值为 27.5kN/m，均作用在梁的上翼缘板。试验算梁的整体完整性。

【解】 （1）梁截面几何特征：

$$A = (2 \times 30 \times 1.4 + 110 \times 0.8)\text{cm}^2 = 172\text{cm}^2$$

$$I_x = \frac{1}{12}(30 \times 112.8^3 - 29.2 \times 110^3)\text{cm}^4 = 349\ 356\text{cm}^4$$

$$I_y = \left(2 \times \frac{1}{12} \times 1.4 \times 30^3\right)\text{cm}^4 = 6300\text{cm}^4$$

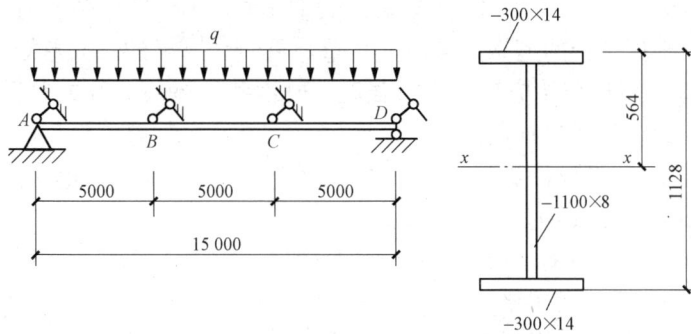

图 4.3-31　例 4.3-5 图

$$W_x = \frac{2I_x}{h} = \frac{2 \times 349\,356}{112.8}\,\text{cm}^3 = 6194\,\text{cm}^3$$

$$i_y = \sqrt{\frac{I_y}{A}} = \sqrt{\frac{6300}{172}}\,\text{cm} = 6.05\,\text{cm}$$

$$\lambda_y = \frac{l_1}{i_y} = \frac{5 \times 10^2}{6.05} = 82.6$$

$$\frac{l_1}{b_1} = \frac{500}{30} = 16.7 > 13.0 \quad \text{需验算梁的整体稳定性。}$$

（2）验算。查表 4.3-9 得 $\beta_b = 1.2$，双轴对称截面 $\eta_b = 0$，有：

$$\varphi_b = \beta_b \frac{4320}{\lambda_y^2} \times \frac{Ah}{W_x}\left[\sqrt{1 + \left(\frac{\lambda_y t_1}{4.4h}\right)^2} + \eta_b\right]\frac{235}{f_y}$$

$$= 1.20 \times \frac{4620}{82.6^2} \times \frac{172 \times 10^2 \times 1128}{6194 \times 10^3}\left[\sqrt{1 + \left(\frac{82.6 \times 14}{4.4 \times 1128}\right)^2} + 0\right] \times \frac{235}{345}$$

$$= 1.665$$

$$\varphi'_b = 1.07 - 0.282/\varphi_b = 0.9$$

$$M_x = \left[\frac{1}{8} \times (1.2 \times 12.5 + 1.4 \times 27.5) \times 15^2\right]\text{kN} \cdot \text{m} = 1504.7\,\text{kN} \cdot \text{m}$$

$$\frac{M_x}{\varphi'_b W_x} = \frac{1504.7 \times 10^6}{0.9 \times 6194 \times 10^3}\,\text{N/mm}^2 = 269.9\,\text{N/mm}^2 < f = 310\,\text{N/mm}^2$$

整体稳定性满足要求。

2. 型钢设计

在工程中应用最多的型钢梁是普通热轧工字钢梁和 H 型钢梁。型钢梁的设计应满足强度、刚度和稳定性的要求。受轧制条件的限制，型钢梁翼缘和腹板的宽厚比都不太大，局部稳定一般可满足，不必进行验算。

（1）型钢梁的设计步骤。

1）单向受弯型钢梁的设计步骤。

①选择截面。根据梁的跨度、支座约束条件和所受荷载情况，计算梁的最大弯矩设计值 $M_{\max}$。对梁自重的处理，可以预估一个数值加入恒载中或暂且忽略掉，待梁截面验算时再按所选截面准确计算。

根据抗弯强度要求，计算量所需界面系数为 $W_x = M_{\max}/\gamma_x f$，若最大弯矩处开有孔洞，则应将算得的值增大 $10\% \sim 15\%$。然后，从附表 D-3 中选择与 W_x 值相适应的型钢。

②截面计算。根据选择的型钢，考虑其自重，重新计算梁的最大弯矩设计值 M_{max} 和最大剪力设计值 V_{max}，然后按相应公式进行强度、刚度和整体稳定性的验算。验算不满足或截面有较大富余，都应重新选择截面。

2）双向受弯型钢梁的设计步骤。双向受弯型钢梁的设计步骤与单向受弯型钢梁基本相同。只是在选择截面时先按 $M_{x,max}$（或 $M_{y,max}$）计算所需 W_x（或 W_y），然后考虑另一方向弯矩的影响，适当加大选定型钢，最后用双向受弯构件的相应公式进行验算。

【例 4.3-6】 一工作平台梁格，如图 4.3-32 所示。平台无动力荷载，永久荷载标准值为 2.5kN/m^2，可变荷载标准值为 6kN/m^2，钢材为 Q235，假定平台板刚性连接于次梁上，试选择中间次梁 A 的型号。若平台铺板不能保证次梁的整体稳定性，试重新选择型钢型号。

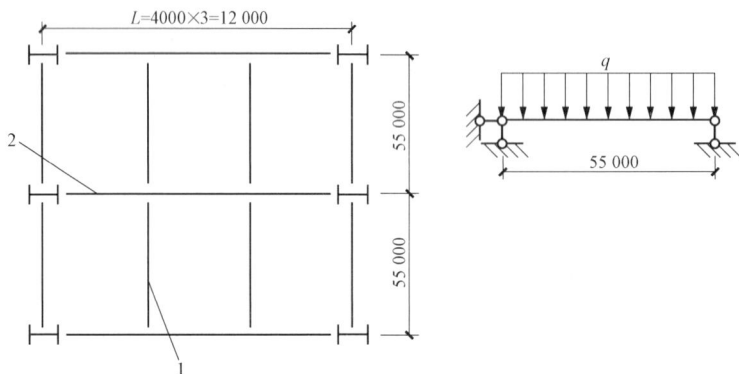

图 4.3-32　例 4.3-6 图

【解】（1）平台板刚性连接于次梁上，可保证梁整体稳定性。

1）截面选择。次梁计算简图，如图 4.3-32 所示。所受均布荷载标准值、设计值分别为：

$$q_k = [(2.5 + 6) \times 4] \text{kN/m} = 34 \text{kN/m}$$
$$q = [(1.2 \times 2.5 + 1.4 \times 6) \times 4] \text{kN/m} = 45.6 \text{kN/m}$$

最大弯矩设计值 $M_{max} = \left(\dfrac{1}{8} \times 45.6 \times 5.5^2\right) \text{kN·m} = 172.4 \text{kN·m}$

型钢所需截面系数：

$$W' = \frac{M_{max}}{\gamma_x f} = \frac{172.4 \times 10^6}{1.05 \times 215} \text{mm}^3 = 763\ 787 \text{mm}^3 = 763.8 \text{cm}^3$$

选用 I36a，$W_x = 877.6 \text{cm}^3$　$A = 76.44 \text{cm}^2$　$I_x = 15\ 796 \text{cm}^4$　$S_x = 508.8 \text{cm}^3$

自重　$g_k = (60.0 \times 9.8) \text{N/m} = 588 \text{N/m} = 0.588 \text{kN/m}$　$t_w = 10 \text{mm}$

2）截面验算。考虑自重后的最大弯矩：

$$M_{max} = \left(172.4 + \frac{1}{8} \times 1.2 \times 0.588 \times 5.5^2\right) = 175.1 \text{kN·m}$$

最大剪力值：

$$V_{max} = \frac{ql}{2} = \frac{(45.6 + 1.2 \times 0.588) \times 5.5}{2} \text{kN} = 127 \text{kN}$$

抗弯强度：

$$\frac{M_{\max}}{v_x w_x} = \frac{175.1 \times 10^6}{1.05 \times 877.6 \times 10^6} N/mm^2 = 190 N/mm^2 < f = 215 N/mm^2$$

抗剪强度：

$$\tau = \frac{VS_x}{I_x t_w} = \frac{127 \times 10^3 \times 508.8 \times 10^3}{15\ 796 \times 10^4 \times 10} = 40.9 N/mm^2$$

型钢梁腹板较厚，抗剪强度一般不起控制作用。

刚度验算：

$$v = \frac{5q_k l^4}{384EI} = \frac{5 \times (34 + 0.588) \times 10^3 \times 5.5 \times 5500^3}{384 \times 206\ 000 \times 15\ 796 \times 10^4} mm = 12.7 mm < [v_r]$$

$$= l/250 = 22 mm$$

满足。

所选截面适合。

（2）平台铺板不能保证梁的整体稳定性。

1）截面选择。选用 I45a $W_x = 1432.9 cm^3$ $A = 102.4 cm^2$ $S_x = 508.8 cm^3$

自重 $g_k = (80.38 \times 9.8) N/m = 788 N/m = 0.788 kN/m$ $t_w = 10 mm$

2）截面验算。考虑自重后的最大弯矩：

$$M_{\max} = \left(172.4 + \frac{1}{8} \times 1.2 \times 0.788 \times 5.5^2 \right) = 176.0 kN \cdot m$$

抗弯强度、抗剪强度、刚度必定满足。

3）整体稳定验算。查表 4.3-5 得 $\varphi_b = 0.66$，则：

$$\varphi_b = 1.07 - 0.282/\varphi_b = 0.643$$

$$\frac{M_x}{\varphi_b W_x} = \frac{176.0 \times 10^6}{0.643 \times 1462.9 \times 10^3} N/mm^2 = 191 N/mm^2 < f = 215 N/mm^2$$

所选截面合适。

通过对第一种情况和第二种情况比较可知，第一种情况通过构造措施保证了梁的整体稳定性，因此用钢量比第二种情况小。

3. 组合梁设计

用钢板焊接组成的工字型截面是一种最常见的组合梁形式。组合梁的截面设计要同时考虑安全和经济两个因素。在满足安全可靠的前提下，一般截面系数与截面面积的比值 W/A 越大，则越合理、越经济。具体设计步骤如下：

（1）确定组合梁的截面尺寸。组合梁的截面尺寸包括截面高度 h、腹板厚度 t_w、翼缘高度 b 和翼缘厚度 t。

1）梁的截面高度 h。梁的截面高度应由建筑高度、刚度条件和经济条件确定。

建筑高度是根据建筑要求和梁格结构布置方案所确定的梁的最大允许高度 $h_{\max}$。

刚度条件决定梁的最小高度 $h_{\min}$，以保证梁的挠度不超过允许挠度。最小高度 $h_{\min}$ 可按下式计算：

$$h_{\min} = 0.16 \frac{fl^2}{E[u_T]} \tag{4.3-43}$$

式（4.3-43）是以受均布荷载作用的简支梁导出的，但对集中荷载作用、非简支梁、变截面梁等情况，一般也可按此式估算最小梁高。

梁的经济高度 h_e 取决于梁的用钢量最小这一经济条件。经分析计算，梁的经济高度可按下式估算：

$$h_e = 2W_x^{0.4} \text{ 或 } h_e = (73\sqrt{W_x} - 300)\text{mm} \tag{4.3-44}$$

W_x ——梁抗弯强度确定的所需截面系数（mm^3）。

梁的高度取值应在满足最大、最小梁高的基础上接近经济梁高。考虑钢板规格因素的影响，一般先采取腹板高度 h_0，h_0 取值宜略小于截面高度 h，并取为 50mm 倍数。

2）腹板厚度 t_w。腹板的计算厚度主要根据梁的抗剪能力确定。假定剪力只由腹板承担，且最大切应力为腹板平均切应力的 1.5 倍，则腹板厚度应满足：

$$t_w \geqslant \frac{1.5V}{h_0 f_V} \tag{4.3-45}$$

考虑腹板局部稳定要求，腹板厚度 t_w 可按下列经验公式估算：

$$t_w = \frac{\sqrt{h_0}}{3.5} \tag{4.3-46}$$

腹板厚度应符合钢板现有规格，除轻型钢结构外，一般不小于 6mm。

3）翼缘尺寸。翼缘尺寸的确定，应根据所选截面系数不小于按抗弯强度确定的截面系数的原则而定。经计算整理后可得翼缘面积 A_f 为：

$$A_f = bt \geqslant \frac{W_x}{h_0} - \frac{t_w h_0}{6} \tag{4.3-47}$$

根据翼缘面积 A_f 考虑钢板的规格即可确定 b、t。一般 b 值在 $(1/3 \sim 1/5)h$ 之间取值。B 取 10mm 的倍数，t 不宜小于 8mm。考虑翼缘局部稳定的要求，应满足 $b/t \leqslant 30\sqrt{235/f_y}$；若 $b/t \leqslant 26\sqrt{235/f_y}$，则允许部分截面发展塑性。

（2）截面验算。计算初选截面的几何特征，然后按相应公示验算梁的强度、刚度、整体稳定和翼缘的局部稳定。

（3）翼缘与腹板的连接焊缝。翼缘与腹板所受弯曲应力不同使两者有相对滑移的趋势而产生剪力，如图 4.3-33 所示，这一剪力由翼缘与腹板的连接焊缝承担。由材料力学可知翼缘与腹板之间的切应力为 $\tau_1 = VS_1/I_x t_w$，则沿梁长度方向单位长度的剪力 V_h。

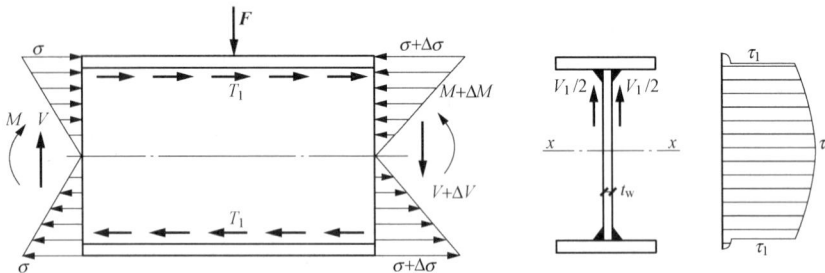

图 4.3-33 翼缘与腹板连接焊缝的受力

$$V_h = \tau_1 t_w \times 1 = \frac{VS_1}{I_x t_w} \times 1 = \frac{VS_1}{I_x} \tag{4.3-48}$$

式中 S_1 ——一个翼缘对中和轴的面积矩（mm^3）；

V——截面的最大剪力设计值（N）；

I_x——梁截面对中和轴的毛截面惯性矩（mm^4）。

一般采用双面角焊缝形式，焊缝按下式验算：

$$\tau_f = \frac{V_h}{2 \times 0.7 h_f \times 1} = \frac{V_h}{1.4 h_f} \leqslant f_f^w \tag{4.3-49}$$

式中　τ_f——剪力 V_h 产生的平行于焊缝长度方向的应力（N/mm^2）。

当梁上剪力同时受有固定集中荷载而未设加劲肋或受有移动集中荷载作用时，翼缘与腹板的链接焊缝还应承担集中荷载的作用。竖向集中荷载在焊缝上产生垂直于焊缝长度方向的应力为：

$$\sigma_f = \frac{\psi F}{2 \times 0.7 h_f l_z} = \frac{\psi F}{1.4 h_f l_z} \tag{4.3-50}$$

式中　l_z——集中荷载在焊缝处的假定分布长度（mm），此时焊缝强度应满足下式要求：

$$\sqrt{\left(\frac{\psi F}{1.4 h_f \beta_f l_z}\right)^2 + \left(\frac{V_h}{1.4 h_f}\right)^2} \leqslant f_f^w \tag{4.3-51}$$

（4）梁截面沿长度的改变。一般梁的弯矩沿长度方向是变化的，按梁的最大弯矩设计值确定截面尺寸，必然会使钢材存在浪费。为了节约钢材考虑随弯矩图的变化对梁的截面进行改变。截面改变会增加制造工作量，因此对跨度较小的梁经济效益并不明显，一般仅对跨度较大的梁每半跨改变一次截面，这种做法一般可节约钢材 10%～20%，效果显著。常见的截面改变有改变翼缘宽度、改变翼缘厚度（或层数）和改变腹板高度三种方式，如图 4.3-34 所示。梁截面沿长度的改变应满足计算与构造要求，具体做法可查阅相关规范。

【例 4.3-7】　设计图 4.3-31 所示工作平台中的主梁 B，次梁按 I36a 考虑，钢材为 Q235。采用 E43 焊条系列。

【解】　（1）主梁计算简图及集中力的确定。主梁的计算简图如图 4.3-35 所示。

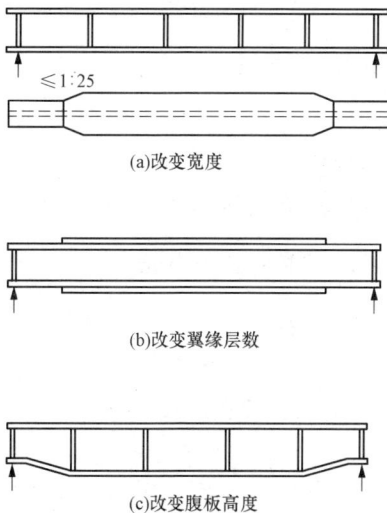

图 4.3-34　梁截面沿长度的改变

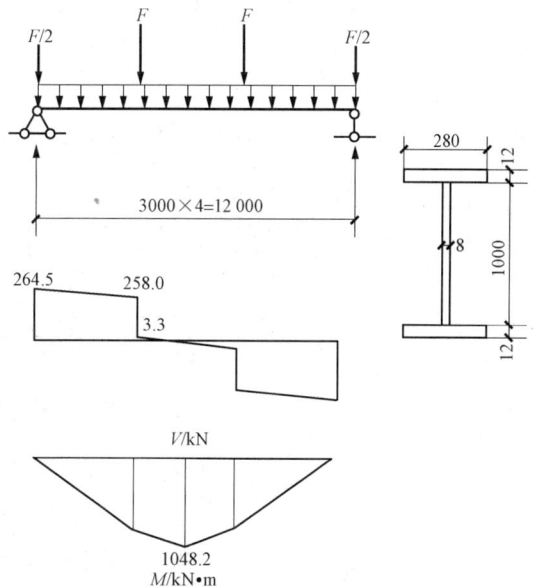

图 4.3-35　例 4.3-7

259

主梁按简支梁设计，承受两侧次梁传来的集中力作用，集中力标准值 F_K 和设计值 F_q 为：

$$F_K = 2 \times \left[\frac{1}{2} \times (2.5 + 6) \times 4 \times 5.5 + \frac{1}{2} \times 0.588 \times 5.5\right] kN = 190.2 kN$$

$$F_q = 2 \times \left[\frac{1}{2} \times (1.2 \times 2.5 + 1.4 \times 6) \times 4 \times 5.5 + \frac{1}{2} \times 1.2 \times 0.588 \times 5.5\right] kN = 254.7 kN$$

（2）截面尺寸确定。最大弯矩设计值（不考虑主梁自重）：

$$M_{max} = F_q(l/3) = (254.7 \times 4) kN \cdot m = 1018.8 kN \cdot m$$

最大剪力值设计值：$V_{max} = F_q = 254.7 kN$

所需截面系数：$W'_x = \dfrac{M_{max}}{\gamma_x f} = \dfrac{1018.8 \times 10^6}{1.05 \times 215} mm^3 = 4.51 \times 10^6 mm^3$

查表 4.3-8 知主梁的允许挠度 $[u_T] = l/400$

梁的最小梁高为：$h_{min} = 0.16\dfrac{fl^2}{E_T[u_T]} = \left(0.16 \times \dfrac{215 \times 12\,000^2 \times 400}{206\,000 \times 12\,000}\right) mm = 801.6 mm$

经济梁高：$h_e = 73\sqrt{W'_x} - 300 = (73\sqrt{4.51 \times 10^6} - 300) mm = 856.6 mm$

取 $h_0 = 1000 mm$。

腹板厚度：$\quad t'_w \geqslant \dfrac{1.5V}{h_0 f_v} = \left(\dfrac{1.5 \times 254.7 \times 10^3}{1000 \times 125}\right) mm = 3.1 mm$

$$t'_w = \frac{\sqrt{h_0}}{3.5} = \frac{\sqrt{1000}}{3.5} mm = 9 mm$$

取 $t_w = 8 mm$。

翼缘面积 A_f 计算如下：

$$A_f = \frac{W'_x}{h_0} - \frac{t_w h_0}{6} = \left(\frac{4.51 \times 10^6}{1000} - \frac{8 \times 1000}{6}\right) mm = 3176.7 mm^2$$

$$b = \left(\frac{1}{3} \sim \frac{1}{5}\right)h = (333.3 \sim 200) mm, \text{ 取 } b = 280 mm。$$

$$t = \frac{3176.7}{280} mm = 11.3 mm, \text{ 取 } t = 12 mm。$$

截面尺寸如图 4.3-35 所示。

（3）截面验算。截面几何特征计算如下：

$$A = (2 \times 280 \times 12 + 1000 \times 8) mm^2 = 14\,720 mm^2$$

$$I_x = \left(\frac{280 \times 1024^3}{12} - \frac{272 \times 1000^3}{12}\right) mm^4 = 23.87 \times 10^8 mm^4$$

$$I_y = \left(2 \times \frac{12 \times 280^3}{12}\right) mm^4 = 43.9 \times 10^6 mm^4$$

$$W_x = \frac{2I_x}{h} = \frac{2 \times 23.87 \times 10^8}{1024} mm^3 = 4.66 \times 10^6 mm^3$$

$$S_1 = 280 \times 12 \times \left(\frac{1000}{2} + \frac{12}{2}\right) mm^3$$

$$= 1.7 \times 10^6 mm^3$$

主梁自重，考虑加劲肋的影响乘以 1.2 的系数：

$$g_k = (14\,720 \times 7850 \times 10^{-6} \times 1.2 \times 9.8)\,\text{N/m} = 1.359\text{kN/m}$$

跨中最大弯矩：$M_{max} = \left(1018.8 + \dfrac{1.2 \times 1.359 \times 12^3}{8}\right)\text{kN} \cdot \text{m} = 1048.2\text{kN} \cdot \text{m}$

梁的抗弯强度：

$$\frac{M_{xmax}}{\gamma_x W_x} = \frac{1048.2 \times 10^6}{1.05 \times 4.66 \times 10^6}\,\text{N/mm}^2 = 214.2\text{N/mm}^2 < f = 215\text{N/mm}^2 \quad 满足$$

支座处最大剪力：$V_{max} = \left(254.7 + \dfrac{1.2 \times 1.359 \times 12}{2}\right)\text{kN} = 264.5\text{kN}$

抗剪强度：

$$\tau = \frac{V_{max} S_x}{I_x t_w}$$

$$= \frac{264.5 \times 10^3 \times (500 \times 8 \times 250 + 280 \times 12 \times 506)}{23.87 \times 10^8 \times 8}\,\text{N/mm}^2 = 37.4\text{N/mm}^2 < f_V$$

$$= 125\text{N/mm}^2$$

满足：次梁传给主梁集中力处设置支承加劲肋，不考虑局部承压强度验算。

整体稳定。次梁视为主梁的侧向支承，$l_1 = 4\text{m}$，有：

$$\frac{l_1}{b} = \frac{4000}{280} = 14.3 < 16$$

由表 4.3-11 知，主梁整体稳定能够满足，不用计算。

刚度验算。由表 4.3-8 知，$[u_T] = \dfrac{l}{400}$，$[u_Q] = \dfrac{l}{500}$，有：

$$u_T = \frac{23 F_k l^3}{648 EI} + \frac{5 g_k l^4}{384 EI}$$

$$= \frac{23 \times 190.2 \times 10^3 \times 12\,000^3}{648 \times 206\,000 \times 23.87 \times 10^8} + \frac{5 \times 1.359 \times 12\,000^4}{384 \times 20\,600 \times 23.87 \times 10^8}\,\text{mm}$$

$$= 24.47\text{mm} < [u_T] = \frac{l}{400} = 30\text{mm}$$

满足。另外，可变荷载标准值产生的挠度也满足要求，读者可自己验算。

翼缘与腹板连接焊缝的验算。取焊脚尺寸 $h_f = 6\text{mm}$。

$$\tau_f = \frac{V_h}{1.4 h_f} = \frac{V_{max} S_1}{1.4 h_f I_x} = \frac{264.5 \times 10^3 \times 1.7 \times 10^6}{1.4 \times 6 \times 23.87 \times 10^8}\,\text{N/mm}^2$$

$$= 22.4\text{N/mm}^2 < f_f^w = 160\text{N/mm}^2$$

所设计主梁符合要求。

4. 梁的局部稳定

(1) 梁的局部失稳现象。薄板在压应力、力作用下会产出平面的波形鼓曲，这种现象称为板的屈曲。图 4.3-36 列出了几种不同应力作用下四边简支板的屈曲形式。

在组合梁设计中以安全经济为原则，为了提高梁的强度和刚度，把腹板设计得尽可能高而薄；为了提高梁的整体稳定性，把翼缘设计得尽可能宽而薄。这样一来，组成梁的都是宽而薄的钢板，在梁发生强度破坏或丧失整体稳定性之前，组成梁的板件可能首先屈曲，称梁丧失局部稳定，如图 4.3-37 所示。

梁中板件的屈曲是弯曲应力和切应力共同作用的结果。一般受压翼缘在弯曲压应力作用

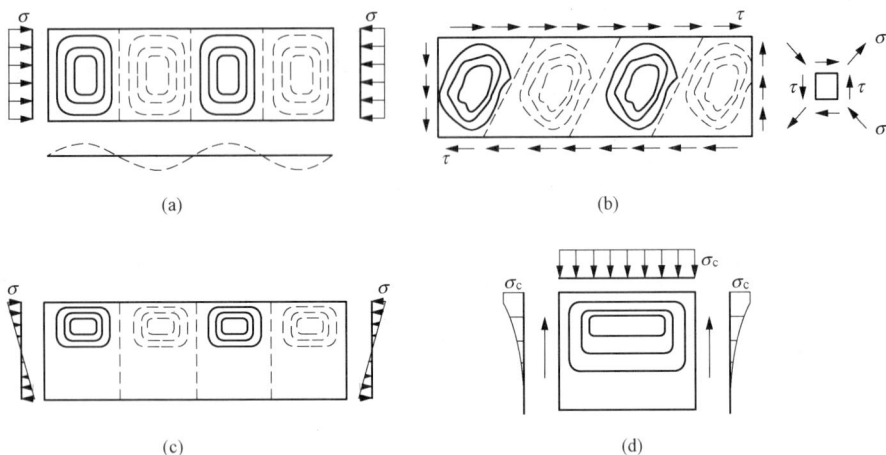

图 4.3-36　板的屈曲

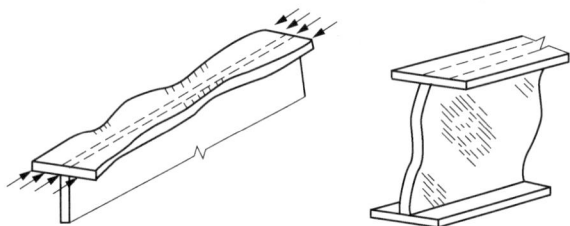

图 4.3-37　梁的局部失稳

下发生图 4.3-36（a）的屈曲现象；梁支座附近的腹板在切应力作用下发生图 4.3-36（b）的屈曲现象；梁跨中腹板在弯曲压应力作用之下发生图 4.3-36（c）的屈曲现象。当梁上作用有很大的固定集中荷载而未设加劲肋或作用有移动集中荷载时，腹板在局部压应力作用之下发生图 4.3-36（d）的屈曲现象。

（2）保证梁局部稳定的措施。当板件边界支承条件一定时，提高板局部稳定承载能力的关键是减小其宽厚比值，该值可以通过增大板的厚度减小板的平面尺寸实现。

1）保证翼缘局部稳定的措施。翼缘的局部稳定通过限制板件宽厚比来保证。规范对翼缘的宽厚比作了如下规定：

梁弹性工作性工作（$\gamma_x = 1.0$）　　　$\dfrac{b_1}{t} \leqslant 15\sqrt{\dfrac{235}{f_y}}$ （4.3-52）

式中　b——梁受压翼缘自由外伸宽度（mm）；

　　　t——翼缘厚度（mm）。

考虑梁的塑性发展（$\gamma_x > 1.0$）　　$\dfrac{b_1}{t} \leqslant 13\sqrt{\dfrac{235}{f_y}}$ （4.3-53）

箱形截面梁受压翼缘板在两腹板之间的宽度 b_0 与厚度 t 之比，应符合下式要求：

$$\frac{b_0}{t} \leqslant 40\sqrt{\frac{235}{f_y}}$$ （4.3-54）

当箱形截面梁受压翼缘板设有纵向加劲肋时，则式（4.3-53）中的 b_0 取腹板与纵向加劲肋之间的翼缘板无支承宽度。

2）保证腹板局部稳定的措施。

①加劲肋的配置。肋的局部稳定，通过增加厚度来减小高厚比，以提高其局部稳定承载能力的方法显然不够经济。通常采用设置加劲肋的方法将腹板划分成若干个小区格，以减小

板的周边尺寸来提高抵抗局部失稳的能力。加劲肋有横向加劲肋、纵向加劲肋和短加劲肋，如图 4.3-38 所示。

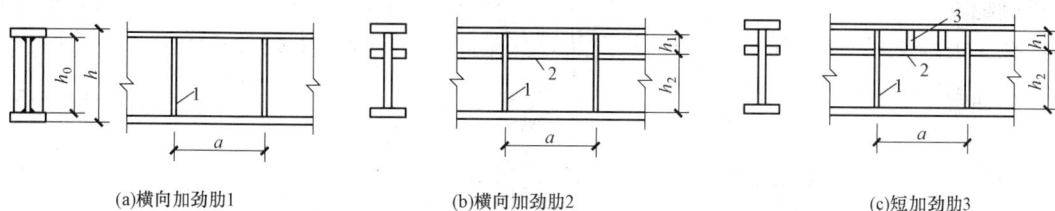

(a)横向加劲肋1　　　　　　　(b)横向加劲肋2　　　　　　　(c)短加劲肋3

图 4.3-38　梁的腹板加劲肋

横向加劲肋垂直梁跨度方向每隔一定距离设置。横向加劲肋对防止切应力和局部压应力引起的屈曲最有效。纵向加肋在劲肋在腹板受压区沿梁跨度方向布置。纵向加劲肋的设置对弯曲压应力引起的屈曲最有效。短加劲肋在上翼缘受有的局部压应力很大时才需要设置，作用是防止局部压应力引起较大范围屈曲。

前面提到，腹板在弯矩、剪力及局部压力作用下都可以失稳，理论分析和实验研究表明，腹板究竟发生何种失稳形式与其高厚比 h_0/t_w 有关。一般认为 $h_0/t_w \geqslant 80 \sqrt{235/f_y}$ 时，构件可能发生局部压应力或剪应力作用下的屈曲。梁受压翼缘扭转受到约束时 $h_0/t_w \geqslant 170 \sqrt{235/f_y}$ 或受压翼缘扭转不受约束 $h_0/t_w \geqslant 150 \sqrt{235/f_y}$ 时，腹板才可能发生弯曲压应力作用下的失稳。结合以上因素，规范对加劲肋的设置做出了规定，见表 4.3-12。

表 4.3-12　　　　　　　　　　　组合梁腹板加劲肋布置规定

项次	腹 板 情 况		加劲肋布置规定
1	$\dfrac{h_0}{t_w} \leqslant 80 \sqrt{\dfrac{235}{f_y}}$	$\sigma_c \neq 0$	可以不设加劲肋
2		$\sigma_c = 0$	宜按构造要求设置横向加劲肋
3	$\dfrac{h_0}{t_w} > 80 \sqrt{\dfrac{235}{f_y}}$		宜设置横向加劲肋，并满足构造要求和计算要求
4	$\dfrac{h_0}{t_w} > 170 \sqrt{\dfrac{235}{f_y}}$ 受压翼缘扭转受约束		应设置横向加劲肋的同时，在弯应力较大区格的受压区增加配置纵向加劲肋。局部压应力很大时，必要时宜在受压区配置短加劲肋，并满足构造要求和计算要求
5	$\dfrac{h_0}{t_w} > 150 \sqrt{\dfrac{235}{f_y}}$ 受压翼缘扭转无约束		
6	按计算需要时		
7	梁支座处、上翼缘有较大固定集中荷载处		宜设置支撑加劲肋，并满足构造要求和计算要求
8	任何情况下		$\dfrac{h_0}{t_w}$ 不应超过 250

注　横向加劲肋间距 a 应满足 $0.5h_0 \leqslant a \leqslant 2h_0$，但对于 $\sigma_c = 0$ 并且 $h_w/t_w \leqslant 100 \sqrt{235/f_y}$ 的梁，允许 $a \leqslant 2.5h_0$。

规范规定，梁的支座处和上翼缘受有较大固定集中荷载处，宜设置支承加劲肋，并要按规定进行相应计算。支承加劲肋可兼起保证腹板稳定的作用。

②加劲肋的一般构造要求。加劲肋一般用钢板制成，对于大型梁也可用角钢做成，加劲肋宜在钢板两侧成对配置，也可单面配置。但支承加劲肋、重级工作制成吊车梁的加劲肋不应单侧配置。

在腹板两侧成对配置的钢板横向加劲肋，其截面尺寸应符合下列公式要求：

$$\text{外伸宽度} \qquad\qquad b_s \geqslant \left(\frac{h_0}{30} + 40\right) \qquad\qquad (4.3\text{-}55)$$

$$\text{厚度} \qquad \text{承压加劲肋} \qquad t_s \geqslant \frac{b_s}{15} \qquad\qquad (4.3\text{-}56a)$$

$$\text{不受力加劲肋} \qquad t_s \geqslant \frac{b_s}{15} \qquad\qquad (4.3\text{-}56b)$$

在腹板的一侧配置的钢板横向加劲肋，其外伸宽度应大于按式（4.3-55）算得的 1.2 倍，厚度应不小于其外伸宽度的 1/15 或者 1/19。

在同时用横向加劲肋和纵向加劲肋加强的腹板中，横向加劲肋的截面尺寸除应符合上述规定外，其截面惯性矩 I_z 尚符合下式的要求：

$$I_z \geqslant 3h_0 t_w^3 \qquad\qquad (4.3\text{-}57)$$

纵向加劲肋的截面惯性矩 I_y，应满足下列公式的要求：

$$\text{当} \frac{a}{h_0} \leqslant 0.85 \text{ 时，有} \qquad\qquad I_z \geqslant 1.5 h_0 t_w^3 \qquad\qquad (4.3\text{-}58)$$

$$\text{当} \frac{a}{h_0} > 0.85 \text{ 时，有} \qquad I_z \geqslant \left(2.5 - 0.45\frac{a}{h_0}\right)\left(\frac{a}{h_0}\right)^2 h_0 t_w^3 \qquad\qquad (4.3\text{-}59)$$

在腹板两侧成配置的加劲肋，其截面惯性矩应按梁腹板中心线为轴线进行计算。在腹板一侧配置的加劲肋，其截面惯性矩应按与加劲肋线相连的腹板边缘为轴线进行计算。

短加劲肋的最小间距为 $0.75h_1$。h_1 为纵向加劲肋中心线至上翼缘下边线的距离。短加劲肋为伸宽度应取为横向加劲肋外伸宽度的 0.7～1.0 倍，厚度不应小于短加劲肋外伸宽度的 1/15。

焊接梁的横向加劲肋与翼缘板相接处应切宽约 $b_s/3$（但不大于 40mm）、高约 $b_s/2$（但不大于 60mm）的斜角，如图 4.3-39 所示，以方便翼缘焊缝通过，b_s 为加劲肋的宽度。在纵、

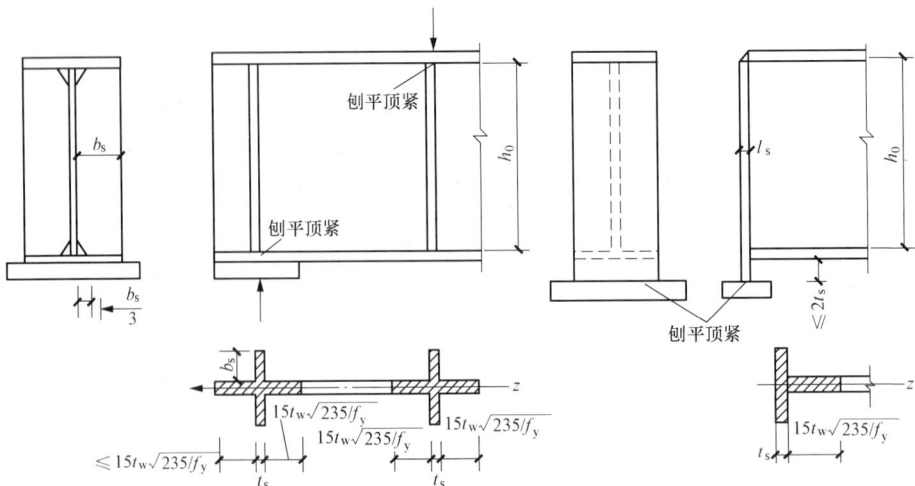

图 4.3-39　支加承劲肋的设置

横肋相交时，为保证横向加劲肋与腹板的连接通过，应将纵向加劲肋相应切斜角。

③支承加劲肋的构造和计算。梁跨中的支承加劲肋应用成对两侧布置的钢板做成普通加劲肋的形式，梁端的支承加劲肋可以做成普通加劲肋的形式，也可用做成突缘加劲肋的形式，如图 4.3-39 所示。其中突缘加劲肋的伸出长度不得大于其厚度的 2 倍。加劲肋与腹板焊接连接，于翼缘、支座板刨平顶紧。

支承加劲肋起着传递梁支座反力或集中荷载的作用。其构造除与上述横向加劲肋相同外，还应按承受梁支座反力或固定集中荷载的轴心压构件计算其在腹板平面外的稳定性和端面承压强度验算，对焊接处应进行焊缝强度验算。计算腹板平面外的稳定性时，受压构件的截面面积 A 应包括加劲肋及加劲肋两侧 $15t_w\sqrt{235/f_y}$ 范围内的腹板面积，梁端部腹板长度不足时，按实际情况取值，如图 4.3-39 所示阴影面积。计算长度取腹板高度 h_0。

轧制的工字钢和槽钢的翼缘和腹板都比较厚，不会发生局部失稳，不必采取措施。

【例 4.3-8】 试设计例 4.3-7 中主梁的端部支座加劲肋。材料为 Q235，采用 E43 焊条系列。

【解】 （1）确定加劲肋截面尺寸。

梁端支座加劲肋采用钢板成对布置于腹板两侧，取每侧宽 $b_s=80>\dfrac{h_0}{30}+40=73.3\text{mm}$，宽度方向切角 30mm，每侧净宽 50mm，取 $t_s=10\text{mm}>\dfrac{b_s}{15}=5.3\text{mm}$。加劲肋与下翼缘刨平顶紧，如图 4.3-40 所示。

（2）稳定性计算。

支反力：$R=264.5\text{kN}$

计算截面： $A=[(2\times80+8)\times10+2\times15\times8\times8]=3600\text{mm}^2$

绕 z 轴的惯性矩： $I_z=\dfrac{10\times(2\times80+8)}{12}=3.95\times10^6\text{mm}^4$

回转半径： $i_z=\sqrt{I_z/A}=\sqrt{3.95\times10^6/3600}=33.1\text{mm}$

长细比： $\lambda_z=h_0/i_z=1000/33.1=30.2<5.07b_s/t_w=40.6$，取 $\lambda_z=40.6$

按 b 类截面查附表得 $\varphi=0.897$，有：

$$\frac{R}{\varphi A}=\frac{264.5\times10^3}{0.897\times3600}=81.9\text{N/mm}^2<f=215\text{N/mm}^2$$

（3）端面承压验算：

$$\sigma_{ce}=\frac{R}{A_{ce}}=\frac{364.5\times10^3}{2\times50\times10}=264.5\text{N/mm}^2<f_{ce}=325\text{N/mm}^2$$

（4）支承加劲肋与腹部的焊缝连接。按构造要求取：

$$h_f=6\text{mm}>1.5\sqrt{t_{max}}=1.5\sqrt{10}=4.7\text{mm}$$

$$<1.2t_{min}=1.2\times8=9.6\text{mm}$$

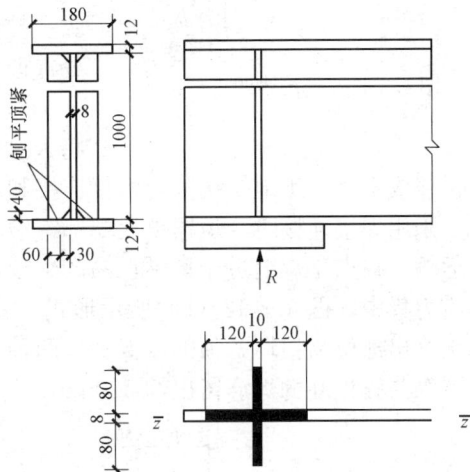

图 4.3-40 例 4.3-8 的加劲肋

支承加劲肋高度方向切角 40mm，取 $l_w = 60h_f = 60 \times 6mm = 360mm$

$$\tau_f = \frac{R}{0.7h_f l_w} = \frac{264.5 \times 10^3}{0.7 \times 6 \times 4 \times 360} = 43.7N/mm^2 < f_f^w = 160N/mm^2$$

5. 梁的拼接和主、次梁连接

(1) 梁的拼接。梁的拼接一般为接长，分为工厂拼接和工地拼接。

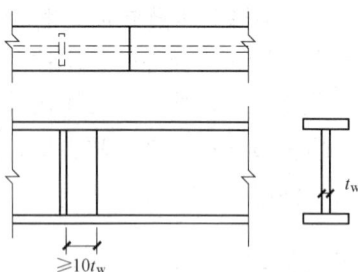

图 4.3-41　焊接梁的工厂拼接

1) 工厂拼接。受钢板规格限制，需将钢板拼接宽点接长，这些工作一般在工厂完成，因此称为工厂拼接。为避免焊缝过于密集带来的不利影响，翼缘个腹板的拼接位置应错开，并且不得与加劲肋和次梁重合。腹板拼接焊缝与加劲肋的距离至少为 $10t_w$，如图 4.3-41 所示。工厂拼接的焊缝一般采用设置引弧板的对接直焊缝，三级受拉焊缝计算不满足时，可将拼接位置一道受力较小处或改用对接斜焊缝。

2) 工地焊接。工地拼接是受运输或安装条件限制，将大型梁在工厂做成几段（运输单元或安装单元）在工地拼接成整体。工地拼接分为焊接连接和高强度螺栓连接。

采用焊接连接时，运输单元端部常做成如图 4.3-42 所示的形式。图 4.3-42(a)的形式便于运输，缺点是焊缝过于集中，易产生较大的应力集中。施焊时可采用跳跃施焊的顺序以缓解应力集中。图 4.3-42 (b) 所示形式，翼缘与腹板不在同一截面上，受力较好，但运输时端头突出部位易损坏，须加以保护。两种拼接的上、下翼缘对接焊缝应开坡口。运输单元端部翼缘与腹板间的焊缝留出约 500mm，待对接焊缝完成以后再焊。

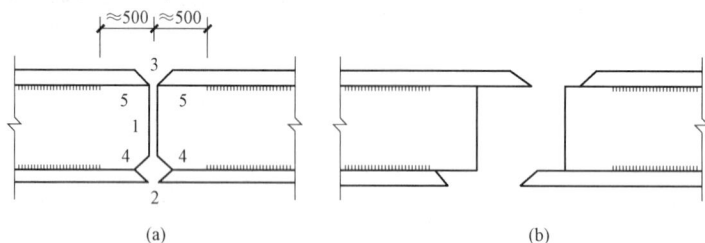

(a)　　　　　　　　　　　(b)

图 4.3-42　焊接梁的工地拼接

焊缝连接受工地施焊条件的限制，质量不易保证。因此，对较重要的或直接承受动力荷载的梁易采用高强度螺栓连接（图 4.3-43）。

(2) 梁的连接。梁的连接必须遵循安全可靠、传力明确、制造简单、安装方便的原则。从受力角度区分，梁的连接分为铰接和刚接。按梁的相对位置可分为叠接和平接。

1) 次梁与主梁叠接。次梁与主梁叠接，是将次梁直接安放在主梁上，用焊缝或者螺栓相连。图 4.3-44 所示是常在的叠接形式。这

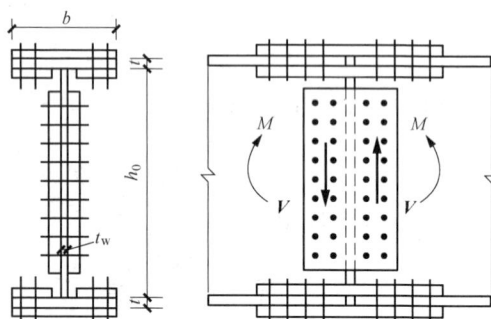

图 4.3-43　梁的高强度螺栓工地拼接

种连接构造简单，施工方便，次梁可以简支，也可以连续。但结构所占空间较大。

2）次梁与主梁平接。平接是将次梁从侧面连接与主梁上，可节约建筑空间。图 4.3-45 所示是简支次梁与主梁平接的形式。图 4.3-45 为直接连接与加劲肋上，适用于次梁反力较小时。图 4.3-45（b）适用于次梁反力较大时，次梁放在焊与主梁的支托上。

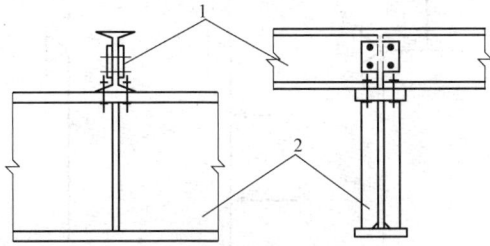

图 4.3-44　简支次梁与主梁叠接
1—次梁；2—主梁

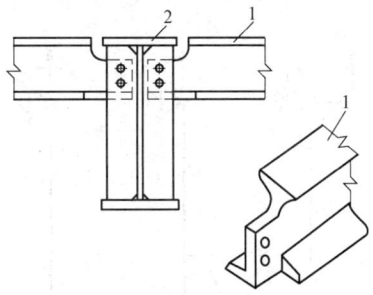

图 4.3-45　简支次梁与主梁侧面连接
1—次梁；2—主梁

图 4.3-46 所示是连续次梁与主梁的连接。上下翼缘板用连接板来传递弯矩 M 引起的弯曲应力。为便于俯焊，上翼缘的连接板比上翼缘略窄，下翼缘的连接板比下翼缘略宽。下翼缘的连接板可将承托竖板焊与腹板两侧。

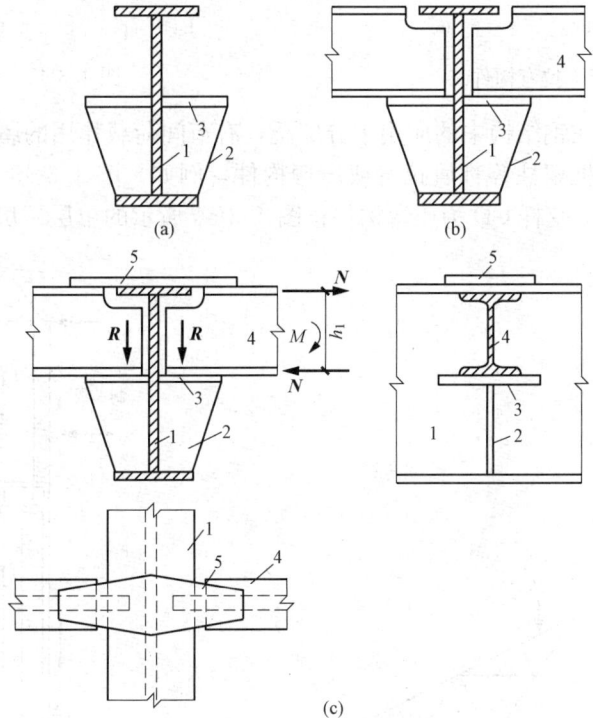

图 4.3-46　连续次梁与主梁连接的安装过程
1—主梁；2—承托竖板；3—承托顶板；4—次梁；5—连接盖板

4.3.3　拉弯、压弯构件

1. 拉弯、压弯构件概述

拉弯构件是指同时承受轴心拉力和弯矩作用的构件；压弯构件是指同时承受轴心压力、

267

和弯矩作用的构件。拉弯、压弯构件一般有偏心力作用 [图 4.3-47（a）和图 4.3-48（a）]、轴心力与横向力共同作用 [图 4.3-47（b）和图 4.3-48（b）] 及轴心力与端弯矩共同作用 [图 4.3-47（c）和图 4.3-48（c）] 三种类型。

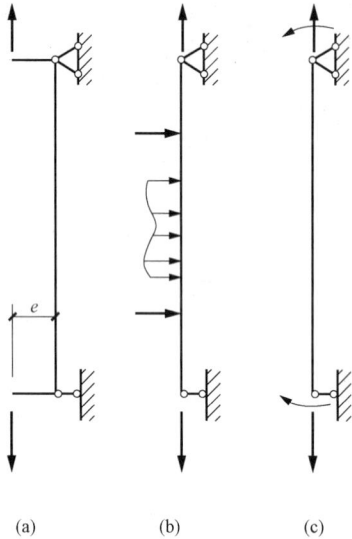

图 4.3-47　拉弯构件

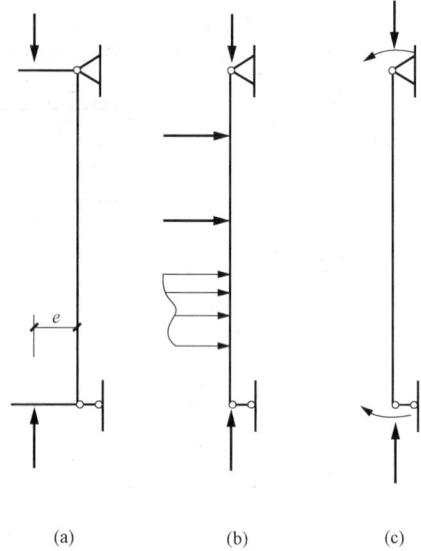

图 4.3-48　压弯构件

　　拉弯、压弯构件在钢结构中的应用十分广泛，有节间荷载作用的屋架、塔架支柱、厂房框架柱及高层建筑的框架柱等都属拉弯或压弯构件。例如，图 4.3-49 所示的屋架，其下弦杆 AB 为拉弯构件，上弦杆 CD 为压弯构件；图 4.3-50 所示的单层厂房框架柱为压弯构件。

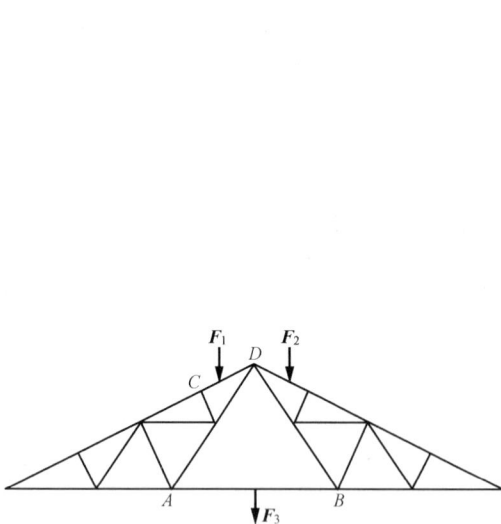

图 4.3-49　屋架结构中的拉弯、压弯构件

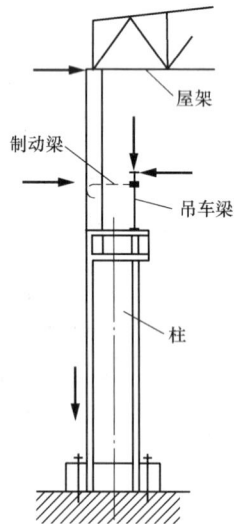

图 4.3-50　单层厂房框架柱

　　拉弯、压弯构件的截面形式可分为型钢截面和组合截面两类。组合截面又分为实腹式和格构式两种。当弯矩较小时，拉弯、压弯构件的截面形式与轴心受力构件相同；当弯矩较大时，除采用双轴对称截面 [图 4.3-51（a）] 外，还可以采用如图 4.3-51（b）所示的单轴对

称截面，并应使较大翼缘位于受压（受压构件）或受拉（拉弯构件）一侧；当弯矩很大并且构件较大时，可选用格构式截面［图4.3-51（c）］，以获得较好的经济效果。

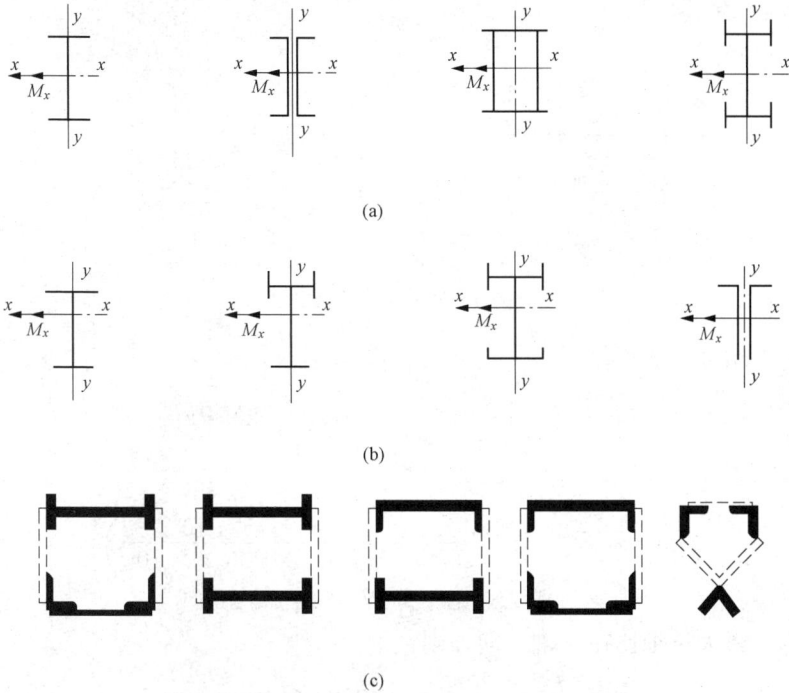

(a)

(b)

(c)

图4.3-51 压弯构件常用截面形式

在拉弯构件和压弯构件设计中，对拉弯构件应计算其强度和刚度，一般不考虑稳定性问题，除非弯矩很大而拉力很小时，才应计算其稳定性。对压弯构件，则应计算其强度、刚度和稳定性。

2. 拉弯、压弯构件强度、刚度

（1）拉弯、压弯构件强度。拉弯构件和压弯构件的截面上，除有轴向力产生的拉应力或压应力外，还有弯矩产生的弯曲应力。截面上任意一点的正应力是轴向力和弯矩产生的应力叠加，因此在截面设计时应按叠加后的最大正应力来计算。

弯矩作用在主平面内的单向拉弯或单向弯压构件，其强度应按下式计算：

$$\frac{N}{A_n} + \frac{M_x}{\gamma_x W_{nx}} \leqslant f_y \tag{4.3-60}$$

当压弯构件受压翼缘的自由外伸宽度与其厚度之比大于 $13\sqrt{235/f_y}$ 而不超过 $15\sqrt{235/f_y}$ 时，应取 $\gamma_x = 1.0$。当需要进行疲劳计算时，宜取 $\gamma_x = 1.0$。

（2）拉弯构件和压弯构件的刚度。拉弯构件和压弯构件的刚度仍然采用容许长细比条件控制，即：

$$\lambda_{max} \leqslant [\lambda] \tag{4.3-61}$$

式中 $[\lambda]$ ——构件的容许长细比按表4.3-1和表4.3-2采用。

【例4.3-9】 某悬臂三角形撑架上弦杆采用 I20a 普通热轧工字钢，承受静力荷载轴心拉力设计值 $N = 180kN$，竖向集中荷载设计值 $F = 53kN$，杆长 $l = 3m$，两端铰接设计，截

269

面无削弱，钢材为 Q235，试验算该杆的强度和刚度。

【解】 由附表 D-3，查的 I20a 的截面几何特征 $A = 3555\text{mm}^2$，$W_x = 236.9 \times 10^3 \text{mm}^3$，$i_x = 81.6\text{mm}$，$i_y = 21.1\text{mm}$。

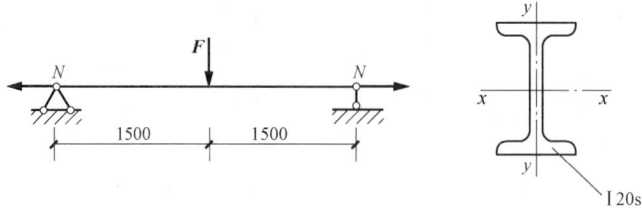

图 4.3-52 例 4.3-9

构件最大弯矩设计值为：

$$M_x = \frac{1}{4}Fl = \frac{53 \times 3}{4} = 39.75\text{kN} \cdot \text{m}$$

强度验算：查表 4.3-7 得 $\gamma_x = 1.05$

$$\frac{N}{A_n} + \frac{M_x}{\gamma_x W_{nx}} = \left(\frac{180 \times 10^3}{3555} + \frac{39.75 \times 10^6}{1.05 \times 236.9 \times 10^3} \right)$$
$$= 201.5\text{N/mm}^2 < f = 215\text{N/mm}^2$$

刚度验算：最大长细比在 y 轴方向，则：

$$\lambda_y = \frac{l_{0y}}{i_y} = \frac{3000}{21.1} = 142.2 < [\lambda] = 350$$

截面满足要求。

3. 压弯构件的稳定性

（1）压弯构件的整体稳定性。压弯构件的承载能力一般由稳定性条件决定。对于弯矩作用于一个主平面内的单向压弯构件，可能出现两种失稳形式：一种为弯矩作用平面内的弯曲失稳；另一种为弯矩作用平面外的弯扭失稳。失稳的可能形式与构件的侧向抗弯刚度和抗扭刚度有关。当构件截面绕长细用平面内的稳定性。但一般弯压构件的设计都是使构件截面绕长细比较小的轴受弯，因此应分别验算弯矩作用平面内和弯矩作用平面外的稳定性。

1）弯矩作用平面内的稳定。压弯构件在弯矩作用平面内的稳定承载能力与其截面形状、截面尺寸、初始缺陷、残余应力等因素有关。根据理论推导和实验研究，弯矩作用在对称轴平面内（绕 x 轴）的实腹式压弯构件，其稳定性按下式计算：

$$\frac{N}{\varphi_x A} + \frac{\beta_{mx} M_x}{\gamma_{1x} W_{1x}\left(1 - 0.8\dfrac{N}{N'_{Ex}}\right)} \leqslant f \tag{4.3-62}$$

式中 N——所计算构件段范围内的轴心压力；

φ_x——弯矩作用平面内的轴心受压构件稳定系数，由附表 D-1 查得；

M_x——所计算构件段范围内的最大弯矩；

W_{1x}——在弯矩作用平面内对较大受压纤维的毛截面模量；

γ_{1x}——与 W_{1x} 二相应的截面塑性发展系数，由表 4.3-7 查得；

N'_{Ex}——参数，$N'_{Ex} = \dfrac{\pi^2 EA}{1.1\lambda_x^2}$；

β_{mx} ——等效弯矩系数。

①框架柱和两端支承的构件：

a. 无横向荷载作用时，$\beta_{mx} = 0.65 + 0.35\dfrac{M_2}{M_1}$，$M_1$ 和 M_2 为端弯矩，使构件产生同向曲率（无反弯点）时取同号，使构件产生反向曲率（有反弯点）时取异号，$|M_1| \geqslant |M_2|$。

b. 有端弯矩和横向荷载同时作用时，使构件产生同向曲率时，$\beta_{mx} = 1.0$，使构件产生反向曲率时，$\beta_{mx} = 0.85$。

c. 无端弯矩但有横向荷载作用时，$\beta_{mx} = 1.0$。

②悬臂构件和分析内力未考虑二阶效应的无支撑纯框架和弱支撑框架柱，$\beta_{mx} = 1.0$。

对于单轴对称的 T 形、槽形截面压弯构件，由于其翼面积相差较大，当弯矩作用在对称平面内且使较大翼缘受压时，有可能在较小翼缘一侧因受拉区塑性发展过大而导致构件破坏，因此规范规定，对这类构件除按式（4.3-61）计算外，尚应对较小翼缘一侧按下式补充计算：

$$\left| \frac{N}{A} - \frac{\beta_{mx}M_x}{\gamma_{x2}W_{2x}\left(1 - 1.25\dfrac{N}{N'_{Ex}}\right)} \right| \leqslant f \qquad (4.3\text{-}63)$$

2）弯矩作用平面外的稳定。当压弯构件的抗扭刚度较小，且在弯矩作用平面外长细比较大时，构件就可能首先在弯矩作用平面外失稳，如图 4.3-53 所示。这种失稳破坏的形式和理论与梁的弯扭屈曲类似，只是另计入轴心压力的影响。

规范规定，对实腹式压弯构件在弯矩作用平面外的稳定性按下式计算：

$$\frac{N}{\varphi_y A} + \eta\frac{\beta_{tx}M_x}{\varphi_b W_{1x}} \leqslant f \qquad (4.3\text{-}64)$$

式中　φ_y ——弯矩作用平面外的轴心受压弯构件稳定系数；

　　M_x ——所计算构件段范围内（构件侧向支撑点之间）的最大弯矩；

　　η ——截面影响系数，闭口截面，$\eta = 0.7$，其他截面，$\eta = 1.0$；

　　β_{tx} ——等效弯矩系数；

　　φ_b ——均匀弯曲的受弯构件整体稳定系数。

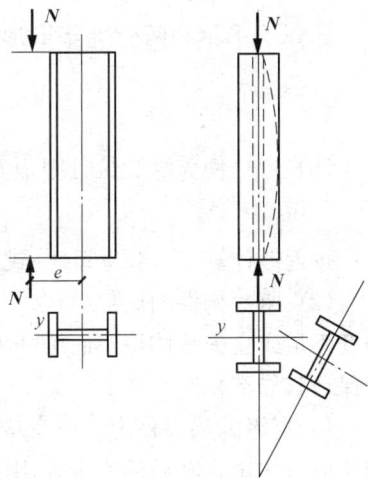

图 4.3-53　弯矩作用平面外的失稳

β_{tx} 应按下列规定采用：

①在弯矩作用平面外有支承的构件，应根据两相邻支承点间构件段内的荷载和内力情况确定。

a. 所考虑构件段无横向荷载作用时，$\beta_{tx} = 0.65 + 0.35\dfrac{M_2}{M_1}$，$M_1$ 和 M_2 是在弯矩作用平面内的端弯矩，使构件段产生同向曲率时取同号，使构件段产生反向曲率时取异号，$|M_1| \geqslant |M_2|$。

b. 所考虑构件段内有端弯矩和横向荷载同时作用时，使构件段产生同向曲率时，$\beta_{tx}=1.0$，使构件段产生反向曲率时，$\beta_{tx}=0.85$。

c. 所考虑构件段内无端弯矩但是有横向荷载时，$\beta_{tx}=1.0$。

②弯矩作用平面外为悬臂构件，$\beta_{tx}=1.0$。

φ_b 按 4.3.2 节规定计算。对闭口截面取 $\varphi_b=1.0$，对工字形（含 H 型钢）和 T 形截面的非悬臂构件，当 $\lambda_y \leqslant 120 \sqrt{235/f_y}$ 时，可按下列近似公式计算：

a. 工字形截面（含 H 型钢）。

双轴对称时

$$\varphi_b = 1.07 - \frac{\lambda_y^2}{44\,000} \times \frac{f_y}{235} \leqslant 1 \tag{4.3-65}$$

$$\varphi_b = 1.07 - \frac{W_x}{(2a_b+0.1)Ah} \times \frac{\lambda_y^2}{14\,000} \times \frac{f_y}{235} \leqslant 1 \tag{4.3-66}$$

b. T 形截面（弯矩作用在对称轴平面，绕 y 轴）。

（a）弯矩使翼缘受压时。

双角钢 T 形截面：

$$\varphi_b = 1 - 0.001\,7\lambda_y \sqrt{\frac{f_y}{235}} \tag{4.3-67}$$

部分 T 形钢和两板组合 T 形截面：

$$\varphi_b = 1 - 0.002\,2\lambda_y \sqrt{\frac{f_y}{235}} \tag{4.3-68}$$

（b）弯矩使翼缘受拉且腹板宽厚比不大于 $18 \sqrt{235/f_y}$ 时，有：

$$\varphi_b = 1 - 0.000\,5\lambda_y \sqrt{f_y/235} \tag{4.3-69}$$

按近似计算式（4.3-66）～式（4.3-69）算得的 $\varphi_b > 0.6$ 时，不需换算成 φ_b'。

（2）压弯构件的局部稳定。与轴心受压构件和受弯构件类似，实腹式压弯构件除可能因强度不足或丧失整体稳定而破坏外，还可能因丧失局部稳定而降低其承载能力。因此设计时应保证其局部稳定。

1）翼缘的局部稳定。压弯构件的翼缘与轴心受压构件的翼缘类似，可近似视为承受均匀压应力作用，其局部稳定采用限制翼缘的宽厚比来保证。规范规定压弯构件翼缘板自由外伸宽度 b_1 与其厚度 t 之比应满足下列要求：

$$\frac{b_1}{t} \leqslant 18 \sqrt{235/f_y} \tag{4.3-70}$$

当强度和稳定性计算取 $\gamma_x=1.0$ 时，可放宽 $\frac{b_1}{t} \leqslant 15 \sqrt{235/f_y}$。

2）腹板的局部稳定。实腹式压弯构件为工字形截面时，其腹板为四边支承的不均匀受压板，同时板件四边还受均布切应力作用，其受力情况和支承条件与工字形截面梁腹板类似。因此对实腹式压弯构件腹板的局部稳定，可采用限制其宽厚比或采用加劲肋加强的方法来保证。

规范规定，对工字形及 H 形截面的压弯构件，腹板计算高度 h_0 与其厚度 t_w 之比应符合下列要求：

当 $0 \leqslant a_0 \leqslant 1.6$ 时，有：

$$\frac{h_0}{t_w} \leqslant (16a_0 + 0.5\lambda + 25)\sqrt{\frac{235}{f_y}} \qquad (4.3\text{-}71)$$

当 $1.6 \leqslant a_0 \leqslant 2.0$ 时，有：

$$\frac{h_0}{t_w} \leqslant (48a_0 + 0.5\lambda - 26.2)\sqrt{\frac{235}{f_y}} \qquad (4.3\text{-}72)$$

式中　a_0——应力梯度，$a_0 = \dfrac{\sigma_{max} - \sigma_{min}}{\sigma_{max}}$；

　　σ_{min}——腹板计算高度边缘的最大应力，计算时不考虑构件的稳定系数和截面塑性发展系数；

　　σ_{min}——腹板计算高度边缘的最小应力，压应力取正值，拉应力取负值；

　　λ——构件在弯矩作用平面内的长细比，当 $\lambda = 30$ 时，取 $\lambda = 30$，当 $\lambda > 100$ 时，取 $\lambda = 100$。

当腹板的厚度比不满足式（4.3-69）或式（4.3-70）要求时，可设纵向加劲肋加强。用纵向加劲肋加强的腹板，其在受压较大翼缘与纵向加劲肋之间的高厚比应满足式（4.3-69）或式（4.3-71）的要求。

纵向加劲肋宜在腹板两侧成对配置（图 4.3-54），其一侧外伸宽度不应小于 $10t_w$，厚度不应小于 $0.75t_w$。

【例 4.3-10】　某天窗架侧竖杆（图 4.3-55），由 $2\llcorner 110 \times 70 \times 6$ 组成，长肢相连，节点板厚为 10mm，截面无削弱。杆件承受静力荷载，轴向压力设计值 $N = 40$kN，由压风荷载及吸风荷载引起杆件中部的最大弯矩设计值 $M = 5.5$kN·m。杆件的设计长度 $l_{0x} = l_{0y} = 325$cm，钢材为 Q235，试验算该侧竖杆的承载能力。

【解】　因截面无削弱，可不必验算强度。

查附表 D-3 得 $A = 21.27$cm²，$i_x = 3.54$cm，$i_y = 2.88$cm，$W_{1x} = 75.6$cm²，$W_{2x} = 35.7$cm³。

（1）压风荷载作用下的稳定性验算 [图 4.3-55 （a）]。

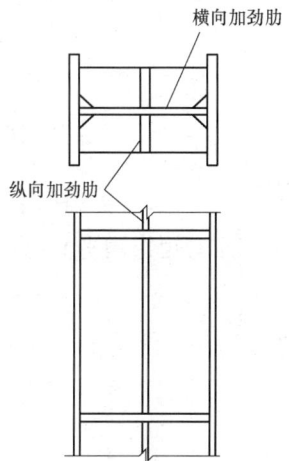

图 4.3-54　腹板的纵向加劲肋

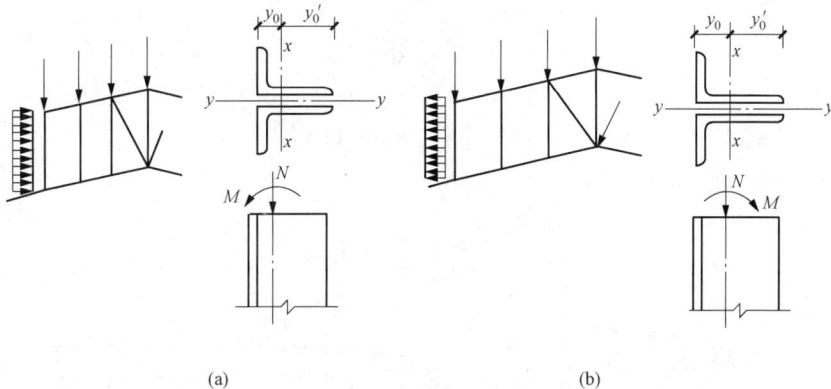

(a)　　　　　　　　　　(b)

图 4.3-55　例 4.3-10

1) 弯矩作用平面内的稳定性验算。

属 b 类截面，查附表 B-2 的 $\varphi_x = 0.608$，则：

$$N'_{Ex} = \frac{\pi^2 EA}{1.1\lambda_x^2} = \left(\frac{3.14^2 \times 2.06 \times 10^5 \times 21.27 \times 10^2}{1.1 \times 92^2}\right) = 464\ 479\text{N}$$

$\beta_{mx} = 1.0, \gamma_{x1} = 1.05, \gamma_{x2} = 1.2$，则：

$$\frac{N}{\varphi_x A} + \frac{\beta_{mx} M_x}{\gamma_{x1} W_{1x}\left(1 - 0.8\frac{N}{N'_{Ex}}\right)}$$

$$= \left[\frac{40 \times 10^3}{0.608 \times 21.27 \times 10^2} + \frac{1.0 \times 5.5 \times 10^6}{1.05 \times 75.6 \times 10^3\left(1 - 0.8\frac{40 \times 10^3}{464\ 479}\right)}\right]\text{N/mm}^2$$

$$= (30.9 + 74.41)\text{N/mm}^2 = 105\text{N/mm}^2 < 215\text{N/mm}^2$$

$$\left|\frac{N}{A} - \frac{\beta_{mx} M_x}{\gamma_{x2} W_{2x}\left(1 - 1.25\frac{N}{N'_{Ex}}\right)}\right|$$

$$= \left|\frac{40 \times 10^3}{21.27 \times 10^2} - \frac{1.0 \times 5.5 \times 10^6}{1.2 \times 35.7 \times 10^3\left(1 - 1.25\frac{40 \times 10^3}{464\ 479}\right)}\right|\text{N/mm}^2$$

$$= |18.8 - 143.9|\text{N/mm}^2 = 125.1\text{N/mm}^2 < 215\text{N/mm}^2$$

2) 弯矩作用平面外的稳定性验算：

$$\lambda_y = \frac{l_{0y}}{i_y} = \frac{325}{2.88} = 112.9 < [\lambda] = 150$$

由于

$$\frac{b_2}{t} = \frac{70}{6} = 11.7 < 0.48\frac{l_{0y}}{b_2} = 0.48 \times \frac{3250}{70} = 22.3$$

则

$$\lambda_{yz} = \lambda_y\left(1 + \frac{1.09 b_2^4}{l_{0y}^2 t^2}\right) = 112.9 \times \left(1 + \frac{1.09 \times 70^4}{3250^2 \times 6^2}\right) = 120.7$$

属 b 类截面，查附表 B-2 得：　　　　$\varphi_y = 0.434$

$$\varphi_b = 1 - 0.001\ 7\lambda_y\sqrt{\frac{f_y}{235}} = 1 - 0.001\ 7 \times 112.9 \times \sqrt{\frac{235}{235}} = 0.81$$

由于 $\beta_{tx} = 1.0$，$\eta = 1.0$，则：

$$\frac{N}{\varphi_y A} + \eta\frac{\beta_{tx} M_x}{\varphi_b W_{tx}} = \left(\frac{40 \times 10^3}{0.434 \times 21.27 \times 10^2} + 1\frac{1 \times 5.5 \times 10^6}{0.81 \times 75.6 \times 10^3}\right)\text{N/mm}^2$$

$$= (43.33 + 89.82)\text{N/mm}^2 = 133.15\text{N/mm}^2 < 215\text{N/mm}^2$$

(2) 吸风荷载作用下得稳定性验算 [图 4.3-55 (b)]。

1) 弯矩作用平面内的稳定性验算：

$$\frac{N}{\varphi_x A} + \frac{\beta_{mx} M_x}{\gamma_{x2} W_{2x}\left(1 - 0.8\frac{N}{N'_{Ex}}\right)}$$

$$= \left[\frac{40 \times 10^3}{0.608 \times 21.27 \times 10^2} + \frac{1.0 \times 5.5 \times 10^6}{1.2 \times 35.7 \times 10^3 \times \left(1 - 0.8\frac{40 \times 10^3}{464\ 479}\right)}\right]\text{N/mm}^3$$

$$= (30.93 + 137.88)\text{N/mm}^2 = 168.8\text{N/mm}^2 < 215\text{N/mm}^2$$

2) 弯矩作用平面外的稳定性验算：

$$\varphi_b = 1 - 0.000\,5\lambda_y\ \sqrt{f_y/235} = 1 - 0.000\,5 \times 112.9 = 0.944$$

$$\frac{N}{\varphi_y A} + \eta\frac{\beta_{tx}M_x}{\varphi_b M_{2x}} = \left(\frac{40 \times 10^3}{0.434 \times 21.27 \times 10^2} + 1.0 \times \frac{1.0 \times 5.5 \times 10^6}{0.944 \times 35.7 \times 10^3}\right)\text{N/mm}^2$$

$$= (43.33 + 163.20)\text{N/mm}^2 = 206.5\text{N/mm}^2 < 215\text{N/mm}^2$$

对轧制普通角钢，局部稳定不必计算。该倒竖杆满足承载能力要求。

小 结

（1）轴心受力构件。

1）轴心受拉构件需计算其强度和刚度，轴心受压构件除计算其强度和刚度外，尚应计算其稳定性。大多数情况下，轴心受拉钩件的截面受强度和刚度控制，轴心受压构件截面受稳定性控制。

2）轴心受压整体失稳形式分为弯曲屈曲、扭转屈曲和弯扭屈曲三种。计算单轴对称截面绕对称轴和格构式柱绕虚轴长细比时，应采用换算长细比代替实际长细比。

3）实腹式轴心受压柱常采用工字形截面，设计焊接组合工字形柱时，除考虑整体稳定外，还应考虑翼缘和腹板的局部稳定。格构式轴心受压柱常采用双槽钢组成的，在两个柱轴方向具有等稳定性的截面，设计时应进行缀材的计算和单肢稳定性的计算。

4）轴心受压柱采用交接柱头，柱头的设计主要是构造设计和连接焊缝的计算。轴心受压柱一般采用交接平板柱脚，柱脚的设计包括底板面积与厚度的确定、靴梁、加劲肋、隔板及连接焊缝的计算。

（2）受弯构件。

1）受弯构件（梁）分为型钢梁和焊接组合梁。跨度和荷载较小时宜采用型钢梁，跨度和荷载较大时宜采用焊接组合梁。

2）梁的计算包括抗弯强度、抗剪强度、局部承受强度、折算应力、刚度和整体稳定等。对焊接组合梁还应计算翼缘和腹板的连接焊缝强度。

3）在焊接组合梁的设计中，为了提高梁的强度、刚度和整体稳定性，常将翼缘和腹板设计得很薄，而产生局部失稳。因此，在设计焊接组合梁时还应控制翼缘板的宽厚比；对于腹板则采用设置加劲肋的方法，把腹板分为较小的区格，以保证梁的局部稳定。

4）当梁较长或梁的尺寸受运输和安装条件限制时，要进行梁的拼接，拼接节点应构件简单、传力明确、便于运输和安装。主、次梁的连接重点为构造设计，其构造应满足传力明确、施工方便的要求。

（3）受弯构件。

1）拉弯构件和压弯构件在工程中应用非常广泛，其常见的受力形式为单向偏心受力，因此其截面形式常为单轴对称截面。

2）对拉弯构件应计算其强度和刚度，一般不考虑稳定性问题，除非弯矩很大而拉力很小时（此时构件相当于梁），才应计算其稳定性。对压弯构件应计算其强度、刚度和稳定性，其整体稳定性计算包括弯矩作用平面内和弯矩作用平面外的稳定性计算。

能力拓展与实训

一、基础训练

1. 思考题

（1）轴心受压构件整体失稳时有哪几种屈曲形式？双轴对称截面的屈曲形式是哪一种屈曲为主？

（2）轴心受压构件的整体稳定承载力与哪些因素有关？其中哪些因素为初始缺陷？

（3）轴心受压构件的整体稳定系数由哪些因素确定？

（4）实腹式轴心受压构件需进行哪几方面的验算？计算公式分别是什么？

（5）实腹式轴心受压构件的局部稳定，《规范》规定的板件宽厚比限值是根据什么原则制定的？

（6）格构式轴心受压构件计算整体稳定时，对虚轴采用的换算长细比表示什么？缀条式和缀板式双肢柱的换算长细比计算式有何不同？

（7）格构式轴心受压构件的分肢稳定是怎样保证的？

（8）梁与柱的铰接和刚性连接各适用于哪些情况？

（9）柱脚的铰接和刚性连接各适用于哪些情况？

（10）简述梁格的集中布置形式。

（11）梁的强度计算包括哪些内容，怎样计算？

（12）梁截面塑性发展系数如何取值，为什么？

（13）影响梁整体稳定的因素是什么？如何提高梁的整体稳定承载力？

（14）简述型钢梁和组合梁的设计步骤。

（15）组合梁的翼缘和腹板局部失稳时可能发生的形式是怎样的，保证翼缘和腹板局部稳定的方法是什么？

（16）间隔加劲肋和支承加劲肋有何区别，间隔加劲肋又可分为哪几种？

（17）主、次梁常用哪几种连接形式，各有何优缺点？

（18）拉弯、压弯构件的截面设计需要满足哪些方面的要求？各包括什么内容？

（19）实腹式拉弯、压弯构件的强度计算会式中，截面塑性发展系数按承受静力荷载和承受动力荷载且需计算疲劳强度两种情况有不同的取值，它们是依据怎样的工作状态确定的？

（20）计算实腹式压弯构件在弯矩作用平面内稳定和平面外稳定的奋式中，弯矩取值是否一定相同？各是什么系数？如何取值？

（21）实腹式单轴对称截面的压弯构件，当弯矩作用在对称平面内且使较大翼缘受压时，其截面计算与双轴对称截面有何不同？为什么？

（22）实腹式压弯构件整体稳定计算会式中，W_1 和 W_2 分别代表什么？如何计算？

（23）实腹式压弯构件梁与柱的刚性连接有哪几种构造形式？压弯柱整体式柱脚与轴心受压柱柱脚在计算上的主要区别是什么？

2. 习题

（1）计算图 4.3-56 所示截面轴心受拉杆的最大承载能力设计值和最大容许计算长度。钢材为 Q345，容许长细比为 350。

（2）某屋架上弦杆，承受的轴心压力设计值为 800kN，截面形式如图 4.3-57 所示。有 2 个安装螺栓，螺栓孔径为 21.5mm，计算长度 $l_{0x} = 150.8$cm，$l_{0y} = 301.6$cm，试对其进行整体稳定性验算。

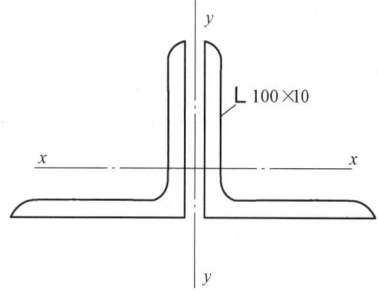

图 4.3-56 习题（1）

（3）如图 4.3-58 所示，两个轴心受压柱截面面积相等，两端铰接，柱高 5m，钢材为 Q235，翼缘火焰切割边，分别计算两个柱的承载能力并验算截面的局部稳定。

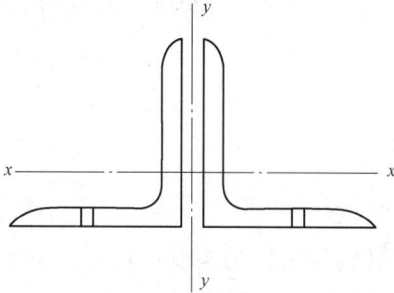

图 4.3-57 习题（2）

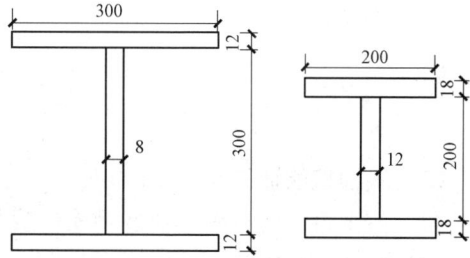

图 4.3-58 习题（3）

（4）将例题 4.3-4 的轴心受压柱该用 H 型钢进行设计，并将计算结果与例题 4.3-3 进行分析比较。

（5）一端铰接一端固定的轴心受压柱，轴心压力设计值 $N = 500$kN，柱长 $l = 5$m，采用 Q235 钢材、E43 型焊条，试进行焊接工字形组合截面的设计。

（6）设计例题 4.3-3 组合截面轴心受压柱的柱脚，采用 Q235 钢材，基础混凝土 C20。

（7）轧制普通工字型钢简支梁，型号 I32b，跨长 4m，梁上翼缘作用有均布永久荷载 10kN/m（标准值，包括自重）和可变荷载 40kN/m（标准值），跨中无侧向支承。试验算此梁的整体稳定性。钢材为 Q345。

（8）例 4.3-6 中的次梁 A，已知条件不变，改用窄翼缘 H 型钢进行设计。并与例题进行比较。

（9）例 4.3-6 中的次梁 A，已知条件不变，改用 Q345 钢材进行设计，并与 Q235 钢材的设计结果进行比较。

（10）图 4.3-59 所示为 I22a 工字钢截面拉弯构件，承受轴心拉力设计值 $N = 400$kN，长 6m，两端铰接，截面无削弱，钢材为 Q235 钢。试确定该构件能承受的最大横向均布荷载设计值 q 的大小。

（11）图 4.3-60 所示为双角钢 T 形截面压弯构件，采用 2∟100×80×7，长肢相连，节点板厚 10mm，截面无削弱，承受轴向压力设计值 $N = 50$kN，均布荷载设计值 $q = 4$kN/m，构件长 4m，两端铰接，跨中有一侧向支撑，钢材为 Q235 钢。试验算该压杆是否满足要求。

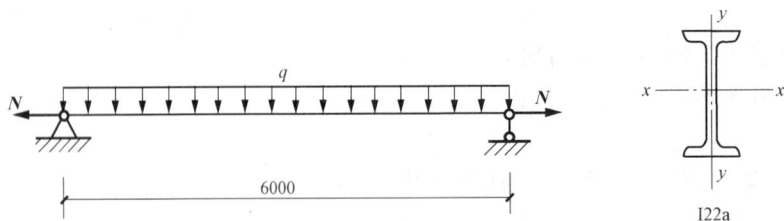

图 4.3-59 习题（10）

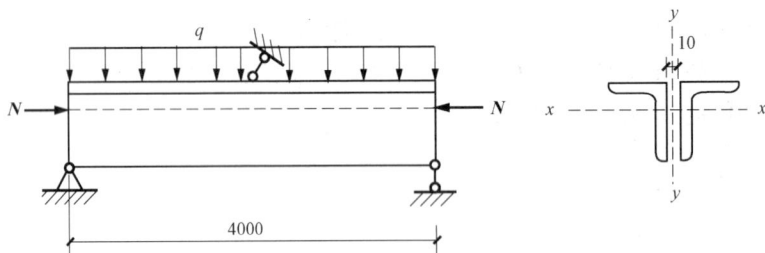

图 4.3-60 习题（11）

二、工程技能训练

（1）参观钢结构房屋，观察梁柱连接节点构造，借助钢结构结构设计规范、相关图集，制作梁柱刚性、半刚性、铰接连接节点模型。

（2）参观钢结构房屋，观察柱基础连接节点构造，借助钢结构结构设计规范、相关图集，制作平板式、靴梁式柱脚节点模型。

4.4 钢屋盖、钢网架结构

【工作任务】 钢屋架单层厂房房屋施工。

【任务目标】

知识目标： 熟悉轻钢屋架杆件截面形式；熟悉钢屋盖结构的组成、结构体系类型；了解轻型钢屋盖、网架特点及应用；了解常用轻型钢屋架、网架结构形式；了解钢屋架支撑的类型布置；了解轻型钢屋架节点构造。

能力目标： 钢屋架单层厂房房屋施工钢屋架施工图的识读。

4.4.1 钢屋盖的组成及特点

1. 钢屋盖的组成及应用

钢屋盖结构一般由屋面板或檩条、屋架、托架、天窗架和屋盖支撑系统等构件组成。根据屋面所用材料的不同和屋盖结构的布置情况，屋盖结构可分为有檩条屋盖结构和无檩条屋盖结构两种。

（1）有檩条屋盖结构体系。有檩条屋盖结构［图 4.4-1（a）］主要用于跨度较小的中小型厂房，其屋面常采用压型钢板、太空板、石棉水泥波形瓦、瓦楞铁和加气混凝土屋面板的轻型屋面材料，屋面荷载由檩条传给屋架。有檩条屋盖的构件种类和数量较多，安装效率

278

低，但其构件自重轻，用料省，运输和安装方便。

（2）无檩条屋盖结构体系。无檩条屋盖结构［图 4.4-1（b）］主要用于跨度较大的大型厂房，其屋面常采用钢筋混凝土大型屋面板（或太空板），屋面荷载由大型屋面板（或太空板）直接传递给屋架。无檩条屋盖的构件种类和数量都较少，安装效率高，施工进度快，而且屋盖的整体性好，横向刚度大，耐久性好；但无檩条屋盖的屋面板自重大，用料费，运输和安装不便。

屋架的跨度和间距取决于柱网布置，而柱网布置则根据建筑物工艺要求和经济合理等各方面因素而定。有檩条屋盖的屋架间距和跨度比较灵活，不受屋面材料的限制。有檩条屋盖比较经济的屋架间距为 4～6m。无檩条屋盖因受大型屋面板尺寸的限制（大型屋面板的尺寸一般为 1.5～6m），屋架跨度一般取 3m 的倍数，常用的有 18m、20m、…、36m 等，屋架间距为 6m；当柱距超过屋面板长度时，就必须在柱间设置托架，以支撑中间屋架［图 4.4-1（b）］。

在工业厂房中，为了采光和通风换气的需要，一般要设置天窗。天窗的主要结构是天窗架，天窗架一般都直接连接在屋架的上弦节点处。

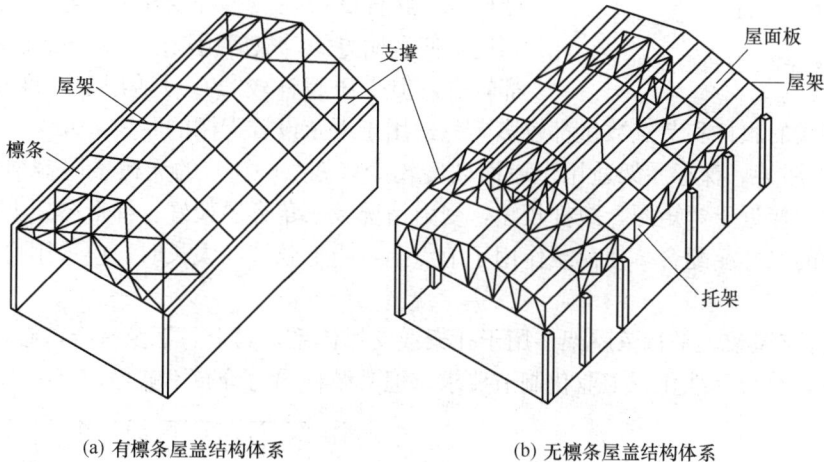

(a) 有檩条屋盖结构体系　　　　　(b) 无檩条屋盖结构体系

图 4.4-1　钢屋盖结构体系

2. 屋架的选形与主要尺寸

（1）屋架的选形。钢屋架的形式很多，一般分为普通钢屋架和轻型钢屋架两种。普通钢屋架是由不小于∟45×4、∟56×36×4 的角钢采用节点板焊接而成的屋架。轻型屋架指由包括有小于∟45×4、∟56×36×4 的角钢、圆钢和薄壁型钢组成的屋架。屋架的外形选择。弦杆节间的划分和腹杆布置，应根据房屋的使用要求、屋面材料、荷载、跨度、构件的运输条件以及有无天窗或悬挂式吊车等因素，按下列原则综合考虑：

①满足使用要求。主要满足排水坡度、建筑净空、天窗、天棚以及悬挂吊车的要求。

②受力应合理。应使屋架外形与弯矩图相近似，杆件受力均匀；短杆受压、长杆受拉；荷载尽量布置在节点上，以减少弦杆局部弯矩；屋架中部应有足够的高度，以满足刚度要求。

③便于施工。屋架杆件的类型和数量宜少，节点的构造应简单，各杆之间的夹角应控制在 30°～60°之间。

④满足运输要求。当屋架的跨度或高度超过运输界限尺寸时，应将屋架分为若干个尺寸较小的运送单元。

以上各项要求往往难以同时满足，设计时应根据具体情况全面分析，从而确定合理的结构形式。常用屋架按外形可分为三角形屋架、梯形屋架和平行弦屋架三种形式。

1) 三角形屋架。三角形屋架适用于屋面坡度较大（$i<1:2\sim1:6$）的有檩条屋盖结构。三角形屋架的外形与均布荷载的弯矩图相差较大，因此弦杆内力沿屋架跨度分布很不均匀，弦杆内力在支座处最大，在跨中最小，故弦杆截面不能充分发挥作用。一般三角形屋架宜用于中、小跨度的轻型屋面结构。若屋面太重或跨度很大，采用三角形屋架不经济。三角形屋架的腹杆布置可有芬克式［图 4.4-2（a）］、人字式［图 4.4-2（b）］、单斜式［图 4.4-2（c）］三种。芬克式屋架的腹杆受力合理（长腹杆受拉，短腹杆受压），且可分为两小榀屋架制造，使运输方便，故应用较广。人字式的杆件和节点都较少，但受压腹杆较长，只适用于跨度小于 18m 的

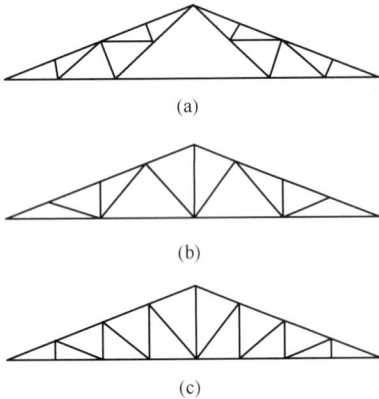

图 4.4-2　三角形屋架

屋架。单斜式的腹杆和节点数量都较多，只适用于下弦设置天棚的屋架。

2) 梯形屋架。梯形屋架适用于屋面坡度较少（$i<1:3$）的无檩条屋盖结构。梯形屋架的外形比较接近于弯矩图，腹杆较短，受力情况较三角形屋架好。梯形屋架上弦节间长度应与屋面板的尺寸相配合，使荷载作用于节点上，当上弦节间太长时，应采用再分式腹杆形式（图 4.4-3）。

3) 平行弦屋架。平行弦屋架多用于托架或支撑体系，其上、下弦平行，腹杆长度一致，杆件类型少，符合标准化、工业化制造要求，但其弦杆内力分布不够均匀（图 4.4-4）。

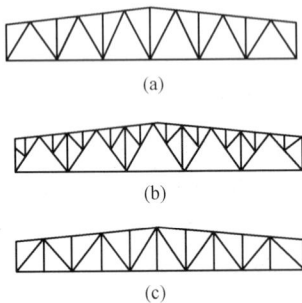

图 4.4-3　梯形屋架

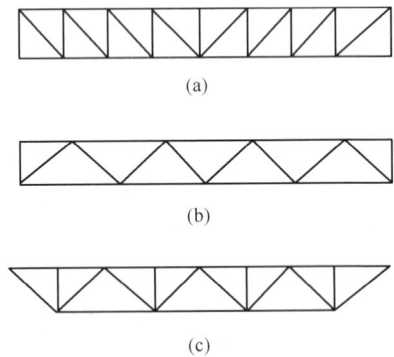

图 4.4-4　平行弦屋架

（2）屋架的主要尺寸。屋架的主要尺寸是指屋架的跨度和高度，对梯形屋架尚有端部高度。

1) 屋架的跨度。屋架的跨度应根据生产工艺和建筑使用要求确定，同时应考虑结构布置的经济合理性。常见的屋架跨度（标志跨度）为 18m、20m、24m、27m、30m、36m 等。简支于柱顶上的钢屋架，其计算跨度取决于屋架支座反力间的距离。根据房屋定位轴线及支

座构造的不同，屋架计算跨度的取值应作如下考虑：当支座为一般钢筋混凝土排架柱，且定位轴线为封闭结合，屋架简支于柱顶时，其计算跨度一般取房屋标志跨度每端减去 150～200mm［图 4.4-5（a）］；当柱的定位轴线与柱顶中轴线重合，且屋架简支于柱顶时，其计算跨度取房屋轴线跨度，即标志跨度［图 4.4-5（b）］。

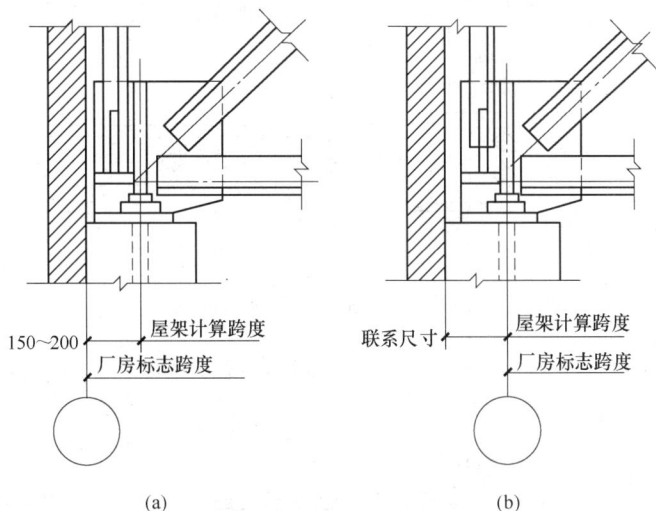

图 4.4-5　屋架的计算跨度

2）屋架的高度。屋架的高度取决于建筑要求、屋面坡度、运输界限、刚度条件和经济高度等因素。屋架的最小高度取决于刚度条件，最大高度取决于运输界限，经济高度则根据上、下弦杆及腹杆的重量为最小来确定。三角形屋架的跨中高度一般取 $h=(1/6～1/4)L$，L 为屋架跨度。梯形屋架的跨中高度一般取 $h=(1/10～1/6)L$。梯形屋架的端部高度，若为平坡时，取 1800～2100mm；为陡坡时，取 500～1000mm，但不宜小于 $L/18$。

设计屋架尺寸时，首先应根据屋架形式和工程经验确定端部尺寸，然后根据屋面坡度确定屋架跨中高度，最后综合考虑各种因素，确定屋架高度。屋架的跨度和高度确定之后，各杆件的轴线可根据几何关系求得。

3. 檩条的形式与构造

檩条通常为双向弯曲构件，其常用形式为实腹式檩条。实腹式檩条一般用槽钢、角钢和薄壁型钢截面（图 4.4-6），其设计计算可按双向受弯构件计算。薄壁型钢檩条受力合理，用钢量少，应优先选用。槽钢檩条和角钢檩条的制作、运输和安装都较简单，但其壁厚，用钢量大，只适用于跨度、檩条及荷载都较小的情况。

檩条宜布置在屋架上弦节点处，由屋檐起沿上弦等距离设置。檩条一般用檩托与屋架上弦相连。檩托用短角钢或薄壁型钢制成，先焊在屋架上弦，然后用 C 级螺栓（不少于 2 个）或焊缝于檩条连接。用薄壁型钢制成的檩条，宜将上翼肢尖（或卷边）朝向屋脊方向，以减少屋面荷载偏心而引起的转矩（图 4.4-6）。

为了减少檩条在安装和使用阶段的侧向变形和扭转，保证其整体稳定性，一般需在檩条间设置拉条和撑杆（图 4.4-7），作为其侧向支撑点。但檩条跨度为 4～6m 时，宜设置一道拉条；当檩条跨度为 6m 以上时，应布置两道拉条。拉条的直径为 10～16mm，可根据荷载

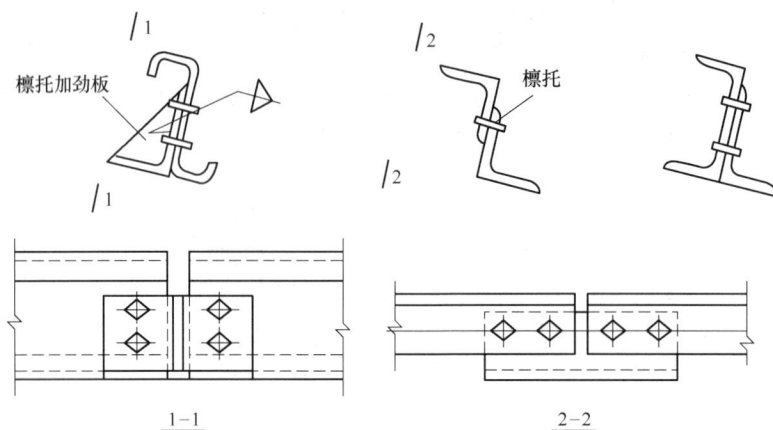

图 4.4-6　上、下支撑交叉点的构造

和檩距大小选用。撑杆按支撑压杆要求（$\lambda \leqslant 200$）选择截面，用角钢、钢管和方管制作。当檐口处有承重天沟或圈梁时，可只设拉条。

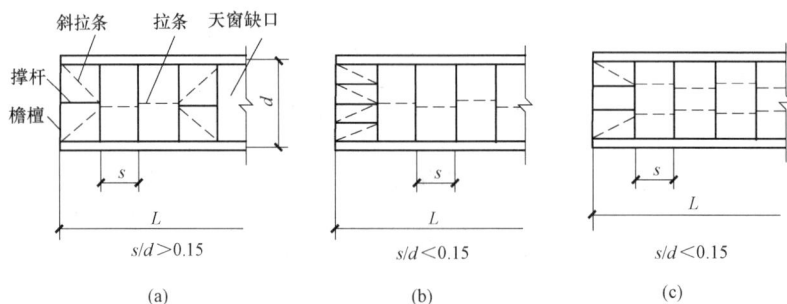

图 4.4-7　檩条和撑杆布置图
L—屋架跨度；d—屋架间距；s—檩距

4. 支撑的布置与连接构造

（1）支撑的布置。无论是无檩屋盖还是有檩屋盖，仅将支撑在柱顶的钢屋架用大型屋面板或檩条连接起来，它是一种几何可变体系，在水平荷载作用下，屋架可能发生侧向倾倒［图 4.4-8（a）］。其次，由于屋架上弦侧向支承点间的距离过大，受压时容易发生侧向失稳现象（例如图中曲线所示），其承载能力极低。如果在房屋的两端相邻屋架之间布置上弦横向水平支撑和垂直支撑［图 4.4-8（b）］，则整个屋盖则形成一稳定的空间体系，其受力情况将明显改善。在这种情况下，上弦支撑与屋架上弦组成的平面桁架可传递水平荷载；同时，由于支撑节点可以阻止上弦的侧向位移，使其自由长度大大减小，故上弦的承载能力也可显著提高。因此，必须在屋盖系统中设置支撑，使整个屋盖结构连成整体，形成一个空间稳定体系。

钢屋盖的支撑分为上弦横向水平支撑、下弦横向水平支撑、下弦纵向水平支撑、垂直支撑和系杆等五种。一般钢屋盖都应设置上、下弦横向水平支撑、垂直支撑和系杆。

上弦横向水平支撑一般布置在屋盖两端的第一柱间和横向伸缩缝区段的两端；当需与第二柱间开始的天窗架上的支撑配合时，也可设在第二柱间，但必须用刚性系杆与端屋架连

282

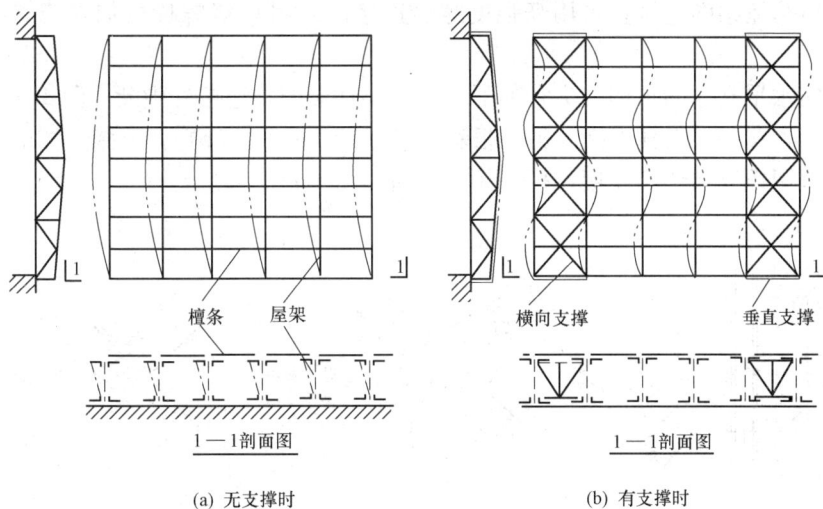

图 4.4-8 屋盖支撑作用图

（a）无支撑时　　　（b）有支撑时

接。支撑的间距不宜大于 60m，即当温度区段较长时，在区段中间应增设水平支撑。

下弦横向水平支撑一般都和上弦横向水平支撑布置在同一柱间，以便组成稳定的空间结构体系。当下弦横向水平支撑布置在第二柱间时，同样应在第一柱间设置刚性系杆。

下弦纵向水平支撑一般只在对房屋的整体刚度要求较高时设置。当房屋内设有较大吨位的重级或中级工作制的桥式吊车，或有锻锤等较大振动设备，或有托架和中间屋架时，以及房屋较高、跨度较大时，均应在屋架下弦（三角形屋架可在上弦）端节间平面设置纵向水平支撑，并与下弦横向水平支撑形成封闭的支撑系统。

凡设有横向水平支撑的柱间都要设置垂直支撑。当采用三角形屋架且跨度小于 24m 时，只在屋架跨度中央布置一道；当跨度大于 24m 时，宜在屋架大约 1/3 的跨度处各设置一道。当采用梯形屋架且跨度小于 30m 时，在屋架两端及跨度中央均应设置垂直支撑；当跨度大于 30m 时，除两端设置外，应在跨中 1/3 处各设置一道。当屋架两端有托架时，可用托架代替。

对于不和横向水平支撑相连的屋架，在垂直支撑平面内的屋架上、下弦节点处，沿房屋的纵向通常设置系杆。系杆分刚性系杆和柔性系杆两种。刚性系杆一般由两个角钢组成，能承受压力。柔性系杆则常由单角钢或圆钢组成，只能承受拉力。刚性系杆设置在第一柱间的上、下弦处，支座节点处和屋脊处，其余的可采用柔性系杆。

当有天窗时，应设置和屋架类似的支撑。当天窗宽度大于 12m 时，应在天窗架中间再加设一道垂直支撑。

（2）支撑的连接构造。屋盖支撑因受力较小一般不进行内力计算，其截面尺寸由杆件容许长细比和构造要求来确定。交叉斜杆一般可按受拉杆件的容许长细比确定，非交叉斜杆、弦杆均按压杆的容许长细比确定。对于跨度较大且承受墙面传来较大风荷载的水平支撑，应按桁架体系计算其内力，并按内力选择截面，同时亦应控制其长细比。

屋盖支撑的连接构造应力求简单，安装方便。支撑与屋架的连接一般采用 M20 螺栓（C级），支撑与天窗架的连接可采用 M16 螺栓（C级）。有重级工作制吊车或有较大振动设备的厂房，支撑与屋架的连接宜采用高强度螺栓连接，或用 C 级螺栓再加安装焊缝的连接方法将节点固定。

上弦横向水平支撑的角钢肢尖宜朝下，交叉斜杆于檩条连接处中断 [图 4.4-9 (a)]。如不予檩条相连，在一根斜杆中断，另一根斜杆可不断 [4.4-9 (b)]。下弦支撑的交叉斜杆可以肢背靠肢背用螺栓加垫圈连接，杆件无需中断 [图 4.4-9 (c)]。

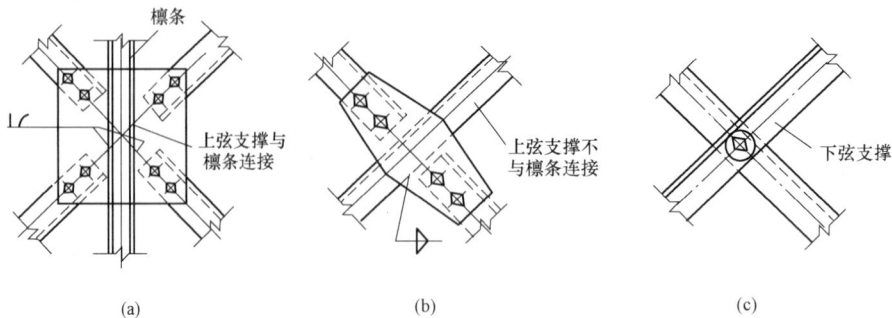

图 4.4-9　屋盖支撑作用图

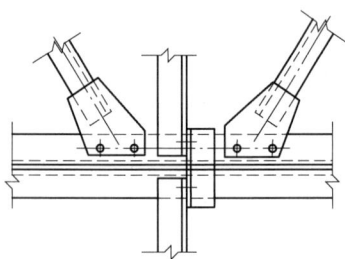

图 4.4-10　屋盖支撑作用图

上弦横向支撑与屋架的连接如图 4.4-10 所示，连接时应使连接的杆件适当离开屋架节点，以免影响大型屋面板或檩条的安放。

垂直支撑与屋架上弦的连接如图 4.4-11 所示。图 4.4-11 (a) 垂直支撑与屋架腹杆相连，构造简单，但传力不够直接，节点较弱，有偏心。图 4.4-11 (b) 构造复杂，但传力直接，节点较强，适用于跨度较大的屋架。

垂直支撑与屋架下弦的连接如图 4.4-12 所示。这两种

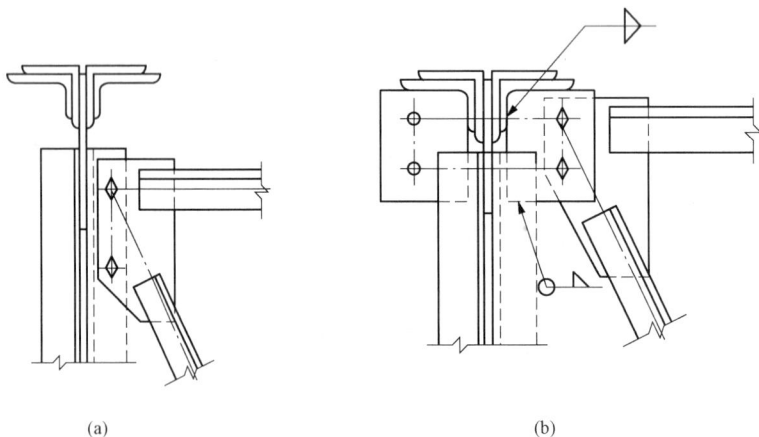

图 4.4-11　屋盖支撑作用图

连接传力直接，节点较强，应优先采用。对屋面荷载较轻或跨度较小的屋架，也可采用类似图 4.4-12 (a) 的连接方式，将垂直支撑与屋架竖腹杆连接。

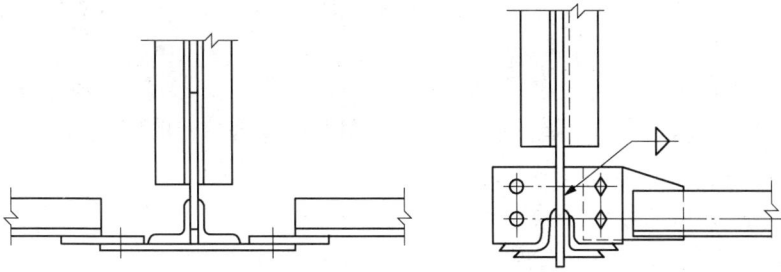

图 4.4-12 垂直支撑与屋架下弦的连接

4.4.2 普通钢屋架的杆件设计

1. 屋架杆件内力计算

（1）屋架上的荷载。作用在屋架上的荷载一般为永久荷载和可变荷载两大类。永久荷载包括屋面材料檩条支撑、天窗架、吊顶等结构的自重。可变荷载包括屋面活荷载、积灰荷载、雪荷载、风荷载、悬挂吊车荷载等。其中，屋面活荷载和雪荷载不会同时出现，可取两者中较大值计算。

屋架及支撑自重可按经验公式计算：q_k =0.12+0.011L（L 为屋架跨度的标志尺盖，檩条屋架及支撑的自重可取 0.2kN/ m^2）。当屋架上仅作用有上弦节点荷载时，将 q_k 全部合并为上弦节点荷载；当屋架尚有下弦荷载（例如吊顶悬挂管道等）时，q_k 按上、下弦平均分配。

当屋面坡度 $\alpha \leqslant 30°$ 时，对一般屋面可不考风荷载的作用，但对轻型屋面应考虑吸风荷载的作用。因为风荷载引起的向上吸力有可能大于向下的荷载，使屋架某些杆件内力增大，或由受拉变为受压。各种荷载作用下产生的节点荷载（图 4.4-13）按下式计算：

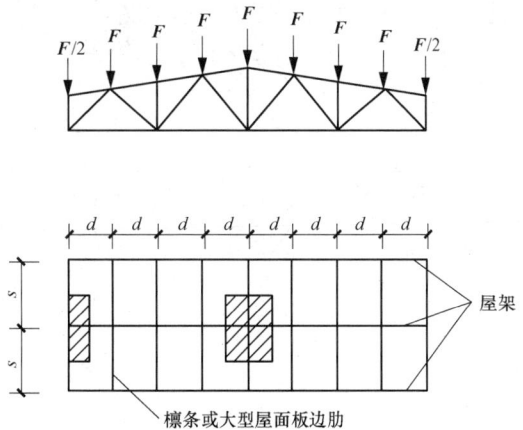

图 4.4-13 节点荷载汇集简图

$$F_i = \gamma_i q_i s d \tag{4.4-1}$$

式中　F_i ——节点荷载设计值（kN）；

　　　q_i ——屋面水平投影面上的荷载标准值（kN/m^2），对于沿屋面坡向荷载标准值 q_α，应换算为水平投影面上的荷载标准值，即 $q_i = q_\alpha/\cos\alpha$，$\alpha$ 为屋面坡度；

　　　γ_i ——荷载分项系数；

　　　s ——屋架间距（m）；

　　　d ——屋架弦杆节间水平长度（m）。

（2）杆件内力计算及荷载组合。计算屋架杆件内力时，可采用理想平面桁架假定，即假定屋架所有杆件都位于同一平面内，且杆件重心汇交于节点中心，所有荷载均作用在节点荷载汇集简图屋架节点上，各节点均为理想铰接。实际上由于制造的偏差和运输安装的影响，

285

各杆不可能完全汇交于节点中心，屋架杆件将产生次应力。但由于屋架杆件都较细长，次应力对屋架的承载影响较小，故设计时不予考虑。

屋架各杆内力可根据上述假定用数解法或图解法求得。一般屋架（例如梯形、三角形）用图解法较为方便。对一些常用形式的屋架，结构设计手册中有单位力作用下的内力系数表可供设计时采用。

当有上弦节间荷载时，应先将其按比例分配到相邻的右、左节点上，再计算各似计算法：对于端节点，按铰接 $M=0$ 当其悬挑时，取最大悬臂端弯矩 M_e；对端节点，取正弯矩 $M=0.8M_0$；对其他节点，正弯矩和节点负弯矩均取 $M=\pm0.6M_0$，M_0 为跨度等于节间长度的简支梁的最大弯矩。设计钢屋架时，应尽量避免节间荷载的布置。

屋架杆件内力应根据使用和施工过程中可能出现的最不利荷载组合计算。在屋架设计时应考虑以下三种荷载组合：

1）全跨永久荷载＋全跨可变荷载。

2）全跨永久荷载＋半跨可变荷载。

3）全跨屋架、支撑和天窗架自重＋半跨屋面板重＋半跨屋面活荷载。

屋架上、下弦杆和靠近支座的腹杆按第一种荷载组合计算；而跨中附近的腹杆在第二，第三种荷载组合下可能内力为最大且可能变号。一般情况下，屋架杆件截面受第一及第三种荷载组合控制；第二种组合往往因左右半跨的节点荷载相差不大，而且两者都比第一种组合小，不起控制作用。对于屋面坡度较小的轻型屋面，当风荷较大时，还应考虑永久荷载和风荷载的组合。

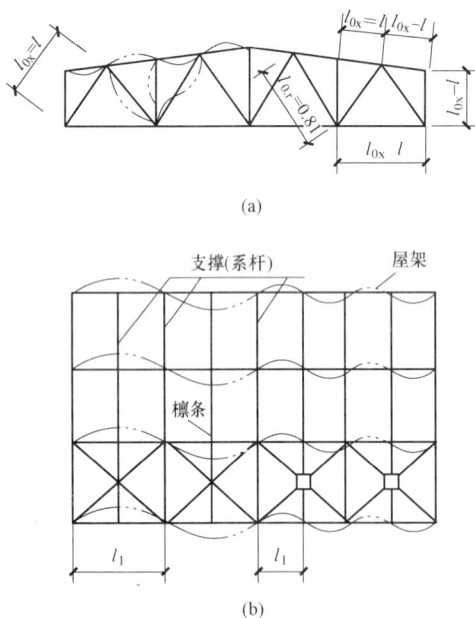

(a)

(b)

图 4.4-14 屋架杆件计算长度

2. 屋架杆件的计算长度与容许长细比

（1）屋架杆件的计算长度。在理想铰接屋架中，受压杆件的计算长度可取节点中心间的距离。但实际上屋架各杆件是通过节点板焊接在一起的，由于节点板本身具有一定刚度节点上还有受拉杆件的约束作用，故节点不是真正的铰接，而是介于刚接和铰接之间的弹性嵌固。因此，在设计时不能把这种节点视为铰接，而应考虑节点本身的刚度来确定各杆件的计算长度。

①屋架平面内的计算长度。屋架各杆在屋架平面内的计算长度 [图 4.3-14（a）]，对于这些弦杆、支座斜杆和支座竖杆，由于其内力较大，界面也较大，其他杆件对它们的约束作用相对较小，同时考虑这些杆件在屋架中比较重要计算长度取 $l_{0y}=l$（l 为节间轴线长度）对其他受压腹杆，其计算长度取 $l_{0y}=0.8l$。

②屋架平面外的计算长度。弦杆在屋架平面外的计算长度 L，应取侧向支承点之间的距离 l_1，即 $l_{0y}=l_1$。在有檩屋盖中，取横向支撑点间距离或取与支撑连接的檩条及系杆之间的距离 [图 4.4-14（b）]。在无檩屋盖中，当屋面板与屋架有三点焊牢时可取两块屋面板的宽

度，但应不大于 3.0m；在天窗范围内取与横向支撑连接的系杆间距离。对下弦杆的计算长度应视有无纵向水平支撑确定，一般取纵向水平支撑节点与系杆或系杆与系杆间的距离。弦杆对腹杆在屋架平面外的约束很小，故可视为铰支承，因此腹杆在屋架平面外的计算长度应取 $l_{0y} = l$。

当屋架弦杆侧向支承点之间的距离 l_1 为节间长度的两倍（图 4.4-15），且两节间弦杆内力 N_1 和 N_2 不等时，应取杆件内力较大值 N 计算弦杆在屋架平面外的稳定性，其计算长度应按下式确定：

$$l_{0y} = l_1 \left(0.75 + 0.25 \frac{N_2}{N_1} \right) \tag{4.4-2}$$

式中 l_{0y} ——平面外的计算长度（mm），当 $l_{0y} < 0.5 l_1$ 时，当 $l_{0y} = 0.5 l_1$；

N_1 ——较大的压力（N），计算式取正值；

N_2 ——较小的压力或拉力（N），计算压力取正值，拉力取负值。

屋架再分式腹杆体系的受压主斜杆及 K 形腹杆体系的竖杆，在屋架平面外的计算长度也应按式（4.4-2）确定（受拉主斜杆仍取 l_1）；在屋架平面内的计算长度应取节点中心间的距离（图 4.4-16）。

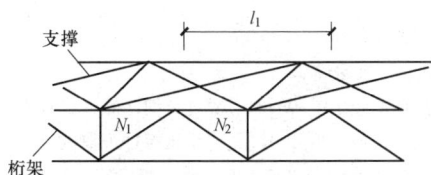

图 4.4-15　屋架弦杆计算长度　　　　图 4.4-16　再分式屋架杆件计算长度

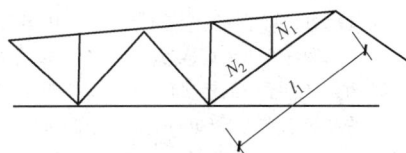

③斜平面的计算长度。单面连接的单角钢腹杆及双角钢组成的十字形截面腹杆，因截面的两主轴均不在屋架平面内。当杆件绕最小主轴失稳时，发生在斜平面内。此时，杆件两端节点对其两个方向均有一定的嵌固作用，因此可取腹杆斜平面内的计算长度 $l_0 = 0.9l$；桁架弦杆和单系腹杆的计算长度按表 4.4-1 选用。

表 4.4-1　　　　　　　　　　桁架弦杆和单系腹杆的计算长度 l_0

项次	弯曲方向	弦杆	腹杆	
			支座斜杆和支座竖杆	其他杆件
1	在桁架平面内	l	l	$0.8l$
2	在桁架平面外	l_1	l	l
3	斜平面内	—	l	$0.9l$

注　l——为构件的几何长度；l_1——为桁架弦杆侧向支撑之间距离。

（2）容许长细比。屋架中有些杆件计算内力很小，甚至为零，由此确定的杆件截面较小，长细比较大，在自重荷载作用下会产生过大挠度，运输和安装过程中易产生弯曲，动荷作用下会引起较大的振动。因此在《钢结构设计规范》（GB 50017—2003）中对压杆和拉杆都规定了容许长细比，见表 4.4-2。

对于由双角钢组成的 T 形截面杆件 ［图 4.4-17（a）］，其截面的两个主轴分别在屋架平面内和屋架平面外，在这两个方向上杆件的长细比应按下式验算：

287

$$\lambda_x = \frac{l_{0x}}{i_x} \leqslant [\lambda] \tag{4.4-3}$$

$$\lambda_y = \frac{l_{0y}}{i_y} \leqslant [\lambda] \tag{4.4-4}$$

表 4.4-2　　　　　　　　　　　　桁架杆件的容许长细比

项　　　次	构　件　名　称	承受静力荷载或间接动力荷载的结构		直接承受动力荷载的结构
		一般建筑结构	有重级工作制吊车的厂房	
1	桁架的杆件	350	250	250
2	吊车梁或吊车桁架以下的柱间支撑	300	200	—
3	其他拉杆、支撑系杆等（张紧圆钢除外）	400	350	—

注　1. 承受静力荷载的结构，可仅计算受拉构件在竖向平面内的长细比。

2. 在直接或间接承受动力荷载的结构中计算单角钢受拉受压构件的长细比时应采用角钢的最小回转半径，但在计算交叉杆件平面外的长细比时可采用与角钢肢边平行轴的回转半径。

3. 中、重级工作制吊车桁架下弦杆的长细比不宜超过 200。

4. 在设有夹钳吊车或刚性料耙吊车的厂房中支撑的长细比不宜超过 300。

5. 受拉构件在永久荷载与风荷载组合作用下受压时，其长细比不宜超过 250。

6. 桁架（包括空间桁架）的受压腹杆，当其内力等于或小于承载能力的 50% 时，容许长细比值可取为 200。

7. 跨度等于或大于 60m 的桁架其受压弦杆和端压杆的溶许长细比值宜取 100，其他受压腹杆可取的（承受静力荷载）或 120（承受动力荷载）；其受拉弦杆和腹杆的长细比不宜超过 300（承受静力荷载）或 250（承受动力荷载）。

8. 由容许长细比控制截面的杆件，在计算其长细比时，可不考虑扭转效应。

对于单角钢杆件和双角钢组成的十字形截面 [图 4.4-17（b）、（c）]，应取截面的最小回转半径，$i_{\min}$（i_{y0}）验算杆件在斜平面上的最大长细比，即

$$\lambda = \frac{l_0}{i_{\min}} \leqslant [\lambda] \tag{4.4-5}$$

3. 屋架杆件截面选择

(1) 屋架杆件截面形式。

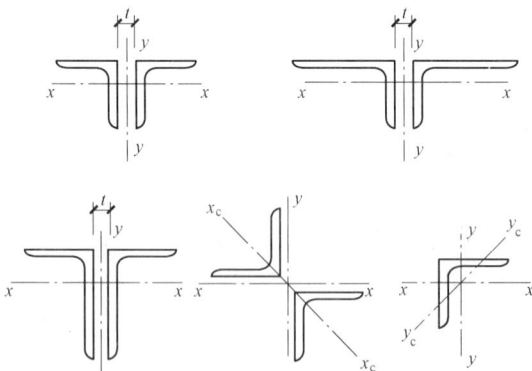

图 4.4-17　角钢杆件截面形式

1) 采用双角钢组成的 T 形截面或十字形截面（图 4.4-17）。受力较小的次要杆件可采用单角钢。角钢屋架构造简单，取材容易，在工业厂房中得到广泛应用。双角钢截面是三角形屋架杆件的主要截面形式。因双角钢杆件与杆件之间需用节点板和填板相连，以保证两个角钢能共同受力。存在用钢量大，角钢背之间抗腐蚀性能较差等缺陷。小角钢（小于∟45×4 或∟56×36×4）在三角形屋架、平坡梯形屋架中采用较多。

2）采用热轧 T 型钢截面（图 4.4-18）。主要用于梯形屋架，可以省去节点板，用钢经济（节约钢材大约 10%），用工量少（省工 15%～20%）。易于涂油漆且提高抗腐蚀性能，延长其使用寿命，降低造价（为 16%～20%）。热轧 T 型钢的应用，为采用 T 型钢代替角钢提供了技术保证条件，并逐步有代替角钢的趋势。

3）采用 H 型钢截面（图 4.4-19）。在大跨度屋架中，例如平坡梯形屋架的主要杆件多选取用热轧 H 型钢或高频焊接轻型 H 型钢，用作屋架上弦杆时，能承受较大内力。

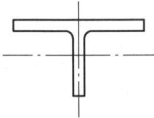

图 4.4-18　T 形截面图　　　　　　　　　　　　图 4.4-19　H 形截面

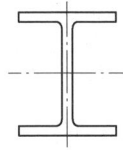

4）采用冷弯薄壁型钢截面（图 4.4-20）。冷弯薄壁型钢，是一种经济型材，截面比较开展，截面形状合理且多样化。它与热轧型钢相比同样截面积时具有较大的截面惯性矩、抵抗矩和回转半径等，对受力和整体稳定有利。

薄壁型钢中的钢管，有方管和圆管两种类型（图 4.4-21），截面具有刚度大、受力性能好、构造简单等优点，宜优先采用。例如三角形屋架、平坡梯形屋架等多采用。

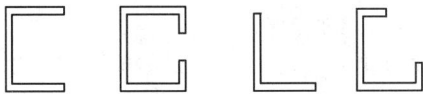

图 4.4-20　冷弯薄壁型钢图　　　　　　　　　　图 4.4-21　薄壁型钢管截面

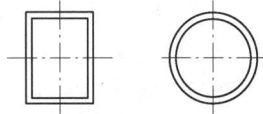

5）采用圆钢截面。圆钢截面较小，钢材、构件和连接的缺陷（初弯曲、节点构造和受力偏心、焊接缺陷、尺寸负公差等）对受力影响较大，以及双圆钢截面时，两根圆钢的松紧常有较多的差异，故杆件和连接强度的设计值比一般钢结构降低。

（2）杆件截面选用的原则。杆件截面选用应满足下列要求：

1）杆件截面尺寸应根据其不同的受力情况按计算确定。当屋架仅受节点荷载作用时：应按轴心受力构件计算选用杆件截面；当上、下弦杆有节间荷载作用时应按压弯、拉弯构件选用上、下弦截面。屋架所有杆件截面都必须满足表 4.4-2 中容许长细比的要求。

2）杆件截面计算一般采用验算的方法，即先按设计经验和构造要求选定各杆截面，然后再按受力情况逐一验算。如不满足要求，重新选择截面进行验算，直至合适为止。

3）对受力很小的腹杆或因构造要求设置的杆件（例如芬克式屋架跨中央竖杆），其截面按刚度条件确定。

4）应优先选用肢宽壁薄的角钢，以增大回转半径，但肢厚应不小于 4mm。

5）在一榀屋架中，应避免选用肢宽相同而厚度不同的角钢，不得已时，厚度相差至少为 2mm，以防止制造时出错。

6）对于跨度不大的屋架，其上、下弦杆的截面一般沿长度保持不变，按最大受力节间选择；如果跨度大于 24m，应根据弦杆内力的大小，从节点部位开始改变截面，但应改变肢宽而保持厚度不变，以利于拼接构造的处理。如改变弦杆截面，半跨内只能改变一次。

7）为了防止杆件在运输和安装时产生弯扭和损坏，角钢的最小尺寸不应小于∟45×4或∟56×36×4；用于十字形截面的角钢应不小于∟63×5。

8）同一榀屋架中，杆件的截面规格不宜过多，在用钢量增加不多的情况下，宜将杆件截面规格相近的加以统一，即一榀屋架中杆件截面规格不宜超过6～7种。

4.4.3 普通钢屋架节点构造及钢屋架施工图识读

1. 普通钢屋架节点构造

角钢屋架的杆件是采用节点板互相连接，各杆件内力通过各自的杆端焊缝传至节点板，并汇交于节点中心而取得平衡。节点的设计应做到传力明确、可靠，构造简单，制造和安装方便等。

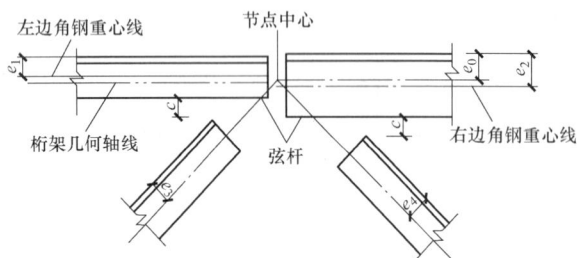

图 4.4-22　杆件轴线位置

（1）桁架杆件的定位轴线。定位轴线是截面重心线（图 4.4-22），以避免杆件偏心受力（角钢的形心位置可直接表中查出）。但因角钢的形心与肢背的距离不是整数，为了制造上的方便，将此距离调整成 5mm 的倍数。如果弦杆截面有变化时，使角钢背平齐，取两条形心线的中线为桁架轴线，并调整为 5mm 的倍数。

（2）节点板尺寸及要求。在同一榀屋架中，所有中间节点板均采用同一种厚度，支座节点板由于受力大且很重要，厚度比中间的增大 2mm。梯形屋架根据腹杆最大内力，三角形屋架根据弦杆最大内力来确定。Q235 节点板厚度可参照表 4.4-3 选用。

表 4.4-3　　　　　　　　角钢钢屋架节点板厚度选取用表

端斜杆最大内力设计值/kN	≤150	160～300	310～400
中间节点板厚度/mm	6	8	10
支座节点板厚度/mm	8	10	12

节点板形状根据腹杆与节点板的焊缝布置确定。形状应大致规整，尽量有两边平行，使切割边最小；应优先采用矩形、平行四边形或直角梯形，至少应有两边平行或有一个直角，以减少加工时钢材损耗和便于切割（图 4.4-23）。节点的长和宽宜取为 5mm 的倍数。

当节点处只有单根斜杆与弦杆相交时，节点板应采用图 4.4-24 所示图形。沿焊缝方向应多留约为 10mm 的长度以考虑施焊时的"焊口"，垂直于焊缝长度方向应留出 10～15mm 的焊缝位置。节点板的边缘与轴线的夹角不小于 30°，但应具有不小于 1：4 的坡度，使杆内力在节点板中有良好的扩散，以改善节点板的受力情况。

（3）杆件填板的设置。双角钢 T 形或十字形截面是组

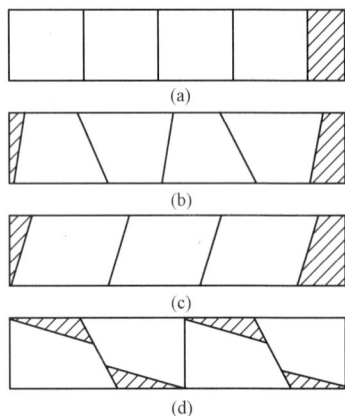

图 4.4-23　节点板的切割

合截面，应每隔一定间距在两角钢间放置填板（图 4.4-25），以保证两个角钢能共同受力。

填板的厚度同节点板的厚度，宽度一般为 40～60mm；其长度对双角钢 T 形截面可伸出角钢肢背和角钢肢尖各 10～20mm，十字形截面比角钢肢缩进 10～20mm；角钢与填板通常用 5mm 侧焊或围焊的角焊缝连接。

填板间距 l_d：对压杆，$l_d \leqslant 40i$；对拉杆，$l_d \leqslant 80i$，i 为截面回转半径。对双角钢 T 形截面，取一个角钢与填板平行的形心轴的回转半径；对十字形截面，取一个角钢的最小回转半径。

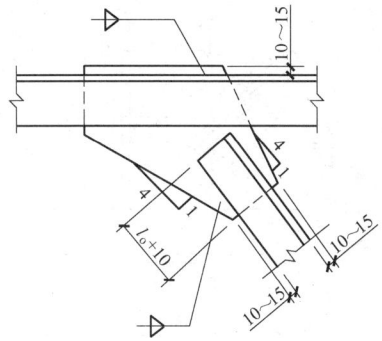

图 4.4-24　单相腹杆的节点

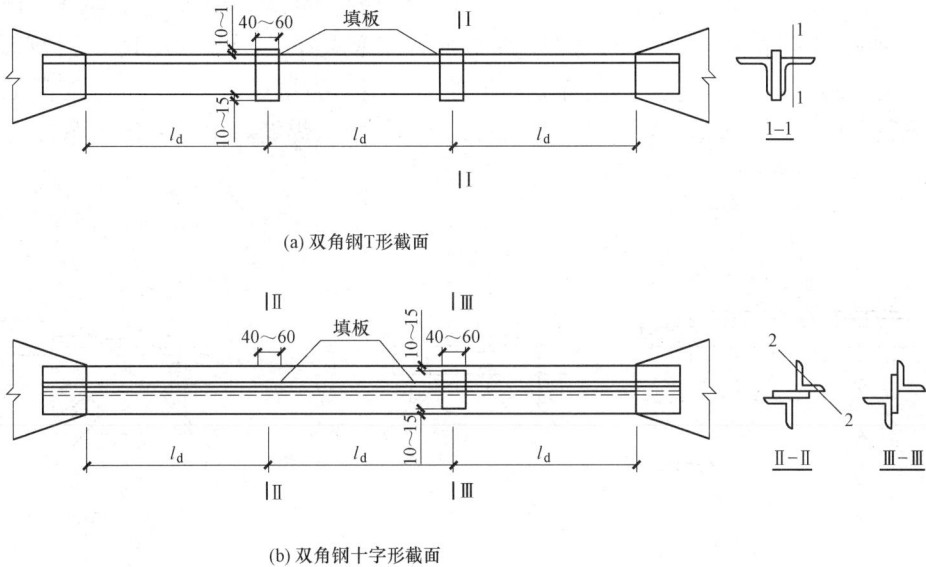

(a) 双角钢T形截面

(b) 双角钢十字形截面

图 4.4-25　角钢屋架杆件填板（单位：mm）

一般杆件中的填板数量不得少于 2 个（T 形截面）和 3 个（十字形截面），在节间一横一竖交替使用。

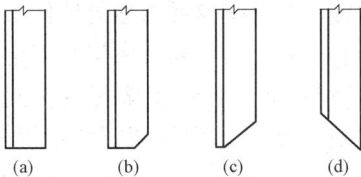

图 4.4-26　角钢的切削图

（4）角钢的切削。一般采用垂直杆件轴线的直切，但有时为了减小节点板尺寸，使节点紧凑，也可采用斜切的方法，但不允许切割角钢背（图 4.4-26）。

（5）腹杆与弦杆或腹杆与腹杆杆件边缘间的距离。腹杆与弦杆或腹杆与腹杆之间应尽量靠近，以增加屋架的刚度。但各杆件之间仍需留出一定的空隙（图 4.4-27），在焊接屋架中不宜小于 20mm，相邻角焊缝焊趾间净距不小于 5mm；在非焊接屋架中宜取不小于 10mm。节点板应伸出弦杆 10～20mm，以便施焊。

节点板可伸出上弦角钢肢背 10～15mm 进行贴角焊，也可缩进 5～10mm 进行槽焊。当

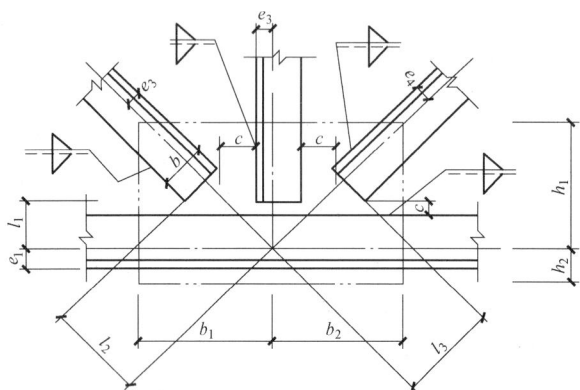

图 4.4-27 一般节点构造

有檩屋盖在檩条处需设短角钢以支托檩条，就应采用槽焊。

（6）承受集中荷载的节点。上弦作用有集中荷载的节点（图 4.4-28）。当上弦角钢较薄时，其外伸肢容易弯曲，可用水平板或加劲肋予以加强。为放置檩条或集中荷载下的水平板，可采用节点板不向上伸出或部分向上伸出的两种作法。图 4.4-28（a）节点板不向上伸出方案。此时节点板在上弦角钢背凹进，采用槽焊缝焊接，于是节点板与上弦之间就由槽焊缝"K"和角焊缝

"A"这两种不同的焊缝传力。节点板凹进上弦肢背深度应有（$t/2+2$）mm 与 t 之间，t 为节点板的厚度。图 4.4-28（b）节点板部分向上伸出方案。当角焊缝"A"的强度不足时，常采用此方案，此时，开成肢尖的"A"与肢背的"B"两条焊缝，由此来传递弦杆与节点板之间的力。

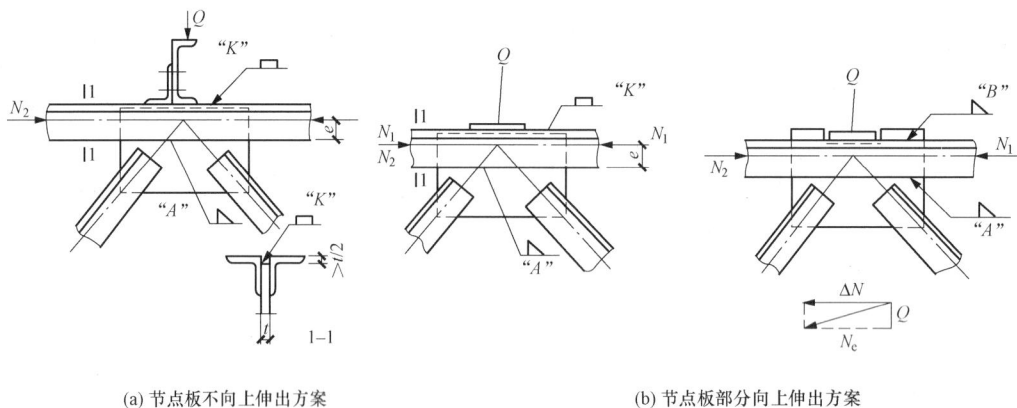

(a) 节点板不向上伸出方案   (b) 节点板部分向上伸出方案

图 4.4-28　上弦有集中荷载的节点两种作法

（7）支座节点。三角形屋架的支座节点一般采用图 4.4-29 平板铰接支座的形式。在节点下面有一支座底板与节点板垂直相连，用以固定屋架的位置，并把支座反力均匀地传给钢筋混凝土柱顶。此外，由于支座反力较大，节点板应用加劲肋加强。为了安装屋架和传递柱顶剪力，在钢筋混凝土柱顶应设置预埋锚栓，常用直径为 18～24mm，视屋架跨度不同而定。节点底板上开有锚栓孔，孔径约为锚栓直径的 2 倍，常用 U 形孔。当屋架安装定位后，在锚栓孔上应设矩形小垫板围焊固定。小垫板的常用边宽为 80～100mm，厚 10～12mm，其孔径比螺栓直径大 1～2mm。图 4.4-29（a）中的加劲肋较图 4.4-29（b）的宽，对抵抗房屋的纵向地震作用或其他水平力较为有利。

（8）弦杆拼接。当角钢长度不足或弦杆截面有改变以及屋架分单元运输时，弦杆经常要拼接。工厂拼接，拼接点通常在节点范围以外；工地拼接，拼接点通常在节点。

图 4.4-30 为杆件在节点范围外的工厂拼接，图 4.4-31 和图 4.4-32 为下弦中央的工地拼

292

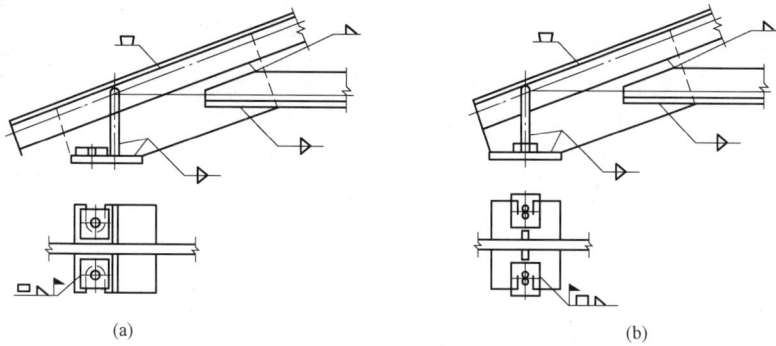

图 4.4-29　三角形屋架支座节点

接节点和屋脊工地拼接节点。

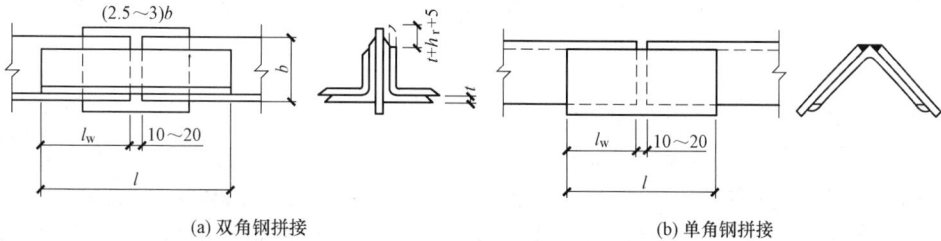

(a) 双角钢拼接　　　　　　　　(b) 单角钢拼接

图 4.4-30　杆件在节点范围外的工厂拼接

　　弦杆采用拼接角钢拼接。拼接角钢采取与弦杆相同的角钢截面（弦杆截面改变时，与较小截面弦杆相同），并需切去垂直肢及角背直角边棱。切肢 $\Delta = t + h_f + 5\text{mm}$ 以便施焊，其中 t 为拼接角钢肢厚，h_f 为角焊缝焊脚尺寸，5mm 为余量以避开肢尖圆角；切直角边棱是为了使拼接角钢与弦杆贴紧。

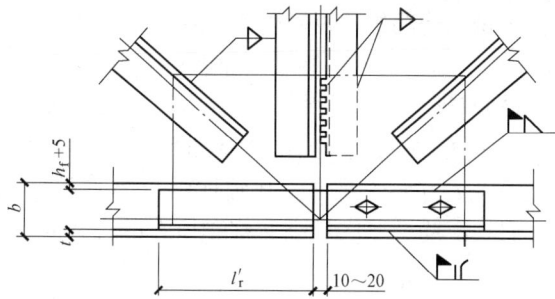

图 4.4-31　屋架下弦拼接节点

　　工地拼接屋脊节点，对屋面坡度较大的三角形屋架，上弦坡度较陡且角钢肢较宽不易弯折时，可将上弦切断而后冷弯成形并直对焊 [图 4.4-30 (b)]。采用图 4.4-30 (a) 形式时，如为工地拼接，为便于现场拼装，拼接节点需设置安装螺栓。这种节点形式既适用于整榀制造的屋架，又适用于将两个半榀运至工地后再拼成整榀的屋架，因而采用较多。

　　2. 钢结构工程施工设计图识读

　　(1) 概述。钢结构工程施工设计图通常有图纸目录、设计说明、基础图、结构布置图、构件图、节点详图以及其他次构件、钢材订货表等。

　　1) 图纸目录通常注有设计单位名称、工程名称、工程编号、项目、出图日期、图纸名称、图别、图号、图幅以及校对、制表人等。

293

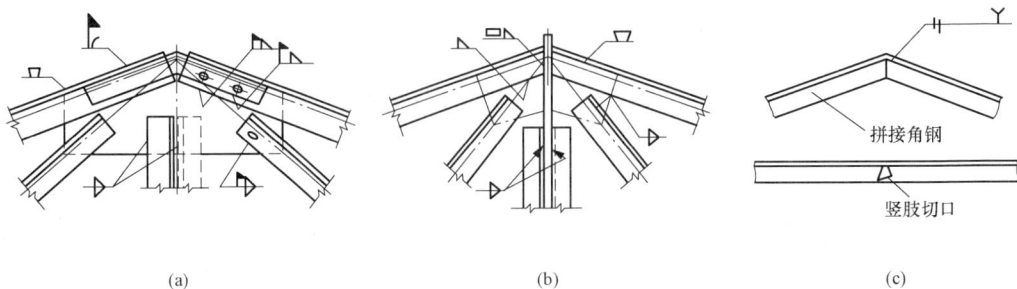

图 4.4-32　屋脊节点

2）钢结构的设计说明。

①设计依据：主要有国家现行有关规范和甲方的有关要求。

②设计条件：主要指永久荷载、可变荷载、风荷载、雪荷载、抗震设防烈度及工程主体结构使用年限和结构重要等级等。

③工程概况：主要指结构形式和结构规模等。

④设计控制参数：主要指有关的变形控制条件。

⑤材料：主要指所选用的材料要符合有关规范及所选用材料的强度等级等。

⑥钢构件制作和加工：主要指焊接和螺栓等方面的有关要求及其验收的标准。

⑦钢结构运输和安装：主要包含运输和安装过程中要注意的事项和应满足的有关要求。

⑧钢结构涂装：主要包含构件的防锈处理方法和防锈等级及漆膜厚度等。

⑨钢结构防火：主要包含结构防火等级及构件的耐火极限等方面的要求。

⑩钢结构的维护及其他需说明的事项内容。

3）基础图包括基础平面布置图和基础详图。基础平面布置图主要表示基础的平面位置（即基础与轴线的关系），以及基础梁、基础其他构件与基础之间的关系；标注基础、钢筋混凝土柱、基础梁等有关构件的编号，表明地基持力层、地耐力、基础混凝土和钢材强度等级等有关方面的要求。基础详图主要表示基础的细部尺寸，例如基底平面尺寸、基础高度、底板配筋、基底标高和基础所在的轴线号等；基础梁详图主要表示梁的断面尺寸、配筋和标高。

4）柱脚平面布置图主要表示柱脚的轴线位置与和柱脚详图的编号。柱脚详图表示柱脚的细部尺寸、锚栓位置及柱脚二次灌浆的位置和要求等。

5）结构平面布置图表示结构构件在平面的相互关系和编号，例如刚架、框架或主次梁、楼板的编号以及它们与轴线的关系。

6）墙面结构布置图可以是墙面檩条布置图、柱间支撑布置图。墙面檩条布置图表示墙面檩条的位置、间距及檩条的型号；柱间支撑布置图表示柱间支撑的位置和支撑杆件的型号墙面檩条布置图，同时也表示隔撑、拉条、撑杆的布置位置和所选用的钢材型号，以及墙面其他构件的相互关系，例如门窗位置、轴线编号、墙面标高等。

7）屋盖支撑布置图表示屋盖支撑系统的布置情况。屋面的水平横向支撑通常由交叉圆杆组成，设置在与柱间支撑相同的柱间；屋面的两端和屋脊处设有刚性系杆，刚性系杆通常是圆钢管或角钢，其他为柔性系杆可用圆钢。

8）屋面檩条布置图表示屋面檩条的位置、间距和型号以及拉条、撑杆、隔撑的布置位置和所选用的型号。

9）构件图可以是框架图、刚架图，也可以是单根构件图。例如刚架图主要表示刚架的细部尺寸、梁和柱变截面位置，刚架与屋面檩条、墙面檩条的关系；刚架轴线尺寸、编号及刚架纵向高度、标高；刚架梁、柱编号、尺寸以及刚架节点详图索引编号等。

10）节点详图是表示某些复杂节点的细部构造。例如刚架端部和屋脊的节点，它表示连接节点的螺栓个数、螺栓直径、螺栓等级、螺栓位置、螺栓孔直径；节点板尺寸、加劲肋位置、加劲肋尺寸以及连接焊缝尺寸等细部构造情况。

（2）单层钢结构厂房钢屋架施工设计图实例。本节内容，先查阅《轻型屋面三角形钢屋架（部分 T 型钢弦杆）》（06 SG517-2）；轻型屋面三角形钢架（剖分 T 型钢）标准图集，本节给出了一张单层钢屋架钢结构厂房的结构施工设计图（见附图1），使读者对钢结构工程施工设计图的组成有一个整体的概念，便于读者理解和识读钢结构构件间相互关系的表达方式，建立起钢结构工程施工设计图的全局观念。

4.4.4　门式刚架轻型钢结构

1. 门式刚架轻型钢结构的特点

（1）门式刚架轻型房屋钢结构的特点。门式刚架轻型房屋钢结构是由梁、柱通过刚接组成的结构，其形式种类繁多，但在单层工业与民用房屋中，应用较多的为单跨、双跨或多跨的单、双坡门式刚架（根据需要可带挑檐或毗屋）。门式刚架轻型房屋钢结构厂房可根据通风、采光的需要设置通风口、采光带和天窗架等。

（2）应用范围。目前，门式刚架轻型房屋钢结构大多采用腹式焊接工字形截面或轧制 H 形截面。门式刚架结构与其他房屋结构相比具有以下特点：

1）屋面采用压型钢板，可减小梁、柱截面尺寸和建筑体积，增大使用空间。

2）在多跨建筑中可做成一个屋脊的双破屋面，有利于排水组织。

3）门式刚架可采用变截面形式，并可根据需要改变腹板高度或翼缘宽度，做到材尽其用。

4）门式刚架的刚度较好，且平面内、外的刚度差别较小，这为制造、运输、安装提供了有利条件。

5）支撑可直接或节点板连接在腹板上，并可采用张紧的圆钢，使结构构造简单、用钢量小。

6）结构构件可全部在工厂制作，工业化程度高，质量易于保证。

7）构件单元可根据运输条件划分，现场用螺栓连接，安装方便快捷，施工量小。

2. 门式刚架轻型钢结构的应用

门式刚架轻型房屋钢结构通常用于跨度为 9～36m、柱距为 6m（也适用于柱距为 7.5m或 9m，但最大不超过 12m）、柱高为 4.5～9m，设有吊车且起重量较小的单层工业厂房或公共建筑（超市、娱乐场馆、车站候车室、仓储建筑）。设置轻、中级工作制单梁或双梁桥式吊车时，起重量不宜大于 20t（柱距为 6m 时，不宜大于 30t）；设置悬挂式吊车时，起重量不宜大于 3t。

3. 门式刚架轻型钢结构的组成及结构形式

（1）门式刚架轻型钢结构的组成。门式刚架结构是梁、柱单元构件的组合体，它一般由结构（刚架、吊车梁）、次结构（檩条、墙架柱及抗风柱、墙梁）、支撑结构（屋盖支撑、柱间支撑）及围护结构（屋面、墙面）几个部件一起协同工作。

门式刚架轻型结构组成如图 4.4-33 所示。在门式刚架轻型房屋钢结构体系中，屋盖应采用压型钢板屋面板和冷弯薄壁型钢檩条，主刚架可采用变截面实腹刚架，外墙宜采用压型钢板墙板和冷弯薄壁型钢墙梁，也可以采用砌体外墙或底部为砌体、上部为轻质材料的外墙。主刚架斜梁下翼缘和刚架内翼缘的出平面稳定性，由与檩条或墙梁相连接的隅撑来保证。

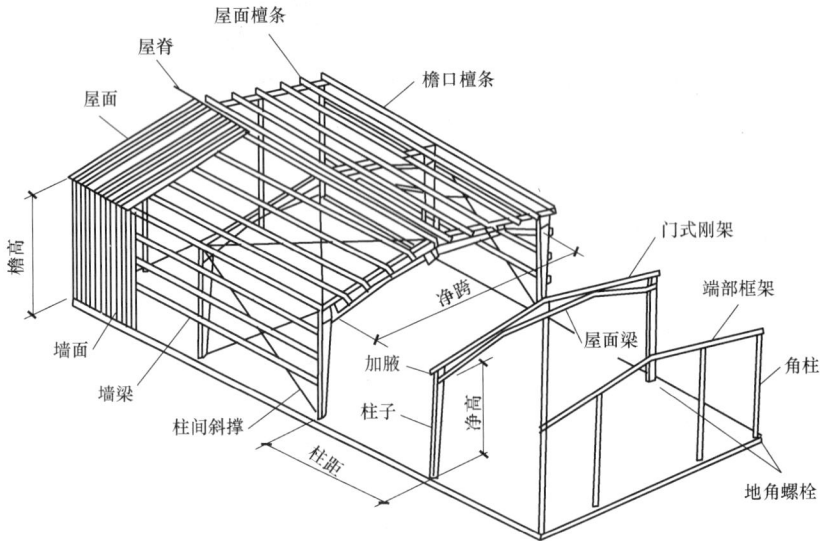

图 4.4-33　门式刚架结构组成

单层门式刚架轻型房屋可采用乙烯泡沫塑料、硬质聚氨醋泡沫塑料、岩棉、矿棉、玻璃棉等作为保温隔热材料，也可以采用带保温层的板材作屋面。

门式刚架轻型房屋屋面坡度宜取 1/8～1/20，在雨水较多的地区宜取其中较大值。

对于门式刚架轻型房屋：其檐口高度，取地坪至房屋外侧檩条上缘的高度；其最大高度，取地坪至屋盖顶部檩条上缘的高度；其宽度，取房屋侧墙墙梁外皮之间的距离；其长度，取两端山墙墙梁外皮之间的距离。

在多跨刚架局部抽掉中柱处，可布置托架。山墙处可设置由斜梁、抗风柱和墙架组成的山墙墙架，或直接采用门式刚架。

（2）门式刚架结构形式。门式刚架的结构形式较多，可以按照以下方法进行分类：

1）按构件体系的不同，门式刚架可分为实腹式和格构式两类。

2）按构件横截面的组成划分，门式刚架的梁、柱可采用变截面或等截面实腹焊接工字形。

3）按刚架的跨度不同，其结构形式可分为单跨 [图 4.4-34（a），（b）]、双跨 [图 4.4-34（e），（f），（g），（i）] 和多跨 [图 4.4-34（c），（d）]。

4）按屋面坡脊数不同，可分为单脊单坡 [图 4.4-34（a）]、单脊双坡 [图 4.4-34（b），（c），（d），（g），（h）]、多脊多坡 [图 4.4-34（e），（f），（i）]。

296

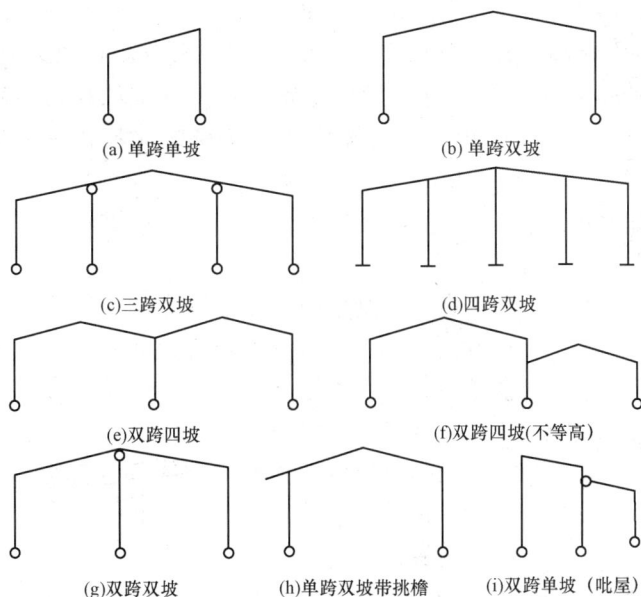

图 4.4-34 门式刚架结构形式

(a) 单跨单坡   (b) 单跨双坡   (c)三跨双坡   (d)四跨双坡   (e)双跨四坡   (f)双跨四坡(不等高)   (g)双跨双坡   (h)单跨双坡带挑檐   (i)双跨单坡（吡屋）

5）按刚架结构材料，门式刚架可以有普通型钢、薄壁型钢、钢管或钢板焊接而成。

4. 门式刚架轻型钢结构的节点构造

实腹式门式刚架一般在斜梁与柱交接处以及跨中屋脊处设置安装拼接节点，在柱脚基础处设置锚固节点。这些部位的弯矩和剪力较大，设计时应认真考虑，力求节点构造与设计简图一致，并有足够的强度、刚度和一定的转动能力。同时应使其制造、运输和安装方便。

（1）端板构造。

1）门式刚架抖梁与柱的连接。可采用如图 4.4-35 所示三种形式，即采用端板竖放、端板平放和端板斜放。应符合下列要求：

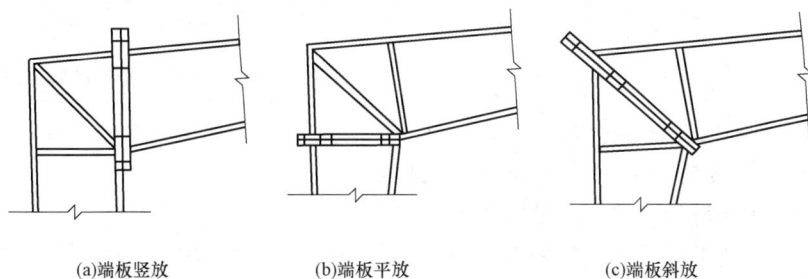

(a)端板竖放   (b)端板平放   (c)端板斜放

图 4.4-35 刚架斜梁的端板连接及斜梁的连接

端板连接应按所受最大内力设计；当内力较小时，应按能承受不小于较小被连接截面承载力一半设计。

为了满足强度需要，主刚架的连接宜采用高强度螺栓，其直径可根据需要选用，通常采用 M16～M30 螺栓。檩条和墙梁与刚架斜梁和柱的连接通常采用 M12 普通螺栓。

端板螺栓应成对地对称布置。在受拉翼缘和受压翼缘的内外两侧均应设置，并宜使每个翼缘的螺栓群中心与翼缘的中心重合或接近。为此应采用将端板伸出截面高度范围以外的外伸式连接，如图 4.4-36 所示。当螺栓群间的力臂足够大（例如在端板斜置时）或受力较小（例如某些斜梁拼接）时，也可采用将螺栓全部设在构件截面高度范围内的端板平齐式连接。

螺栓中心至翼缘板表面的距离，应满足拧紧螺栓时的施工要求，不宜小于 35mm，螺栓端距不应小于螺栓孔径的 2 倍。

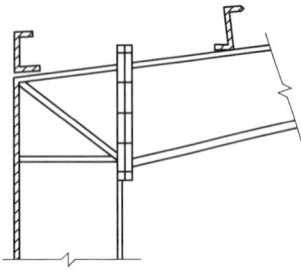

图 4.4-36　端板竖放时的
螺栓和檐檩

在门式刚架中，受压翼缘的螺栓不宜少于两排。当拉翼缘两侧各设一排螺栓尚不能满足承载力要求时，可在翼缘内侧增设螺栓，如图 4.4-36 所示，其间距可取 75mm，且不小于螺栓孔径的 3 倍。

与斜梁端板连接的柱翼缘部分应与端板等厚度，当端板上两对螺栓间的最大距离大于 400mm 时，应在端板的中部增设一对螺栓。

同时受拉和受剪的螺栓，应验算螺栓在拉、剪共同作用下的强度。

2）斜梁与屋脊拼接节点。斜梁在中间拼接时宜使端板与构件外边缘垂直（图 4.4-37），在屋脊拼接时则应使端板垂直地面。屋脊拼接节点通常采用加腋式螺栓连接节点（图 4.4-38）。加腋主要是螺栓连接节点构造的需要，同时，也可减小刚架的横向水平变位。但由于屋脊节点附近的弯矩变化比较缓慢，故对提高刚架承载能力，并不起直接作用。

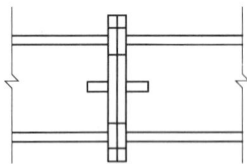

图 4.4-37　斜梁拼接节点

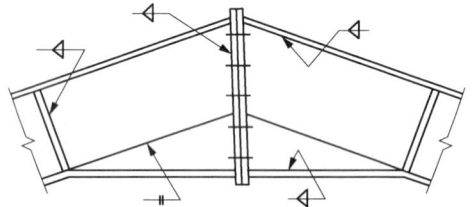

图 4.4-38　屋脊拼接节点

3）摇摆柱与料梁的连接构造。多跨刚架中采用上下两端均铰接的中间柱称为摇摆柱。摇摆柱自身的稳定性依赖刚架的抗侧移刚度，作用于摇摆柱中的内力将起促进刚架失稳的作用。摇摆柱与斜梁的连接比较简单，构造图如图4.4-39 所示。

4）檩条与刚架连接。宜采用搭接。带斜卷边的 Z 形檩条可采用叠置搭接，卷边槽形檩条可采用不同型号的卷边槽形冷弯钢套置搭接。带斜卷边 Z 形檩条的搭接长度 2a（图 4.4-40）及其连接螺栓直径，应根据连接梁中间支座处的弯矩值确定。在同一工程中宜尽量减少搭接长度的类型。

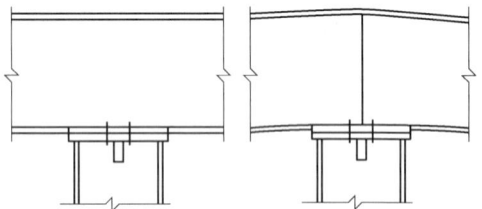

图 4.4-39　摇摆柱与斜梁的连接构

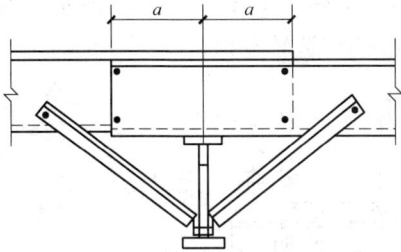

图 4.4-40　斜卷边檩条的搭接

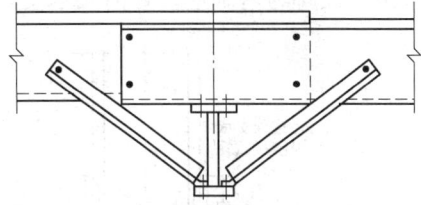

图 4.4-41　隔撑的连接

5）隔撑。宜采用单角钢制作。隔撑可连接在刚架构件下（内）翼缘附近的腹板上（图4.4-41），也可连接在下（内）翼缘上（图4.4-41）。通常采用单个螺栓连接。隔撑与刚架构件腹板的夹角不宜小于45°。

（2）柱脚节点构造。

1）门式刚架轻型钢结构的柱脚形式。有铰接柱脚和刚接柱脚两种。铰接柱脚与基础连接方式为支承式；刚接柱脚与基础的连接方式有支承式、埋入式、外包式三种。铰接柱脚和刚接柱脚各有优缺点，应合理选用。

在一般情况下，当荷载较小，对横向水平变形要求不高时，宜采用铰接柱脚；反之（如有吊车时），应采用刚接柱脚。

①门式刚架铰接柱脚。铰接柱脚（图4.4-42、图4.4-43），其柱顶的横向水平变形较大，但柱脚与基础连接处没有弯矩，受力情况好，柱脚构造简单，所需基础尺寸较小。

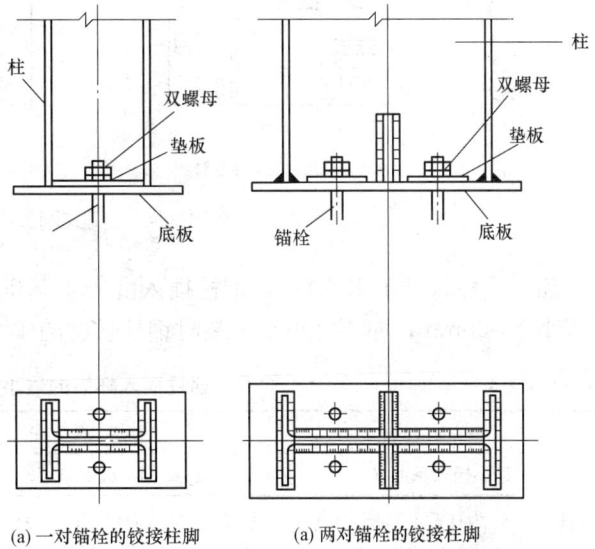

(a) 一对锚栓的铰接柱脚

(a) 两对锚栓的铰接柱脚

图 4.4-42　门式刚架工字形柱铰接柱脚

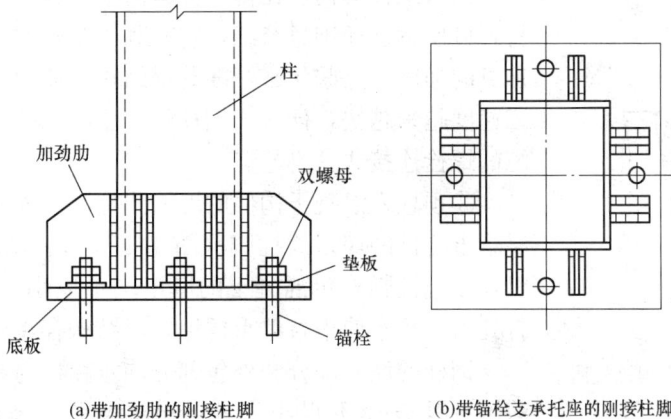

(a)带加劲肋的刚接柱脚

(b)带锚栓支承托座的刚接柱脚

图 4.4-43　门式刚架箱形柱铰接柱脚

②门式刚架支承式刚接柱脚。支承式刚接柱脚（图4.4-44），其柱顶的横向水平变形较小，但由于柱脚与基础连接处需要承受较大的弯矩，柱脚构造较复杂。

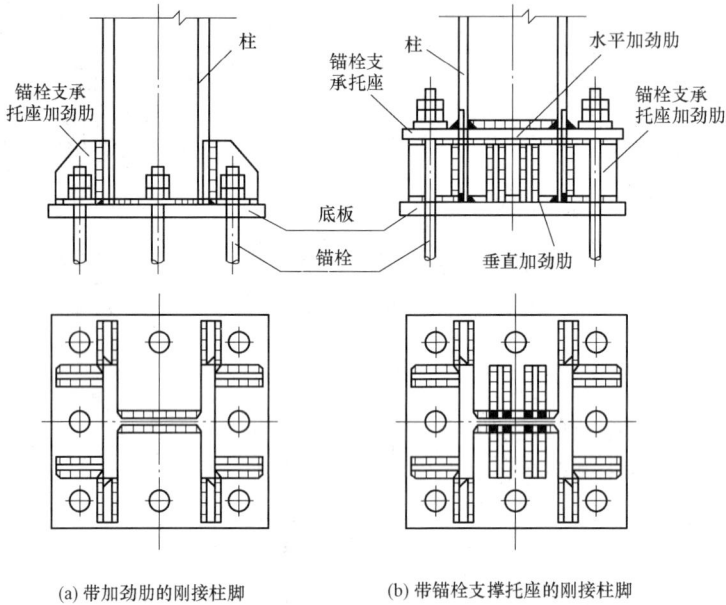

(a) 带加劲肋的刚接柱脚　　　　　(b) 带锚栓支撑托座的刚接柱脚

图4.4-44　门式刚架刚接柱脚

插入式柱脚（图4.4-45），钢柱插入混凝土基础杯口的最小深度可按表4.4-4取用，但不宜小于500mm，亦不宜小于吊装时钢柱长度的1/20。

表4.4-4　　　　　　　　　　　钢柱插入杯口的最小深度 d

柱截面形式	实　腹　柱	双肢格构柱（单杯口或双杯口）
最小插入深度 d	$1.5h_c$ 或 $1.5d_c$	$0.5h_c$ 或 $1.5b_c$（或 d_c）较大值

注　1. h_c 为柱截面高长（长边尺寸）；b_c 为柱截面宽度；d_c 为圆管柱的外径。

　　2. 钢柱底端至基础杯口底的距离一般采用50mm，当有柱底板，可采用200mm。

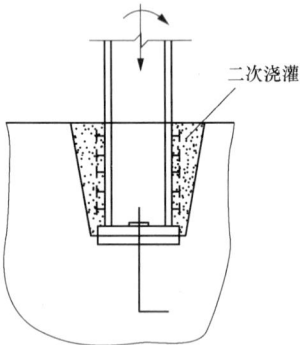

图4.4-45　插入式刚接柱脚

插入式柱脚构造比传统柱脚简单，施工制作方便、省工节料，可使钢柱耗钢量节约，它有利于基础的整体稳定性和发挥自身的强度，近些年来，随着钢结构的应用越来越多，工程施工速度越来越快，插入式钢柱脚应用越来越广泛，大有取代传统的螺栓连接式柱脚趋势。

③预埋入混凝土构件的埋入式柱脚及外包式柱脚。预埋入混凝土构件的埋入式柱脚（图4.4-56），其混凝土保护层厚度以及外包柱脚外包混凝土的厚度均不应小于180mm，防止柱脚处由于积水使钢材严重锈蚀，对结构存在着安全隐患。

钢柱的埋入部分和外包部分均宜在柱的翼缘上设置栓钉抗剪键，其直径不得小于16mm，水平及竖向中心距不得大于200mm。

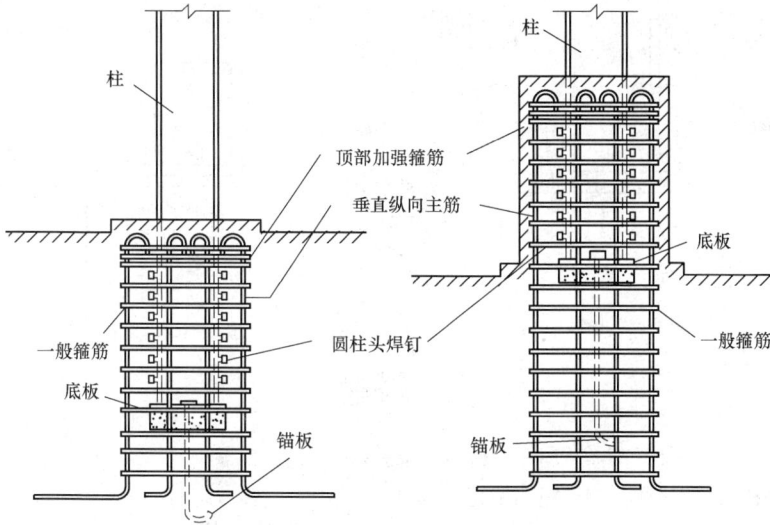

图 4.4-46　埋入式刚接柱脚

埋入式柱脚在基础中的埋深可参照表 4.4-1 的实腹柱,在埋入部分的顶部应设置水平加劲肋或隔板。

2) 轻型刚架柱脚描检。柱脚通过锚栓固定于下部混凝土基础,柱脚锚栓应采用 Q235 或 Q345 钢材制作。锚栓一头埋入混凝土中,埋入的长度要以混凝土对其的握裹力不小于其自身强度为原则,所以对于不同的混凝土标号和锚栓强度,所需最小埋入长度也不一样。为了增加握裹力,对于 ϕ39 以下锚栓,需将其下端弯成 L 形,弯钩的长度为 $4d$;对于 ϕ39 以上锚栓,因其直径过大不便于折弯,则在其下端焊接锚固板。

铰接柱脚锚栓的直径通过构造要求确定,但考虑安装阶段的稳定和正常使用阶段不可避免地传递部分水平反力,锚栓直径不宜太小,一般为 20～25mm;刚接柱脚锚栓除了传递垂直力和水平力外,还要传递拉力,地脚螺栓的尺寸要通过设计计算来确定。

3) 抗剪键。钢结构柱脚抗剪键是抵抗柱底剪力用的,它通常由较厚的钢板、钢管、工字钢、H 型钢、角钢、十字形截面钢材垂直焊在柱脚底面的水平钢板上,并埋在混凝土基础内构成,如图 4.4-57 所示。

铰接柱脚原则上锚栓及柱脚构造可以外露,但要有一定的预防措施,当采用强度等级较低的混凝土包裹时,应注意柱脚在正常使用状态上保持铰接,如图 4.4-58 所示。

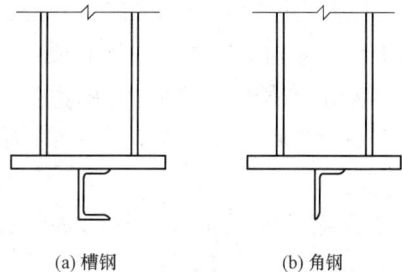

(a) 槽钢　　　　(b) 角钢

图 4.4-47　柱底板下的抗剪键

5. 门式刚架钢结构工程施工设计图识读

(1) 概述。门式刚架钢结构工程施工设计图通常有图纸目录、设计说明、基础图、结构布置图、构件图、节点详图以及其他次构件、钢材订货表等。

1) 图纸目录通常包括设计单位名称、工程名称、工程编号、项目、出图日期、图纸名

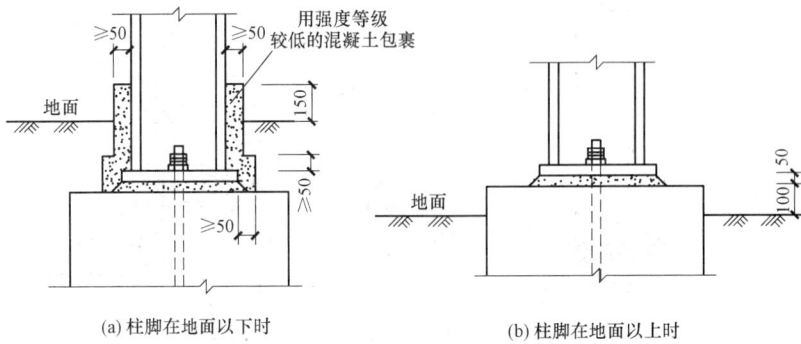

(a) 柱脚在地面以下时 (b) 柱脚在地面以上时

图 4.4-48 外露式柱脚的防护措施

称、图别、图号、图幅以及校对、制表人等。

2）钢结构的设计说明通常包含：

①设计依据：主要有国家现行有关规范和甲方的有关要求。

②设计条件：主要指永久荷载、可变荷载、风荷载、雪荷载、抗震设防烈度及工程主体结构使用年限和结构重要等级等。

③工程概况：主要指结构形式和结构规模等。

④设计控制参数：主要指有关的变形控制条件。

⑤材料：主要指所选用的材料要符合有关规范及所选用材料的强度等级等。

⑥钢构件制作和加工：主要指焊接和螺栓等方面的有关要求及其验收的标准。

⑦钢结构运输和安装：主要包含运输和安装过程中要注意的事项和应满足的有关要求。

⑧钢结构涂装：主要包含构件的防锈处理方法和防锈等级及漆膜厚度等。

⑨钢结构防火：主要包含结构防火等级及构件的耐火极限等方面的要求。

⑩钢结构的维护及其他需说明的事项内容。

3）基础图包括基础平面布置图和基础详图。基础平面布置图主要表示基础的平面位置（即基础与轴线的关系），以及基础梁、基础其他构件与基础之间的关系；标注基础、钢筋混凝土柱、基础梁等有关构件的编号，表明地基持力层、地耐力、基础混凝土和钢材强度等级等有关方面的要求。基础详图主要表示基础的细部尺寸，例如基底平面尺寸、基础高度、底板配筋、基底标高和基础所在的轴线号等；基础梁详图主要表示梁的断面尺寸、配筋和标高。

4）柱脚平面布置图主要表示柱脚的轴线位置与和柱脚详图的编号。柱脚详图表示柱脚的细部尺寸、锚栓位置及柱脚二次灌浆的位置和要求等。

5）结构平面布置图表示结构构件在平面的相互关系和编号，例如刚架、框架或主次梁、楼板的编号以及它们与轴线的关系。

6）墙面结构布置图可以是墙面檩条布置图、柱间支撑布置图。墙面檩条布置图表示墙面檩条的位置、间距及檩条的型号；柱间支撑布置图表示柱间支撑的位置和支撑杆件的型号墙面檩条布置图，同时也表示隅撑、拉条、撑杆的布置位置和所选用的钢材型号，以及墙面其他构件的相互关系，例如门窗位置、轴线编号、墙面标高等。

7）屋盖支撑布置图表示屋盖支撑系统的布置情况。屋面的水平横向支撑通常由交叉圆杆组成，设置在与柱间支撑相同的柱间；屋面的两端和屋脊处设有刚性系杆，刚性系杆通常是圆钢管或角钢，其他为柔性系杆可用圆钢。

8）屋面檩条布置图表示屋面檩条的位置、间距和型号以及拉条、撑杆、隔撑的布置位置和所选用的型号。

9）构件图可以是框架图、刚架图，也可以是单根构件图。例如刚架图主要表示刚架的细部尺寸、梁和柱变截面位置，刚架与屋面擦条、墙面擦条的关系；刚架轴线尺寸、编号及刚架纵向高度、标高；刚架梁、柱编号、尺寸以及刚架节点详图索引编号等。

10）节点详图是表示某些复杂节点的细部构造。例如刚架端部和屋脊的节点，它表示连接节点的螺栓个数、螺栓直径、螺栓等级、螺栓位置、螺栓孔直径；节点板尺寸、加劲肋位置、加劲肋尺寸以及连接焊缝尺寸等细部构造情况。

（2）单层门式钢结构厂房施工设计图实例。本节给出了一套完整的单层门式钢结构厂房的结构施工设计图（见结施01～12），使读者对钢结构工程施工设计图的组成有一个整体的概念，便于读者理解和识读钢结构构件间相互关系的表达方式，建立起钢结构工程施工设计图的全局观念。

<table>
<tr><td colspan="7" align="center">图 纸 目 录</td></tr>
<tr><td colspan="2">××××　建筑设计院
建设部甲级　××××号</td><td>工程名称</td><td>新疆××××学院实训厂房</td><td>工程编号</td><td></td></tr>
<tr><td colspan="2"></td><td>项目</td><td></td><td>日期</td><td>2014.5</td></tr>
<tr><td>序号</td><td colspan="2">图纸名称</td><td>图号</td><td>图幅</td><td colspan="2">备注</td></tr>
<tr><td>1</td><td colspan="2">钢结构设计说明（一）</td><td>结施01</td><td>A1</td><td colspan="2"></td></tr>
<tr><td>2</td><td colspan="2">基础平面布置图</td><td>结施02</td><td>A1</td><td colspan="2"></td></tr>
<tr><td>3</td><td colspan="2">柱脚和锚栓平面布置图</td><td>结施03</td><td>A1</td><td colspan="2"></td></tr>
<tr><td>4</td><td colspan="2">夹层平面布置图</td><td>结施04</td><td>A1</td><td colspan="2"></td></tr>
<tr><td>5</td><td colspan="2">钢柱节点详图</td><td>结施05</td><td>A1</td><td colspan="2"></td></tr>
<tr><td>6</td><td colspan="2">屋面支撑布置图</td><td>结施06</td><td>A1</td><td colspan="2"></td></tr>
<tr><td>7</td><td colspan="2">A、E轴柱间支撑布置及详图</td><td>结施07</td><td>A1</td><td colspan="2"></td></tr>
<tr><td>8</td><td colspan="2">GJ-1刚架详图</td><td>结施08</td><td>A1</td><td colspan="2"></td></tr>
<tr><td>9</td><td colspan="2">GJ-2刚架详图</td><td>结施09</td><td>A1</td><td colspan="2"></td></tr>
<tr><td>10</td><td colspan="2">A、E轴墙面布置及详图</td><td>结施10</td><td>A1</td><td colspan="2"></td></tr>
<tr><td>11</td><td colspan="2">1轴墙面布置及详图</td><td>结施11</td><td>A1</td><td colspan="2"></td></tr>
<tr><td>12</td><td colspan="2">屋面檩条布置图，次构件详图</td><td>结施12</td><td>A1</td><td colspan="2"></td></tr>
<tr><td></td><td colspan="2"></td><td></td><td></td><td colspan="2"></td></tr>
<tr><td></td><td colspan="2"></td><td></td><td></td><td colspan="2"></td></tr>
<tr><td></td><td colspan="2"></td><td></td><td></td><td colspan="2"></td></tr>
<tr><td colspan="4" align="center">校对：</td><td colspan="3" align="center">制表：</td></tr>
</table>

钢结构设计说明

一、工程概况：
1. 该工程主体为单表式门式刚架，结构主厂房跨度为8.000m。外墙围护和屋面围护均为压型钢板，并由工厂加工及现场拼装。

二、设计依据：
1. 《建筑结构荷载规范》GB 50009—2001
2. 《建筑抗震设计规范》GB 50011—2010
3. 《建筑地基基础设计规范》GB 50007—2011
4. 《钢结构设计规范》GB 50017—2003
5. 《钢结构工程施工质量验收规范》GB 50205—2001
6. 《门式刚架轻型房屋钢结构技术规程》YB 9238—92
7. 《冷弯薄壁型钢结构技术规范》GB 50018—2002
8. 《建筑地基基础检测技术规范》YT—2005—1010
9. 《岩土工程勘察规范》GB 50021—2001
10. 本工程相关设计资料和图纸

三、基本条件：基本参数
1. 本建筑结构设计使用年限为50年（不包括地震作用），安全等级为二级。
2. 基本风压：0.45kN/m²，地面粗糙度为B类。
3. 基本雪压：0.6kN/m²。
4. 屋面活荷载：0.5kN/m²。

四、材料：
1. 钢筋：采用HRB300级钢筋，采用HRB400级钢筋。
2. 钢材：
   a. 主钢架部分及连接板均采用Q345B材质。
   b. 其余部分钢材采用Q235。
   c. 屋面檩条采用C型檩条，材质为Q235B材质。
   d. 钢材的强度设计值，弹性模量等化学成分、力学性能详见相关规范。
   构件《GB/T 700—2006》的要求。
   e. 基础底板材料采用Q235钢。
3. 焊接材料：
   a. Q235 钢筋采用工程焊条采用E43XX型焊条。
   b. Q235 钢材接头采用工程焊接采用E50XX型焊条。

五、焊接条件：
1. 钢结构焊接应符合《建筑钢结构焊接技术规程》JGJ 81—2002。
2. 除本工程注明外的所有焊缝均采用角焊缝，角焊缝焊脚尺寸。
3. 在图所有角焊缝焊脚尺寸均符合。

六、钢结构的防腐处理：

七、钢结构制作安装：

八、制作安装：

九、涂装：

十、其它：

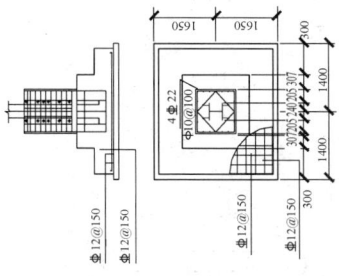

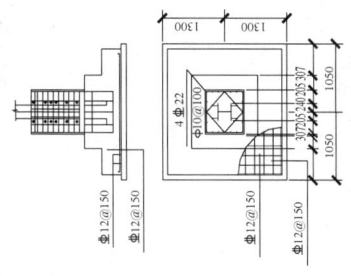

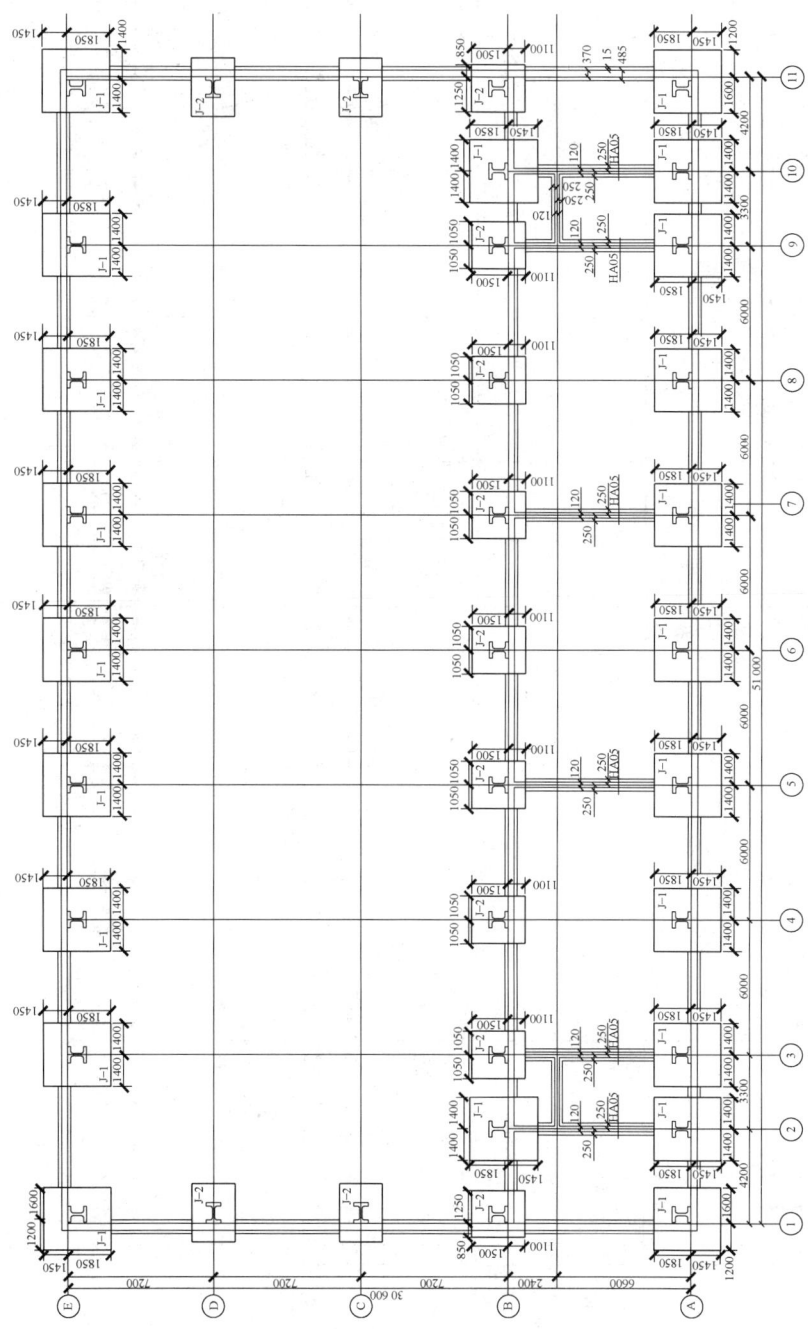

基础平面布置图

305

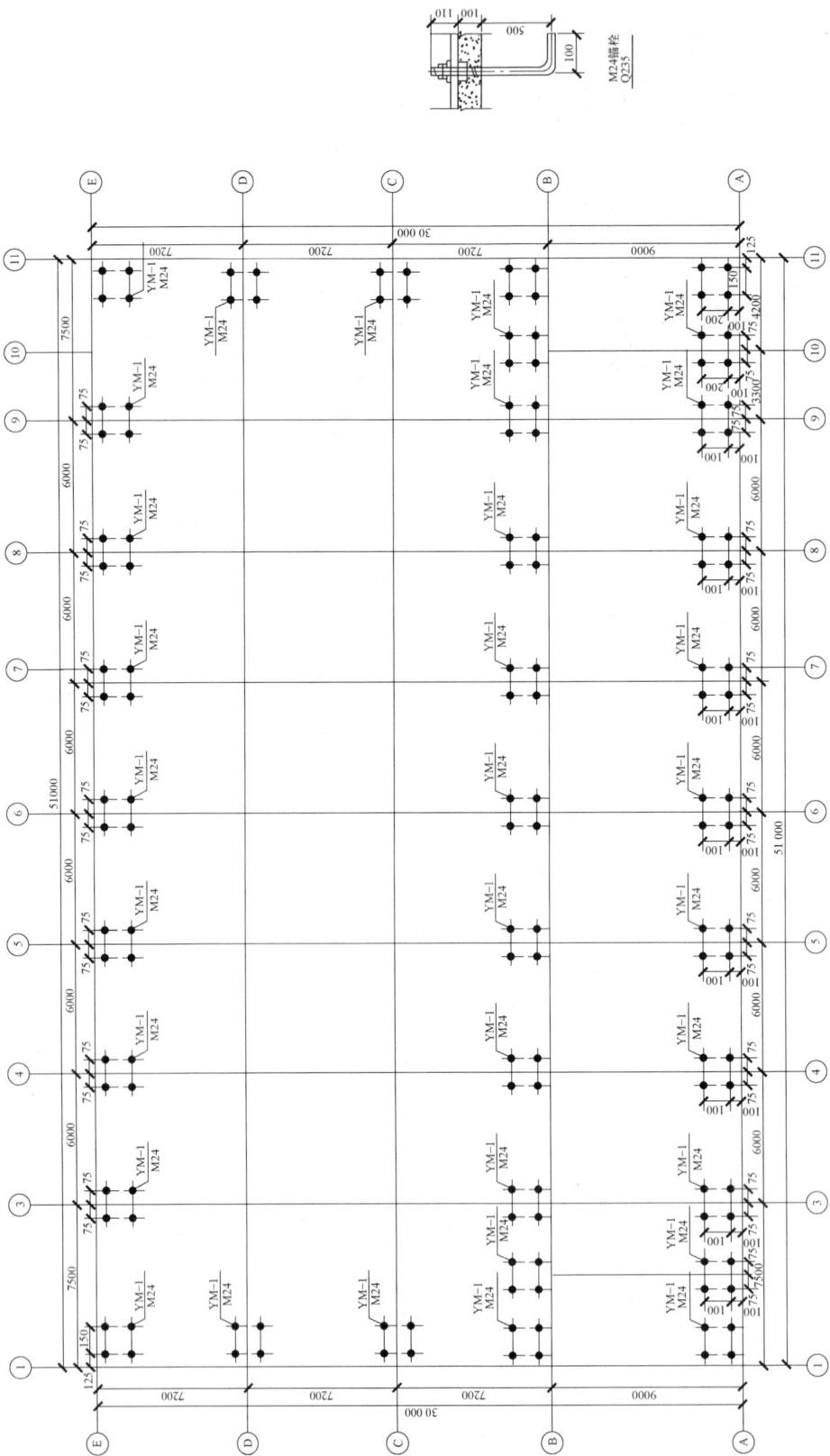

锚栓平面布置图

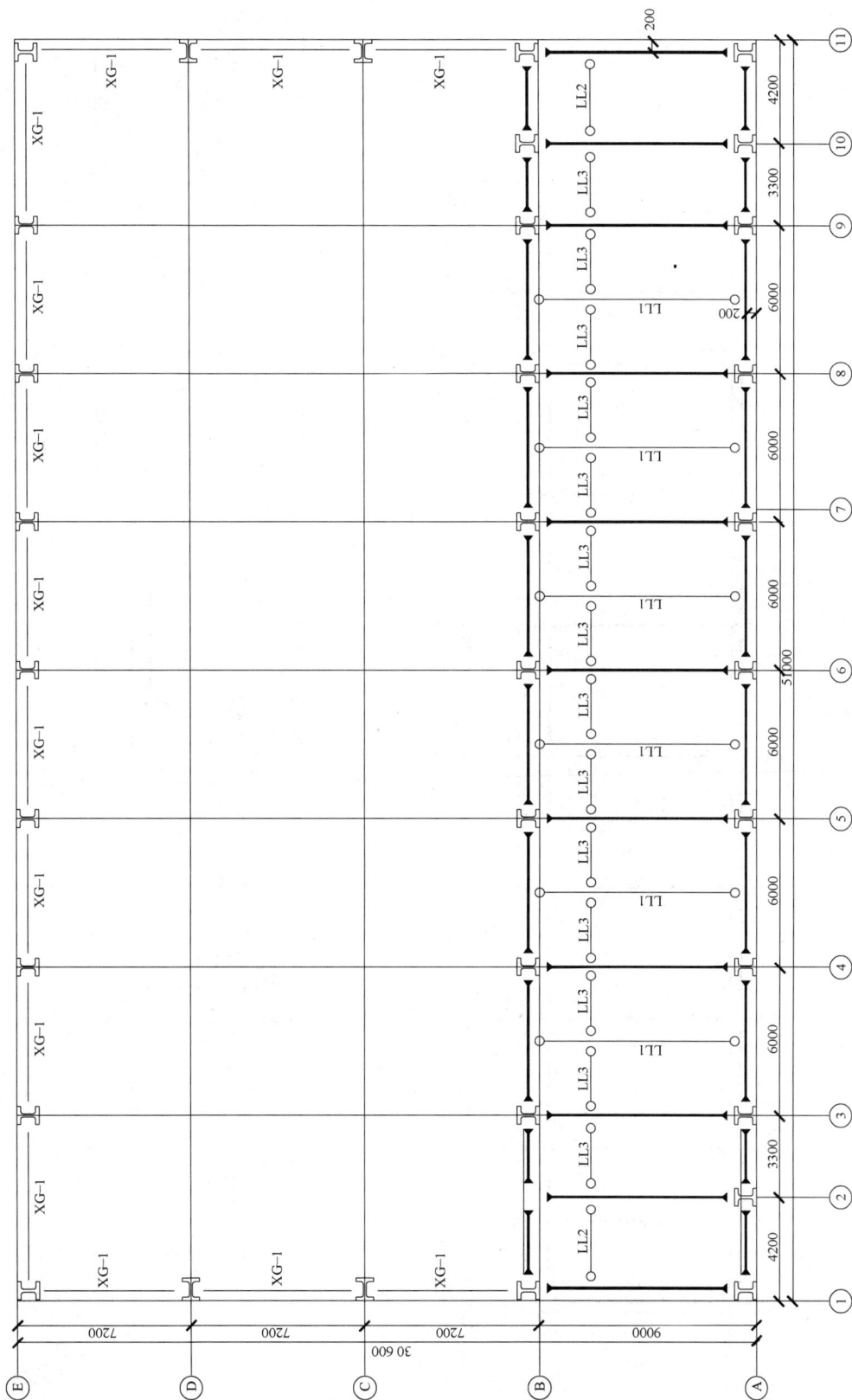

夹层结构布置图

未注明梁顶标高为：3.900

307

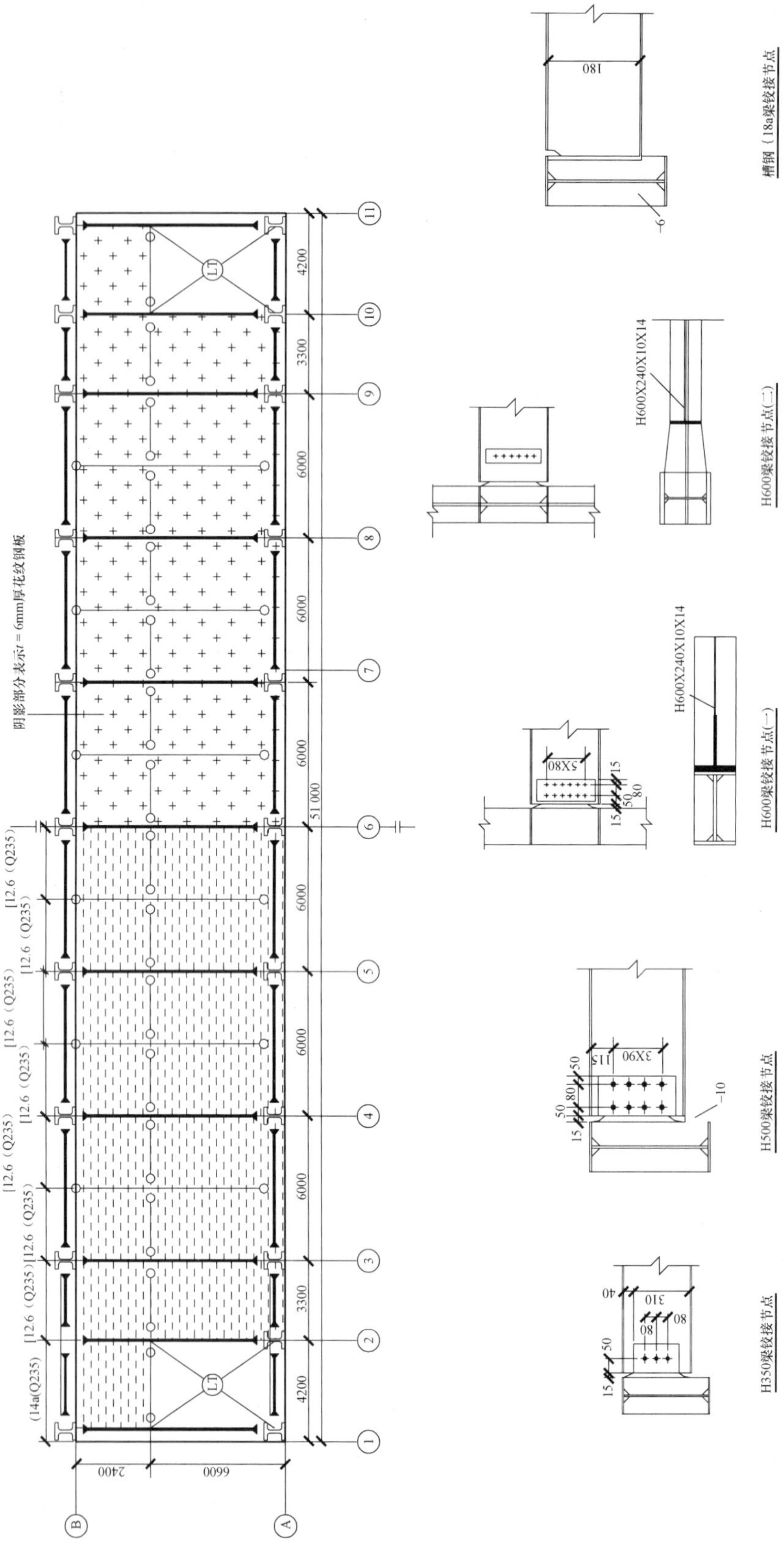

阴影部分表示 = 6mm厚花纹钢板

[14a(Q235)

[12.6 (Q235) [12.6 (Q235)

[12.6 (Q235)

[12.6 (Q235)

[12.6 (Q235)

[12.6 (Q235)

L1

L1

B

A

2400

6600

① ② ③ ④ ⑤ ⑥ ⑦ ⑧ ⑨ ⑩ ⑪

4200 3300 6000 6000 6000 6000 6000 3300 4200

51000

槽钢（18a梁铰接节点

180

H600X240X10X14

H600梁铰接节点（二）

H600X240X10X14

H600梁铰接节点（一）

5X80
15
15
50
80

H500梁铰接节点

3X90
115
50
80
15
50
10

H350梁铰接节点

3X10
40
80
80
15
50

308

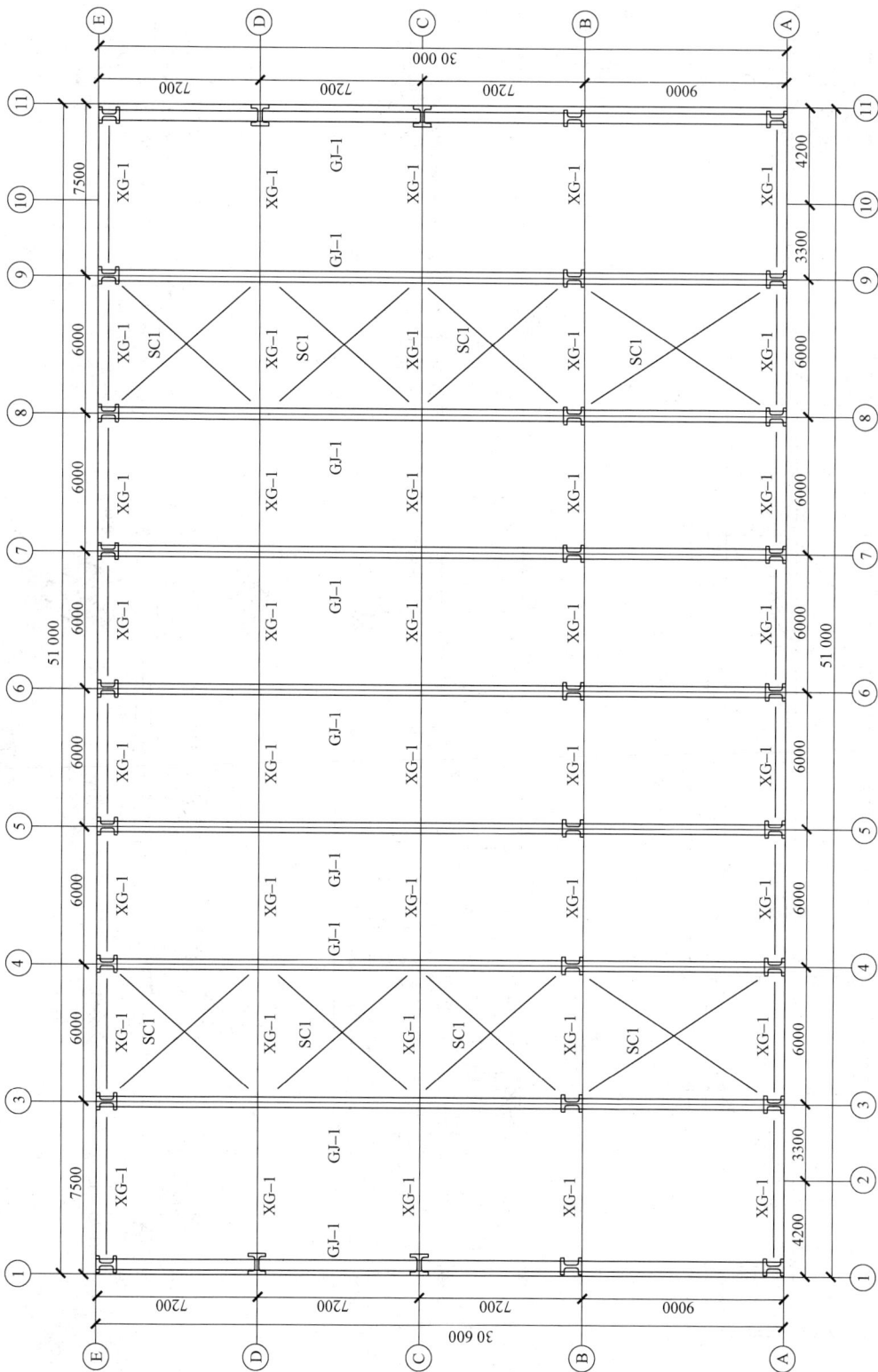

屋面结构布置图

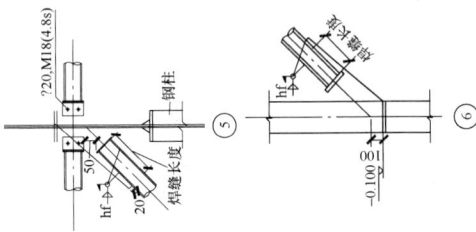

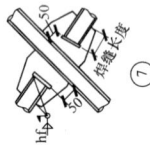

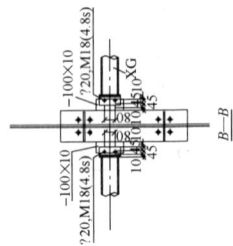

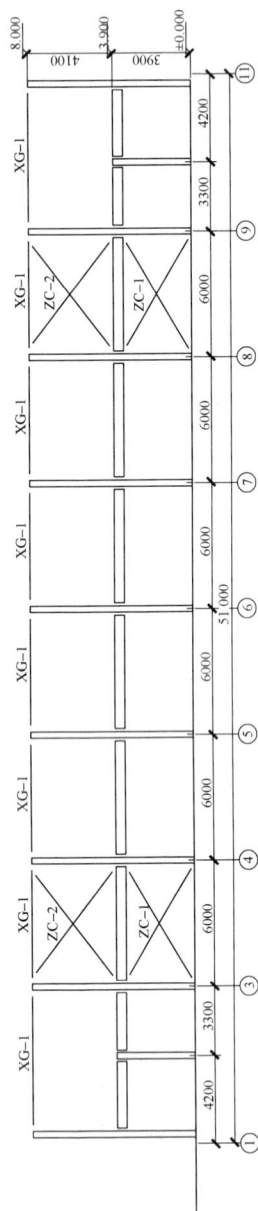

A轴柱间支撑布置图

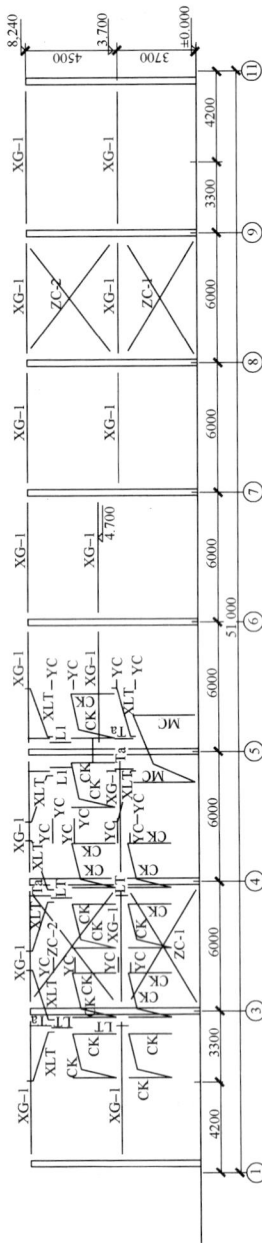

E轴柱间支撑布置图

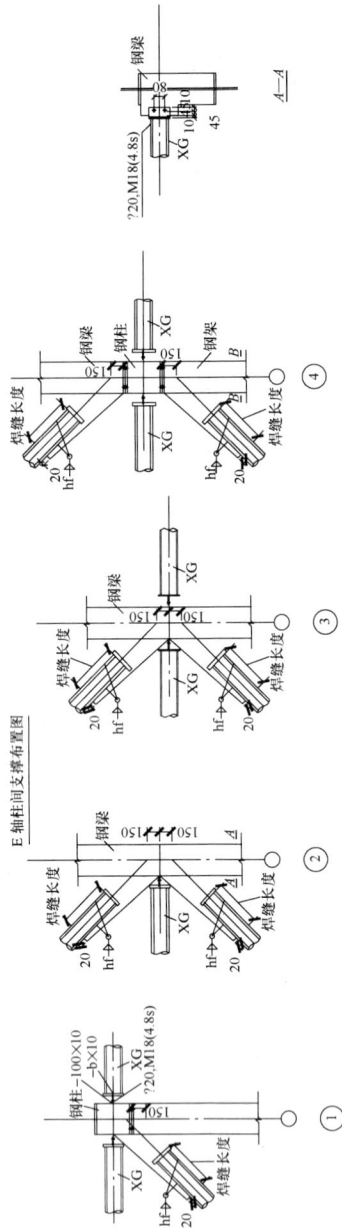

钢柱　钢梁　焊缝长度　hf　20　50　100

⌀20,M18(4.8s)　-100×10　-b×10

B—B　A—A

XG-1　ZC-1　ZC-2　CK　YC　XLT-YC　MC　XLT　L1　La

8.000　3.900　±0.000　4100　3900
8.240　3.700　±0.000　4500　3700

4200　3300　6000　6000　6000　6000　3300　4200　51000

① ② ③ ④ ⑤ ⑥ ⑦ ⑧ ⑨ ⑪

4.700

钢梁　钢柱　XG　150　B

GJ-1

GJ-2

30 000

8240

1300

675 675 675 675 675 675 675 675 675 725 725 725 725 725 725 725 725 725 725 725 725

6900

6900

7200

9000

4100

3900

1300

GZ1

KFZ

KFZ

GZ1

GZ1

GZ1

GZ1

KL1

120

120 120

400

1300

1300

1300

3.900

3.900

3.900

4mm

1:2.5

①

6—6

280×20

440

140 140

75 75 65

100

220

100

220

10×250

l_w=26.0

M24

4—4

1035

240×20

57 320 320 57 45

91 190 754

50

120

50

90×10

l_w=22.0

M20

90×10

90

7

3—3

1035

240×20

57 320 320 57 45

91 190 754

50

120

50

90×10

l_w=22.0

M20

90×10

90

7

2—2

1035

240×20

57 320 320 57 45

91 190 754

50

120

50

90×10

l_w=22.0

M20

90×10

90

7

1—1

1035

240×20

57 320 320 57 45

91 190 754

50

120

50

90×10

l_w=22.0

M20

90×10

90

7

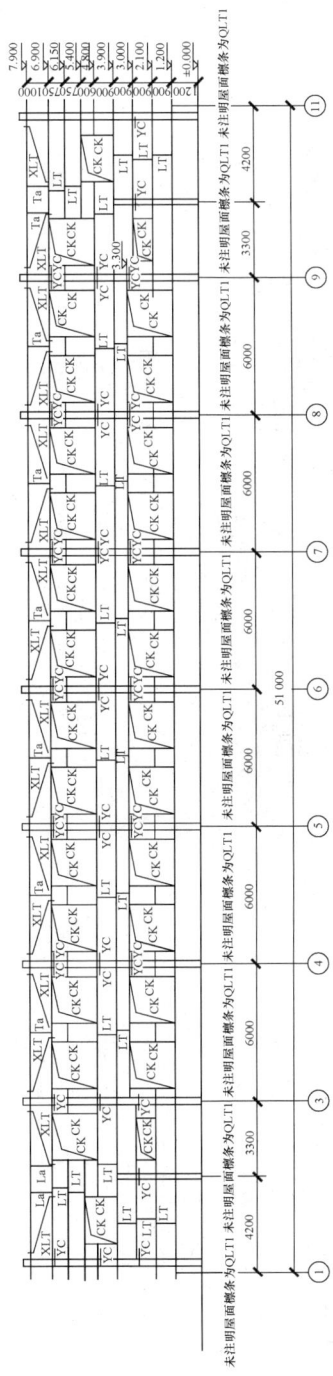

A 轴墙面檩条布置图

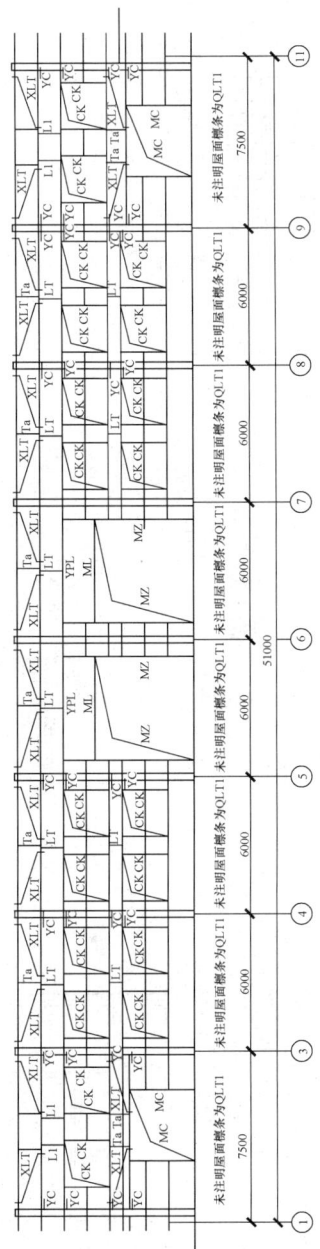

E 轴墙面檩条布置图

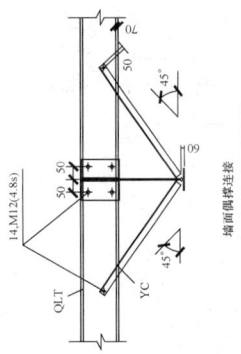

墙面偶檩连接

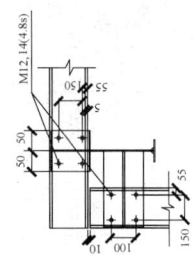

墙面檩条连接

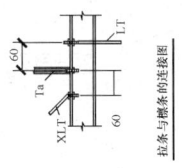

拉条与檩条的连接图

313

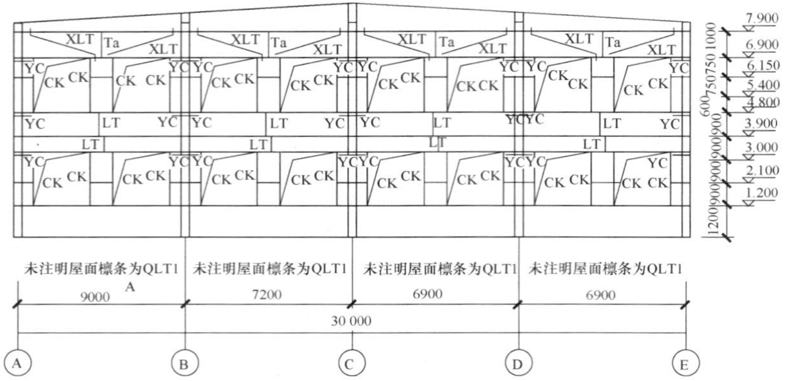

埋件大样

柱与TL梁连接点

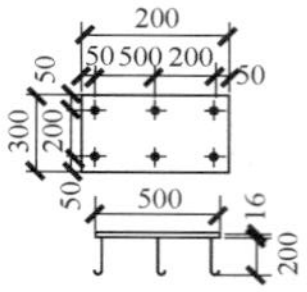

H300梁铰接节点

TL
TBL基础大样
300厚C30混凝土垫层
长度为梯段宽度+300
踏步板
5mm厚花纹钢板

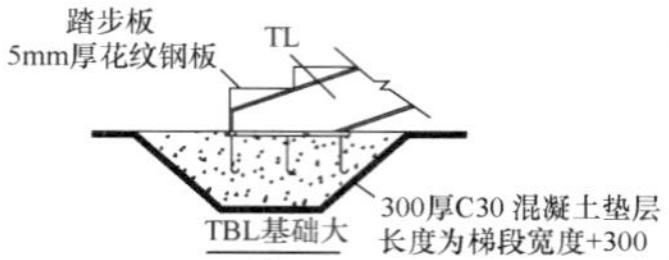

TL01
TBL1
TBL2
TBL2

1轴墙面檩条布置图
11轴墙面檩条布置图

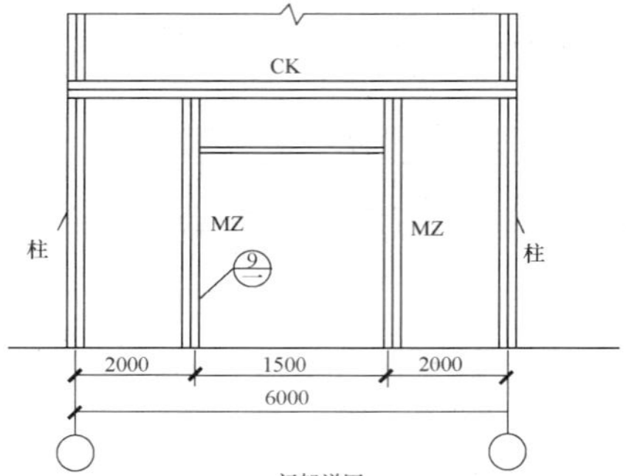

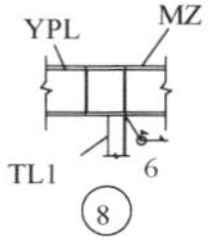

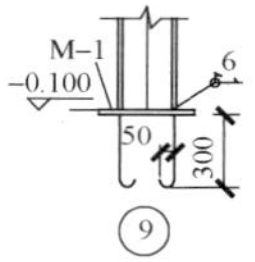

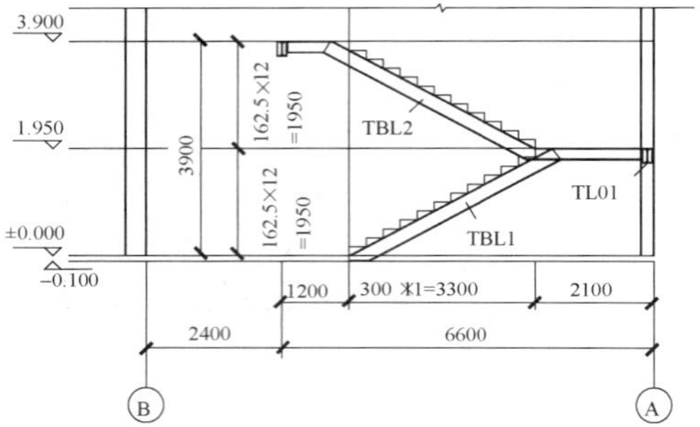

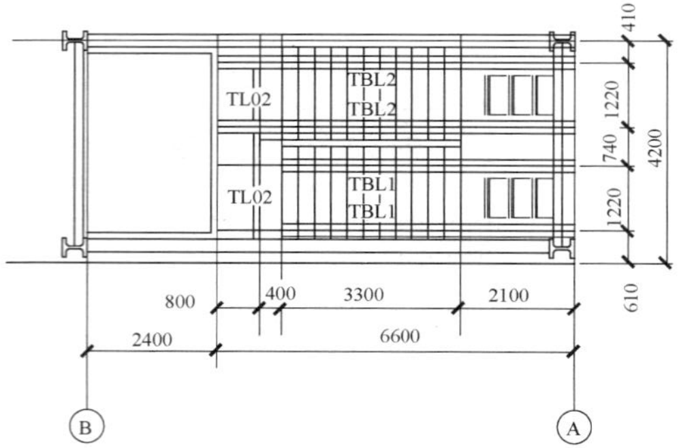

B—B
JG2 JG1 YPL
ML
MZ
TL1
CL1
YPL
MZ
M-1

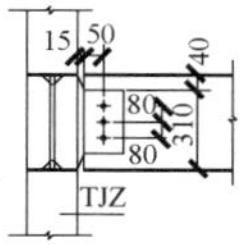

门架详图

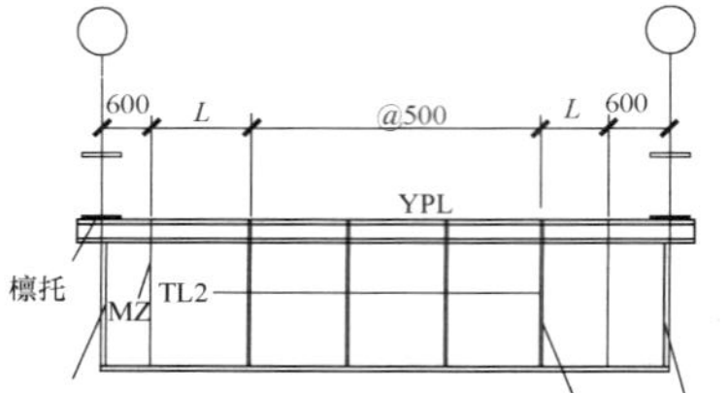

A—A

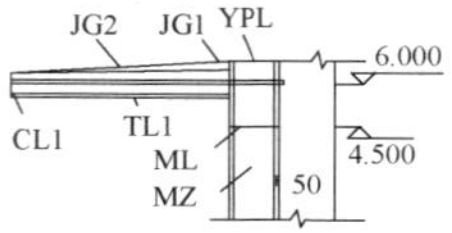

未注明屋面檩条为QLT1
未注明屋面檩条为QLT1
未注明屋面檩条为QLT1
未注明屋面檩条为QLT1
未注明屋面檩条为QLT1

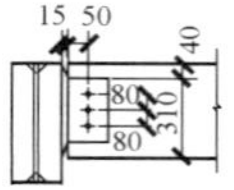

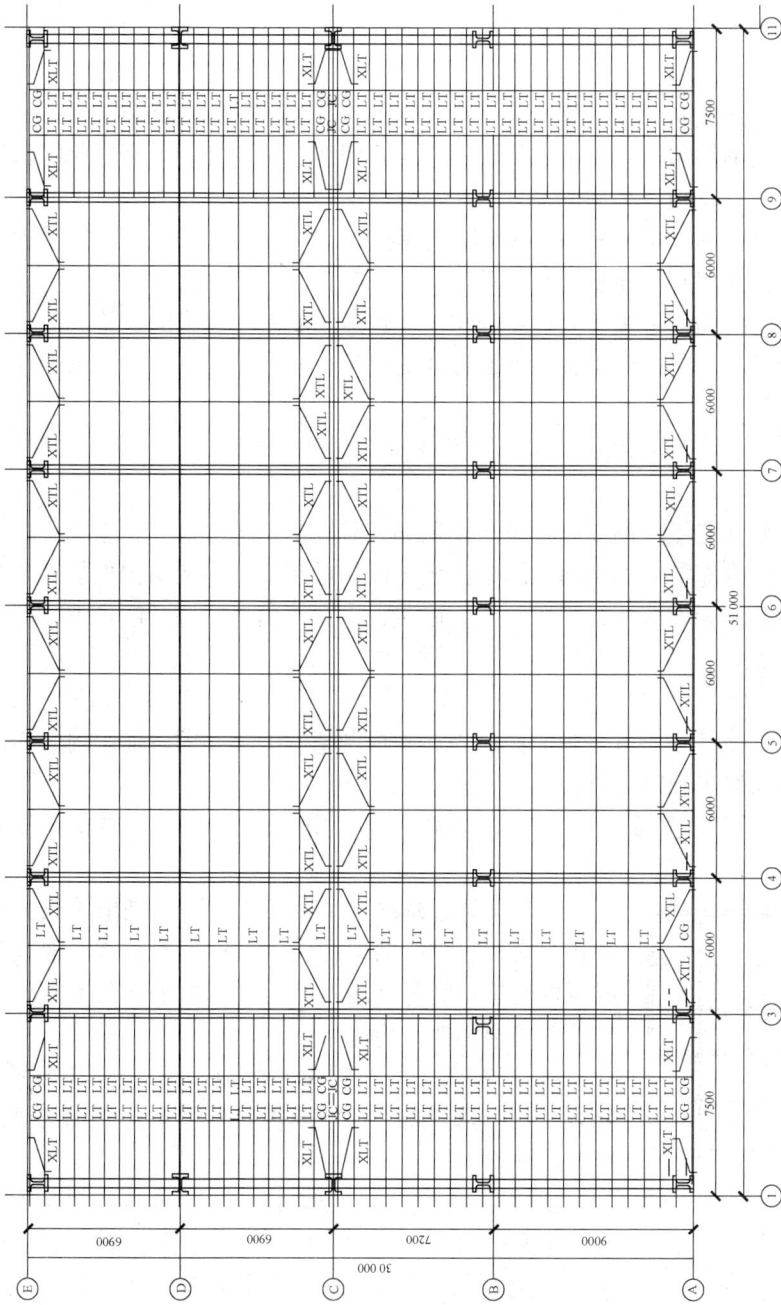

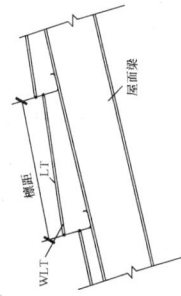

屋面檩条拉杆连接详图

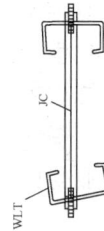

屋脊檩条间连接详图

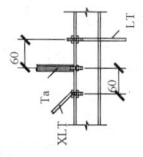

拉条与檩条的连接图

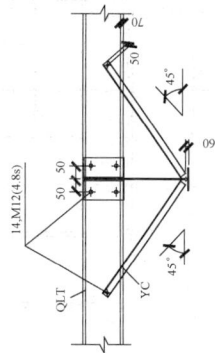

屋面檩条连接图

4.4.5 网架结构

1. 网架结构的特点及其应用

网架结构是由许多杆件从若干个方向按一定规律组成的高次超静定空间结构。它改变了一般平面桁架受力体系，能承受来自各个方向的荷载。网架结构与平面桁架结构相比，具有以下特点：

（1）安全可靠。由于杆件之间互相支撑，使其具有刚度大、整体性好、抗震能力强的特点，并且能够承受由于地基不均匀沉降所带来的不利影响，即使在个别杆件受到损伤的情况下，也能自动调节杆件内力，以确保结构的安全。

（2）自重轻，节省钢材。网架结构杆件多采用薄壁钢管，其抗弯、抗扭、抗压性能好，且没有方向性。一般受压杆件比相同面积的角钢承载力大3倍。

（3）适用范围广。网架结构既适用于大跨度的房屋，也适用于中小跨度的建筑。而且从建筑平面形式来说，网架结构可以适应于各种平面形式的建筑，例如矩形、圆形、扇形和多边形的平面建筑形式。

（4）有利于工业化生产。由于网架结构的杆件规格和节点类型都较少，形状尺寸统一，适宜工厂化生产。

网架结构主要用于大跨度房屋，例如体育馆、俱乐部、展览馆、游泳馆、影剧院、车站候车大厅、餐厅、仓库和飞机库等。由于网架结构的优越性，近年来，网架结构也越来越多地用于工业与民用建筑中，例如设有桥式吊车的车间屋盖，以及楼面、栈桥、广告牌、门头装饰驾等。

2. 网架结构的类型

网架结构的类型较多，按其外形可分为曲面网壳和平板网架两大类，因目前国内采用的多为平板网架，所以本节仅对平板网架做简单介绍。

常用的平板网架为由平面桁架系组成的交叉梁系网架和由四角椎体组成的角椎体系网架。

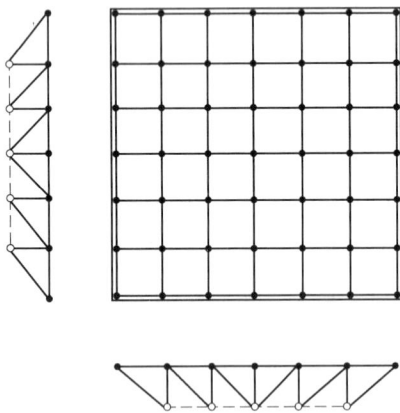

图 4.4-49　正交叉梁系网架

（1）交叉梁系网架。交叉梁系网架是由平行弦桁架相互交叉组成的网架结构。这种网架结构一般设计成斜杆受拉，竖杆受压，符合受力要求，且节点构造与平行桁架相似，构造简单。

1）正放交叉梁系网架。当两个方向的桁架垂直交叉，弦杆垂直或平行平面边界时称为正放交叉梁系网架（图 4.4-49）。

正放交叉梁系网架受力状况与其平面尺寸及支撑情况关系较大，对于周边支承，接近于正方形的网架，其受力类似于双向板，两个方向的杆件内力差别不大，受力比较均匀，但随着边长的变化，单向传力渐趋明显，两个方向的杆件内力差别也随之加大，对于点支承的网架，支承附近的杆件及桁架跨中弦杆的内力最大，其他部位杆件的内力很小，两者差别较大，正放交叉梁系网架多用于建筑平面为矩形的屋面。

2）斜放交叉梁系网架。当两个方面的框架垂直交叉，桁架平面与建筑平面边界的夹角为45°时称叉梁系网架（图4.4-50）。

斜放交叉梁系网架的角部短桁架的相对刚度较大，对其垂直的长桁架起弹性支承作用，使长桁架在交部段桁架处产生负弯矩，从而减少其中部的正弯矩，改变了网架的受力状态，在周边支承的情况下，它较正放交叉梁系网架刚度大、用料省。

3）三向交叉梁系网架。由三个方向的竖向平面桁架按60°夹角相互交叉形成的空间网架称为三向交叉梁系网架（图4.4-51）。

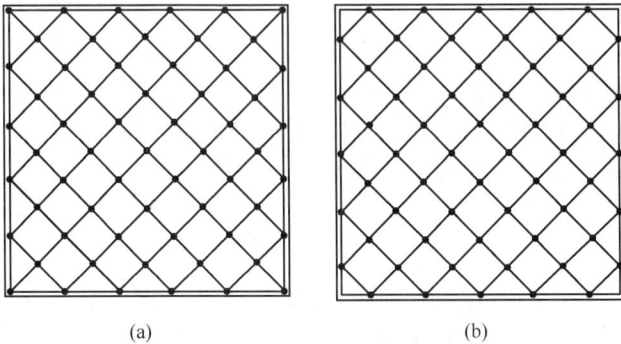

(a)　　　　　　　　　　(b)

图4.4-50　斜放交叉梁系网架

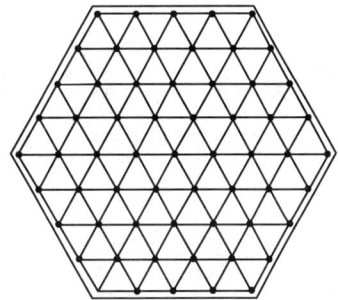

图4.4-51　三向叉梁系网架

三向交叉梁系网架的受力性能好，刚度大，并能均匀地将荷载传递给支座。但它的杆件较多，汇交于一个节点的杆件可多达13根，节点构造复杂。三向交叉梁系网架适合于大跨度，特别适合于三角形、梯形、多边形或圆形的建筑平面。

（2）角椎体系网架。

1）四角椎体网架。由倒四角椎体为基本组成的单元组成的空间网架称为四角椎体网架。常见的四角椎体网架有正放四角椎体网架（图4.4-52）和正放抽空四角椎体网架（图4.4-53）两种。

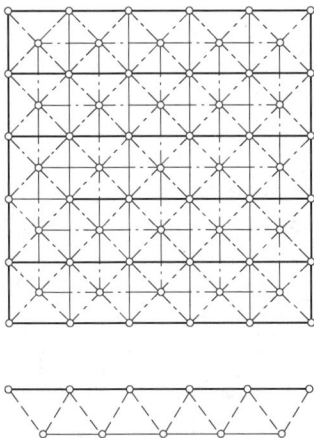

图4.4-52　正放四角锥体网架

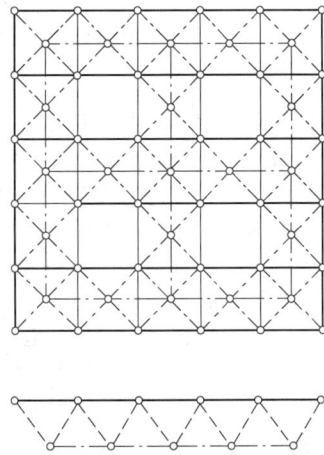

图4.4-53　正放抽空四角锥体网架

正放四角椎体网架的杆件受力比较均匀，空间刚度好，但网架杆件较多，用刚量略大。

这种钢架适用于建筑平面为方形或接近方形的周边支承情况，也适用于大柱网的点支承、有悬挂吊车的工业厂房和屋面荷载较大的情况。

正放抽空四角锥体网架是在正放四角锥体网架的基础上，适当抽空若干个锥体的腹杆和下弦杆而成的网架。例如将其一列锥体视为一根广义的"梁"，则这种网架如同双向首例的井字梁，同时由于周边的锥体形成闭合状，故网架整体刚度仍然较好。正放抽空四角锥体网架的杆件较少，构造简单，经济效果较好，但其下弦杆内力均匀性较差。

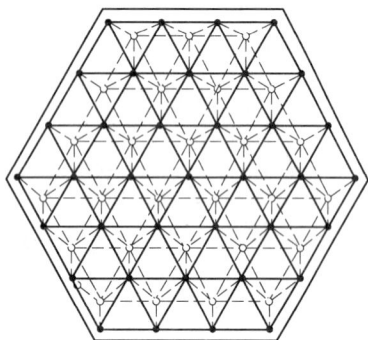

图 4.4-54　三角锥体网架

2）三角锥体网架。由倒三角锥体为基本组成单元组成的空间网架称为三角锥体网架（图 4.4-64）。

三角锥体网架的杆件受力均匀，整体抗扭、抗弯刚度好，上、下弦节点汇交杆件均为 9 根，节点构造类型统一，便于制作。三角锥体网架一般适用于建筑平面为三角形、六边形和圆形的屋面。

3. 网架结构的节点构造

网架结构的节点是空间结构，汇交杆件多，受力复杂，故做好节点设计是网架设计中一个很重要的环节。从受力性能看，节点构造应保证各杆件轴线汇交于节点中心，避免偏心，同时应尽量使节点构造与计算假定相结合。

网架的节点有焊接空心球节点和螺栓球节点两种。

（1）焊接空心球节点。焊接空心球节点是目前国内应用最多的一种节点形式（图 4.4-65），其特点是体型小、构造简单、传力明确、造型美观。球体能连接任何方向的杆件，只要杆件与球体是垂直连接的，杆件与球体能自然对中，不会产生偏心。尤其在汇交的杆件较多时，更能显示出其优越性。但球节点的制作费高，钢材利用率低，且焊接工作量大，仰、立焊缝较多，对焊接质量和杆件尺寸的准确度都要求较高。

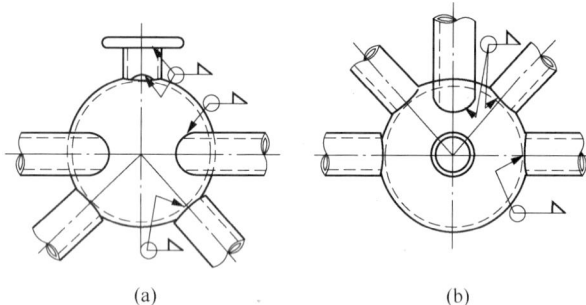

(a)　　　　　　　　　　(b)

图 4.4-55　焊接空心球节点

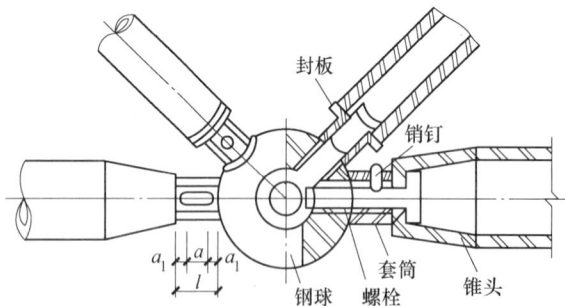

图 4.4-56　螺栓球节点

（2）螺栓球节点。螺栓球节点由球体、高强度螺栓、六角形套筒、销钉、锥形筒、封板等六个部件组成（图 4.4-66）。球体为锻压或铸造的实心钢球，在钢球上按杆件汇交角度钻孔井车出螺纹。在杆件端头焊上锥形套筒，螺栓通过套筒与球相连。螺栓球节点具有安装、拆装方便，便于系列化、标准化生产，球体和杆件可以分类装箱，便于长途运输等优点，因此应用较广泛。但螺栓球节点的构造复杂，机械加工量大，所需钢材品种多，制造费用较高。

（3）支座节点。支座节点应采用传力可靠、构造简单的形式，并应符合计算假定。支座节点的受力比较复杂，它除了要承受拉、压、扭等作用外，还要保证在荷载、温度不断变化的情况下，能在支座处产生不同方向的线位移和角位移，因此网架结构，特别是大跨度网架结构的支座节点，要比普通支座复杂得多。常用的支座节点有平板压力或拉力支座、单面弧形压力支座、双面弧形压力支座和板式橡胶支座等。

小　结

（1）钢屋盖结构一般由屋面板或檩条、屋架、托架、天窗架和屋盖支撑系统等构件组成，分为有檩条屋盖结构和无檩条屋盖结构。屋架的外形应与屋面材料所要求的排水坡度相适应，同时要尽可能与弯矩图相近似，使长杆受拉，短杆受压。节点构造要简单、易于制造。常用屋架有三角形、梯形和平行弦形三种形式。

（2）为保证屋盖结构的稳定性，提高房屋的整体刚度，屋盖结构必须设置支撑。一般屋盖都应设置上弦横向水平支撑、垂直支撑和系杆；对于跨度较大，整体刚度要求较高的屋盖，还应设置下弦横向水平支撑、下弦纵向水平支掉。

（3）屋架杆件内力计算，应根据荷载最不利组合进行计算。杆件截面常采用两个角钢组成的T形截面，对于中央竖杆采用两个角钢组成的十字形截面。杆件截面面积由强度、刚度和等稳定性条件确定，对于有节点荷载的杆件，在确定截面面积时应考虑局部弯矩的影响。

（4）角钢屋架的杆件是采用节点板互相连接，各杆件内力通过各自的杆端焊缝传至节点板，并汇交于节点中心而取得平衡。节点的设计应做到传力明确、可靠，构造简单，制造和安装方便等。

（5）网架结构是高次超静定结构，其整体性好，空间刚度大，用料费，对地基作用和地基不均匀沉降有较好的适应能力，因此广泛应用于大跨度屋盖。常用的网架结构为平板网架，一般可由四角锥体或三角锥体组成，其节点常用焊接球节点和螺栓球节点。

能力拓展与实训

一、基础训练

（1）钢屋盖结构由哪些部分组成？

（2）钢屋盖的结构体系分哪两种？

（3）确定屋架形式需考虑哪些因素？常用的钢屋架形式有哪几种？

（4）钢屋盖有哪几种支撑？分别说明各在什么情况下设置，设置在什么位置？

（5）计算屋架内力时考虑哪几种荷载组合？为什么？当上弦节间作用有集中荷载时，怎样确定其局部弯矩？

（6）上弦杆、下弦杆和腹杆，各应采用哪种截面形式？其确定的原则是什么？

（7）屋架节点的构造应符合哪些要求？节点板的尺寸如何确定？有哪些要求？

（8） 钢屋架施工图包括哪些内容？

（9） 门式刚架轻型钢结构的特点有哪些？其应用范围如何？

（10）门式刚架轻型钢结构由哪些构件组成？它们各有什么作用？

（11）门式刚架轻型钢结构中要求设置哪些支撑？它们各起什么作用？

（12）门式刚架轻型钢结构端板节点连接方法有哪几种？各有何特点？

（13）门式刚架轻型钢结构柱脚节点的主要形式有哪些？

（14）试述网架结构的特点；平板网架有哪些类型？

（15）网架节点有哪些类型？其特点如何？

二、工程技能训练

（1） 参观钢屋架、门式刚架厂房，写出一份钢屋架的感性认识报告。

（2） 以某工程施工图为例，分组讨论钢屋架施工图结构说明内容、结施图主要内容，结合《轻型屋面三角形钢屋架（部分 T 型钢弦杆）》（06 SG517—2）：轻型屋面三角形钢架（剖分 T 型钢）标准图集，完成某节点详图翻样。

（3） 以某工程施工图为例，分组讨论门式刚架施工图结构说明内容、结施图主要内容，结合标准图集，完成某节点详图翻样。

（4） 以某工程施工图为例，制作钢屋架模型。

附　　录

附录 A　混凝土结构

附表 A-1　　　　　　　　　　　混凝土强度标准值　　　　　　　　　　　单位：N/mm²

强度等级	混凝土强度等级													
	C15	C20	C25	C30	C35	C40	C45	C50	C55	C60	C65	C70	C75	C80
f_{ck}	10.0	13.4	16.7	20.1	23.4	26.8	29.6	32.4	35.5	38.5	41.5	44.5	47.4	50.5
f_{tk}	1.27	1.54	1.78	2.01	2.2	2.39	2.51	2.64	2.74	2.85	2.93	2.99	3.05	3.11

附表 A-2　　　　　　　　　　　混凝土强度设计值　　　　　　　　　　　单位：N/mm²

强度等级	混凝土强度等级													
	C15	C20	C25	C30	C35	C40	C45	C50	C55	C60	C65	C70	C75	C80
f_c	7.2	9.6	11.9	14.3	16.7	19.1	21.1	23.1	25.3	27.5	29.7	31.8	33.8	35.9
f_t	0.91	1.1	1.27	1.43	1.57	1.71	1.8	1.89	1.96	2.04	2.09	2.14	2.18	2.22

附表 A-3　　　　　　　　　　　混凝土弹性模量　　　　　　　　　　　单位：×10⁴ N/mm²

强度等级	C15	C20	C25	C30	C35	C40	C45	C50	C55	C60	C65	C70	C75	C80
E_c	2.20	2.55	2.80	3.00	3.15	3.25	3.35	3.45	3.55	3.60	3.65	3.70	3.75	3.80

注　1. 当有可靠实验依据时，弹性模量可根据试验实测数据确定。

　　　2. 当混凝土中掺有大量矿物掺合料时，弹性模量可按规定龄期根据试验实测数据确定。

附表 A-4　　　　　　　　　普通钢筋强度标准值、强度设计值　　　　　　　　　单位：N/mm²

牌　号	符　号	公称直径 d/mm	屈服强度标准值 f_{yk}	极限强度标准值 f_{stk}	抗拉强度设计值 f_y	抗压强度设计值 f_y
HPB300	Φ 一级	6～22	300	420	270	270
HRB335 HRBF335	Φ ΦF 二级	6～50	335	455	300	300
HRB400 HRBF400 RRB400	Φ ΦF 三级 ΦR	6～50	400	540	360	360
HRB500 HRBF500	Φ 四级 Φ	6～50	500	630	435	410

附表 A-5　　　　　　　　**预应力钢筋强度标准值、强度设计值**　　　　　　　单位：N/mm²

种	类	符 号	公称直径	屈服强度标准值 f_{pyk}	极限强度标准值 f_{pyk}	抗拉强度设计值 f_{pyk}	抗压强度设计值 f_{pyk}
中强度预应力钢丝	光面螺旋肋	Φ^{PM} Φ^{HM}	5、7、9	620	800	510	410
				780	970	650	
				980	1270	810	
预应力螺纹钢	螺纹	Φ_t	18、25、32、40、50	785	980	650	410
				930	1080	770	
				1080	1230	900	
消除应力钢丝	光面螺旋肋	Φ^p Φ^H	5	—	1570	1110	410
				—	1860	1320	
			7	—	1570	1110	
			9	—	1470	1040	
				—	1570	1110	
钢绞线	1×3 (三股)	Φ^s	8.6	—	1570	1110	390
			10.8	—	1860	1320	
			12.4	—	1960	1390	
	1×7 (七股)		9.5	—	1720	1220	
			12.7 15.2	—	1860	1320	
			17.8	—	1960	1390	
			21.6	—	1860	1320	

附表 A-6　　　　　　**普通钢筋及预应力筋在最大力下总伸长率限值**

钢筋品种	普通钢筋			预应力筋
	HPB330	HPB335、HRBF335、HRBF400、HRBF335、HRB500、HRBF500	RRB400	
δ_{gt}（%）	10.0	7.5	5.0	3.5

附表 A-7　　　　　　　　**钢筋弹性模量**　　　　　　　单位：×10⁴ N/mm²

牌 号 或 种 类	弹性模量 E_s
HPB300 钢筋	2.10
HRB335，HRB400，HRB500，HRBF335，HRBF400，HRBF500，钢筋，预应力螺纹钢筋	2.00
消除应力钢丝，中强度预应力钢丝	2.05
钢绞线	1.95

注　必要时可采用实测的弹性模量。

附表 A-8　　　　　　　　**混凝度保护层最小厚度**　　　　　　　单位：mm

环境类别	板、墙、壳	梁、柱、杆
一	15	20
二 a	20	25

环境类别	板、墙、壳	梁、柱、杆
二 b	25	35
三 a	30	40
三 b	40	50

注 1. 混凝土强度等级不大于 C25 时，表中保护层厚度数值增加 5mm。

2. 钢筋混凝土基础宜设置混凝土垫层，基础中钢筋的混凝度保护层厚度应从垫层顶面算起，且不应小于 40mm。

附表 A-9 混凝土结构环境类别

环境类别	条 件
一	室内干燥环境，无侵蚀性静水浸没环境
二 a	室内潮湿环境，非严寒和非寒冷地区的露天环境；非严寒和非寒冷地区与无侵蚀性的水或土壤直接接触的环境，严寒和寒冷地区的冰冻线以下与无侵蚀性的水或土壤直接接触的环境
二 b	干湿交替的环境；水位频繁变动的环境；严寒和寒冷地区的露天环境；严寒和寒冷地区的冰冻线以上与无侵蚀性的水或土壤直接接触的环境
三 a	严寒和寒冷地区冬季水位变动环境；受除冰盐影响环境；海风环境
三 b	盐渍土环境；受除冰盐影响环境；海岸环境
四	海水环境
五	受人为或自然的侵蚀性物质影响的环境

注 1. 室内潮湿环境是指构件表面经常处于结露或湿润状态的环境。

2. 严寒和寒冷地区的划分应符合现行国家标准《民用建筑热工设计规范》(GB 50176—1993) 的有关规定。

3. 海岸环境和海风环境宜根据当地情况，考虑主导风向及结构所处迎风、背风部位等因素的影响，由调查研究和工程经验确定。

4. 受除冰盐影响环境是指受到冰盐盐雾影响的环境，受除冰盐作用环境是指被除冰盐溶液溅射的环境以及使用除冰盐地区的洗车房、停车楼等建筑。

5. 暴露的环境是指混凝土结构表面所处的环境。

附表 A-10 钢筋混凝土结构构件中纵向受力钢筋的最小配筋百分率 单位：%

受 力 类 型			最小配筋百分率
受压构件	全部纵向钢筋	强度等级 500MPa	0.50
		强度等级 400MPa	0.55
		强度等级 300MPa、335MPa	0.60
	一侧纵向钢筋		0.20
受弯构件、偏心受拉、轴心受拉构件一侧的受拉钢筋			0.2 和 $45f_t/f_y$ 中的较大值

注 1. 受压构件全部纵向钢筋最小配筋百分率，当采用 C60 以上的混凝土时，应按表中规定增加 0.01。

2. 板类受弯构件（不包括悬臂板）的受拉钢筋，当采用强度等级 400MPa、500MPa 钢筋时，其最小配筋百分率应允许采用 0.15 和 $45f_t/f_y$ 中的较大值。

3. 偏心受拉构件中的受压钢筋，应按受压构件一侧纵向钢筋考虑。

4. 受压构件全部纵向钢筋和一侧的纵向钢筋考虑配筋率以及轴心受拉构件和小偏心受拉构件一侧受拉钢筋的配筋率应按构件的全截面面积计算。

5. 受弯构件、大偏心受拉构件一侧受拉钢筋的配筋率应按构件全截面面积扣除受压翼缘面积后的截面面积计算。

6. 当钢筋沿构件截面周边布置时，"一侧纵向钢筋"是指沿受力方向两个对边中的一边布置的纵向钢筋。

附表 A-11　　　　　　　　钢筋混凝土截面受弯构件正截面受弯承载力计算系数表

α_s	ξ	γ_s	α_s	ξ	γ_s
0.01	0.01	0.995	0.262	0.31	0.848
0.02	0.02	0.990	0.269	0.32	0.84
0.03	0.03	0.985	0.275	0.33	0.835
0.039	0.04	0.98	0.282	0.34	0.83
0.048	0.05	0.975	0.289	0.35	0.825
0.058	0.06	0.07	0.295	0.36	0.82
0.067	0.07	0.965	0.301	0.37	0.815
0.077	0.08	0.96	0.309	0.38	0.81
0.085	0.09	0.955	0.314	0.39	0.805
0.095	0.10	0.95	0.320	0.4	0.8
0.104	0.11	0.945	0.326	0.41	0.795
0.113	0.12	0.94	0.332	0.42	0.79
0.121	0.13	0.935	0.337	0.43	0.785
0.130	0.14	0.93	0.343	0.44	0.78
0.139	0.15	0.925	0.349	0.45	0.775
0.147	0.16	0.92	0.354	0.46	0.77
0.155	0.17	0.915	0.359	0.47	0.765
0.167	0.18	0.91	0.365	0.48	0.76
0.172	0.19	0.905	0.366	0.482	0.759
0.180	0.20	0.9	0.37	0.49	0.755
0.188	0.21	0.895	0.375	0.5	0.75
0.196	0.22	0.89	0.38	0.51	0.745
0.203	0.23	0.885	0.384	0.518	0.741
0.211	0.24	0.88	0.385	0.52	0.74
0.219	0.25	0.875	0.39	0.53	0.735
0.226	0.26	0.87	0.394	0.54	0.73
0,234	0.27	0.865	0.4	0.55	0.725
0.241	0.28	0.86	0.403	0.56	0.72
0.248	0.29	0.855	0.408	0.57	0.715
0.255	0.30	0.85	0.41	0.576	0.712

注　当混凝土强度等级为 C50 及以下时，表中系数 ξ_b＝0.576、0.55、0.518、0.482 分别为（HPB300）、（HR335、HRBF335）、（HRB400、HRBF400、RRB400）、（HRBF500、HRB500）钢筋的界限相对受压区高度。

附表 A-12　　　　　　　　　钢筋的公称直径，公称截面面积及理论质量

公称直径 /mm	不同根数钢筋的公称截面面积/mm²									单根钢筋理论质量 /(kg/m)
	1	2	3	4	5	6	7	8	9	
6	28.3	57	85	113	142	170	198	226	255	0.222
8	50.3	101	151	201	252	302	352	402	453	0.396
10	78.5	157	236	314	393	471	550	628	707	0.617
12	113.1	226	339	452	565	687	791	904	1017	0.888
14	153.9	308	461	615	769	923	1077	1231	1385	1.21
16	201.1	402	603	804	1005	1206	1407	1680	1809	1.58

公称直径/mm	不同根数钢筋的公称截面面积/mm²									单根钢筋理论质量/(kg/m)
	1	2	3	4	5	6	7	8	9	
18	254.5	509	768	1017	1272	1527	1781	2306	2290	2.00 (2.11)
20	314.2	628	942	1256	1570	1884	2199	2513	2827	2.47
22	380.1	760	1140	1520	1900	2281	2661	3041	3421	2.98
25	490.9	982	1473	1963	2454	2945	3436	3927	4418	3.85 (4.10)
28	615.8	1232	1847	2463	3079	3695	4310	4926	5542	4.83
32	804.2	1609	2413	3217	4021	4826	5630	6434	7238	6.31 (6.65)
36	1017.9	2036	3054	4072	5089	6107	7125	8143	9161	7.99
40	1256.6	2513	3770	5027	6283	7540	8796	10 053	11 310	9,87 (10.34)
50	1963.5	3928	5892	7856	9820	11 780	13 748	15 712	17 676	15.42 (16.28)

附表 A-13   **每米板宽内的钢筋截面面积**

钢筋间距	当钢筋直径为下列数据时钢筋截面面积/mm²										
	6	6	8	8/10	10	10/12	12	12/14	14	14/16	16
70	404	56 152	719	920	1211	1369	1616	1908	2199	2536	2872
75	377	4	671	859	1047	1277	1508	1780	2053	2367	2681
80	354	491	629	805	981	1198	1414	1669	1924	2218	2513
85	333	462	592	785	924	1127	1331	1571	1811	2088	2365
90	314	437	559	716	872	1064	1257	1480	1710	1972	2234
95	289	414	529	678	826	1008	1190	1405	1620	1868	2116
100	283	393	503	644	785	958	1131	1335	1539	1775	2011
110	257	357	457	585	714	871	1028	1214	1399	1614	1828
120	236	327	419	537	654	798	942	1112	1283	1480	1670
125	226	314	402	515	628	766	905	1068	1232	1420	1608
130	218	302	387	495	604	737	870	1027	1184	1366	1547
140	202	282	359	460	561	684	808	954	1100	1268	1436
150	189	262	335	429	523	639	754	890	1026	1183	1340
160	177	246	314	403	491	599	707	834	962	1110	1257
170	166	231	296	379	462	564	665	786	906	1044	1183
180	157	218	279	385	436	532	628	742	855	985	1117
190	149	207	265	339	413	504	595	702	810	934	1058
200	141	196	251	322	393	479	565	668	770	888	1005
220	129	178	228	292	357	436	514	607	700	807	914
240	118	164	209	268	327	399	471	556	641	740	838
250	113	157	201	258	314	383	452	534	616	710	804
260	109	151	193	248	302	368	435	514	592	682	773
280	101	140	180	230	281	342	404	477	550	634	718
300	94	131	168	215	262	320	377	445	513	592	670
320	88	123	157	201	245	299	353	417	481	554	628

结构构件的裂缝控制等级及最大裂缝宽度限值 单位：mm

环境类别	钢筋混凝土结构		预应力混凝土结构	
	裂缝控制等级	W_{lim}	裂缝控制等级	W_{lim}
一		0.3 (0.4)	三级	0.20
二 a	三级			0.10
二 b		0.2	二级	—
三 a，三 b			一级	—

注 1. 表中的规定适用于采用热轧钢筋的钢筋混凝土构件和采用预应力钢丝、钢绞线及预应力螺纹钢筋的预应力混凝土构件，当采用其他类别的钢丝或钢筋时，其裂缝控制要求可按专门标准确定。

2. 对处于年平均相对湿度小于 60％地区一级环境下的钢筋混凝土受弯构件，其最大裂缝宽度限值可采用括号内的数值。

3. 在一类环境下，对钢筋混凝土屋架、托架及需作疲劳验算的吊车梁，其最大裂缝宽度限值应取为 0.20mm，对钢筋混凝土屋面梁、托梁，其最大裂缝宽度限值应取为 0.3mm。

4. 在一类环境下，对钢筋混凝土屋架、托架及双向板体系，应按二级裂缝控制等级进行验算；需作疲劳验算的吊车梁，其最大裂缝宽度限值应取为 0.20mm，对预应力混凝土屋架、托架、单向板，按表二 a 类环境的要求进行验算；在一类和二类环境下，对需做疲劳验算的预应力混凝土吊车梁，应按一级裂缝控制等级进行验算。宽度限值应取为 0.3mm。

5. 表中规定的预应力混凝土构件的裂缝控制等级和最大裂缝宽度限值仅适用于正截面的验算；预应力混凝土结构的斜截面裂缝控制验算尚应符合预应力构件的要求。

6. 对于烟囱、筒仓和处于液体压力下的结构构件，其裂缝控制要求应符合专门标准的有关规定。

7. 对于处于四、五类环境下的结构构件，其裂缝控制要求应符合专门标准的有关规定。

8. 混凝土保护层较大的构件，可根据实践经验将表中最大裂缝宽度限值适当放宽。

钢筋混凝土轴心受压构件的稳定系数 φ

l_0/b	l_0/d	l_0/i	φ	l_0/b	l_0/d	l_0/i	φ
≤8	≤7	≤28	1	30	26	104	0.52
10	8.5	35	0.98	32	28	111	0.48
12	10.5	42	0.95	34	29.5	118	0.44
14	12	48	0.92	36	31	125	0.40
16	14	55	0.87	38	33	132	0.36
18	15.5	62	0.81	40	34.5	139	0.32
20	17	69	0.75	42	36.5	146	0.29
22	19	76	0.70	44	38	153	0.26
24	21	83	0.65	46	40	160	0.23
26	22.5	90	0.60	48	41.5	167	0.21
28	24	97	0.56	50	43	174	0.19

注 1. 表中 l_0 为构件的计算长度，对钢筋混凝土柱可按表 2.3-2 的规定取用。

2. b 为矩形截面的短边边长；d 为圆形截面直径；i 为截面最小回转半径。

附录 B　等截面等跨连续梁在常用荷载作用下的内力系数表

（1）在均布及三角形荷载作用下：

$$M = 表中系数 \times ql^2（或 \times gl^2）$$
$$V = 表中系数 \times ql（或 \times gl）$$

（2）在集中荷载作用下：

$$M = 表中系数 \times Gl$$
$$V = 表中系数 \times G$$

（3）内力正负号规定：

M——使截面上部受压、下部受拉为正；

V——对邻近截面所产生的力矩沿顺时针方向者为正。

附表 B-1　　　　　　　　　　　两　跨　梁

荷　载　图	跨内最大弯矩		支座弯矩	剪　力		
	M_1	M_2	M_B	V_A	V_{Bl} V_{Br}	V_B
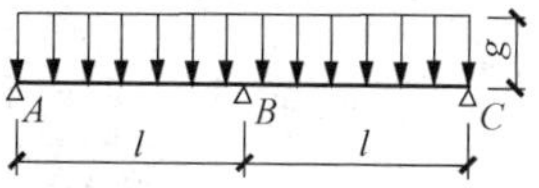	0.070	0.070 3	−0.125	0.357	−0.625 0.625	−0.375
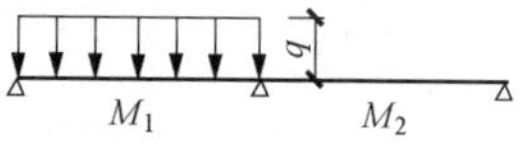	0.096	—	−0.063	0.437	−0.563 0.063	0.063
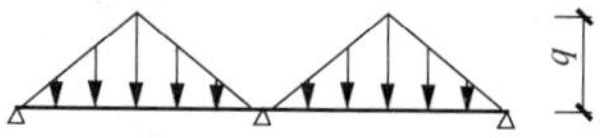	0.048	0.048	−0.078	0.172	−0.328 0.328	−0.172
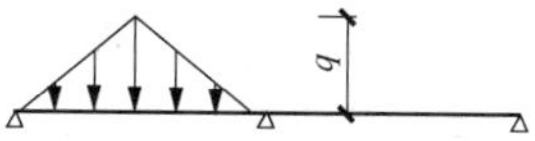	0.064	—	−0.039	0.211	−0.328 0.039	0.039
	0.156	0.153	−0.188	0.312	−0.688 0.688	−0.312
	0.203	—	−0.094	0.406	−0.594 0.094	−0.094
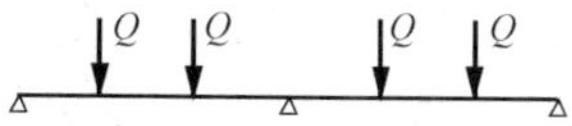	0.222	0.222	−0.333	0.667	−1.333 1.333	−0.667
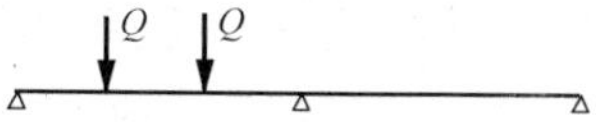	0.278	—	−0.167	0.833	−1.167 0.167	0.167

附表 B-2 三　跨　梁

荷载图	跨内最大弯矩		支座弯矩		剪　力			
	M_1	M_2	M_B	M_C	V_A	V_{Bl} V_{Br}	V_{cl} V_{cr}	V_D
	0.080	0.025	−0.100	−0.100	0.400	−0.600 0.500	−0.500 0.600	−0.400
	0.101	—	−0.050	−0.050	0.450	−0.050 0	0 0.550	−0.450
	—	0.075	−0.050	−0.050	−0.050	−0.050 0.050	−0.050 0.050	0.050
	0.073	0.054	−0.117	−0.033	0.383	−0.617 0.583	−0.417 0.033	0.033
	0.094	—	−0.067	0.017	0.433	−0.567 0.083	0.083 −0.017	−0.017
	0.054	0.021	−0.063	−0.063	0.183	−0.313 0.250	−0.250 0.313	−0.188
	0.068	—	−0.031	−0.031	0.219	−0.281 0	0 0.281	−0.219
	—	0.052	−0.031	−0.031	0.031	−0.031 0.250	−0.250 0.051	0.031
	0.050	0.038	−0.073	−0.021	0.177	−0.323 0.323	−0.198 0.021	0.021
	0.063	—	0.042	0.010	0.208	−0.292 0.052	0.052 −0.010	−0.010
	0.175	0.100	−0.150	−0.150	0.350	−0.650 0.500	−0.500 0.650	−0.350
	0.213	—	−0.075	−0.075	0.425	−0.075 0	0 0.575	−0.425
	—	0.175	−0.075	−0.075	−0.075	−0.075 0.500	−0.500 0.075	0.075
	0.162	0.137	−0.175	−0.050	0.325	−0.675 0.625	−0.375 0.050	0.050
	0.200	—	−0.100	0.025	0.400	−0.600 0.125	0.125 −0.025	−0.025
	0.244	0.067	−0.267	0.267	0.733	−1.267 1.000	−1.000 1.267	−0.733
	0.289	—	0.133	−0.133	0.866	−1.134 0	0 1.134	−0.866
	—	0.200	−0.133	0.133	−0.133	−0.133 1.000	−1.000 0.133	0.133
	0.229	0.170	−0.311	−0.089	0.689	−1.311 1.222	−0.778 0.089	0.089
	0.274	—	0.178	0.044	0.822	−1.178 0.222	0.222 −0.044	−0.044

附表 B-3

四 跨 梁

载面图	跨内最大弯矩				支座弯矩			剪 力				
	M_1	M_2	M_3	M_4	M_B	M_C	M_D	V_A	V_{Bl} / V_{Br}	V_{Cl} / V_{Cr}	V_{Dl} / V_{Dr}	V_E
(图)	0.077	0.036	0.036	0.077	−0.107	−0.071	−0.107	0.393	−0.607 / 0.536	−0.464 / 0.464	−0.536 / 0.607	−0.393
(图)	0.100	—	0.081	—	−0.054	−0.036	−0.054	0.446	−0.554 / 0.018	0.018 / 0.482	−0.518 / 0.054	0.054
(图)	0.072	0.061	—	0.098	−0.121	−0.018	−0.058	0.380	−0.620 / 0.603	−0.397 / −0.040	−0.040 / −0.558	−0.442
(图)	—	0.056	0.056	—	−0.036	−0.107	−0.036	−0.036	−0.036 / 0.429	−0.571 / 0.571	−0.429 / 0.036	0.036
(图)	0.094	—	—	—	−0.067	0.018	−0.004	0.433	−0.567 / 0.085	0.085 / −0.022	0.022 / 0.004	0.004
(图)	—	0.071	—	—	−0.049	−0.054	0.013	−0.049	−0.049 / 0.496	−0.504 / 0.067	0.067 / 0.013	−0.013
(图)	0.062	0.028	0.028	0.052	−0.067	−0.045	−0.067	0.183	−0.317 / 0.272	−0.228 / 0.228	−0.272 / 0.317	−0.183
(图)	0.067	—	0.055	—	−0.084	−0.022	−0.034	0.217	−0.234 / 0.011	0.011 / 0.239	−0.261 / 0.034	0.034
(图)	0.200	—	—	—	−0.100	−0.027	−0.007	0.400	−0.600 / 0.127	−0.127 / −0.033	−0.033 / 0.007	0.007

329

截面图	跨内最大弯矩				支座弯矩			剪力				
	M_1	M_2	M_3	M_4	M_B	M_C	M_D	V_A	V_{Bl} / V_{Br}	V_{Cl} / V_{Cr}	V_{Dl} / V_{Dr}	V_E
	—	0.173	—	—	−0.074	−0.080	0.020	−0.074	−0.074 / 0.493	−0.507 / 0.100	0.100 / −0.020	−0.020
	0.238	0.111	0.111	0.238	−0.286	−0.191	−0.286	0.714	1.286 / 1.095	−0.905 / 0.905	−0.905 / 1.286	−0.714
	0.286	—	0.222	—	−0.143	−0.095	−0.143	0.857	−1.143 / 0.048	0.048 / 0.905	−1.048 / 0.143	0.143
	0.226	0.194	—	0.282	−0.321	−0.048	−0.155	0.679	−1.321 / 1.274	−0.726 / −0.107	−0.107 / 1.155	−0.845
	—	0.175	0.175	—	−0.095	−0.286	−0.095	−0.095	0.095 / 0.810	−1.190 / 1.190	−0.810 / 0.095	0.095
	0.274	—	—	—	−0.178	0.048	−0.012	0822	−1.178 / 0.226	0.226 / −0.060	−0.060 / 0.012	0.012
	—	0.198	—	—	−0.131	−0.143	0.036	−0.131	−0.131 / 0.988	−1.012 / 0.178	0.178 / −0.036	−0.036
	0.049	0.042	—	0.066	−0.075	−0.011	−0.036	0.175	−0.325 / 0.314	−0.186 / −0.025	−0.025 / 0.022	−0.214
	—	0.040	0.040	—	−0.022	−0.067	−0.022	−0.022	−0.022 / 0.295	−0.295 / 0.295	−0.205 / 0.022	0.022
	0.088	—	—	—	−0.042	0.011	−0.003	0.208	−0.292 / 0.053	0.063 / −0.014	−0.014 / 0.003	0.003
	—	0.051	—	—	−0.031	−0.034	0.008	−0.031	−0.031 / 0.247	−0.253 / 0.042	0.042 / −0.008	−0.008

截面图	跨内最大弯矩				支 座 弯 矩			剪 力				
	M_1	M_2	M_3	M_4	M_B	M_C	M_D	V_A	V_{Bl} / V_{Br}	V_{Cl} / V_{Cr}	V_{Dl} / V_{Dr}	V_E
	0.619	0.116	0.116	0.169	−0.161	−0.107	−0.161	0.339	−0.661 / 0.544	−0.446 / 0.446	−0.554 / 0.661	−0.330
	0.210	—	0.183	—	−0.080	−0.054	−0.080	0.420	−0.580 / 0.027	0.027 / 0.473	−0.527 / 0.080	0.080
	0.159	0.146	—	0.206	−0.181	−0.027	−0.087	0.319	−0.681 / 0.654	−0.346 / −0.060	−0.060 / 0.587	−0.413
	—	0.142	0.142	—	−0.054	−0.161	−0.054	0.054	−0.054 / 0.393	−0.607 / 0.607	−0.393 / 0.054	0.054

附表 B-4　　五 跨 梁

截面图	跨内最大弯矩			支 座 弯 矩				剪 力					
	M_1	M_2	M_3	M_B	M_C	M_D	M_E	V_A	V_{Bl} / V_{Br}	V_{Cl} / V_{Cr}	V_{Dl} / V_{Dr}	V_{El} / V_{Er}	V_F
	0.078	0.033	0.046	−0.105	−0.079	−0.079	−0.105	0.394	−0.606 / 0.526	−0.474 / 0.500	−0.500 / 0.474	−0.526 / 0.606	−0.394
	0.100	—	0.085	−0.053	−0.040	−0.040	−0.053	0.447	−0.553 / 0.013	0.013 / 0.500	−0.500 / −0.013	−0.013 / 0.553	−0.447
	—	0.079	—	−0.053	−0.040	−0.040	−0.053	−0.053	−0.053 / 0.513	−0.478 / 0	0 / 0.478	−0.513 / 0.053	0.053
	0.073	$\dfrac{2-0.059}{0.078}$	—	−0.119	−0.022	−0.044	−0.051	0.380	−0.620 / 0.598	−0.402 / −0.023	−0.023 / 0.493	−0.507 / 0.052	0.052
	$\dfrac{1}{0.098}$	0.055	0.064	−0.035	−0.111	−0.020	−0.057	0.035	0.035 / 0.424	−0.409 / −0.037	−0.409 / −0.037	−0.037 / 0.557	−0.443
	0.094	—	—	−0.067	0.018	−0.005	0.001	0.422	0.567 / 0.085	0.086 / 0.023	0.023 / 0.006	0.006 / −0.001	0.001

载面图	跨内最大弯矩			支座弯矩				剪力					
	M_1	M_2	M_3	M_B	M_C	M_D	M_E	V_A	V_{Bl} / V_{Br}	V_{Cl} / V_{Cr}	V_{Dl} / V_{Dr}	V_{El} / V_{Er}	V_F
	—	0.074	—	−0.049	−0.054	0.014	−0.004	0.019	−0.049 / 0.496	−0.505 / 0.068	0.068 / −0.018	−0.018 / 0.004	0.004
	—	—	0.072	0.013	0.053	0.053	0.013	0.013	0.013 / −0.066	−0.066 / 0.500	−0.500 / 0.066	0.066 / −0.013	0.013
	0.053	0.026	0.034	−0.066	−0.049	0.049	−0.066	0.184	−0.316 / 0.266	−0.234 / 0.250	−0.250 / 0.234	−0.266 / 0.316	0.184
	0.067	—	0.059	−0.033	−0.025	−0.025	−0.033	0.217	0.283 / 0.008	0.008 / 0.250	−0.250 / −0.006	−0.008 / 0.283	0.217
	—	0.055	—	−0.033	−0.025	−0.025	−0.033	−0.033	−0.033 / 0.258	−0.242 / 0	0 / 0.242	−0.255 / 0.032	0.032
	$\dfrac{1-}{0.066}$	$\dfrac{2-0.041}{0.053}$	0.044	−0.075	−0.014	−0.028	−0.032	0.175	0.325 / 0.311	−0.189 / −0.014	−0.014 / 0.246	−0.255 / 0.032	0.032
	0.049	0.039	—	−0.022	−0.070	−0.013	−0.036	−0.022	−0.022 / 0.202	−0.298 / 0.307	−0.198 / −0.028	−0.023 / 0.286	−0.214
	0.063	—	—	−0.042	0.011	−0.003	0.001	0.208	−0.292 / 0.053	0.053 / −0.014	−0.014 / 0.004	0.004 / −0.001	−0.001
	—	0.051	0.050	−0.031	−0.034	0.009	−0.002	−0.031	−0.031 / 0.247	−0.253 / 0.043	0.049 / −0.011	−0.011 / 0.002	0.002
	—	—	0.132	0.008	−0.033	−0.033	0.008	0.008	0.008 / −0.041	−0.041 / 0.250	−0.250 / 0.041	0.041 / −0.008	−0.008
	0.171	0.112	0.132	−0.158	−0.118	−0.118	−0.158	0.342	−0.658 / 0.540	−0.460 / 0.500	−0.500 / 0.460	−0.540 / 0.658	−0.342
	0.211	—	0.191	−0.079	−0.059	−0.059	−0.079	0.421	−0.579 / 0.020	0.020 / 0.500	−0.500 / −0.020	−0.020 / 0.579	−0.421
	—	0.181	—	−0.079	−0.059	−0.059	−0.079	−0.079	−0.079 / 0.520	−0.480 / 0	0 / 0.480	−0.520 / 0.079	0.079

载面图	跨内最大弯矩			支 座 弯 矩				剪 力					
	M_1	M_2	M_3	M_B	M_C	M_D	M_E	V_A	V_{Bl} / V_{Br}	V_{Cl} / V_{Cr}	V_{Dl} / V_{Dr}	V_{El} / V_{Er}	V_F
	0.160	$\frac{2—}{0.178}$	—	−0.179	−0.032	−0.066	−0.077	0.321	−0.679 / 0.647	−0.353 / −0.034	−0.034 / −0.056	−0.511 / 0.077	0.077
	$\frac{1—}{0.207}$	0.140	0.151	−0.052	−0.167	−0.031	−0.086	−0.052	−0.052 / 0.385	−0.615 / −0.637	−0.363 / −0.056	−0.056 / 0.586	−0.414
	0.200	—	—	−0.100	0.027	−0.007	0.002	0.400	−0.600 / 0.127	0.127 / −0.031	−0.034 / 0.009	0.009 / −0.002	−0.002
	—	0.173	—	−0.073	−0.081	0.022	−0.005	−0.073	−0.073 / 0.493	−0.507 / 0.102	0.102 / −0.027	−0.027 / 0.005	0.005
	0.240	—	0.171	0.020	−0.079	−0.079	0.020	0.020	0.020 / −0.099	−0.099 / 0.500	−0.500 / 0.099	0.099 / −0.020	−0.020
	0.287	0.100	0.122	−0.281	−0.211	0.211	−0.281	0.719	−1.281 / 1.070	−0.930 / 1.000	−1.000 / −0.035	−0.035 / 1.140	−0.860
	—	0.216	0.228	−0.140	−0.105	−0.105	−0.140	0.860	−1.140 / 0.035	0.035 / 1.000	1.000 / −0.035	−0.035 / 1.140	−0.860
	0.227	$\frac{2-0.189}{0.178}$	—	−0.140	−0.105	−0.105	−0.140	−0.140	−0.140 / 1.035	−0.965 / 0	0 / 0.965	−1.035 / 0.140	0.140
	$\frac{1—}{0.282}$	0.172	—	−0.319	−0.057	−0.118	−0.137	0.681	−1.319 / 1.262	−0.738 / −0.061	−0.061 / 0.981	−1.019 / 0.137	0.137
	0.274	—	0.198	−0.093	−0.297	−0.054	−0.153	−0.093	−0.093 / 0.796	−1.204 / 1.243	−0.757 / −0.099	−0.099 / 1.153	−0.847
	—	0.198	—	−0.179	0.048	−0.013	0.003	0.281	−1.179 / 0.227	0.227 / −0.061	−0.061 / 0.016	0.016 / −0.003	−0.003
	—	—	0.198	−0.131	−0.144	0.038	−0.010	−0.131	−0.131 / 0.987	−1.031 / 0.182	0.182 / −0.048	−0.048 / 0.010	0.010
	—	—	0.193	0.035	−0.140	0.140	0.035	0.035	0.035 / −0.175	−0.175 / 1.00	−1.000 / 0.175	0.175 / −0.035	−0.035

附表 B-5   规则框架承受均布水平力作用时标准反弯点的高度比 y_0 值

n	j \ $\overline{K}$	0.1	0.2	0.3	0.4	0.5	0.6	0.7	0.8	0.9	1.0	2.0	3.0	4.0	5.0
1	1	0.80	0.75	0.70	0.65	0.65	0.60	0.60	0.60	0.60	0.55	0.55	0.55	0.55	0.55
2	2	0.45	0.40	0.35	0.35	0.35	0.35	0.40	0.40	0.40	0.40	0.45	0.45	0.45	0.45
	1	0.95	0.80	0.75	0.70	0.65	0.65	0.65	0.60	0.60	0.60	0.55	0.55	0.55	0.50
3	3	0.15	0.20	0.20	0.25	0.30	0.30	0.30	0.35	0.35	0.35	0.40	0.45	0.45	0.45
	2	0.55	0.50	0.45	0.45	0.45	0.45	0.45	0.45	0.45	0.45	0.45	0.50	0.50	0.50
	1	1.00	0.85	0.80	0.75	0.70	0.70	0.65	0.65	0.65	0.60	0.55	0.55	0.55	0.55
4	4	−0.05	0.05	0.15	0.20	0.25	0.30	0.30	0.35	0.35	0.35	0.40	0.45	0.45	0.45
	3	0.25	0.30	0.30	0.35	0.35	0.40	0.40	0.40	0.40	0.45	0.45	0.50	0.50	0.50
	2	0.60	0.55	0.50	0.50	0.45	0.45	0.45	0.45	0.45	0.50	0.50	0.50	0.50	0.50
	1	1.10	0.90	0.80	0.75	0.70	0.70	0.65	0.65	0.65	0.60	0.55	0.55	0.55	0.55
5	5	−0.20	0.00	0.15	0.20	0.25	0.30	0.30	0.30	0.35	0.35	0.40	0.45	0.45	0.45
	4	0.10	0.20	0.25	0.30	0.35	0.35	0.40	0.40	0.40	0.40	0.45	0.45	0.50	0.50
	3	0.40	0.40	0.40	0.40	0.40	0.45	0.45	0.45	0.45	0.45	0.50	0.50	0.50	0.50
	2	0.65	0.55	0.50	0.50	0.50	0.50	0.50	0.50	0.50	0.50	0.50	0.50	0.50	0.50
	1	1.20	0.95	0.80	0.75	0.75	0.70	0.70	0.65	0.65	0.65	0.55	0.55	0.55	0.55
6	6	−0.30	0.00	0.10	0.20	0.25	0.25	0.30	0.30	0.35	0.35	0.40	0.45	0.45	0.45
	5	0.10	0.20	0.25	0.30	0.35	0.35	0.40	0.40	0.40	0.40	0.45	0.45	0.50	0.50
	4	0.20	0.30	0.35	0.35	0.40	0.40	0.40	0.45	0.45	0.45	0.45	0.50	0.50	0.50
	3	0.40	0.40	0.40	0.45	0.45	0.45	0.45	0.45	0.45	0.45	0.50	0.50	0.50	0.50
	2	0.70	0.60	0.55	0.50	0.50	0.50	0.50	0.50	0.50	0.50	0.50	0.50	0.50	0.50
	1	1.20	0.95	0.85	0.80	0.75	0.70	0.70	0.65	0.65	0.65	0.55	0.55	0.55	0.55
7	7	−0.35	−0.05	0.10	0.20	0.20	0.25	0.30	0.30	0.35	0.35	0.40	0.45	0.45	0.45
	6	−0.10	0.15	0.25	0.30	0.35	0.35	0.35	0.40	0.40	0.40	0.45	0.45	0.50	0.50
	5	0.10	0.25	0.30	0.35	0.40	0.40	0.40	0.45	0.45	0.45	0.45	0.50	0.50	0.50
	4	0.30	0.35	0.40	0.40	0.40	0.45	0.45	0.45	0.45	0.45	0.50	0.50	0.50	0.50
	3	0.50	0.45	0.45	0.45	0.45	0.45	0.45	0.45	0.45	0.45	0.50	0.50	0.50	0.50
	2	0.75	0.60	0.55	0.50	0.50	0.50	0.50	0.50	0.50	0.50	0.50	0.50	0.50	0.50
	1	1.20	0.95	0.85	0.80	0.75	0.70	0.70	0.65	0.65	0.65	0.55	0.55	0.55	0.55
8	8	−0.35	−0.05	0.10	0.15	0.25	0.25	0.30	0.30	0.35	0.35	0.40	0.45	0.45	0.45
	7	−0.10	0.15	0.25	0.30	0.35	0.35	0.40	0.40	0.40	0.40	0.45	0.50	0.50	0.50
	6	0.05	0.25	0.30	0.35	0.40	0.40	0.40	0.45	0.45	0.45	0.45	0.50	0.50	0.50
	5	0.20	0.30	0.35	0.40	0.40	0.40	0.45	0.45	0.45	0.45	0.50	0.50	0.50	0.50
	4	0.35	0.40	0.40	0.45	0.45	0.45	0.45	0.45	0.45	0.45	0.50	0.50	0.50	0.50
	3	0.50	0.45	0.45	0.45	0.45	0.45	0.45	0.45	0.50	0.50	0.50	0.50	0.50	0.50
	2	0.75	0.60	0.55	0.55	0.55	0.50	0.50	0.50	0.50	0.50	0.50	0.50	0.50	0.50
	1	1.20	1.00	0.85	0.80	0.80	0.75	0.70	0.65	0.65	0.65	0.55	0.55	0.55	0.55
9	9	−0.40	−0.05	0.10	0.20	0.25	0.25	0.30	0.30	0.35	0.35	0.45	0.45	0.45	0.45
	8	−0.15	1.05	0.25	0.30	0.35	0.35	0.35	0.40	0.40	0.40	0.45	0.45	0.50	0.45
	7	0.05	0.25	0.30	0.35	0.40	0.40	0.40	0.45	0.45	0.45	0.45	0.50	0.50	0.50
	6	0.15	0.30	0.35	0.40	0.40	0.45	0.45	0.45	0.45	0.45	0.50	0.50	0.50	0.50

n	$\overline{K}$ / j	0.1	0.2	0.3	0.4	0.5	0.6	0.7	0.8	0.9	1.0	2.0	3.0	4.0	5.0
	5	0.25	0.35	0.40	0.40	0.45	0.45	0.45	0.45	0.45	0.45	0.50	0.50	0.50	0.50
	4	0.40	0.40	0.40	0.45	0.45	0.45	0.45	0.45	0.45	0.45	0.50	0.50	0.50	0.50
9	3	0.55	0.45	0.45	0.45	0.45	0.45	0.45	0.45	0.50	0.50	0.50	0.50	0.50	0.50
	2	0.80	0.65	0.55	0.55	0.50	0.50	0.50	0.50	0.50	0.50	0.50	0.50	0.50	0.50
	1	1.20	1.00	0.85	0.80	0.75	0.70	0.70	0.65	0.65	0.65	0.55	0.55	0.55	0.55
	10	−0.40	−0.05	0.10	0.20	0.25	0.30	0.30	0.30	0.35	0.40	0.40	0.45	0.45	0.45
	9	−0.15	0.15	0.25	0.30	0.35	0.35	0.40	0.40	0.45	0.45	0.45	0.50	0.50	0.50
	8	0.00	0.25	0.30	0.35	0.40	0.40	0.40	0.45	0.45	0.45	0.45	0.50	0.50	0.50
	7	0.10	0.30	0.35	0.40	0.40	0.45	0.45	0.45	0.45	0.50	0.50	0.50	0.50	0.50
10	6	0.20	0.35	0.40	0.40	0.45	0.45	0.45	0.45	0.45	0.50	0.50	0.50	0.50	0.50
	5	0.30	0.40	0.40	0.45	0.45	0.45	0.45	0.45	0.45	0.50	0.50	0.50	0.50	0.50
	4	0.40	0.40	0.45	0.45	0.45	0.45	0.45	0.45	0.45	0.50	0.50	0.50	0.50	0.50
	3	0.55	0.50	0.45	0.45	0.45	0.50	0.50	0.50	0.50	0.50	0.50	0.50	0.50	0.50
	2	0.80	0.65	0.55	0.55	0.55	0.50	0.50	0.50	0.50	0.50	0.50	0.50	0.50	0.50
	1	1.30	1.00	0.85	0.80	0.75	0.70	0.70	0.65	0.65	0.60	0.60	0.55	0.55	0.55
	11	−0.40	−0.05	−0.10	0.20	0.25	0.30	0.30	0.30	0.35	0.35	0.40	0.45	0.45	0.45
	10	−0.15	0.15	0.25	0.30	0.35	0.35	0.40	0.40	0.40	0.40	0.45	0.45	0.50	0.50
	9	0.00	0.25	0.30	0.35	0.40	0.40	0.40	0.45	0.45	0.45	0.45	0.50	0.50	0.50
	8	0.10	0.30	0.35	0.40	0.40	0.45	0.45	0.45	0.45	0.45	0.50	0.50	0.50	0.50
	7	0.20	0.35	0.40	0.45	0.45	0.45	0.45	0.45	0.45	0.45	0.50	0.50	0.50	0.50
11	6	0.25	0.35	0.40	0.45	0.45	0.45	0.45	0.45	0.45	0.45	0.50	0.50	0.50	0.50
	5	0.35	0.40	0.40	0.45	0.45	0.45	0.45	0.45	0.45	0.50	0.50	0.50	0.50	0.50
	4	0.40	0.45	0.45	0.45	0.45	0.45	0.45	0.50	0.50	0.50	0.50	0.50	0.50	0.50
	3	0.55	0.50	0.50	0.50	0.50	0.50	0.50	0.50	0.50	0.50	0.50	0.50	0.50	0.50
	2	0.80	0.65	0.60	0.55	0.55	0.50	0.50	0.50	0.50	0.50	0.50	0.50	0.50	0.50
	1	1.30	1.00	0.85	0.80	0.75	0.70	0.70	0.65	0.65	0.65	0.60	0.55	0.55	0.55
	自上1	−0.40	−0.05	0.10	0.20	0.25	0.30	0.30	0.30	0.35	0.35	0.40	0.45	0.45	0.45
	2	−0.15	0.15	0.25	0.30	0.35	0.35	0.40	0.40	0.40	0.40	0.45	0.45	0.50	0.50
	3	0.00	0.25	0.30	0.35	0.40	0.40	0.40	0.45	0.45	0.45	0.45	0.50	0.50	0.50
	4	0.10	0.30	0.35	0.40	0.40	0.45	0.45	0.45	0.45	0.45	0.50	0.50	0.50	0.50
	5	0.20	0.35	0.45	0.40	0.45	0.45	0.45	0.45	0.45	0.45	0.50	0.50	0.50	0.50
	6	0.25	0.35	0.40	0.45	0.45	0.45	0.45	0.45	0.45	0.45	0.50	0.50	0.50	0.50
12以上	7	0.30	0.40	0.40	0.45	0.45	0.45	0.45	0.45	0.50	0.50	0.50	0.50	0.50	0.50
	8	0.35	0.40	0.45	0.45	0.45	0.45	0.45	0.50	0.50	0.50	0.50	0.50	0.50	0.50
	中间	0.40	0.40	0.45	0.45	0.45	0.45	0.50	0.50	0.50	0.50	0.50	0.50	0.50	0.50
	4	0.45	0.45	0.45	0.45	0.50	0.50	0.50	0.50	0.50	0.50	0.50	0.50	0.50	0.50
	3	0.60	0.50	0.50	0.50	0.50	0.50	0.50	0.50	0.50	0.50	0.50	0.50	0.50	0.50
	2	0.80	0.65	0.60	0.55	0.55	0.50	0.50	0.50	0.50	0.50	0.50	0.50	0.50	0.50
	自下1	1.30	1.00	0.85	0.80	0.75	0.70	0.70	0.65	0.65	0.65	0.55	0.55	0.55	0.55

注　表中 n 表示房屋总层数，j 表示计算层数，$\overline{K}$ 表示节点梁柱线刚度之比，$\overline{K}=\dfrac{i_1+i_2+i_3+i_4}{2i_c}$ 如图：

附表 B-6　　规则框架承受三角形分布水平力作用时标准反弯点的高度比 y_0 值

n	j \ $\overline{K}$	0.1	0.2	0.3	0.4	0.5	0.6	0.7	0.8	0.9	1.0	2.0	3.0	4.0	5.0
1	1	0.80	0.75	0.70	0.65	0.65	0.60	0.60	0.60	0.60	0.55	0.55	0.55	0.55	0.55
2	2	0.50	0.45	0.40	0.40	0.40	0.40	0.40	0.40	0.40	0.45	0.45	0.45	0.45	0.50
	1	1.00	0.85	0.75	0.70	0.70	0.65	0.65	0.65	0.60	0.60	0.55	0.55	0.55	0.55
3	3	0.25	0.25	0.25	0.30	0.30	0.35	0.35	0.35	0.40	0.40	0.45	0.45	0.45	0.50
	2	0.60	0.50	0.50	0.50	0.50	0.45	0.45	0.45	0.45	0.45	0.50	0.50	0.50	0.50
	1	1.15	0.90	0.80	0.75	0.75	0.70	0.70	0.70	0.65	0.65	0.60	0.55	0.55	0.55
4	4	0.10	0.15	0.20	0.25	0.30	0.30	0.35	0.35	0.35	0.40	0.45	0.45	0.45	0.45
	3	0.35	0.35	0.35	0.40	0.40	0.40	0.40	0.45	0.45	0.45	0.45	0.50	0.50	0.50
	2	0.70	0.60	0.55	0.50	0.50	0.50	0.50	0.50	0.50	0.50	0.50	0.50	0.50	0.50
	1	1.20	0.95	0.85	0.80	0.75	0.70	0.70	0.70	0.65	0.65	0.55	0.55	0.55	0.55
5	5	−0.05	0.10	0.20	0.25	0.30	0.30	0.35	0.35	0.35	0.35	0.40	0.45	0.45	0.45
	4	0.20	0.25	0.35	0.35	0.40	0.40	0.40	0.40	0.40	0.45	0.45	0.50	0.50	0.50
	3	0.45	0.40	0.45	0.45	0.45	0.45	0.45	0.45	0.45	0.45	0.50	0.50	0.50	0.50
	2	0.75	0.60	0.55	0.55	0.50	0.50	0.50	0.50	0.50	0.50	0.50	0.50	0.50	0.50
	1	1.30	1.00	0.85	0.80	0.75	0.70	0.70	0.65	0.65	0.65	0.65	0.55	0.55	0.55
6	6	−0.15	0.05	0.15	0.20	0.25	0.30	0.30	0.35	0.35	0.35	0.40	0.45	0.45	0.45
	5	0.10	0.25	0.30	0.35	0.35	0.40	0.40	0.40	0.45	0.45	0.45	0.50	0.50	0.50
	4	0.30	0.35	0.40	0.40	0.45	0.45	0.45	0.45	0.45	0.45	0.50	0.50	0.50	0.50
	3	0.50	0.45	0.45	0.45	0.45	0.45	0.45	0.45	0.45	0.50	0.50	0.50	0.50	0.50
	2	0.80	0.65	0.55	0.55	0.55	0.50	0.50	0.50	0.50	0.50	0.50	0.50	0.50	0.50
	1	1.30	1.00	0.85	0.80	0.75	0.70	0.70	0.65	0.65	0.65	0.60	0.55	0.55	0.55
7	7	−0.20	0.05	0.15	0.20	0.25	0.30	0.30	0.35	0.35	0.35	0.45	0.45	0.45	0.45
	6	0.05	0.20	0.30	0.35	0.35	0.40	0.40	0.40	0.40	0.45	0.45	0.50	0.50	0.50
	5	0.20	0.30	0.35	0.40	0.40	0.45	0.45	0.45	0.45	0.45	0.50	0.50	0.50	0.50
	4	0.35	0.40	0.40	0.45	0.45	0.45	0.45	0.45	0.45	0.45	0.50	0.50	0.50	0.50
	3	0.55	0.50	0.50	0.50	0.50	0.50	0.50	0.50	0.50	0.50	0.50	0.50	0.50	0.50
	2	0.80	0.65	0.60	0.55	0.55	0.55	0.50	0.50	0.50	0.50	0.50	0.50	0.50	0.50
	1	1.30	1.00	0.90	0.80	0.75	0.70	0.70	0.70	0.65	0.65	0.60	0.55	0.55	0.55
8	8	−0.20	0.05	0.15	0.20	0.25	0.30	0.30	0.30	0.35	0.35	0.45	0.45	0.45	0.45
	7	0.00	0.20	0.30	0.35	0.35	0.40	0.40	0.40	0.40	0.45	0.45	0.50	0.50	0.50
	6	0.15	0.30	0.35	0.40	0.40	0.45	0.45	0.45	0.45	0.45	0.50	0.50	0.50	0.50
	5	0.30	0.40	0.40	0.45	0.45	0.45	0.45	0.45	0.45	0.45	0.50	0.50	0.50	0.50
	4	0.40	0.45	0.45	0.45	0.45	0.45	0.45	0.45	0.50	0.50	0.50	0.50	0.50	0.50
	3	0.60	0.50	0.50	0.50	0.50	0.50	0.50	0.50	0.50	0.50	0.50	0.50	0.50	0.50
	2	0.85	0.65	0.60	0.55	0.55	0.55	0.50	0.50	0.50	0.50	0.50	0.50	0.50	0.50
	1	1.30	1.00	0.90	0.80	0.75	0.70	0.70	0.70	0.70	0.65	0.60	0.55	0.55	0.55
9	9	−0.25	0.00	0.15	0.20	0.25	0.30	0.30	0.35	0.35	0.40	0.45	0.45	0.45	0.45
	8	0.00	0.20	0.30	0.35	0.35	0.40	0.40	0.40	0.40	0.45	0.45	0.50	0.50	0.50
	7	0.15	0.30	0.35	0.40	0.40	0.45	0.45	0.45	0.45	0.45	0.50	0.50	0.50	0.50
	6	0.25	0.35	0.40	0.40	0.45	0.45	0.45	0.45	0.45	0.45	0.50	0.50	0.50	0.50
	5	0.35	0.40	0.45	0.45	0.45	0.45	0.45	0.45	0.50	0.50	0.50	0.50	0.50	0.50

n	j \ $\overline{K}$	0.1	0.2	0.3	0.4	0.5	0.6	0.7	0.8	0.9	1.0	2.0	3.0	4.0	5.0
9	4	0.45	0.45	0.45	0.45	0.45	0.50	0.50	0.50	0.50	0.50	0.50	0.50	0.50	0.50
	3	0.60	0.50	0.50	0.50	0.50	0.50	0.50	0.50	0.50	0.50	0.50	0.50	0.50	0.50
	2	0.85	0.65	0.60	0.55	0.55	0.55	0.55	0.50	0.50	0.50	0.50	0.50	0.50	0.50
	1	1.35	1.00	0.90	0.80	0.75	0.75	0.70	0.70	0.65	0.65	0.60	0.55	0.55	0.55
10	10	−0.25	0.00	0.15	0.20	0.25	0.30	0.30	0.35	0.35	0.40	0.45	0.45	0.45	0.45
	9	−0.05	0.20	0.30	0.35	0.35	0.40	0.40	0.40	0.40	0.45	0.45	0.50	0.50	0.50
	8	0.10	0.30	0.35	0.40	0.40	0.40	0.45	0.45	0.45	0.45	0.50	0.50	0.50	0.50
	7	0.20	0.35	0.40	0.40	0.45	0.45	0.45	0.45	0.45	0.50	0.50	0.50	0.50	0.50
	6	0.30	0.40	0.40	0.45	0.45	0.45	0.45	0.45	0.50	0.50	0.50	0.50	0.50	0.50
	5	0.40	0.45	0.45	0.45	0.45	0.45	0.45	0.50	0.50	0.50	0.50	0.50	0.50	0.50
	4	0.50	0.45	0.45	0.45	0.50	0.50	0.50	0.50	0.50	0.50	0.50	0.50	0.50	0.50
	3	0.60	0.55	0.50	0.50	0.50	0.50	0.50	0.50	0.50	0.50	0.50	0.50	0.50	0.50
	2	0.85	0.65	0.60	0.55	0.55	0.55	0.55	0.50	0.50	0.50	0.50	0.50	0.50	0.50
	1	1.35	1.00	0.90	0.80	0.75	0.75	0.70	0.70	0.65	0.65	0.60	0.55	0.55	0.55
11	11	−0.25	0.00	0.15	0.20	0.25	0.30	0.30	0.30	0.35	0.35	0.45	0.45	0.45	0.45
	10	−0.05	0.20	0.25	0.30	0.35	0.40	0.40	0.40	0.40	0.45	0.45	0.50	0.50	0.50
	9	0.10	0.30	0.35	0.40	0.40	0.40	0.45	0.45	0.45	0.45	0.50	0.50	0.50	0.50
	8	0.20	0.35	0.40	0.40	0.45	0.45	0.45	0.45	0.45	0.50	0.50	0.50	0.50	0.50
	7	0.25	0.40	0.40	0.45	0.45	0.45	0.45	0.45	0.45	0.50	0.50	0.50	0.50	0.50
	6	0.35	0.40	0.40	0.45	0.45	0.45	0.45	0.50	0.50	0.50	0.50	0.50	0.50	0.50
	5	0.40	0.45	0.45	0.45	0.45	0.50	0.50	0.50	0.50	0.50	0.50	0.50	0.50	0.50
	4	0.50	0.50	0.50	0.50	0.50	0.50	0.50	0.50	0.50	0.50	0.50	0.50	0.50	0.50
	3	0.65	0.55	0.60	0.50	0.50	0.50	0.50	0.50	0.50	0.50	0.50	0.50	0.50	0.50
	2	0.85	0.65	0.60	0.55	0.55	0.55	0.55	0.50	0.50	0.50	0.50	0.50	0.50	0.50
	1	1.35	1.05	0.90	0.80	0.75	0.75	0.70	0.70	0.65	0.65	0.60	0.55	0.55	0.55
12以上	自上1	−0.30	0.00	0.15	0.20	0.25	0.30	0.30	0.30	0.35	0.35	0.40	0.45	0.45	0.45
	2	−0.10	0.20	0.25	0.30	0.35	0.40	0.40	0.40	0.40	0.40	0.45	0.45	0.45	0.50
	3	0.05	0.25	0.35	0.40	0.40	0.40	0.45	0.45	0.45	0.45	0.45	0.50	0.50	0.50
	4	0.15	0.30	0.40	0.40	0.45	0.45	0.45	0.45	0.45	0.45	0.45	0.50	0.50	0.50
	5	0.25	0.35	0.50	0.45	0.45	0.45	0.45	0.45	0.45	0.45	0.50	0.50	0.50	0.50
	6	0.30	0.40	0.50	0.45	0.45	0.45	0.45	0.50	0.45	0.50	0.50	0.50	0.50	0.50
	7	0.35	0.40	0.55	0.45	0.45	0.45	0.50	0.50	0.50	0.50	0.50	0.50	0.50	0.50
	8	0.35	0.45	0.55	0.45	0.50	0.50	0.50	0.50	0.50	0.50	0.50	0.50	0.50	0.50
	中间	0.45	0.45	0.55	0.45	0.50	0.50	0.50	0.50	0.50	0.50	0.50	0.50	0.50	0.50
	4	0.55	0.50	0.50	0.50	0.50	0.50	0.50	0.50	0.50	0.50	0.50	0.50	0.50	0.50
	3	0.65	0.55	0.50	0.50	0.50	0.50	0.50	0.50	0.50	0.50	0.50	0.50	0.50	0.50
	2	0.70	0.70	0.60	0.55	0.55	0.55	0.55	0.50	0.50	0.50	0.50	0.50	0.50	0.50
	自下1	1.35	1.05	0.90	0.80	0.75	0.70	0.70	0.70	0.65	0.65	0.60	0.55	0.55	0.55

注　表中 n 表示房屋总层数，j 表示计算层数，$\overline{K}$ 表示节点梁柱线刚度之比，$\overline{K} = \dfrac{i_1 + i_2 + i_3 + i_4}{2i_c}$ 如图：

$$\begin{array}{c|c} i_1 & i_2 \\ \hline \multicolumn{2}{c}{i_c} \\ \hline i_3 & i_4 \end{array}$$

附表 B-7 上下梁相对刚度比变化时修正值 y_1

α_1 \ $\overline{K}$	0.1	0.2	0.3	0.4	0.5	0.6	0.7	0.8	0.9	1.0	2.0	3.0	4.0	5.0
0.4	0.55	0.40	0.30	0.25	0.20	0.20	0.20	0.15	0.15	0.05	0.05	0.05	0.05	0.05
0.5	0.45	0.30	0.20	0.20	0.15	0.15	0.15	0.10	0.10	0.10	0.05	0.05	0.05	0.05
0.6	0.30	0.20	0.15	0.15	0.10	0.10	0.10	0.10	0.05	0.05	0.05	0.05	0.00	0.00
0.7	0.20	0.15	0.10	0.10	0.10	0.05	0.05	0.05	0.05	0.05	0.00	0.00	0.00	0.00
0.8	0.15	0.10	0.05	0.05	0.05	0.05	0.05	0.05	0.05	0.00	0.00	0.00	0.00	0.00
0.9	0.05	0.05	0.05	0.05	0.00	0.00	0.00	0.00	0.00	0.00	0.00	0.00	0.00	0.00

$$\begin{array}{c|c} i_1 & i_2 \\ \hline i_c & \\ \hline i_3 & i_4 \end{array} \qquad \overline{K}=\dfrac{i_1+i_2+i_3+i_4}{2i_c}; \quad 当\ i_1+i_2<i_3+i_4,\ \alpha_1=\dfrac{i_1+i_2}{i_3+i_4};$$

当 $i_1+i_2>i_3+i_4$，$\alpha_1=\dfrac{i_3+i_4}{i_1+i_2}$，并在查到的 y_1 前加负号 "－"。

附表 B-8 上下层柱高度变化时的修正值 y_2、y_3

α_2	α_3 \ $\overline{K}$	0.1	0.2	0.3	0.4	0.5	0.6	0.7	0.8	0.9	1.0	2.0	3.0	4.0	5.0
2.0		0.25	0.15	0.15	0.10	0.10	0.10	0.10	0.10	0.05	0.05	0.05	0.05	0.00	0.00
1.8		0.20	0.15	0.10	0.10	0.10	0.05	0.05	0.05	0.05	0.05	0.05	0.00	0.00	0.00
1.6	0.4	0.15	0.10	0.10	0.05	0.05	0.05	0.05	0.05	0.05	0.05	0.05	0.00	0.00	0.00
1.4	0.6	0.10	0.05	0.05	0.05	0.05	0.05	0.05	0.05	0.05	0.00	0.00	0.00	0.00	0.00
1.2	0.8	0.05	0.05	0.05	0.00	0.00	0.00	0.00	0.00	0.00	0.00	0.00	0.00	0.00	0.00
1.0	1.0	0.00	0.00	0.00	0.00	0.00	0.00	0.00	0.00	0.00	0.00	0.00	0.00	0.00	0.00
0.8	1.2	−0.05	−0.05	−0.05	0.00	0.00	0.00	0.00	0.00	0.00	0.00	0.00	0.00	0.00	0.00
0.6	1.4	−0.10	−0.05	−0.05	−0.05	−0.05	−0.05	−0.05	−0.05	−0.05	0.00	0.00	0.00	0.00	0.00
0.4	1.6	−0.15	−0.10	−0.10	−0.05	−0.05	−0.05	−0.05	−0.05	−0.05	0.00	0.00.	0.00	0.00	0.00
	1.8	−0.20	−0.15	−0.10	−0.10	−0.10	−0.05	−0.05	−0.05	−0.05	−0.05	0.00	0.00	0.00	0.00
	2.0	−0.25	−0.15	−0.15	−0.10	−0.10	−0.10	−0.10	−0.05	−0.05	−0.05	−0.05	0.00	0.00	0.00

$$\begin{array}{c} \alpha_2 h \\ \hline h \\ \hline \alpha_3 h \end{array}$$

y_2——按照 $\overline{K}$ 及 α_2 求得，上层较高时为正值；

y_3——按照 $\overline{K}$ 及 α_3 求得。

附录 C　按弹性理论计算矩形双向板在均布荷载作用下的弯矩系数表

一、符号说明

M_x、$M_{x,\max}$——平行于 l_x 方向板中心点弯矩和板跨内的最大弯矩；

M_y、$M_{y,\max}$——平行于 l_y 方向板中心点弯矩和板跨内的最大弯矩；

M_x^1——固定边中点沿 l_x 方向的弯矩；

M_y^1——固定边中点沿 l_y 方向的弯矩；

M_{ox}——平行于 l_x 方向自由边的中点弯矩；

M_{oy}——平行于 l_y 方向自由边的中点弯矩。

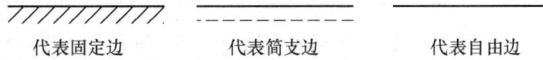

| 代表固定边 | 代表简支边 | 代表自由边 |

二、计算公式

$$弯矩 = 表中系数 \times ql_x^2$$

式中　q——作用在双向板上的均布荷载；

　　　l_x——板跨，见下表中插图所示。

表中弯矩系数均为单位板宽的弯矩系数。表中系数为泊松比 $\nu = 1/6$ 时求得的，适用于钢筋混凝土板。

边界条件	(1) 四边简支		(2) 三边简支、一边固定				
l_x/L_y	M_x	M_y	M_x	$M_{x,\max}$	M_y	$M_{y,\max}$	M_y^1
0.50	0.099 4	0.033 5	0.091 4	0.093 0	0.035 2	0.039 7	−0.121 5
0.55	0.092 7	0.035 9	0.083 2	0.084 6	0.037 1	0.040 5	−0.119 3
0.60	0.086 0	0.037 9	0.075 2	0.076 5	0.038 6	0.040 9	−0.116
0.65	0.079 5	0.039 6	0.067 6	0.068 8	0.039 6	0.041 2	−0.113 3
0.70	0.073 2	0.041 0	0.060 4	0.061 6	0.040 0	0.041 7	−0.109 6
0.75	0.067 3	0.042 0	0.053 8	0.051 9	0.040 0	0.041 7	−0.105 6
0.80	0.061 7	0.042 8	0.047 8	0.049 0	0.039 7	0.041 5	−0.101 4
0.85	0.056 4	0.043 2	0.042 5	0.043 6	0.039 1	0.041 0	−0.097 0
0.90	0.051 6	0.043 4	0.037 7	0.038 8	0.038 2	0.040 2	−0.092 6
0.95	0.047 1	0.043 2	0.033 4	0.034 5	0.037 1	0.039 3	−0.088 2
1.00	0.042 9	0.042 9	0.029 6	0.030 6	0.036 0	0.038 8	−0.083 9

边界条件	(2) 三边简支、一边固定					(3) 两对边简支、两对边固定		
l_x/L_y	M_x	$M_{x,max}$	M_y	$M_{y,max}$	M_x^1	M_x	M_y	M_y^1
0.50	0.059 3	0.065 7	0.015 7	0.017 1	−0.121 2	0.083 7	0.036 7	−0.119 1
0.55	0.057 7	0.063 3	0.017 5	0.019 0	−0.118 7	0.074 3	0.038 3	0.115 6
0.60	0.055 6	0.060 8	0.019 4	0.020 9	−0.115 8	0.065 3	0.039 3	−0.111 4
0.65	0.053 4	0.058 1	0.021 2	0.022 6	−0.112 4	0.056 9	0.039 4	−0.106 6
0.70	0.051 0	0.055 5	0.022 9	0.024 2	−1.108 7	0.049 4	0.039 2	−0.103 1
0.75	0.048 5	0.052 5	0.024 4	0.025 7	−0.104 8	0.042 8	0.038 3	0.095 9
0.80	0.045 9	0.049 5	0.025 8	0.027 0	−0.100 7	0.036 9	0.037 2	−0.090 4
0.85	0.043 4	0.046 6	0.027 1	0.028 3	−0.096 5	0.031 8	0.035 8	−0.085 0
0.90	0.040 9	0.043 8	0.028 1	0.029 3	−0.092 2	0.027 5	0.034 3	−0.076 7
0.95	0.038 4	0.040 9	0.029 0	0.030 1	−0.088 0	0.023 8	0.032 8	−0.074 6
1.00	0.036 0	0.038 8	0.029 6	0.030 6	−0.083 9	0.020 6	0.031 1	−0.069 8

边界条件	(3) 两对边简支、两对边固定			(4) 两邻边简支、两邻边固定					
l_x/L_y	M_x	M_y	M_x^1	M_x	$M_{x,max}$	M_y	$M_{y,max}$	M_x^1	M_y^1
0.50	0.041 9	0.008 6	−0.084 3	0.057 2	0.058 4	0.017 2	0.022 9	−0.117 9	−0.078 6
0.55	0.041 5	0.009 6	−0.084 0	0.054 6	0.055 6	0.019 2	0.024 1	−0.114 0	−0.078 5
0.60	0.040 9	0.010 9	−0.083 4	0.051 8	0.052 6	0.021 2	0.025 2	−0.109 5	−0.078 2
0.65	0.040 2	0.012 2	−0.082 6	0.048 6	0.049 6	0.022 8	0.026 1	−0.104 5	−0.077 7
0.70	0.039 1	0.013 5	−0.081 4	0.045 5	0.046 5	0.024 3	0.026 7	−0.099 2	−0.077 0
0.75	0.038 1	0.014 9	−0.079 9	0.042 2	0.043 0	0.025 4	0.027 2	−0.093 8	−0.076 0
0.80	0.036 8	0.016 2	−0.078 2	0.039 0	0.039 7	0.026 3	0.027 8	−0.088 3	−0.074 8
0.85	0.035 5	0.017 4	−0.076 3	0.035 8	0.036 6	0.026 9	0.028 4	−0.082 9	−0.073 3
0.90	0.034 1	0.018 6	−0.074 3	0.032 8	0.033 7	0.027 3	0.028 8	−0.077 6	−0.071 6
0.95	0.032 6	0.019 6	−0.072 1	0.029 9	0.030 8	0.027 3	0.028 9	−0.072 6	−0.069 8
1.00	0.031 1	0.020 6	−0.069 8	0.027 3	0.028 1	0.027 3	0.028 9	−0.067 7	−0.067 7

边界条件	(5) 一边简支、三边固定								
l_x/L_y	M_x	$M_{x,max}$	M_y	$M_{y,max}$	M_x^1	M_y^1	M_x	$M_{x,max}$	M_y
0.50	0.0413	0.0424	0.0096	0.0157	−0.0836	−0.0569	0.0551	0.0605	0.0188
0.55	0.0405	0.0415	0.0108	0.0160	−0.0827	−0.0570	0.0517	0.0563	0.0210
0.60	0.0394	0.0404	0.0123	0.0169	−0.0814	−0.0571	0.0480	0.0520	0.0229
0.65	0.0381	0.0390	0.0137	0.0178	−0.0796	−0.0572	0.0441	0.0476	0.0244
0.70	0.0366	0.0375	0.0151	0.0186	−0.0774	−0.0572	0.0402	0.0433	0.0256
0.75	0.0349	0.0358	0.0164	0.0193	−0.0750	−0.0572	0.0364	0.0390	0.0263
0.80	0.0331	0.0339	0.0176	0.0199	−0.0722	−0.0570	0.0327	0.0348	0.0267
0.85	0.0312	0.0319	0.0186	0.0204	−0.0693	−0.0567	0.0293	0.0312	0.0268
0.90	0.0295	0.0300	0.0201	0.0209	−0.0663	−0.0563	0.0261	0.0277	0.0265
0.95	0.0274	0.0281	0.0204	0.0214	−0.0631	−0.0558	0.0232	0.0246	0.0261
1.00	0.0255	0.0261	0.0206	0.0219	−0.0600	−0.0500	0.0206	0.0219	0.0255

边界条件	(5) 一边简支、三边固定			(6) 四边固定			
l_x/L_y	$M_{y,max}$	M_y^1	M_x^1	M_x	M_y	M_x^1	M_y^1
0.50	0.0201	−0.0784	−0.1146	0.0406	0.0105	−0.0829	−0.0570
0.55	0.0223	−0.0780	−0.1093	0.0394	0.0120	−0.0814	−0.0571
0.60	0.0242	−0.0773	−0.1033	0.0380	0.0137	−0.0793	−0.0571
0.65	0.0256	−0.0762	−0.0970	0.0361	0.0152	−0.0766	−0.0571
0.70	0.0267	−0.0748	−0.0903	0.0340	0.0167	−0.0766	−0.0569
0.75	0.0273	−0.0729	−0.0837	0.0318	0.0179	−0.735	−0.0565
0.80	0.0267	−0.0707	−0.0772	0.0295	0.0189	−0.0701	−0.0559
0.85	0.0277	−0.0683	−0.0711	0.0272	0.0197	−0.0664	−0.0551
0.90	0.0273	−0.0656	−0.0653	0.0249	0.0202	−0.0588	−0.0541
0.95	0.0269	−0.0629	−0.0599	0.0227	0.0205	−0.0550	−0.0528
1.00	0.0261	−0.0600	−0.0550	0.0205	0.0205	−0.0513	−0.0513

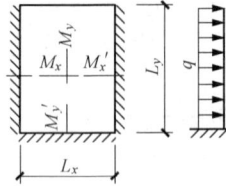

l_x/L_y	M_x	M_y	M_x^1	M_y^1	M_{0x}	M^{10x}
(7) 三边固定、一边自由						
边界条件						
0.30	0.001 8	−0.003 9	−0.013 5	−0.034 4	0.006 8	−0.034 5
0.35	0.003 9	−0.002 6	−0.017 9	−0.040 6	0.011 2	−0.043 2
0.40	0.006 3	−0.000 8	−0.022 7	−0.045 4	0.016 0	−0.050 6
0.45	0.009 0	−0.001 4	−0.027 5	−0.048 9	0.020 7	−0.056 4
0.50	0.016 6	−0.003 4	−0.032 2	−0.051 3	0.025 0	−0.060 7
0.55	0.014 2	−0.005 4	−0.036 8	−0.053 0	0.028 8	−0.063 5
0.60	0.016 6	−0.007 2	−0.041 2	0.054 1	0.032 0	−0.065 2
0.65	0.018 8	−0.008 7	−0.045 3	−0.054 8	0.034 7	−0.066 1
0.70	0.020 9	−0.010 0	−0.049 0	0.055 3	0.036 8	−0.066 3
0.75	0.022 8	−0.011 1	−0.052 6	0.055 7	0.038 5	−0.066 1
0.80	0.024 6	−0.011 9	−0.055 8	−0.056 0	0.039 9	−0.065 6
0.85	0.026 2	−0.012 5	−0.558	−0.056 2	0.040 9	−0.065 1
0.90	0.027 7	−0.012 9	−0.061 5	−0.056 3	0.041 7	−0.064 4
0.95	0.029 1	−0.013 2	−0.063 9	−0.056 4	0.042 2	−0.063 8
1.00	0.030 4	0.013 3	−0.066 2	−0.056 5	0.042 7	−0.063 2
1.10	0.032 7	0.013 3	−0.070 1	−0.056 6	0.043 1	−0.062 3
1.20	0.034 5	0.013 0	−0.073 2	−0.056 7	0.043 3	−0.061 7
1.30	0.036 8	0.012 5	−0.075 8	−0.056 8	0.043 4	−0.061 4
1.40	0.038 0	0.011 9	−0.077 8	−0.056 8	0.043 3	−0.061 4
1.50	0.039 0	0.011 3	0.079 4	0.056 9	0.043 3	0.061 6
1.75	0.040 5	0.000 9	−0.081 9	−0.056 9	0.043 1	−0.062 5
2.00	0.041 3	0.008 7	−0.083 2	−0.056 9	0.043 1	−0.063 7

附录 D-1 轴心受压构件稳定系数

a 类截面轴心受压构件稳定系数 φ

$\lambda\sqrt{\dfrac{f_y}{235}}$	0	1	2	3	4	5	6	7	8	9
0	1.000	1.000	1.000	1.000	0.999	0.999	0.998	0.998	0.997	0.996
10	0.995	0.994	0.993	0.992	0.991	0.989	0.998	0.986	0.985	0.983
20	0.981	0.979	0.977	0.976	0.974	0.972	0.970	0.968	0.966	0.964
30	0.963	0.961	0.959	0.957	0.955	0.952	0.950	0.948	0.946	0.944
40	0.941	0.939	0.937	0.934	0.932	0.929	0.927	0.924	0.921	0.919
50	0.916	0.913	0.910	0.907	0.904	0.900	0.897	0.894	0.890	0.886
60	0.883	0.879	0.875	0.871	0.867	0.863	0.858	0.854	0.849	0.844
70	0.839	0.834	0.829	0.824	0.818	0.813	0.807	0.801	0.795	0.789
80	0.783	0.776	0.770	0.763	0.757	0.750	0.743	0.736	0.728	0.721
90	0.714	0.706	0.699	0.691	0.684	0.676	0.668	0.661	0.653	0.645
100	0.638	0.630	0.622	0.615	0.607	0.600	0.592	0.585	0.577	0.570
110	0.563	0.555	0.548	0.541	0.534	0.527	0.520	0.514	0.507	0.500
120	0.494	0.488	0.481	0.475	0.469	0.463	0.457	0.451	0.445	0.440
130	0.434	0.429	0.423	0.418	0.412	0.407	0.402	0.397	0.392	0.387
140	0.383	0.378	0.373	0.369	0.364	0.360	0.356	0.351	0.347	0.343
150	0.339	0.335	0.331	0.327	0.323	0.320	0.316	0.312	0.309	0.305
160	0.302	0.298	0.295	0.292	0.289	0.285	0.282	0.279	0.276	0.273
170	0.270	0.267	0.264	0.262	0.259	0.256	0.253	0.251	0.248	0.246
180	0.243	0.241	0.238	0.236	0.233	0.231	0.229	0.226	0.224	0.222
190	0.220	0.218	0.215	0.213	0.211	0.209	0.207	0.205	0.230	0.201
200	0.199	0.198	0.196	0.194	0.192	0.190	0.189	0.187	0.185	0.183
210	0.182	0.180	0.179	0.177	0.175	0.174	0.172	0.171	0.169	0.168
220	0.166	0.165	0.164	0.162	0.161	0.159	0.158	0.157	0.155	0.154
230	0.153	0.152	0.150	0.149	0.148	0.147	0.146	0.144	0.143	0.142
240	0.141	0.140	0.139	0.138	0.136	0.135	0.134	0.133	0.132	0.131
250	0.130									

b 类截面轴心受压构件稳定系数 φ

$\lambda\sqrt{\dfrac{f_y}{235}}$	0	1	2	3	4	5	6	7	8	9
0	1.000	1.000	1.000	0.999	0.999	0.998	0.997	0.996	0.995	0.994
10	0.992	0.991	0.989	0.987	0.985	0.983	0.981	0.978	0.976	0.973

$\lambda\sqrt{\dfrac{f_y}{235}}$	0	1	2	3	4	5	6	7	8	9
20	0.970	0.967	0.963	0.960	0.957	0.953	0.95	0.946	0.943	0.939
30	0.936	0.932	0.929	0.925	0.922	0.918	0.914	0.910	0.906	0.903
40	0.899	0.895	0.891	0.887	0.882	0.878	0.874	0.870	0.865	0.861
50	0.856	0.852	0.847	0.824	0.838	0.833	0.828	0.823	0.818	0.813
60	0.807	0.802	0.797	0.791	0.786	0.780	0.774	0.769	0.763	0.757
70	0.751	0.745	0.739	0.732	0.726	0.720	0.714	0.707	0.701	0.694
80	0.688	0.681	0.675	0.668	0.661	0.655	0.648	0.641	0.635	0.628
90	0.621	0.614	0.608	0.601	0.594	0.588	0.581	0.575	0.568	0.561
100	0.555	0.549	0.542	0.536	0.529	0.523	0.517	0.511	0.505	0.499
110	0.493	0.487	0.481	0.475	0.470	0.464	0.458	0.453	0.447	0.442
120	0.437	0.432	0.426	0.421	0.416	0.411	0.406	0.402	0.397	0.392
130	0.387	0.383	0.378	0.374	0.370	0.365	0.361	0.357	0.353	0.349
140	0.345	0.341	0.337	0.333	0.329	0.326	0.322	0.318	0.315	0.311
150	0.308	0.304	0.301	0.298	0.295	0.291	0.288	0.285	0.282	0.279
160	0.276	0.273	0.270	0.267	0.265	0.262	0.259	0.256	0.254	0.251
170	0.249	0.246	0.244	0.241	0.239	0.236	0.234	0.232	0.229	0.227
180	0.225	0.223	0.220	0.218	0.216	0.214	0.212	0.210	0.208	0.206
190	0.204	0.202	0.200	0.198	0.197	0.195	0.193	0.191	0.190	0.188
200	0.186	0.184	0.183	0.181	0.180	0.178	0.176	0.175	0.173	0.172
210	0.170	0.169	0.167	0.166	0.165	0.163	0.162	0.160	0.159	0.158
220	0.156	0.155	0.154	0.153	0.151	0.150	0.149	0.148	0.146	0.145
230	0.144	0.143	0.142	0.141	0.140	0.138	0.137	0.136	0.135	0.134
240	0.133	0.132	0.131	0.130	0.129	0.128	0.127	0.126	0.125	0.124
250	0.123									

附表 D-1-3   c 类截面轴心受压构件稳定系数 φ

$\lambda\sqrt{\dfrac{f_y}{235}}$	0	1	2	3	4	5	6	7	8	9
0	1.000	1.000	1.000	0.999	0.999	0.998	0.997	0.996	0.995	0.993
10	0.992	0.990	0.998	0.986	0.983	0.981	0.978	0.976	0.973	0.970
20	0.966	0.959	0.953	0.947	0.940	0.934	0.928	0.921	0.915	0.909
30	0.902	0.896	0.890	0.884	0.877	0.871	0.865	0.858	0.852	0.846
40	0.839	0.833	0.826	0.820	0.814	0.807	0.801	0.794	0.788	0.781
50	0.775	0.768	0.762	0.755	0.748	0.742	0.735	0.729	0.722	0.715
60	0.709	0.702	0.695	0.689	0.628	0.676	0.669	0.662	0.656	0.649

$\lambda\sqrt{\dfrac{f_y}{235}}$	0	1	2	3	4	5	6	7	8	9
70	0.643	0.636	0.629	0.623	0.616	0.610	0.604	0.597	0.591	0.584
80	0.578	0.572	0.566	0.559	0.553	0.547	0.541	0.535	0.529	0.523
90	0.517	0.511	0.505	0.500	0.494	0.488	0.483	0.477	0.472	0.467
100	0.463	0.458	0.454	0.449	0.445	0.441	0.436	0.432	0.428	0.423
110	0.419	0.415	0.411	0.407	0.403	0.399	0.395	0.391	0.387	0.383
120	0.379	0.375	0.371	0.367	0.364	0.360	0.356	0.353	0.349	0.346
130	0.342	0.339	0.335	0.332	0.328	0.325	0.322	0.319	0.315	0.312
140	0.309	0.306	0.303	0.300	0.297	0.294	0.291	0.288	0.285	0.282
150	0.280	0.277	0.274	0.271	0.269	0.266	0.264	0.261	0.258	0.256
160	0.254	0.251	0.249	0.246	0.244	0.242	0.239	0.237	0.235	0.233
170	0.230	0.228	0.226	0.224	0.222	0.220	0.218	0.216	0.214	0.212
180	0.210	0.208	0.206	0.205	0.203	0.201	0.199	0.197	0.196	0.194
190	0.192	0.190	0.189	0.187	0.186	0.184	0.182	0.181	0.179	0.178
200	0.176	0.175	0.173	0.172	0.170	0.169	0.168	0.166	0.165	0.163
210	0.162	0.161	0.159	0.158	0.157	0.156	0.154	0.153	0.152	0.151
220	0.150	0.148	0.147	0.146	0.145	0.144	0.143	0.142	0.140	0.139
230	0.138	0.137	0.136	0.135	0.134	0.133	0.132	0.131	0.130	0.129
240	0.128	0.127	0.216	0.125	0.124	0.124	0.123	0.122	0.121	0.120
250	0.119									

附表 D-1-4   **d 类截面轴心受压构件稳定系数 φ**

$\lambda\sqrt{\dfrac{f_y}{235}}$	0	1	2	3	4	5	6	7	8	9
0	1.000	1.000	0.999	0.999	0.998	0.996	0.994	0.992	0.990	0.987
10	0.984	0.981	0.978	0.974	0.969	0.965	0.960	0.955	0.949	0.944
20	0.937	0.927	0.918	0.909	0.900	0.891	0.883	0.874	0.865	0.857
30	0.848	0.840	0.831	0.823	0.815	0.807	0.799	0.790	0.782	0.774
40	0.766	0.759	0.751	0.743	0.735	0.728	0.720	0.712	0.705	0.697
50	0.690	0.683	0.675	0.668	0.661	0.654	0.646	0.639	0.632	0.625
60	0.618	0.612	0.605	0.598	0.591	0.585	0.578	0.572	0.565	0.559
70	0.552	0.546	0.540	0.534	0.528	0.522	0.516	0.510	0.504	0.498
80	0.493	0.487	0.481	0.476	0.470	0.465	0.460	0.454	0.449	0.444
90	0.439	0.434	0.429	0.424	0.419	0.414	0.410	0.405	0.401	0.397
100	0.394	0.390	0.387	0.383	0.380	0.376	0.373	0.370	0.366	0.363
110	0.359	0.356	0.353	0.350	0.346	0.343	0.340	0.337	0.334	0.331

$\lambda \sqrt{\dfrac{f_y}{235}}$	0	1	2	3	4	5	6	7	8	9
120	0.328	0.325	0.322	0.319	0.316	0.313	0.310	0.307	0.304	0.301
130	0.229	0.296	0.293	0.290	0.288	0.285	0.282	0.280	0.277	0.275
140	0.272	0.270	0.267	0.265	0.262	0.260	0.258	0.255	0.253	0.251
150	0.248	0.246	0.244	0.242	0.240	0.237	0.235	0.233	0.231	0.229
160	0.227	0.225	0.223	0.221	0.219	0.217	0.215	0.213	0.212	0.210
170	0.208	0.206	0.204	0.203	0.201	0.199	0.197	0.196	0.194	0.192
180	0.191	0.189	0.188	0.186	0.184	0.183	0.181	0.180	0.178	0.177
190	0.176	0.174	0.173	0.171	0.170	0.168	0.167	0.166	0.164	0.163
200	0.162									

附录 D-2　各种截面回转半径的近似值

$i_x = 0.30h$ $i_y = 0.30b$ $i_z = 0.195h$	$i_x = 0.40h$ $i_y = 0.21b$	$i_x = 0.38h$ $i_y = 0.44b$	$i_x = 0.41h$ $i_y = 0.22b$
$i_x = 0.32h$ $i_y = 0.28b$ $i_z = 0.18\dfrac{h+b}{2}$	$i_x = 0.45h$ $i_y = 0.235b$	$i_x = 0.32h$ $i_y = 0.58b$	$i_x = 0.29h$ $i_y = 0.50b$
$i_x = 0.30h$ $i_y = 0.215b$	$i_x = 0.43h$ $i_y = 0.43b$	$i_x = 0.32h$ $i_y = 0.40b$	$i_x = 0.40h$ $i_y = 0.21b$
$i_x = 0.32h$ $i_y = 0.20b$	$i_x = 0.39h$ $i_y = 0.20b$	$i_x = 0.32h$ $i_y = 0.12b$	$i_x = 0.39h$ $i_y = 0.53b$
$i_x = 0.28h$ $i_y = 0.24b$	$i_x = 0.42h$ $i_y = 0.22b$	$i_x = 0.44h$ $i_y = 0.22b$	$i_x = 0.28h$ $i_y = 0.21b$
$i_x = 0.30h$ $i_y = 0.17b$	$i_x = 0.43h$ $i_y = 0.24b$	$i_x = 0.44h$ $i_y = 0.38b$	$i_x = 0.29h$ $i_y = 0.29b$
$i_x = 0.28h$ $i_y = 0.21b$	$i_x = 0.365h$ $i_y = 0.275b$	$i_x = 0.37h$ $i_y = 0.54b$	$i_x = 0.25h$ $i_y = 0.25b$
$i_x = 0.21h$ $i_y = 0.21b$ $i_z = 0.185h$	$i_x = 0.35h$ $i_y = 0.56b$	$i_x = 0.37h$ $i_y = 0.45b$	$i_x = i_y = 0.175(D-d)$
$i_x = 0.21h$ $i_y = 0.21b$	$i_x = 0.39h$ $i_y = 0.29b$	$i_x = 0.40h$ $i_y = 0.24b$	$i_x = 0.40h$ $i_y = 0.40b$
$i_x = 0.45h$ $i_y = 0.24b$	$i_x = 0.38h$ $i_y = 0.60b$	$i_x = 0.41h$ $i_y = 0.29b$	$i_x = 0.47h$ $i_y = 0.40b$

附录 D-3 型 钢 规 格

符号：h——高度；　　　　t——翼缘平均厚；

　　　b——翼缘宽度；　　　t_w——腹板厚度；

　　　i——回转半径；　　　r——内圆弧半径；

　　　I——惯性矩；　　　　W——截面模量；

　　　r_1——腿端圆弧半径

长度：　型号 10～18，(5～19)m；

　　　　型号 20～63，(6～19)m。

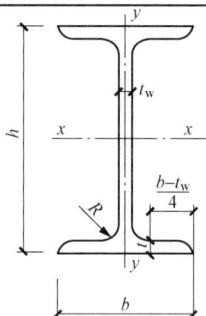

型号	截面尺寸/mm						截面面积 /cm²	理论重量 /(kg/m)	惯性矩/cm⁴		惯性半径/cm		截面模数/cm³	
	h	b	d	t	r	r_1			I_x	I_y	i_x	i_y	W_x	W_y
10	100	68	4.5	7.6	6.5	3.3	14.345	11.216	245	33.0	4.14	1.52	49.0	9.72
12	120	74	5.0	8.4	7.0	3.5	17.818	13.987	436	46.9	4.95	1.62	72.7	12.7
12.6	126	80	5.0	8.4	7.0	3.5	15.118	14.233	488	46.9	5.20	1.61	77.5	12.7
14	140	88	5.5	9.1	7.5	3.8	21.516	16.890	712	64.4	5.76	1.73	102	16.1
16	160	94	6.0	9.9	8.0	4.0	21.631	20.513	1130	93.1	6.58	1.89	141	21.2
18	180	100	6.5	10.7	8.5	4.3	30.756	24.143	1660	122	7.36	2.00	185	26.0
20a	200	102	7.0	11.4	9.0	4.5	35.578	27.929	2370	158	8.15	2.12	237	31.5
20b		110	9.0				39.578	31.069	2500	169	7.96	2.06	250	33.1
22a	220	112	7.5	12.3	9.5	4.8	42.128	33.070	3400	225	8.99	2.31	309	40.9
22b		116	9.5				46.528	36.524	3570	239	8.78	2.27	325	42.7
24a	240	118	8.0	13.0	10.0	5.0	47.741	37.477	4570	280	9.77	2.42	381	48.4
24b		116	10.0				52.541	41.245	4800	297	9.57	2.38	400	50.4
25a	250	118	8.0				48.541	38.105	5020	280	10.2	2.40	402	48.3
25b		122	10.0				53.541	42.030	5280	309	9.94	2.40	423	52.4
27a	270	124	8.5	13.7	10.5	5.3	54.554	42.825	6550	345	10.9	2.51	485	56.6
27b		122	10.5				59.954	47.064	6870	366	10.7	2.41	509	58.9
28a	280	124	8.5				55.404	43.492	7110	345	11.3	2.50	508	56.6
28b		126	10.5				61.004	47.888	7480	379	11.1	2.49	534	61.2
30a	300	128	9.0	14.4	11.0	5.5	61.254	48.084	8950	400	12.1	2.55	597	63.5
30b		130	11.0				67.254	52.794	9400	422	11.8	2.50	627	65.9
30c		132	13.0				73.254	57.504	9850	445	11.6	2.46	657	68.5
32a	320	130	9.5	15.0	11.5	5.8	67.156	52.717	11 100	460	12.8	2.62	692	70.8
32b		132	11.5				73.556	57.741	11 600	502	12.6	2.61	726	76.0
32c		134	13.5				97.956	62.765	12 200	544	12.3	2.61	760	81.2

型号	截面尺寸/mm						截面面积 /cm²	理论重量 /(kg/m)	惯性矩/cm⁴		惯性半径/cm		截面模数/cm³	
	h	b	d	t	r	r_1			I_x	I_y	i_x	i_y	W_x	W_y
36a		136	10.0				76.480	60.037	15 800	552	14.4	2.69	875	81.2
36b	360	138	12.0	15.8	12.0	6.0	83.680	65.689	16 500	582	14.1	6.64	919	84.3
36c		140	14.0				90.880	71.341	17 300	612	13.8	2.60	962	87.4
40a		142	10.5				86.112	67.598	21 700	660	15.9	2.77	1090	93.2
40b	400	144	12.5	16.5	12.5	6.3	94.112	73.878	22 800	692	15.6	2.71	1140	96.2
40c		146	14.5				102.112	80.158	23 900	727	15.2	2.65	1190	99.6
45a		150	11.5				102.446	80.420	32 200	855	17.7	2.89	1430	114
45b	450	152	13.5	18.0	13.5	6.8	111.446	87.458	33 800	894	17.4	2.84	1500	118
45c		154	15.5				120.446	94.550	35 300	938	17.1	2.79	1570	122
50a		158	12.0				119.304	93.654	46 500	1120	19.7	3.07	1860	142
50b	500	160	14.0	20.0	14.0	7.0	129.304	101.504	48 600	1170	19.4	3.01	1940	146
50c		162	16.0				139.304	109.354	50 600	1220	19.0	2.96	2080	151
55a		166	12.5				134.185	105.335	62 900	1370	21.6	3.19	2290	164
55b	550	168	14.5				145.185	113.970	65 600	1420	21.2	3.14	2390	170
55c		170	16.5	21.0	14.5	7.3	156.185	122.605	68 400	1480	20.9	3.08	2490	175
56a		166	12.5				135.435	106.316	65 600	1370	22.0	3.18	2340	165
56b	560	168	14.5				146.635	115.108	68 500	1490	21.6	3.16	2450	174
56c		170	16.5				157.835	123.900	71 400	1560	21.3	3.16	2550	183
63a		176	13.0				154.658	121.407	93 900	1700	24.5	3.31	2980	193
63b	630	178	15.0	22.0	15.0	7.5	167.258	131.298	98 100	1810	24.2	3.29	3160	204
63c		180	17.0				179.858	141.189	10 2000	1920	23.8	3.27	3300	214

注　表中 r_1、r 的数据用于孔型设计，不做交货条件。

附表 D-3-2　　槽钢的截面尺寸、截面面积、理论重量及截面特性

符号：h——高度；　　　　　t——翼缘平均厚；
　　　b——翼缘宽度；　　　t_w——腹板厚度；
　　　i——回转半径；　　　r——内圆弧半径；
　　　I——惯性矩；　　　　W——截面模量；
　　　r_1——腿端圆弧半径；　d——截面模量；

长度：　型号 5～8，(5～12)m；
　　　　型号 10～18，(5～19)m。
　　　　型号 20～40，(6～19)m。

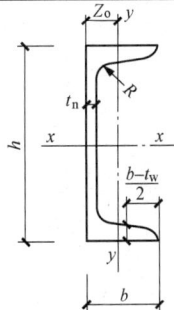

型号	截面尺寸/mm						截面面积 /cm²	理论重量 /(kg/m)	惯性矩 /cm⁴			惯性半径 /cm		截面模数 /cm³		重心距 离/cm
	h	b	d	t	r	r_1			I_x	I_y	I_{y1}	i_x	i_y	W_x	W_y	z_0
5	50	37	4.5	7.0	7.0	3.5	6.928	5.438	26.0	8.30	20.9	1.94	1.10	10.4	3.55	1.35
6.3	63	40	4.8	7.5	7.5	3.8	8.451	6.634	50.8	11.9	28.4	2.45	1.19	16.1	4.50	1.36

349

型号	截面尺寸/mm						截面面积 /cm²	理论重量 /(kg/m)	惯性矩 /cm⁴			惯性半径 /cm		截面模数 /cm³		重心距离/cm
	h	b	d	t	r	r_1			I_x	I_y	I_{y1}	i_x	i_y	W_x	W_y	z_0
6.5	65	40	4.3	7.5	7.5	3.3	8.547	6.709	55.2	12.0	28.3	2.54	1.19	17.0	4.59	1.38
8	80	43	5.0	8.0	8.0	4.0	10.248	8.045	101	16.6	37.4	3.15	1.27	25.3	5.79	1.43
10	100	48	5.3	8.5	8.5	4.2	12.748	10.007	198	25.6	54.9	3.95	1.41	39.7	7.80	1.52
12	120	53	5.5	9.0	9.0	4.5	15.362	12.059	346	37.4	77.7	4.75	1.56	57.7	10.2	1.62
12.6	126	53	5.5	9.0	9.0	4.5	15.692	12.318	391	38.0	77.1	4.95	1.57	62.1	10.2	1.59
14a	140	58	6.0	9.5	9.5	4.8	18.516	14.535	564	53.2	107	5.52	1.70	80.5	13.0	1.71
14b	140	60	8.0	9.5	9.5	4.8	21.316	16.733	609	56.1	121	5.35	1.69	87.1	14.1	1.67
16a	160	63	6.5	10.0	10.0	5.0	21.962	17.24	866	73.3	144	6.28	1.83	108	16.3	1.80
16b	160	65	8.5	10.0	10.0	5.0	25.162	19.752	935	83.4	161	6.10	1.82	117	17.6	1.75
18a	180	68	7.0	10.5	10.5	5.2	25.699	20.174	1270	98.6	190	7.04	1.96	141	20.0	1.88
18b	180	70	9.0	10.5	10.5	5.2	29.299	23.000	1370	111	210	6.84	1.95	152	21.5	1.84
20a	200	73	7.0	11.0	11.0	5.5	28.837	22.637	1780	128	244	7.86	2.11	178	24.2	2.01
20b	200	75	9.0	11.0	11.0	5.5	32.837	25.777	1910	144	268	7.64	2.09	191	25.9	1.95
22a	220	77	7.0	11.5	11.5	5.8	31.846	24.999	2390	158	298	8.67	2.23	218	28.2	2.10
22b	220	79	9.0	11.5	11.5	5.8	36.246	28.453	2570	176	326	8.42	2.21	234	30.1	2.03
24a	240	78	7.0	12	12	6.0	34.217	26.860	3050	174	325	9.45	2.25	254	30.5	2.10
24b	240	80	9.0	12	12	6.0	39.017	30.628	3280	194	355	9.17	2.23	274	32.5	2.03
24c	240	82	11.0	12	12	6.0	43.817	64.396	3510	213	388	8.96	2.21	293	34.4	2.00
25a	250	78	7.0	12	12	6.0	34.917	27.410	3370	276	322	9.82	2.24	270	30.6	2.07
25b	250	80	9.0	12	12	6.0	39.917	31.335	3530	196	353	9.41	2.22	282	32.7	1.98
25c	250	82	11.0	12	12	6.0	44.917	35.260	3690	218	384	9.07	2.21	295	35.9	1.92
27a	270	82	7.5	12.5	12.5	6.2	39.284	30.838	4360	216	393	10.5	2.34	323	35.5	2.13
27b	270	84	9.5	12.5	12.5	6.2	44.684	35.077	4690	239	428	10.3	2.31	347	37.7	2.06
27c	270	86	11.5	12.5	12.5	6.2	50.084	39.316	5020	261	467	10.1	2.28	372	39.8	2.03
28a	280	82	7.5	12.5	12.5	6.2	40.034	31.427	4760	218	388	10.9	2.33	340	35.7	2.10
28b	280	84	9.5	12.5	12.5	6.2	45.634	35.823	5130	242	428	10.6	2.30	366	37.9	2.02
28c	280	86	11.5	12.5	12.5	6.2	51.234	40.219	5500	268	463	10.4	2.29	393	40.3	1.95
30a	300	85	7.5	13.5	13.5	6.8	43.902	34.463	6050	260	467	11.7	2.43	403	41.1	2.17
30b	300	87	9.5	13.5	13.5	6.8	49.902	39.173	6500	289	515	11.4	2.41	433	44.0	2.13
30c	300	89	11.5	13.5	13.5	6.8	55.902	43.883	6950	316	560	11.2	2.38	463	46.4	2.09
32a	320	88	8.0	14	14	7.0	48.513	38.083	7600	305	552	12.5	2.50	475	46.5	2.24
32b	320	90	10.0	14	14	7.0	54.913	43.107	8140	336	593	12.2	2.47	509	49.2	2.16
32c	320	92	12.0	14	14	7.0	61.313	48.131	8690	374	643	11.9	2.47	543	52.6	2.09

型号	截面尺寸/mm						截面面积/cm²	理论重量/(kg/m)	惯性矩/cm⁴			惯性半径/cm		截面模数/cm³		重心距离/cm
	h	b	d	t	r	r_1			I_x	I_y	I_{y1}	i_x	i_y	W_x	W_y	z_0
36a		96	9.0				60.910	47.814	11 900	455	818	14.0	2.73	660	63.5	2.44
36b	360	98	11.0	16.0	16.0	8.0	68.110	53.466	12 700	497	880	13.6	2.70	703	66.9	2.37
36c		100	13.0				75.310	59.118	13 400	536	948	13.4	2.67	746	70.0	2.34
40a		100	10.5				75.068	58.928	17 600	592	1070	15.3	2.81	879	78.8	2.49
40b	400	102	12.5	18.0	18.0	9.0	83.068	65.208	18 600	640	114	15.0	2.78	932	82.5	2.22
40c		104	14.5				91.068	71.488	19 700	688	1220	14.7	2.75	986	86.2	2.42

注　表中 r_1、r 的数据用于孔型设计，不做交货条件。

附表 D-3-3　　　等边角钢的截面尺寸、截面面积、理论重量及截面特性

符号：b——边宽度；　　　r——内圆弧半径；

　　　d——边厚度；　　　r_1——边端圆弧半径；

　　　z_0——重心距离。

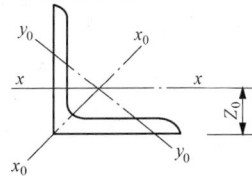

型号	截面尺寸/mm			截面面积/cm²	理论重量/(kg/m)	外表面积/m²	惯性矩/cm⁴				惯性半径/cm			截面模数/cm³			重心距离/cm
	b	d	r				I_x	I_{x1}	I_{x0}	I_{y0}	i_x	i_{x0}	i_{y0}	W_x	W_{x0}	W_{y0}	z_0
2	20	3	3.5	1.132	0.889	0.078	0.40	0.81	0.63	0.17	0.59	0.75	0.39	0.29	0.45	0.20	0.60
		4		1.459	1.145	0.077	0.50	1.09	0.78	0.22	0.58	0.73	0.38	0.36	0.55	0.24	0.64
2.5	25	3		1.432	1.124	0.098	0.82	1.57	1.29	0.34	0.76	0.98	0.49	0.46	0.73	0.33	0.73
		4		1.859	1.459	0.097	1.03	2.11	1.62	0.43	0.74	0.93	0.48	0.59	0.92	0.40	0.76
3.0	30	3		1.749	1.373	0.117	1.46	2.71	2.31	0.61	0.91	1.15	0.59	0.68	1.09	0.51	0.85
		4		2.276	1.786	0.117	1.84	3.63	2.92	0.77	0.90	1.13	0.58	0.87	1.37	0.62	0.89
3.6	36	3	4.5	2.109	1.656	0.141	2.58	4.68	4.09	1.07	1.11	1.39	0.71	0.99	1.61	0.76	1.00
		4		2.756	2.163	0.141	3.29	6.25	5.22	1.37	1.09	1.38	0.70	1.28	2.05	0.93	1.04
		5		3.382	2.654	0.141	3.95	7.84	6.24	1.65	1.08	1.36	0.70	1.56	2.45	1.00	1.07
4	40	3		2.359	1.852	0.157	3.59	6.41	5.69	1.49	1.23	1.55	0.79	1.23	2.01	0.96	1.09
		4		3.086	2.422	0.157	4.60	8.56	7.29	1.91	1.22	1.54	0.79	1.60	2.58	1.19	1.13
		5		3.791	2.976	0.156	5.53	10.74	8.76	2.30	1.21	1.52	0.78	1.96	3.10	1.39	1.17
4.5	45	3	5	2.659	2.088	0.177	5.17	9.12	8.20	2.13	1.40	1.76	0.89	1.58	2.58	1.24	1.2
		4		3.486	2.736	0.177	6.65	12.18	10.56	2.75	1.38	1.74	0.89	2.05	3.32	1.54	1.26
		5		4.292	3.369	0.176	8.04	15.2	12.74	3.33	1.37	1.72	0.88	2.51	4.00	1.81	1.30
		6		5.076	3.986	0.176	9.33	18.36	14.76	3.89	1.36	1.70	0.8	2.95	4.64	2.06	1.33
5	50	3	5.5	2.971	2.332	0.197	7.18	12.5	11.37	2.98	1.55	1.96	1.00	1.96	3.22	1.57	1.34
		4		3.897	3.059	0.197	9.26	16.69	14.70	3.82	1.54	1.94	0.99	2.56	4.16	1.96	1.38
		5		4.803	3.770	0.196	11.21	20.90	17.79	4.64	1.53	1.92	0.98	3.13	5.03	2.31	1.42
		6		5.688	4.465	0.196	13.05	25.14	20.68	5.42	1.52	1.91	0.98	3.68	5.85	2.63	1.46

型号	截面尺寸/mm			截面面积/cm²	理论重量/(kg/m)	外表面积/m²	惯性矩/cm⁴				惯性半径/cm			截面模数/cm³			重心距离/cm
	b	d	r				I_x	I_{x1}	I_{x0}	I_{y0}	i_x	i_{x0}	i_{y0}	W_x	W_{x0}	W_{y0}	z_0
5.6	56	3	6	3.343	2.624	0.221	10.19	17.56	16.14	4.24	1.75	2.20	1.13	2.48	4.08	2.02	1.48
		4		4.390	3.446	0.220	13.18	23.43	20.92	5.46	1.76	2.18	1.11	3.24	5.28	2.52	1.53
		5		5.415	4.251	0.220	16.02	29.33	25.42	6.61	1.77	2.17	1.10	3.97	6.42	2.98	1.57
		6		6.420	5.040	0.220	18.69	35.26	29.66	7.73	1.71	2.15	1.10	4.68	7.49	3.40	1.61
		7		7.404	5.812	0.219	21.23	41.23	33.63	8.82	1.69	2.13	1.09	5.36	8.49	3.80	1.64
		8		8.367	6.568	0.219	23.63	47.24	37.37	9.89	1.68	2.11	1.09	6.03	9.44	4.16	1.68
6	60	5	6.5	5.829	4.576	0.236	19.89	36.05	31.57	8.21	1.85	2.33	1.19	4.59	7.44	3.48	1.67
		6		6.914	5.427	0.235	23.25	43.33	36.89	9.60	1.83	2.31	1.18	5.41	8.70	3.98	1.70
		7		7.977	6.262	0.235	26.44	50.65	41.92	10.96	1.82	2.29	1.17	6.21	9.88	4.45	1.74
		8		9.020	7.081	0.235	29.47	58.02	46.66	12.28	1.81	2.27	1.17	6.98	11.00	4.88	1.78
6.3	63	4	7	4.978	3.907	0.248	19.03	33.35	30.17	7.89	1.96	2.46	1.26	4.13	6.78	3.29	1.70
		5		6.143	4.822	0.248	23.17	41.73	36.77	9.57	1.94	2.45	1.25	5.08	8.25	3.90	1.74
		6		7.288	5.721	0.247	27.12	50.14	43.03	11.20	1.93	2.43	1.24	6.00	9.66	4.46	1.78
		7		8.412	6.603	0.247	30.87	58.60	48.96	12.79	1.92	2.41	1.23	5.88	10.99	4.98	1.82
		8		9.515	7.469	0.247	34.46	67.11	54.56	14.33	1.90	2.40	1.23	7.75	12.25	5.47	1.85
		10		11.657	9.151	0.246	41.09	84.31	64.85	17.33	1.88	2.36	1.22	9.39	14.56	6.36	1.93
7	70	4	8	5.570	4.372	0.275	26.39	45.74	41.80	10.99	2.18	2.74	1.40	5.14	8.44	4.17	1.86
		5		6.875	5.397	0.275	32.21	57.21	51.08	13.31	2.16	2.73	1.39	6.32	10.32	4.95	1.91
		6		8.160	6.406	0.275	37.77	68.73	59.93	15.61	2.15	2.71	1.38	7.48	12.11	5.67	1.95
		7		9.424	7.398	0.275	43.09	80.29	68.35	17.82	2.14	2.69	1.38	8.59	13.81	6.34	1.99
		8		10.667	8.373	0.274	48.17	91.92	76.37	19.92	2.12	2.68	1.37	9.68	15.43	6.98	2.03
7.5	75	5	9	7.412	5.818	0.295	39.97	70.56	63.30	16.63	2.33	2.92	1.50	7.32	11.94	5.77	2.04
		6		8.797	6.905	0.294	49.95	84.55	74.38	19.51	2.31	2.90	1.49	8.64	14.02	6.67	2.07
		7		10.160	7.976	0.294	53.57	98.71	84.96	22.18	2.30	2.89	1.48	9.93	16.02	7.44	2.11
		8		11.503	9.030	0.294	59.96	112.97	95.07	24.86	2.28	2.88	1.47	11.20	17.93	8.19	2.15
		9		12.825	10.068	0.294	66.10	127.30	104.71	27.48	2.27	2.86	1.46	12.43	19.75	8.89	2.18
		10		14.126	11.089	0.293	71.98	141.71	113.92	30.65	2.26	2.84	1.46	13.64	21.48	9.56	2.22
8	80	5	9	7.912	6.211	0.315	48.75	85.36	77.33	20.25	2.48	3.13	1.60	8.34	13.67	6.66	2.15
		6		9.397	7.376	0.314	57.35	102.50	90.38	23.72	2.47	3.11	1.59	9.87	16.08	7.65	2.19
		7		10.860	8.525	0.314	65.58	119.70	104.07	27.09	2.46	3.10	1.58	11.37	18.40	8.58	2.23
		8		12.303	9.658	0.314	73.49	136.97	116.60	30.39	2.44	3.08	1.57	12.83	20.61	9.46	2.27
		9		13.725	10.774	0.314	81.11	154.31	128.60	33.61	2.43	3.06	1.56	14.25	22.73	10.29	2.1
		10		15.126	11.874	0.313	88.43	171.74	140.09	36.77	2.42	3.04	1.56	15.64	24.76	11.08	2.35

型号	截面尺寸/mm b	d	r	截面面积/cm²	理论重量/(kg/m)	外表面积/m²	惯性矩/cm⁴ I_x	I_{x1}	I_{x0}	I_{y0}	惯性半径/cm i_x	i_{x0}	i_{y0}	截面模数/cm³ W_x	W_{x0}	W_{y0}	重心距离/cm z_0
9	90	6	10	10.637	8.350	0.354	83.77	145.87	131.26	34.28	2.79	3.51	1.80	12.61	20.63	9.95	2.44
		7		12.301	9.656	0.354	94.83	170.30	150.47	39.18	2.78	3.50	1.78	14.54	23.64	11.19	2.48
		8		13.977	10.946	0.353	106.47	194.80	168.97	43.97	2.76	3.48	1.78	16.42	16.55	12.35	2.52
		9		15.566	12.219	0.353	117.72	291.39	186.77	48.66	2.75	3.46	1.77	18.27	29.35	13.46	2.56
		10		17.167	13.476	0.353	128.58	244.07	203.90	53.26	2.74	3.45	1.76	20.07	32.04	14.52	2.59
		12		20.306	15.940	0.352	149.22	293.76	236.21	62.22	2.71	3.41	1.75	23.57	37.12	16.49	2.67
10	100	6	12	11.932	9.366	0.393	114.95	200.07	181.98	47.92	3.10	3.90	2.00	15.68	25.75	12.69	2.67
		7		13.796	10.830	0.393	131.86	233.54	208.97	54.74	3.09	3.89	1.99	18.10	29.55	14.26	2.71
		8		15.638	12.276	0.393	148.24	267.09	235.07	61.41	3.08	3.88	1.98	20.47	33.24	15.75	2.76
		9		17.462	13.708	0.392	164.12	300.73	260.30	67.95	3.07	3.86	1.97	22.79	36.81	17.18	2.80
		10		19.261	15.120	0.392	179.51	334.48	284.68	74.35	3.05	3.84	1.96	25.06	40.26	18.54	2.84
		12		22.800	17.898	0.391	208.90	402.34	330.95	86.84	3.03	3.81	1.95	29.48	46.80	21.08	2.91
		14		26.256	20.611	0.391	236.53	470.75	374.06	99.00	3.00	3.77	1.94	33.73	52.90	23.44	2.99
		16		29.627	23.257	0.390	262.53	539.80	414.16	110.89	2.98	3.74	1.94	37.82	58.57	25.63	3.06
11	110	7	12	15.196	11.928	0.433	177.16	310.64	280.94	73.38	3.41	4.30	2.20	22.05	36.12	17.51	2.96
		8		17.238	13.535	0.433	199.46	355.20	316.49	82.42	3.40	4.28	2.19	24.95	40.69	19.39	3.01
		10		21.261	16.690	0.432	242.19	444.65	384.39	99.98	3.38	4.25	2.17	30.60	49.42	22.91	3.09
		12		25.200	19.782	0.431	282.55	534.60	448.17	116.93	3.35	4.22	2.15	36.05	57.62	26.15	3.16
		14		29.056	22.809	0.431	320.71	625.16	508.01	133.04	3.32	4.18	2.14	41.31	65.31	29.14	3.24
12.5	125	8		19.750	15.504	0.492	297.03	521.01	470.89	123.16	3.88	4.88	2.50	32.52	53.28	25.86	3.37
		10		24.373	19.133	0.491	361.67	651.93	573.89	149.46	3.85	4.85	2.48	39.97	64.93	30.62	3.46
		12		28.912	22.696	0.491	423.16	783.43	671.44	174.88	3.83	4.82	2.46	41.17	75.96	35.03	3.53
		14		33.367	26.193	0.490	481.65	915.61	763.73	199.52	3.80	4.78	2.45	54.16	86.41	39.13	3.61
		16		37.739	29.625	0.489	537.31	1048.62	850.98	223.65	3.77	4.75	2.43	60.93	96.28	42.96	3.68
14	140	10	14	27.373	21.488	0.551	514.65	915.11	817.27	212.04	4.34	5.46	2.78	50.58	82.56	39.20	3.82
		12		32.512	25.522	0.551	603.68	1099.28	958.79	248.57	4.31	5.43	2.76	59.80	96.85	45.02	3.90
		14		37.567	29.490	0.550	688.81	1284.22	1093.56	284.06	4.28	5.40	2.75	68.75	110.47	50.45	3.98
		16		42.539	33.393	0.549	770.24	1470.07	1221.81	318.67	4.26	5.36	2.74	77.46	123.42	55.55	4.06
15	150	8		23.750	18.644	0.592	521.37	899.55	827.49	215.25	4.69	5.90	3.01	47.36	78.02	38.14	3.99
		10		29.373	23.058	0.591	637.50	1125.09	1012.79	262.21	4.66	5.87	2.99	58.35	95.49	45.51	4.08
		12		34.912	27.406	0.591	748.85	1351.27	1189.97	307.73	4.63	5.84	2.97	69.04	112.19	52.38	4.15
		14		40.367	31.688	0.590	855.64	1578.25	1359.30	351.98	4.60	5.80	2.95	79.45	128.16	58.83	4.23
		15		43.063	33.804	0.590	907.39	1692.10	1441.09	373.69	4.59	5.78	2.95	84.56	135.87	61.90	4.27
		16		45.739	35.905	0.589	958.08	1806.21	1520.02	395.14	4.58	5.77	2.94	89.59	143.40	64.89	4.31

353

型号	截面尺寸/mm			截面面积/cm²	理论重量/(kg/m)	外表面积/m²	惯性矩/cm⁴				惯性半径/cm			截面模数/cm³			重心距离/cm
	b	d	r				I_x	I_{x1}	I_{x0}	I_{y0}	i_x	i_{x0}	i_{y0}	W_x	W_{x0}	W_{y0}	z_0
16	160	10	16	31.502	24.729	0.630	779.53	1365.33	1237.03	321.76	4.98	6.27	3.20	66.70	109.36	52.76	4.31
		12		37.441	29.391	0.630	916.58	1639.57	1455.68	377.49	4.95	6.24	3.18	78.98	128.67	60.74	4.39
		14		43.296	33.987	0.629	1058.32	1914.68	1665.02	431.70	4.92	6.20	3.16	9095	147.17	68.24	4.47
		16		49.067	38.518	0.629	1175.08	2190.83	1865.57	484.59	4.89	6.17	3.14	102.63	164.89	75.31	4.55
18	180	12	16	42.241	33.159	0.710	1321.35	2332.80	2100.10	542.61	5.59	7.05	3.58	100.82	165.00	78.41	4.89
		14		48.896	38.383	0.709	1514.48	2723.48	2407.42	621.53	5.56	7.02	3.56	116.25	189.14	88.38	4.97
		16		55.467	43.542	0.709	1700.99	3115.29	2703.37	698.60	5.54	6.98	3.55	131.13	212.40	97.83	5.05
		18		61.055	48.634	0.708	1875.12	3502.43	2984.24	762.01	5.50	6.94	3.51	145.64	234.78	105.14	5.13
20	200	14	18	54.642	42.894	0.788	2103.55	3734.10	3343.26	863.83	6.20	7.82	3.98	144.70	236.40	111.82	5.46
		16		62.013	48.680	0.788	2366.15	4270.39	3760.89	971.41	6.18	7.79	3.96	163.65	265.93	123.96	5.54
		18		69.301	54.401	0.787	2620.64	4808.13	4164.57	1076.74	6.15	7.75	3.94	182.22	294.48	135.52	5.62
		20		76.505	60.056	0.787	2867.30	5347.51	4554.35	1180.04	6.12	7.72	3.93	200.42	322.06	146.55	5.69
		24		90.661	71.168	0.785	3338.25	6457.16	5294.97	1381.53	6.07	7.64	3.90	236.17	374.41	166.65	5.87
22	220	16	21	68.664	53.901	0.866	3187.36	5681.62	5063.73	1310.99	6.81	8.59	4.37	199.55	325.51	153.81	6.03
		18		76.752	60.250	0.866	3534.30	6395.93	5615.32	1453.27	6.79	8.55	4.35	222.37	360.97	168.29	6.11
		20		84.756	66.533	0.865	3871.49	7112.04	6150.08	1592.90	6.76	8.52	4.34	244.77	395.34	182.16	6.18
		22		92.676	72.751	0.865	3199.23	7830.19	6668.37	1730.10	6.73	8.48	4.32	266.78	428.66	195.45	6.26
		24		100.512	78.902	0.864	4517.83	8550.57	7170.55	1865.11	6.70	8.45	4.31	288.39	460.94	208.21	6.33
		26		108.264	84.987	0.864	4827.58	9273.39	7656.98	1998.17	6.68	8.41	4.30	309.62	492.21	220.49	6.41
25	250	18	24	87.842	68.956	0.985	5268.22	9379.11	8369.04	2167.41	7.74	9.76	4.97	290.12	473.42	224.03	6.84
		20		97.045	76.180	0.984	5779.34	10 426.97	9181.94	2376.74	7.72	9.73	4.95	319.66	519.41	242.85	6.92
		24		115.201	90.433	0.983	6763.93	12 529.74	10 742.67	2758.19	7.66	9.66	4.92	377.34	607.70	278.38	7.07
		26		124.154	97.461	0.982	7238.08	13 585.18	11 491.33	2984.84	7.63	9.62	4.90	406.50	650.05	295.19	7.15
		28		133.022	104.422	0.982	7700.60	14 643.62	12 219.39	3181.81	7.61	9.58	4.89	433.22	691.23	311.42	7.22
		30		141.807	111.318	0.981	8151.80	15 705.30	12 927.26	3356.34	7.58	9.55	4.88	460.51	731.28	327.12	7.30
		32		150.508	118.149	0.981	8592.01	16 770.41	13 615.32	3568.71	7.56	9.51	4.87	487.39	770.20	342.33	7.37
		35		163.402	128.271	0.980	9232.44	18 374.95	14 611.16	3853.72	7.52	9.46	4.86	526.97	826.53	364.30	7.48

注 截面图中的 $r_1=1/3d$ 及表中 r 的数据用于孔型设计，不做交货条件。

附表 D-3-4

不等边角钢的截面尺寸、截面面积、理论重量及截面特性

角钢型号	厚度	圆角 R (mm)	重心距 Z_x (mm)	重心距 Z_y (mm)	单角钢 截面积 (cm²)	单角钢 质量 (kg/m)	惯性矩 I_x (cm⁴)	惯性矩 I_y (cm⁴)	回转半径 i_x (cm)	回转半径 i_y (cm)	回转半径 i_{y0}	双角钢 i_{y1} 当a为下列数 6mm	8mm	10mm	12mm	双角钢 i_{y2} 当a为下列数 6mm	8mm	10mm	12mm
∟25×16×	3	3.5	4.2	8.6	1.16	0.91	0.22	0.70	0.44	0.78	0.34	0.84	0.93	1.02	1.11	1.40	1.48	1.57	1.65
	4	3.5	4.6	9.0	1.50	1.18	0.27	0.88	0.43	0.77	0.34	0.87	0.96	1.05	1.14	1.42	1.51	1.60	1.68
∟32×20×	3	3.5	4.9	10.8	1.49	1.17	0.46	1.53	0.55	1.01	0.43	0.97	1.05	1.14	1.22	1.71	1.79	1.88	1.96
	4	3.5	5.3	11.2	1.94	1.52	0.57	1.93	0.54	1.00	0.42	0.99	1.08	1.16	1.25	1.74	1.82	1.90	1.99
∟40×25×	3	4	5.9	13.2	1.89	1.48	0.93	3.03	0.70	1.28	0.54	1.13	1.21	1.30	1.38	2.06	2.14	2.22	2.31
	4	4	6.3	13.7	2.47	1.94	1.18	3.93	0.69	1.26	0.54	1.16	1.24	1.32	1.41	2.09	2.17	2.23	2.34
∟45×28×	3	5	6.4	14.7	2.15	1.69	1.34	4.45	0.79	1.44	0.61	1.23	1.31	1.39	1.47	2.28	2.36	2.44	2.52
	4	5	6.8	15.1	2.81	2.20	1.70	4.69	0.78	1.42	0.60	1.25	1.33	1.41	1.50	2.30	2.38	2.49	2.55
∟50×32×	3	5.5	7.3	16.0	2.43	1.91	2.02	6.24	0.91	1.60	0.70	1.38	1.45	1.53	1.61	2.49	2.56	2.64	2.72
	4	5.5	7.7	16.5	3.18	2.49	2.58	8.02	0.90	1.59	0.69	1.40	1.48	1.56	1.64	2.52	2.59	2.67	2.75
∟56×36×	3	6	8.0	17.8	2.74	2.15	2.92	8.88	1.03	1.80	0.79	1.51	1.58	1.66	1.74	2.75	2.83	2.90	2.98
	4	6	8.5	18.2	3.59	2.82	3.76	11.40	1.02	1.79	0.79	1.54	1.62	1.69	1.77	2.77	2.85	2.93	3.01
	5	6	8.8	18.7	4.41	3.47	4.49	13.90	1.01	1.77	0.78	1.55	1.63	1.71	1.79	2.80	2.87	2.96	3.04
∟63×40×	4	7	9.2	20.4	4.06	3.18	5.23	16.50	1.14	2.02	0.88	1.67	1.74	1.82	1.90	3.09	3.16	3.24	3.32
	5	7	9.5	20.8	4.99	3.92	6.31	20.00	1.12	2.00	0.87	1.68	1.76	1.83	1.91	3.11	3.19	3.27	3.35
	6	7	9.9	21.2	5.91	4.64	7.29	23.40	1.11	1.98	0.86	1.70	1.78	1.86	1.94	3.13	3.21	3.29	3.37
	7	7	10.3	21.5	6.80	5.34	8.24	26.50	1.10	1.96	0.86	1.73	1.80	1.88	1.97	3.15	3.23	3.30	3.39

角钢型号	厚度	圆角 R (mm)	重心距 Z_x (mm)	重心距 Z_y (mm)	截面积 (cm²)	质量 (kg/m)	惯性矩 I_x (cm⁴)	惯性矩 I_y (cm⁴)	回转半径 i_x (cm)	回转半径 i_y (cm)	回转半径 i_{y0}	双角钢 i_{y1}，当 a 为下列数 6mm	8mm	10mm	12mm	双角钢 i_{y2}，当 a 为下列数 6mm	8mm	10mm	12mm
∟70×45×	4	7.5	10.2	22.4	4.55	3.57	7.55	23.20	1.29	2.26	0.98	1.84	1.92	1.99	2.07	3.40	3.48	3.56	3.62
	5	7.5	10.6	22.8	5.61	4.40	9.13	27.90	1.28	2.23	0.98	1.86	1.94	2.01	2.09	3.41	3.49	2.57	3.64
	6	7.5	10.9	23.2	6.65	5.22	10.60	32.50	1.26	2.21	0.98	1.88	1.95	2.03	2.11	3.43	3.51	3.58	3.66
	7	7.5	11.3	23.6	7.66	6.01	12.00	37.20	1.25	2.20	0.97	1.90	1.98	2.06	2.14	3.45	3.53	3.61	3.69
∟75×50×	5	8	11.7	24.0	6.12	4.81	12.60	34.90	1.44	2.39	1.10	2.05	2.13	2.20	2.28	3.60	3.68	3.76	3.83
	6	8	12.1	24.4	7.26	5.70	14.70	41.10	1.42	2.38	1.08	2.07	2.15	2.22	2.30	3.63	3.71	3.78	3.86
	8	8	12.9	25.2	9.47	7.43	18.50	52.40	1.40	2.35	1.07	2.12	2.19	2.27	2.35	3.67	3.75	3.83	3.91
	10	8	13.6	26.0	11.60	9.10	22.00	62.70	1.38	2.33	1.06	2.16	2.23	2.31	2.40	3.72	3.80	3.88	3.98
∟80×50×	5	8	11.4	26.0	6.37	5.00	12.80	42.00	1.42	2.56	1.10	2.02	2.09	2.17	2.24	3.87	3.95	4.02	4.10
	6	8	11.8	26.5	7.56	5.93	14.90	49.50	1.41	2.55	1.08	2.04	2.12	2.19	2.27	3.90	3.98	4.06	4.14
	7	8	12.1	26.9	8.72	6.86	17.00	56.20	1.39	2.54	1.08	2.06	2.13	2.21	2.28	3.92	4.00	4.08	4.15
	8	8	12.5	27.3	9.87	7.74	18.80	62.80	1.38	2.52	1.07	2.08	2.15	2.23	2.31	3.94	4.02	4.10	4.18
∟90×56×	5	9	12.5	29.1	7.21	5.66	18.30	60.40	1.59	2.90	1.23	2.22	2.29	2.37	2.44	4.32	4.40	4.47	4.55
	6	9	12.9	29.5	8.56	6.72	21.40	71.00	1.58	2.88	1.23	2.24	2.32	2.39	2.46	4.34	4.42	4.49	4.57
	7	9	13.3	30.0	9.83	7.76	24.40	81.00	1.57	2.86	1.22	2.26	2.34	2.41	2.49	4.37	4.45	4.52	4.60
	8	9	13.6	30.4	11.20	8.78	27.10	91.00	1.56	2.85	1.21	2.28	2.35	2.43	2.50	4.39	4.47	4.55	4.62

角钢型号		圆角 R (mm)	重心距 Z_x (mm)	重心距 Z_y (mm)	单角钢 截面积 cm²	质量 kg/m	惯性距 I_x (cm⁴)	惯性距 I_y (cm⁴)	回转半径 i_x (cm)	回转半径 i_y (cm)	回转半径 i_{y0}	双角钢 i_{y1}，当 a 为下列数 (cm) 6mm	8mm	10mm	12mm	双角钢 i_{y2}，当 a 为下列数 (cm) 6mm	8mm	10mm	12mm
∟ 100×63×	6	10	14.3	32.4	9.6	7.6	30.9	99.1	1.79	3.21	1.38	2.49	2.56	2.63	2.71	4.78	4.85	4.93	5.00
	7	10	14.7	32.8	11.1	8.7	35.8	113	1.78	3.20	1.38	2.51	2.58	2.66	2.73	4.80	4.87	4.95	5.03
	8	10	15.0	33.2	12.6	9.9	39.4	127	1.77	3.18	1.37	2.52	2.60	2.67	2.75	4.82	4.89	4.97	5.05
	10	10	15.8	34.0	15.5	12.1	47.1	154	1.74	3.15	1.35	2.57	2.64	2.72	2.79	4.86	4.94	5.02	5.09
∟ 100×80×	6	10	19.7	29.5	10.6	8.4	61.2	107	2.40	3.17	1.72	3.30	3.37	3.44	3.52	4.54	4.61	4.69	4.76
	7	10	20.1	30.0	12.3	9.7	70.1	123	2.39	3.16	1.72	3.32	3.39	3.46	3.54	4.57	4.64	4.71	4.79
	8	10	20.5	30.4	13.9	10.9	78.6	138	2.37	3.14	1.71	3.34	3.41	3.48	3.56	4.59	4.66	4.74	4.81
	10	10	21.3	31.2	17.2	13.5	94.6	167	2.35	3.12	1.69	3.38	3.45	3.53	3.60	4.63	4.70	4.78	4.85
∟ 110×70×	6	10	15.7	35.3	10.6	8.4	42.9	133	2.01	3.54	1.54	2.74	2.81	2.88	2.97	5.22	5.29	5.36	5.44
	7	10	16.1	35.7	12.3	9.7	49.0	153	2.00	3.53	1.53	2.76	2.83	2.90	2.98	5.24	5.31	5.39	5.46
	8	10	16.5	36.2	13.9	10.9	54.9	172	1.98	3.51	1.53	2.78	2.85	2.93	3.00	5.26	5.34	5.41	5.49
	10	10	17.2	37.0	17.2	13.5	65.9	208	1.90	3.48	1.51	2.81	2.89	2.96	3.04	5.30	5.38	5.46	5.53
∟ 125×80×	7	11	18.0	40.1	14.1	11.1	74.4	228	2.30	4.02	1.76	3.11	3.18	3.26	3.32	5.89	5.97	6.04	6.12
	8	11	18.4	40.6	16.0	12.6	83.5	257	2.28	4.01	1.75	3.13	3.20	3.27	3.34	5.92	6.00	6.07	6.15
	10	11	19.2	41.4	19.7	15.5	101	312	2.26	3.98	1.74	3.17	3.24	3.31	3.38	5.96	6.04	6.11	6.19
	12	11	20.0	42.2	23.4	18.3	117	364	2.24	3.95	1.72	3.21	3.28	3.35	3.43	6.00	6.08	6.15	6.23

角钢型号		圆角 R	重心距 (mm) Z_x	重心距 (mm) Z_y	截面积 cm²	质量 kg/m	惯性距 (cm⁴) I_x	惯性距 (cm⁴) I_y	回转半径 (cm) i_x	回转半径 (cm) i_y	回转半径 (cm) i_{y0}	双角钢 i_{y1} 当 a 为下列数 (cm) 6mm	8mm	10mm	12mm	双角钢 i_{y2} 当 a 为下列数 (cm) 6mm	8mm	10mm	12mm
∟140×90×	8	12	20.4	45.0	18.0	14.2	121	366	2.59	4.50	1.98	3.49	3.56	3.63	3.70	6.58	6.65	6.72	6.79
	10	12	21.2	45.8	22.3	17.5	146	445	2.56	4.47	1.96	3.52	3.59	3.66	3.74	6.62	6.69	6.77	6.84
	12	12	21.9	46.6	26.4	20.7	170	522	2.54	4.44	1.95	3.55	3.62	3.70	3.77	6.66	6.74	6.81	6.89
	14	12	22.7	47.4	30.5	23.9	192	594	2.51	4.42	1.94	3.59	3.67	3.74	3.81	6.70	6.78	6.85	9.93
∟160×100×	10	13	22.8	52.4	25.3	19.9	205	669	2.85	5.14	2.19	3.84	3.91	3.98	4.05	7.56	7.63	7.70	7.78
	12	13	23.6	53.2	30.1	23.6	239	785	2.82	5.11	2.17	3.88	3.95	4.02	4.09	7.60	7.67	7.75	7.82
	14	13	24.3	54.0	34.7	27.2	271	896	2.80	5.08	2.16	3.91	3.98	4.05	4.12	7.64	7.71	7.79	7.86
	16	13	25.1	54.8	39.3	30.8	302	1003	2.77	5.05	2.16	3.95	4.02	4.09	4.17	7.68	7.75	7.83	7.91
∟180×110×	10	14	24.4	58.9	28.4	22.3	278	956	3.13	5.80	2.42	4.16	4.23	4.29	4.36	8.47	8.56	8.63	8.71
	12	14	25.2	59.8	33.7	26.5	325	1125	3.10	5.78	2.40	4.19	4.26	4.33	4.40	8.53	8.61	8.68	8.76
	14	14	25.9	60.6	39.0	30.6	370	1287	3.08	5.75	2.39	4.22	4.29	4.36	4.43	8.57	8.65	8.72	8.80
	16	14	26.7	61.4	44.1	34.6	412	1443	3.06	5.72	2.38	4.26	4.33	4.40	4.47	8.61	8.69	8.76	8.84
∟200×125×	12	14	28.3	65.4	37.9	29.8	483	1571	3.57	6.44	2.74	4.75	4.81	4.88	4.95	9.39	9.47	9.54	9.61
	14	14	29.1	66.2	43.9	34.4	551	1801	3.54	6.41	2.73	4.78	4.85	4.92	4.99	9.43	9.50	9.58	9.65
	16	14	29.9	67.0	49.7	39.0	615	2023	3.52	6.38	2.71	4.82	4.89	4.96	5.03	9.47	9.54	9.62	9.69
	18	14	30.6	67.8	55.5	43.6	677	2238	3.49	6.35	2.70	4.85	4.92	4.99	5.07	9.51	9.58	9.66	9.74

宽、中、窄翼缘 H 型钢

类别	型号 (高度×高度) /mm×mm	截面尺寸/mm				截面面积 /cm²	理论重量 /(kg/m)	截面特性参数					
								惯性矩 /cm⁴		惯性半径 /cm		截面模数 /cm³	
		$H \times B$	t_1	t_2	r			I_x	I_y	i_x	i_y	W_X	W_Y
HW	100×100	100×100	6	8	10	21.90	17.2	383	134	4.18	2.47	76.5	26.7
	125×125	125×125	6.5	9	10	30.31	23.8	847	294	5.29	3.11	136	47.0
	150×150	150×150	7	10	13	40.55	31.9	1660	564	6.39	3.73	221	75.1
	175×175	175×175	7.5	11	13	51.43	40.3	2900	984	7.50	4.37	331	112
	200×200	200×200	8	12	16	64.28	50.5	4770	1600	8.61	4.99	477	160
		♯200×204	12	12	16	72.28	56.7	5030	1700	8.35	4.85	503	167
	250×250	250×250	9	14	16	92.18	72.4	10 800	3650	10.8	6.29	867	292
		♯250×255	14	14	16	104.7	82.2	11 500	3880	10.5	6.09	919	304
	300×300	♯294×302	12	12	20	108.3	85.0	17 000	5520	12.5	71.14	1160	365
		300×300	10	15	20	120.4	94.5	20 500	6760	13.1	7.49	1370	450
		300×305	15	15	20	135.4	106	21 600	7100	12.6	7.24	1440	466
	350×350	♯344×348	10	16	20	146.0	115	33 300	11 200	15.1	8.78	1940	646
		350×350	12	19	20	173.9	137	40 300	13 600	15.2	8.84	2300	776
	400×400	♯388×402	15	15	24	179.2	141	49 200	16 300	16.6	9.52	2540	809
		♯394×398	11	18	24	187.6	147	56 400	18 900	17.3	10.0	2860	951
		400×400	13	21	24	219.5	172	66 900	22 400	17.5	10.1	3340	1120
		♯400×408	21	21	24	251.5	197	71 100	23 800	16.8	9.73	3560	1170
		♯414×405	18	28	24	296.2	233	93 000	31 000	17.7	10.2	4490	1530
		♯428×407	20	35	24	361.4	284	119 000	39 400	18.2	10.4	5580	1930
		*458×417	30	50	24	529.3	415	187 000	60 500	18.8	10.7	8180	2900
		*498×432	45	70	24	770.8	605	298 000	94 400	19.7	11.1	12 000	4370
HM	150×100	148×100	6	9	13	27.25	21.4	1040	15 100	6.17	2.35	140	30.2
	200×150	194×150	6	9	16	39.76	31.2	2740	50 800	8.30	3.57	183	67.7
	250×175	244×175	7	11	16	56.24	44.1	6120	98 500	10.4	4.18	502	1130
	300×200	294×200	8	12	20	73.03	57.3	11 400	1600	12.5	4.69	779	160
	350×250	340×250	9	14	20	101.5	79.7	21 700	3650	14.6	6.00	1280	292
	400×300	390×300	10	16	24	136.7	107	38 900	7210	16.9	7.26	2000	481
	450×300	440×300	11	18	24	157.4	124	56 100	8110	18.9	7.18	2550	541
	500×300	482×300	11	15	28	146.4	115	60 800	6770	20.4	6.80	2520	451
		488×300	11	18	28	164.4	129	71 400	8120	20.8	7.03	2930	541
	600×300	582×300	12	17	28	174.5	137	103 000	7670	24.3	6.63	3530	511
		588×300	12	20	28	192.5	151	118 000	9020	24.8	6.85	4020	601
		♯594×302	14	23	28	222.4	175	137 000	10 600	24.9	6.90	4620	701

宽、中、窄翼缘 H 型钢

类别	型号（高度×高度）/mm×mm	截面尺寸/mm H×B	t_1	t_2	r	截面面积/cm²	理论重量/(kg/m)	惯性矩/cm⁴ I_x	惯性矩/cm⁴ I_y	惯性半径/cm i_x	惯性半径/cm i_y	截面模数/cm³ W_X	截面模数/cm³ W_Y
HN	100×50	100×50	5	7	10	12.16	9.54	192	14.9	3.98	1.11	38.5	5.96
	126×60	125×60	6	8	10	17.01	13.3	417	29.3	4.95	1.31	66.8	9.75
	150×75	150×75	5	7	10	18.16	14.3	679	49.6	6.12	1.65	90.6	13.2
	175×90	175×90	5	8	10	23.21	18.2	1220	97.6	7.26	2.05	140	21.7
	200×100	198×99	4.5	7	13	23.59	18.5	1310	114	8.27	2.20	163	23.0
		200×100	5.5	8	13	27.57	21.7	1880	134	8.25	2.21	188	26.8
	250×125	248×124	5	8	13	32.89	25.8	3560	255	10.4	2.78	287	41.1
		250×125	6	9	13	37.87	29.7	4080	294	10.4	2.79	326	47.0
	300×150	298×149	5.5	8	16	41.55	32.6	6460	443	12.4	3.26	433	59.4
		300×150	6.5	9	16	47.53	37.3	7350	508	12.4	3.27	490	67.7
	350×175	346×174	6	9	16	53.19	41.8	11 200	792	14.5	3.86	649	91.0
		350×175	7	11	16	63.66	50.0	13 700	985	14.7	3.93	782	113
	♯400×150	♯400×150	8	13	16	71.12	55.8	18 800	734	16.3	3.21	942	97.9
	450×200	396×199	7	11	16	72.16	56.7	20 000	1450	16.7	4.48	1010	145
		400×200	8	13	16	84.12	66.0	23 700	1740	16.8	4.54	1190	174
	♯450×150	♯450×150	9	14	20	83.41	65.5	27 100	793	18.0	3.08	1200	106
	450×200	446×199	8	12	20	84.95	66.7	29 000	1580	18.5	4.31	1300	159
		450×200	9	14	20	97.41	7605	33 700	1870	18.6	4.38	1500	187
	♯500×150	500×150	10	16	20	98.23	77.1	38 500	907	19.8	3.04	1540	121
	500×200	496×199	9	14	20	101.3	79.5	41 900	1840	20.3	4.27	1690	185
		500×200	10	16	20	114.2	89.6	47 800	2140	20.5	4.33	1910	214
		♯506×201	11	19	20	131.3	103	56 500	2580	20.8	4.43	2230	257
	600×200	596×199	10	15	24	121.2	95.1	69 300	1980	23.9	4.04	2330	199
		600×200	11	17	24	135.2	106	78 200	2280	24.1	4.11	2610	228
		♯606×201	12	20	24	153.3	120	9100	2720	24.4	4.21	3000	271
	700×300	♯692×300	13	20	28	211.5	166	172 000	9020	28.6	6.53	4980	602
		700×300	13	24	28	235.5	185	201 000	10 800	29.3	6.78	5760	722
	＊800×300	＊792×300	14	22	28	243.4	191	254 000	9930	32.3	6.39	6400	662
		＊800×300	14	26	28	267.4	210	292 000	1170	33.0	6.62	7290	782
	＊900×300	＊890×299	15	23	28	270.9	213	345 000	10 300	35.7	6.16	7760	688
		＊900×300	16	28	28	309.8	234	411 000	12 600	36.4	6.39	9140	843
		＊912×302	18	34	28	364.0	286	498 000	15 700	37.0	6.56	10 900	1040

注　1. "♯"表示的规格为非常用规格。

2. "＊"表示的规格，目前国内尚未生产。

3. 型号属同一范围的产品，其内侧尺寸高度是一致的。

4. 截面面积计算公式为"$t_1(H-2t_2)+2Bt_2+0.858r^2$"。

部分 T 型钢

类别	型号 (高度×高度) /mm×mm	截面尺寸/mm					截面 面积 /cm²	理论 重量/ (kg/m)	截面特性参数							对应 H 型钢 系列
									惯性矩 /cm⁴		惯性半径 /cm		截面模数 /cm³		重心 /cm	型号
		h	B	t_1	t_2	r			I_x	I_y	i_x	i_y	W_X	W_Y	C_x	
TW	50×100	50	100	6	8	10	10.95	8.56	16.1	66.9	1.21	2.47	4.03	13.4	1.00	100×100
	62.5×125	62.5	125	6.5	9	10	15.16	11.9	35.0	147	1.52	3.11	6.91	23.5	1.19	125×125
	75×150	75	150	7	10	13	20.28	15.9	66.4	282	1.81	3.73	10.8	37.6	1.37	150×150
	87.5×175	87.5	175	7.5	11	13	25.71	20.2	115	492	2.11	4.37	15.9	56.2	1.55	175×175
	100×200	100	200	8	12	16	32.14	25.2	185	801	2.40	4.99	22.3	80.1	1.73	200×200
		♯100	204	12	12	16	36.14	28.3	256	851	2.66	4.85	32.4	83.5	2.09	
	125×250	125	250	9	14	16	46.09	36.2	412	1820	2.99	6.29	39.5	146	2.08	250×250
		♯125	255	14	14	16	52.34	41.1	589	1940	3.36	6.09	59.4	152	2.58	
	150×300	♯147	302	12	12	20	54.16	42.5	858	2760	3.98	7.14	72.3	183	2.83	300×300
		150	300	10	15	20	60.22	47.3	798	3380	3.64	7.49	63.7	225	2.47	
		150	305	15	15	20	67.72	53.1	1110	3550	4.05	7.24	92.5	233	3.02	
	175×350	♯172	348	10	16	20	73.00	57.3	1230	5620	4.11	8.78	84.7	323	2.67	350×350
		175	350	12	19	20	86.94	68.2	1520	6790	4.18	8.84	104	388	2.86	
	200×400	♯194	402	15	15	24	89.62	70.3	2480	8130	5.26	9.52	158	405	3.69	400×400
		♯197	398	11	18	24	93.80	73.6	2050	9460	4.67	10.0	123	476	3.01	
		200	400	13	21	24	109.7	86.1	2480	11 200	4.75	10.1	147	560	3.21	
		♯200	408	21	21	24	125.7	98.7	3650	11 900	5.39	9.73	229	584	4.07	
		♯207	405	18	28	24	148.1	116	3620	15 500	4.95	10.2	213	766	3.68	
		♯214	407	20	35	24	180.7	142	4380	19 700	4.92	10.4	250	967	3.90	
TM	74×100	74	100	6	9	13	13.63	10.7	5107	75.4	1.95	2.35	8.80	15.1	1.55	150×100
	97×150	97	150	6	9	16	19.88	15.6	125	254	2.50	3.57	15.8	33.9	1.78	200×150
	122×175	122	175	7	11	16	28.12	22.1	289	492	3.20	4.18	29.1	56.3	2.27	250×175
	147×200	147	200	8	12	20	36.19	28.7	572	802	3.96	4.69	48.2	80.2	2.82	300×200
	170×250	170	250	9	14	20	50.76	39.9	1020	1830	4.48	6.00	73.1	146	3.09	350×250
	200×300	195	300	10	16	24	68.37	53.7	1730	3600	5.03	7.26	108	240	3.40	400×300
	220×300	220	300	11	18	24	78.69	61.8	2680	4060	5.84	7.18	150	270	4.05	450×300
	250×300	241	300	11	15	28	73.23	57.5	3420	3380	6.83	6.80	178	226	4.99	500×300
		244	300	11	18	28	82.23	64.5	3620	4060	6.64	7.03	184	271	4.65	
	300×300	291	300	12	17	28	87.25	68.5	6360	3830	8.54	6.63	280	256	6.39	600×300
		294	300	12	20	28	96.25	75.5	6710	4510	8.35	6.85	288	301	6.08	
		♯297	302	14	23	28	111.2	87.3	7920	5290	8.44	6.90	339	351	6.33	

部分 T 型钢

类别	型号 (高度×高度) /mm×mm	截面尺寸/mm					截面 面积 /cm²	理论 重量/ (kg/m)	截面特性参数							对应 H 型钢 系列
									惯性矩 cm⁴		惯性半径 /cm		截面模数 /cm³		重心 /cm		型号
		h	B	t_1	t_2	r			I_x	I_y	i_x	i_y	W_X	W_Y	C_x	
TN	50×50	50	50	5	7	10	6.079	4.79	11.9	7.45	1.40	1.11	3.18	2.98	1.27	100×50
	62.5×60	62.5	60	6	8	10	8.499	6.67	27.5	14.6	1.80	1.31	5.96	4.88	1.63	125×60
	75×75	75	75	5	7	10	9.079	7.11	42.7	24.8	2.17	1.65	7.46	6.61	1.78	150×75
	87.5×90	87.5	90	5	8	10	11.60	9.11	70.7	48.8	2.47	2.05	10.4	10.8	1.92	175×90
	100×100	99	99	4.5	7	13	11.80	9.26	94.0	56.9	2.82	2.20	12.1	11.5	2.13	200×100
		100	100	5.5	8	13	13.79	10.8	115	67.1	2.88	2.21	14.8	13.4	2.27	
	125×125	124	124	5	8	13	16.45	12.9	208	128	3.56	2.78	21.3	20.6	2.62	250×125
		125	125	6	9	13	18.94	14.8	249	147	3.62	2.79	25.6	23.5	2.78	
	150×150	149	149	5.5	8	16	20.77	16.3	395	221	4.36	3.26	33.8	29.7	3.22	300×150
		150	150	6.5	9	16	23.76	18.7	465	254	4.42	3.27	40.0	33.9	3.38	
	178×175	173	174	6	9	16	26.60	20.9	681	396	5.06	3.86	50.0	45.5	3.68	350×175
		175	175	7	11	16	31.83	25.0	816	492	5.06	3.93	59.3	56.3	3.74	
	200×200	198	199	7	11	16	36.08	28.3	1190	721	5.76	4.48	76.4	72.7	4.17	400×200
		200	200	8	13	16	42.06	33.0	1400	868	5.76	4.54	88.6	86.8	4.23	
	225×200	223	199	8	12	20	42 054	33.4	1880	790	6.65	4.31	109	79.4	5.07	450×200
		225	200	9	14	20	48.71	38.2	2160	936	6.66	4.38	124	93.6	5.13	
	250×200	248	199	9	14	20	50.64	39.7	2840	922	7.49	4.27	150	92.7	5.90	500×200
		250	200	10	16	20	71.12	44.8	3210	1070	7.50	4.33	169	107	5.96	
		♯253	201	11	19	20	65.65	54.5	3670	1290	7.48	4.43	190	125	5.95	
	300×200	298	199	10	15	24	60.62	47.6	5200	991	9.27	4.04	236	100	7.76	600×200
		300	200	11	17	24	67.60	53.1	5820	1140	9.27	4.11	262	124	7.81	
		♯303	201	12	20	24	76.63	60.1	6580	1360	9.26	4.21	292	135	7.76	

注　"♯"表示的规格为非常用规格。

参 考 文 献

[1] 中国建筑科学研究院. GB 50068—2001. 建筑结构可靠度设计统一标准 [S]. 北京：中国建筑工业出版社，2001.

[2] 中国建筑科学研究院. GB 50009—2012. 建筑结构荷载规范 [S]. 北京：中国建筑工业出版社，2012.

[3] 中国建筑科学研究院. GB 50010—2010. 混凝土结构设计规范 [S]. 北京：中国建筑工业出版社，2010.

[4] 中国建筑科学研究院. JG J3—2010. 高层建筑混凝土结构技术规程 [S]. 北京：中国建筑工业出版社，2010.

[5] 中国建筑科学研究院. GB 50003—2011. 砌体结构设计规范 [S]. 北京：中国建筑工业出版社，2011.

[6] 中国建筑科学研究院. GB 50017—2003. 钢结构设计规范 [S]. 北京：中国建筑工业出版社，2003.

[7] 中国建筑科学研究院. GB 50011—2010. 建筑抗震设计规范 [S]. 北京：中国建筑工业出版社，2010.

[8] 中国建筑科学研究院. GB 50007—2011. 建筑地基基础设计规范 [S]. 北京：中国建筑工业出版社，2011.

[9] 宗兰、宋群. 建筑结构 [M]. 3 版. 北京：机械工业出版社，2013.

[10] 王家鼎. 建筑结构 [M]. 大连：大连理工大学出版社，2014.

[11] 朱丙寅. 高层建筑混凝土结构技术规程应用与分析（JGJ 3—2010）[M]. 北京：中国建筑工业出版社，2012.

[12] 中国有色工程设计研究总院. 混凝土结构构造手册 [M]. 5 版. 北京：中国建筑工业出版社，2014.

[13] 陆继赟. 混合结构房屋 [M]. 2 版. 天津：天津大学出版社，2000.

[14] 陈绍蕃. 钢结构 [M]. 2 版. 北京：中国建筑工业出版社，2006.

[15] 罗向荣. 建筑结构 [M]. 3 版. 北京：中国环境出版社，2015.

[16] 11G101 系列图集. 混凝土结构施工图 [M]. 北京：中国建筑标准设计研究院，2011.

[17] 沈蒲生. 混凝土结构设计原理 [M]. 3 版. 北京：高等教育出版社，2007.

[18] 戴国欣. 钢结构 [M]. 3 版. 武汉：武汉理工大学出版社，2007.